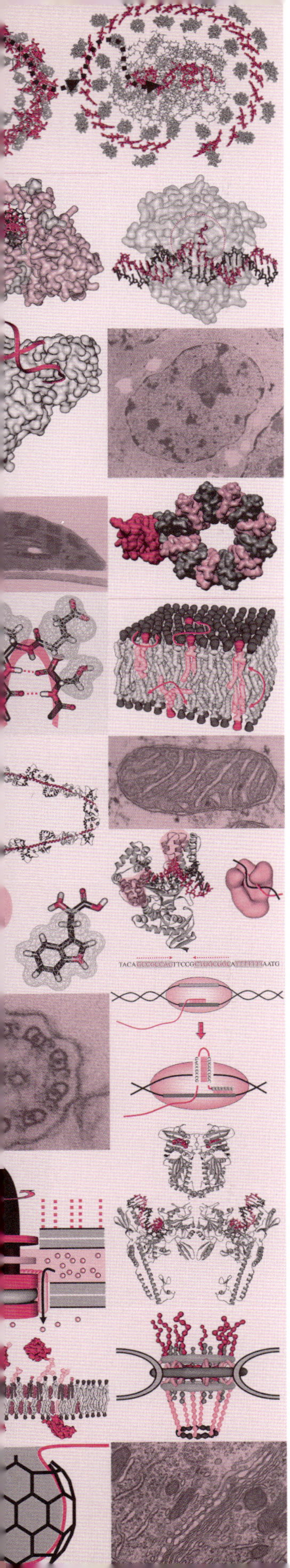

図解
分子細胞生物学

浅島　誠・駒崎伸二 共著

裳華房

Illustrated Molecular Cell Biology

by

Makoto Asashima Ph.D.
Shinji Komazaki Ph.D.

SHOKABO
TOKYO

はじめに

最近の目ざましい生命科学の発展にともない，分子細胞生物学の知識は医学，薬学，生物学，農学，水産学など，生物を研究対象とする多くの分野の基礎知識として必要不可欠なものになってきた．しかも，これらの分野の知識は日増しに増加し，ますます膨大なものになりつつある．このような状況の中で，将来，生命科学関連の仕事に携わろうと考えている学生の方々が必要とする，分子細胞生物学の基礎知識を効率よく理解するための参考書，あるいは，教科書として本書は書かれたものである．

分子細胞生物学の分野を中心とした情報は，すでに膨大な量の蓄積があり，それらに関する文献や専門書の類は国内外で数多く出版され，現在でも，その数は日増しに増えつつある．このような状況を目の前にすると，この分野をこれから学ぼうとする学生の方々にとってはたじろぐものがあるかもしれない．しかしながら，知識がゼロに近い状態で生まれてから人生を歩まなければならないヒトの性質から考えて，この問題は避けては通れない．

とはいえ，次の時代の生命科学を担っていく学生の方々は，現在までに得られた知識を効率よく理解し，やがてはその分野で活躍する研究者や知識人を目指さねばならない．そのためには，たとえば，数多くの研究者が 100 年間かけて築いた知識を，数か月から数年間で理解する必要がある．そうしなければ，急速な勢いで進んでいるこの分野の研究に追いつくことは不可能であろう．このような点を踏まえて，本書は，最近の分子生物学全般の知識をできるだけ効率よく理解するために，模式図を中心にして書かれている．それは，複雑で巧妙な生き物のしくみを理解するには，図のイメージを中心にして学ぶのが最も効率的な方法と考えられるからである．

これから生命科学を本格的に学ぼうと考えている学生の方々が，分子細胞生物学の入門書で基礎的な知識を学んだ後，本書を読んでもう一歩踏み込んだ生命現象の理解ができれば幸いである．そして，本書を読んだ後，細胞の分子構造や，それらが果たす機能，そして，さまざまな生命現象の制御のしくみなどについて，頭の中にイメージを構築することができれば，当初の目標は達成できたものと考える．初版にあたり，以上のような目標を本書が達成できるかどうか不安もあるが，ぜひ読者からの意見をお寄せいただき，これからさらにより良い教科書にすることができればと考えている．

本書の校正に目を通して頂いた石浦章一先生，井出利憲先生，岸本健雄先生，笹川 昇先生，豊島陽子先生，道上達男先生，渡辺雄一郎先生に厚く感謝申し上げる．

2010 年 1 月

著者ら

目 次

ILLUSTRATED MOLECULAR CELL BIOLOGY

8章　細胞内輸送

9章　遺伝子の発現とその制御

1. 生 体 膜

細胞は生体膜（細胞膜）と呼ばれる脂質の膜で外界と隔てられ，その内部に特別な環境が形成されている．そして，その内部ではさまざまな種類の酵素反応が行われている．原核細胞では，特殊な例を除いて，細胞膜以外の膜構造は見られない．一方，真核細胞では，細胞膜の他にも細胞小器官と呼ばれる膜構造が細胞内に存在する．真核細胞の細胞内に存在する核膜や小胞体などの膜構造は，原核細胞と比べて，より複雑化した機能（たとえば，遺伝子発現やタンパク質合成などの複雑化）を効率よく行うために進化の過程で発達したものと考えられる．その他にも，ミトコンドリアや葉緑体などのように，真核細胞の進化の過程で外部から取り込まれた，原核細胞に由来すると考えられる膜構造が存在する．

外界と細胞内を隔てる細胞膜には，さまざまな役割が必要とされる．その中で最も重要な役割の１つが，細胞膜を隔てた物質のやり取りである．単純な拡散による細胞膜の物質の通過には限度があるので，多くの物質に関して特別な輸送機構が発達している．それらの役割を果たしているのが細胞膜に分布するタンパク質である．

ここでは，細胞膜を中心とした生体膜の基本構造と，それらの膜に組み込まれた物質の輸送機構について述べる．

1･1　生体膜の基本構造

a. 細胞内の膜構造

真核細胞を電子顕微鏡で観察すると，その細胞の内部には生体膜からなるさまざまな構造（細胞小器官）が観察される（図 1-1）．細胞の生体膜全体の中で，それらの細胞小器官が占める膜の割合を動物の細胞で比較すると，ミトコンドリアと小胞体がその多くを占めていることがわかる（図 1-2）．それらの膜構造についてみると，細胞膜，小胞体，ゴルジ体などは 1 枚の膜構造から構成されているが，ミトコンドリア，核膜，植物細胞の葉緑体などは 2 枚の膜構造から構成されている．ミトコンドリアと葉緑体は，細胞内に取り込まれた原核細胞に由来すると考えられているので，原核細胞自身の細胞膜と，それが真核細胞に取り込まれた際に原核細胞を包みこんだ宿主の細胞膜の 2 枚からなっている．一方，核膜は小胞体が融合してクロマチンを球形に包み込むようにして形成された膜であるために，2 枚の生体膜からなっている．

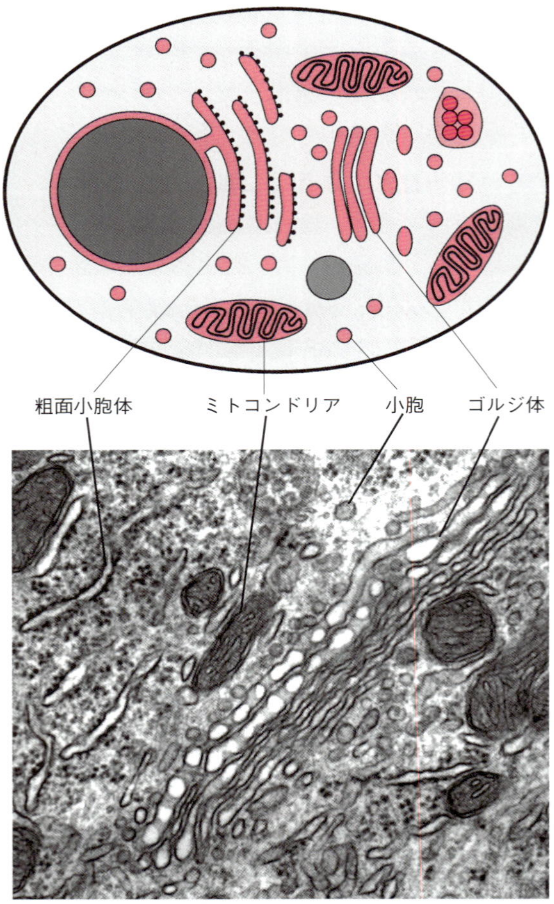

図 1-1　細胞内の膜区画を示す電子顕微鏡写真
真核細胞の細胞内は，小胞体，ゴルジ体，核，ミトコンドリアなど，生体膜で区画化された細胞小器官により満たされている．

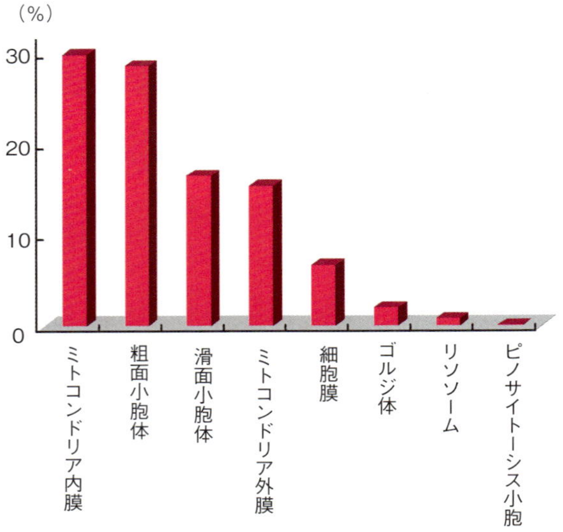

図 1-2　細胞を構成する生体膜の分布（核膜を除く）
細胞を構成する膜成分のほとんどが，ミトコンドリアと小胞体に分布している．これらの割合は細胞の種類により異なる．

生体膜で区画化された細胞小器官の中で，とりわけ動的に変化しているのが小胞体である．小胞体はその形態や分布を頻繁に変化させながら，小胞体どうしの融合，小胞体からの小胞の遊離，そして，小胞体と小胞の融合などを活発に行っている．このような性質は，後述する細胞内輸送系をはじめとして，さまざまな細胞の機能において重要な役割を果たしている．また，ミトコンドリアも，細胞内の機能に応じて，その形態を変化させたり，互いに融合したり，二分裂による増殖などをしたりして，細胞の機能に合わせて活発に変化している．

b. 脂質二重層の構造

細胞膜や細胞小器官を構成する生体膜は基本的に同じ脂質二重層からなるが，それぞれの膜には機能に応じたさまざまな違い，たとえば，構成タンパク質や脂質成分の違いなどが見られる．生体膜を構成する基本構造の脂質二重層は厚さが 3 ～ 5 nm であるが，実際の細胞の生体膜は，膜に組み込まれたタンパク質などが加わり，それよりも少し厚く 6 ～ 8 nm 程度に見える（図 1-3）．

生体膜の主要な構成成分は脂質とタンパク質であるが，それらの割合は細胞の種類や細胞小器官の種類により大きく異なる．たとえば，2 枚あるミトコンドリアの生体膜の内側の膜では脂質とタンパク質の量比が 1：

4，一般の細胞の細胞膜では 1：1，神経線維のミエリン鞘を構成する細胞膜では 4：1 である．これらの違いは，それぞれの膜が果たしている機能の違いを反映したものである．

生体膜を構成する脂質の主要成分はリン脂質（phospholipid）で，その他に，コレステロール（cholesterol）が含まれている．リン脂質には，グリセロールを構成要素とするグリセロリン脂質と，スフィンゴシン（sphingosine）を構成要素とするスフィンゴリン脂質や糖脂質などがある．リン脂質は極性をもった親水性の頭部構造と，極性のない疎水性の炭化水素鎖の尾部構造からなっている．このような親水性と疎水性の 2 つの性質を備えた分子の性質は両親媒性と呼ばれている．水中に存在する両親媒性の分子は，親水性の部分を水の側に向け，疎水性の部分で互いに向き合って凝集する性質がある．そのために，水中に存在するリン脂質は，脂質二重層やミセル構造を自動的に形成して安定した状態になる．

生体膜を構成する主要なグリセロリン脂質は 4 種類ある（図 1-4）．それらの頭部の構造は異なるが，尾部は共通した構造からなっている．頭部を構成しているのは，

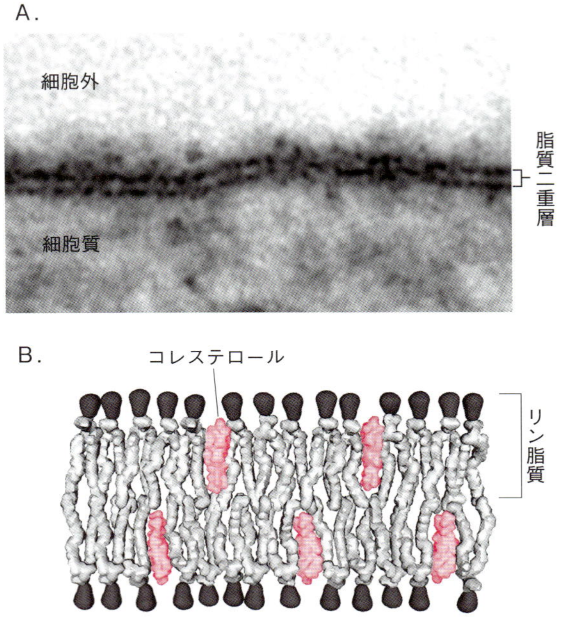

図 1-3　生体膜

A：四酸化オスミウムで固定された細胞膜．リン脂質のリン酸の部分がウランにより染色されて黒く見えるので，細胞膜を構成する脂質二重層が 2 本の黒い平行線として確認できる．B：生体膜の分子モデル．リン脂質とコレステロールにより構成された生体膜の基本構造を示す．

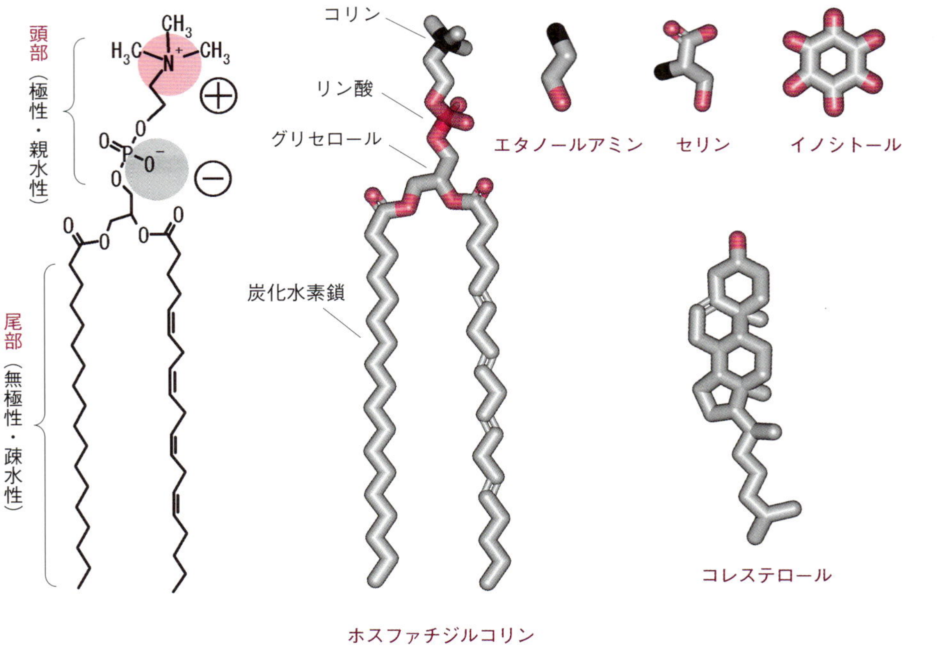

図 1-4　グリセロリン脂質とコレステロール

生体膜を構成するグリセロリン脂質はグリセロールを介して結合した頭部（プラスとマイナスは極性を示す）と尾部構造からなる．その頭部構造には異なる 4 種類のものがある．そして，尾部構造には 2 本の炭化水素鎖が結合している．ホスファチジルコリン以外については，頭部構造の異なる部分だけが示してある．

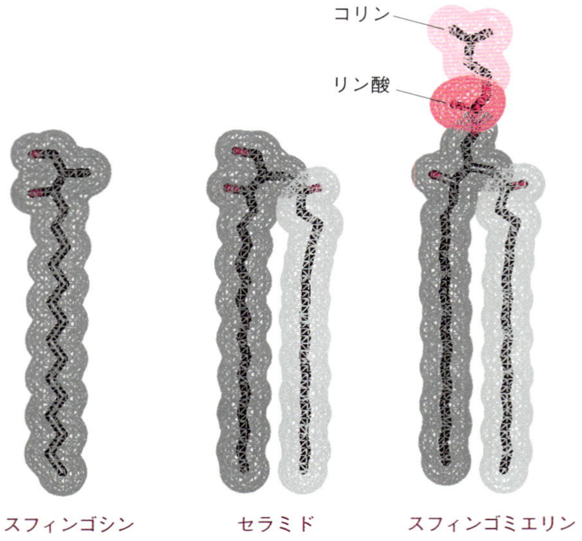

図 1-5　スフィンゴミエリン
炭化水素鎖が 1 本からなるスフィンゴシンに，炭化水素鎖をもう 1 本結合したものがセラミドである．そのセラミドにリン酸を介してコリンが結合したものがスフィンゴミエリンである．

コリン，セリン，エタノールアミン，イノシトールの 4 種類である．それらはリン酸を介してグリセロールと結合し，そのグリセロールには疎水性で荷電をもたない炭化水素鎖が 2 本結合している．炭化水素鎖は炭素が 12 ～ 24 個連なった構造をしている．通常，炭化水素鎖のうちの 1 本は二重結合をもつ不飽和炭化水素鎖で，もう 1 本は二重結合をもたない飽和炭化水素鎖からなる．その二重結合がシス型の結合をしている場合は，その部分で炭化水素鎖が折れ曲がった構造をとる．

スフィンゴリン脂質のスフィンゴミエリンは，頭部がコリンからなる．しかし，グリセロリン脂質とは異なり，グリセロールを欠いている（図 1-5）．その尾部は，1 本の飽和炭化水素鎖からなるスフィンゴシンに，もう 1 本の飽和炭化水素鎖がアミド結合している．このような尾部の構造はセラミド（ceramide）と呼ばれている．このスフィンゴミエリンは，神経線維のミエリン膜に多く分布しているのでその名が付けられている．

コレステロールは 4 つの炭化水素の環をもつ硬い（変形しにくい）構造で，炭化水素の環の 1 つに水酸基が結合している．その水酸基が親水性の部分を形成しているので，全体として両親媒性の性質をもっている．生体膜におけるコレステロールの含有量は細胞や細胞小器官などの種類により異なる．たとえば，含有量の少ないミトコンドリア膜では脂質の約 3％であるが，含有量の多い神経線維のミエリン膜では約 50％を占めている．コレステロールは動物細胞の生体膜に多く含まれているが，植物細胞には少ない．一方，原核細胞の細胞膜にはコレステロールが含まれていない．

糖脂質には，セレブロシド（cerebroside）とガングリオシド（ganglioside）と呼ばれるグループがある（図 1-6）．セレブロシドは荷電をもたない糖（ガラクトースやグルコース）がセラミドに 1 つ付いた構造をしている．そして，セラミドにいくつかの糖が連結され，その糖に負の荷電をもつシアル酸が付加されたものがガングリオシドである．細胞膜では，これらの糖脂質は脂質二重層の外側の層に分布して，細胞どうしの認識や接着などに関与している．

c. 膜タンパク質

生体膜にはさまざまな種類のタンパク質が存在し，膜を隔てた物質の輸送，細胞内輸送，細胞どうしの相互作用，細胞外からのシグナルの受容と伝達など，多様な機能を営んでいる．それらのタンパク質が膜に分布する様式には，いくつかのタイプがある（図 1-7）．

よく知られているのが，膜を貫いて存在するタンパク質である．これは膜貫通タンパク質と呼ばれ，物質を通過させるチャネル（たとえば，イオンチャネルやポーリ

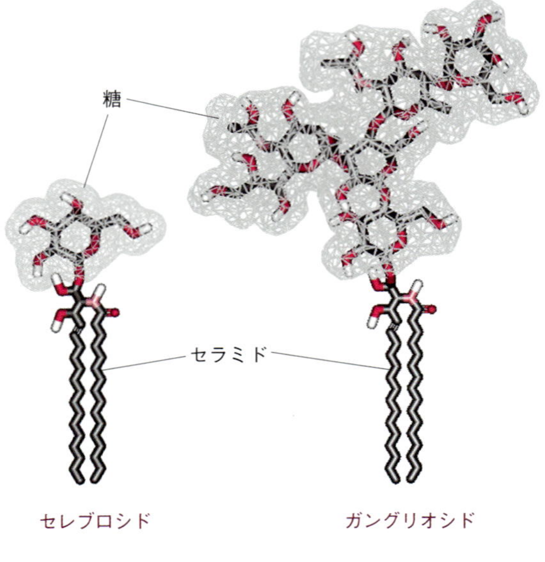

図 1-6　糖脂質
セラミドに糖が結合したものを糖脂質と呼んでいる．糖脂質のセレブロシドとガングリオシドを示す．ガングリオシドは，結合している糖の種類の違いにより，数多くの種類が存在する．

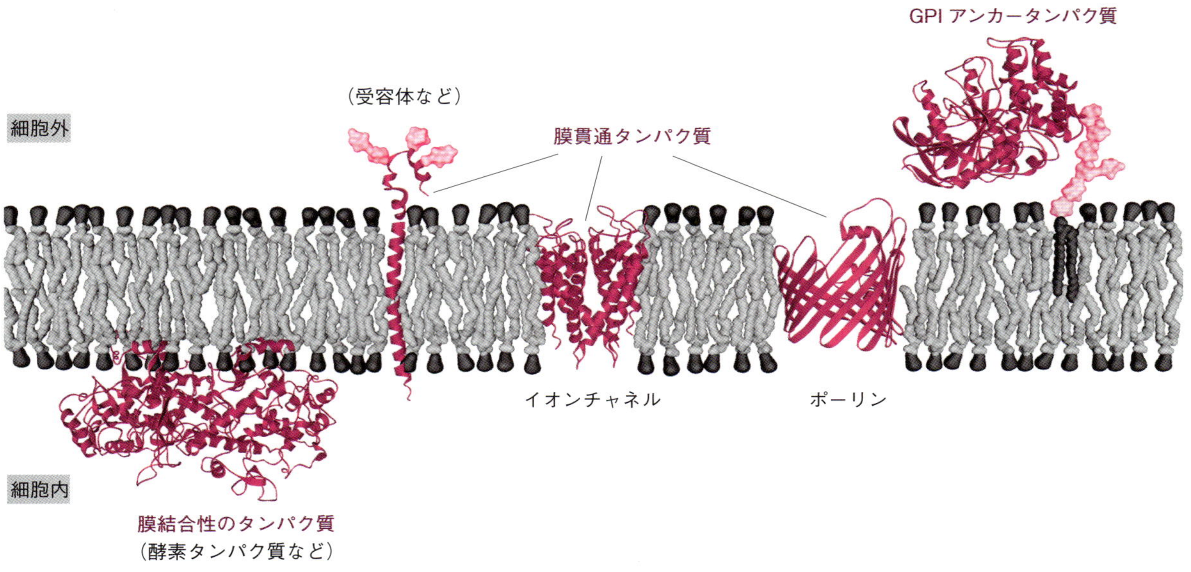

図 1-7　膜タンパク質の種類
膜タンパク質はその存在様式により，たとえば，膜貫通タンパク質，膜結合性タンパク質，GPI アンカータンパク質などがある．

ンなど）や情報伝達分子の受容体などがある．また，膜を構成している特定のリン脂質を認識してそれに結合しているタンパク質や，膜内に疎水性の領域を差し込んで膜に結合しているタンパク質などがある．前者の例にはアネキシン，後者の例にはプロスタグランジン合成酵素などが知られている．さらに，アンカーと呼ばれる炭化水素鎖を特定のアミノ酸に結合して，そのアンカーを膜の中に差し込んでぶら下がるように膜に結合しているタンパク質もある．このアンカーと呼ばれる炭化水素鎖には，ミリストイルアンカー（myristoyl anchor，グリシンとアミド結合した miristic acid），アシルアンカー（acyl anchor，システインやセリンと結合した myristate，palmitate，stearate，oleate など），プレニルアンカー（prenyl anchor，システインと結合した isoplane グループと geranylgeranyl グループ）などがある（図 1-8）．これらのアンカーの他に，リン脂質のグリコシルホスファチジルイノシトール（glycosyl phosphatidylinositol）をアンカーとして，それに結合した糖鎖を介して膜に結合しているタンパク質もある．これは GPI アンカータンパク質と呼ばれている．

1·2　脂質二重層の性質

生体膜を構成する脂質二重層の性質は，その主要構成成分であるリン脂質やコレステロールの性質に大きく依

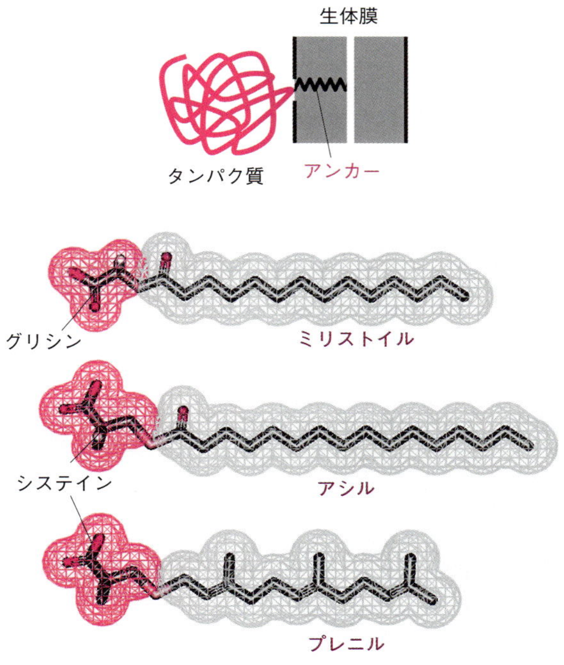

図 1-8　タンパク質を生体膜に結合するアンカー
タンパク質の特定のアミノ酸と結合し，そのタンパク質を膜に結合させるアンカーと呼ばれる炭化水素鎖を示す．ミリストイル基はアミノ末端のグリシンと結合する．アシル基はシステインやセリンなどと結合する．プレニル基はカルボキシル末端のシステインと結合する．

存した性質を示す．たとえば，生体温度範囲内においても，その温度変化により脂質二重層の構造には顕著な変化が見られる．また，脂質二重層を構成する脂質成分の違いによってもその性質が大きく変わる．生物は，細胞の機能を遂行する上でこれらの性質をうまく利用することにより，高温や低温による脂質二重層の変性をさまざまな方法により防いでいる．

a. 温度による変化

脂質二重層は，温度の変化にともなって，その状態が大きく変化する．脂質二重層は温度が低いときは結晶状態（crystalline-state）であるが，温度が上昇すると，結晶状態から液状態（fluid-state）へと移行する（図 1-9）．それらの中間的な状態はゲル状態（gel-state）と呼ばれている．結晶状態のときの炭化水素鎖は，直線状に伸びた状態で互いが密に接している．その状態では，近接した炭化水素鎖の間に原子間引力のファンデルワールス相互作用（3 章参照）が働くために，脂質は動きにくい状態になっている．そして，温度が上昇すると，生体膜を構成する脂質の運動性が活発になり，脂質の炭化水素鎖のねじれや折れ曲がりが生じて脂質どうしの結合力が弱くなる．このように，脂質が動き易くなった状態が液状態である．

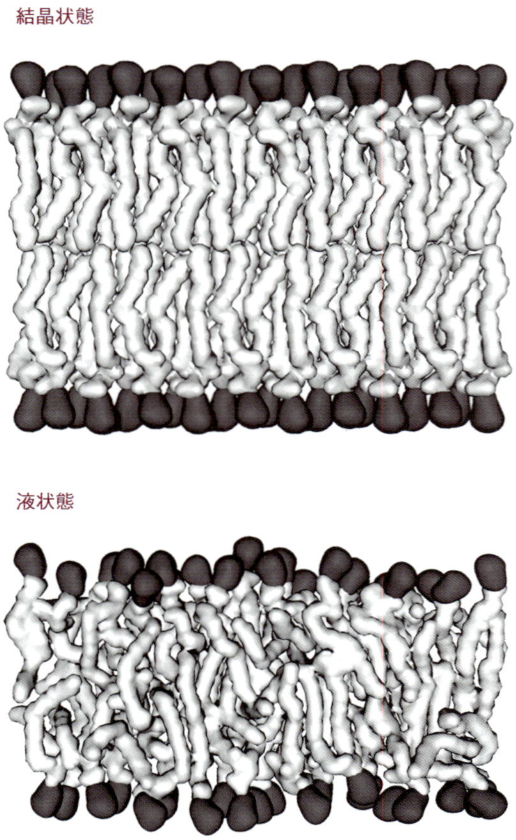

図 1-9　脂質二重層の結晶状態と液状態
脂質二重層は，温度に依存して結晶状態と液状態の間を移行する．結晶状態と液状態の間では，リン脂質の形態や運動性に大きな違いがある．

結晶状態から液状態に移行する際の温度は，生体膜を構成する脂質成分の割合，炭化水素鎖の炭素の数，炭化水素鎖の二重結合の数などにより異なる．炭素の数が多いと，ファンデルワールス相互作用がより強く働くために，脂質は動きにくい．そのために，液状態になりにくい．その一方，炭化水素鎖の二重結合の数が多いと，炭化水素鎖の折れ曲がりが多くなり，脂質は密に接しにくくなる．そのために，脂質は動き易く，液状態になり易い．このような脂質の性質を利用して，外界の温度に合わせて生体膜の状態が調節されている．たとえば，冬眠する動物では，体温の下降により膜が結晶状態になるのを防ぐために，二重結合のある不飽和状態の炭化水素鎖を増加させて，膜を動き易い状態に保っている．また，大腸菌でも，周囲の温度が下がると炭化水素鎖の二重結合を形成する酵素を増産して，不飽和状態の炭化水素鎖の割合を増加させている．

温度による生体膜の変化に対しては，コレステロールもいくつかの重要な役割を果たしている．コレステロールが膜に加わることにより，膜の性質は大きく変化する．リン脂質の間の隙間に割り込んだコレステロールは，リン脂質どうしのファンデルワールス力を弱め，低温でも膜が結晶状態になりにくくする．また，コレステロールの水酸基とリン脂質の頭部の間で水素結合をすることや，コレステロール自身の構造の硬さから，コレステロールが多く加わった膜は高温でも液状態になりにくくする．このような性質から，コレステロールが多く含まれる生体膜では，結晶状態から液状態へのシフトが顕著ではなくなり，幅広い温度域でそれらの中間的なゲル状態をとることができる．また，細胞膜にコレステロールが多く存在すると，拡散により膜を通過する物質の透過性が低くなる．それは，コレステロールがリン脂質の隙間を埋めてしまうので，物質が通りにくくなってしまうためと考えられる．

一般に，結晶状態から液状態に移行する際の温度は体温よりも低くなっているので，通常の動物細胞の生体膜

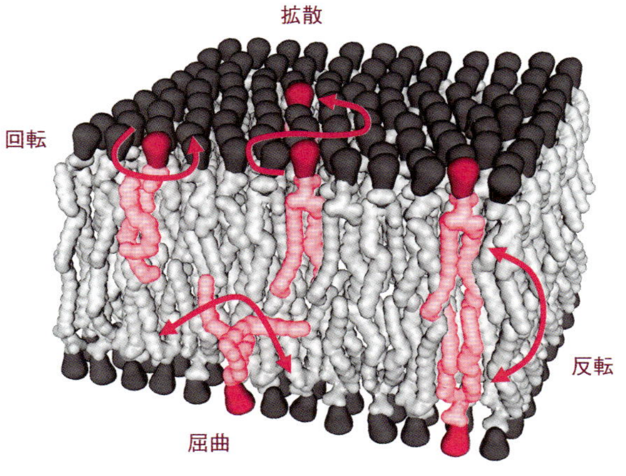

図 1-10　脂質二重層を構成するリン脂質の運動
生体膜を構成しているリン脂質は，温度の上昇にともなって活発な運動性を示す．

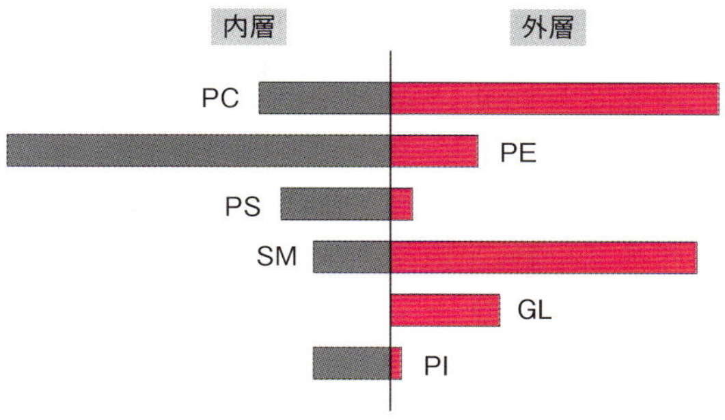

図 1-11　細胞膜の内層と外層を構成する脂質の割合の非対称性
細胞膜を構成する脂質二重層の内層と外層の脂質の割合は大きく異なる．その割合の違いは細胞の種類により異なるので，ここではその一例について，脂質の割合の相対的な比較を示す．
PC；ホスファチジルコリン，PE；ホスファチジルエタノール，PS；ホスファチジルセリン，SM；スフィンゴミエリン，GL；糖脂質，PI；ホスファチジルイノシトールやその誘導体．

は液状態にある．この状態では，膜の中の脂質は活発に運動することが可能である．それゆえ，この液状態にあることが細胞のさまざまな機能を遂行する上では重要である．液状態では，脂質二重層を構成する脂質が，回転（spin），側方への拡散（diffusion），脂肪酸の炭化水素鎖の屈曲（flexion）や揺れ（waggle）などの運動を活発に行っている（図 1-10）．これらの運動の他にも，脂質二重層の片側の層から反対側の層に移動する反転（flip-flop）運動も稀に行われている．回転，拡散，屈曲運動などは頻繁（毎秒 10^6 ～ 10^9 回）に行われているが，自然発生的に起こるリン脂質の反転運動は非常にわずか（10^4 ～ 10^5 秒に 1 回程度）である．それは，リン脂質が膜を横切って移動するためには大きなエネルギーが必要だからである．

b. 構成成分の違い

細胞膜を構成する脂質成分の割合を見ると，脂質二重層の内層と外層の間に大きな違いが見られる（図 1-11）．また，細胞小器官の種類によっても，それらの生体膜を構成する脂質成分の構成比が異なる（図 1-12）．さらに，進化の過程で起源を異にし，その機能も異なるミトコンドリアと葉緑体の膜の構成成分の間にも大きな違いが見られる（図 1-13）．このような脂質成分の構成比の違いは，それぞれの生体膜における機能の違いを反映している．

生体膜を構成する脂質には，それぞれ異なる性質がある．たとえば，ホスファチジルコリンやホスファチジルエタノールアミンは膜の不透過性の障壁に貢献してい

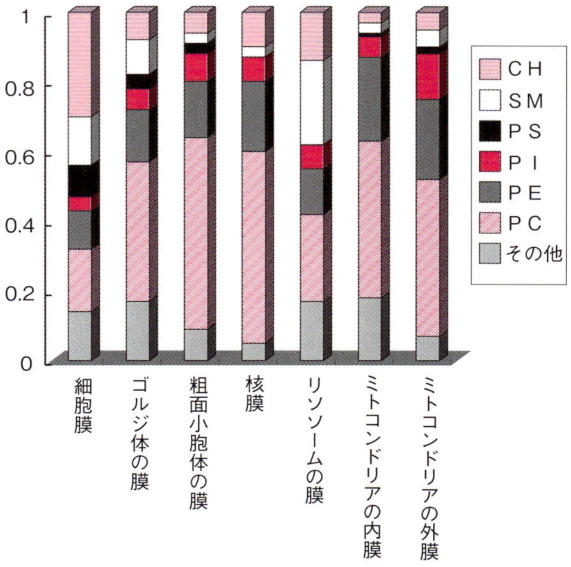

図 1-12　細胞を構成する膜の成分の比較
生体膜を構成する脂質成分の比率は，細胞膜や小器官により異なっている．CH；コレステロール，SM；スフィンゴミエリン，PS；ホスファチジルセリン，PI；ホスファチジルイノシトール，PE；ホスファチジルエタノール，PC；ホスファチジルコリン．

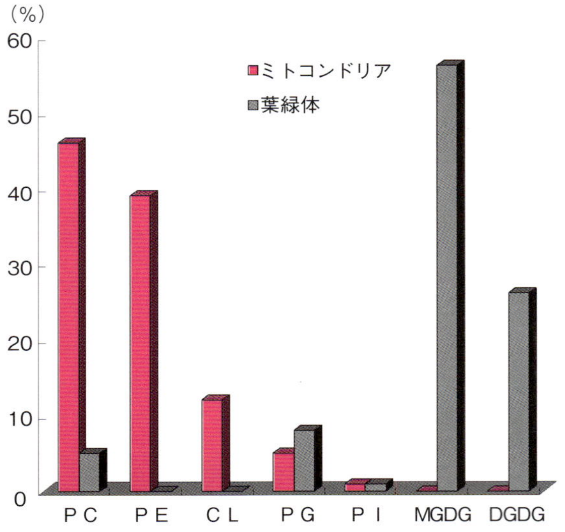

図 1-13　ミトコンドリアと葉緑体の脂質成分の比較

PC；ホスファチジルコリン，PE；ホスファチジルエタノール，CL；カルジオリピン，PG；ホスファチジルグリセロール，PI；ホスファチジルイノシトール，MGDG；モノガラクトシルジアシルグリセロール，DGDG；ジガラクトシルジアシルグリセロール．

MGDG と DGDG はグリセロールに糖が直結したガラクト脂質で，葉緑体やシアノバクテリアなどに見られる．

る．また，ホスファチジルイノシトールは細胞内の 2 次情報伝達因子（10 章参照）として働くイノシトール 3 リン酸の供給源にもなっている．そして，スフィンゴミエリンは，水素結合を形成し易い親水性部分や，飽和状態の長い炭化水素鎖をもつために，密に凝集し易い性質がある．さらに，糖脂質は膜抗原として細胞認識に重要な役割を果たしている．このように，脂質のもつさまざまな性質にもとづいて，それぞれの膜の役割に応じた分布がなされている．

生体膜を構成するリン脂質は合成された後，小胞体膜の細胞質側の層に挿入されるので，その反対側の層にもリン脂質を移動（反転）させる必要がある．また，前述したように，膜の内層と外層を構成する脂質成分の構成比は，膜の種類により大きく異なっている．このような膜の内層と外層の違いが，熱運動によるランダムなリン脂質の反転運動だけにより成し遂げられると考えるのは不可能である．そのために，膜にはその内層と外層の間におけるリン脂質の反転を能動的に行うしくみが存在する．

リン脂質の反転を行っているしくみには，エネルギー依存的な反転機構と，膜貫通タンパク質が関与するエネルギー非依存性の反転機構が考えられる（図 1-14）．エネルギー依存的に行うリン脂質の反転は，ABC 輸送体（ATP-binding cassette transporter）と呼ばれる膜貫通タンパク質が行っている．この ABC 輸送体には多くの種類が存在し，ATP の加水分解により得られるエネルギーを用いて，イオン，脂肪酸，ステロール，アミノ酸，金属イオンなどを濃度勾配に逆らって輸送している．その中で，リン脂質の反転を行っているものはフリッパーゼと呼ばれ，そのタンパク質の一部に 2 つの ATP 結合部位をもっている．一方，エネルギー非依存性のリン脂質の反転は，α ヘリックス構造をした膜貫通タンパク質の疎水性の部分に沿ってリン脂質を反転させるもので，ATP のエネルギーは必要とせず，熱運動のエネルギーにより行われる．

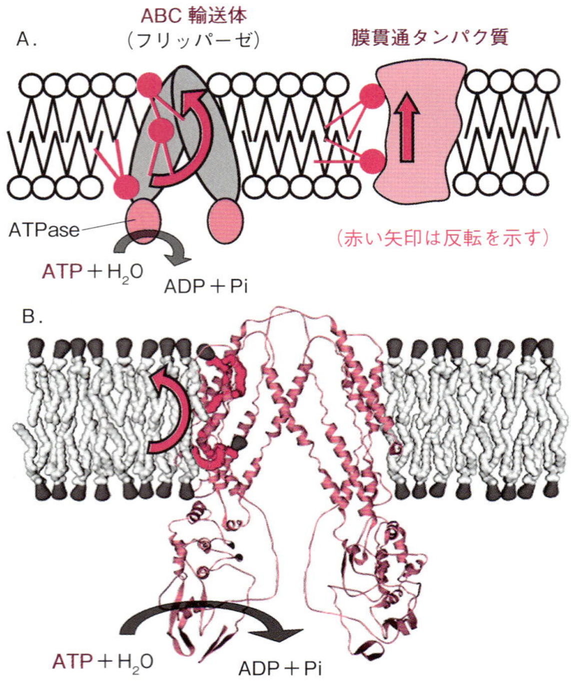

図 1-14　生体膜を構成するリン脂質の反転機構

A：エネルギー依存性で，能動的に引き起こされるリン脂質の反転機構（左）と，分子運動によりランダムに引き起こされるリン脂質の反転機構（右）．B：エネルギー依存性の反転を行っている ABC 輸送体（フリッパーゼ）の分子モデルを示す．ABC 輸送体は ATP を加水分解して得られるエネルギーを用いてその立体構造を変化させ，膜を構成する脂質の反転を行っている．

c.　細胞膜の特殊構造

細胞の形態を保持し，外力に抗して壊れないためには，細胞膜に一定の強度が必要である．また，細胞膜に存在する各種の機能タンパク質は，その機能を効率よく遂行するために，細胞膜上で一定の配置をとる必要がある．しかしながら，細胞膜に組み込まれているだけでは，その流動性ゆえに，細胞膜上で一定の配置を安定的に維持することは難しい．このような中で，細胞膜の裏打ち構造と呼ばれる特殊な構造が細胞膜の強度の補強とともに，各種の膜タンパク質を結合して，それらを細胞膜上の一定の部位に留めておく役割も果たしている．細胞膜の裏打ち構造は，細胞質側の膜直下に存在する網目状の繊維構造で，細胞骨格（6章参照）を中心とした成分により構成されている．そして，この裏打ち構造には，膜貫通タンパク質のイオンチャネルや各種の受容体タンパク質などをはじめとして，さまざまな膜タンパク質が結合している（図1-15）．

細胞膜には，特別な機能を果たしている構造がいくつか見られる．その1つが，パッチ状（数10 nm幅）に形成されたラフト（raft）と呼ばれる領域である（図1-16）．このラフトの部分では，膜を構成する脂質の成分が他の部分とは少し異なっている．たとえば，膜の外層にスフィンゴミエリンや糖脂質が多く集中して存在するために，膜の構造が少し厚くなっている．また，コレステロールも多く分布している．さらに，この部分にはGPIアンカータンパク質，細胞接着分子，情報伝達分子の受容体などが集中して分布しており，特殊な機能をもった領域と考えられている．

もう1つの特殊な構造に，細胞膜がフラスコ型（直径

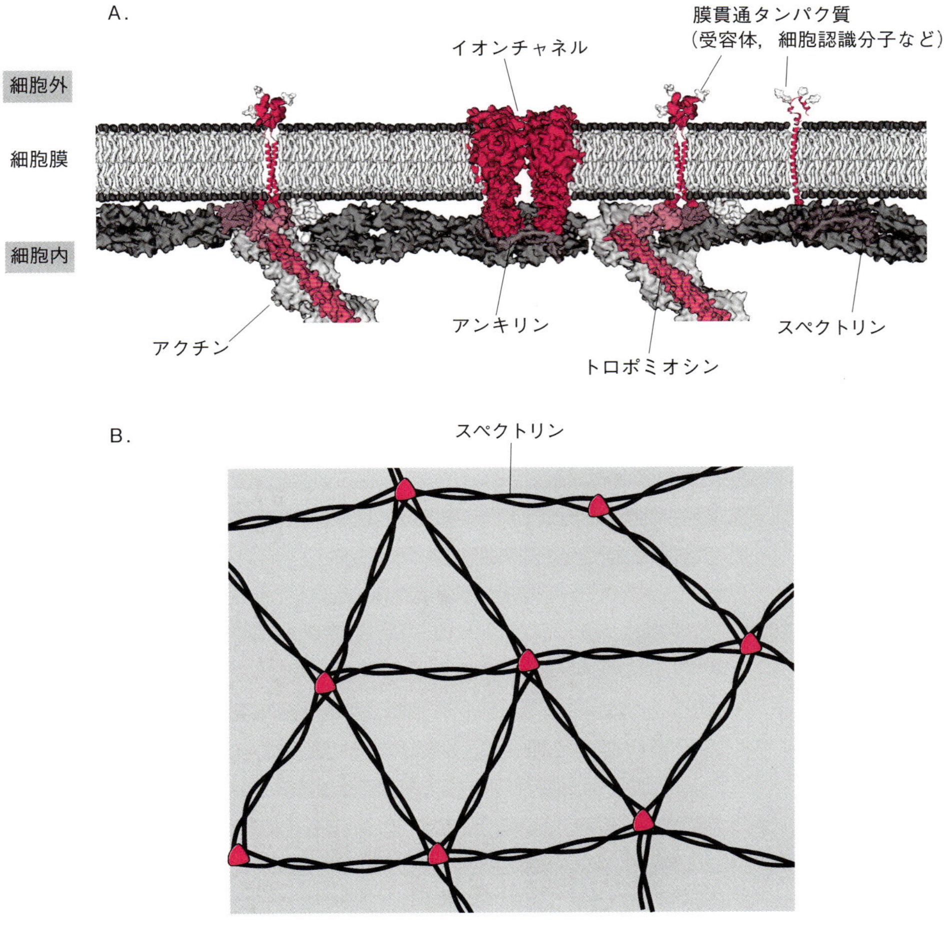

図 1-15　細胞膜の裏打ち構造
A：細胞膜の直下には繊維状の網の目構造が存在し，膜タンパク質と結合している．たとえば，赤血球の細胞膜ではスペクトリンによる網目構造が形成され，その構造にさまざまな膜タンパク質や，それらと関連したタンパク質が結合している．B：スペクトリンの網目構造を細胞質側から見た模式図．

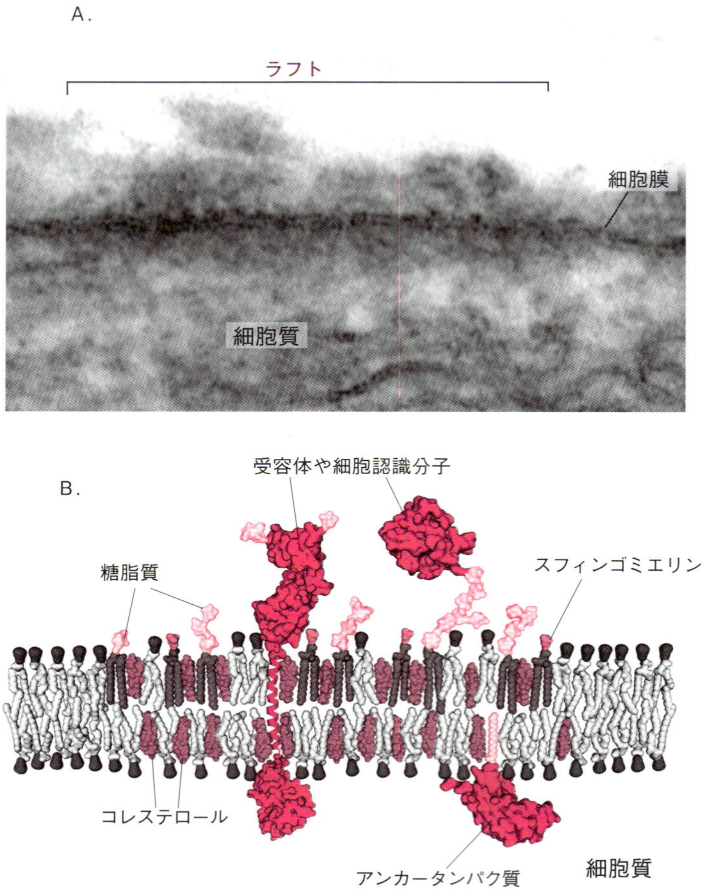

図 1-16　ラフト
A：細胞膜のラフトと見られる領域の電子顕微鏡写真．ラフトは細胞膜の海に浮かんだいかだ（ラフト）のようなものとして考えられている．このラフトは細胞膜の中を移動することができる．B：ラフトの分子モデル．細胞膜にはスフィンゴミエリンとコレステロールが豊富で，膜の外層には糖脂質が多く分布している．さらに，ラフトには情報伝達や細胞認識などに関連した多くの種類のタンパク質が分布している．

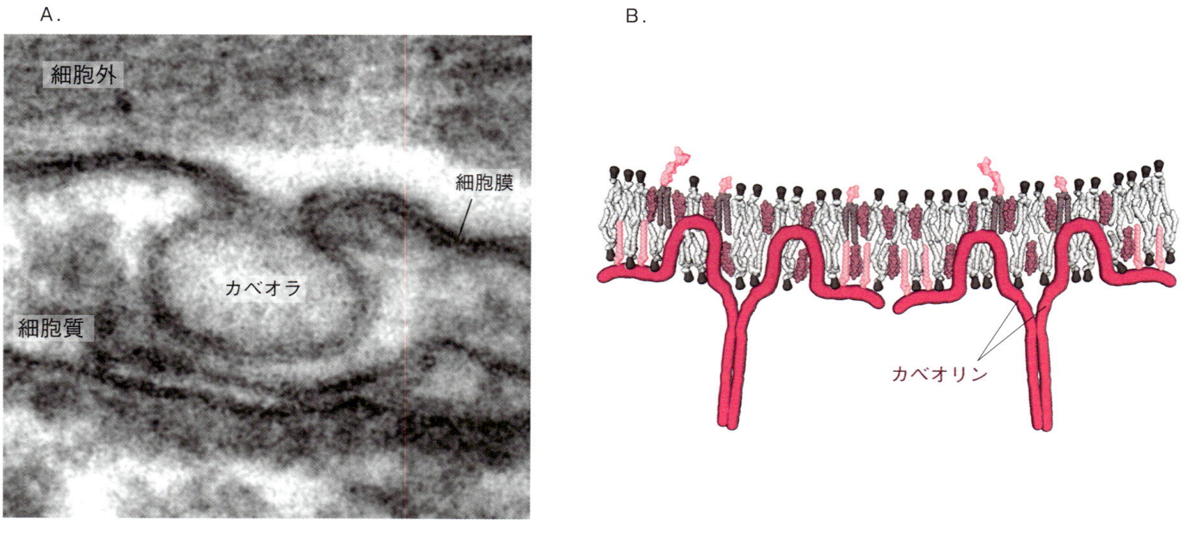

図 1-17　カベオラ
A：カベオラの電子顕微鏡写真．B：カベオラの弯曲した膜構造の分子モデル．カベオラの弯曲部には，カベオリンと呼ばれるタンパク質が組み込まれ，その弯曲構造を形成している．

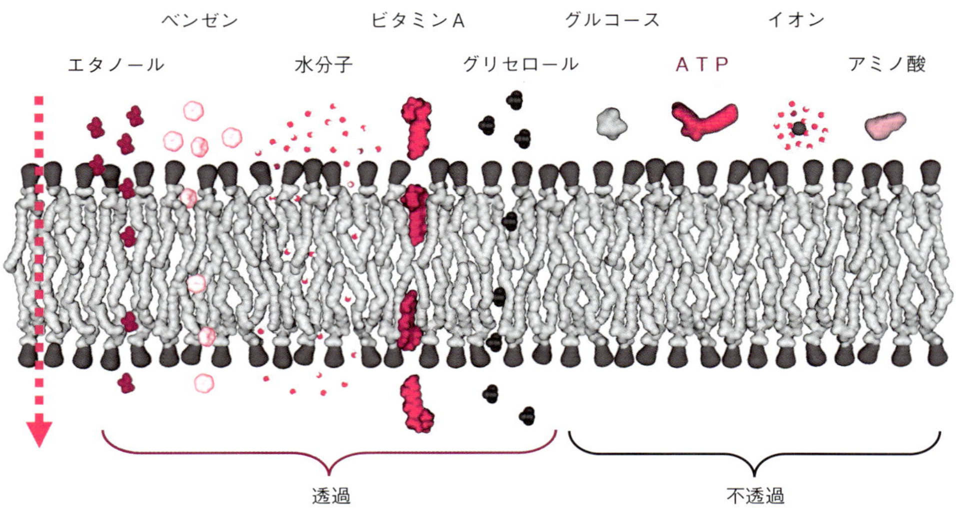

図 1-18　細胞膜の物質透過性
拡散により膜を容易に通過できる物質と，通過できない物質とがある．

50～100 nm）の形をして細胞内部に陥入したカベオラ（caveolae）と呼ばれる構造がある（図 1-17）．その陥入した構造の形成を引き起こしているのは，カベオリンと呼ばれる膜タンパク質である．このカベオリンが細胞膜に組み込まれることにより膜が歪められて，細胞質側に球形の陥入が引き起こされる．このカベオラの陥入部分の細胞膜には，細胞内の情報伝達系に関与するさまざまなタンパク質が分布している．これらのカベオラやラフトに集中して分布する分子の種類を見ると，細胞外からのシグナルを細胞内に伝達するための特別な領域と考えられる．

1・3　生体膜を隔てた物質の透過性

細胞膜や細胞小器官を構成する生体膜は，物質の選択的な透過性をもつバリアーとして，細胞のさまざまな機能に重要な役割を果たしている．その役割を可能にしているのが，生体膜を構成する脂質二重層の透過性と，その膜に組み込まれて物質の透過を制御している各種の膜タンパク質である．

脂質二重層からなる生体膜には，物質の透過性に関していくつかの性質がある．たとえば，ガス（CO_2，O_2，N_2 など）や荷電をもたない小型の親水性分子（エタノール，グリセロール，水，尿素など）などは，拡散により比較的容易に生体膜を透過することができる．また，少々大きくても，疎水性の分子（脂溶性のステロイドホルモンやビタミン A など）は拡散により生体膜を通過することができる．一方，荷電をもった小分子（各種イオン，アミノ酸，核酸など）や，荷電をもたない大型の親水性分子（単糖類，二糖類など）などは拡散により生体膜を透過することはできない（図 1-18）．そのサイズが小さいにもかかわらず，イオンが生体膜を容易に通過できない大きな理由はその荷電性にある．水中のイオンは，そ

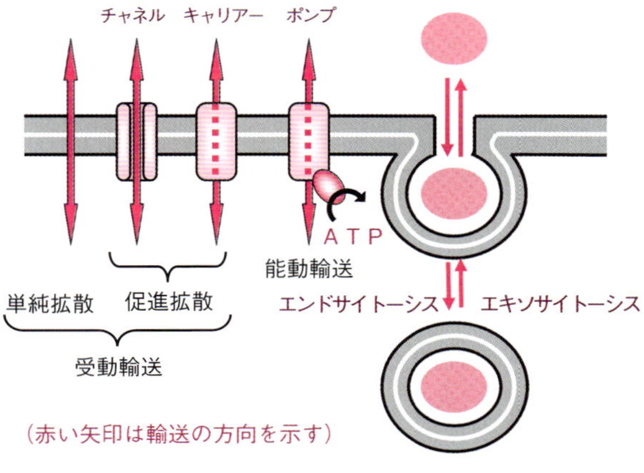

図 1-19　生体膜を隔てた物質の輸送
一部の物質は，単純拡散により生体膜を自由に通過することができる．拡散で通過できない物質は，生体膜に組み込まれたチャネルやキャリアータンパク質を介して膜を通過する．その際の物質通過には，濃度勾配に従った受動的な輸送と，濃度勾配に逆らった能動的な輸送がある．ATP のエネルギーを消費して物質の能動輸送を行っているのがポンプと呼ばれる膜タンパク質である．エンドサイトーシスとエキソサイトーシスは物質を膜に包み込んで輸送している．

の荷電性により，周囲に水分子をひきつけて集合体を形成している．その集合体のサイズが大きいために，膜を容易に通過することができない．

拡散による生体膜の物質透過の機能だけでは，細胞膜が細胞の生存に必要な養分の吸収，老廃物の排出，細胞内のイオン濃度の調節，細胞内の水分（浸透圧）の調節などを行うことは不可能である．それゆえ，細胞膜を中心とする生体膜には，物質の透過と輸送に関与する多くの種類の膜タンパク質が存在している．それらの膜タンパク質が関与している物質の透過や輸送は，その方式の違いにより，いくつかに分類されている（図 1-19）．これらの中のエンドサイトーシスとエキソサイトーシスについては 8 章で詳しく述べるので，ここでは，イオンチャネルとイオンポンプを中心に述べる．

1·4　イオンチャネル

イオンはさまざまな細胞機能（たとえば，細胞の興奮，細胞運動，細胞内の情報伝達など）の制御に重要な役割を果たしているにもかかわらず，生体膜を容易に透過することができない．そのために，細胞膜を中心とした生体膜には，イオンの選択的な透過を制御しているイオンチャネルやイオンポンプが存在する．それらは膜貫通タンパク質として存在し，イオンが通過する通路を生体膜に形成している．イオンが生体膜を横切って移動する場合には，ゲートの開かれたイオンチャネルを通ってイオン濃度の高い側から低い側へと拡散移動する場合や，イオンの濃度勾配に逆らって，イオン濃度の低い側から高い側へと輸送される場合などがある．前者はエネルギーを必要としないので受動輸送（passive transport），後者はエネルギーを必要とするので能動輸送（active transport）と呼ばれている．能動輸送を行っているのがイオンポンプで，ATP のエネルギーを用いてイオンの輸送を行っている．

生体膜を横切った物質の輸送は，その方向性により，一方向性の輸送を行う単輸送（uniport），同じ方向に 2 種類の物質を同時に輸送する共輸送（symport），2 種類の物質を反対方向に同時に輸送する対向輸送（antiport）などに分類されている（図 1-20）．2 種類の物質を同時に輸送する場合は，間接的能動輸送（indirect active transport）と直接的能動輸送（direct active transport）がある．間接的能動輸送は，片方の物質が濃度の高いほうから低いほうに拡散するエネルギーを駆動力として，もう一方の物質を輸送する方法である．これには，Na^+ の濃度勾配を利用して細胞内にグルコースを輸送するグルコース輸送体や，H^+ の濃度勾配を利用してラクトースを輸送するラクトース透過酵素などが知られている．また，直接的能動輸送は，ATP のエネルギーを消費して，2 種類の物質を濃度勾配に逆らって同時に輸送する方法である．これには，Na^+/K^+-ATPase などのイオンポンプが知られている．

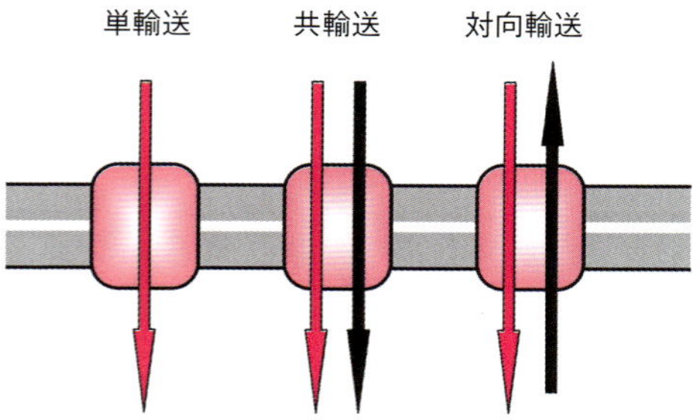

図 1-20　物質の輸送方向による分類
物質の輸送には，一種類の物質の輸送や，複数の物質を同時に輸送する方法がある．

a．イオンチャネルの構造と種類

膜貫通タンパク質として存在するイオンチャネルの基本的な構造は，α ヘリックス（α-helix）構造からなっている．イオンチャネルは，複数個（2 ～ 24 個）の α ヘリックス構造をもった膜貫通タンパク質が単独，あるいは，いくつか集合して，その中央にイオンが通過できる通路を形成している（図 1-21）．このように一定のサイズの分子が通過できる通路を生体膜に形成する方法は，α ヘリックス構造を用いる以外にも方法がある．それは，β バレル（β-barrel）と呼ばれる構造を用いる方法である．β バレルは，親水性と疎水性の側鎖がそれぞれ内側と外側を向くように β シート構造を組み合わせて作られた樽のような構造である．この β シートで形成された樽が膜にはまり込むと，小型の物質が通過できる通路を形成する（図 1-22）．このような構造はポーリンと呼ばれ，ミトコンドリアの外膜や原核細胞の外膜などにその存在が知られている．

ほとんどのイオンチャネルの場合，ふだんはそのゲートが閉じられていて，必要に応じて開かれる．そのゲートの開閉の制御方法により，イオンチャネルはいくつかのタイプに分類されている．その 1 つが膜電位依存性（voltage-gated）イオンチャネルである．これは，細

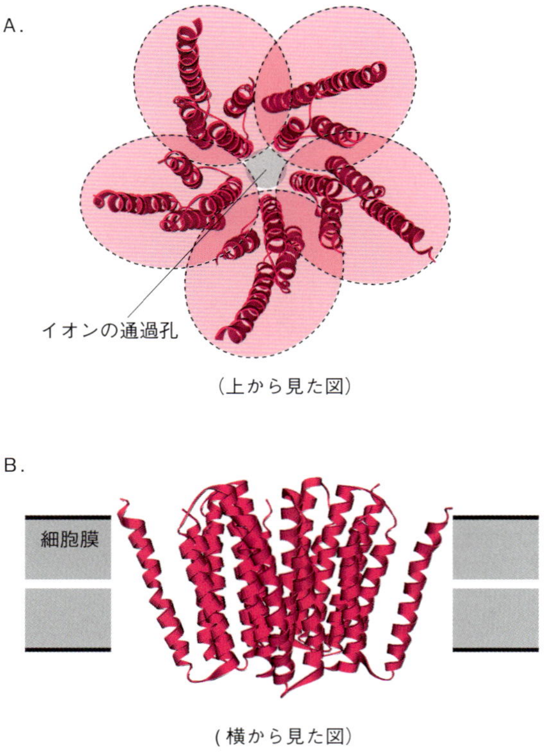

図 1-21　イオンチャネルの膜貫通領域の構造
アセチルコリン受容体を構成するイオンチャネルの部分だけを示す．5 つのサブユニットからなり，それぞれは 4 つの α ヘリックス構造により構成されている．サブユニットが環状に集合した中央には Na^+ や K^+ が通過できる通路が形成されている．

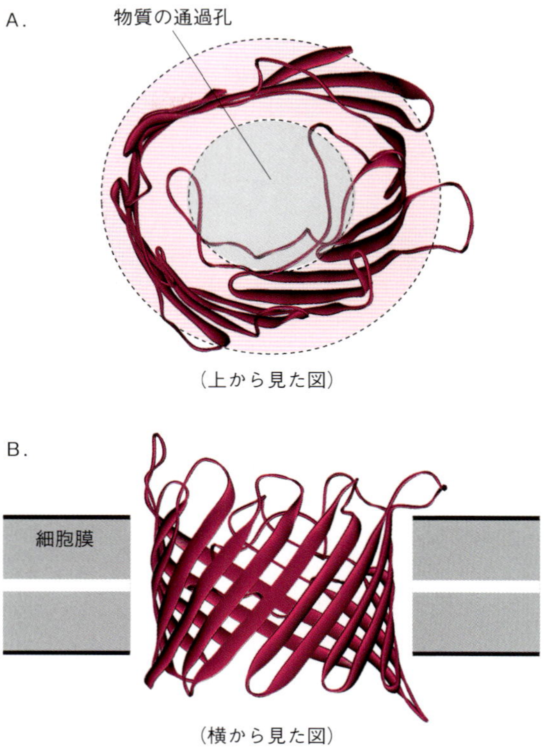

図 1-22　β バレル構造
β シートにより形成されたポーリンを示す．β シート構造が樽のような構造を形成して膜の中にはまり込んでいる．そして，その中央には特定の分子が通過するための通路が形成されている．

胞膜を隔てて発生している膜電位（後述）の変化に反応してチャネルのゲートが開かれるタイプである．その他に，リガンド結合型（ligand-gated）イオンチャネルがある．これは，イオンチャネルに特定の分子が結合すると，イオンチャネルのゲートが開かれるタイプである．この場合には，イオンチャネルの一部が特定の分子の受容体の役割も兼ねている．リガンド結合型のイオンチャネルには，細胞外から作用する分子に反応するものと，細胞質内から作用する分子に反応するものなどがある（10 章参照）．前者には，細胞膜に分布するアセチルコリン受容体（Na^+ や K^+ などを通過させるイオンチャネル）などが知られている．後者には，小胞体膜に分布する IP3 受容体（Ca^{2+} チャネル）などが知られている．また，特殊なタイプのイオンチャネルとして，張力依存型（mechanically-gated）イオンチャネルがある．これは，細胞に加わる張力に反応してイオンチャネルのゲートが開かれる特殊なタイプである．この例としては，内耳のコルチ器の有毛細胞に存在する K^+ チャネルなどが知られている．

b. イオンチャネルによるイオンの膜透過

イオンチャネルには多くの種類が存在するが，それらに共通した基本構造として，特定のイオンだけを選択的に通過させるフィルター機構や，その通路を開閉するゲート機構などが備わっている．イオンチャネルのフィルター機構の詳細については，放線菌（*Streptomyces Lividans*）由来の K^+ チャネルの KcsA で明らかにされている．この KcsA は細胞外から細胞内に向かって K^+ が流れ込むタイプのイオンチャネルである．KcsA は α ヘリックス構造をもつ 4 つのサブユニットの集合体からなり，その集合体の中央部に K^+ が通過する通路が形成されている（図 1-23）．このイオンチャネルの開閉は，ゲートと呼ばれる部分で行われ，細胞内の pH に依存し

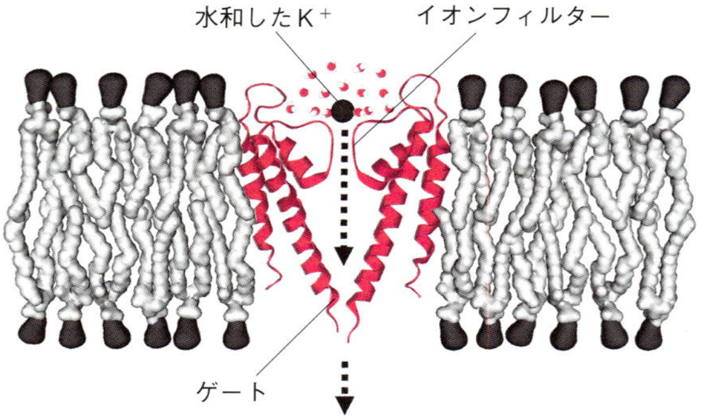

図 1-23 細菌の K^+ チャネルの KcsA
KcsA は 4 つのサブユニットからなる．そのフィルターとゲートの部分をわかり易くするために，2 つのサブユニットだけを横から見た図が示されている．

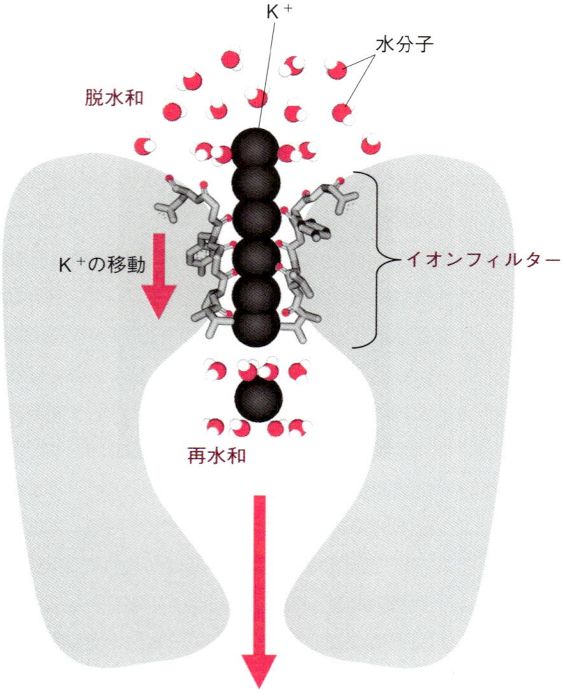

図 1-24 KcsA のフィルター構造
フィルター部を構成する 8 つのアミノ酸のうちの主要な 5 つのアミノ酸残基（-G-Y-G-V-T-）と，そのフィルター部を通過している K^+ を示す．フィルター部を通過する前には，イオンに引き付けられている水分子が引き離され，フィルター部を通過した後に，再び水分子がイオンの周囲に引き付けられる．

てその開閉（酸性状態でゲートが開く）が制御されている．

KcsA でフィルター機能を果たしている部分の構造については，向かい合った 2 つのサブユニットの模式図で見るとわかり易い．そのフィルター機能の中心を担っているのが，イオンの通る通路に並んで配置された 8 つのアミノ酸残基である（図 1-24）．その中でも，とりわけ重要な役割を果たしているのが 5 つのアミノ酸残基（-G-Y-G-V-T-）である．4 つのサブユニットのフィルターの部分が 4 方向から集合することにより，直径が約 0.3 nm で長さが約 1.0 nm の通路を形成している．この通路の部分では，親水性側鎖のカルボニル基が通路側に向いて配置されている．このフィルター部分を構成する通路の直径は，K^+（直径が約 0.27 nm）と Na^+（直径が約 0.19 nm）の両方が通過できる大きさになっているが，原子のサイズが Na^+ よりも大きい K^+ のほうが，より選択的に通過することができる．これには，フィルター部に存在するアミノ酸のカルボニル基と Na^+ や K^+ との相互作用の違いが関係している（図 1-25）．

イオンがイオンチャネルを通過する際には，いくつかのステップを経なければならない．イオンは荷電をもっているので，水中ではその周囲に多くの水分子をひきつけ，大きな集合体（水和状態）を形成している．それゆえ，直径が約 0.3 nm のイオンチャネルの通路を，直径が約 0.27 nm の K^+ が通過する際には，最初のステップで，周囲の水分子を取り除く（脱水和）作業が行われる．この過程にはエネルギーを必要とするはずであるが，実際に K^+ がイオンチャネルを通過する際には，エネルギー

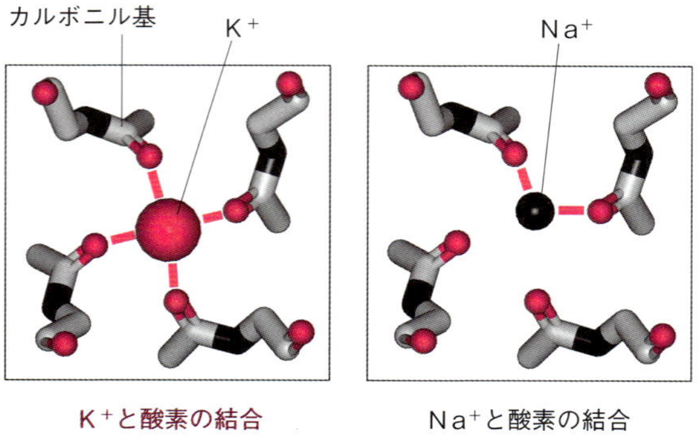

図 1-25 KcsA のフィルター部のイオン選択性
サイズの小さい Na^+ は，フィルター部を構成する 4 方向からのアミノ酸のカルボニル基とうまく反応できないために，イオンと水和している水分子を引き離すことができず，チャネルの通路内に進入することができないと考えられている．

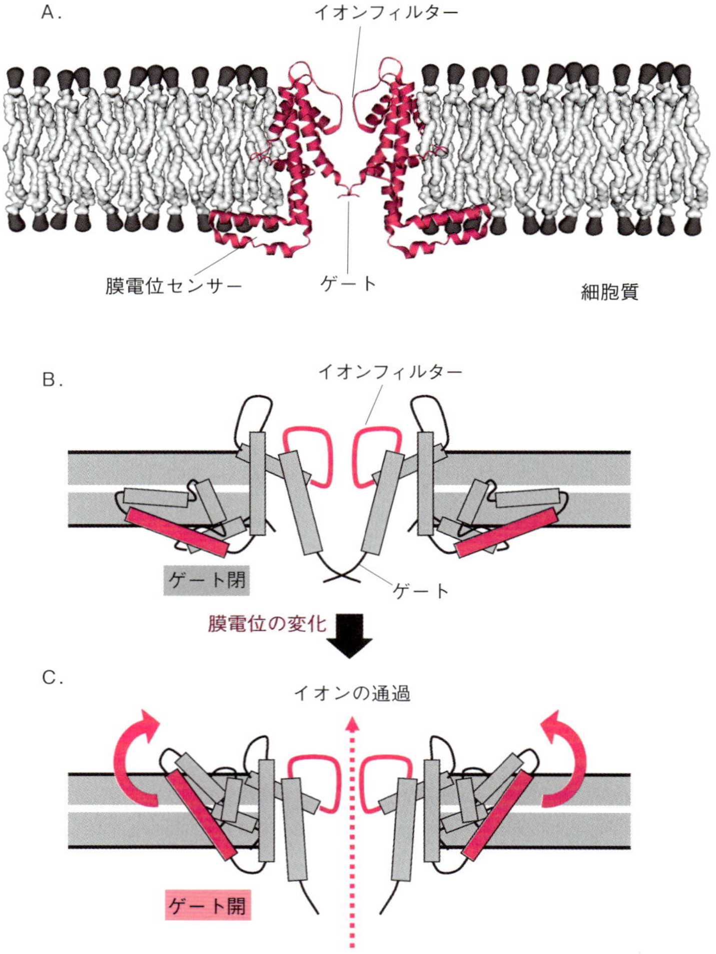

図 1-26　細菌の膜電位依存性 K^+ チャネルの KvAP の開閉
KvAP は，K^+ が細胞内から外に向かって流れ出るタイプのイオンチャネルである．**A，B**：KvAP の分子モデル．**C**：電位センサーの部分が膜電位の変化を感知すると，それが細胞の外側の方向に移動する．その結果，イオンチャネルのゲートが開かれる．このモデルはパドルモデルと呼ばれている．

を必要とせずに脱水和が行われている．しかも，イオンが通過する速度は毎秒 10^6 ～ 10^8 個にも及んでいる．このように効率よい作業が行われているのは，イオンチャネルの入り口，フィルター部，そして，細胞質側に開いた通路を構成する特殊な分子構造によるものと考えられている．

イオンチャネルのゲートが開閉するしくみについて，ここでは，膜電位依存性と，リガンド結合型のチャネルの例について述べる．膜電位依存性のイオンチャネルのゲートが開閉するモデルについては，イオンチャネルを構成している構造の一部（特殊なαヘリックス構造）の形や位置を変化させて，ゲートを開閉するモデルが考えられている．ここでは，超好熱古細菌（*Aeropyrum pernix*）の膜電位依存性 K^+ チャネルの KvAP が，膜電位の変化に反応してチャネルのゲートを開閉するモデルについて述べる（図 1-26）．KvAP は，膜電位（後述）の変化を感知する膜電位センサーを，前述の K^+ チャネルの KscA に付け加えたような構造をしている．その膜電位センサーの一部のαヘリックスには，正の荷電をもった塩基性のアミノ酸が一定のパターンで配置されている．そして，膜電位が変化すると，その特別なαヘリックスの部分が反応して，イオンチャネルの立体構造が大きく変化する．その結果，イオンチャネルのゲートが開かれる．

膜電位の変化にともなうイオンチャネルの開閉のしくみについては，もう 1 つのモデルがある．それは，膜電位依存性 Na^+ チャネル（図 1-27）に見られる例である．そこでは，膜電位感受性をもつ特定のαヘリックス構造が膜電位の変化に反応して，回転しながら移動することにより，イオンチャネルのゲートを開閉する．このよう

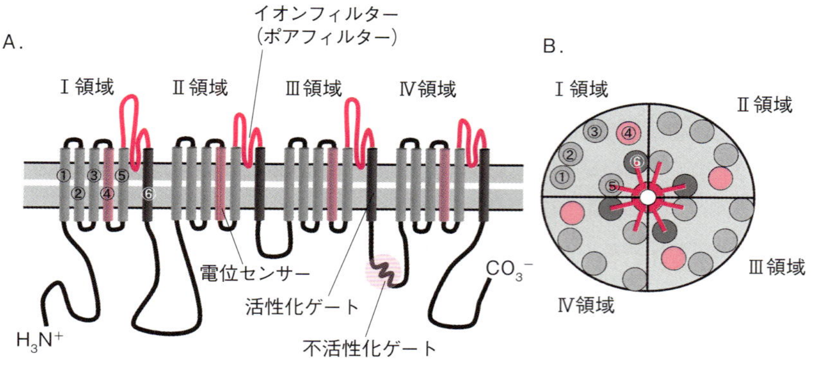

図 1-27　膜電位依存性 Na^+ チャネル

A：チャネルの主要構造は，膜を貫通する 24 個の α ヘリックスをもったタンパク質から構成されている．B:6 個ずつの α ヘリックスが 4 つのグループを形成し，それらが環状に集合している．そして，その中央にイオンが通過できる孔を形成している．このイオンチャネルでは，それぞれのグループに存在する 4 番目の α ヘリックスが膜電位感受性の部分として働いている．

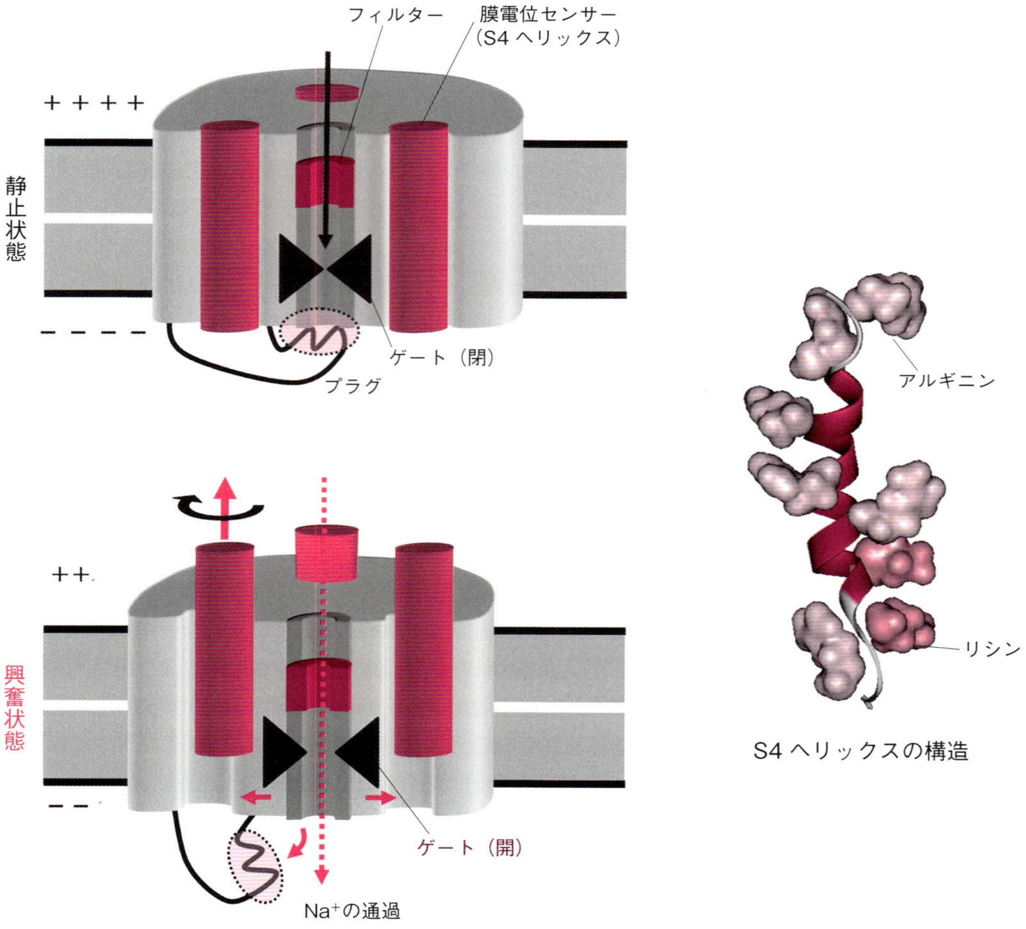

図 1-28　膜電位依存性 Na^+ チャネルの開閉機構

膜電位がプラス側に変化すると，膜電位センサーの役割を果たしている 4 番目の α ヘリックスが上に向かって回転移動する．その結果，通路をふさいでいたゲート構造が変化して通路を開く．通路の開閉はゲートとプラグによりなされ，それぞれ別々に制御されている．4 番目の α ヘリックスにはプラスに荷電した塩基性タンパク質のアルギニン（R）とリシン（K）の側鎖が一定の間隔でらせん状に配置している．

な変化が引き起こされるのは，膜電位の変化を感受する α ヘリックス構造に，正の荷電をもったアミノ酸がらせん状に配列しているためである（図 1-28）．

リガンド結合型のイオンチャネルの開閉の制御については，神経のシナプスに分布するアセチルコリン受容体の例がよく知られている（図 1-29）．アセチルコリン受容体は 5 つのサブユニット（α，α，β，γ，δ）が環状に集合することにより，その中央に陽イオンを通過させる通路を形成している．受容体の基本構造は，細胞外に存在するアセチルコリン結合領域と，細胞膜を貫通するイオンチャネル領域，そして細胞内領域の 3 つの部分から構成されている．各サブユニットは 4 つの α ヘリックス構造からなるイオンチャネル領域をもち，5 つのサブユニットが環状に集合することによりイオンチャネルとしての構造を形成している．そして，アセチルコリンがアセチルコリン結合領域に結合すると，イオンチャネル領域を構成する α ヘリックス構造に立体的な変化（回転）が引き起こされる．この変化により，イオンが通過する通路が開かれる．その通路の径は閉じられているときが約 0.6 nm で，これよりも直径の大きい水和状態のイオンは通過することができない．一方，アセチルコリンが結合して通路が開かれると，その径が約 0.9 nm になる．

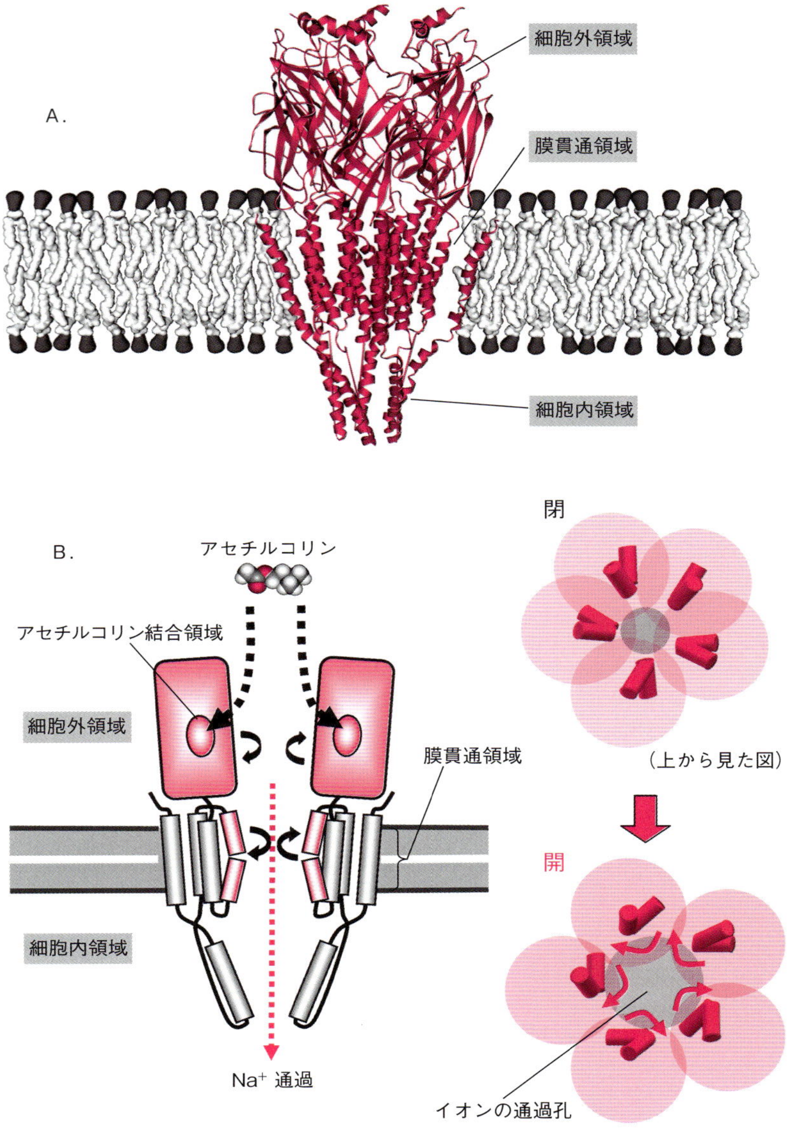

図 1-29　アセチルコリン受容体

A：アセチルコリン受容体の分子モデル．B：アセチルコリン結合領域にアセチルコリンが結合すると，その領域の構造が変化する（実線の矢印が変化を示す）．その変化と連動して，イオンチャネル領域を構成する α ヘリックス（赤色）の一部の立体構造が変化する．その結果，イオンチャネルの中央の通路が広げられ，Na^+ や K^+ が通過できるようになる．その通路にはイオンに対する選択的なフィルター機構はなく，イオンの通過はその通路の径のサイズの変化により制御されている．

その結果，水和状態の直径が 0.8nm 程度の Na^+ や K^+ は容易に通過できるようになる．

c. 特殊な方法によるイオンの膜透過

イオンチャネルの他にも，イオンを通過させる通路を細胞膜に形成する方法はいくつかある．たとえば，ハチ毒のメリチン（mellitin）やバチルス菌が産生する抗生物質のグラミシジンA（gramicidin A）などのように，らせん状の立体構造をした小型のペプチド鎖を細胞膜に挿入して，イオンを通過させる方法である（図 1-30）．グラミシジンAがつくるらせん構造（15アミノ酸から構成されるヘリックス構造）は，細胞膜と接する外側に疎水性のアミノ酸の側鎖が向き，その内側には親水性のカルボキシ基が向いている．このような構造が細胞膜の炭化水素鎖の中にはまり込むことにより，イオンが通過できる親水性の通路（直径約 0.4nm）を形成することができる．この方法を用いて，バチルス菌は標的細胞の細胞膜に Na^+ や K^+ が通過できる穴を開けて，その細胞を殺してしまう．

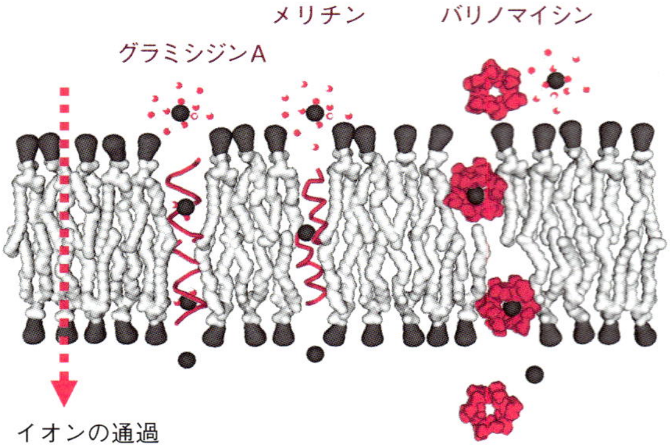

図 1-30 細胞膜に孔を開けるペプチドとイオノフォア
簡単なペプチドを用いることにより，細胞膜にイオンが通過する穴をあけることができる．そのような例として，グラミシジンA（二量体構造），メリチンなどがある．そして，イオンを結合して細胞膜を通過するイオノフォアのバリノマイシンなどもある．

この他に，イオノフォアと呼ばれる分子がイオンと結合して細胞膜を通過し，反対側にそのイオンを輸送する方法もある．このような分子には，抗生物質のバリノマイシン（valinomycin）やモネンシン（monensin）などが知られている．バリノマイシンは6つのアミノ酸からなる環状のヘキサペプチド（バリンやその誘導体を含む）で，その外側には疎水性の側鎖が向き，内側には極性をもつ酸素原子が向いている．その環状構造の内部に K^+ を結合して，疎水性の細胞膜の中に侵入して，その中を移動することができる．このような性質を利用して，バリノマイシンは細胞膜を横切って K^+ の輸送を行うことができる．また，ポリエーテルからなるモネンシンは細胞膜を横切って Na^+ の輸送を行うことができる．

1·5 膜電位とイオンポンプ

静止状態（興奮してない状態）の細胞内に含まれるイオン濃度を細胞外液と比較すると，それらの間には大きな違いが見られる（表 1-1）．このような細胞内外のイオン濃度の差は積極的に維持されている．それは，細胞のさまざまな機能を遂行する上で，細胞内外のイオン濃度の差が重要な役割を果たしているからである．たとえば，Na^+ と K^+ の濃度差は，細胞の浸透圧の調節，興奮，糖やアミノ酸の吸収などに重要な役割を果たしている．また，細胞内の濃度が極端に低く保たれている Ca^{2+} については，その濃度の微量な変化が細胞内の情報伝達や細胞の運動の制御などに重要な役割を果たしている．

a. 膜電位

細胞外液と比べて，細胞内のイオンは高い濃度の K^+，低い濃度の Na^+，Cl^-，Ca^{2+} の状態に維持されている．さらに，細胞内には負の荷電をもつタンパク質やリン酸も多量に含まれている．このような細胞にガラス電極を差し込んで，細胞膜を隔てた電位差を測定すると，数十mV（細胞内がマイナスで細胞外がプラス）の値が得ら

表 1-1 細胞内外におけるイオンの濃度差

イオンの種類	細胞質内の濃度（mM）	細胞質外の濃度（mM）
Na^+	5～15	145
K^+	140～150	1～5
Cl^-	5～15	110
Mg^{2+}	0.5	1～2
Ca^{2+}	＜0.0001	2～5
固定陰イオン	高濃度	—

れる．このような静止状態の細胞で測定される電位は，静止膜電位（resting membrane potential）と呼ばれている．これに対して，細胞が興奮したときに一過性に発生する膜電位の変化は，活動電位（action potential）と呼ばれている．これらの膜電位の発生には，細胞膜を隔てたイオンの濃度勾配，細胞膜によるイオンの選択的な透過，細胞膜に組み込まれたイオンポンプの働きなどが関与している．

細胞膜には各種のイオンを選択的に通すイオンチャネルが存在し，それらのゲートが開くと膜を隔てたイオンの移動が起きる．たとえば，K^+ についてみると，K^+ チャネルのゲートが開かれると，細胞内外のイオン濃度差により，細胞内から細胞外に向かって K^+ の移動が起こる．細胞膜を横切った K^+ の移動は，膜を隔てた電位差（内側がマイナス）を発生させる．その一方で，発生した電位差は細胞外に向かって移動する K^+ を細胞内に引き戻そうとする力（電気的吸引力，クーロン力）として作用する．その結果，両者がつりあって平衡状態になる．他のイオンについても同じことがいえる（図 1-31）．静止状態の細胞はこのような平衡状態にあると考えられる．その際の静止膜電位（平衡電位とも呼ばれる）を，細胞内外の K^+ 濃度をもとに，ネルンスト（Nernst）の式で計算すると，実測されるものとよく似た値が得られる（図 1-32）．それは，静止状態の細胞では，常にゲートが開かれたような状態の漏洩（leaky）K^+ チャネルが働いているだけで，Na^+ や Cl^- チャネルの関与は少ない

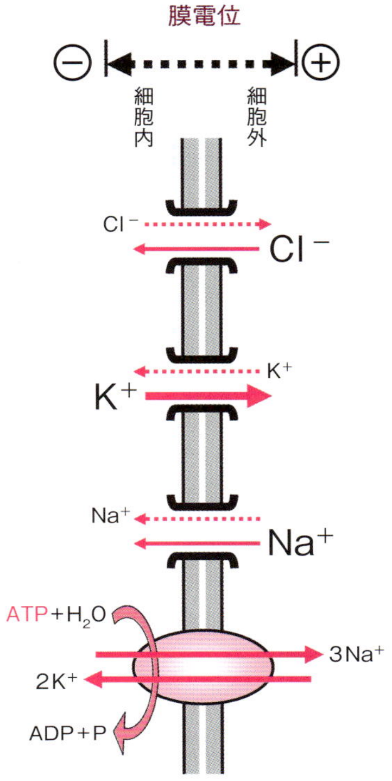

図 1-31　細胞膜を隔てたイオンの移動
実線の矢印は濃度勾配によるイオンの拡散を示し，点線の矢印は電気的吸引力によるイオンの移動の方向を示す．赤い矢印は ATP のエネルギーを用いたイオンの能動輸送を示す．イオンを示す文字のサイズの大小は，イオン濃度差を示す．

A. Nernst の式

$$\frac{RT}{F}\ln\frac{[K^+]_{out}}{[K^+]_{in}} = 58.8 \times \log\frac{5\ \mathrm{mM}}{145\ \mathrm{mM}} = -86\ \mathrm{mV}$$

B. Goldman-Hodgkin-Katz の式

$$\frac{RT}{F}\ln\frac{P_k[K^+]_{out} + P_{Na}[Na^+]_{out} + P_{Cl}[Cl^-]_{in}}{P_k[K^+]_{in} + P_{Na}[Na^+]_{in} + P_{Cl}[Cl^-]_{out}}$$

$$= 58.8 \times \log\frac{1(5\ \mathrm{mM}) + 0.04\ (145\ \mathrm{mM}) + 0.45\ (10\ \mathrm{mM})}{1(145\ \mathrm{mM}) + 0.04\ (10\ \mathrm{mM}) + 0.45\ (110\ \mathrm{mM})}$$

$$= -65.4\ \mathrm{mV}$$

図 1-32　Nernst の式と Goldman-Hodgkin-Katz の式
A：Nernst の式は，細胞内外の K^+ の濃度差により発生する静止膜電位を示す．**B：**Goldman-Hodgkin-Katz の式は，K^+，Na^+，Cl^- それぞれの細胞膜の透過性（P）を考慮して得られた静止膜電位を示す．細胞膜のイオン透過性（P）は種々の因子に依存するので細胞の種類により異なる．ここでは，一例として，K^+，Na^+，Cl^- の P 値をそれぞれ 1，0.04，0.05 とした場合の膜電位の値を示す．

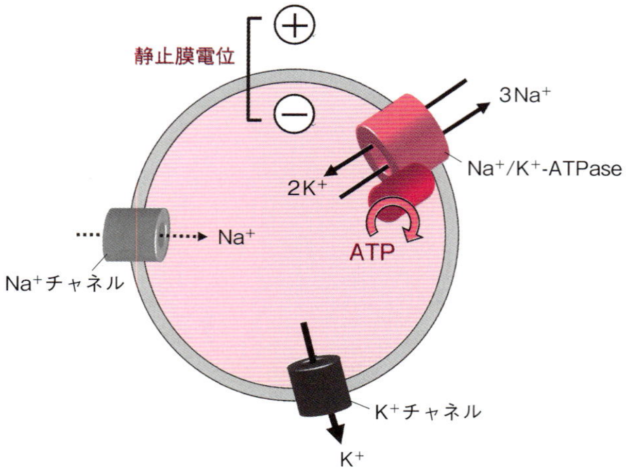

図 1-33　静止状態の細胞におけるイオンの移動
静止状態の細胞では，濃度勾配に依存したイオンの出入りや，イオンポンプによる能動的なイオンの輸送が平衡状態にあり，安定した静止膜電位を発生している．

からである．もちろん，Na^+ や Cl^- の透過性も考慮した Goldman-Hodgkin-Katz の式で計算すると，さらに実測値に近い膜電位の値を得ることができる．

b. 膜電位の発生機構

静止状態にある細胞では，細胞膜の漏洩 K^+ チャネルが常に開いているような状態なので，K^+ は細胞内外の濃度勾配に従って細胞内から細胞外に漏れ出ている（図 1-33）．そのような状況下でも，細胞内の K^+ や Na^+ の濃度は常に一定の値に保たれている．また，細胞の興奮のような生理活動が引き起こされると，細胞外から細胞内へ多量の Na^+ が入り込むが，その変化は速やかにもとの状態にまで戻される．そのためには，細胞膜を隔てた濃度勾配に逆らって，Na^+ や K^+ の能動輸送を行う必要がある．それを行っているのが，イオンポンプの Na^+/K^+-ATPase である．Na^+/K^+-ATPase は，2 個の K^+ と 3 個の Na^+ を同時に，それぞれ細胞の内外に向けて対向輸送を行っている．それらの輸送は，イオンの濃度勾配に逆らった能動輸送なので，ATP のエネルギーを消費しながら行われている．それゆえ，もし，ATP の枯渇や阻害剤の作用などにより，このポンプが止まってしまうと，細胞内の Na^+ の増加と K^+ 濃度の減少により，膜電位の発生を含めたさまざまな細胞機能の異常が引き起こされてしまう．

c. イオンポンプ

膜を隔てたイオン濃度を一定の値に保つために，エネルギーを消費しながら働いているイオンポンプには，いくつかのタイプ（F タイプ，P タイプ，V タイプなど）がある．前述の Na^+/K^+-ATPase は P タイプである．同じタイプでよく似た構造をしたものに，小胞体膜に存在する Ca^{2+}-ATPase や，胃酸を分泌する細胞に存在する H^+/K^+-ATPase などがある．これらのイオンポンプの構造と輸送のしくみについて，比較的に詳しく調べられている Ca^{2+}-ATPase の場合について以下に述べる．

通常の細胞内の Ca^{2+} 濃度は，細胞外液の濃度の 1/10000 以下（10^{-7}M 程度）の低い濃度に保たれている．それは，細胞質内の Ca^{2+} 濃度を一時的にわずかに増加させるだけで，細胞のさまざまな機能を調節するしくみ（10 章参照）があるからである．細胞質内の Ca^{2+} 濃度の一時的な増加は，細胞膜や小胞体膜に分布する Ca^{2+} チャネルの開放により引き起こされる場合が多い．それは，細胞外液や小胞体の内部に高濃度の Ca^{2+} が存在しているので，細胞膜や小胞体膜に存在する Ca^{2+} チャネルが開くと，Ca^{2+} が細胞質内に流入して Ca^{2+} 濃度を増加させるからである．そして，細胞質内に増加した Ca^{2+} はすばやくもとの低濃度な状態に戻される必要がある．その作業は ATP のエネルギーを用いて能動的に行われている．その役割を果たしているのが，小胞体膜に分布する Ca^{2+}-ATPase や，細胞膜に分布する Na^+/Ca^{2+} 交換輸送体（Na^+/Ca^{2+} exchanger）である．前者は細胞質内の Ca^{2+} を小胞体内に輸送し，後者は

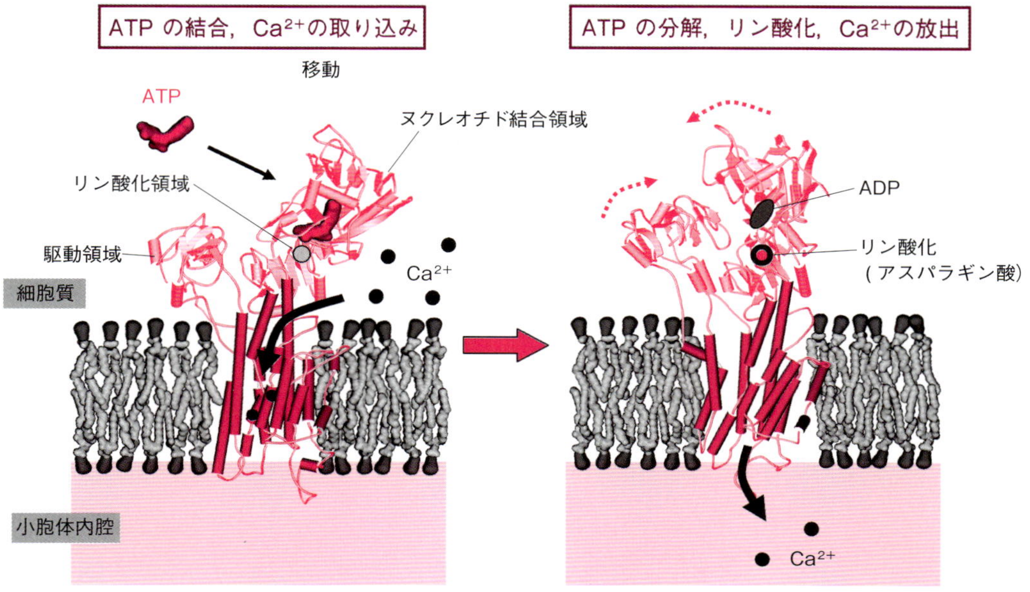

図 1-34　Ca^{2+}-ATP ase による Ca^{2+} の輸送
Ca^{2+}-ATP ase に Ca^{2+} と ATP が結合した後，ATP が加水分解されてリン酸化領域の特定のアミノ酸がリン酸化されると，Ca^{2+}-ATP ase の立体構造が変化する．それにともない Ca^{2+} が小胞体内腔に遊離される．

Ca^{2+} を細胞外に排出する．

細胞一般において，小胞体は細胞内の Ca^{2+} の貯蔵庫としてよく知られている．とりわけ，筋細胞の筋小胞体は Ca^{2+} の貯蔵庫としてよく知られている．Ca^{2+}-ATP ase は，この筋小胞体の膜に存在するイオンポンプで，その構造は細胞質側に分布する 3 つの領域（駆動領域，ATP 結合領域，リン酸化領域）と，Ca^{2+} を通過させる通路を形成する膜貫通領域（10 本の α ヘリックスからなる）から構成されている（図 1-34）．膜貫通領域に Ca^{2+} が結合すると，ATP 結合領域の構造変化が引き起こされ，そこに ATP が結合できるようになる．ATP 結合領域に結合した ATP の加水分解にともない，リン酸化領域がリン酸化されてイオンチャネルの立体構造が大きく変化する．その変化と連動して，膜貫通領域の構造変化が引き起こされる．その結果，Ca^{2+} が小胞体内腔に輸送される．

2. 細胞の構造

細胞は，その基本的な構造の違いから，原核細胞と真核細胞に大きく分けられている．原核細胞の大きさは，1～10 μm と小型であるが，真核細胞の大きさは 5～100 μm と比較的に大型である．両者を分類している形態的な違いは，その名の由来となっている，生体膜で包まれた核の存在の有無である．真核細胞の細胞内には，核膜を含め，小胞体，ゴルジ体，ミトコンドリアなど，生体膜で区画化された多くの種類の細胞小器官が存在し，それらは連携してさまざまな細胞機能に重要な役割を果たしている．一方，原核細胞では，光合成細菌などの一部のものを除き，その細胞内には膜構造が見られない．また，原核細胞と真核細胞の間には，膜構造以外にも細胞の構造と機能に多くの違いが見られる．たとえば，DNA 複製，RNA 合成，タンパク質合成，細胞分裂などのしくみ，そして，それらに関わる分子の種類や構造などにも多くの違いが見られる．さらに，動物と植物を構成する真核細胞の間にも，細胞内の構造や細胞の機能などにさまざまな違いが見られる．

ここでは，それらの違いを含めて，原核細胞と真核細胞を構成する各種の構造と機能，そして，それらの構造を構成する分子の違いなどについて述べる．

2・1　原核細胞

原核細胞は真正細菌（eubacteria）と古細菌（archaebacteria）の2種類に大きく分類されている．真正細菌には，大腸菌などの腸内細菌や光合成細菌のシアノバクテリアをはじめとして，数多くの種類が存在する．そして，その生息域も地球上の広範囲な環境に及んでいる．一方，古細菌は，好熱古細菌，高度好塩菌，メタン生成古細菌など，特殊な環境に生息するものが多い．たとえば，温度が122℃にも及ぶ環境で生息可能な超好熱古細菌，塩濃度が5モルにも及ぶ環境に生息している高度好塩菌，さらには，高温，高塩濃度の嫌気的環境下で生息しているメタン生成細菌なども知られている．

真核細胞，真正細菌，古細菌の3種類の細胞の関係については，細胞の進化の面から説明されている．太古の地球上の高温の嫌気的環境下で誕生した原始的な細胞が，最初に，古細菌と真正細菌の祖先にあたる2系統の細胞に分かれて進化したものと考えられている（図2-1）．そして，それらのうちの原始古細菌の系統の中から，核膜を形成するものが現れ，それが現在の真核細胞に進化したと考えられている．それは，現存の真核細胞と原核細胞で働いているさまざまな分子の特徴を比較すると，真核細胞と真正細菌の間よりも，真核細胞と古細菌の間のほうにより類似点が多く見られるからである（表2-1）．

a. 細胞膜

原核細胞の細胞膜の基本構造は真核細胞のものと同じで，リン脂質を主成分とした脂質二重層からなる．しかしながら，原核細胞の細胞膜を構成する脂質成分には真核細胞とは異なる点がいくつもある．たとえば，脂質二重層を構成するリン脂質について見ると，原核細胞の大腸菌では，ホスファチジルエタノールアミンが主要な構成成分となっているが，真核細胞では，ホスファチジルコリンとホスファチジルエタノールアミンの両方が主要な構成成分となっている．

さらに，真正細菌と古細菌の細胞膜を構成する脂質にもいくつかの違いが見られる．真正細菌ではグリセロールと炭化水素の結合がエステル結合で結合されているのに対して，古細菌や一部の真正細菌では，それらがエーテル結合で結合されている（図2-2）．このエーテル結合はエステル結合よりも耐熱性に優れているので，高熱環境下に生息している多くの古細菌や一部の真正細菌にとっては，そのほうが好都合と考えられる．

その他に，真核細胞の細胞膜に見られるコレステロールが原核細胞では見られない．そのかわりに，原核細胞にはステロールとよく似たホパノイド（hopanoid）と呼ばれる分子が存在し，細胞膜の構造を安定化している．また，特殊な構造として，好熱古細菌の細胞膜にはジグリセリンテトラエーテル（diglycerol tetraether）と呼ばれる脂質が存在する．この特殊な脂質は2つのジエーテ

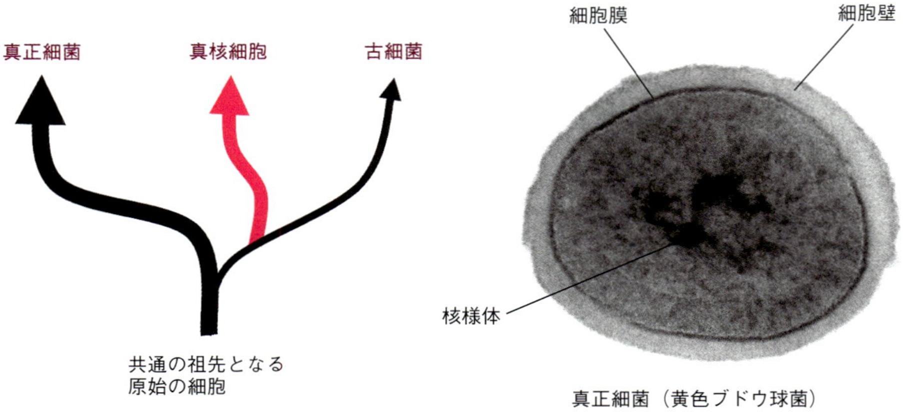

図2-1　細胞の進化
真核細胞は，その祖先となる原始の細胞から真正細菌と古細菌が分化した後，古細菌の系統から発達してきたものと考えられている．写真は真正細菌の電子顕微鏡写真を示す．

表 2-1　現存の真核細胞と原核細胞の特徴の比較

	真核細胞	原核細胞	
		古細菌	真正細菌
DNA	直線状 DNA．ヒストンタンパク質が結合している．	環状 DNA．ヒストン様のタンパク質が結合している．	環状 DNA．ヒストンやヒストン様のタンパク質は存在しない．
RNA ポリメラーゼ	12 サブユニットからなる（RNA ポリメラーゼⅡの場合）．リファンピシン耐性	8～14 サブユニットからなる．リファンピシン耐性	4 サブユニットからなる．リファンピシン感受性
転写開始部位の DNA の塩基配列	TATA ボックス	TATA ボックスに似た配列	さまざまなタイプがある．
タンパク質合成開始のアミノ酸	メチオニン	メチオニン	フォルミルメチオニン

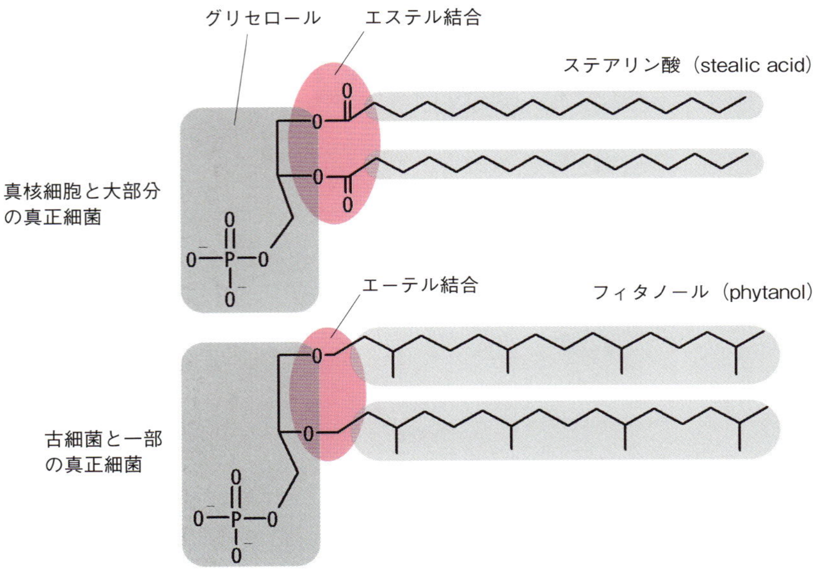

図 2-2　リン脂質のエステル結合とエーテル結合
真核細胞と原核細胞では細胞膜を構成するリン脂質に違いがある．その大きな違いは，グリセロールと炭化水素鎖の結合のしかたにある．

ル型の脂質が向かい合って結合したような構造をしている．このジグリセリンテトラエーテルが形成する細胞膜は，一般の脂質二重層構造とは異なる脂質一重層構造を形成し，高熱環境下で生息する細胞の細胞膜を安定化している（図 2-3）．この他にも，原核細胞の細胞膜にはカルジオリピン（cardiolipin）と呼ばれる特殊な脂質の存在が知られている．

b．核様体

原核細胞は環状の DNA をもち，その環状 DNA のサイズは 60 万～ 1000 万塩基対（大腸菌を例にあげると，464 万塩基対で 4405 個の遺伝子を含む）と広範囲である．通常の細胞内では，その環状 DNA は折りたたまれて凝縮し，核様体（nucleoid）と呼ばれる構造で存在する．環状 DNA の折りたたみの最初のステップは，DNA の特定の領域にタンパク質が結合してループ構造が形成

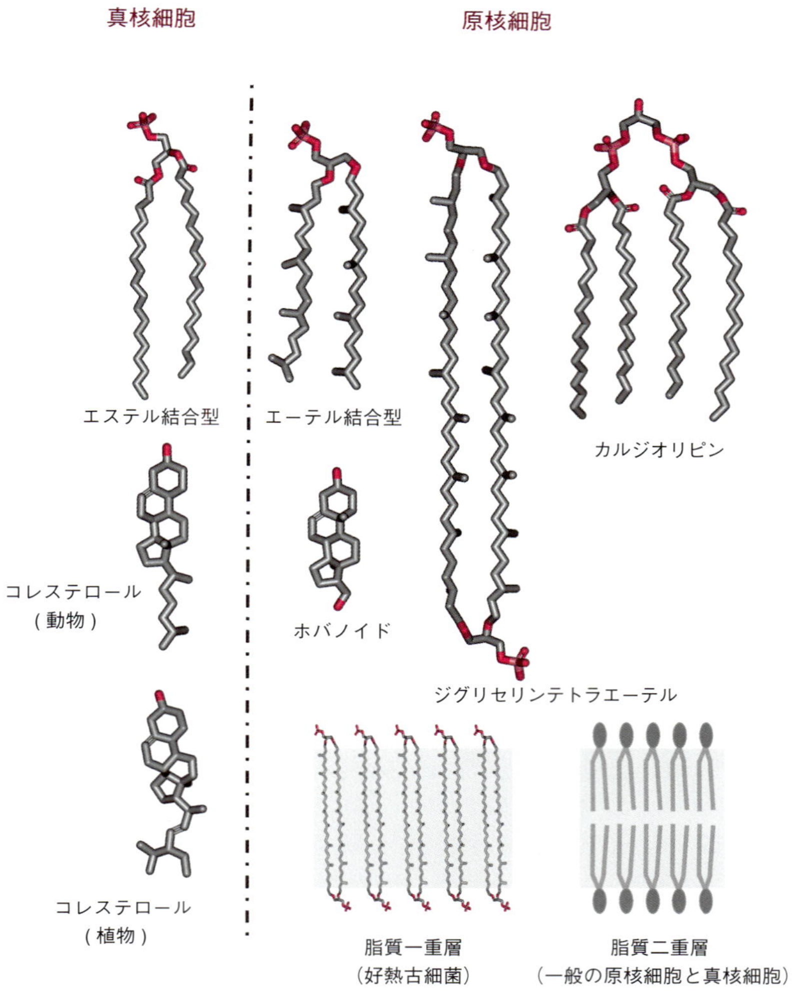

図 2-3　真核細胞と原核細部の細胞膜の脂質成分
真核細胞と原核細胞の細胞膜を構成する脂質には違いがある．たとえば，高熱環境に生息する原核細胞には，ジグリセロールテトラエーテルと呼ばれる特殊な脂質が存在し，脂質一重層の膜構造を形成している．また，原核細胞には，コレステロールと類似のホパノイドや，カルジオリピンと呼ばれる特殊な構造をした脂質が存在する．

される．そのループは5万～10万塩基対からなるので，全体で数十ものループ構造が形成される．そのループは，さらに超コイル（supercoiling）構造と呼ばれる状態に折りたたまれる．そして最終的には，1μm くらいの範囲内に収まる核様体と呼ばれる構造にまで折りたたまれる（図 2-4）．

多くの原核細胞では，その環状DNAの他に，プラスミド（plasmid）と呼ばれる小型の環状DNAをもっている．このプラスミドは原核細胞だけでなく，真核細胞の酵母にも存在する．プラスミドはクロマチンとは別に細胞質内に存在する環状DNAで，そのサイズは数千から数百万塩基対である．プラスミドは細胞の生存に必須な遺伝子を含んではいないが，それ自身で自己複製して増えることができる．しかも，プラスミドは細胞どうしの接合を介して，他の細胞に移動することが可能である．それゆえ，プラスミドは，細胞の遺伝情報を他の細胞に直接伝達するための手段として用いられている．

プラスミドは，それが伝達する情報の種類により，いくつかに分類されている．たとえば，F因子，R因子（薬剤耐性因子），PF因子，変異誘導プラスミド，毒素産生プラスミドなどがある．F因子と呼ばれているプラスミドは，クロマチンの遺伝子の一部を含んでおり，こ

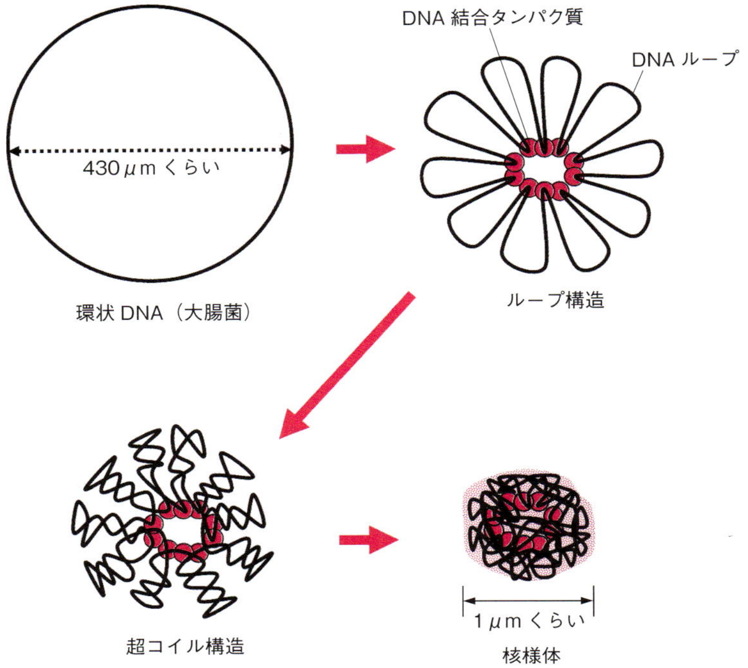

図 2-4　原核細胞の環状 DNA の折りたたみ（例：大腸菌）
環状 DNA にタンパク質が結合して数十個のループ構造が形成される．それらのループ構造は，さらにコンパクトに折りたたまれて，核様体と呼ばれる構造を形成する．

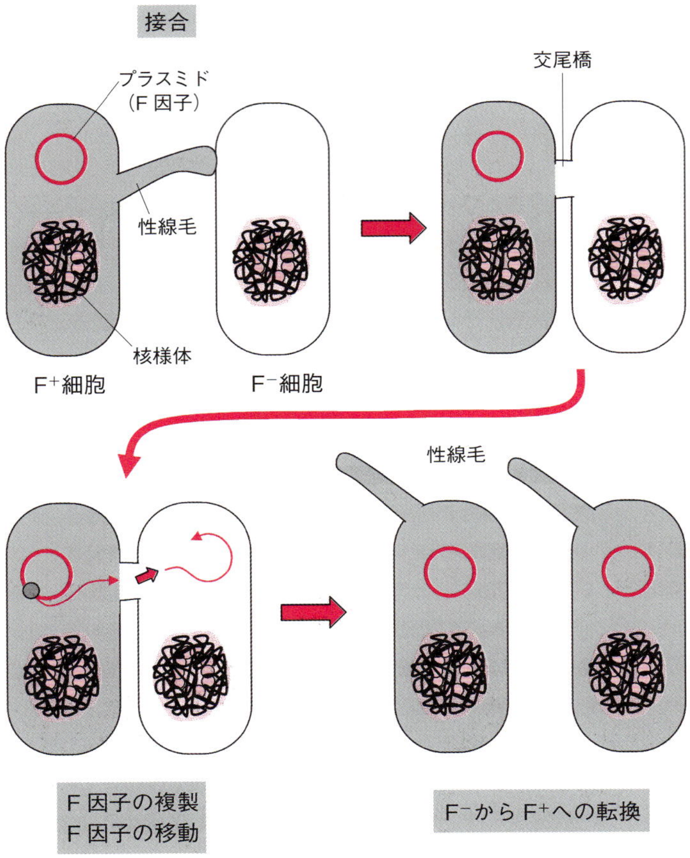

図 2-5　原核細胞に見られるプラスミドの F 因子の伝達（例：大腸菌）
F 因子をもつ細胞（F^+）は，その性線毛により F 因子をもたない細胞（F^-）と接合する．性線毛により接合された細胞には，交尾橋（mating bridge）と呼ばれる細胞質間の連絡通路が形成される．F 因子の相補鎖が複製され，それが交尾橋を通って F^-細胞に移動する．F^-細胞内に移動した相補鎖は複製されて，F^-細胞が F^+細胞へと転換する．

れをもたない細胞と接合してそのF因子を伝達することにより，遺伝子を他の細胞に伝えることができる（図2-5）．また，R因子は薬剤耐性の遺伝子を他の細胞に伝えている．このように，細胞どうしの接合を介して他の細胞に移動するプラスミドは，伝達性プラスミドと呼ばれている．この方法を用いて遺伝情報を直接にやり取りするしくみは，DNAの突然変異を経て新たな遺伝子の機能を獲得する場合と比べて，はるかに効率的な方法である．

c. 細胞壁

原核細胞にとって重要な構造の1つに，細胞の周囲を取り巻いて存在する細胞壁（cell wall）がある．細胞壁は，マイコプラズマや古細菌の一部のものを除いてほとんどの原核細胞に見られる構造であるが，真正細菌と古細菌ではその構成成分に違いが見られる．真正細菌のほとんどでは，細胞壁を構成する主要な多糖がペプチドグリカン（peptidoglycan）であるが，古細菌のほとんどでは，シュードペプチドグリカン（pseudopeptidoglycan）と呼ばれる多糖が細胞壁を構成している（図2-6）．細胞壁の役割には，たとえば，細胞の形の保持，浸透圧による細胞の崩壊の防止，細胞内への毒物の侵入阻止，ウイルスの侵入阻止，ファゴサイトーシス防止などがある．

真正細菌の細胞壁の構造には2つのタイプが見られ，それらのタイプの違いをグラム染色（Gram Staining）と呼ばれる染色法により区別することができる．この染色法はハンス・グラムにより開発されたのでその名がある．この染色法により，真正細菌を染色すると，紫色に染まるグラム陽性菌（Gram-positive bacterium）と，赤

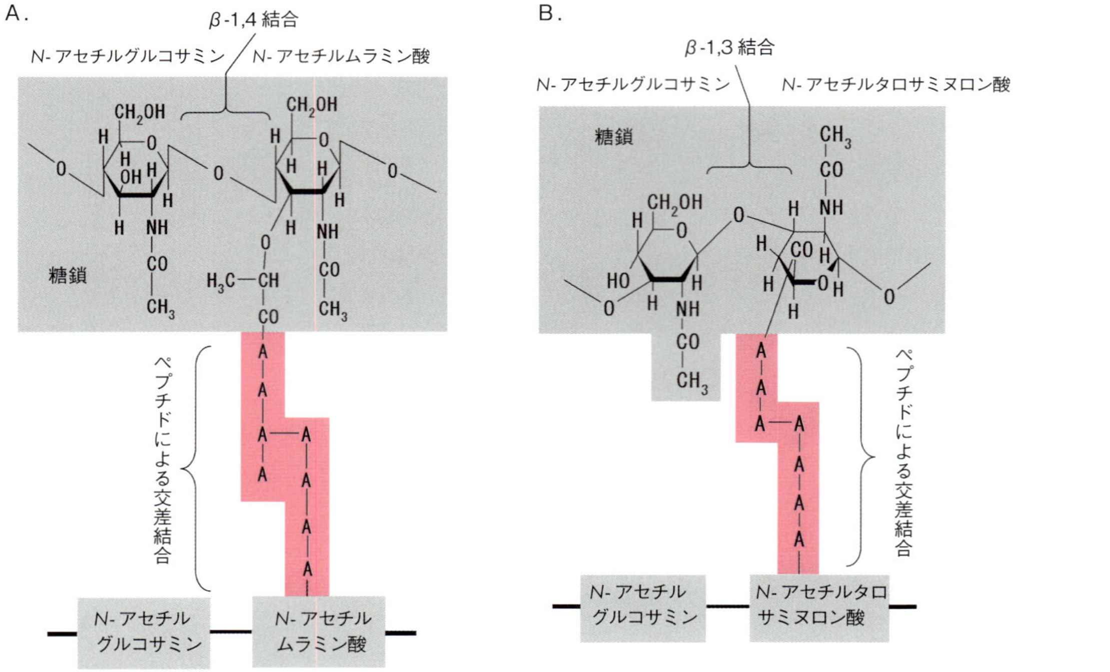

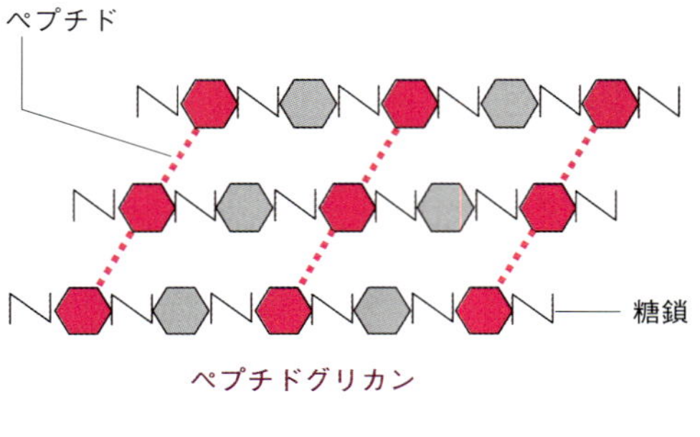

図2-6　ペプチドグリカンとシュードペプチドグリカンの構造

A：ペプチドグリカンを構成する糖鎖は，*N*-アセチルグルコサミン（*N*-acetylglucosamine）と*N*-アセチルムラミン酸（*N*-acetylmuramic acid）がβ-1,4結合した単位のくり返し構造からなる．その糖鎖がアミノ酸を介して平行に連結されることにより，ペプチドグリカンが形成される．**B**：シュードペプチドグリカンを構成する糖鎖は，*N*-アセチルグルコサミンと*N*-アセチルタロサミヌロン酸（*N*-acetyltalosaminuronic acid）がβ-1,3結合した単位のくり返し構造からなる．その糖鎖がアミノ酸を介して平行に連結されている．

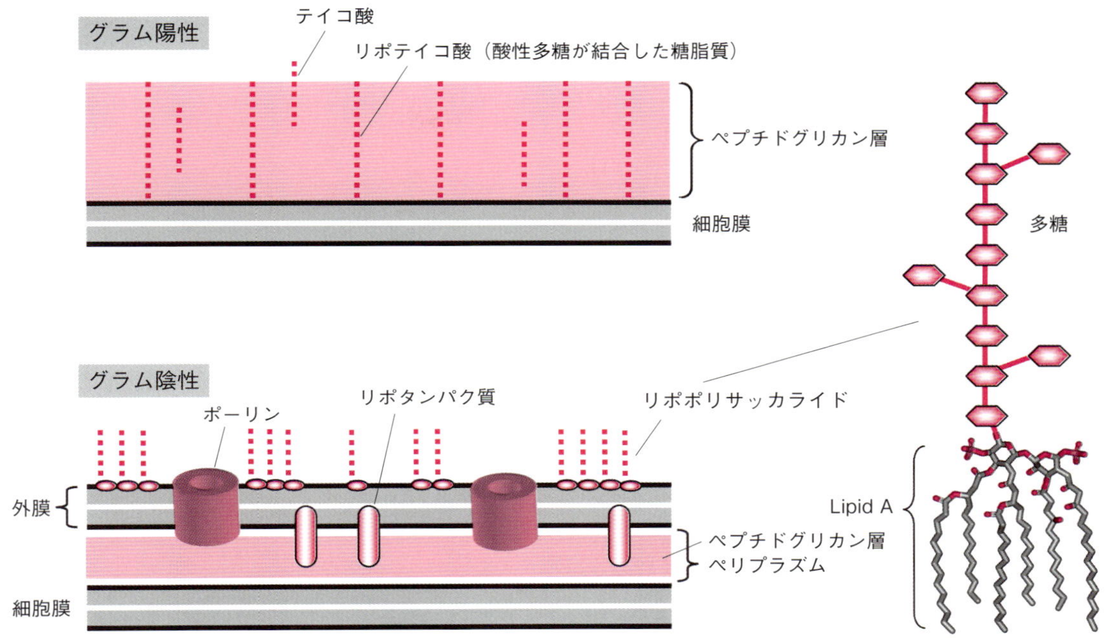

図 2-7 真正細菌の細胞壁の構造を示す模式図
グラム陽性菌とグラム陰性菌の細胞壁の構造の違いを示す．その違いはグラム染色による染色性の違いを示す原因にもなっている．グラム陰性菌の外膜には，特殊なリポポリサッカライドの Lipid A が存在している．この Lipid A は哺乳類にとっては毒性がある．

色に染まるグラム陰性菌（Gram-negative bacterium）の 2 種類に分類される．このように，真正細菌が 2 種類に大別される原因は，両者の細胞壁の構造の違いによるものである．

グラム陽性菌は，細胞膜の外表面を覆うペプチドグリカンからなる細胞壁（0.01 ～ 0.1 μm）が存在するだけである．一方，グラム陰性菌はその細胞膜の外側にもう 1 層の特別な構造をした脂質膜（外膜）をもち，2 層の膜構造をしている（図 2-7）．それら 2 層の膜構造の隙間はペリプラズム（periplasmic space，厚さ 12 ～ 15 nm）と呼ばれ，そこにはペプチドグリカンが存在し，特殊な環境を形成している．また，古細菌にもグラム染色で陽性に染まるものがあり，それらは真正細菌の細胞壁と似た構造が見られる．しかし，古細菌には真正細菌に見られるような 2 層構造の細胞壁は見られない．

d. 運動装置

原核細胞には特殊な運動装置をもっているものがあり，それらは水中で活発な移動運動を行っている．その運動装置は鞭毛と呼ばれているが，真核細胞の精子などに存在する鞭毛とはまったく異なる構造をしている．真核細胞の鞭毛の中には微小管と呼ばれる細胞骨格繊維が存在し，その微小管がずれることにより鞭毛にらせん状の屈曲運動を引き起こしている（7 章参照）．そして，その運動は ATP の加水分解により発生する自由エネルギーに依存している．一方，原核細胞の鞭毛はフラジェリン（flagellin）と呼ばれるタンパク質により構成されていて，その運動は細胞膜に埋め込まれた特殊なモーターの回転運動によるものである．その運動は細胞膜を隔てた H^+ の濃度勾配から得られる自由エネルギーに依存している．

原核細胞の鞭毛を回転させている分子モーターの回転運動（モーター部分だけの場合，20,000 rpm の回転も可能）は，細胞膜を隔てたプロトン（H^+）の濃度勾配によるエネルギーを用いて行われている（図 2-8）．そのモーターが回転するしくみは，同じような回転運動をする ATP 合成酵素の場合とよく似ている（5 章参照）．細胞膜に埋め込まれたモーターはフックと呼ばれる構造を介して鞭毛と直結していて，モーターの駆動力により，1000 rpm にも及ぶほどの高速で鞭毛を回転運動することが可能である．らせん状にねじれた鞭毛が回転することにより推力が生じるので，その推力を用いて移動運動（前進，後退，方向転換など）を行っている．その移動

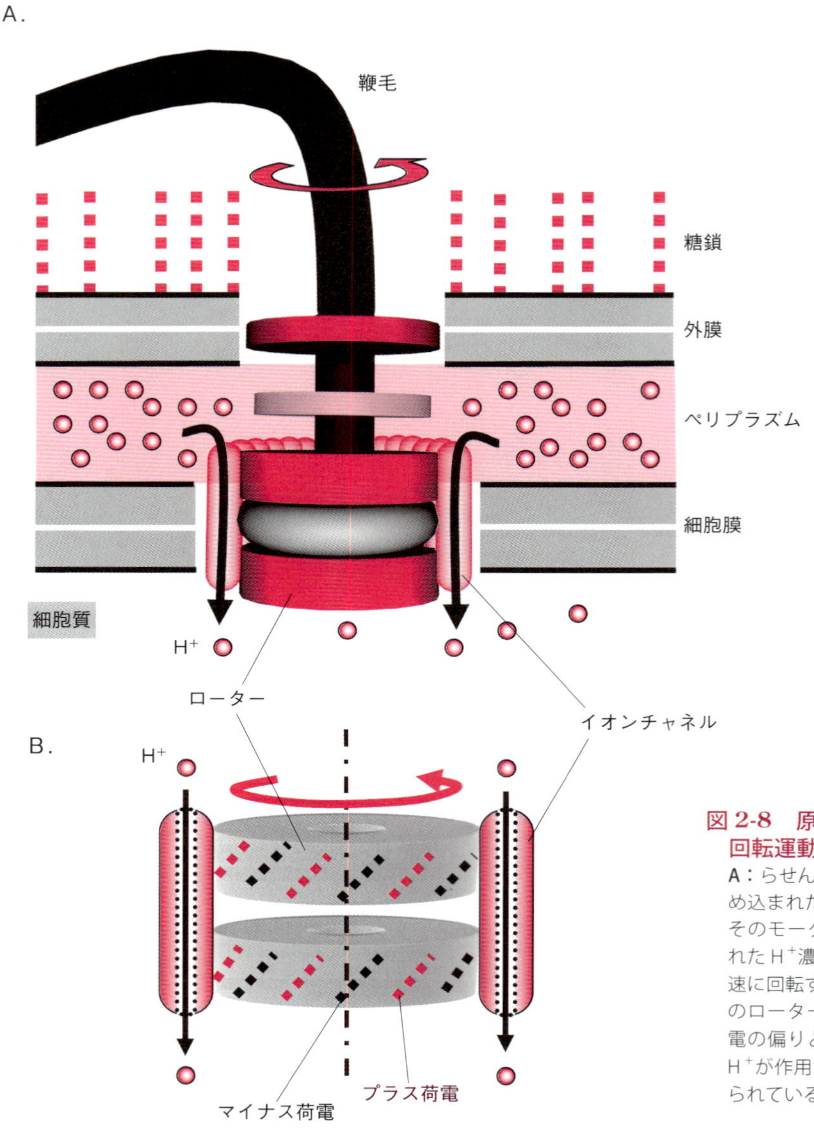

図 2-8　原核細胞の鞭毛構造とその回転運動（グラム陰性菌の場合）
A：らせん構造をした鞭毛が，細胞膜に埋め込まれたモーターの軸に結合している．そのモーターは，細胞膜の内外に形成されたH^+濃度勾配のエネルギーを用いて高速に回転する．B：モーターの回転は，そのローター部分を構成するアミノ酸の荷電の偏りと，イオンチャネルを通過するH^+が作用することにより行われると考えられている（赤い矢印は回転運動を示す）．

速度は1秒間に体長の10～20倍程度にも及ぶことが記録されている．この速度を人間のサイズに見立てると，おおよそ16～32 m/秒（58～105 km/時）という計算になる．しかも，驚くべきことに，これは空気中の速度ではなく，粘性が高く移動に対する抵抗力が高い水中での速度である．

原核細胞はこの運動装置を用いて，養分のある方向に移動したり，危険物質から遠ざかったりしている．そのために，原核細胞の細胞膜には，養分や危険物質などを感知する化学的なセンサーが存在し，そこから得られた情報をもとに，鞭毛の回転方向を制御して細胞の移動運動をコントロールしている．つまり，外界の養分や忌避物質などを細胞膜のセンサーで感知して，その情報を細胞内経由でモーターの制御機構に伝達し，走化性や忌避反応などの運動を調節している（図 2-9）．

e. そ の 他

原核細胞の細胞膜には，鞭毛以外にもピリ（pili），あるいは，ピリ繊毛や線毛と呼ばれる繊維状の構造物が存在する．このピリも，真核細胞の繊毛とはまったく異なる構造からなっている．ピリはタンパク質からできてい

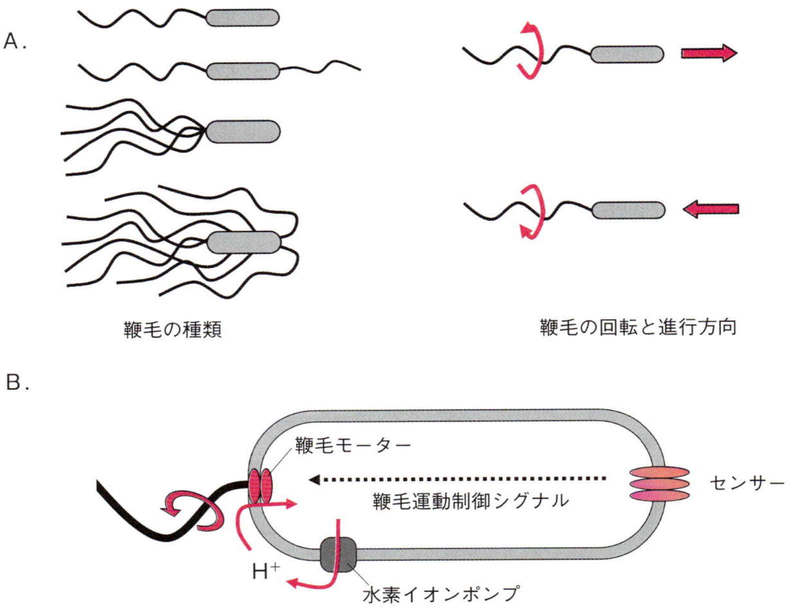

図 2-9　原核細胞の移動運動の制御
A：鞭毛をもつ原核細胞は，その回転運動により活発な移動運動を行う．鞭毛を 1 本もつものや，数多くもつものが存在する．らせん構造をした鞭毛を時計方向に回転することにより前進し，半時計方向に回転することにより後進する．B：細胞膜には養分や忌避物質などを感知するセンサー（受容体）が存在する．それらから得られた情報は，鞭毛モーターまで伝達されて，その回転運動を調節している．その結果，養分に対する走化性や，忌避物質に対する逃避行動などが行われる．

る直線状の繊維構造で，細胞膜から長く伸びている．この構造はグラム陰性菌のほとんどに見られるが，グラム陽性菌には見られない．このピリは細胞が集団を形成する際や，宿主の細胞の表面に接着する際に用いられる．また，ピリには性線毛（sex pilus）と呼ばれる特別に長いものが存在し，これを用いて交配する相手の個体と選択的に接合する．そして，その線毛を介した細胞間結合（細胞質の連続）により，相手の細胞にプラスミドを直接的に伝達する（図 2-5）．

原核細胞の細胞質内にはいくつもの特殊な封入体が知られている．たとえば，光合成細菌のロドバクテリアは炭素とエネルギーの供給源としてポリヒドロキシ酪酸を細胞内に貯め込んでいる．また，養分が限られた苛酷な環境にすんでいる多くの原核細胞はポリリン酸を細胞内に貯め込んでいる．変わった例としては，光合成細菌のシアノバクテリアは，その細胞内にガスを貯めこんでいる．そのガスの浮力を利用して水中を浮き沈みして光合成の強さを調節している．また，マグネトソームと呼ばれる磁性を帯びた硫化鉄の塊を細胞質内にもつ細菌が存在し，地磁気を検知して走磁性を示し，移動運動することとも知られている．

2・2　真核細胞

真核細胞の細胞内には核膜をはじめとして，小胞体，ゴルジ体，ミトコンドリア，色素体など，生体膜からなる多くの種類の構造が存在する（図 2-10）．これらは，細胞小器官（あるいは，オルガネラ，organelle）と呼ばれており，遺伝子発現，タンパク質合成，細胞内物質輸送，細胞内消化などさまざまな機能に関わっている．それぞれの小器官は機能的に関連し合い，全体として，効率のよいシステムを構築している．

真核細胞は，単細胞で存在する原生生物や，多数の細胞が機能的な集合体を形成した多細胞生物として存在している．多細胞生物では，細胞どうしが直接に接着したり，細胞外基質（extracellular matrix）と呼ばれる分泌物を介して接着したりして，組織，器官，さらに個体と呼ばれる機能的な階層構造を形成している．それらの階層構造は，特別の機能を受けもつように分化したさまざ

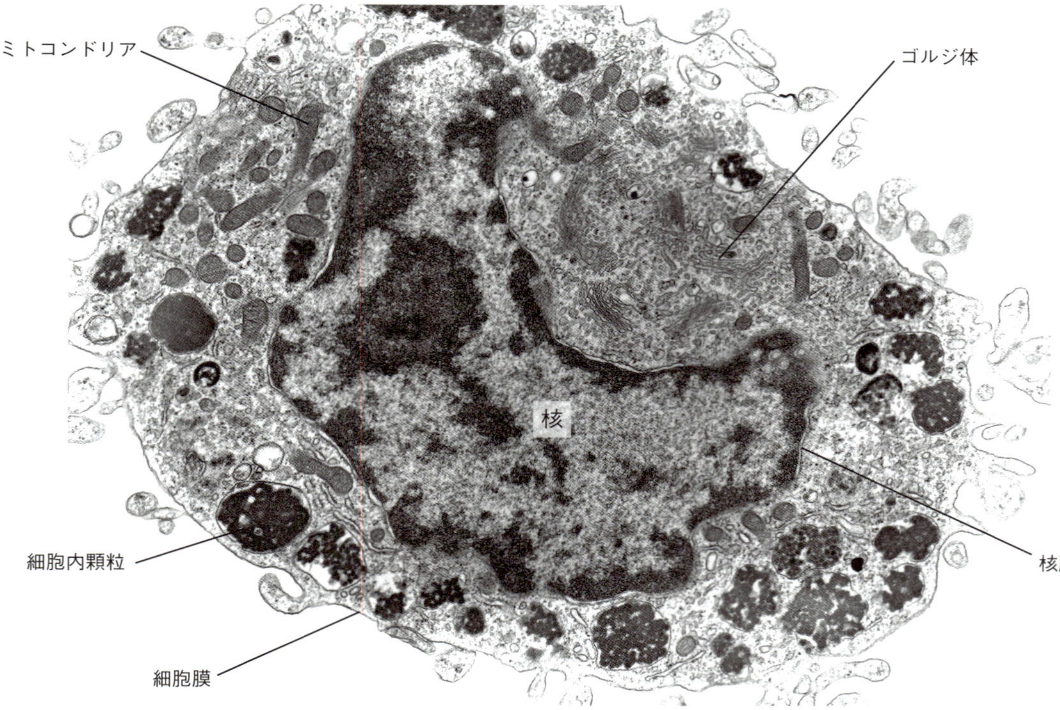

図 2-10　真核細胞の電子顕微鏡写真
真核細胞の細胞内には，核膜，ミトコンドリア，葉緑体，小胞体など，多くの種類の細胞小器官が存在する．写真は哺乳類の白血球細胞を例に示す．

まな種類の細胞から構成され，効率的な細胞の共同体制を構築している．

a. 細胞膜

細胞膜（cell membrane，plasma membrane）を構成するリン脂質の種類の比率は真核細胞と原核細胞では異なり，動物細胞と植物細胞の間でも異なっている．一般に，動物細胞の細胞膜では，ホファチジルエタノールアミンよりもホスファチジルコリンの構成比率のほうが高いが，多くの植物細胞ではその逆である．また，動物細胞の細胞膜を構成するステロールのほとんどがコレステロールであるが，植物細胞では，コレステロールの割合は少なく，フィトステロール（シトステロール，カンペステロール，スティグマステロールなど）と呼ばれるステロールがほとんどを占める．また，真核細胞の細胞内には，生体膜で構成されたさまざまな膜区画（細胞小器官）が存在し，それらと細胞膜との間では，膜成分の輸送が活発に行われている．にもかかわらず，それぞれの膜成分の割合や膜の量は，一定の動的な平衡状態に保たれている（1 章，8 章参照）．

b. 核

真核細胞では，遺伝子を含む染色体が核膜により囲まれて他のものから隔離されている．そのために，核（nucleus）の内部で行われる DNA の複製や mRNA の合成は，細胞質で行われるタンパク質の合成と分離されている．特殊な例を除いて，真核細胞では mRNA が細胞質に輸送されてからタンパク質合成が行われる．この点では，核膜がないために，mRNA 合成の途中からでもタンパク質の合成が行われる原核細胞とは大きく異なる．このような核膜の存在により，真核細胞の遺伝子発現やタンパク質合成は，原核細胞と比べて，より複雑に制御されている．そのために，真核細胞では，遺伝子発現の制御のしかたに関して，原核細胞とは異なるしくみが数多く見られる．

核膜を構成する生体膜の基本構造は細胞膜と同じ脂質二重層で，その脂質二重層の膜が 2 枚合わさって球形の構造を形成している（図 2-11）．核膜が 2 枚の膜構造から成るのは，小胞体の融合により核膜が形成されているからである．その核膜には，核と細胞質間における物質輸送の通路として働いている孔が数多く開い

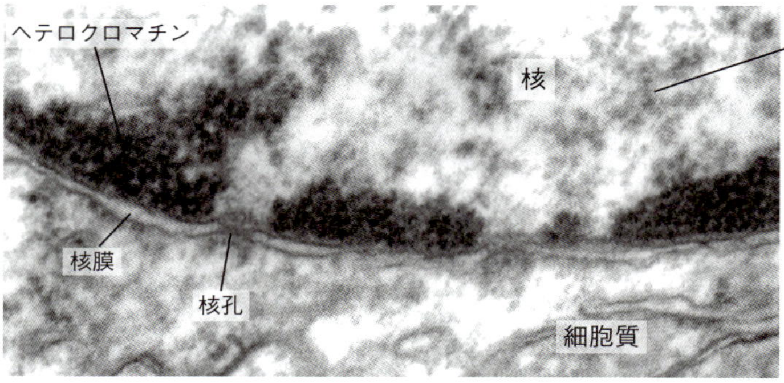

図 2-11　核膜を示す電子顕微鏡写真
2 枚の生体膜からなる核膜，それらを貫くように形成された核孔，そして，核膜の内側に結合しているヘテロクロマチンなどが見られる．

ている．その通路は核孔（nuclear pore）と呼ばれており，その孔の通路の部分には核孔複合体（nuclear pore complex）と呼ばれる巨大なタンパク質複合体（100 種類以上のタンパク質からなる）が存在して，核孔を通過して核内と細胞質間を行き来する分子の輸送を制御している（8 章参照）．また，核膜の内側には核ラミナ（nuclear lamina）と呼ばれる層構造が裏打ちしており，核膜の安定化や，クロマチンを結合するための足場として機能している．

核の断面を電子顕微鏡写真で見ると，その内部にはクロマチンが凝縮して黒く見える部分（ヘテロクロマチン，異質染色質，heterochromatin）と，拡散して透けて見える部分（ユークロマチン，真正染色質，euchromachin）が存在する（図 2-12）．前者は RNA 合成が不活発な部分で，主として核膜の周辺部に多く見られる．後者は，クロマチンが展開して RNA 合成が行われている部分である．それゆえ，細胞増殖や代謝が活発な細胞（活発な RNA 合成を行っている）ほど，ユークロマチンが核内の多くの領域を占め，核の大きさが膨大している．しかも，それらの細胞の核内には，大きく発達した核小体（nucleolus）が見られる．それは，代謝の活発な細胞ではタンパク質合成が活発であるために，それに必要なリボソームを合成している核小体がよく発達しているからである．

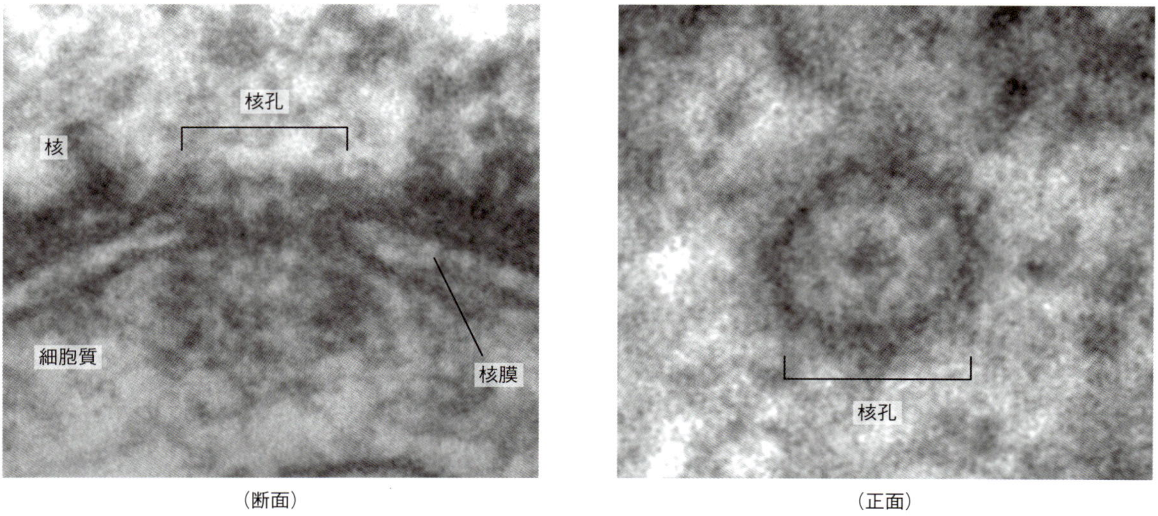

図 2-12　核孔の電子顕微鏡写真
核孔の断面（左）と正面（右）から見た像を示す．

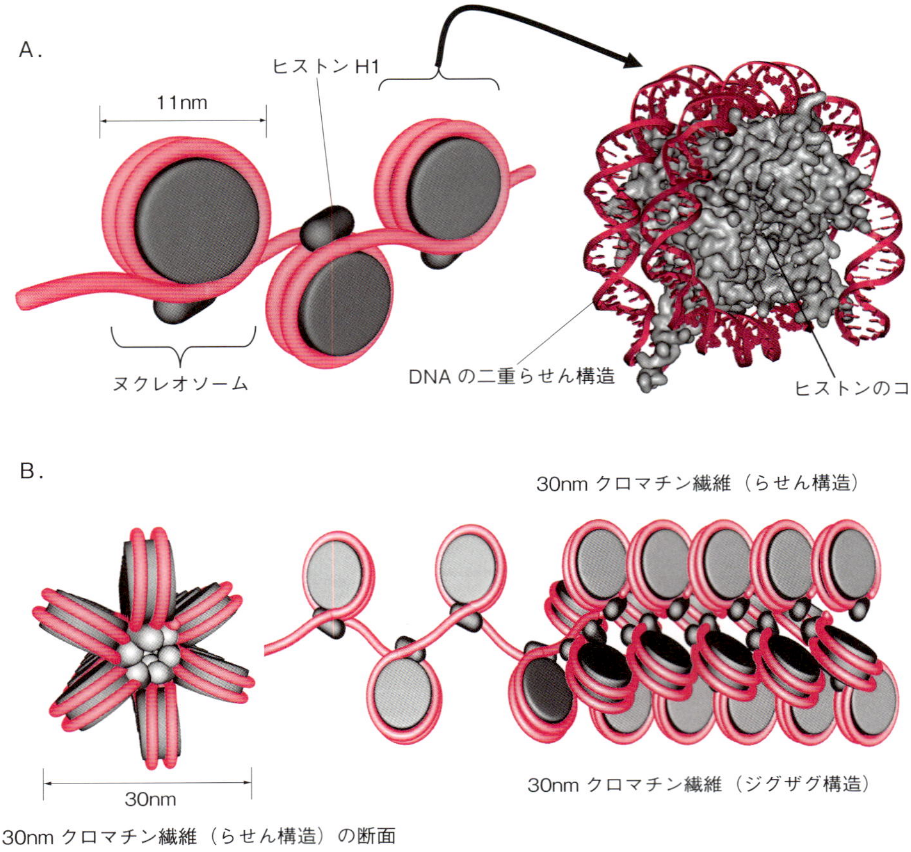

図 2-13　クロマチンの構造

A：八量体からなるヒストンタンパク質のコアを核にして，その周囲に DNA の二重鎖が巻きついてヌクレオソームが形成される．**B**：ヌクレオソームが数珠のように連なった 11 nm 繊維は，ジグザグ状に折りたたまれることにより，直径 30 nm のクロマチン繊維を形成する．

ヒトの二倍体の核では，約 30 億塩基対を越す DNA 鎖の 2 倍（DNA 複製時には，さらにその 2 倍）の量の DNA 鎖が，直径数 μm の核内に収まっている．そのために，DNA 鎖はコンパクトに折りたたまれた状態で，核内に収納されていると考えられる．しかも，細胞分裂の際には，複製されて倍化された DNA 鎖を正確に分離するために，染色体と呼ばれるさらにコンパクトな状態まで折りたたまれる．そして，その染色体は細胞の両極に引っ張られて 2 つに分離される．この過程では，DNA 鎖は絡まったり，ちぎれたりすることもなく，スムーズに分離される．このことは，核内に収納されている状態の DNA 鎖が，規則正しく一定の配置で核内に収納されていることを示唆する．

DNA 鎖の折りたたみの最初のステップは，ヒストン（histone）と呼ばれる塩基性のタンパク質の複合体（H2A，H2B，H3，H4 の 4 種類のヒストンタンパク質が，それぞれ 2 つずつ集合した八量体）に，DNA の二重らせんが約 1.5 回転（146 塩基対）巻きついて直径が約 11 nm の球状の構造を形成することである（図 2-13 A）．この構造はヌクレオソーム（nucleosome）と呼ばれ，ヌクレオソームは約 50 塩基対のスペースをあけて数珠状に連なって形成される．この構造が DNA の折りたたみの基本で，これにより，DNA 鎖の長さは約 6 分の 1 になる．次に，ヌクレオソームを数珠つなぎに形成した DNA 鎖がジグザグに折りたたまれることにより，直径が約 30 nm の繊維構造が形成される．この状態まで折りたたまれると，DNA 鎖の長さは約 100 分の 1 になる．通常の核内に存在するクロマチンは，この 30 nm

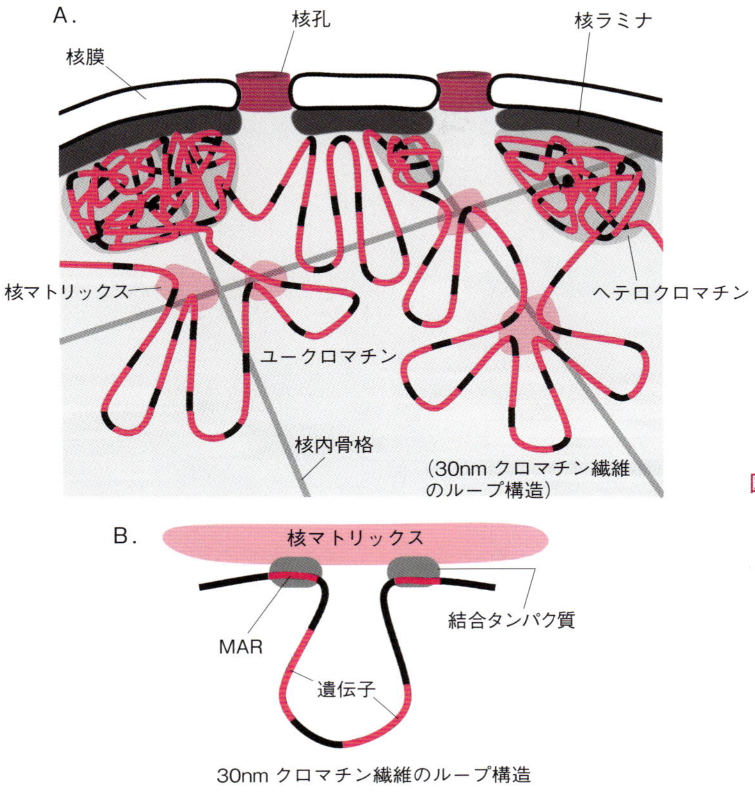

図 2-14　核内におけるクロマチンの分布
A：分裂期以外の細胞では，核内のクロマチンは 30 nm 繊維の状態で存在すると考えられている．遺伝子発現が不活性な部分のクロマチン繊維は，凝縮したヘテロクロマチンとして，主に核膜周辺に分布している．一方，遺伝子発現を行っている部分のユークロマチンは，核マトリックスに結合してループ状の構造を形成している．B：30 nm 繊維は MAR と呼ばれる領域で核マトリクスと結合し，いくつかの遺伝子を含むループ構造を形成している．

繊維構造を中心に存在していると考えられている（図 2-13 B）．そして，細胞分裂の際には，さらに 3 ステップの折りたたみを経て，染色体（chromosome）と呼ばれる構造にまで折りたたまれる．

狭い核内でクロマチンが，どのようにして機能的に収納されているのか，その詳細については依然として不明な点が多いが，核内におけるクロマチンの存在様式についてはいくつかのモデルが示されている．たとえば，30 nm の太さのクロマチン繊維が核ラミナや，核内に存在する核マトリックスと呼ばれる足場構造に結合して，機能単位ごとにループ構造を形成しているというモデルがある（図 2-14 A）．このモデルでは，30 nm のクロマチン繊維はタンパク質を介して核マトリックスや核ラミナと結合している．核マトリックスと結合している DNA の領域は 150 〜 1000 塩基対からなり，MARs（matrix attachment regions），あるいは，SARs（scaffold attachment regions）と呼ばれている．MAR と MAR の間のループ構造を形成している部分は 2.5 〜 20 万塩基対からなる．そのループ構造の中には 1 〜数個の遺伝子が含まれており，遺伝子発現における 1 つの機能単位と考えられている（図 2-14B）．

c. 小胞体

細胞質内にはさまざまな形態と機能をもつ膜区画が存在している．小型の丸い構造は小胞（vesicle）とよばれ，大型の不定形のものは小胞体（endoplasmic reticulum；ER）と呼ばれている．小胞体はその形態から，粗面小胞体（rough endoplasmic reticulum；rER）と滑面小胞体（smooth endoplasmic reticulum；sER）に分類されている（図 2-15）．粗面小胞体の膜表面には多数のリボソームが結合しているのでその名称がつけられている．この小胞体ではタンパク質合成が行われており，その小胞体の内腔には合成されたタンパク質の存在が見られる．滑面小胞体はリボソームが結合してないタイプの小胞体を呼ぶ一般的な名称で，それらは，リン脂質合成，グリコーゲン代謝，細胞内の Ca^{2+} 濃度の調節，細胞内消化など，さまざまな機能に関わっている．

d. ゴルジ体

ゴルジ体（Golgi body，Golgi complex，Golgi apparatus；ゴルジ装置，ゴルジ複合体とも呼ばれている）は板状の滑面小胞体が何層も積み重なるようにして形成された構造で，その周辺に存在する網目状の小胞体も合わせたものが機能単位になっている（図 2-16）．粗面小胞体で合

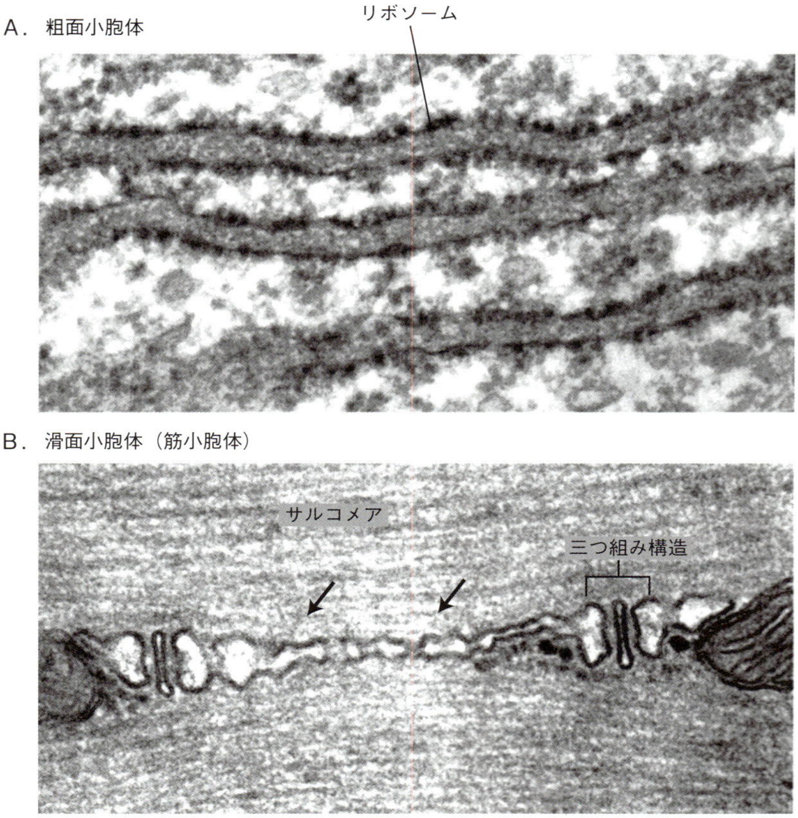

図 2-15　粗面小胞体と滑面小胞体を示す電子顕微鏡写真
A：粗面小胞体. 膜の表面にはリボソームが，そして，小胞体の内腔には合成されたタンパク質が見られる．B：滑面小胞体. 骨格筋の筋小胞体（矢印）を示す．筋小胞体や三つ組み構造は筋収縮の際の細胞内 Ca^{2+}濃度を調節する役割を果たしている．三つ組み構造や筋小胞体の役割は 7 章参照.

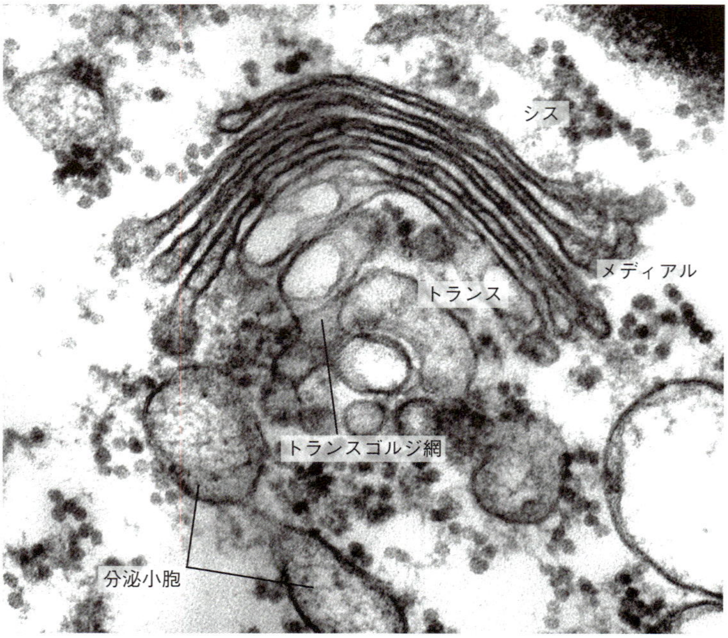

図 2-16　ゴルジ体を示す電子顕微鏡写真
ここで示したゴルジ体は，4 層のゴルジ層板とトランスゴルジ網からなっている．トランス側にはゴルジ体により形成された分泌小胞が見られる．

成されたタンパク質はゴルジ体に輸送され，そこで，タンパク質に結合している糖鎖の化学修飾や，タンパク質へのさらなる糖鎖の付加などが行われる．ゴルジ体の構造には向きがあり，粗面小胞体からタンパク質が送り込まれてくる入口側がシス（cis）と呼ばれ，タンパク質がゴルジ体から送り出される出口側がトランス（trans）と呼ばれている．そして，シスとトランスの間の部分がメディアル（medial）と呼ばれている．

粗面小胞体で合成されたタンパク質は，小胞に詰め込まれてゴルジ体のシス側に送られ，そこで小胞どうしが融合して網目状の構造を形成する．この部分の構造は，その位置や形態からシスゴルジ網とも呼ばれている．その網目構造が層板構造（シス層板）へと移行し，その層板はしだいにトランス側へと移動して行く．その過程で，タンパク質の糖鎖の化学修飾や，タンパク質への新たな糖鎖の付加が行われる（8 章参照）．層板構造がトランス側まで至ると，タンパク質を輸送先ごとに選別して，特別の小胞に詰め込み，それぞれの輸送先に向けて送り出す作業を行う．その部分の構造は複雑な網目状の構造を形成しているのでトランスゴルジ網（trans Golgi network，TGN）と呼ばれている．

e.　エンドソーム

細胞は，養分をはじめとして，さまざまな物質を外部から取り込んでいる．その際に，細胞膜を自由に拡散して通過できるものについてはとくに問題はないが，細胞膜を容易に通過できない大型の分子や異物（たとえば LDL などの養分や細菌）などを細胞内に取り込む際には，特別な方法が用いられる．それはエンドサイトーシス（endocytosis）と呼ばれる方法で，大型の分子や異物などを細胞膜で包み込むようにして細胞内に取り込む．細胞内に取り込まれた小胞は，互いに融合してエンドソーム（endosome）と呼ばれる小胞体を形成する（図 2-17）．また，このエンドサイトーシスは，さまざまな物質を細胞内に取り込む役割だけでなく，その際に取り込んだ細胞膜を細胞内のゴルジ体や小胞体などに戻して生体膜をリサイクルする役割も果たしている．

f.　リソソーム

細胞質内には，物質の加水分解を専門に行っているリソソーム（lysosome）と呼ばれる小胞体が存在する（図 2-18）．その小胞体の中にはさまざまな種類の酸性加水分解酵素（47 種類以上）が含まれていて，タンパク質，脂質，糖，核酸など，生物を構成するほとんどの分子を

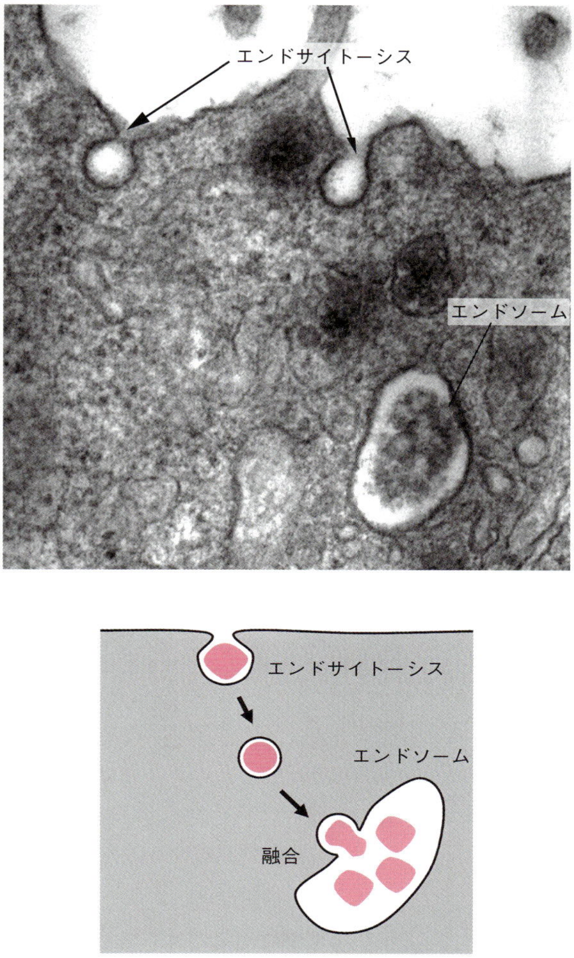

図 2-17　エンドサイトーシスとエンドソームを示す電子顕微鏡写真
上はエンドサイトーシスとエンドソームを示す写真．下はエンドサイトーシスとエンドソームの形成を示す模式図．

分解することが可能である．それらの酸性加水分解酵素は，粗面小胞体で合成された後，ゴルジ体のトランスゴルジ網で分別され，特別の小胞に詰め込まれてから目標の細胞小器官に向けて送り出される．その目標の 1 つにエンドソームがある．加水分解酵素を詰め込んだ小胞がエンドソームと融合して，エンドソーム内に加水分解酵素が入れ込まれると，その呼び名がエンドソームからリソソームへと変わり，その中に含まれる物質の分解作業が行われる（8 章参照）．

リソソームの重要な役割は，外部から取り込まれたウイルスなどの異物や養分の分解，そして，自身の中で不要になった物質（たとえば，壊れたミトコンドリアや異常に凝集したタンパク質など）などを分解処理すること

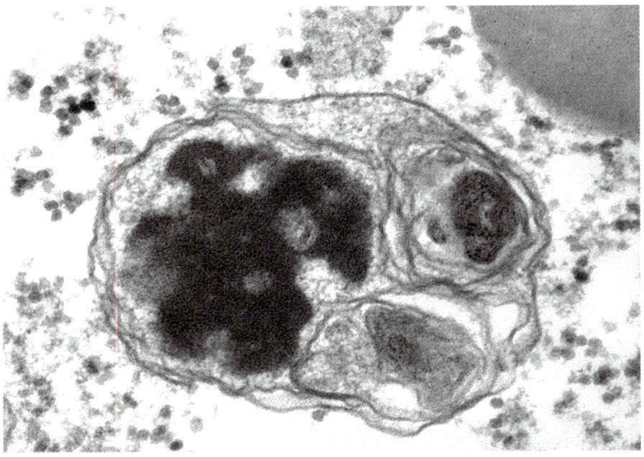

図 2-18 リソソームを示す電子顕微鏡写真
リソソームの一種である自食胞を示す．自食胞は，傷害を受けた細胞小器官や，不要になった細胞小器官を分解する役割を果たしている．

である．そのリソソームの内部は酸性（pH 4 ～ 5）に保たれている．それは，タンパク質を変性させて分解し易くするためと，酸性加水分解酵素（至適 pH が酸性）の活性度を高めるためである．リソソーム内の pH を酸性に維持しているのは，リソソームの膜に存在する ATP 依存性のプロトン（H^+）ポンプで，それがリソソームの内腔に H^+ を能動輸送することにより，その内部を酸性に保っている．リソソーム内で働いている酸性加水分解酵素は，もし，リソソーム膜が破れて酵素が細胞質内に漏れ出ても，pH が中性域にある細胞質内ではその働きが抑えられるようになっている．

g. ミトコンドリア

ミトコンドリア (mitochondria) はほとんどの真核細胞に存在する小器官で，そのサイズ（0.5 ～数 μm）や形態は細胞の種類により多様である．内膜と外膜の 2 枚の膜構造からなり，その内膜は内部に陥入してクリステ (cristae) と呼ばれる構造を形成し，膜の面積を増加させている（図 2-19A）．このクリステの膜には電子伝達系の酵素や ATP 合成酵素が存在している．ミトコンドリア内膜に囲まれた内部はマトリックス（matrix）と呼ばれ，そこでは，O_2 を用いて炭水化物を CO_2 と水にまで分解して，自由エネルギーを取り出すための代謝系が働いている．そして，そこで得られた自由エネルギーを用いて，ATP が産生されている（5 章参照）．

ミトコンドリアはマトリックス内に独自の環状 DNA（ミトコンドリア DNA）をもち，そこに含まれる遺伝子をもとに独自のタンパク質合成を行っている．ミトコンドリア内には，環状 DNA のコピーが数個（5 ～ 6 個）含まれており，それらはミトコンドリア内膜に結合して存在している．その環状 DNA のサイズは生物種により異なる（たとえば，酵母では約 75,000 塩基対，ゼニゴケでは約 186,000 塩基対，ヒトでは約 16,500 塩基対）．ヒトのミトコンドリア DNA には 37 個の遺伝子が含まれている．それらの遺伝子は，ミトコンドリア独自の rRNA（12S と 16s rRNA），22 種類の tRNA，そしてミトコンドリア内膜の電子伝達系を構成する 13 種類のタンパク質などである．ミトコンドリアが独自に合成しているタンパク質は，自身が必要とするうちの一部であり，それ以外の多くのものは，細胞が合成したものをミトコンドリア内に取り込んで使用している．

ミトコンドリアは原核細胞のように環状 DNA を複製し，2 分裂により自己増殖している（図 2-19B）．しかしながら，その増殖はミトコンドリア自身が自由に行っているのではなく，宿主である細胞の管理のもとに行われている．というのは，ミトコンドリア DNA の複製に必要な酵素群をはじめとして，その増殖に必要な多くのタンパク質を宿主の細胞に依存しているからである．そのために，ミトコンドリアの増殖は宿主の細胞のエネルギー需要にもとづいて行われ，細胞が必要とするときには増殖され，必要のないときには数が減らされるか低い活性状態にされている．

独自の遺伝子やタンパク質合成系をもったミトコンドリアの起源は，原始の真核細胞内に取り込まれた原始の原核細胞と考えられている．その原核細胞の候補として，

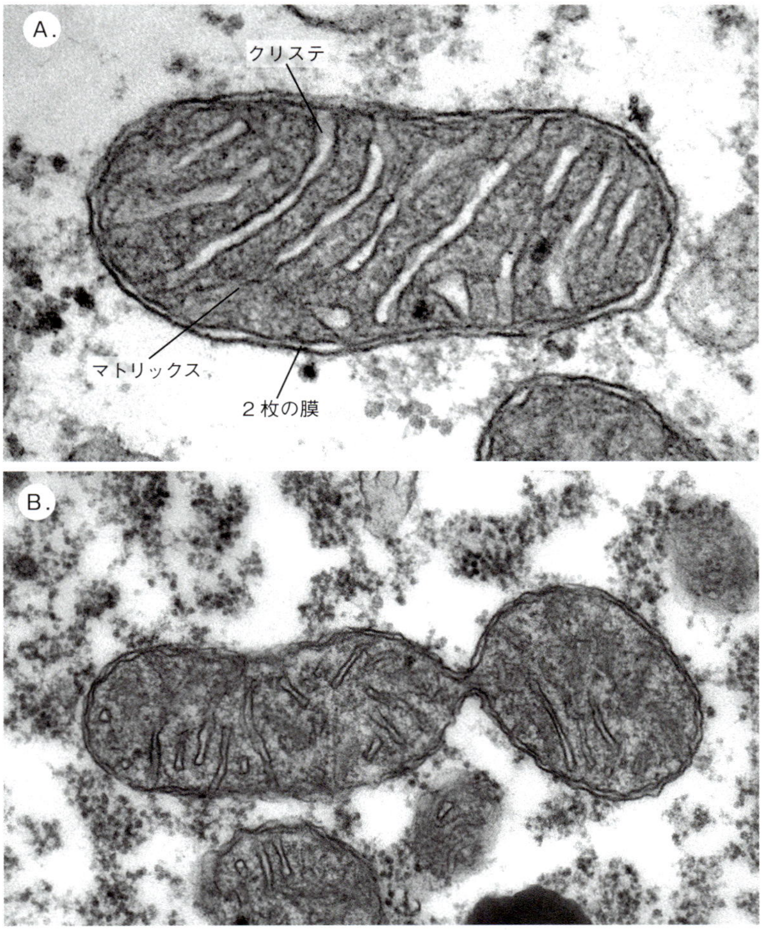

図 2-19　ミトコンドリアを示す電子顕微鏡写真
A：ミトコンドリアの内部に白く見えるのは，内膜が陥入して形成されたクリステである．ミトコンドリアの内部を埋め尽くしている黒い部分がマトリックスである．マトリックスが黒く見えるのは，その中を酵素タンパクなどが埋め尽くしているからである．B：二分裂により自己増殖しているミトコンドリア．

好気性の原核細胞である α プロテオバクテリアの祖先が考えられている．

その証拠として，ミトコンドリアと原核細胞には，分子レベルで多くの類似点が見られる．たとえば，ミトコンドリア内で行われているタンパク質合成のしくみや，ミトコンドリアの rRNA の塩基配列などが原核細胞のものとよく似ている．また，ミトコンドリアのタンパク質合成は，原核細胞と同じように，抗生物質のストレプトマイシンやクロラムフェニコールにより阻害される．さらに，ミトコンドリアを構成する生体膜には，原核細胞の細胞膜に見られるカルジオリピンと呼ばれる特殊な脂質が存在する．これらの他にも，ミトコンドリアと原核細胞の間には多くの類似点が見られる．

ミトコンドリアを取り込む前の原始の真核細胞は嫌気性で，そのエネルギー産生は効率の悪い解糖系に頼っていたと考えられている．しかし，その細胞内に好気性の原核細胞が取り込まれたことにより，より効率的なエネルギーの産生システムである電子伝達系と酸化的リン酸化が獲得されたと考えられる．その結果，以前の状態と比べて，エネルギー産生の効率が飛躍的に発達したために，現在の真核細胞にまで進化したと考えられる．

ミトコンドリアは，ほとんどの動物種と植物種において，母性遺伝により子孫に伝えられる．しかしながら，植物の一部には，ミトコンドリアが父親から伝えられるものもある．動物の場合で見ると，卵細胞に含まれるミトコンドリアのみが子孫に伝えられ，受精の際に卵子内に進入した父親のミトコンドリアは，発生の初期過程で選択的に分解されてしまい子孫には伝えられない．それゆえ，ミトコンドリアの遺伝子変異に起因するミトコンドリア病と呼ばれる病気は母親からのみ子孫に遺伝されることになる．このミトコンドリア病は，ミトコンドリアの異常が原因で引き起こされる病気のため，ミトコンドリアの働きをより多く必要としている筋細胞や神経細胞を中心に機能の異常が現れる．

h. 色素体

葉緑体（クロロプラスト，chloroplast，図 2-20）は色素体（plastid）と総称されている構造の一種である．色素体には，葉緑体以外にも，デンプンを貯蔵するアミロプラスト（amyloplast），地下茎や根などに含まれる白色体（ロイコプラスト，leucoplast），花や果物の色のもとになる色素を貯蔵する有色体（クロモプラスト，chromoplast），タンパク質を貯蔵するアリュウロプラスト（aleuroplast），脂質を貯蔵するエライオプラスト（elaioplast）などが知られている．それらの色素体は若い細胞に存在する未分化のプロプラスチド（proplastid）から発達したものである．色素体はミトコンドリアと同じように，性質の異なる 2 枚の生体膜（外膜，内膜）で囲まれた構造をしている．

葉緑体（長径は 5 ～ 10 μm，幅 1 ～ 5 μm）は太陽エネルギーを吸収して，そのエネルギーにより炭水化物を合成するために特殊化した色素体である．葉緑体の内膜で囲まれた領域はストロマ（stroma）と呼ばれ，その内部にはチラコイド（thylakoid）と呼ばれる扁平な小胞体が存在し，それらが密着して積み重なったグラナ（grana）と呼ばれる構造を形成している．チラコイド膜には，光のエネルギーを吸収して，そのエネルギーで ATP を合成するための電子伝達系と ATP 合成酵素が存在している．そして，ストロマの中には，光のエネルギーをもとに CO_2 を固定して炭水化物を合成するための代謝経路が存在している（5 章参照）．

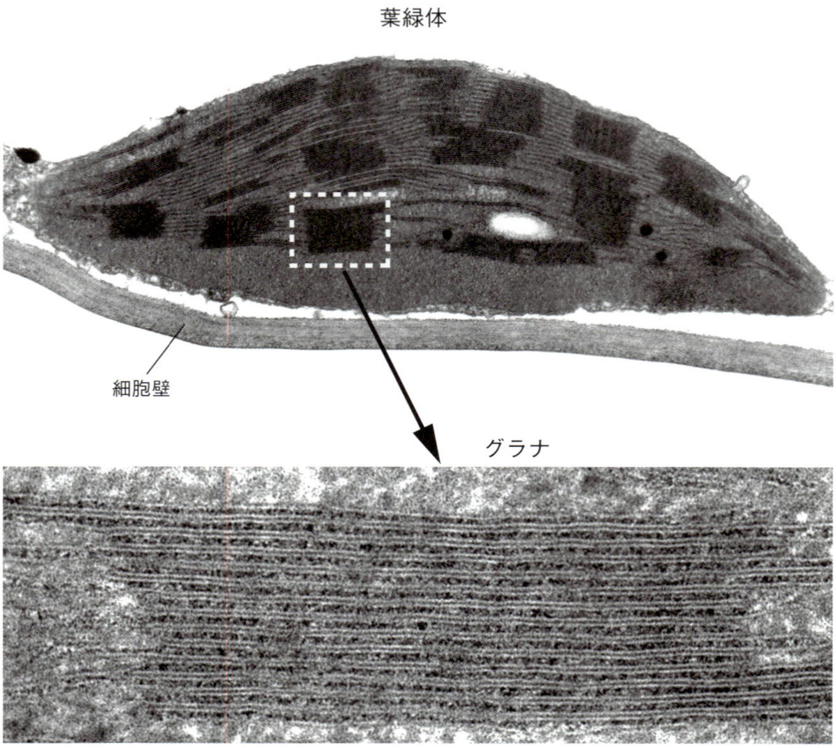

図 2-20　葉緑体を示す電子顕微鏡写真
葉緑体の内部に黒く見えるのがグラナである．グラナはチラコイドと呼ばれる層板状の小胞体が積み重なってできている．

葉緑体を含めた色素体のストロマには，ミトコンドリアと同じように，色素体独自の環状 DNA が存在し，自身で必要とするタンパク質の一部を独自に合成している．色素体にはコピーされた複数の環状 DNA が存在し，その環状 DNA のサイズは 3.5 ～ 25 万塩基対ほどである．そこには 100 ～ 150 個の遺伝子が含まれている．それらの遺伝子には，たとえば，4 種の rRNA（23S，16S，5S，4.5S），30 種の tRNA，21 種のリボソームタンパク質，28 種類の光合成に関わる酵素などが含まれている．

葉緑体もミトコンドリアと同じように，環状 DNA を自己複製して 2 分裂により増殖する．そして，独自の RNA ポリメラーゼやリボソームをもっている．つまり，葉緑体もミトコンドリアと同じように原始の真核細胞に取り込まれた原始の原核細胞と考えられている．そして，その起源となったのは，光合成細菌のシアノバクテリアのように光合成を行っていたものが考えられている．また，色素体もミトコンドリアの場合と同じように，片親に由来するものが受け継がれる．たとえば，被子植物のほとんどのものではその色素体は母親由来である．

i．ペルオキシソーム

ペルオキシソーム（peroxisome）は小型の球形の小胞で，動物，植物，藻類などに一般的に見られる（図 2-21）．その内部には，カタラーゼ，D-アミノ酸酸化酵素，尿酸オキシダーゼなどの酸化酵素が 60 種類以上も存在する．動物のペルオキシソームには尿酸オキシダーゼ，そして植物ペルオキシソームにはカタラーゼの結晶構造がしばしば見られる．ペルオキシソームに含まれる酸化酵素は，長鎖脂肪酸の β 酸化，コレステロールや胆汁酸の合成，アミノ酸代謝などに関わっている．その代謝過程では，分子酸素を用いた酸化反応が行われ，有毒な過酸化水素（H_2O_2）が生じる．動物の肝臓や腎臓の細胞では，酸化反応で生じた過酸化水素を用いることにより，フェノール，蟻酸，ホルムアルデヒド，アルコールなどの有毒物質を酸化して無毒化している．また，植物細胞では，ペルオキシソームがミトコンドリアと連携して働いて，光合成の過程で産生された副産物のホスホグリコール酸を処理している（5 章参照）．

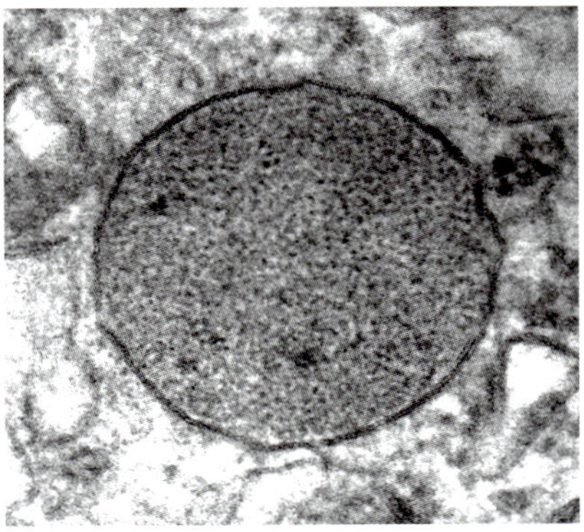

図 2-21　ペルオキシソームを示す電子顕微鏡写真
ペルオキシソームは小胞体の一種で，その内部にはさまざまな酵素タンパク質がぎっしりと詰まっている．

j．液　胞

成熟した植物細胞の細胞質には，そのほとんどの体積（90 % にも及ぶ）を占めるほど大きな液胞（vacuole；液状の物質が蓄えられた小胞体）と呼ばれる構造が存在する．液胞は，イオン，糖，アミノ酸，アントシアニン色素，タンパク質などの貯蔵，リソソームのような加水分解酵素による分解機能，老廃物や有毒物質などを隔離して貯蓄する機能，細胞内の pH 調節機能，液胞内の水分量を調節してその膨圧により細胞空間を充填する機能（成長，体積の増大に関与）などの多様な役割を果たしている．

k．細胞骨格

真核細胞内には細胞骨格 (cytoskeleton) と呼ばれる 3 種類の繊維構造が存在する．それらはアクチン線維，微小管，中間径線維で，それぞれとも，基本単位のタンパク質が重合することにより，微細な繊維構造を形成している．これらの繊維は，それぞれ特徴ある構造と機能をもち，細胞の形，細胞の運動，細胞内の物質輸送などさまざまな細胞の機能に関わっている（6 章参照）．一方，原核細胞には，真核細胞に見られるような繊維状の細胞骨格は見られないが，それらのタンパク質と類似のタンパク質が存在し，細胞分裂の際に働いている．

l．細胞外基質

細胞は外部から養分を吸収するとともに，細胞が合成したさまざまな物質を細胞外に分泌している．たとえば，細胞どうしの間の情報伝達分子（ホルモンや成長因子など）や，細胞を接着させて組織構築するために必要な多くの種類の物質を分泌している．後者の物質は，細胞外基質という名称で一般に総称されており，それらの中でよく知られている物質には，植物細胞の細胞壁を構成する主要成分のセルロース（cellulose）や動物細胞の結合組織を構成する主要成分のコラーゲン繊維（collagen fiber）などがある．多細胞生物では，これらの細胞外基質を介して細胞が結合することにより組織や器官を構築している．

細胞外基質は，細胞を結合させて組織や器官を形成する際の結合物質としての役割の他にも，情報伝達分子として役割を果たしている．というのは，細胞膜に細胞外基質と特異的に結合する受容体が存在し，細胞外基質がそれらと選択的に結合することにより，細胞に情報を伝達しているからである．つまり，細胞外基質の多くが，情報伝達分子としての役割も果たし，細胞の遺伝子発現や細胞の生理機能，細胞分化などにさまざまな影響を及ぼしている．このような細胞外基質の働きについては，7章で詳しく述べる．

m. 細胞壁

植物細胞には細胞膜と密着してその周囲を取り巻く細胞壁が存在し，細胞壁により細胞どうしが強く結合されることにより，組織や個体が構築されている．細胞壁は，強靭な構造の繊維であるセルロースを中心に，ペクチン (pectin)，ヘミセルロース (hemicellulose)，リグニン (lignin)，糖タンパク質などの細胞外基質から構成され

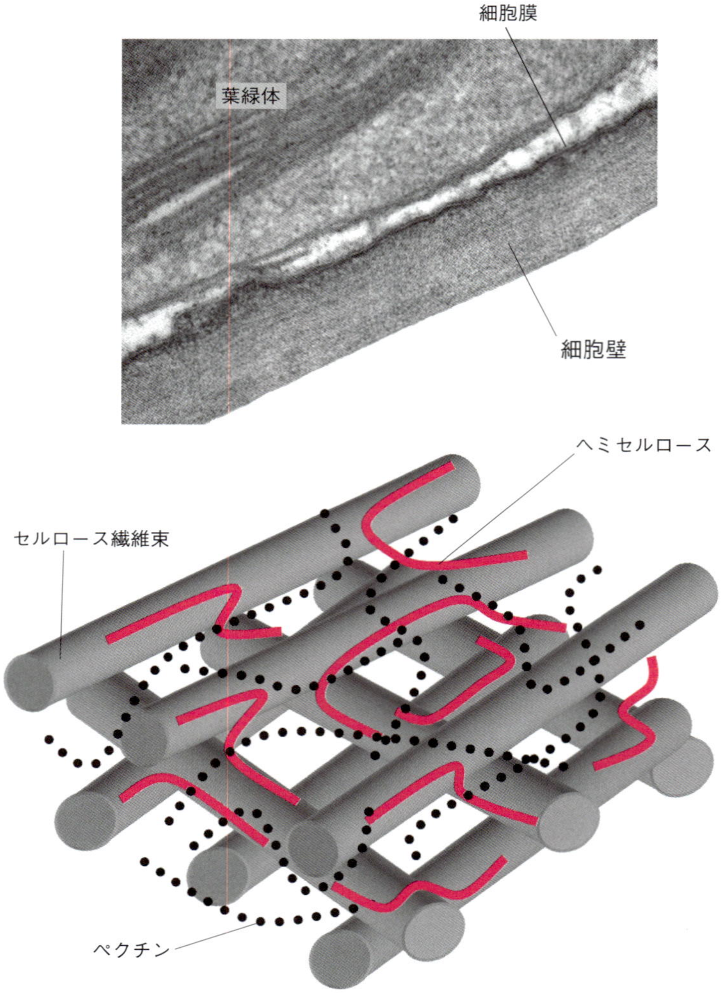

図 2-22　植物の細胞壁を示す電子顕微鏡写真とそのモデル

植物細胞の周囲は細胞が分泌した物質からなる細胞壁に包まれている．その細胞壁の主要な成分はセルロースで，セルロースが束になった繊維束が交差して形成されている．それらの繊維束どうしを接着して補強しているのがヘミセルロースである．その他に，ペクチン，リグニン，糖タンパク質などが存在して，細胞壁の補強や，壁の機能の調節を行っている．

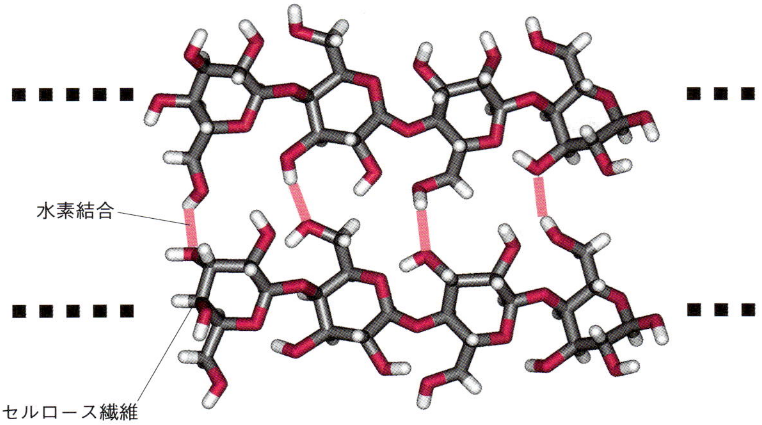

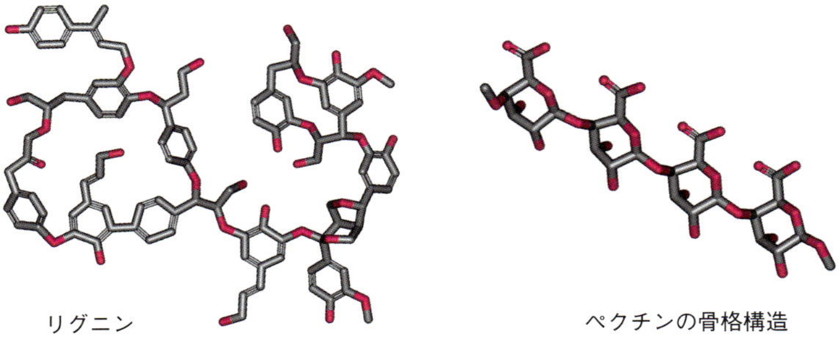

図 2-23　植物の細胞壁を構成する主要成分の分子モデル
糖が連結されてできているセルロース繊維は，水素結合により互いに結合して繊維束を形成している．

ている（図 2-22）．

セルロースは，数千個のグルコースがグリコシド結合（β-1,4 結合）により連結されて形成された直鎖状の繊維で，その繊維の 50 ～ 60 本が平行に並んで互いに水素結合をすることにより，ミクロフィブリル（microfibril）と呼ばれるセルロースの繊維束を形成している．このミクロフィブリルが交差結合して，細胞壁の基礎的な構造を作っている．ヘミセルロースは，グルコースやキシロースが連なって形成された直鎖に，数種類の糖からなる側鎖が結合した構造をしている．それらはセルロースと水素結合することにより，交差したミクロフィブリルどうしを固定する役割を果たしている．ペクチンは分岐した糖鎖からなり，その骨格構造は α グリコシド結合した D- ガラクツロン酸の直鎖からなり，その中にはラムノースが点在して分布する．そして，ラムノースの部分に 1 ～ 20 個の糖が連なった側鎖が結合している．ペクチンは負の荷電をもつために水分子と結合するので，含水性の保持や，Ca^{2+} のような陽イオンとの結合による細胞壁の構造維持などの役割を果たしている．リグニンはフェノールが三次元的に重合して形成された高分子量のポリマーで，細胞壁の強さを補強している（図 2-23）．

強靭な構造の細胞壁に包まれた植物細胞は，主として細胞どうしが直接結合している動物細胞とは異なり，独特な方法で細胞間の物質や情報のやり取りを行っている．植物組織を構築している細胞は，原形質連絡（プラスモデスマータ，plasmodesmata）と呼ばれる構造を介して細胞質が直接連絡している（図 2-24）．つまり，植物細胞の細胞どうしは，細胞膜が連続して形成された細い管状の構造で互いにつながっている．この管を通して，イオン，RNA，タンパク質，ウイルス RNA などが細胞間を行き来することが知られている．また，この管の中を両方の細胞にまたがって存在するデスモ小管と呼ばれ

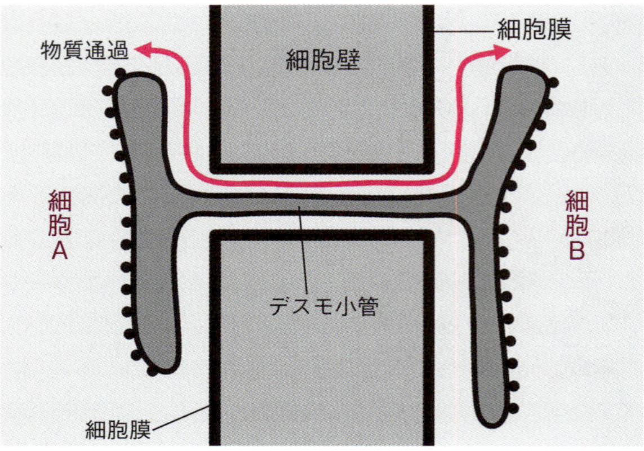

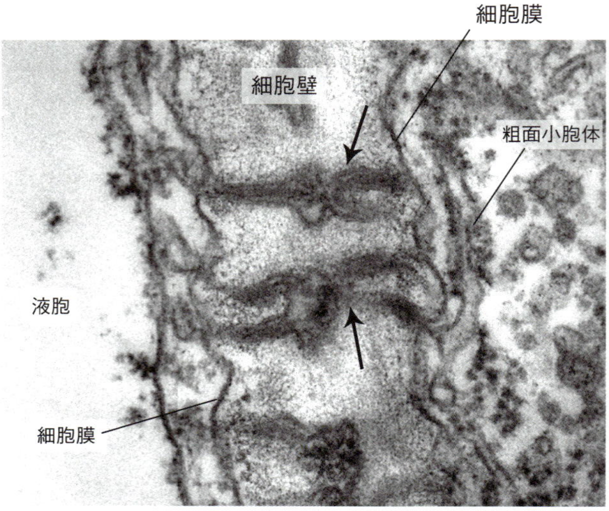

図 2-24 植物細胞間を連絡する原形質連絡を示す模式図
植物組織を形成する細胞どうしは，原形質連絡により互いの細胞質を連絡している．その連絡路を通して，低分子量の物質のやり取りを行っている．その細胞間の連絡通路は直径が 20~200 nm 程度の管状構造で，分子量が 15,000 くらいまでの分子ならば，管の中を通って細胞間を移動することができる．

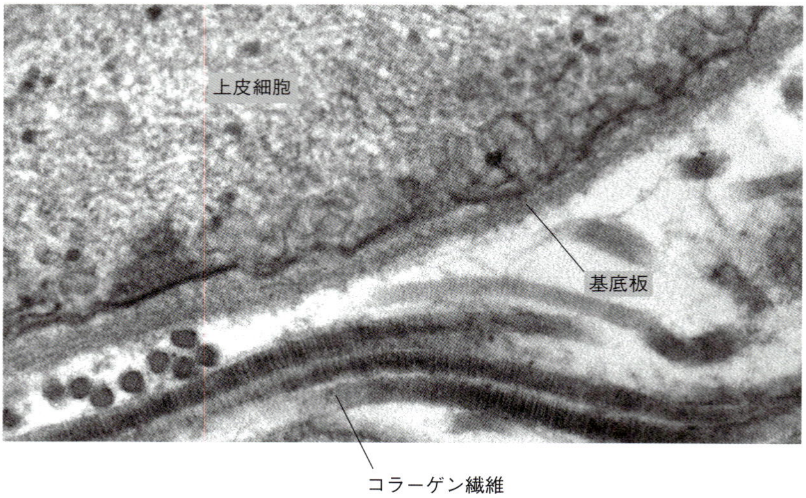

図 2-25 上皮組織の基底側に存在する基底板の電子顕微鏡写真
上皮組織を構成する上皮細胞は，その基底側に存在する基底板と結合している．

る小胞体も見られる．

動物細胞には，原核細胞や植物細胞などのように，その周囲を取りまく細胞壁のような構造は見られない．しかし，細胞に強い力が加わる筋細胞や神経細胞の周囲にはコラーゲン繊維を主成分として構成された基底板（basal lamina）と呼ばれる構造が取りまいて細胞膜を補強している．また，基底板は上皮組織の基底側にも存在し（図 2-25），それに結合している上皮細胞の安定化に寄与している．

3. アミノ酸とタンパク質

生物の主要構成成分であるタンパク質は，アミノ酸がペプチド結合で一列に連結されたものである．タンパク質の種類は，アミノ酸の組み合わせの数だけ存在することが可能であるが，実際に細胞を構成しているタンパク質の種類は，それほど多くはない．それは，タンパク質が機能するためには一定の立体構造を形成することが必要で，そのような立体構造を形成しうるアミノ酸配列の組み合わせはそれほど多くないからである．

タンパク質の立体構造を規定しているのは，それを構成しているアミノ酸の配列である．タンパク質を構成しているアミノ酸はそれぞれが独自の化学的な性質をもち，それらが互いに共有結合や非共有結合をすることにより，タンパク質の立体構造が形成される．そして，タンパク質の機能はその立体構造に依存している．タンパク質の立体構造は，イオン環境の変化，他の分子との結合，アミノ酸の化学修飾などによる影響を受けると変化する．その変化を利用して，タンパク質の機能の調節が行われている．

また，アミノ酸はタンパク質の構成要素としてだけでなく，糖，脂質，核酸などの代謝系において，糖の合成，ケトン体や脂肪酸の合成のための材料としても重要な役割を果たしている．さらに，アミノ酸は，さまざまな細胞機能の場でも活躍している．たとえば，グルタミン酸，グリシン，非タンパク質構成アミノ酸であるγ-アミノ酪酸などは神経伝達物質として働いている．

ここでは，アミノ酸の構造と性質，そして，それらのアミノ酸が連結して形成されたタンパク質の構造と機能について述べる．

3·1 アミノ酸の基本構造

タンパク質を構成している基本的なアミノ酸は 20 種類（表 3-1）であるが，それらの他にも，タンパク質中にはセレノシステイン（selenocysteine）やピロリシン（pyrrolysine）と呼ばれる特殊なアミノ酸が微量に含まれている．それらを含めると，生物を構成するアミノ酸は全部で 22 種類存在することになる．さらに，タンパク質の構成要素には含まれないアミノ酸（非タンパク質構成アミノ酸）や，広義な分類では，アミノ酸として分類されているものも数多く知られている．

生命の起源がアミノ酸から始まったと考えられるように，その簡単な構造にもかかわらず，アミノ酸はさまざまな可能性を秘めた基本構造をしている．たとえば，トリプトファンを例にあげると，その中央に存在する炭素原子（α 炭素）に，解離性原子団のアミノ基とカルボキシ基（あるいは，イミノ基），そして，側鎖（R 基）の 3 つが共有結合で結合している（図 3-1）．中性の水溶液中では，アミノ酸のアミノ基とカルボキシ基はそれぞれ，プロトン化（$-NH_3^+$）と脱プロトン化（$-COO^-$）している．このような塩基性と酸性の両方の基をもつアミ

表 3-1A 20 種類のアミノ酸とその略号

アミノ酸	略号	アミノ酸	略号
アスパラギン	Asn (N)	チロシン	Tyr (Y)
アスパラギン酸	Asp (D)	トリプトファン	Trp (W)
アラニン	Ala (A)	トレオニン	Thr (T)
アルギニン	Arg (R)	バリン	Val (V)
イソロイシン	Ile(I)	ヒスチジン	His (H)
グリシン	Gly (G)	フェニルアラニン	Phe (F)
グルタミン	Gln (Q)	プロリン	Pro (P)
グルタミン酸	Glu (E)	メチオニン	Met (M)
システイン	Cys (C)	リシン	Lys (K)
セリン	Ser (S)	ロイシン	Leu (L)

タンパク質を構成する主要なアミノ酸．
略号は 3 文字表記と 1 文字表記（カッコ内）の両方を示す．

表 3-1B 主要な 20 種類のアミノ酸以外で生物に存在するアミノ酸

タンパク質の構成要素として微量に存在するアミノ酸	セレノシステイン，ピロリシン
タンパク質の構成要素として用いられないアミノ酸	β-アラニン，サルコシン，オルニチン，γ-アミノ酪酸，オパイン
天然に存在する広義のアミノ酸	テアニン，イノシン酸，グアニル酸，トリコロミン酸，カイニン酸，ドウモイ酸，イボテン酸，アクロメリン酸

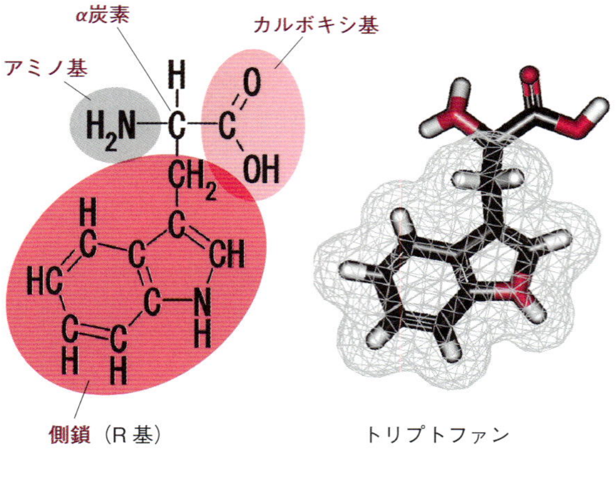

図 3-1 アミノ酸の基本構造
アミノ酸の基本構造は，中央に存在するα炭素に，アミノ基，側鎖，カルボキシ基が共有結合している．それぞれのアミノ酸の性質は側鎖の構造に依存している．

ノ酸は両性電解質（ampholyte），あるいは両性イオンと呼ばれ，水分子となじんで水溶性（親水性）を示す．しかし，側鎖にインドール環をもつトリプトファンやフェニル基をもつフェニルアラニンなどは，水分子となじまず水に難溶性（疎水性）を示す．

アミノ酸の側鎖の部分に炭素原子が結合していないグリシン以外は，カルボキシ基とアミノ基が α 炭素に逆に結合した異性体が存在する．それらの異性体は L（levo）- アミノ酸と D（dextro）- アミノ酸と呼ばれ，図 3-2 に示すように，鏡に映った像と同じ面対称である．それらは，光学異性体（鏡像異性体）と呼ばれ，アミノ酸を試験管内で合成した場合には，両者は 1：1 で合成される．しかしながら，生物を構成しているアミノ酸のほとんどは L- アミノ酸である．生命の起源が確立される際に，なぜ L- アミノ酸が選ばれたのかは謎とされている．また，最近の分析技術の進歩により，D- アミノ酸も生物に微量ながら存在することが明らかになり，それらが細胞の機能に重要な役割を果たしていることや，病気にも関係していることがわかった．

3・2　アミノ酸からタンパク質へ

20 種類のアミノ酸は，それぞれがもつ独特な構造により，さまざまな性質（たとえば，極性，荷電性，疎水性など）の違いを示す（図 3-3，3-4，3-5）．それらの違いを決定しているのは，アミノ酸の側鎖を中心に存在する官能基と呼ばれる構造である（表 3-2）．このように，さまざまな性質のアミノ酸が多様な組み合わせで連結されることにより，特殊な構造や機能をもった多くの種類のタンパク質が形成される．その際に，タンパク質の機能を最終的に決めているのが，タンパク質のとる立体構造である．それゆえ，タンパク質が正常に機能するためには，遺伝情報にもとづいた正確なアミノ酸配列のもとに，的確な立体構造をとることが必要となる．それらに失敗すると，そのタンパク質は役に立たないどころか，かえって細胞機能を乱すことにもなりかねない．

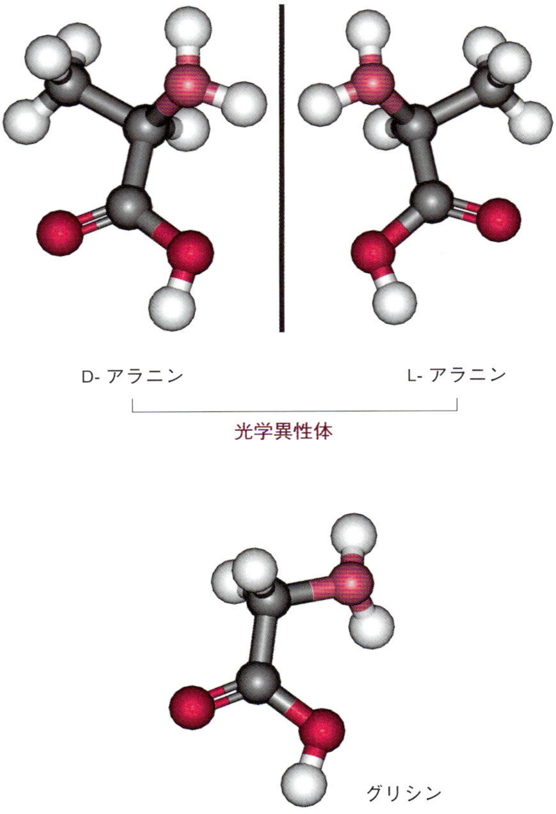

図 3-2　アミノ酸の光学異性体
アラニンの光学異性体と，光学異性体を形成できないグリシンを示す．

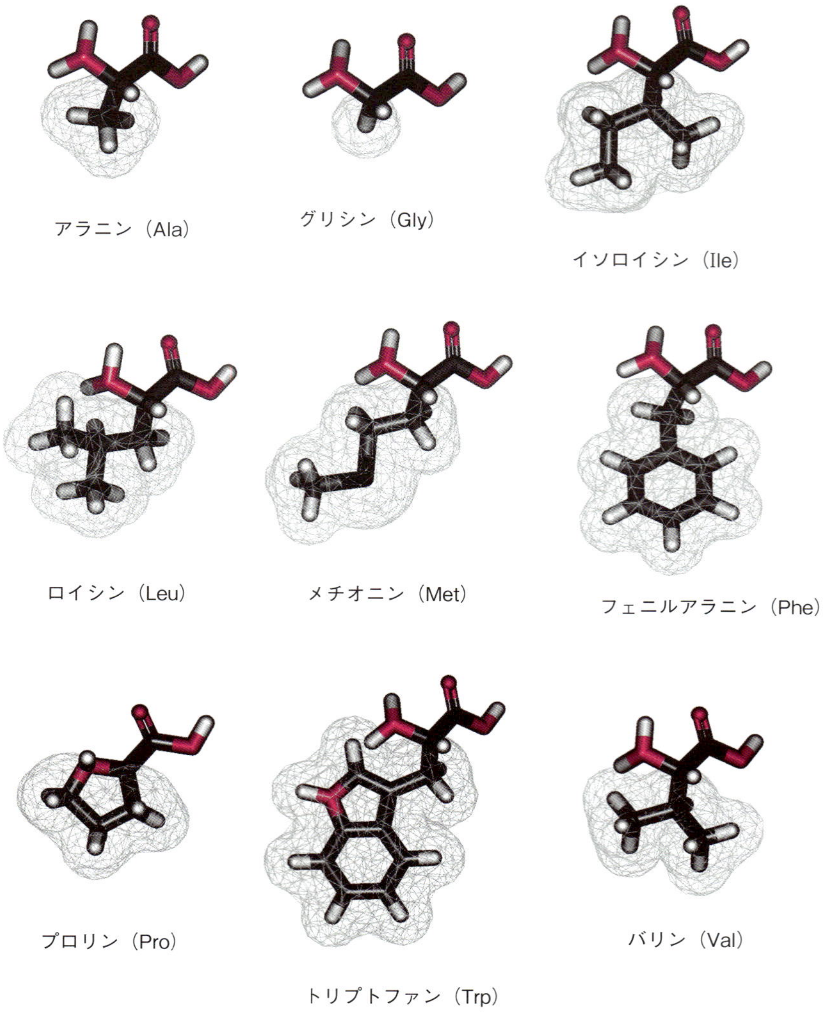

図 3-3　非極性アミノ酸（疎水性）

表 3-2　アミノ酸に存在する官能基

グループ名	構造	特徴
ヒドロキシ基	−OH	極性
カルボキシ基	−COOH	負に荷電，酸性
アミノ基	$-NH_2$	正に荷電，塩基性
リン酸基	$-PO_4^{2-}$	負に荷電，極性
メチル基	$-CH_3$	非極性
スルフヒドリル基	−SH	共有結合（ジエステル結合）を形成，極性
カルボニル基	−C=O	極性

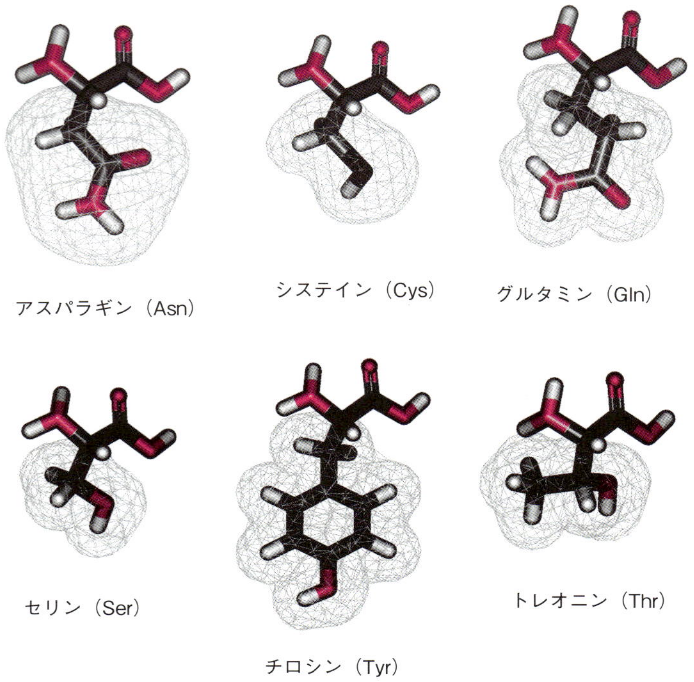

図 3-4　極性，非荷電性アミノ酸（親水性）
中性アミノ酸である．

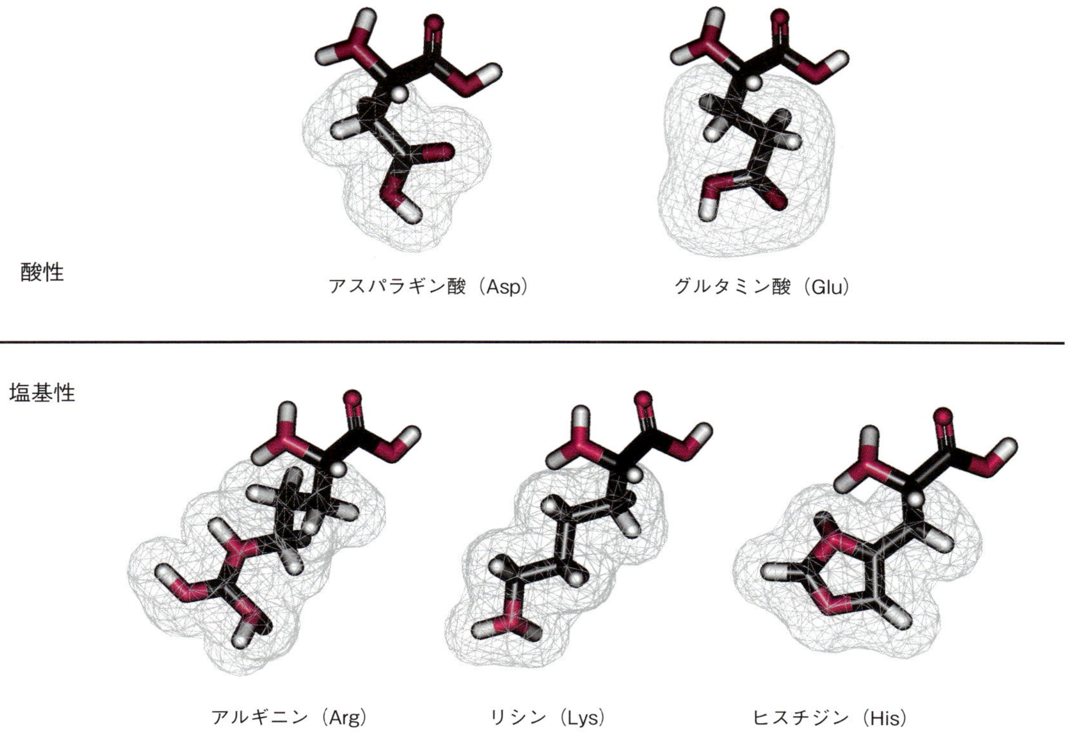

図 3-5　極性，荷電性アミノ酸（親水性）
酸性アミノ酸と塩基性アミノ酸がある．

3･3　タンパク質の立体構造と非共有結合

アミノ酸は，カルボキシ基とアミノ基の部分で，互いに共有結合される（図 3-6）．この結合はペプチド結合と呼ばれ，それにより，アミノ酸は一列に連なったペプチド鎖となる（図 3-7）．連なったアミノ酸の数により，2～10 個のものはオリゴペプチド鎖，それ以上のものはポリペプチド鎖と呼ばれている．そして，50 個以上のアミノ酸が連なったものは，一般にタンパク質と呼ばれている．平均的なサイズのタンパク質は 300～400 個のアミノ酸から構成されているが，自然界には，アミノ酸の数が 1500 個に及ぶものまで幅広いサイズのタンパク質が存在する．それらのタンパク質は，複雑に折りたたまれた立体構造を形成することにより，さまざまな機能を発揮している．

タンパク質が果たすさまざまな機能はその立体構造に大きく依存しており，その立体構造を決めているのが，アミノ酸どうしの間に生じる分子間結合である．ポリペプチド鎖から機能をもった立体的なタンパク質が形成されるまでには，いくつかのステップがある．まず，アミノ酸どうしのペプチド結合により，ペプチド鎖（一次構造と呼ばれる）が形成される．次に，ポリペプチド鎖の軸構造を形成する N－α 炭素，α 炭素－C 結合の部分のねじれ（図 3-8）と，アミノ酸どうしの分子間結合により，ペプチド鎖の折れ曲がり（二次構造と呼ばれる）が形成される．そして，二次構造のさらなる折りたたみにより，立体構造（三次構造）が形成される．さらに，三次構造のタンパク質が複数個集合することにより，機能的な集合体（四次構造と呼ばれている）が形成される．

ポリペプチド鎖からタンパク質の立体構造が形成される際に重要な役割を果たしているのが分子間結合である．その分子間結合は，アミノ酸どうしや，アミノ酸と水分子との間に形成されるものが中心となる．アミノ酸どうしの間で形成される分子間結合には，共有結合のジスルフィド結合（S-S 結合）と，何種類かの非共有結合がある．ジスルフィド結合では，近接したシステイン残基の SH 基が酸化されて，両者の硫黄原子の間に共有結合が形成される（図 3-9）．非共有結合には，水素結合

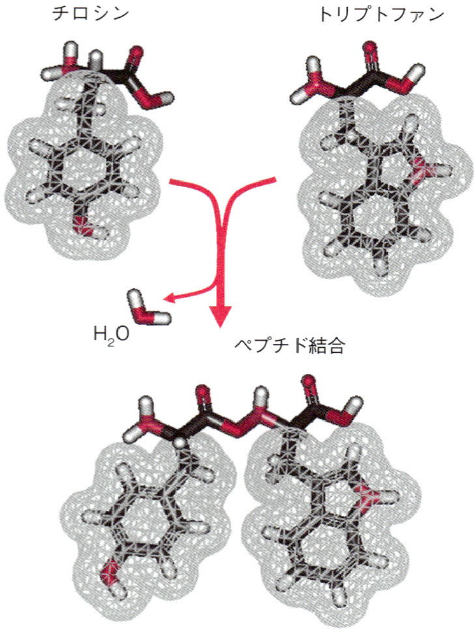

図 3-6　アミノ酸のペプチド結合
チロシンのカルボキシ基と，トリプトファンのアミノ基が縮合反応によりペプチド結合される場合を示す．ペプチド結合の際には水分子が 1 つ放出される．

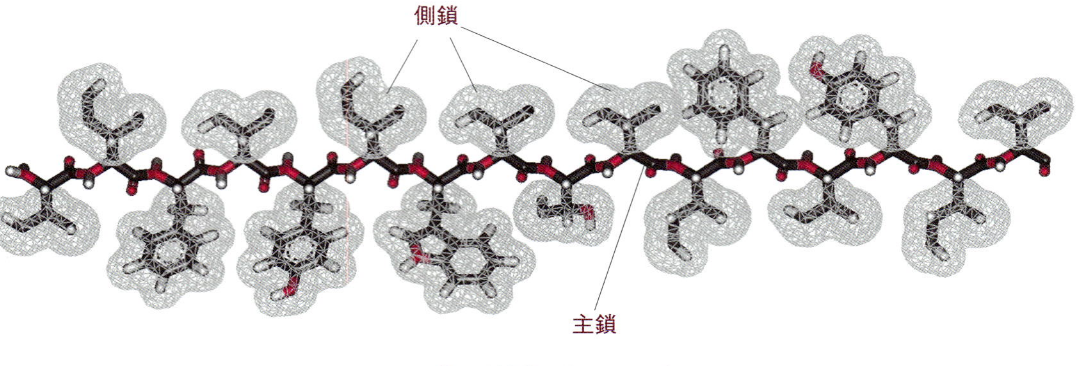

図 3-7　ペプチド結合したアミノ酸
アミノ酸が 16 個連なったポリペプチドを示す．

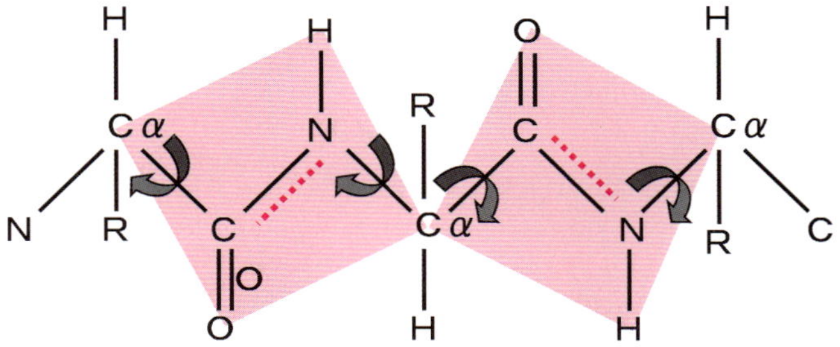

図 3-8　ポリペプチド鎖の軸構造のねじれ
C－N 結合の部分は共振混成と呼ばれる二重結合と類似の形態をとるので，O＝α 炭素－N の間ではねじれにくいために，四角で囲った部分は平板状の形態をとる．一方，α 炭素－N と α 炭素－C 結合部では容易にねじれることが可能なので，その部分でペプチド鎖は大きく曲がることができる．

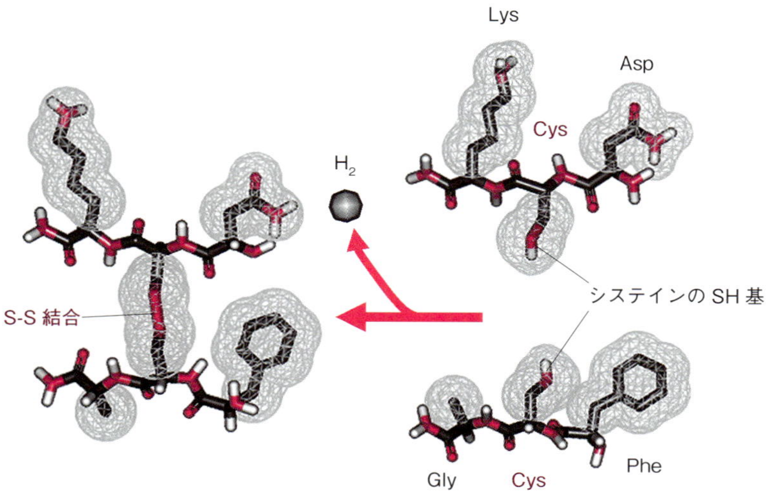

図 3-9　ジスルフィド結合
システインどうしの SH 基が酸化されて S-S 結合が形成される．その際には，H_2 と 2e が遊離する．

表 3-3　アミノ酸の結合様式と結合力

結合様式	例	結合力（kJ / mol）
共有結合	O－H	460
	C－H	414
	C－C	348
非共有結合		
イオン結合	COO^{-} ---- $^{+}H_3N$	86
水素結合	O－H ---- O	20
ファンデルワールス結合		
双極子どうしの結合	C＝O ---- C＝O	9.3
ロンドン拡散力	C－H ---- H－C	0.3

(hydrogen bond)，イオン結合 (ionic bond)，ファンデルワールス相互作用 (van der Waals interaction)，疎水性相互作用 (hydrophobic interaction) などがある．

非共有結合は，共有結合と比べると，個々の結合力は非常に弱いものである（表 3-3）．しかしながら，タンパク質全体を見ると，非共有結合を形成している原子の総数が多いので，その総合力として，タンパク質の立体構造の形成とその維持に大きく貢献している．また，これらの非共有結合は，分子間の結合力が弱いために，その結合が離れたり，再結合したりすることが容易である．

この点が，タンパク質の立体構造の柔軟性や，タンパク質の機能を果たす上で必要不可欠な，他の分子との一時的な結合などを可能にしている．

a. 水素結合

水素結合は静電的な引力による弱い結合で，アミノ基の水素原子（正に荷電）と電気陰性度の高い酸素原子や窒素原子との間に生じる（図 3-10）．水素結合している酸素原子と水素原子の間の距離は 0.2 ～ 0.3 nm である．また，親水性のアミノ基やヒドロキシ基は，互いどうしの水素結合だけでなく，それぞれが周囲の水分子とも水素結合をするので，タンパク質が立体構造を形成する際には周囲の水分子からの影響も重要である．

b. イオン結合

イオン結合は，最外殻の電子を原子間でやり取りすることにより生じた電荷をもとに，静電的な引力で互いに引き合う結合である（図 3-11）．この結合は，アルギニンやリシンなどの塩基性アミノ酸の側鎖のアミノ基（正の荷電をもつ）と，アスパラギンやグルタミンなどの酸性アミノ酸の側鎖のカルボキシ基（負の荷電をもつ）の間に生じる．その際に，窒素と酸素原子が約 0.3 nm 以下の距離に接近して強く引き合って結合する．

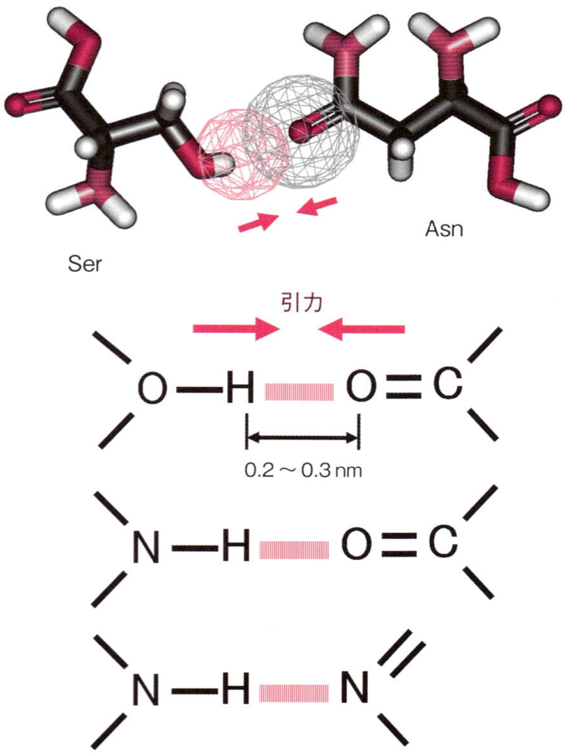

図 3-10 水素結合
セリンの O − H とアスパラギンの O = C の間における水素結合を示す．水素結合は，その他にも，N − H と O = C の間や N − H と N の間で形成される．

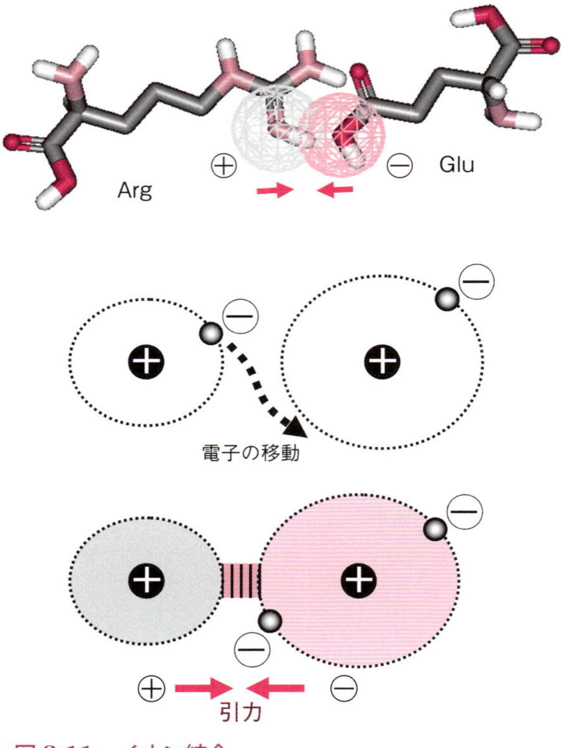

図 3-11 イオン結合
アルギニンの NH_3（＋）とグルタミン酸の COO（−）の間のイオン結合を示す．下図は，電子の移動により生じた荷電の変化がもたらす引力（イオン結合）を示す．

c. ファンデルワールス相互作用

ファンデルワールス相互作用は，極性をもたない分子間に働く相互作用の総称である．近接した原子の双方とも，電荷が偏った双極子と呼ばれる状態の場合には，両者の間には双極子相互作用による引力（双極子間引力）が生じる．また，近接した原子の片方の原子が双極子である場合には，相手の原子が双極子になるのを誘導するので，結果的には，双極子どうしと同じような引力で引き合うことになる（図 3-12）．もし，中性の原子どうしが近接した場合には，どちらかの原子が瞬間的に双極子と同じような電荷の偏りを生じると，その影響を受けたもう一方の原子にも電荷の偏りが誘導される．その結果，双方の原子が双極子の状態になり，互いに引き合うことになると考えられる．

原子間でファンデルワールス相互作用が生じる際に

は，最も強く引き合う原子間の距離（ファンデルワールス半径）がある．それ以上近づくと，逆に反発力が働くために，一定の距離を保った状態で安定的な結合状態になる．この距離は原子により異なり，たとえば，水素は約 0.12 nm，酸素は約 0.14 nm，窒素は約 0.15 nm，炭素は約 0.17 nm である．ファンデルワールス相互作用は，イオン結合や水素結合よりも引力は弱いが，結合する原子の数が増えると，全体として強い引力を発揮することになる．たとえば，爬虫類のヤモリが垂直のガラス表面でも簡単によじ登ることができるのは，その手足に存在する膨大な数の細い線維が，ガラス表面の原子との間でファンデルワールス相互作用を生じるからである．これは，弱い結合でも，その数が膨大になると強い引力を発揮するという例である．

d. 疎水性相互作用

水分子は極性をもつので，水分子の間や，他の極性をもつ物質，たとえば，イオンなどとの間で容易に水素結合を形成することができる．また，アミノ酸の側鎖には極性をもつものともたないものがあり，極性をもつものは水分子と容易に水素結合を形成するので水溶性を示す．一方，極性をもたない分子は水分子と水素結合を形成することができないので，水分子に押しのけられるようにして，互いに凝集する性質がある．このような性質（疎水効果）により，疎水性の分子どうしの間に引き起こされる作用が疎水性相互作用である（図 3-13）．

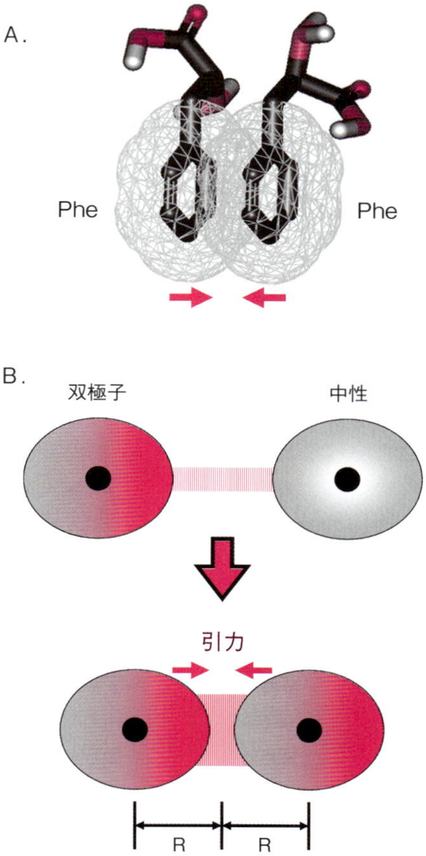

図 3-12　ファンデルワールス相互作用
A：フェニルアラニンのフェニル基どうしの間に生じたファンデルワールス相互作用を示す．フェニル基のベンゼン環は部分的に双極子構造をもつので，それらの引力による相互作用も働く．また，フェニルアラニンは疎水性なので，両者の間には，疎水性相互作用も働いている．B：片方の双極子の原子が，相手の中性の原子を双極子になるように誘導して引き合う過程のモデルを示す．R はファンデルワールス半径を示す．

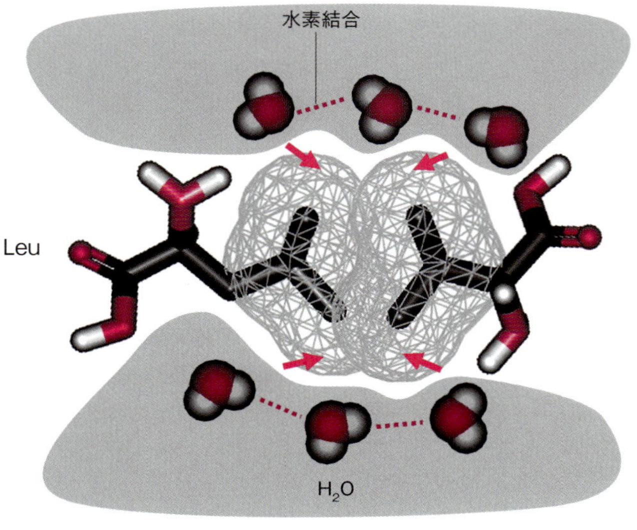

図 3-13　疎水性相互作用
ロイシンの疎水性側鎖（極性をもたない）どうしの間に見られる疎水性相互作用を示す．水素結合した水分子に押しのけられるようにして側鎖が近接している．

3·4 タンパク質の高次構造

a. 一次構造と二次構造

アミノ酸が一列に共有結合された直線状のポリペプチド鎖は一次構造と呼ばれ，次のステップで形成される高次構造は二次構造と呼ばれている．基本的な二次構造には，αヘリックス構造（図 3-14），βシート構造（図 3-15），βターン構造（図 3-16），ループ構造などがある．これらの中で，αヘリックスと呼ばれるらせん構造が中心的な存在で，タンパク質の二次構造の約 4 分の 1 を占めている．αヘリックスは，主鎖のカルボニル基（− CO −）が，3 つ離れたアミノ酸のイミノ基（− NH −）と水素結合することにより形成されたらせん構造である．

αヘリックスを形成しているアミノ酸の側鎖は，ヘリックス構造の外側を向き，主鎖にある極性基のカルボニル基やイミノ基は水素結合により結合されている．このような構造をしているαヘリックスは，それを構成するアミノ酸の種類や，アミノ酸の配列を調整することにより，さまざまな性質をもたせることが可能である．たとえば，DNA に結合して，遺伝子発現を調節しているタンパク質に，ロイシンジッパーと呼ばれるαヘリックスをもつものがある（図 3-17）．このロイシンジッパーの片側には，疎水性アミノ酸のロイシンが一定間隔に配列されているので，それらの 2 本が並列に寄り添うと，互いのロイシンの側鎖どうしが疎水性相互作用により結合して複合体を形成することができる．また，αヘリックスの外側に疎水性の側鎖を向けたものは，疎水性の脂質となじむので，生体膜を貫通するタンパク質の膜貫通部分を構成している．

αヘリックスとともに重要な役割を果たしている構造がβシートである．βシートは，直線状に伸びたポリペプチド鎖が平行に並んで，イミノ基とカルボニル基が互いに水素結合して形成されたシート状の構造である．ペプチド鎖が走行する向きの違いにより，平行βシートと

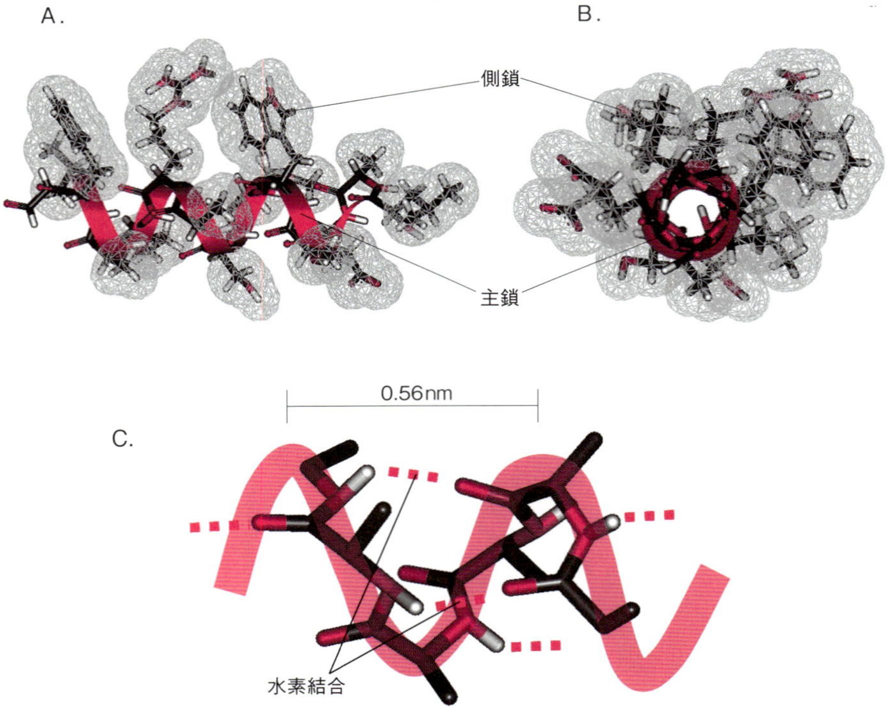

図 3-14 αヘリックス

A：αヘリックスを横から見た図．B：αヘリックスの断面図．C：主鎖のカルボニル基とイミノ基の水素結合により形成されたαヘリックスは右巻きのらせん構造で，1 回転が 3.6 残基からなり，1 回転のピッチは 0.56nm である．側鎖は外側に向いて突き出ている．

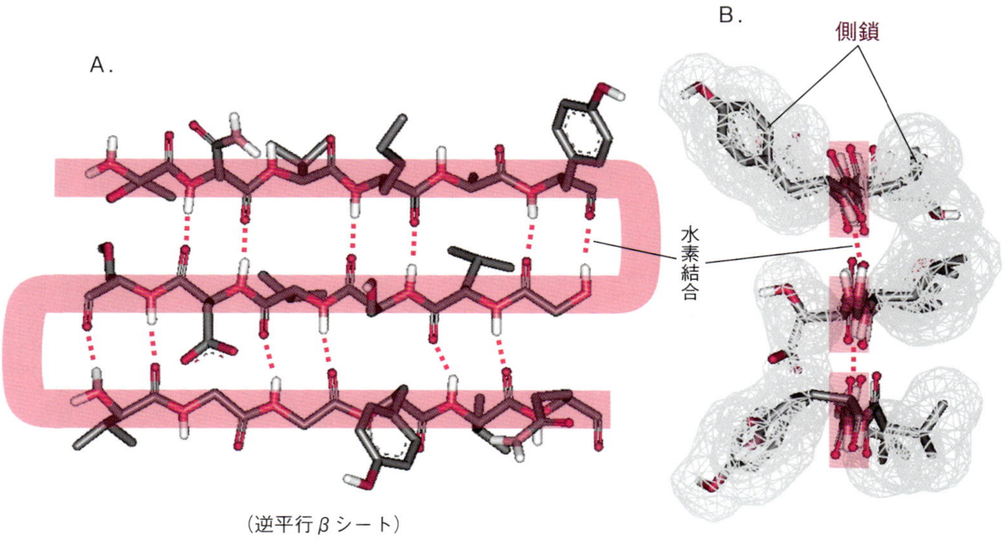

図 3-15　βシート
A：隣り合うポリペプチド鎖の向きが反対方向に走行して形成された逆平行βシート．平行に走行するペプチド鎖のカルボニル基とイミノ基が水素結合をしている．B：アミノ酸の側鎖は水素結合を形成している平面に対してほぼ直角の方向に突き出ている．

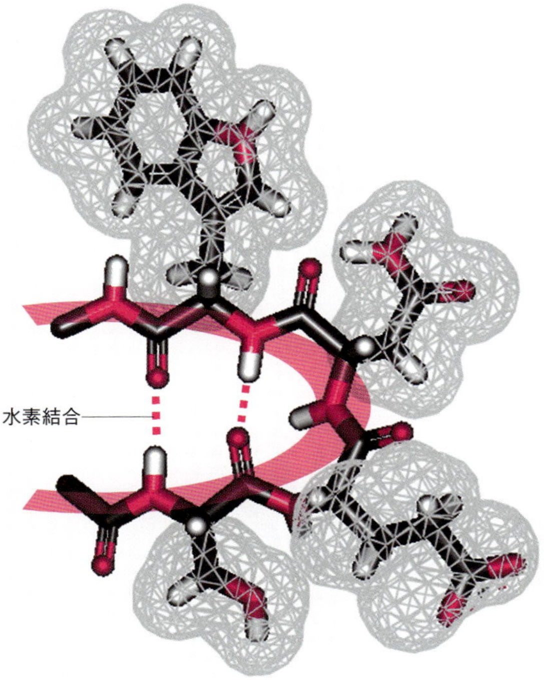

図 3-16　βターン
ペプチド鎖のカルボニル基とイミノ基が水素結合することにより，ペプチド鎖が U 字型に曲げられている．

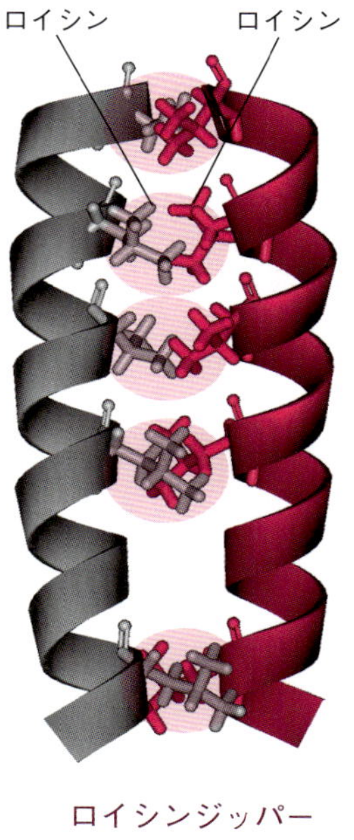

図 3-17　αヘリックスどうしの結合
2 本のαヘリックスが形成するロイシンジッパーと呼ばれる構造では，それぞれのαヘリックスの 1 回転あるいは 2 回転ごとに 1 残基のロイシンが存在し，そのロイシンどうしが互いに向き合うように配置されている．向き合ったロイシンどうしが疎水性相互作用で結合している．その様子がジッパーのようなので，ロイシンジッパーと呼ばれている．

逆平行βシートが形成される．その走行の違いにより水素結合をする間隔が少々異なる．このβシートでは，アミノ酸の側鎖がシート構造の両面に向いて分布することになるので，βシートを構成するアミノ酸の種類や，アミノ酸の分布を調節すると，βシートの構造にさまざまな性質をもたせることができる．たとえば，一方の面に疎水性の側鎖を集合させ，その反対側の面に親水性の側鎖を集合させるように設計したβシートを，外面に疎水性が向くように丸く束ねて細胞膜に組み込めば，親水性の物質を通過させる穴を細胞膜に開けることができる．その例として，細胞膜に組み込まれて，親水性の物質を通過させる孔として働いているポーリンと呼ばれる膜貫通タンパク質がある（1章参照）．

b. 三次構造と四次構造

二次構造がさらに折りたたまれることにより三次構造が形成される（図3-18）．水中でタンパク質の三次構造が形成される際には，水に接する外表面を親水性のポリペプチド鎖が覆い，その内部に疎水性のポリペプチド鎖が分布するように球状に折りたたまれるのが一般的である．それは，疎水性のアミノ酸が表面に多く分布すると，疎水効果により互い同士が凝集してしまうからである．また，タンパク質の三次構造を見ると，共通した基本構造の組み合わせによりタンパク質ができているのがわかる．その基本構造はモチーフ（motif）と呼ばれ，αヘリックスやβシート構造が組み合わさってできた構造で，多くの種類が存在する（図3-19）．そのモチーフには，機能モチーフと呼ばれているものや，機能が不明な構造モチーフと呼ばれるものなどがある．機能モチーフには，たとえば，Ca^{2+} を結合するEFハンドと呼ばれる構造や，

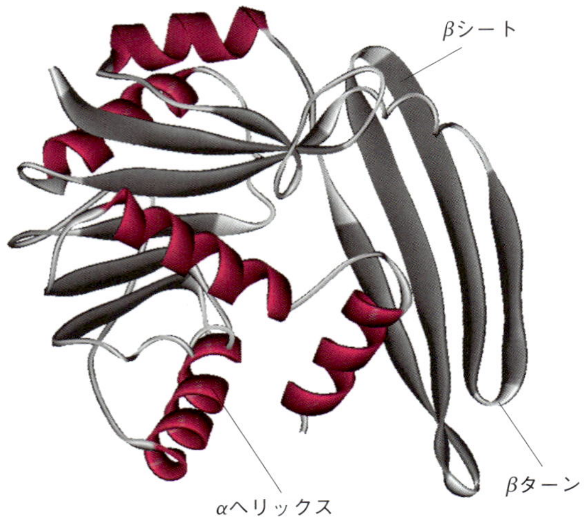

図3-18 タンパク質の三次構造
αヘリックス，βシート，βターンなどの二次構造が複雑に組み合わされてタンパク質の三次構造が形成されている．

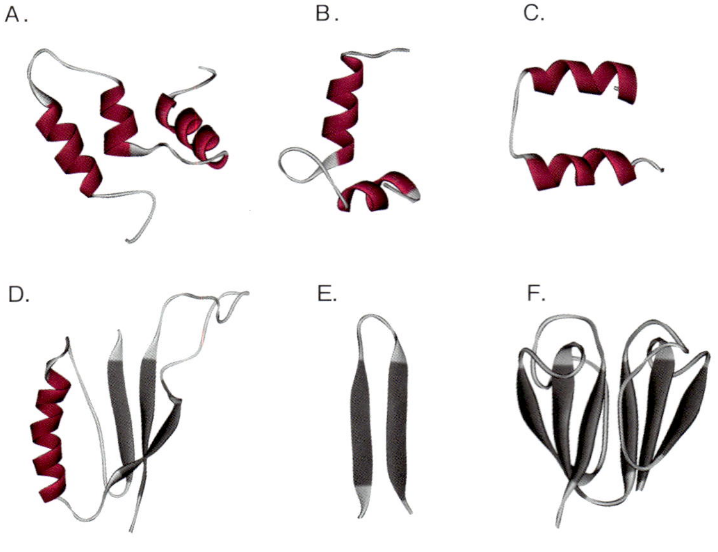

図3-19 モチーフ
モチーフはαヘリックスやβシートの簡単な組み合わせによる構造で，タンパク質の三次構造を形成する基本構造である．モチーフには多くの種類があるが，ここでは，それらのうちのいくつかの例について示す．A：ヘリックス・ターン・ヘリックス．B：ヘリックス・ループ・ヘリックス（EFハンド）．C：ヘリックス・ループ・ヘリックス．D：ベータ・アルファ・ベータ．E：ヘアピン・ベータ・シート．F：ギリシアキー．

DNA と結合するためのモチーフなどがある（図 3-20）．

いくつかのモチーフが組み合わさって，さらに大きな機能単位のドメイン（domain）と呼ばれる構造（図 3-21）が形成される．ドメインは，ヌクレオチドとの結合，他のタンパク質との結合，酵素活性など，さまざまな役割を果たす部分を構成している．それゆえ，ドメインはタンパク質と呼ばれる機械を構成するユニットのようにも考えることができる．それらのユニットをさまざまに組み合わせることにより，異なる機能をもったさまざまな種類のタンパク質を作ることが可能になる．一般に，大きなサイズのタンパク質は，いくつものドメインが組み合わさってできており，複雑な機能を果たしているものが多く見られる．

三次構造のタンパク質がいくつか集まって，さらに大きな複合体を形成する場合が多く見られる．この複合体は，同種の分子が集まって形成される場合や，異種の分子が集まって形成される場合があり，それらの複合体は四次構造と呼ばれている（図 3-22）．四次構造を構成している単位はサブユニットと呼ばれ，たとえば，3 つ

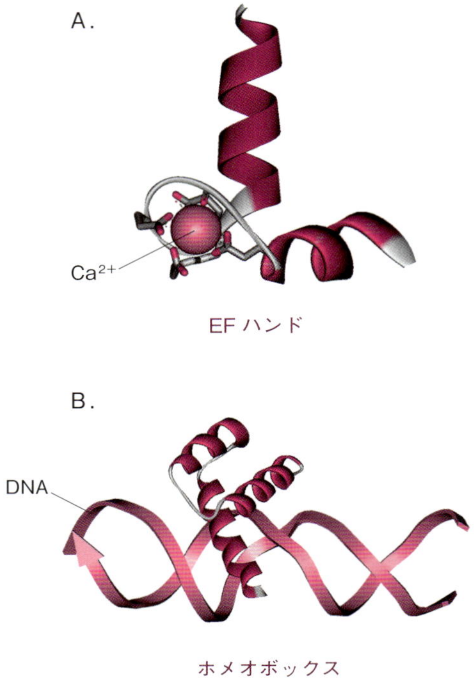

図 3-20　機能的なモチーフの例
タンパク質の機能を果たす上で，重要な役割を担っているモチーフが数多く存在する．ここでは，それらの例を 2 つ示す．**A**：EF ハンド．Ca^{2+}結合タンパク質に存在する EF ハンドは，2 つの α ヘリックスとそれをつなぐループ状の部分からなり，そのループの部分で Ca^{2+}と選択的に結合する．**B**：ホメオボックス．3 つの α ヘリックスからなり，そのうちの 1 つが DNA の溝に結合する．DNA 結合性のタンパク質に存在するモチーフの 1 つである．

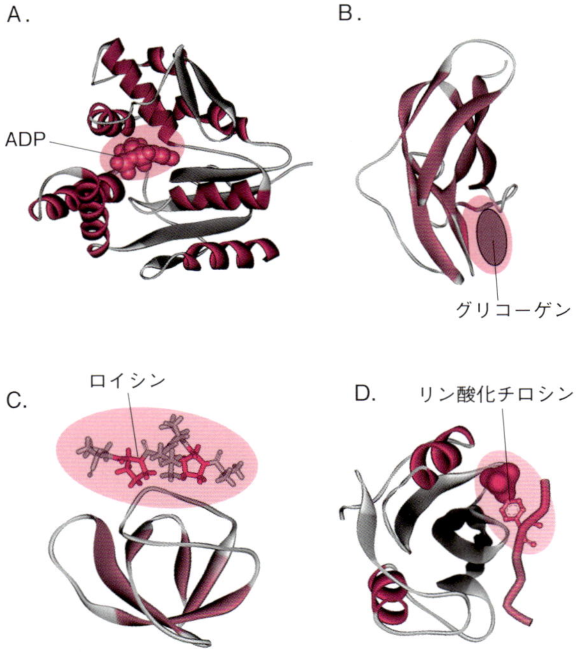

図 3-21　タンパク質のドメイン
タンパク質を構成するドメインには，多くの種類が存在し，さまざまな機能を行っている．ここでは，それらのうちのいくつかの例を示す．**A**：アデニンヌクレオチドを結合するドメイン（ATPase 活性をもつ）．**B**：グルコアミラーゼのグリコーゲンを結合するドメイン．**C**：ロイシンに富んだ領域と選択的に結合するドメイン．**D**：リン酸化されたチロシンと選択的に結合するドメイン．

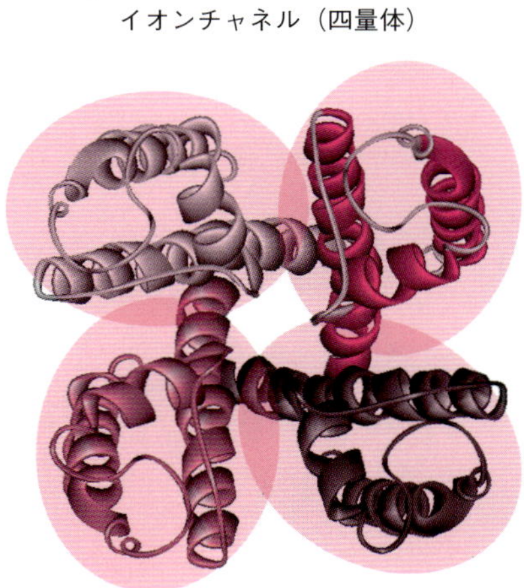

図 3-22　タンパク質の四次構造
三次構造のタンパク質が複数集合して，四次構造を形成する．図は4つのタンパク質（サブユニット）が会合して形成された K^{+}チャネルを示す．

の単位から構成されている複合体は三量体と呼ばれている．そして，それらのサブユニットが同種の分子からなる場合はホモ三量体で，異種の分子からなる場合はヘテロ三量体と呼ばれている．このような四次構造の形成は，単一のタンパク質だけでは果たすことができない，より高度な機能の遂行や複雑な構造物の形成を行うためである．

3·5 タンパク質の基本的性質

タンパク質は，正確な立体構造をとることにより，はじめてその機能が果たせるようになる．非共有結合を中心として形成された立体構造は比較的に安定な状態で維持されてはいるが，必ずしも強固なものではなく，熱による変性や化学修飾による変化を受け易い．その一方，タンパク質の立体構造に備わった柔軟性や可動性は，その立体構造を巧みに変化させることにより，酵素反応，細胞内情報伝達，細胞内物質輸送，抗原と抗体の反応など，さまざまな機能を行う上で重要な役割を果たしている．

ここでは，細胞機能に関わっているタンパク質の立体構造の変化について，いくつかの例を示す．その 1 つは，ATP，GTP，cAMP，cGMP などのヌクレオチドとの結合や，結合したヌクレオチドが加水分解されることにより引き起こされるタンパク質の立体構造の変化である．たとえば，GTP や GDP を結合するグアニンヌクレオチド結合タンパク質（一般に，G タンパク質と呼ばれている）では，それらのヌクレオチドのどちらが結合しているかによってタンパク質の立体構造が大きく変化する．この構造変化を利用して，さまざまな細胞機能が調節されている．ここでは，細胞内輸送系やアクチン繊維の再構築などの調節に関与している，G タンパク質の ARF（ADP ribosylation factor）を例に示す（図 3-23）．ARF に GTP が結合している状態がそのタンパク質の機能が活性な状態で，この状態のときには，細胞機能のあるステップの反応を促進することができる．しかしながら，その GTP が加水分解されて GDP になると，ARF の立体構造が変化して不活性な状態になり，その機能は失われてしまう．このように，タンパク質の立体構造を変化させることにより，その機能を調節している例が多く知られている．

次の例は，タンパク質を構成する一部のアミノ酸が，リン酸化，メチル化，アセチル化などの化学修飾されることにより引き起こされるタンパク質の立体構造の変化である．たとえば，タンパク質を構成するセリン，スレオニン，チロシンなどに，ATP からリン酸基が転移されてリン酸化されると，リン酸基の荷電の影響によりその周辺の立体構造が大きく変化する．その立体構造の変化を利用して，たとえば，細胞内における情報伝達の調節や，酵素の活性の制御などが行われている．ここでは，その一例として，細胞周期を調節しているサイクリン依存性キナーゼである CDK2 のリン酸化の例を示す．

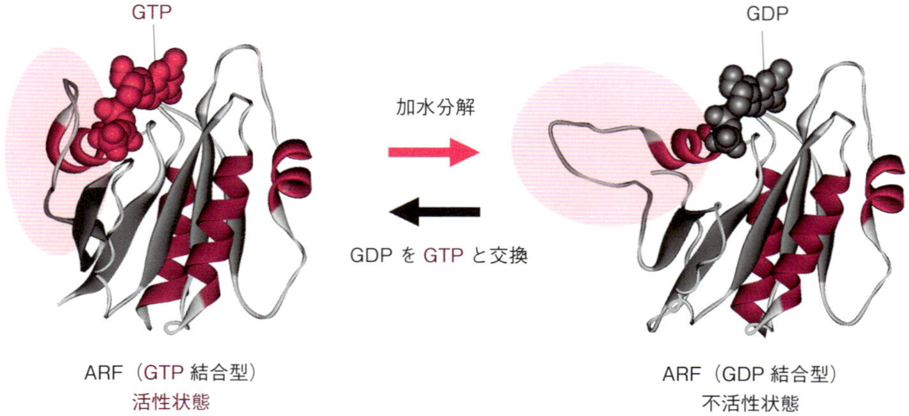

図 3-23 グアニンヌクレオチド結合タンパク質の構造変化
グアニンヌクレオチド結合タンパク質の ARF は，GTP が結合している場合と GDP が結合している場合とでは，その立体構造に違いが見られる．この違いが，タンパク質の機能の調節に重要な役割を果たしている．

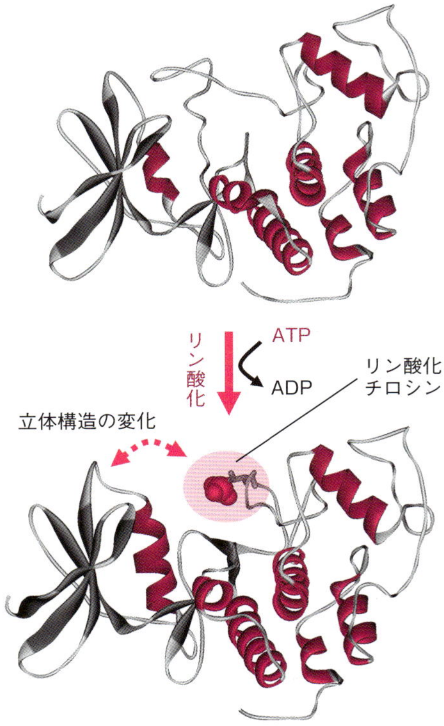

図 3-24　アミノ酸のリン酸化にともなうタンパク質の立体構造の変化
細胞周期の調節に関与しているサイクリン依存性キナーゼ 2（CDK2）は，特定部位のチロシンがリン酸化されると，その酵素反応に必要な触媒部位が開いて酵素機能が活性化される．リン酸化された部位が脱リン酸化されると，再びもとの不活性状態に戻る．

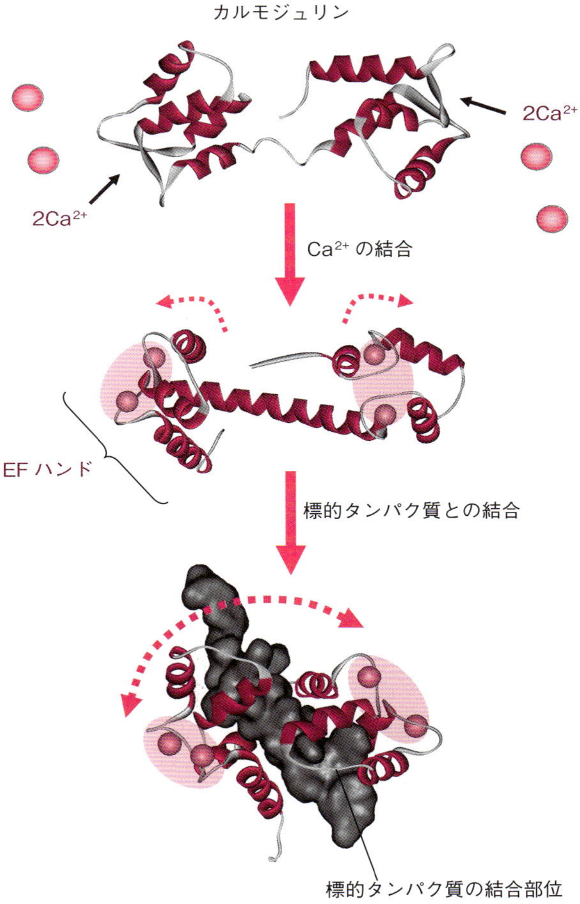

図 3-25　Ca^{2+}の結合にともなうタンパク質の立体構造の変化
Ca^{2+}結合タンパク質のカルモジュリンは，Ca^{2+}が EF ハンドに結合することにより，その立体構造が変化して機能が活性化される．活性型のカルモジュリンは標的タンパク質に結合して，そのタンパク質の機能を調節する．

CDK2 は特定部位のチロシンがリン酸化されると，その部位を中心に周辺の立体構造に大きな変化が起きる（図 3-24）．その変化により，CDK2 が果たすキナーゼ（リン酸化酵素）としての酵素活性が調節されている．

最後に，タンパク質に Ca^{2+} が結合することにより引き起こされる立体構造の変化の例を示す．Ca^{2+} を結合するタンパク質は，一般に，その構造内に EF ハンドと呼ばれるモチーフをもっている．そのモチーフに Ca^{2+} が結合すると，タンパク質全体の立体構造に大きな変化が引き起こされる（図 3-25）．その変化を利用して，たとえば，細胞内の情報伝達の調節や，酵素の活性，筋細胞の収縮など，さまざまな機能の調節が行われている．これらの例については関連した各章で詳しく紹介する．

3･6　酵素反応

タンパク質は，細胞の構造を構成する要素とともに，細胞内で起こるさまざまな化学反応を触媒する酵素としても重要な役割を果たしている（表 3-4）．

酵素タンパク質は，基質となる物質と特異的（選択的）に結合し，穏やかな生体内の環境で起きる化学反応を効率的に行うための触媒として働いている．しかも，その酵素反応はさまざまな調節因子により巧みに調節されている．効率的な酵素反応を可能にしているのが，タンパク質の機能的な立体構造と，その構造がもつ柔軟性である．酵素が基質と結合して触媒作用を発揮するには，その立体構造の変化が重要な役割を果たしている．たとえば，解糖経路でグルコースをリン酸化する反応を触媒しているヘキソキナーゼという酵素がある．この酵素が基質に結合する前の状態と，基質のグルコースを結合して触媒作用を行っているときの状態とでは，その立体構造に大きな変化が見られる（図 3-26）．

触媒として働いている酵素は，化学反応の活性化エネルギーを下げることにより，触媒なしで行われる化学反応の場合と比べて，その反応速度を飛躍的に加速させることができる．それは，酵素が活性化エネルギーの低い効率的な反応経路を提供して，その反応を助けているか

表 3-4　酵素の分類

酵素の分類	酵素の例　（カッコ内は反応）
酸化還元酵素 (oxidoreductase)	アルコールデヒドロゲナーゼ （エタノール　＋　NAD^+　→　アセトアルデヒド　＋　NADH）
転移酵素 (transferase)	ヘキソキナーゼ （グルコース　＋　ATP　→　グルコース -6- リン酸）
加水分解酵素 (hydrolase)	カルボキシペプチダーゼ A （ペプチド$_n$　＋　H_2O　→　ペプチド$_{n-1}$　＋　アミノ酸）
リアーゼ (lyase)	ピルビン酸デカルボキシラーゼ （ピルビン酸　→　アセトアルデヒド　＋　CO_2）
イソメラーゼ (isomerase)	マレイン酸イソメラーゼ （マレイン酸　→　フマル酸）
リガーゼ (ligase)	ピルビン酸カルボキシラーゼ （ピルビン酸　＋　CO_2　＋　ATP　→　オキサロ酢酸　＋　ADP　＋　Pi）

酵素は触媒する反応の種類により，いくつかに分類されている．

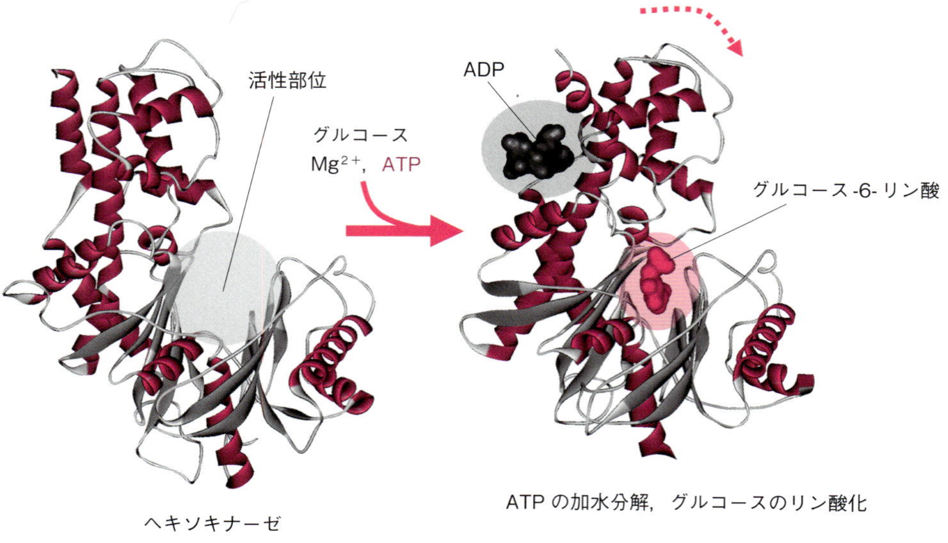

図 3-26　ヘキソキナーゼが基質と結合する際に見られる立体構造の変化
不活性状態のヘキソキナーゼに ATP と基質が結合すると，その立体構造が変化して活性型になる．活性型のヘキソキナーゼは ATP を加水分解して得られたリン酸をグルコースに転移する反応を触媒する．

$$E + S \rightleftarrows ES \rightarrow E + P$$

E：酵素，S：基質，ES：酵素と基質の複合体，P：反応生産物

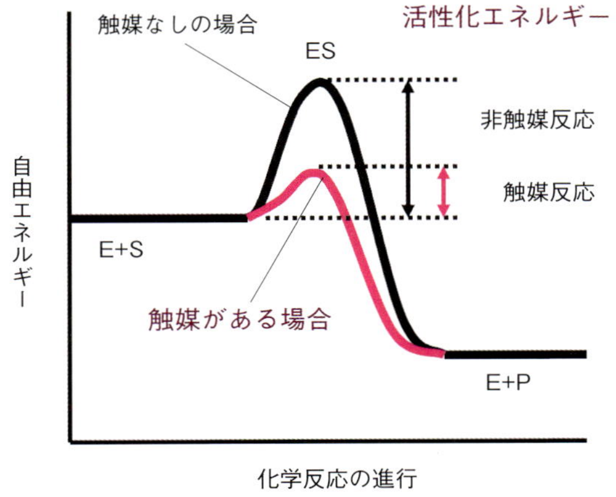

図 3-27　酵素反応の触媒作用
酵素は化学反応の触媒として働き，その反応の活性化エネルギーを低下させる．その結果，化学反応の速度が飛躍的に高められる．

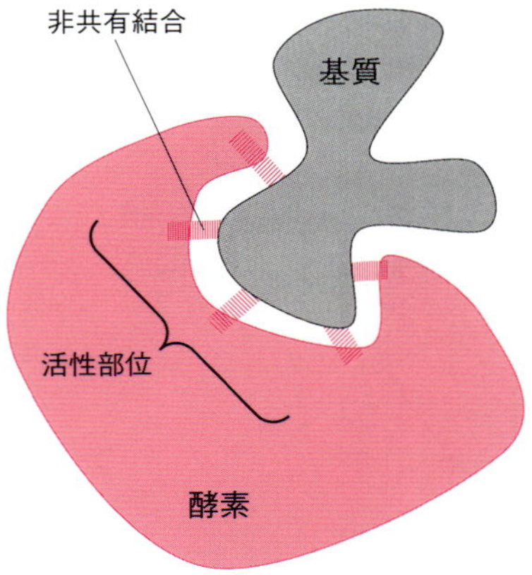

図 3-28　酵素の活性部位への基質の結合
基質は酵素の活性部位に非共有結合で結合されてその触媒作用をうける．

らである（図 3-27）．また，酵素は特定の基質と選択的に結合し，特定の反応だけを触媒するという基質特異性をもっている．それは，酵素が特定の基質とだけ選択的に結合できる「くぼみ」のような構造をもっているからである．その部位は，活性部位（active site），あるいは，活性中心と呼ばれている．その部分で，基質のもつ特定のアミノ酸配列や立体構造を認識し，基質と非共有結合して酵素反応の触媒作用を行っている（図 3-28）．

酵素の活性部位に基質が結合すると酵素の立体構造が大きく変化するのは，触媒反応を効率的に行うためと考えられる．さらに，酵素の立体構造の変化にともない，その活性部位に結合した基質の立体構造も影響を受けて，反応に適するように構造がゆがめられると考えられる．その他にも，酵素と基質との間におけるプロトンの授受や，酵素と基質間の電子の授受をともなう一時的な共有結合の形成などにより，酵素反応が促進されている．このような酵素の働きには，後述するさまざまな因子が関与して，酵素の触媒作用を調節している．

a. 反応速度

酵素による反応速度は酵素の濃度や基質の濃度に依存する．ミカエリス・メンテン（Michaelis-Menten）の理論によると，基質濃度が低いとき，反応速度は基質濃度と比例する．一方，基質濃度が高いときは，基質濃度が増加するにつれて一定の反応速度（V_{max}）に近づく（図 3-29）．実際の細胞内における酵素反応では，このほかにもさまざまな環境要因，たとえば，pH や温度などの影響や，多くの種類の調節因子による制御を受けて，その反応速度が制御されている（図 3-30）．

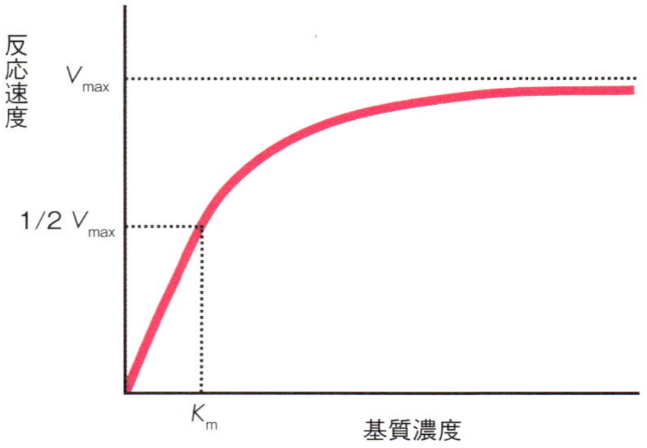

ミカエリス・メンテンの式

$$V = V_{max}[S] / (K_m + [S])$$

V：反応速度，V_{max}：最大反応速度，S：基質濃度，K_m：ミカエリス・メンテン定数

図 3-29　酵素濃度とその反応速度との関係

基質濃度が K_m より低いとき（[S] ＜＜ K_m），$V=V_{max}[S]/(K_m+[S])$ となり，反応速度は基質濃度に比例する．一方，基質濃度が K_m より高いとき（[S] ＞＞ K_m），$V=V_{max}$ となり，反応速度は一定の値に近づく．

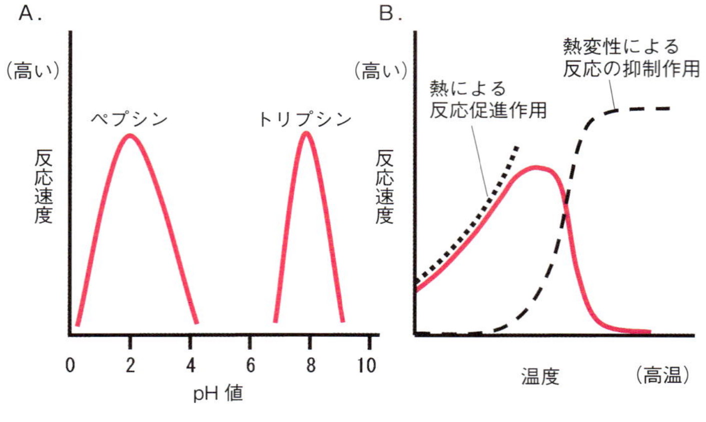

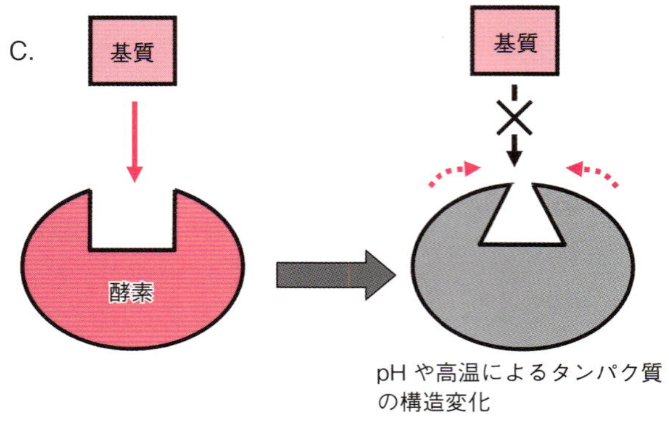

図 3-30　pH や温度が酵素反応に及ぼす影響

酵素の反応速度は pH や温度の影響を大きく受ける．**A**：酵素の反応速度には最適 pH 値があり，その値で反応速度が最も高い．**B**：酵素反応は，一定の温度までは温度の上昇による反応促進作用に比例するが，それ以上の温度の上昇はタンパク質を変性させるので，その酵素反応を抑制する．**C**：pH や温度の変化による酵素の立体構造の変化は基質との結合や酵素反応を阻害する．

pH や温度の変化が酵素反応に影響を及ぼすのは，それらの変化が酵素タンパク質の非共有結合に影響を及ぼして，その立体構造の変化を引き起こしているからである（図 3-30，3-31）．その立体構造の変化は，基質との結合や触媒作用の変化を引き起こして，酵素反応に大きな影響を及ぼすことになる．たとえば，pH の変化が酵素タンパク質の立体構造に変化を引き起こすのは，アミノ酸に存在する解離性の原子団が pH に依存して解離するからである（表 3-5）．そのために，多くの酵素は比較的狭い範囲の最適（至適）pH 内でしか十分に働くことができない．また，温度の変化は反応分子の運動エネルギーの変化を引き起こすために，一定の温度の範囲内では，反応速度が温度に比例して上昇する．しかし，温度がさらに高くなると，酵素タンパク質における非共有結合が壊されて，立体構造の変化が引き起こされてしまう．そのために，一定の温度を超えると，酵素反応は阻害されてしまう（図 3-30B）．

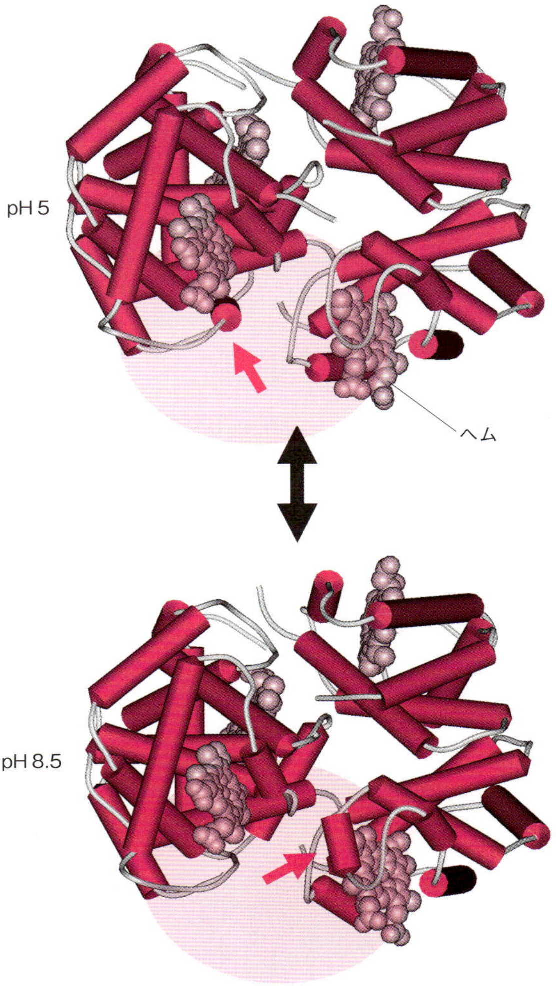

図 3-31　pH の変化によるヘモグロビン分子の立体構造の変化
ヘモグロビンは α と β のサブユニットが各 2 個ずつ集まった四量体からなる．周囲の pH が変化すると，赤い矢印で示した α ヘリックスの部分に変化が見られる．その結果，ヘモグロビンの機能が影響を受ける．チューブ状に表した構造は α ヘリックスを示す．

表 3-5　アミノ酸に存在する解離性の原子団

アミノ酸（例）	AH(原子団) ⇄ A^- + H^+	pK_a
Asp，Glu	$-COOH \rightleftarrows -COO^- + H^+$	4.1 − 4.4
His	$-NH^+ \rightleftarrows N + H^+$	6.0 − 6.5
Cys	$-SH \rightleftarrows -S^- + H^+$	8.3 − 8.5
Tyr	$-OH \rightleftarrows -O^- + H^+$	10.0 − 10.9
Lys	$-NH_3^+ \rightleftarrows -NH_2 + H^+$	10.0 − 10.8
Arg	$=NH_2^+ \rightleftarrows =NH + H^+$	12.0 − 12.5

側鎖の原子団の解離と解離定数を示す．K_a は酸解離定数で，酸の強さ（水素イオンの放出しやすさ）を表す．$pH = pK_a$ のときは $AH = A^-$，　$pH < pK_a$ のときは，$AH > A^-$ となる．つまり，pH が pK_a より小さいときは水素イオンが結合している状態が優勢となる．

$$AH \rightleftarrows A^- + H^+$$
$$K_a = [A^-][H^+] / [AH],\ [H^+] = 10^{-pH}$$
$$\log K_a = \log[10^{-pH}] + \log\{[A^-] / [AH]\}$$
$$\log K_a = -pH + \log\{[A^-] / [AH]\}$$
$$pK_a = pH - \log[A^-] / [AH]$$

b. 反応の調節

酵素反応の活性は，さまざまな方法で調節されている（図 3-32）．その１つは，競合阻害（competitive inhibition）である．この阻害作用では，基質が結合する活性部位に他の物質（阻害分子）が競合的に結合して，基質と酵素が結合できないようにして，酵素反応を阻害する．また，非競合阻害（non-competitive inhibition）と呼ばれる阻害作用では，阻害分子が酵素の活性部位以外の部位に結合して，酵素の立体構造の変化を誘導し，酵素と基質が結合できないようにして酵素反応を阻害する．このように，酵素の立体構造を変化させて酵素の活性を阻害する方法については，アロステリック阻害（allosteric inhibition）とも呼ばれている．その反対に，酵素反応を活性化する場合もある．この場合は，アロステリック活性化（allosteric activation）と呼ばれる．

これらとは異なる方法による阻害作用にフィードバック阻害（feedback inhibition）がある．一連の酵素反応を経て合成された最終産物が，その経路の前のステップで働く酵素に作用して，その反応を阻害することがある．ここで示したのは，トレオニンからイソロイシンが合成される過程で，合成されたイソロイシンがその経路の前のステップで働いているトレオニンデアミナーゼと結合して，その酵素反応を阻害するフィードバック阻害の例である（図 3-33）．このようなフィードバック阻害が行われる際にも，アロステリック阻害による方法が用いられている．

その他にも，酵素タンパク質の活性化の調節には，酵素タンパク質の一部を切断して活性化する方法（図 3-34），あるいは，一部のアミノ酸の化学修飾（たとえば，リン酸化，図 3-24）による調節などがある．

c. 酵素反応の補助因子

酵素が触媒作用を行う際には，それと協同作用したり，その活性を調節したりするさまざまな補助因子（cofactor）と呼ばれる分子を必要とする場合が多い．補助因子には，たとえば，Ca^{2+}，Mg^{2+}，Fe^{2+}，Zn^{2+} などの金属イオンや，補酵素（coenzyme）と呼ばれるもの

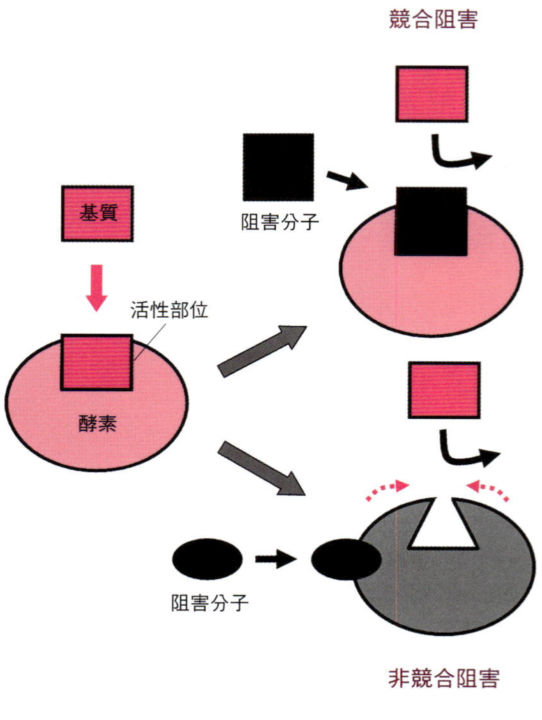

図 3-32　阻害分子による酵素反応の調節
阻害因子が酵素に結合することにより酵素反応を阻害する例を示す．

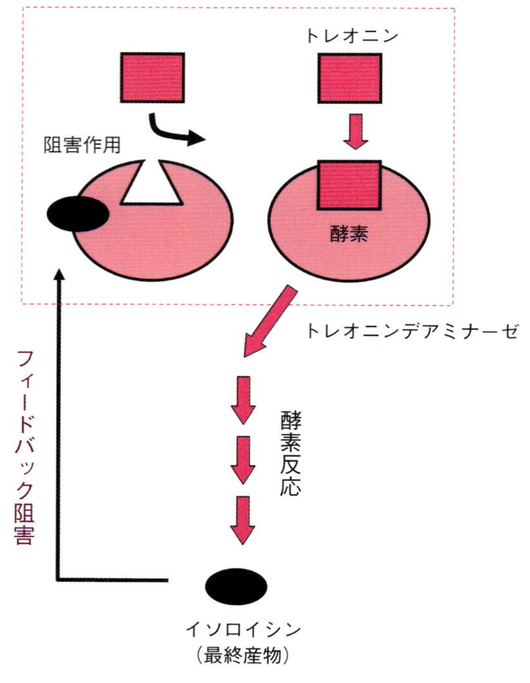

図 3-33　フィードバック阻害による酵素反応の調節
ここで示した例は，酵素反応の産物が前のステップの反応に影響を及ぼして，その反応を抑制的に調節する例である．この方法では，酵素反応による産物の量が一定に保たれるように調整されている．

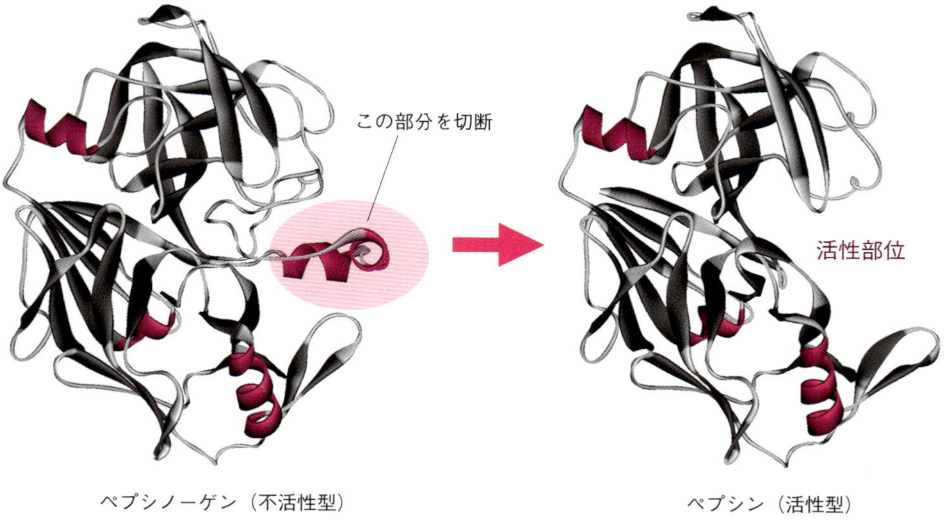

図 3-34　酵素の一部の切断による活性化
酵素の機能を調節する方法の１つに，酵素の活性部位をふさいでいる一部の構造を切断して，不活性型から活性型の酵素に変える方法がある．ここで示した例は，不活性型のペプシノーゲンの一部（活性部位をふさいでいる赤く示した部分）を自己分解することにより，活性型のペプシンに変える方法である．ペプシノーゲンは胃酸による酸性環境でその立体構造が変化し，自らが自身の一部を切断することにより活性型に変わる．

などがある．補助因子としての金属イオンは，たとえば，電子受容体として働いたり，酵素と基質との結合の介在などに働いたりしている．補酵素は化学反応に必要な化学基を授受する低分子の有機化合物で，たとえば，酸化還元反応に関わるキノン補酵素（ピロロキノリンキノン，トリプトファン - トリプトフィルキノンなど），酸化還元反応やアミノ基転移，炭酸固定，糖代謝系に関わるビタミン補酵素（ビタミン B6, ナイアシン, パントテン酸, ビオチン，葉酸など），その他にも，リン酸基の転移やエネルギーの運搬に関わる ATP，グリコーゲン合成に関わるウリジン２リン酸グルコースなど多くの種類の補酵素が知られている．これらの補助因子が結合する前の状態の酵素はアポ酵素（apoenzyme）と呼ばれ不活性状態にある．そして，補助因子が結合して活性化された状態の酵素はホロ酵素（holoenzyme）と呼ばれている．

4. タンパク質合成

ヒトを含めた地球上の生物のほとんどは，それらの細胞，組織，器官などをつくり上げるために必要な情報をDNAの塩基配列として保存し，その情報を子孫へと正確に引き継ぐとともに，各世代の細胞や体をつくるための情報として用いている．遺伝情報の保存に用いられているDNAは，2本の糖リン酸（sugar phosphate）をバックボーンとして，それに結合した塩基が互いに水素結合をしたらせん構造からなっている．その構造は化学物質と反応しにくい安定な構造をとるため，遺伝情報を維持し，それを正確に子孫に伝達するための物質として用いられてきた．

RNAウイルスなどのような特殊な例を除いて，遺伝情報をもとに各世代の細胞が増殖する際には，DNAの遺伝情報をmRNAに転写（transcription）した後，そのmRNAの情報をもとにタンパク質を翻訳（translation）するという情報の流れが生物の基本原則になっている．

このような遺伝情報の発現過程について，転写のしくみは9章で述べられている．ここでは，翻訳の過程とその調節のしくみ，そして，翻訳されたタンパク質がさまざまな化学修飾を経て機能的なタンパク質になる過程などについて述べる．

4・1　翻訳に関わる各種の RNA

DNA の遺伝情報は子孫に連綿として伝えられる一方で，各世代においては，その細胞をつくるために必要なタンパク質合成のための情報として働いている．その際に，DNA の遺伝情報は mRNA を経てタンパク質へと伝えられるのが基本となっている（図 4-1）．しかしながら，特殊な例として，RNA ウイルスのように RNA を遺伝情報の伝達分子として用いているものもある．ウイルスには，その遺伝情報の伝達に DNA を用いている DNA ウイルスと，RNA を用いている RNA ウイルスの 2 種類が存在する．そして，RNA ウイルスには，細胞に感染した後，その RNA を鋳型にして DNA を合成（逆転写）してから，合成された DNA を鋳型にして増殖するタイプと，ウイルスのもつ RNA から相補的な RNA を複製し，その鎖を鋳型にして増殖するタイプが存在する．このような特殊な例もあるが，生物における遺伝情報の流れは，DNA から RNA を経てタンパク質合成へと移行するのが基本となっている．

DNA から mRNA に写し取られた遺伝子の情報がタンパク質に翻訳される過程では，tRNA（transfer RNA）や rRNA（ribosomal RNA）をはじめとしたいくつかの種類の RNA が重要な役割を果たしている（図 4-2）．原核細胞と真核細胞では，翻訳の基本的なしくみは同じであるが，そ

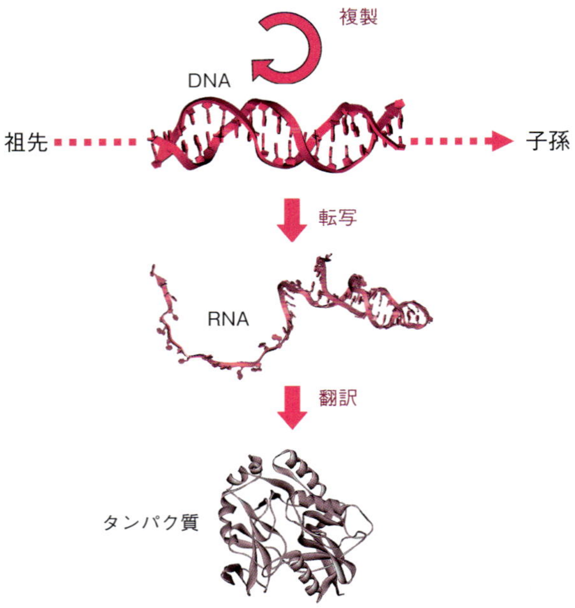

図 4-1　生物に共通した基本原理
生命を形づくる情報の基本的な流れは，DNA から RNA，そしてタンパク質へと伝えられる．そして，その情報は DNA により次の世代へと伝えられる．

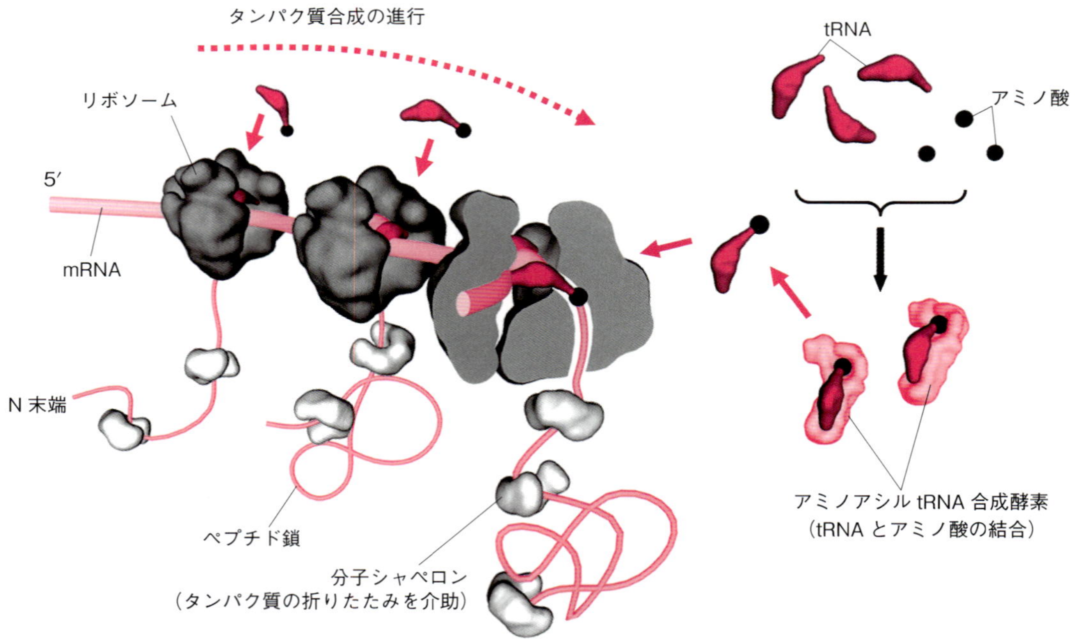

図 4-2　タンパク質合成を示す模式図
mRNA の情報をもとにタンパク質が合成されている様子を示す．アミノ酸は tRNA によりリボソームに運ばれ，そこで mRNA の情報どおりに配列されて，ペプチド結合される．

れに関与している分子の種類や構造などに違いが見られる．それらの違いも併記しながら，mRNA，tRNA，rRNAの構造と機能について以下に述べる．

a. mRNA

翻訳には，DNAの鋳型からタンパク質の情報を含んだ塩基配列を写し取って，それを伝達するコードタイプと呼ばれるmRNAと，それ以外の非コードタイプと呼ばれる多くの種類のRNAが関わっている．非コードタイプのRNAには，アミノ酸をリボソームまで運搬するtRNA，リボソームの主要構成成分であるrRNA，そして，翻訳の調節に関わっているさまざまなRNA(miRNA, tmRNA，SRP RNAなど）が知られている（表4-1）．

表4-1 RNAの種類

	名称	役割
コードタイプ	mRNA	アミノ酸配列の暗号をDNAからタンパク質合成の場に伝達
非コードタイプ	rRNA	リボソームの主要構成成分
	tRNA	アミノ酸をリボソームまで運搬
	snRNA *	mRNAのプロセッシング
	snoRNA *	rRNAのプロセッシングや化学修飾
	siRNA *，miRNA *	転写や翻訳の調節
	SRP RNA	翻訳の調節
	tmRNA #	翻訳の調節

＊：真核細胞のみに知られている．＃：原核細胞のみに知られている．

mRNAの基本構造は，アミノ酸配列を決める情報が分布するコード領域（open reading frame；ORF）と，翻訳の開始や調節に関わっている非コード領域（untranslated region；UTR）と呼ばれる領域からなっている（図4-3）．原核細胞と真核細胞の間では，mRNAの構造にいくつかの違いがある．たとえば，真核細胞のmRNAは1つのコード領域しかもたないのに対して，原核細胞のmRNAの多くは複数のコード領域をもっている．また，真核細胞のmRNAの5′末端には，キャップ構造（capping）と呼ばれるプリン環の7位がメチル化されたグアノシン（7-メチルグアノシン）が結合している．このようなキャップ構造は原核細胞のmRNAには存在しないが，特殊な例として，真核細胞内で増殖するウイルスのmRNAの多くが真核細胞と同じようなキャップ構造をもっている．これは，ウイルスが自身のタンパク質を真核細胞の翻訳系を利用して合成するために，自身のmRNAの構造を真核細胞のものに似せているからである．

真核細胞のmRNAの3′末端には，30～250個のアデニンが連なったポリ（A）尾部 [Poly (A) tail] と呼ばれる構造が存在する．この構造は，5′末端のキャップ構造と同じように，原核細胞のmRNAには存在しない．これらのキャップ構造やポリ（A）尾部などの構造は，mRNAの細胞質への輸送，翻訳作業，そして，mRNA

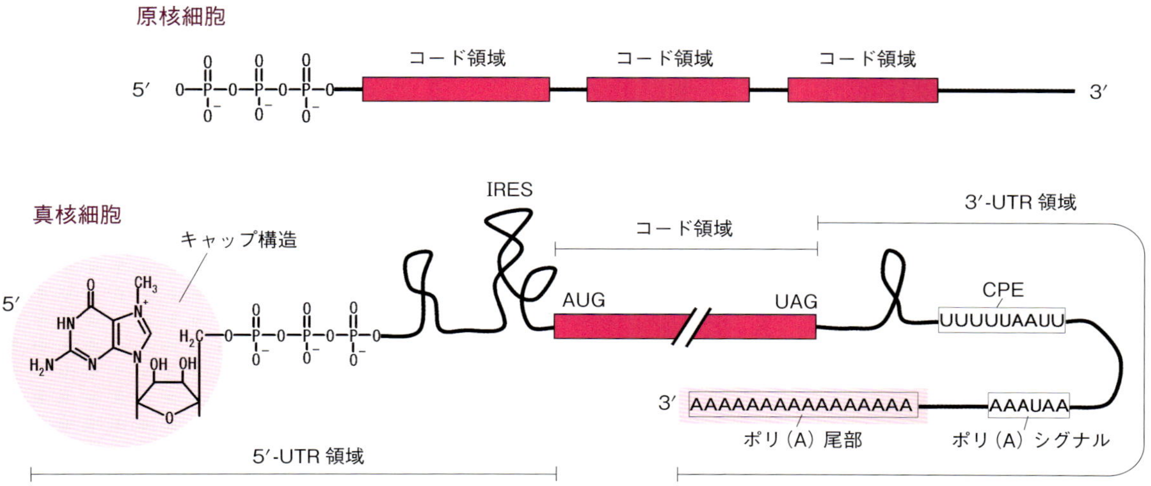

図4-3 原核細胞と真核細胞のmRNAの基本構造を示す模式図

原核細胞のmRNAはいくつものコード領域をもっているが，真核細胞のmRNAは1つのコード領域しかもたない．真核細胞のmRNAの5′末端と3′末端には，それぞれキャップ構造とポリ（A）尾部が付加されている．さらに，翻訳を調節するための特別な構造である5′-UTRと3′-UTR領域が存在する．

の細胞質内での安定化などに重要な役割を果たしている．

mRNA の 5′ 末端のキャップ構造とコード領域までの間，そして，コード領域と 3′ 末端のポリ（A）尾部までの間には，アミノ酸配列を決める情報を含まない非コード領域の 5′-UTR と 3′-UTR が存在する．この非コード領域の部分には，ヘアピン構造や，リボソーム内部進入部位（internal ribosome entry site；IRES），細胞質ポリアデニレーションエレメント（cytoplasmic polyadenylation element；CPE），そして，ポリ（A）シグナルと呼ばれている特殊な部位が存在し，それらはキャップ構造やポリ（A）尾部とともに翻訳の調節や mRNA の安定化などに重要な役割を果たしている．

b. tRNA

tRNA は特定のアミノ酸を結合して，それをリボソームまで運ぶ役割を果たしている RNA で，70 ～ 90 個の塩基で構成されている（図 4-4）．tRNA は数多くの種類が存在し，細胞に含まれる全 RNA の 10 ～ 15 % も占めている．また，tRNA の遺伝子はゲノム中に重複して存在し，原核細胞の大腸菌では 60 コピー，そして真核細胞では 250 ～ 1300 コピーも存在することが知られている．

tRNA を構成する塩基には，アデニン（A），グアニン（G），シトシン（C），ウラシル（U）などの基本的な塩基の他に，たとえば，ジヒドロウリジン（dihydrouridine），シュードウリジン（pseudouridine），ジメチルグアノシ

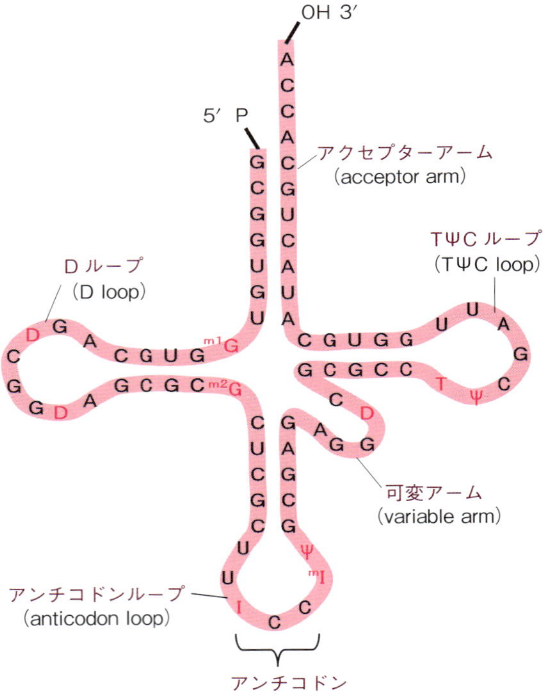

D：ジヒドロウリジン，Ψ：シュードウリジン，I：イノシン
^{m}I：メチル化イノシン，^{m}G：メチル化グアノシン

図 4-4 tRNA の二次構造を示す模式図
tRNA の構造は 3 つのヘアピン構造と 1 つの可変アームからなる．赤字で示した塩基は化学修飾されているものを示す．アクセプターアームの 3′ 末端のアデノシンにアミノ酸が結合する．そして，アンチコドンアームのループに存在するアンチコドンの部分で mRNA のコドンと結合する．

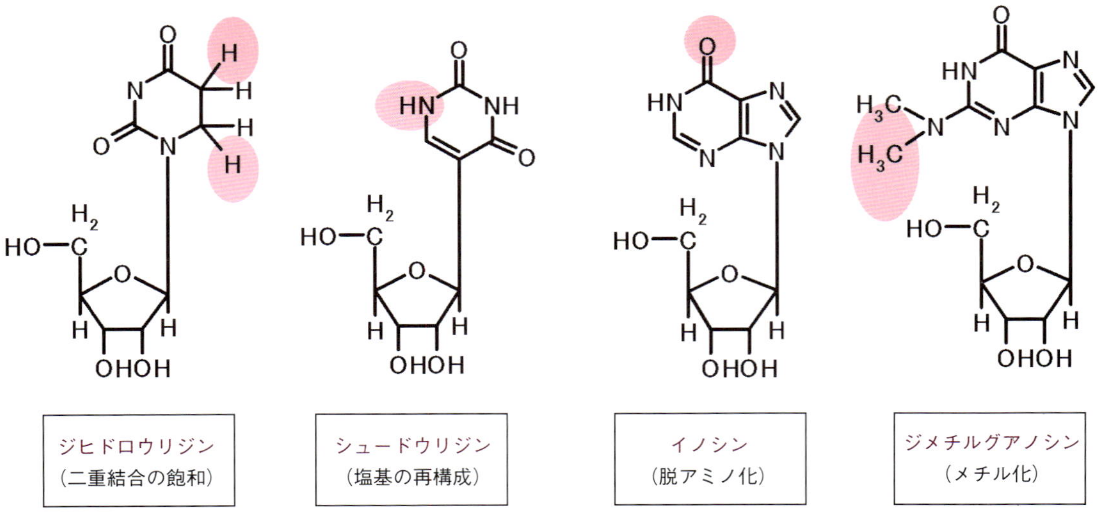

図 4-5 tRNA の塩基に見られる化学修飾
tRNA の塩基には，化学修飾をされたものが何種類も見られる．ここでは，それらの中のいくつかの例を示す．

ン（N, N-dimethylguanosine），イノシン（inosine）などのような化学修飾された塩基が多く含まれている（図 4-5）．このような特別な塩基は，tRNA の立体構造の保持や，tRNA の働きに重要な役割を果たしている．

一本鎖の RNA から構成されている tRNA は，相補的な塩基どうし（シトシンとグアニン，アデニンとウラシルなど）が水素結合することにより，ヘアピン構造（ループやアーム構造からなる）と呼ばれる構造を形成する．その結果，tRNA は 3 つ葉のクローバーのような二次構造を形成する（図 4-6）．さらに，その 3 つのヘアピン構造が互いに結合して折りたたまれることにより，最終的に，L 字型をしたコンパクトな立体構造を形成する．このような L 字型をした tRNA は，その 3′ 末端（塩基が CCA と連なるので CCA 末端とも呼ばれる）のアデニンにアミノ酸を結合し，アンチコドン（anticodon）ループの部分で mRNA と選択的に結合する．mRNA と結合するアンチコドンループには 3 ヌクレオチドからなるアンチコドンと呼ばれる領域が存在し，その部分で mRNA の情報単位であるコドン（codon）と選択的に水素結合する（図 4-7）．mRNA に含まれる情報単位であるコドンは 3 つの塩基の組み合わせからなっている．そのコドンと 3 ヌクレオチドからなるアンチコドンが符合

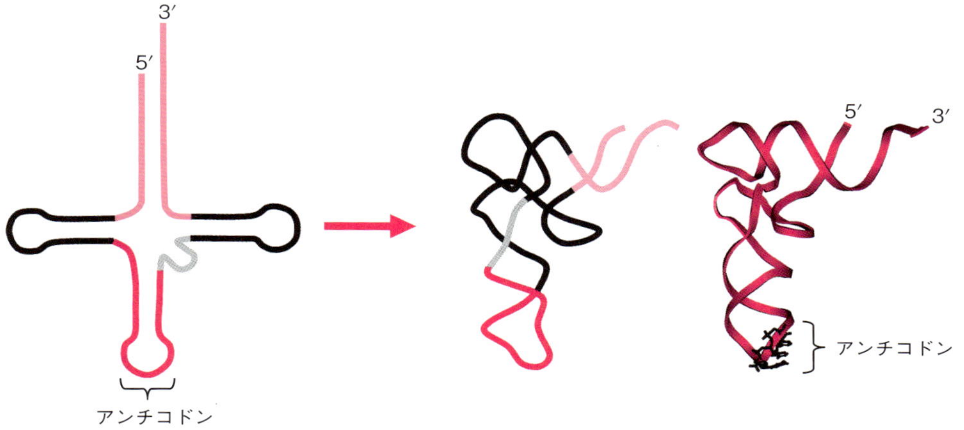

図 4-6　tRNA の二次構造と三次構造の関係を示す模式図
tRNA は 3 つのヘアピン構造を折りたたむように結合させて，L 字型の立体構造を形成する．一方の端にアミノ酸を結合する 3′ 末端が存在し，それと反対側にはアンチコドンが存在する．

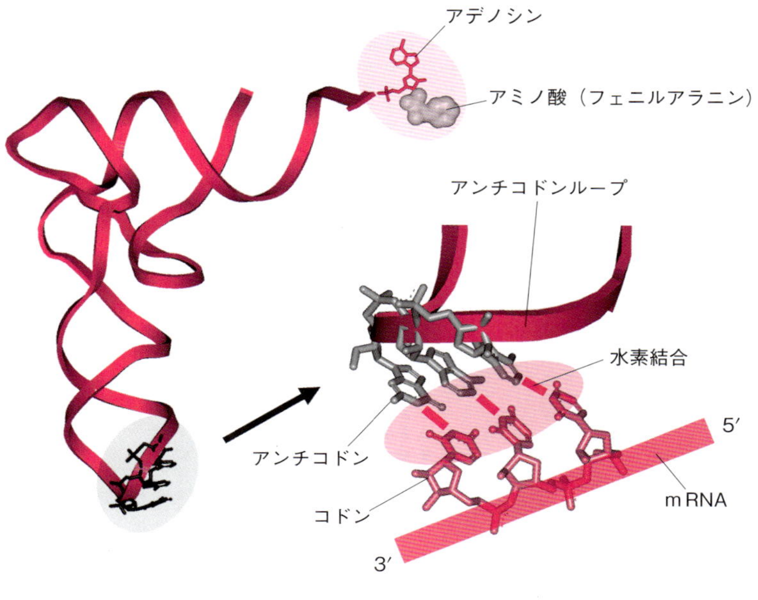

図 4-7　tRNA の機能部位を示す模式図
3′ 末端にフェニルアラニンを結合した tRNA を示す．そのアンチコドンの部分で，mRNA のコドンの UUU（フェニルアラニンと符合するコドン）と結合する．

する．つまり，mRNA に含まれる情報の翻訳作業とは，コドンとアンチコドンを正確に対応させながら，tRNA により運ばれてくるアミノ酸をペプチド結合させてタンパク質を合成することである．

コドンは mRNA を構成する 4 種類の塩基からなるので，全部で $4 \times 4 \times 4 = 64$ 通りの組み合わせが考えられる．一方，アミノ酸の種類は 20 種類しかない．両者の数は一致しないが，複数個のコドンが 1 種類のアミノ酸に対応することによりこの問題は解決される（表 4-2）．その理由は，アンチコドンの 5′ 側に存在する塩基が 2 種類以上の塩基と結合できるからである．

アンチコドンの 3′ 側に存在する 2 つの塩基と，コドンの 5′ 側に存在する最初の 2 塩基とのペアは，ワトソン・クリック型の塩基対の形成に従って，シトシンとグアニン，アデニンとウラシル間の組み合わせに限定される．しかし，アンチコドンの 5′ 側に存在する塩基にはそのような厳密性がない．たとえば，アンチコドンの 5′ 側に存在するウラシルはコドンのアデニンとグアニンの両方に，そして，アンチコドンの 5′ 側に存在するグアニンはコドンのウラシルとシトシンの両方に結合することができる（図 4-8，4-9）．また，tRNA を構成する特別な塩基として知られているイノシンがアンチコドンの 5′ 側に存在する場合には，そのイノシンはアデニン，ウラ

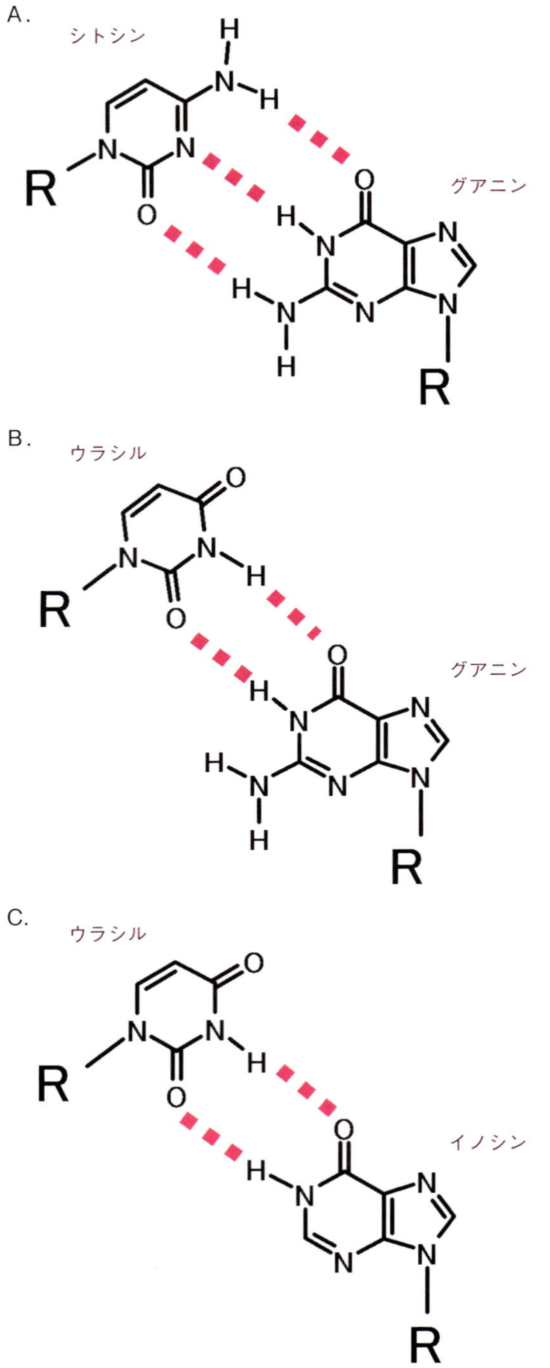

図 4-8　コドンとアンチコドンの塩基の間に形成されるペア
A：本来のグアニンとシトシンの水素結合を示す．B：コドンとアンチコドン間の「ゆらぎ」のために形成されたグアニンとウラシルの結合を示す．C：tRNA に特異的なウラシルとイノシンの結合を示す．R は糖を示す．

表 4-2　mRNA のコドンとそれに符合するアミノ酸との対応関係

アミノ酸	コドン	アミノ酸	コドン
アスパラギン	AAC, AAU	チロシン	UAC, UAU
アスパラギン酸	GAC, GAU	トリプトファン	UGG
アラニン	GCA, GCC GCG, GCU	フェニルアラニン	UUC, UUU
アルギニン	AGA, AGG CGA, CGC CGG, CGU	ヒスチジン	CAC, CAU
イソロイシン	AUA, AUC AUU	プロリン	CCA, CCC CCG, CCU
グリシン	GGA, GGC GGG, GGU	メチオニン（開始コドン）	AUG
グルタミン	CAA, CAG	リシン	AAA, AAG
グルタミン酸	GAA, GAG	ロイシン	CUA, CUC CUG, CUU UUA, UUG
システイン	UGC, UGU	バリン	GUA, GUC GUG, GUU
トレオニン	ACA, ACC ACG, ACU		
セリン	AGC, AGU UCA, UCC UCG, UCU	終止コドン	UAA, UAG UGA

シル，シトシンのどれとでも結合することができる．

その原因は，アンチコドンがループ構造をした部分に存在するという立体構造上の問題により，アンチコドンの 5′ 側の塩基とコドンの 5′ 側の塩基の間の結合に「ゆらぎ（wobble）」と呼ばれる曖昧さが起きるためと考えられている．このように，コドンとアンチコドンの結合に見られる「ゆらぎ」現象は wobble rules，あるいは wobble pairings と呼ばれている．wobble rules により，アンチコドンの 5′ 側に存在する塩基がコドンの塩基の 2 種類に対応できると考えると，4 × 4 × 2 = 32 種類の tRNA が存在すれば間に合うことになる．しかし，実際の細胞ではそれよりもはるかに数多くの tRNA の遺伝子が存在している．たとえば，大腸菌のゲノムには 86 種類，哺乳類のゲノムには 150 種類以上の tRNA の遺伝子が存在している．

mRNA の情報を正確に翻訳するためには，当然ながら，コドンとアンチコドンの組み合わせの正確性とともに，tRNA に結合しているアミノ酸がアンチコドンと正確に符合したものでなければならない．もし，そうでなければ，mRNA の情報が正確に翻訳されずに，異常なタンパク質が合成されてしまう．それゆえ，mRNA の情報がタンパク質に翻訳される際には，それらの点が厳重にチェックされる．そのチェックは，少なくとも 2 段階で行われている．その 1 つは，tRNA にアミノ酸が結合される際に行われる，アミノアシル tRNA 合成酵素による校正作業である．そして，もう 1 つは，アミノアシル tRNA がコドンに結合する際に行われる，リボソームによるチェックである．

アンチコドンと符合するアミノ酸を tRNA の 3′ 末端に結合させて，アミノアシル tRNA を合成する際のアミノアシル化は，アミノアシル tRNA 合成酵素が行っている．その酵素には，20 種類のアミノ酸のそれぞれに対応したものが存在する．アミノアシル tRNA 合成酵素は，クラスⅠとクラスⅡに分けられており，それぞれ 10 種類ずつのアミノ酸に対応している（表 4-3）．クラスⅠのアミノアシル tRNA 合成酵素のほとんどは，tRNA の 3′ 末端に位置するアデノシンのリボースの 2′OH 基に，アミノ酸のカルボキシ基を結合する．一方，クラスⅡのアミノアシル tRNA 合成酵素のほとんどは，アデノシンのリボースの 3′OH 基に，アミノ酸のカルボキシ基を結合する．その際には，ATP を用いてアミノアシル AMP を形成した後，そのアミノ酸を tRNA のアデノシンに結合させる（図 4-10A，10B）．クラスⅠのアミノアシル tRNA 合成酵素の多くは単量体，そして，クラスⅡのアミノアシル tRNA 合成酵素は，二量体か四量体のタンパク質からなる複合体を形成している（図 4-11）．

20 種類のアミノ酸のそれぞれに対応したアミノアシル tRNA 合成酵素には，tRNA とアミノ酸の種類を識別して，それらを正しい組み合わせで結合させるためのしくみが存在している（図 4-12）．その 1 つが tRNA の識別である．アミノアシル tRNA 合成酵素に結合した tRNA は，アンチコドンやアクセプターアームなどの部分を中心に，その構造がチェックされて tRNA の種類が識別される．さらに，アミノアシル化された tRNA については，tRNA とアミノ酸の組み合わせが正しいかどうか，アミノ酸のサイズや親水性などの性質を確認しながら校正作業が行われる．その結果，間違った組み合わ

アンチコドンの 5′ 側の塩基	コドンの 3′ 側の塩基
G	C，U
U	A，G
I	A，C，U

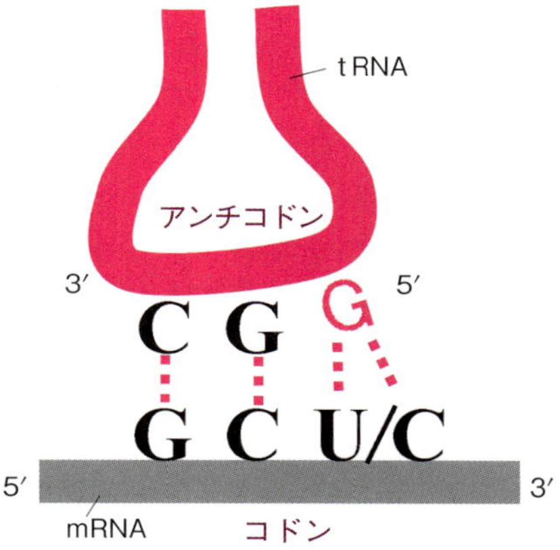

図 4-9　アンチコドンとコドンの Wobble pair
アンチコドンの 5′ 側に存在する塩基はコドンの 3′ 側の塩基と，ワトソン・クリック型の塩基対の形成に限定されない結合をする．

表 4-3　アミノアシル tRNA 合成酵素の分類

クラスⅠ	クラスⅡ
アルギニン，イソロイシン	アスパラギン，アスパラギン酸
グルタミン，グルタミン酸	アラニン，グリシン
システイン，チロシン	トレオニン，セリン
トリプトファン，バリン	ヒスチジン，フェニルアラニン
メチオニン，ロイシン	プロリン，リシン

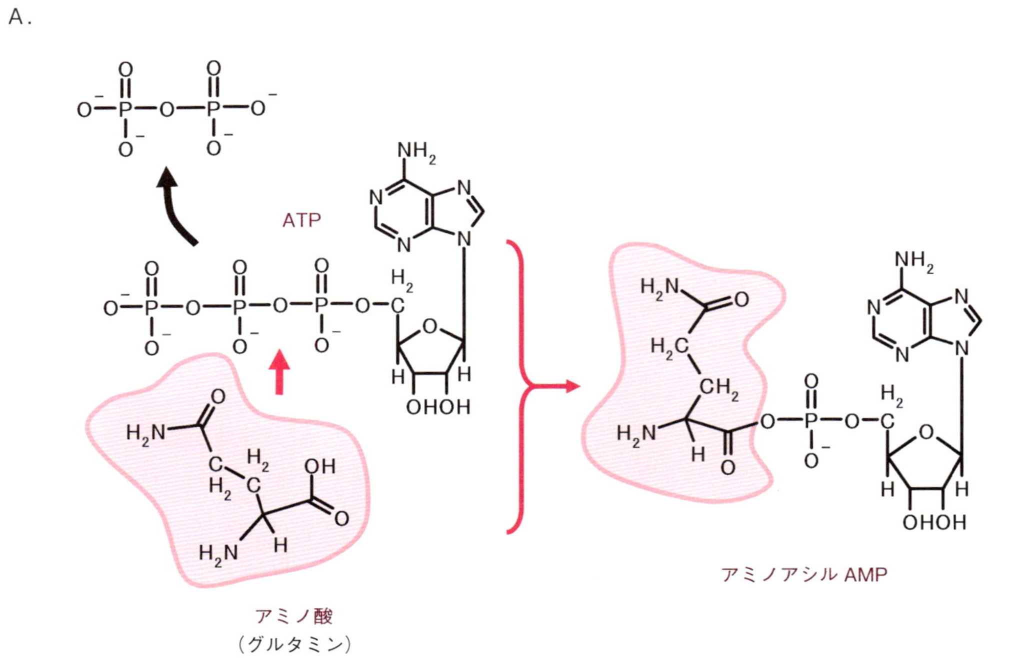

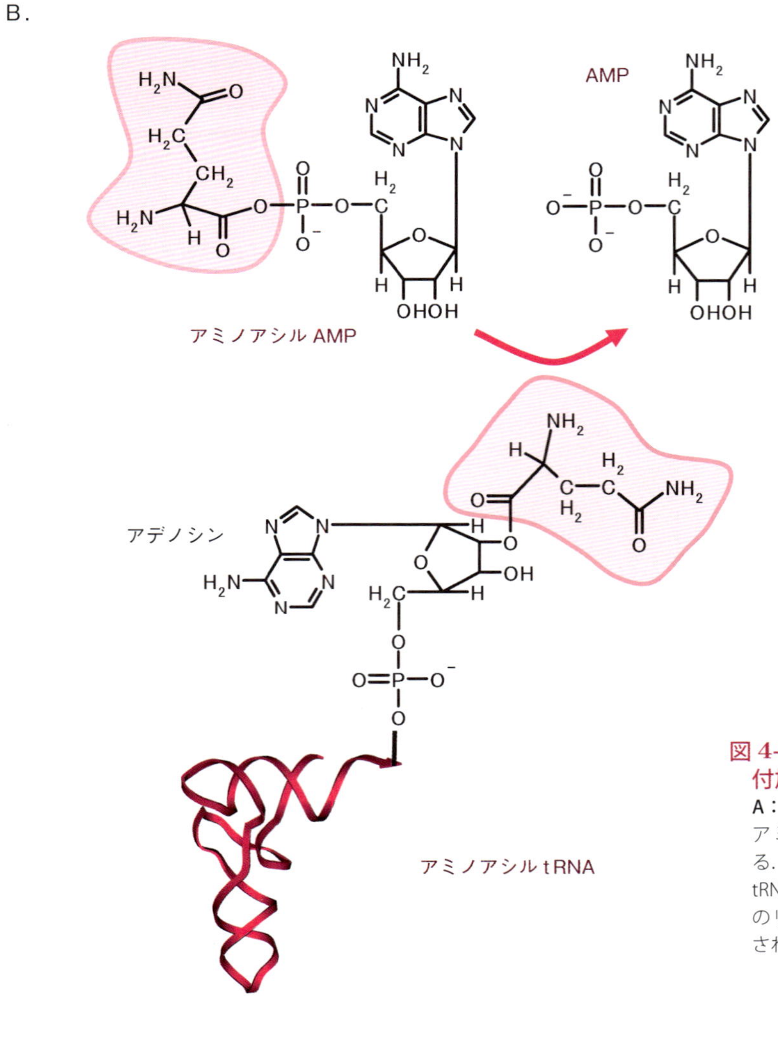

図 4-10　tRNA にアミノ酸が付加されるステップ
A：アミノ酸と ATP が結合して，アミノアシル AMP が形成される．**B**：アミノアシル AMP から，tRNA の 3′ 末端にあるアデノシンのリボースにグルタミンが付加される．

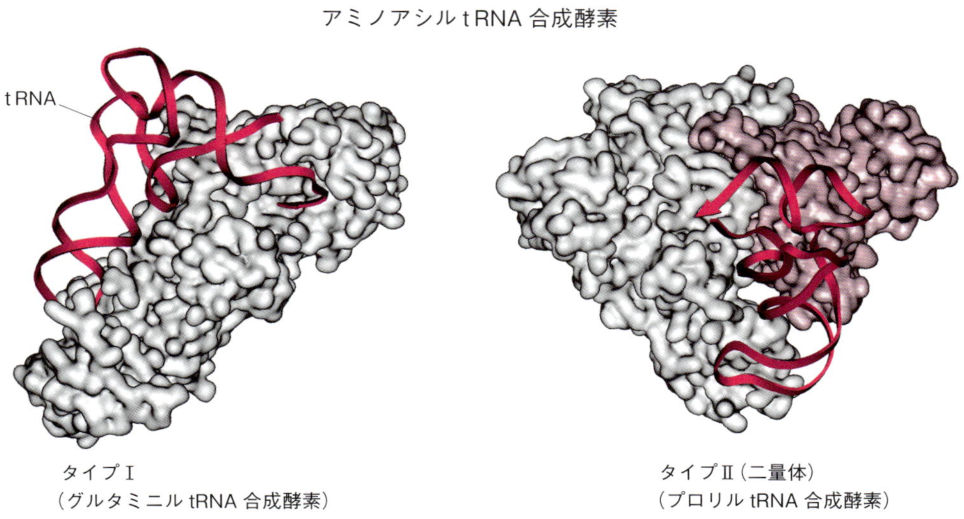

図 4-11　アミノアシル tRNA 合成酵素のタイプⅠとタイプⅡの分子モデル
タイプⅠの例はグルタミニル tRNA 合成酵素で，タイプⅡの例はプロリル tRNA 合成酵素を示す．前者は 1 つのタンパク質からなり，後者は 2 種類のタンパク質からなる複合体である．赤く示したのは，アミノアシル tRNA 合成酵素に結合した tRNA である．tRNA とアミノアシル tRNA 合成酵素との結合のしかたによっては，tRNA がゆがんだ構造になる．プロリル tRNA 合成酵素の例では，tRNA がゆがんだ構造になっている．

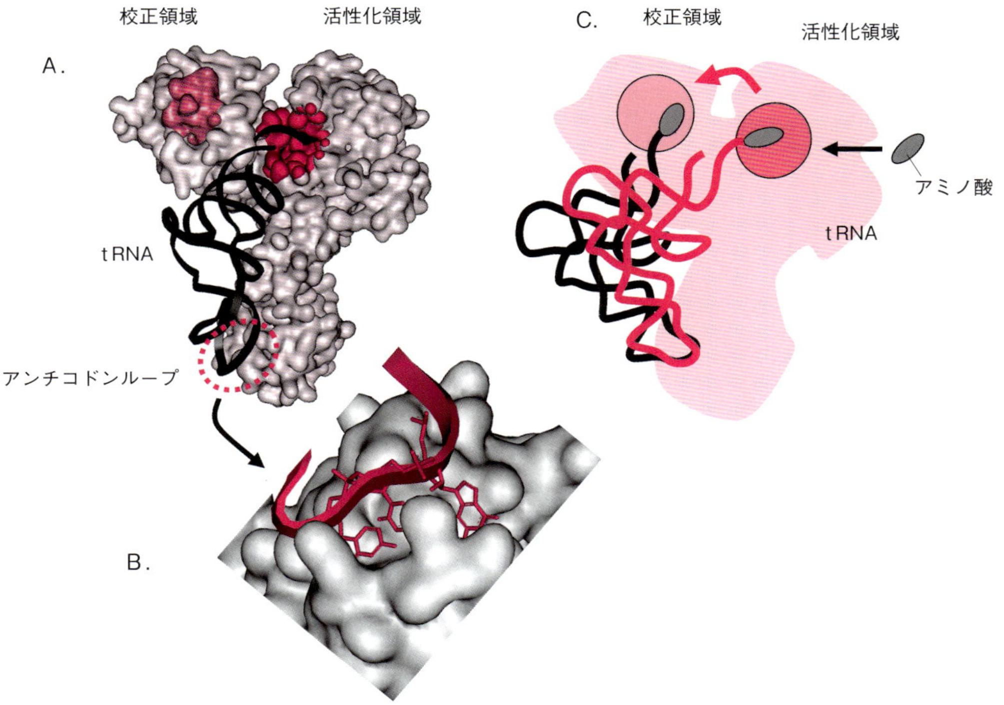

図 4-12　tRNA の校正作業
A：tRNA を結合したアミノアシル tRNA 合成酵素を示す．アミノアシル tRNA 合成酵素には，tRNA を識別してそれと結合する領域，その tRNA に対応するアミノ酸を結合させる活性化領域，そして，tRNA に結合されたアミノ酸が正しいものかどうかをチェックする校正領域などがある．**B**：tRNA のアンチコドンループとアミノアシル tRNA 合成酵素との結合領域を示す．**C**：tRNA に結合されたアミノ酸がアンチコドンと符合するものかどうか，活性化領域の隣にある校正領域でチェックされる．ここで示したのは，アスパラチル tRNA 合成酵素の例である．

せのものについては，この段階でtRNAからアミノ酸が加水分解されて切り離される．このような二重の厳重なチェックにより，tRNAとアミノ酸の組み合わせのエラーは1万分の1以下に抑えられている．

c. rRNA

リボソームは大小2つのサブユニットからなり，それらが合体して1つの機能単位を構成している．それぞれのユニットとも，構造の中心をなしているのがrRNAである．そして，rRNAの周囲に数多くのリボソームタンパク質が結合して，大小のサブユニットが形成されている（図4-13）．原核細胞，真核細胞ともに，リボソームの基本構造はよく似ているが，それらのサブユニットを構成するrRNAの種類やサイズ，そして，リボソームタンパク質の数などは両者の間で異なっている（表4-4）．

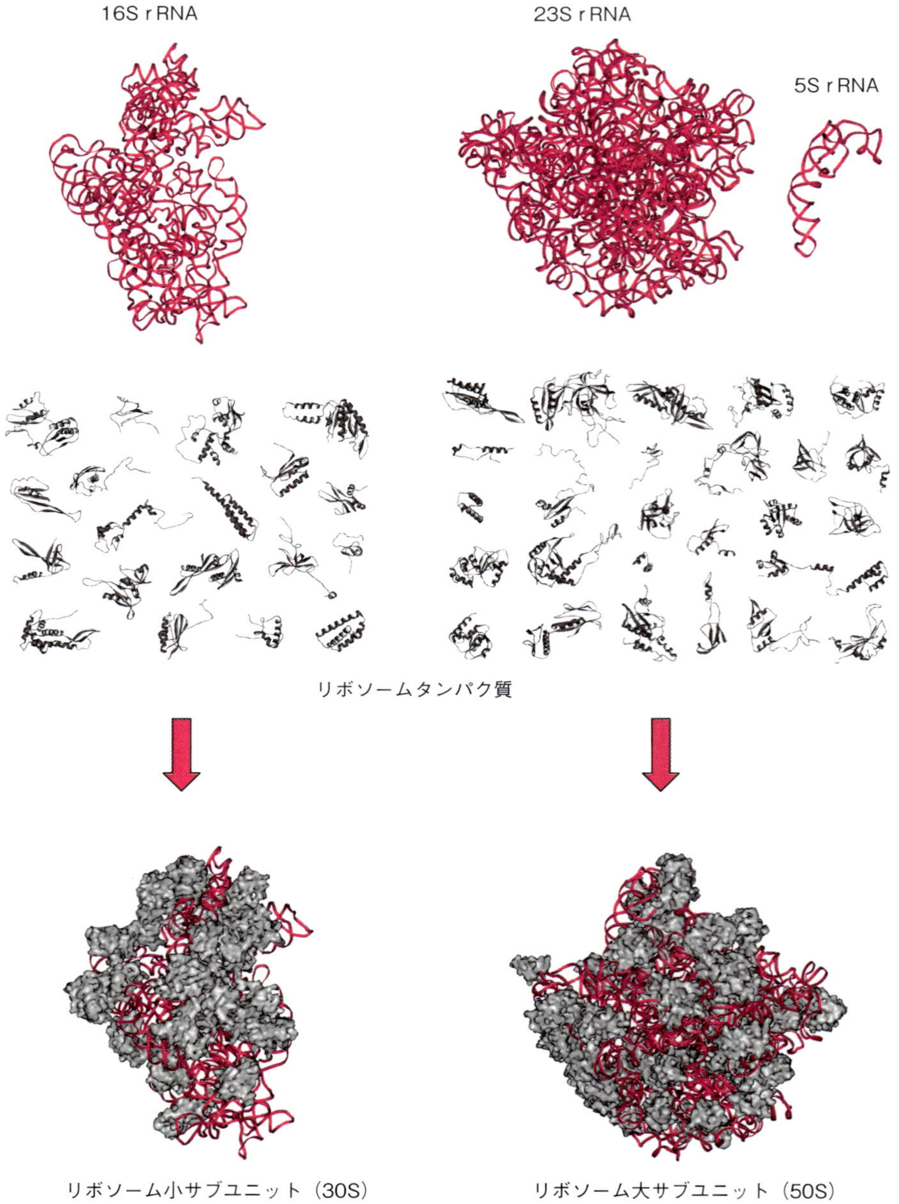

図4-13　リボソームの構造
原核細胞の大サブユニット（50S）と小サブユニット（30S）の構造を示す．リボソームの各ユニットとも，rRNAがその構造の中心をなし，そのrRNAに数多くのタンパク質が結合して形成された複合体である．

rRNA の鋳型となるのがリボソーム DNA（rDNA）である．原核細胞の大腸菌の場合では，ゲノムの中に 7 コピーの rDNA が存在し，それぞれの rDNA から転写される rRNA 前駆体（そのサイズから 30S rRNA と呼ばれている）には，5S，16S，23S の rRNA の 1 セットと tRNA が含まれている．rRNA は転写後に分離され，リボソームタンパク質と結合して大小のサブユニットを形成する（図 4-14）．

真核細胞の場合には，100 ～ 500 コピーの rDNA が染色体に存在し，そのコピーが存在する DNA の部位は核小体オーガナイザー（nucleolar organizer）と呼ばれている．核小体オーガナイザーの部分から rRNA が大量に転写され，核内で集積して大きな塊として観察されるのが核小体である（図 4-15）．真核細胞の rRNA 前駆体（そのサイズから 45S rRNA と呼ばれている）には，18S, 5.8S, 28S の 3 種類の rRNA が含まれている（図 4-16）．しかし，原核細胞の rRNA 前駆体のように，その中に tRNA は含まれてない．また，もう 1 種類の 5S rRNA は，それらとは別の 5S rDNA から転写される．この 5S rRNA についても，数多くの重複した 5S rDNA が染色体に存在している．たとえば，真核細胞では 140 ～ 24,000 コピーの存在が知られている．このように，rDNA の遺伝子が重複して多量に存在することは，必要なときに，多量のリボソームを速やかに供給するためと考えられている．

リボソームの役割は，DNA から mRNA に転写された情報をもとに，アミノ酸を正確な順序でペプチド結合してタンパク質を合成することである．そのリボソームには，tRNA や mRNA と結合するための特別な部位が存在する（図 4-17）．リボソームが tRNA と結合する部位は 3 か所あり，その 1 つは，アミノ酸を運んできたアミノアシル tRNA が結合する A 部位（aminoacyl site あるいは aminoacyl tRNA binding site）である．2 つ目が，ペプチドを結合したペプチジル tRNA が結合する P 部位（peptidyl site あるいは polypeptide site）である．そして，3 つ目が，役割を終えてリボソームから遊離する前の tRNA が結合している E 部位（exit site）である．

表 4-4　原核細胞，真核細胞，ミトコンドリアにおけるリボソームの比較

原核細胞		真核細胞		ミトコンドリア	
70S		80S		55S	
50S	30S	60S	40S	39S	28S
23S rRNA 5S rRNA	16S rRNA	28S rRNA 5.8S rRNA 5S rRNA	18S rRNA	16S	12S
31 ～ 34 種類のタンパク質	21 種類のタンパク質	49 ～ 50 種類のタンパク質	32 ～ 35 種類のタンパク質	48 タンパク質	29 タンパク質

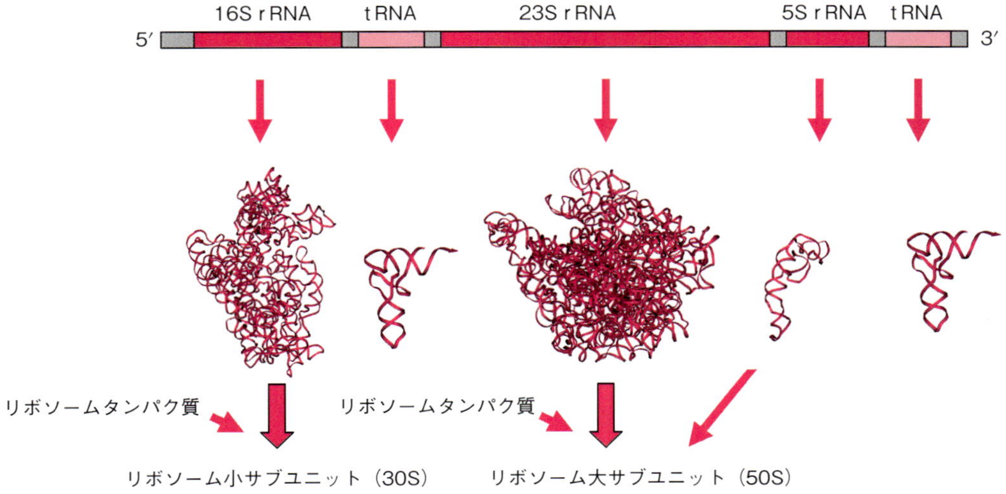

図 4-14　原核細胞の rRNA 遺伝子から転写された rRNA の前駆体
16S, 5S, 23S rRNA はセットで転写される．また，原核細胞では，rRNA と一緒に 2 個の tRNA も一緒に転写される．

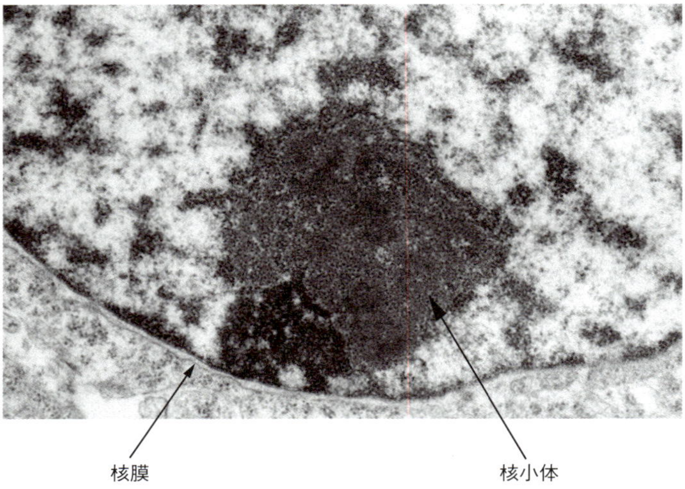

図 4-15　核小体の構造
核小体を示す電子顕微鏡写真.

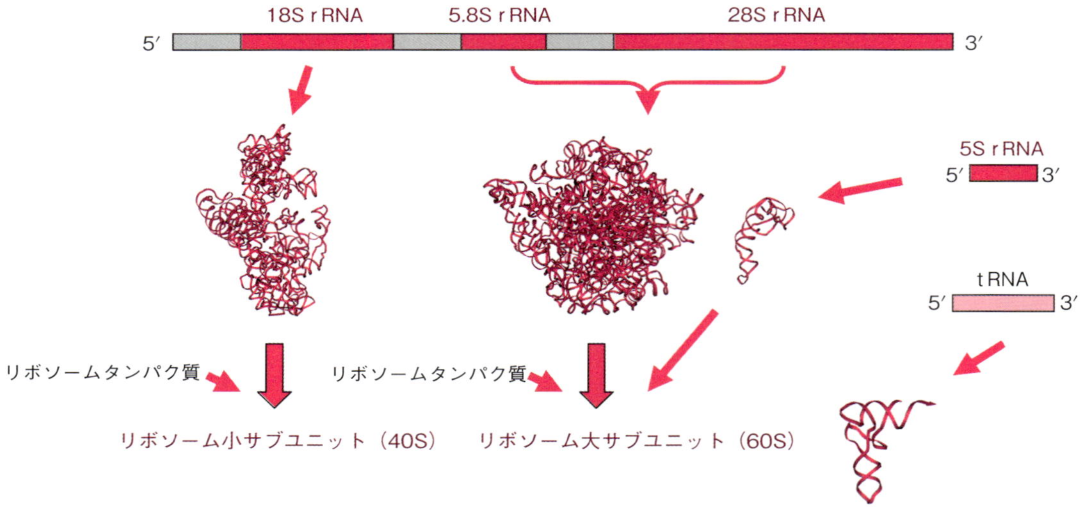

図 4-16　真核細胞の rRNA 遺伝子から転写された rRNA の前駆体
18S, 5.8S, 28S rRNA は 1 セットで転写されるが, 5S rRNA や tRNA はそれらとは別の遺伝子から転写される.

その他にも，リボソームには特別な部位がいくつかある．その 1 つが大サブユニットに存在する PT センター（peptidyl transferase center）である．この部位は 23S rRNA の一部と，いくつかのリボソームタンパク質から構成され，tRNA により運ばれてきたアミノ酸をペプチド結合させるためのペプチジルトランスフェラーゼ活性をもっている．さらに，GTP の加水分解を誘発する GTPase center（1 つのリボソームタンパク質からなる）と呼ばれる部位や，合成されたポリペプチド鎖がリボソームを通過して出てくるためのトンネル構造（polypeptide tunnel）などが大サブユニットに存在する（図 4-18）．また，小サブユニットには，mRNA と結合して，情報の解読とその正確性を管理する mRNA 結合部位（16S rRNA 一部と，いくつかのリボソームタンパク質からなる）が存在する．このように，mRNA をはさんでリボソームの大サブユニットと小サブユニットが会合し，それに tRNA が加わって共同作業することにより，リボソームは翻訳作業の中心としての役割を果たしている．

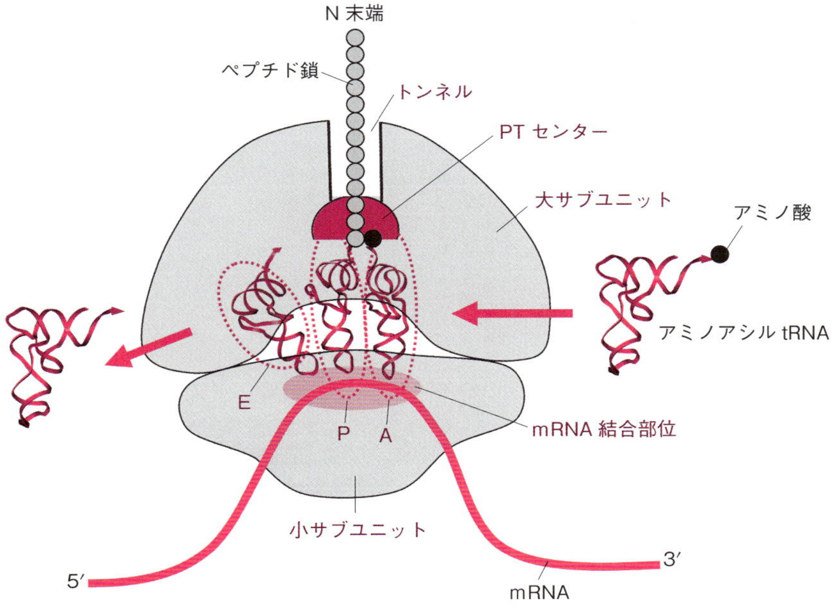

図 4-17　リボソームに存在する機能領域
tRNA が結合する A 部位と P 部位は大小の両サブユニットにまたがって存在する．小サブユニットには mRNA を結合する部位が存在する．大サブユニットに存在する PT センターの部分でアミノ酸のペプチド結合が行われ，合成されたペプチド鎖は大サブユニットの内部に存在するトンネルを通って外に出てくる．赤い点線で囲まれた領域は tRNA の結合部位（A，P，E）を示す

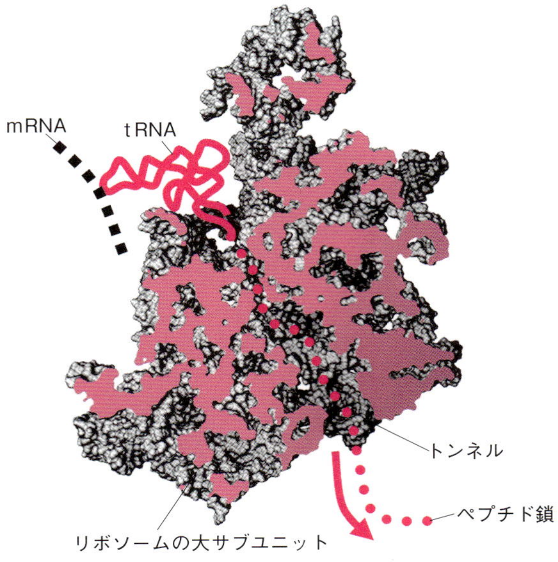

図 4-18　リボソームの大サブユニットに存在するトンネル構造
大サブユニットの中を貫通するトンネル構造を示すために，リボソームの断面が示されている．小サブユニットは取り除いてある．

4·2　翻訳のステップ

翻訳作業は，mRNA の特定の位置にリボソームが結合する開始（initiation）と呼ばれるステップから始まる．次に，アミノアシル tRNA により運ばれてくるアミノ酸を mRNA の情報と符合させながらペプチド結合して，ポリペプチド鎖の合成を行う伸長（elongation）と呼ばれるステップが続く．そして，完成したポリペプチド鎖をリボソームから遊離させた後，リボソームを mRNA から遊離させる終止（termination）と呼ばれるステップで翻訳作業が終わる．

これらのステップについては，原核細胞と真核細胞の間では多くの違いが見られる．たとえば，原核細胞では，転写中の mRNA からでも翻訳が開始される（図 4-19）．それは，原核細胞には，転写と翻訳の場所を隔てる核膜がないからである．一方，真核細胞では，細胞質と核の間が核膜で隔てられているために，特殊な場合を除いて，mRNA が細胞質に運ばれてから翻訳が開始される．この他にも，原核細胞と真核細胞の間では，mRNA の構造が違うために，翻訳開始のステップや，翻訳の調節のしくみなどに違いが見られる．

a. 翻訳の開始

原核細胞

翻訳の開始のしかたには，mRNA の 5′ 末端にキャップ構造が存在する真核細胞と，それがない原核細胞とでは大きな違いがある．原核細胞の mRNA がリボソームと結合する際には，その 5′ 末端近くに存在するシャイ

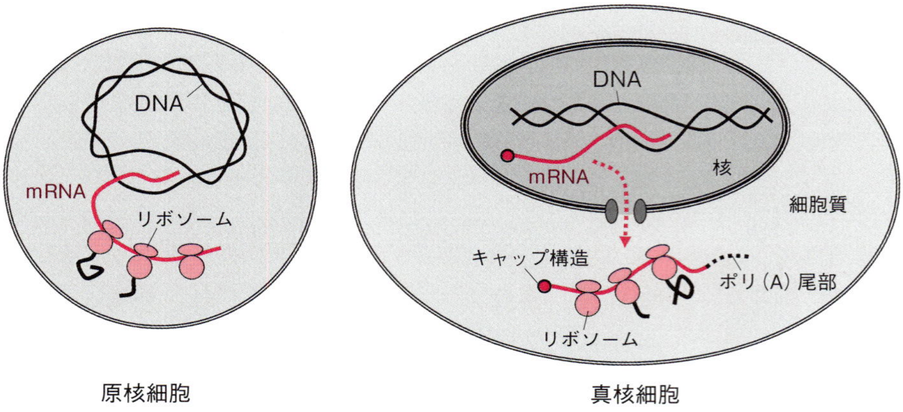

図 4-19　原核細胞と真核細胞の翻訳
核膜のない原核細胞では，mRNA が合成されている途中からでも翻訳を開始することができる．一方，真核細胞では，核内で合成された mRNA が，核から細胞質に運ばれてから翻訳が開始される．

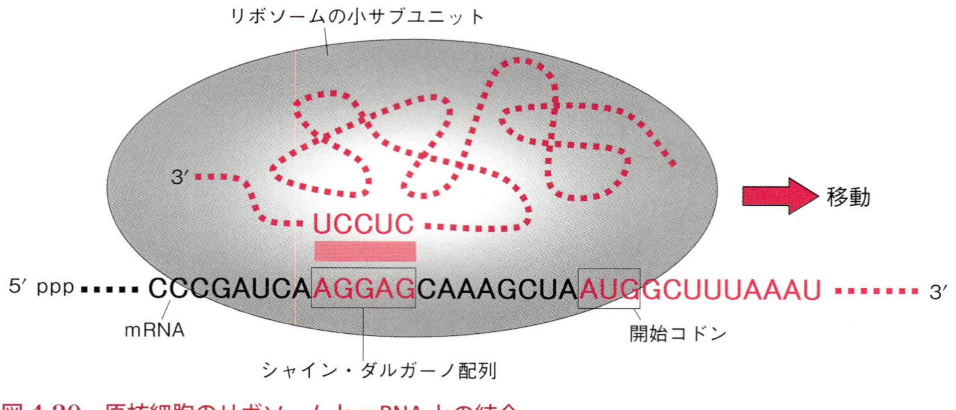

図 4-20　原核細胞のリボソームと mRNA との結合
翻訳を開始するためには，リボソームが mRNA と結合する必要がある．最初に，リボソームの小サブユニットが mRNA と結合する．その際には，小サブユニットを構成する 16S rRNA と mRNA のシャイン・ダルガーノ配列の間で，水素結合による選択的な結合が行われる．

ン・ダルガーノ（Shine-Dalgarno）配列と呼ばれる特別な塩基配列（5′－AGGAG－）の部分で行われる．そのシャイン・ダルガーノ配列を認識して結合するのは，リボソームの小サブユニットを構成する16S rRNAの3′末端側に位置する特別な領域である．その領域は，シャイン・ダルガーノ配列と相補的な塩基配列（3′－UCCUC－）をもっているので，両者は水素結合により選択的に結合することができる（図4-20）．

翻訳の開始は，まず，リボソームの小サブユニットがmRNAのシャイン・ダルガーノ配列の部分に結合することである．それに引き続いて，小サブユニットへイニシエーターtRNA（initiator tRNA）とリボソームの大サブユニットが結合する（図4-21）．それらが揃うと，シャイン・ダルガーノ配列の近くに存在する開始コドンのAUGの部分から翻訳が開始される．

リボソームとイニシエーターtRNAがmRNAに結合する際には，いくつかのタンパク質が重要な役割を果たしている．それらは，開始因子（initiation factors）と呼ばれるタンパク質である（表4-5）．原核細胞ではIF-1，IF-2，IF-3の3種類のタンパク質が知られている．IF-3はリボソームの大小のサブユニットを分離して，小サブユニットがmRNAに結合するのを促進する．IF-1は分離されたリボソームの小サブユニットのA部位近くに結合して，翻訳開始の準備ができるまでA部位にアミノアシルtRNAが結合できないようにしている．IF-2はGTP結合タンパク質で，イニシエーターtRNAに結合して，そのtRNAがmRNAの開始コドンとリボソームのP部位に結合するのを促進する．このようにして形成された，リボソームの小サブユニット，mRNA，そしてイニシエーターtRNAの複合体は開始複合体（initiation complex）と呼ばれる．

原核細胞のイニシエーターtRNAの3′末端にはメチオニンがホルミル化されたホルミルメチオニンが結合している（図4-22）．この特別なアミノアシルtRNAが結合するコドンは，コード領域の最初に位置するAUGだけで，コード領域内に分布しているAUGコドンには，ホルミル化されてない通常のメチオニルtRNAが結合する．つまり，コード領域の5′側に位置するAUGコドンだけが開始コドンとして働き，そこだけにイニシエーターtRNAが結合する．

やがて，リボソームの小サブユニットに大サブユニットが結合すると，IF-2に結合しているGTPが加水分解される．その結果，IF-1，IF-2，IF-3がリボソームから遊離される．このようにして，mRNAの開始コドンの

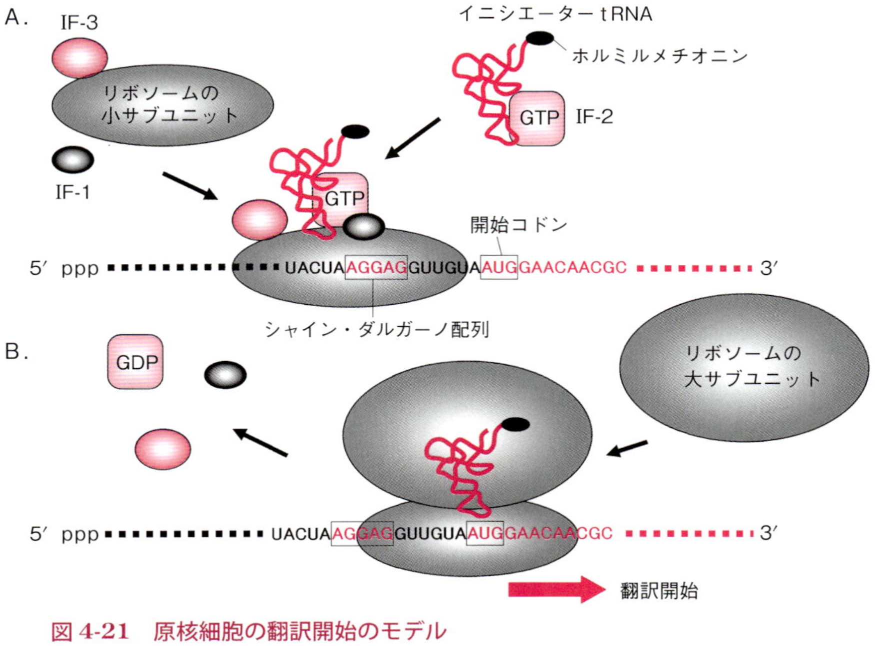

図4-21　原核細胞の翻訳開始のモデル
A：mRNAの5′側に存在するシャイン・ダルガーノ配列の部分に開始複合体が結合する．
B：その近くに開始コドンのAUGが存在するので，そこから翻訳が開始される．

表 4-5　原核細胞と真核細胞の開始因子

原核細胞		
IF-1		リボソームの小サブユニットの A 部位に結合して tRNA の結合を阻害．IF-2，IF-3 の結合を促進．
IF-2		イニシエーター tRNA と結合．GTPase 酵素活性をもつ．イニシエーター tRNA とリボソームの小サブユニットとの結合を促進．
IF-3		リボソームの小サブユニットに結合してリボソームを大小サブユニットに解離．リボソームの小サブユニットの mRNA への結合を促進．
真核細胞		
eIF-1		イニシエーター tRNA と開始コドンの結合を促進．
eIF-1A		イニシエーター tRNA の開始コドンへの結合を促進．mRNA 上のリボソームの移動を促進．
eIF-2		イニシエーター tRNA がリボソームの小サブユニットに結合するのを促進．GTPase 酵素活性をもつ．
eIF-2B		eIF-2 に結合している GTP と GDP を交換する交換因子．
eIF-3		リボソームの小サブユニットに結合して大小サブユニットの会合を阻害．リボソームの小サブユニットと eIF-4F との結合を介在し，小サブユニットと mRNA の結合を促進．
eIF-4F 複合体	eIF-4A	ATPase 酵素活性をもち，UTR 領域の二次構造をほどく RNA ヘリカーゼ酵素活性をもつ．
	eIF-4E	mRNA の 5′ 末端部のキャップ構造に結合．
	eIF-4G	mRNA，eIF-4E，eIF-4A，eIF-3 と結合．ポリ（A）結合タンパク質と結合して環状構造を形成．
eIF-4B eIF-4H		eIF-4F に結合して RNA ヘリカーゼ活性を促進．
eIF-5		AUG を認識して，eIF-2 と eIF-3 の解離を促進．GTPase 酵素活性をもつ．
eIF-5B		リボソームの小サブユニットから開始因子の解離を引き起こし，大小サブユニットの会合を促進．GTPase 酵素活性をもつ．
eIF-6		リボソームの大小サブユニットが会合するのを阻害．

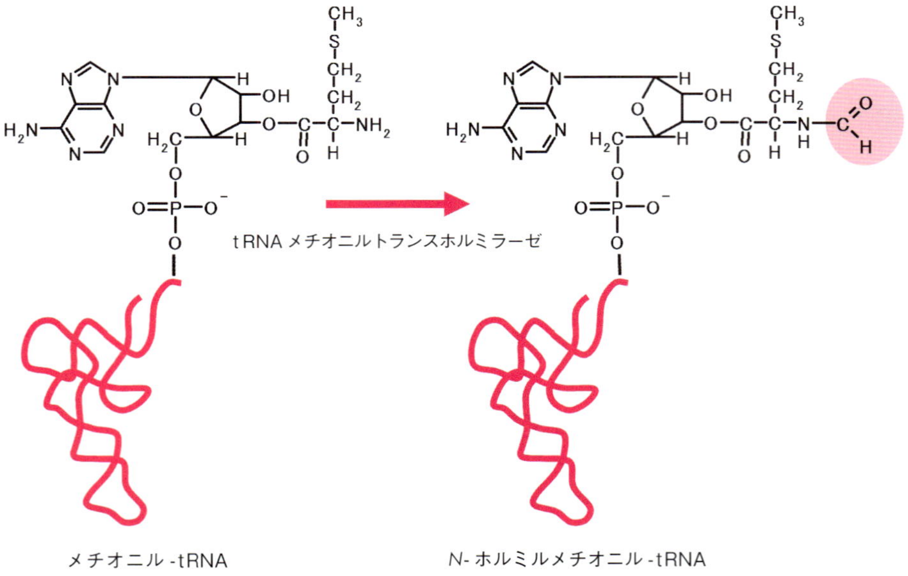

図 4-22　原核細胞のイニシエーター tRNA のホルミル化
原核細胞のイニシエーター tRNA に結合しているメチオニンはホルミル化されている．

部分に大小のサブユニットのリボソーム複合体とイニシエーター tRNA が結合すると，翻訳開始の準備が完了する．

真核細胞

真核細胞の mRNA には，原核細胞に存在するシャイン・ダルガーノ配列は存在しない．その代わり，リボソームの小サブユニットが mRNA に結合するためには，5′ 末端のキャップ構造が重要な役割を果たしている．また，開始因子の種類が原核細胞よりも多く（表 4-5），翻訳開始はより複雑に調節されている．翻訳開始の最初のステップは，mRNA の 5′ 末端のキャップ構造に eIF-4F 複合体（eIF-4A，eIF-4E，eIF-4G のサブユニットからなる）と eIF-4B が結合することである．その一方で，開始因子の eIF-3 がリボソームに結合して，大小のサブユニットに分離する．分離された小サブユニットには，さらに eIF-1，eIF-1A，eIF-5 が結合する．それと同時に，イニシエーター tRNA（真核細胞では，メチオニル tRNA）には GTP 結合タンパク質の eIF-2 が結合する．これらの 3 つの複合体（小サブユニット，イニシエーター tRNA，eIF-4F 複合体）は，5′ キャップ構造に結合し，開始複合体を形成する（図 4-23）．そして，mRNA と結合した開始複合体は，開始コドンの AUG に向かって mRNA の 5′ 末端から 3′ 側に向かって移動する．

開始複合体が mRNA 上を移動する際に，5′-UTR 領域に形成されている mRNA のヘアピン構造（RNA の二次構造）が邪魔になるが，RNA ヘリカーゼ（RNA helicase，mRNA の二次構造をほどく）である eIF-4A の働きにより，そのヘアピン構造がほどかれる．このように，リボソームの小サブユニットが mRNA 上を移動する際には，ATP のエネルギーを必要とする．

真核細胞の翻訳開始は，開始複合体が 5′ 末端のキャップ構造に結合して行われる場合がほとんどであるが，それ以外にもいくつか方法がある．その 1 つが，5′-UTR 領域に存在する IRES の部分に開始複合体が結合して翻訳を開始する方法である（図 4-24）．この IRES は特殊なヘアピン構造を形成しており，開始複合体はその構造を認識して mRNA と結合する．そして，IRES に結合した開始複合体は，その近くにある開始コドンへと導かれて翻訳が開始される．この IRES の構造と機能は，5′ 末端のキャップ構造がないのに真核細胞内で効率よく翻訳されるウイルスの mRNA があることから発見された．

開始複合体が開始コドンを探し当てると，小サブユニットの eIF-2 に結合している GTP が加水分解されて，eIF-1，eIF-2，eIF-3，eIF-5 が小サブユニットから遊離される．その代わりに，eIF-5B が小サブユニットに結合する．そして，大サブユニットと小サブユニットが会合すると，eIF-5B に結合している GTP が加水分解されて eIF-5B と eIF-1A が小サブユニットから遊離される．これで，翻訳開始の準備が完了する．

真核細胞では，5′ 末端のキャップ構造に結合する eIF-4F 複合体と，3′ 末端のポリ（A）尾部に結合するポリ（A）結合タンパク質（PolyA-binding protein；PABP）との相互作用が，翻訳の活性を高めることが知られている．そ

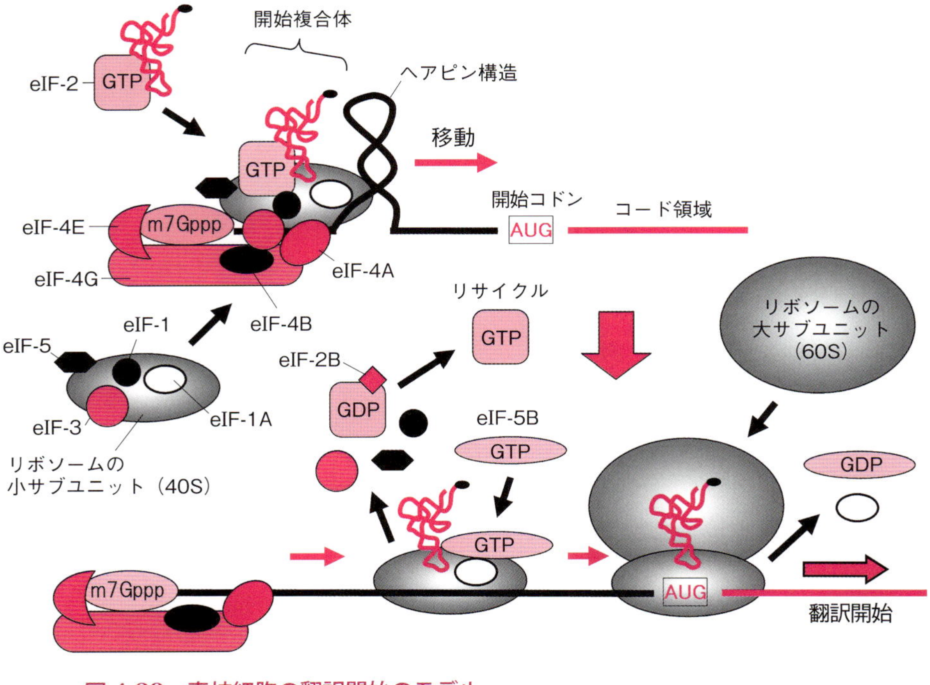

図 4-23　真核細胞の翻訳開始のモデル
5′ 末端に存在するキャップ構造の部分に開始複合体が結合する．リボソームと開始因子の一部からなる複合体は，さらに開始コドンまで移動して，そこから翻訳を開始する．

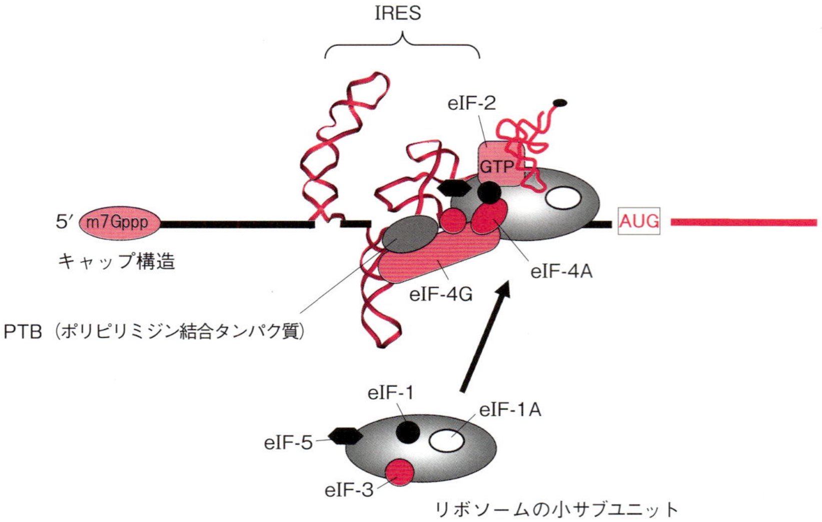

図 4-24　キャップ構造に依存しない翻訳開始のモデル
開始複合体が，mRNA の 5′-UTR に存在する IRES と呼ばれる特別な領域（ヘアピン構造を形成している）の部分を認識して，そこに結合する．その IRES の近くには開始コドンの AUG が存在するので，そこから翻訳が開始される．

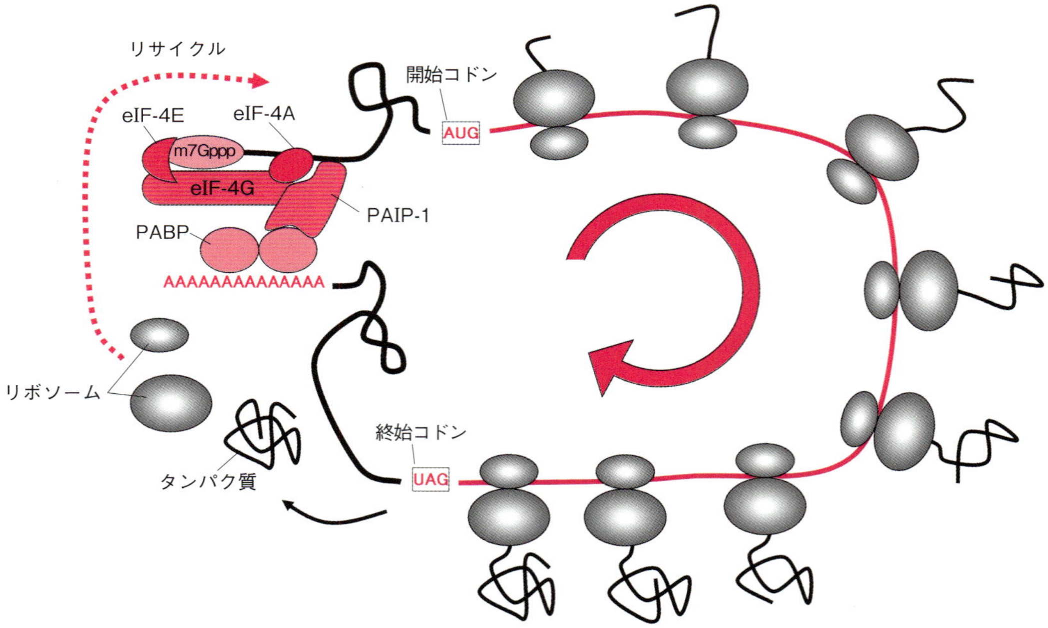

図 4-25　mRNA の環状構造と翻訳作業
真核細胞では，5′ 末端のキャップ構造に結合した開始因子と，3′ 末端ののポリ（A）尾部に結合した PABP が結合することにより環状の mRNA を形成して，翻訳の効率化とその作業の安定化を図っている．PAIP-1（polyadenylate binding protein-interacting protein 1）は動物の細胞で知られているタンパク質で，このタンパク質がない酵母では，PABP と eIF-4G がじかに結合している．

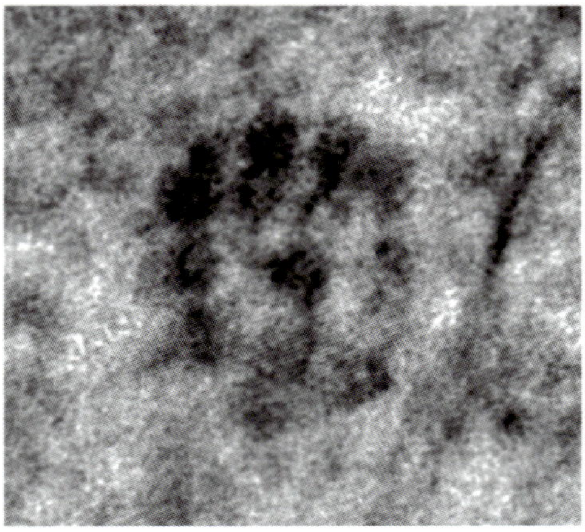

図 4-26　翻訳中のリボソームの集団（ポリソーム）を示す電子顕微鏡写真
動物の細胞に見られた環状のポリリボソームを示す.

れを説明するモデルとして，PABP と eIF-4G とが結合した mRNA の環状モデルが想定されている（図 4-25）．これと同じような，環状構造は実際の細胞内によく見られる（図 4-26）．このような環状構造を形成することにより，翻訳を終えたリボソームが再び翻訳作業に容易に移行できるようになるので，翻訳作業の活性が高まると考えられる．

b. ポリペプチド鎖の伸長

mRNA のコード領域に書き込まれた情報は，タンパク質のアミノ酸配列を示している．その順序どおりに正確にアミノ酸をつなぎ合わせる作業がポリペプチドの伸長と呼ばれるステップである．リボソームは，mRNA 上を 1 コドンずつ 5′ から 3′ 方向に移動し，アミノアシル tRNA をコドンと正確に符合させながら，tRNA が運んできたアミノ酸をペプチド結合してペプチド鎖を伸長させる．この作業は，終止コドンに行き着くまでくり返して行われる．

原核細胞と真核細胞におけるポリペプチド鎖の伸長はよく似たしくみで行われ，その過程は 3 種類の伸長因子（elongation factors，表 4-6）の働きにより進行する．ここでは比較的に詳しく調べられている原核細胞の場合を例に説明する．その過程は，いくつかのステップからなっている（図 4-27）．最初のステップでは，コドンに符合したアミノアシル tRNA が A 部位に結合する．次のステップでは，P 部位に存在しているアミノアシル tRNA のアミノ酸（あるいはペプチド鎖）が，新たに運ばれてきたアミノアシル tRNA のアミノ酸とペプチド結合される．そして，ペプチド鎖が結合された A 部位のペプチジル tRNA が P 部位に移る．つまり，リボソームが mRNA 上を 1 コドン分の距離だけ 3′ 方向に移動する．そして，最後のステップでは，アミノ酸（あるいはペプチド鎖）を A 部位のアミノアシル tRNA に移して空になった tRNA は，リボソームの P 部位から E 部位へと移動してリボソームから遊離する．

伸長因子の EF-Tu（GTP を結合している）と結合したアミノアシル tRNA は，リボソームの A 部位への結合が促進される．しかし，A 部位に結合できるのは，A 部位のコドンと符合した tRNA だけである．それは，リボソームの A 部位に結合するアミノアシル tRNA の種類がリボソームにより厳密にチェックされているからである．このようにして，コドンとアンチコドンとの選択的な結合は正確に行われ，異常なタンパク質が合成されるのを防いでいる．

A 部位に結合したアミノアシル tRNA がリボソームに受け入れられると，EF-Tu に結合している GTP が加水分解される．その結果，EF-Tu の立体構造が変化して EF-Tu はリボソームから遊離する．リボソームから遊離した EF-Tu は，EF-Ts（GDP と GTP を交換する因子）の働きにより，結合している GDP が GTP と交換されてリサイクルされる．

表 4-6　原核細胞と真核細胞の伸長因子

伸長因子	機能
EF-Tu（EF-1A） eEF-1A	GTPase 酵素活性をもつ．アミノアシル tRNA に結合して，それをリボソームの A 部位に結合させる．
EF-Ts（EF-1B） eEF-1B	EF-Tu に結合している GDP を GTP と交換する．
EF-G（EF-2） eEF-2	GTPase 酵素活性をもち，リボソームの 1 コドン分の移動を引き起こす．

黒字は原核細胞の伸長因子，赤字は真核細胞の伸長因子を示す．カッコ内は別名を示す．真核細胞の伸長因子には eukaryotic を示す ‘e’ が付けられている．

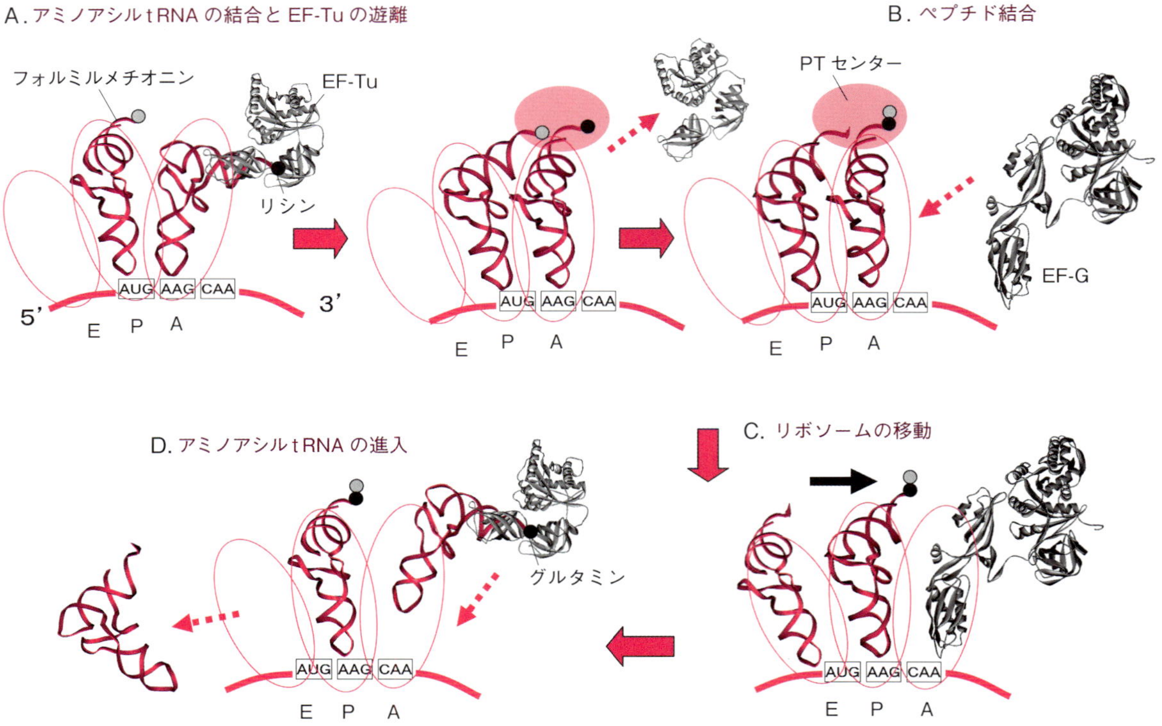

図 4-27 原核細胞における翻訳の伸長過程

A：アミノ酸を結合したアミノアシル tRNA と EF-Tu の複合体がリボソームの A 部位に結合する．結合が完了すると EF-Tu が遊離する．**B**：運ばれてきたアミノ酸は，P 部位のペプチジル tRNA に結合しているアミノ酸（あるいはペプチド鎖）と PT センターでペプチド結合される．ペプチド結合が完了すると，A 部位に EF-G が進入してくる．**C**：EF-G が A 部位に押し入り，リボソームを 1 コドン分だけ mRNA の 3′ 側に移動させる．その結果，A 部位のペプチジル tRNA は P 部位に移り，P 部位の tRNA は E 部位へと移る．**D**：EF-G が A 部位から離れると，A 部位が空になるので，そこに新たなアミノアシル tRNA と EF-Tu の複合体が進入して結合する．E 部位の tRNA はリボソームから遊離する．以上の作業のくり返しにより，ペプチド鎖の伸長が行われる．ここで示した図は，リボソームで行われている伸長の様子について tRNA を中心に示したものである．

A 部位にコドンと一致するアミノアシル tRNA が結合すると，P 部位の tRNA から分離されたアミノ酸（あるいはペプチド鎖）が A 部位のアミノアシル tRNA のアミノ酸にペプチド結合される．その際のペプチド結合の触媒作用は，大サブユニットの PT センターが行う．アミノ酸のポリペプチド結合が完了すると，次のアミノアシル tRNA を向かい入れるために，リボソームが 1 コドン分だけ 3′ 方向に移動する．その移動を引き起こしているのが，GTP 結合タンパク質の EF-G である．

EF-G の立体構造は，アミノアシル tRNA と EF-Tu からなる複合体とよく似た形をしている（図 4-28）．このように他の分子に似せた形は，分子擬態と呼ばれている．これは，EF-G がリボソームの A 部位に入り込んで結合するために，A 部位に結合するアミノアシル tRNA や EF-Tu の複合体に形を似せているためである．GTP を結合した EF-G が A 部位に結合して，リボソームを mRNA の 3′ 方向へ 1 コドン分だけ移動させるためには，EF-G に結合している GTP の加水分解のエネルギーが必要である．リボソームの移動後，加水分解後の GDP を結合した EF-G はリボソームから解離する．その結果，A 部位は空になるので，新たなアミノアシル tRNA の結合が可能になる．一方，その役割を終えた EF-G は，結合している GDP が GTP に交換されてリサイクルされる．

原核細胞，真核細胞ともに，以上に述べたようなステップがくり返されてペプチド鎖の伸長が行われる．やがて，終止コドンにたどり着くと，合成されたポリペプチド鎖がリボソームから切り離されて翻訳が終了する．

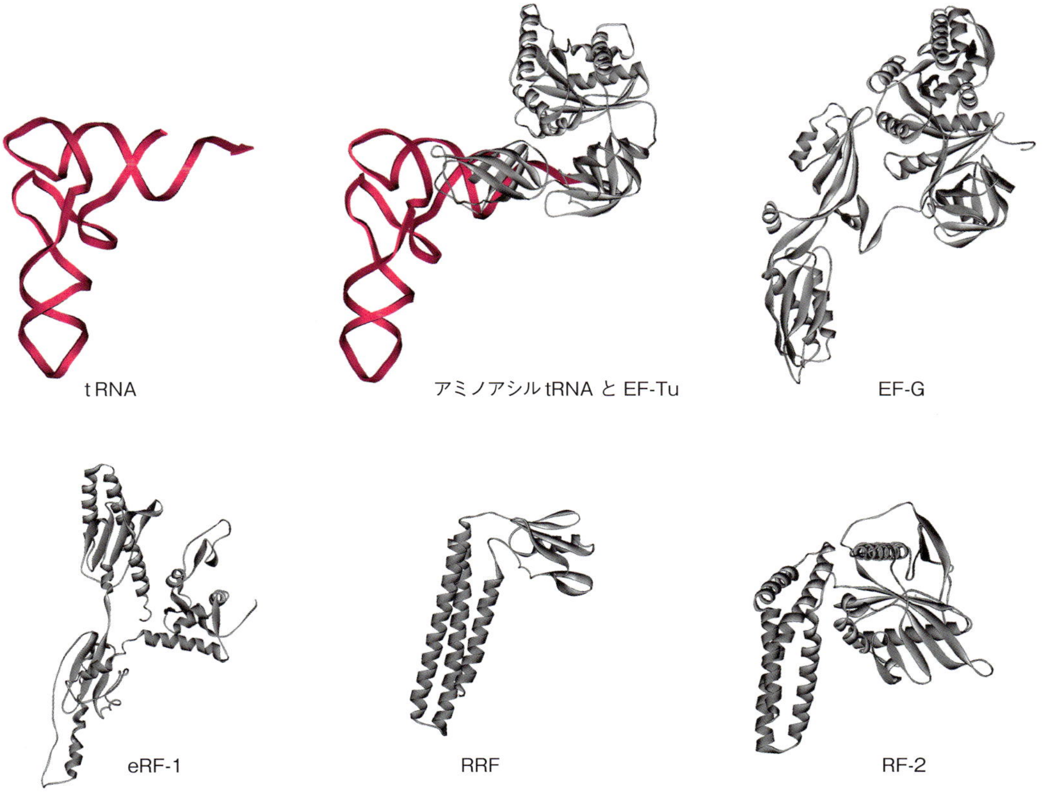

図 4-28　翻訳の際に見られる分子擬態を示すタンパク質
リボソームの A 部位に入り込むタンパク質の形は，tRNA や，アミノアシル tRNA と EF-Tu の複合体などの立体構造に良く似ている．

c. 翻訳の終了

原核細胞，真核細胞ともに，リボソームが終止コドンにたどり着くと，そこで翻訳作業を終了する．終止コドンは 3 種類（UAA，UAG，UGA）存在し，それらに符号するアミノアシル tRNA は存在しない．その代わり，終始コドンが A 部位に現れた場合に，そこに結合して翻訳を終了させるための特別なタンパク質が存在する．それらは遊離因子（release factors）と呼ばれている（表 4-7）．

遊離因子はクラスⅠとクラスⅡの 2 種類に分類され

表 4-7　原核細胞と真核細胞の遊離因子

原核細胞		
クラスⅠ	RF-1	終止コドンの UAA と UAG を認識.
	RF-2	終止コドンの UAA と UGA を認識.
クラスⅡ	RF-3	GTPase 酵素活性をもち，RF-1 や RF-2 の働きを助けるとともに，それらがリボソームから遊離するのを促進.
RRF		翻訳終了後の mRNA，tRNA，リボソームを解離させる.
真核細胞		
クラスⅠ	eRF-1	終止コドンの UAA，UAG，UGA を認識.
クラスⅡ	eRF-3	GTPase 酵素活性をもち，eRF-1 の働きを助けるとともに，それらがリボソームから遊離するのを促進.

原核細胞ではクラスⅠの遊離因子が 2 種類存在し，それらが手分けをして 3 種類の終止コドンを認識している．一方，真核細胞では，クラスⅠの遊離因子は 1 種類で，それが 3 種類の終始コドンのすべてを認識している．クラスⅡの遊離因子は原核細胞，真核細胞とも 1 種類である．原核細胞には，その他に RRF が存在する．

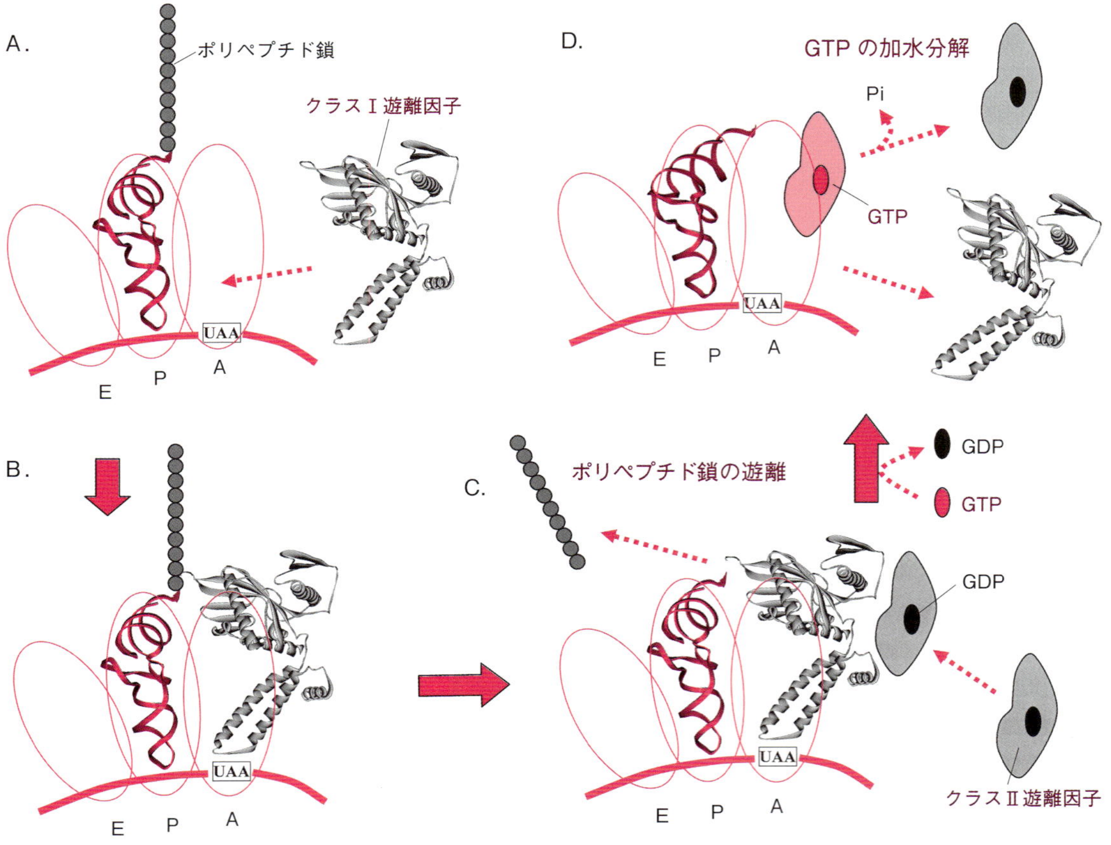

図 4-29 原核細胞における翻訳終了の過程

A：終止コドンが A 部位に現れると，その終止コドンを認識して，クラスⅠの遊離因子が A 部位に入り込む．**B**：遊離因子が終止コドンと結合し，ペプチド転移反応を活性化する．**C**：ポリペプチド鎖の結合する相手がいないのでペプチド鎖は解離してしまう．そして，クラスⅡの遊離因子（GDP を結合）がクラスⅠの遊離因子に結合する．**D**：クラスⅡの遊離因子の GDP が GTP に交換されると，クラスⅠの遊離因子がリボソームから遊離するのを促進する．クラスⅠの遊離因子がリボソームから遊離する．そして，クラスⅡの遊離因子の GTP が加水分解されると，クラスⅡの遊離因子もリボソームから遊離する．

ている．クラスⅠの遊離因子は，終止コドンを認識してそれらに結合して，ペプチジル tRNA のペプチド鎖転移反応を引き起こす役割を果たす．ペプチド鎖転移反応が引き起こされても，ポリペプチド鎖を結合する相手が存在しないので，ポリペプチド鎖はリボソームから遊離してしまう．ポリペプチド鎖がリボソームから遊離した後，GDP を結合したクラスⅡの遊離因子がクラスⅠの遊離因子に結合する．その GDP が GTP に交換されると，クラスⅠの遊離因子がリボソームから遊離する．そして，クラスⅡの遊離因子の GTP が加水分解されると，クラスⅡの遊離因子もリボソームから遊離する（図 4-29）．これでペプチド鎖の合成が完了する．

遊離因子と終止コドンが選択的に結合できるのは，終止コドンと結合するための特殊なアミノ酸配列が遊離因子に存在するからである．この特殊なアミノ酸配列はペプチドアンチコドンと呼ばれており，原核細胞の RF-1 と RF-2 ではそれぞれ，Pro-Ala-Thr，Ser-Pro-Phe の 3 つのアミノ酸配列から構成されていることが知られている．また，真核細胞のクラスⅠの遊離因子である eRF-1 の立体構造を見ると，その形がアミノアシル tRNA と伸長因子の複合体のものとよく似た分子擬態をしている（図 4-28）．それは，クラスⅠの遊離因子がリボソームの A 部位に入り込んで tRNA と似た働きをするためである．

原核細胞では，ポリペプチド鎖が遊離した後に残されたリボソームをmRNAから分離して，リボソームのリサイクルを促進するリボソーム再生因子（ribosome recycling factor；RRF）と呼ばれるタンパク質が知られている．このRRFの場合も，tRNAとよく似た立体構造の分子擬態をしている（図4-28）．それは，空になったA部位にRRFが結合して，tRNAやリボソームをmRNAから分離させるためである．このRRFは原核細胞や，真核細胞のミトコンドリアや葉緑体のタンパク質合成系で働いているが，真核細胞のタンパク質合成系には存在しないので，真核細胞ではRRFの関与なしで，mRNAからリボソームが分離されてリサイクルされると考えられている．

4・3　翻訳作業の場

真核細胞の翻訳作業は2つの形態で行われている（図4-30）．その1つは，小胞体膜に結合した膜結合型ポリリボソームにより行われる翻訳である．そしてもう1つは，細胞質内に遊離状態で分布する遊離型ポリリボソームによる翻訳である．前者では，主に，分泌タンパク質や膜タンパク質などが合成されている．そして，後者では，主に，ミトコンドリア，核，ペルオキシソームなどの細胞内小器官で必要とされるタンパク質や，細胞質内に分布するタンパク質などが合成されている．いずれの場合にも，リボソームで合成されたタンパク質の多くは，それを必要とする特定の部位や細胞小器官まで細胞内の輸送系により運ばれて，そこで働くことになる．

真核細胞の場合には，その細胞の翻訳系の他に，ミトコンドリアや葉緑体が独自にもつ翻訳系が存在する．ミトコンドリアや葉緑体はそれらの翻訳系を用いて自分で必要とするタンパク質の一部を自身で合成している．たとえば，ミトコンドリアが必要とするタンパク質のほとんど（500～1000種類）は宿主の細胞が合成するものを使用しているが，8～15種類のタンパク質については，独自の翻訳系で合成している．これは，ミトコンドリアや葉緑体の起源が，真核細胞の中に入り込んで共生している原核細胞であることを示す証拠と考えられている．

4・4　翻訳活性の調節

原核細胞と真核細胞では，翻訳の調節に多くの異なる方法が用いられている．ここでは真核細胞でよく知られている例をいくつか紹介する．その1つは，タンパク質の化学修飾による翻訳開始の調節の例である（図4-31）．上述したように，真核細胞における翻訳開始には，開始因子が重要な役割を果たしている．そこで，開始因子のeIF-2をリン酸化してその機能を変化させることにより，翻訳を抑制する方法が知られている．また，それとは逆に，eIF-4Eに結合している抑制タンパク質をリン酸化してeIF-4Eから引き離すことにより，翻訳を促進させる方法も知られている．

それらの他にも，翻訳の調節に5′-UTRに存在する特殊な領域が関係する方法がいくつか知られている．その1つが，mRNAの5′-UTRにeIF-4F複合体が結合できないように邪魔をして，翻訳の開始を阻害する方法である（図4-32）．この場合は，mRNAの3′-UTRの細胞質ポリアデニレーションエレメントに結合するCPE結合タンパク質（CPEB）とeIF-4Eの両者に，Maskinというタンパク質が結合して，5′-UTRにeIF-4EとeIF-4Gが結合できなくしてしまう．

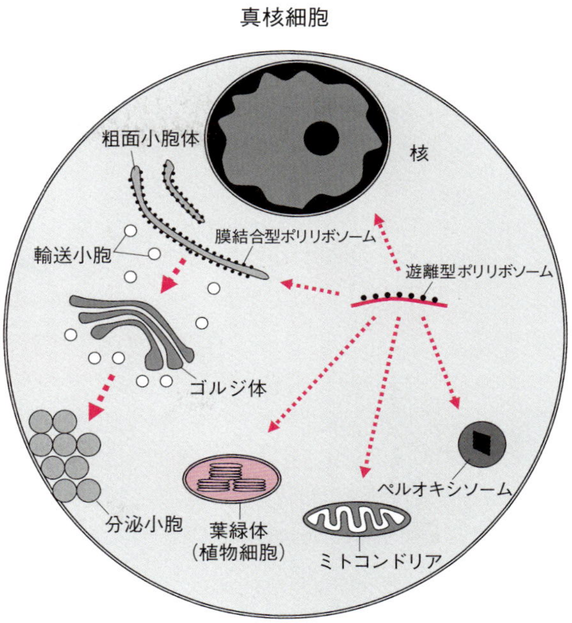

図4-30　真核細胞内におけるタンパク質合成の分類
真核細胞では，核やミトコンドリアなどで必要とされるタンパク質の多くは遊離型ポリリボソームで合成される．遊離型ポリリボソームで合成されたタンパク質は，目的の細胞小器官まで細胞質内を拡散により移動し，それらの小器官に取り込まれる．また，分泌タンパク質や膜タンパク質の多くは小胞体に結合した膜結合型ポリリボソームで合成され，目的の場所までは輸送小胞により輸送される．

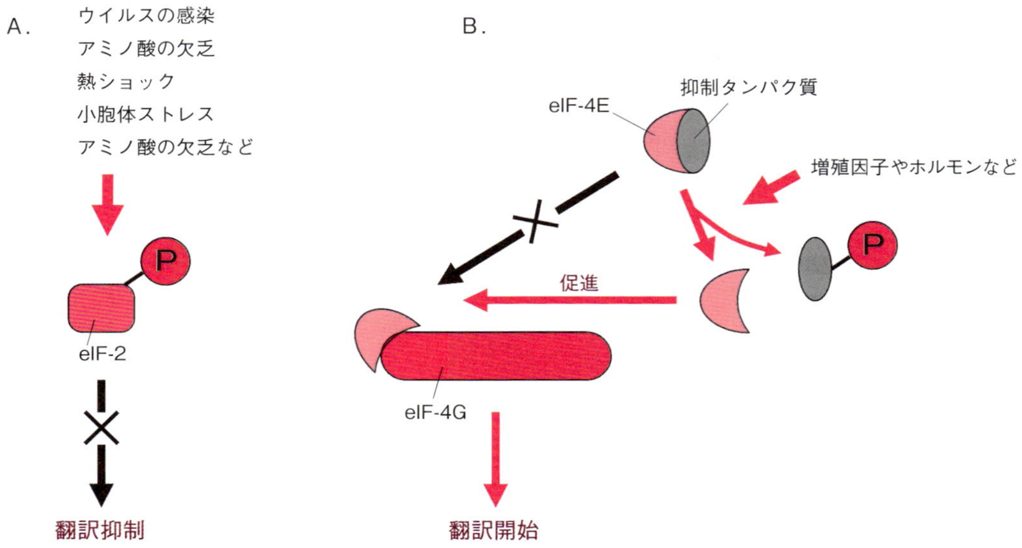

図 4-31　翻訳開始の調節
A：開始因子の eIF-2 がリン酸化されて翻訳開始が抑制される例を示す．B：開始因子の eIF-4E に結合している抑制タンパク質がリン酸化されて遊離されると，その抑制が解かれて翻訳が開始される例を示す．

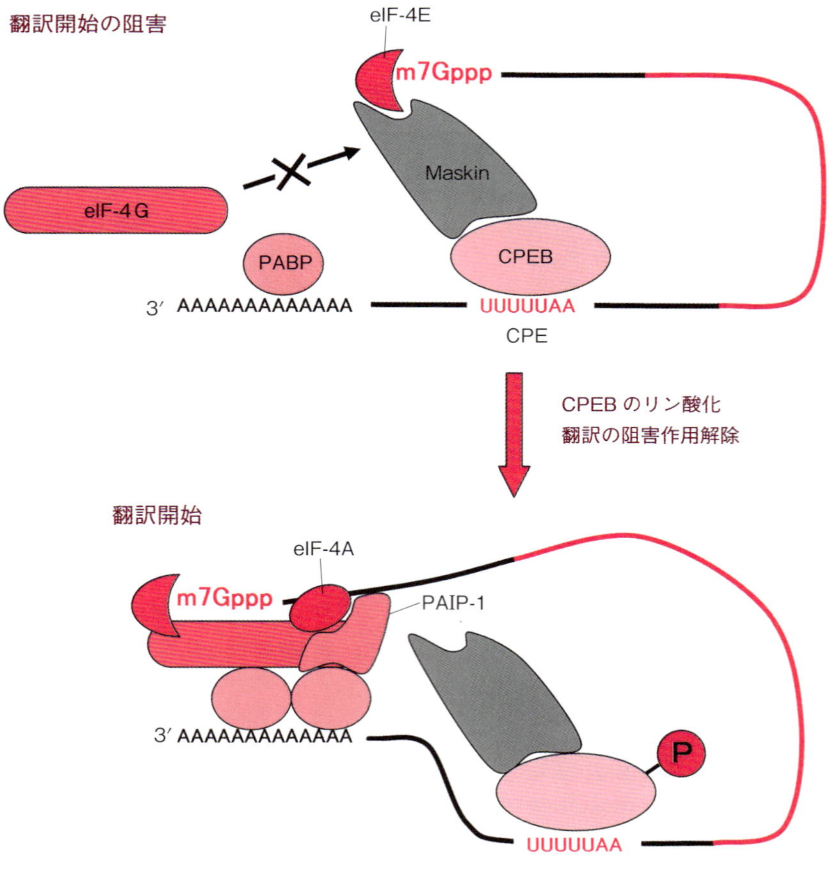

図 4-32　mRNA の環状構造の形成阻害
mRNA の環状構造の形成阻害により翻訳が調節される例を示す．eIF-4E と CPEB に結合した Maskin タンパク質は eIF-4E と eIF-4G の結合を邪魔することにより，mRNA の環状構造の形成を抑制し，タンパク質合成の開始を阻害する．CREB のリン酸化により eIF-4E から Maskin が解離すると翻訳が開始される．

もう1つは，フェリチン，アコニターゼ，フェロポーチンなどのmRNAで知られている方法である（図4-33）．これらのタンパク質のmRNAの5′-UTRにはIRE（iron responsive element）と呼ばれるヘアピン構造が存在し，そこにIRP（iron regulatory protein）と呼ばれるタンパク質が結合している．この状態では，5′-UTRにeIF-4F複合体やリボソームの小サブユニットが結合できないために，翻訳が阻害された状態にある．そのIRPに鉄イオンが結合すると，IRPの立体構造が変化してIREから遊離するので，翻訳の阻害が解除されて翻訳が開始される．

もっと直接的な翻訳の調節方法として，mRNAを分解して翻訳できないようにしてしまう方法がある（図4-34）．これは，異常なmRNAが形成された場合や，不必要になったmRNAを処理するための手段として一般に用いられている．その際には，mRNAに存在する5′末端のキャップ構造や3′末端のポリ（A）尾部が，それぞれ脱キャッピング酵素やポリ（A）ヌクレアーゼにより分解される．その結果，mRNAの両端に存在する保護的な構造がなくなったmRNAは，ヌクレアーゼの標的になり分解されてしまう．

特殊な例として，真核細胞に感染したウイルス（ポ

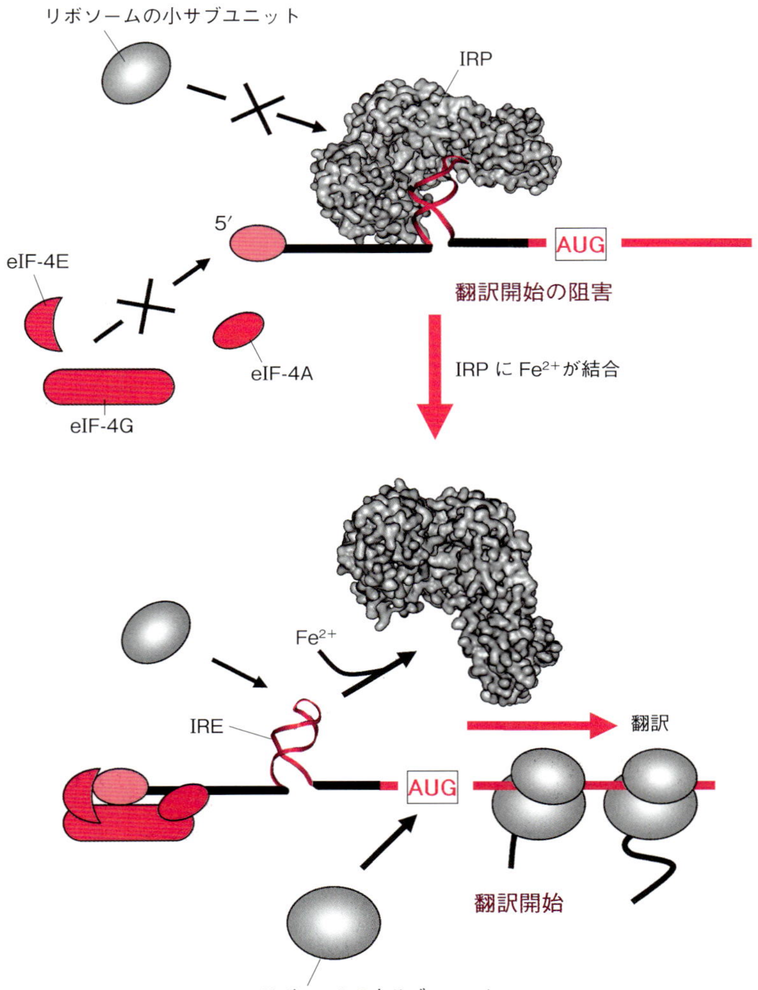

図4-33　IREによる翻訳の調節
5′末端側に存在するヘアピン構造のIREにIRPが結合していると翻訳が阻害される．そのIRPに鉄イオンが結合すると，IREからIRPが遊離するために翻訳が開始される．

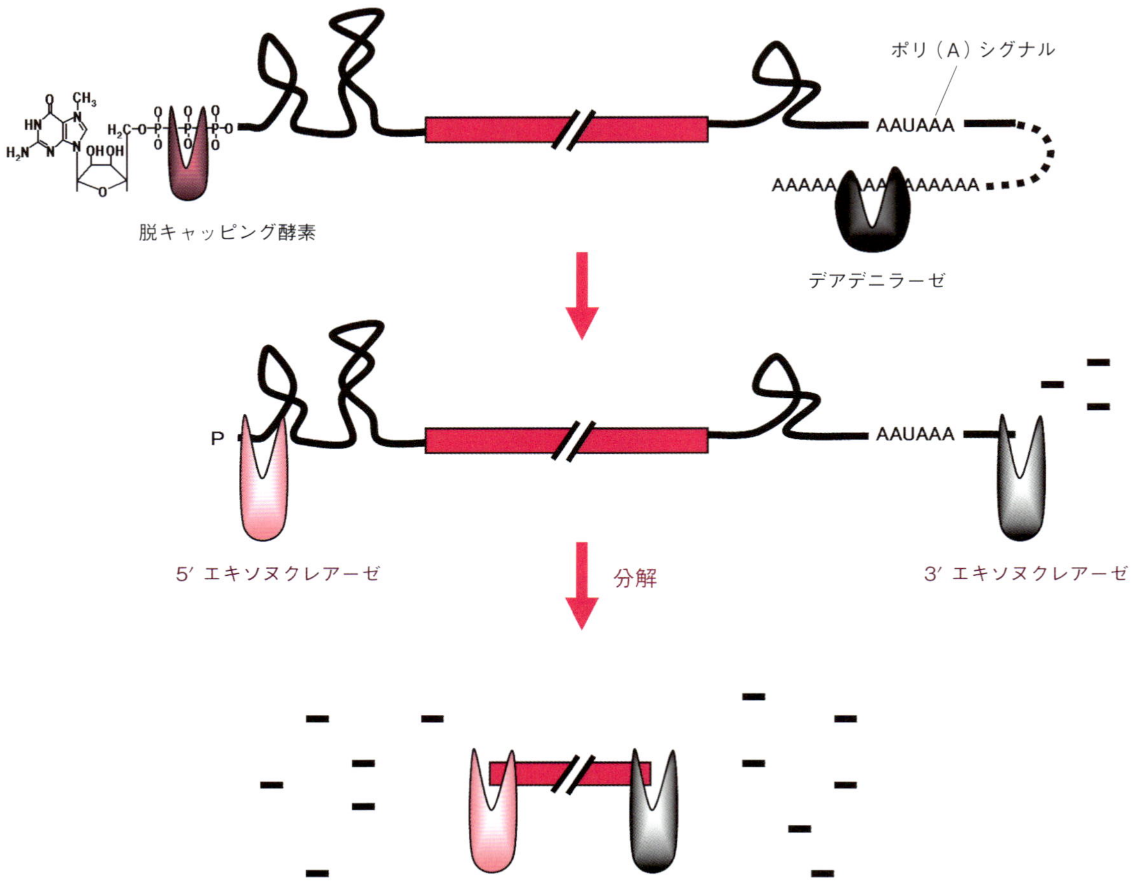

図 4-34　mRNA の分解によるタンパク質合成の阻害
不要になった mRNA は，その末端に存在するキャップ構造やポリ（A）尾部のどちらか，あるいは，その両方が分解されることにより，エキソヌクレアーゼの標的になり分解処理されてしまう．

リオウイルスや手足口病ウイルスなど）が eIF-4G の一部を分解して，真核細胞の翻訳開始を阻害するということも知られている．これは，宿主である真核細胞の mRNA の翻訳を阻害して，主にウイルス自身の mRNA の翻訳を行わせるための手段である．

4·5　特殊な RNA による翻訳の調節

a. miRNA

翻訳の抑制や mRNA の分解を引き起こす miRNA(micro-RNA)と呼ばれている小さなサイズの RNA(18～24 塩基）が動物や植物の細胞で知られている（図 4-35）．これらの miRNA は，遺伝子から転写された前駆体の RNA（数 10～数 100 塩基）の一部が RNA 分解酵素により切り取られて形成されたものである．miRNA は標的の mRNA がもつ相補的な塩基配列の部分（多くの場合は 3′ 側の UTR 領域に存在）と選択的に結合して，その mRNA の翻訳の抑制や，mRNA の分解などを引き起こす．たとえば，線虫の発生の制御，ショウジョウバエの細胞死（アポトーシス，apoptosis），動物や植物の形態形成などに miRNA が働いている例が知られている．

b. tmRNA

終始コドンの欠損した異常な mRNA では，翻訳作業が mRNA の 3′ 末端で止まったままになることがある．このような事態に対処するために，原核細胞には，特殊な RNA が存在している．その RNA は，tmRNA（～ 300 ヌクレオチド，図 4-36）と呼ばれる特殊な RNA である．この tmRNA という名称は tRNA と mRNA の両方の性質を兼ね備えた RNA という意味で名づけられたものである．tRNA としてはアラニンを結合したアミノアシル tRNA として働き，その一方で，8～35 アミノ酸をコー

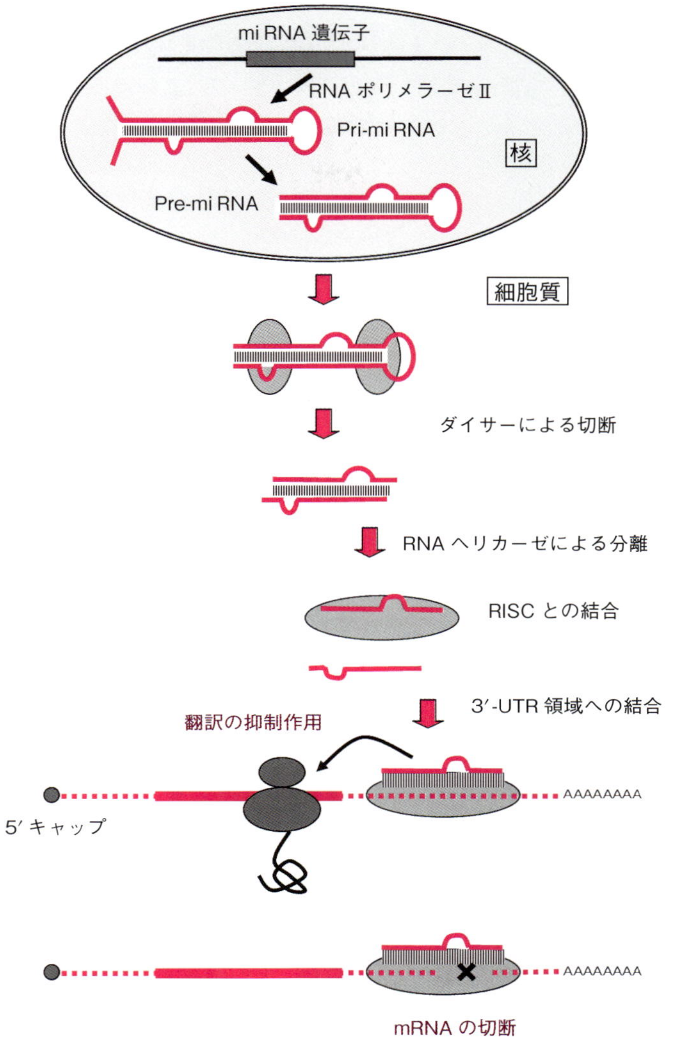

図 4-35　miRNA による翻訳の調節
miRNA 遺伝子から転写された miRNA の前駆体（500 ～ 3000 塩基）が，いくつかのステップを経て切断されて小さな二重鎖になった後，その二重鎖が分離されて，一本鎖の miRNA（18 ～ 24 塩基）ができ上がる．その miRNA は RISC（RNA induced silencing complex）と呼ばれるタンパク質複合体と結合して機能する．RISC と miRNA の複合体は標的となる mRNA の 3′-UTR に結合してその翻訳を抑制する．さらには，標的となる mRNA を切断してしまう場合もある．

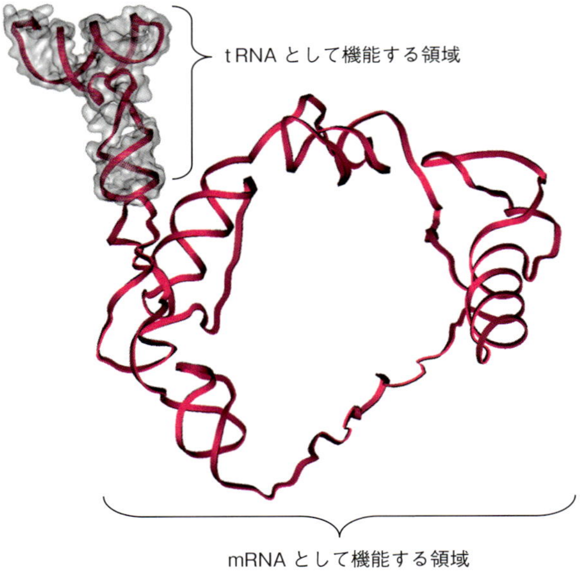

図 4-36　大腸菌の tmRNA
tmRNA は，tRNA とよく似た構造をした部分と，mRNA として働く部分の両方の構造を併せもっている．その tRNA と類似した部分はアミノ酸を結合して，アミノアシル tRNA と同じような働きをする．そして，mRNA として機能する部分には，10 アミノ酸分のコドンと，終止コドンが含まれている．

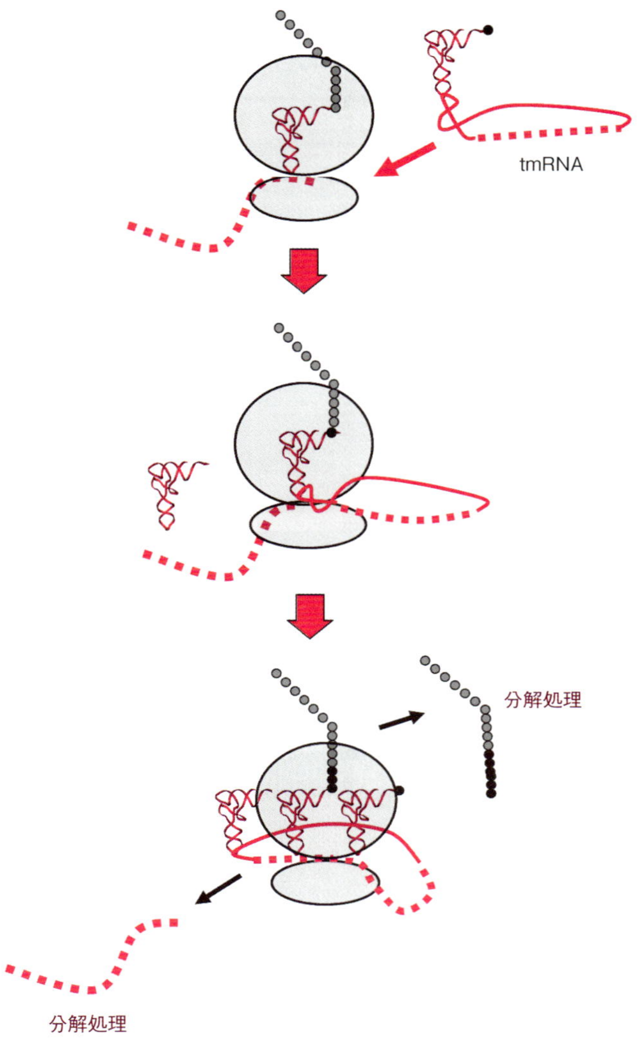

図 4-37　tmRNA の機能
tmRNAは，何らかの原因で翻訳作業が止まってしまったリボソームを救うために，アミノアシル tRNA と同じようにリボソームに進入する．そして，自身の mRNA の部分を使用して翻訳作業を引き継いでその作業を完了させる．でき上がった異常なポリペプチド鎖と mRNA は分解され，遊離されたリボソームはリサイクルされる．

ドするためのコード領域と終止コドンをもった mRNA としての働きもする．翻訳作業が途中で止まってしまったリボソームの A 部位に tmRNA が挿入されると，リボソームは tmRNA の mRNA に乗り移って，停止していた翻訳作業を再開する．その結果，異常な mRNA により合成されたポリペプチド鎖に，tmRNA の mRNA をもとに合成されたペプチド（例：ANDENYALAA）が付け加えられる．ところが，付け加えられたペプチドはそのタンパク質を分解するための標識として働くために，その異常なタンパク質は分解されてしまう．それとともに，異常な mRNA も分解されてしまう（図 4-37）．このようにして，異常な mRNA とそれから合成されたタンパク質は分解処理され，正常なリボソームは再利用される．真核細胞でも，同じような事態が起きた場合には，mRNA を分解処理してしまう機構（原核細胞とは異なる）が知られている．

4·6　翻訳後のタンパク質の修飾

翻訳作業はポリペプチド鎖の合成だけで完了するものではない．リボソームで合成されたポリペプチド鎖が機能をもったタンパク質になるためには，さらに，ポリペプチド鎖へのさまざまな修飾作業が行われる．その作業は翻訳後修飾（post translational modification）と呼ばれ，さまざまな種類の作業がある．たとえば，タンパク質の折りたたみ（folding），オリゴ糖の結合（glycosylation），脂肪酸の付加，ジスルフィド結合の形成，特定のアミノ酸の化学修飾，タンパク質の部分的な分解などが知られている．

a. タンパク質の折りたたみ

アミノ酸が一列に連なったポリペプチド鎖が機能的なタンパク質になるためには，正確に折りたたまれて，決められた立体構造を形成する必要がある．この折りたたみ作業はタンパク質の合成と同時に始まる．その際に，タンパク質が正しく折りたたまれるように，介助役を果たしている多くの種類のタンパク質が存在する．それらはシャペロン，あるいは分子シャペロン（chaperone，あるいは molecular chaperone）と呼ばれている．分子シャペロンには，原核細胞と真核細胞ともに，よく似たいくつかのグループが存在する（表 4-8）．

分子シャペロンの多くは熱ショックタンパク質（heat shock proteins；Hsp）と呼ばれているタンパク質で，突然の温度の上昇にともなって発現が増加するタンパク

表 4-8 分子シャペロンの分類

原核細胞	DnaK/DnaJ/GrpE	GroEL/GroES	ClpB	HtpG		Trigger factor	DsbA
真核細胞	Hsp70/Hsp40/Hsp27 BiP（小胞体） SCC1（ミトコンドリア） ctHsp70（葉緑体）	Hsp60/Hsp10 （ミトコンドリア） Cpn60/Cpn10 （葉緑体） TCP-1, CCT, あるいは Tric （細胞質）	Hsp100	Hsp90	カルネキシン カルレティキュリン （小胞体）		PDI
役割	タンパク質の折りたたみや凝集したタンパク質をほどく．ATPase	タンパク質の折りたたみ．ATPase	凝集したタンパク質をほどく．ATPase	凝集しないように保持する．ATPase	糖タンパク質の折りたたみと，その品質管理	リボソームに結合して，タンパク質の最初の折りたたみに関与	ジスルフィド結合の形成

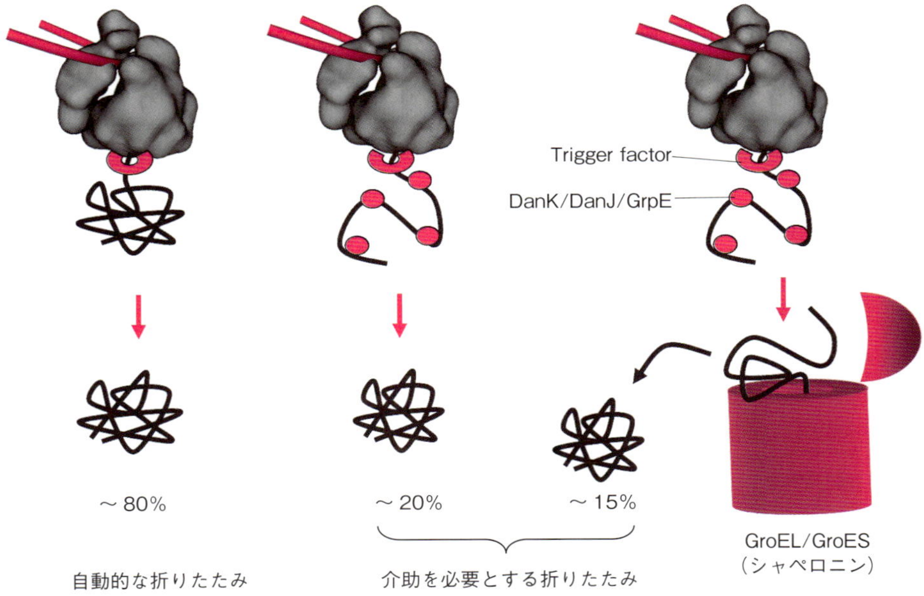

図 4-38 原核細胞における分子シャペロンの働き
タンパク質の多くは，DnaK，DnaJ，GrpE などの分子シャペロンの介助なしに折りたたまれる．しかし，タンパク質の折りたたみに，それらの分子シャペロンの介助が必要なものがある．さらに，タンパク質の一部については，GroEL と GroES からなる複合体による特別な折りたたみの介助が必要なものもある．真核細胞のタンパク質の折りたたみにも，原核細胞のものと同じような分子シャペロンが働いている．

質として知られている．つまり，分子シャペロンの多くは，温度の上昇にともなうタンパク質の熱変性を防止し，熱変性によるタンパク質の凝集や機能異常が起きないように働いている．これらの分子シャペロンは通常の場合でも存在し，合成されたタンパク質を正しく折りたたむ作業に関わっている．

タンパク質は，一般に，疎水性の部分を内部に包み込むように折りたたまれ，安定した状態にある．しかし，合成中のタンパク質では，その疎水性の部分がむき出しになっている場合が多く，不安定な状態にある．同じように，折りたたみが不完全な場合にも，疎水性の部分がむき出しになっていることが多く，不安定な状態にある．このような状態をそのままにしておくと，タンパク質の疎水性の部分どうしが会合して，タンパク質が凝集してしまう恐れがある．タンパク質の異常な凝集は細胞にとって有害で，たとえば，アルツハイマー病のβアミロイドタンパク質や，狂牛病のプリオンタンパク質の異常凝集が有害な例として知られている．そのようにならないように，分子シャペロンは表出したタンパク質の疎水性の部分に結合してその凝集を防止するとともに，タンパク質が正常に折りたたまれるのを手助けしている．

合成されたタンパク質の多くは自動的に折りたたまれるが，一部のものについてはその折りたたみに分子シャペロンの介助を必要とするものがある（図 4-38）．その際には，何種類かの分子シャペロンが手分けしてタンパク質の折りたたみを介助している．原核細胞のタンパク質合成の過程を例にあげると，合成中のタンパク質の疎水性の部分に結合して，タンパク質が正常に折りたたまれるように介助しているのが分子シャペロンの DnaK である（図 4-39）．DnaK は ATP のエネルギーを用いて，DnaJ や GrpE の調節を受けながら働いている．

分子シャペロンの中で特殊な構造をしているのが，原核細胞で知られている GroEL と GroES の複合体である（図 4-40）．この複合体はシャペロニン（schaperonin）とも呼ばれ，巨大なタンパク質複合体で，折りたたみの不完全なタンパク質をその内部の空洞に取り込み，そのタンパク質が正常に折りたたまれるのを介助している（図 4-41）．このシャペロニンは，自動的に折りたたむのが難しい一部のタンパク質の折りたたみに活躍していると考えられている．もちろん，このシャペロニンと類似の複合体は真核細胞にも存在している．このシャペロニンで折りたたまれるタンパク質としては，たとえば，原核細胞の伸長因子や RNA ポリメラーゼ，真核細胞の細胞骨格繊維を形成するアクチンやチューブリンタンパク質などが知られている．

真核細胞の小胞体で合成されるタンパク質は，BiP（binding protein）と呼ばれる小胞体内の分子シャペロンにより，折りたたみが介助されている．さらに，小胞体内の分子シャペロンであるカルネキシン，カルレティキュリン，Erp57 などによるタンパク質の品質管理を受

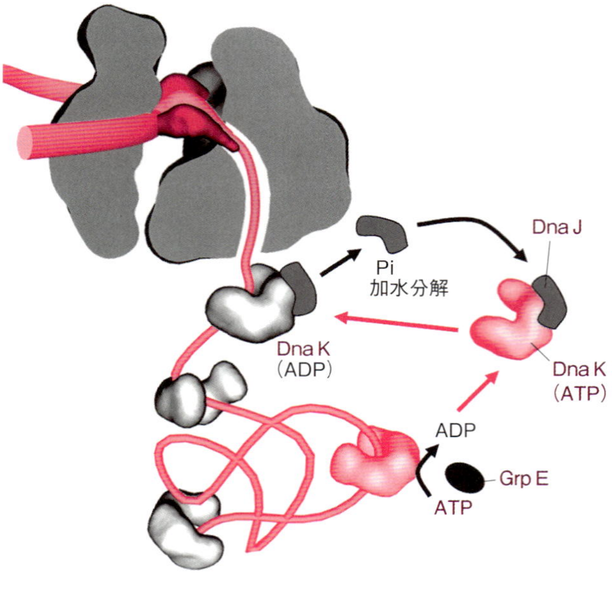

図 4-39　原核細胞の DnaK，DnaJ，GrpE による折りたたみの模式図

ATP を結合した DnaK に DnaJ が結合すると，その DnaK はポリペプチド鎖の疎水性の部分に結合する．DnaK の ATP が加水分解されると，DnaK はペプチド鎖と強く結合する．そして，GrpE により DnaK の ADP が ATP と交換されると，DnaK はポリペプチド鎖から離れる．

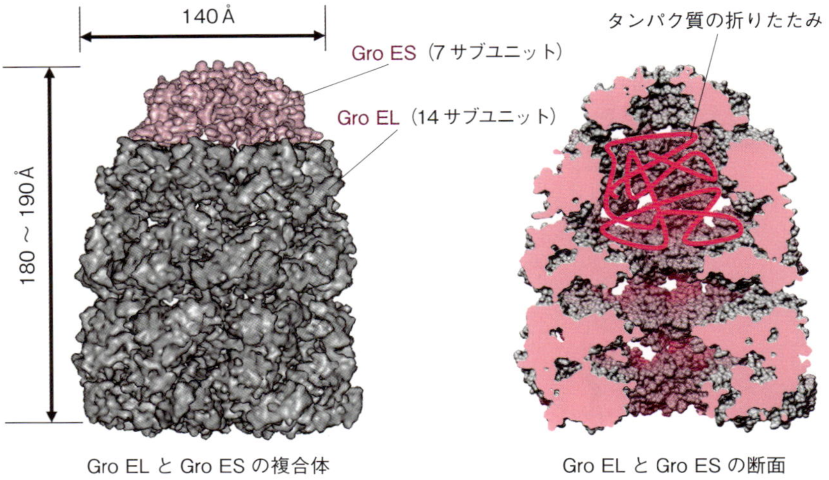

図 4-40　真核細胞のシャペロニンの GroEL と GroES

GroEL と GroES 複合体は，合計で 21 のサブユニットからなる巨大なタンパク質複合体である．複合体はドーム型の構造をしていて，折りたたみが完全でないタンパク質をその内部に引き込んで，そのタンパク質の折りたたみを完全なものになるように介助を行っている．右の断面図は，複合体の内部構造と，その内部に引き入れられたタンパク質を示す．

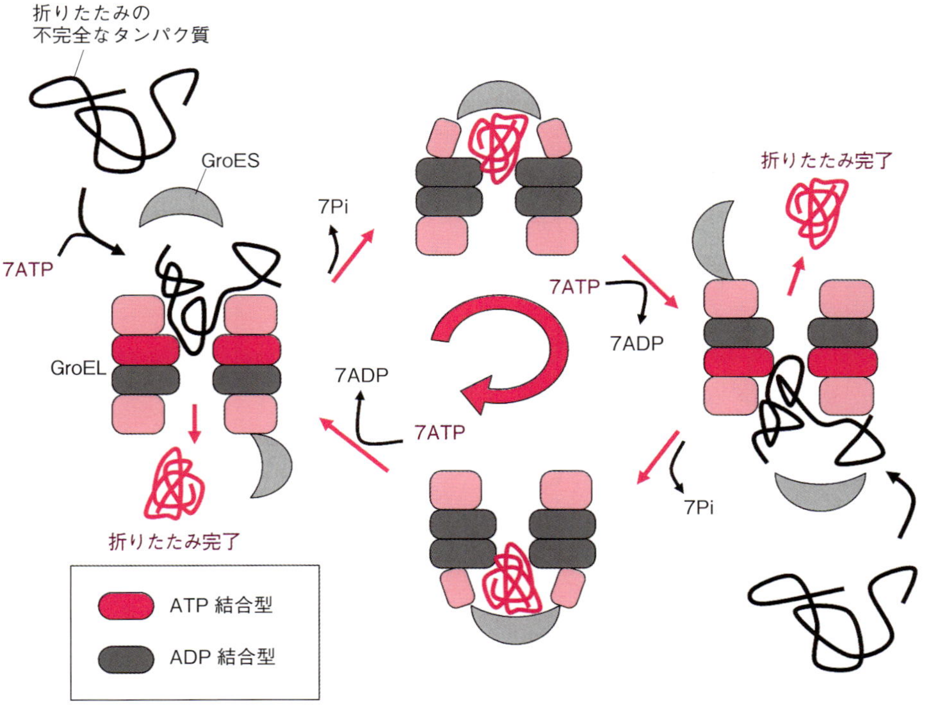

図 4-41　GroEL と GroES によるタンパク質の折りたたみ

GroEL と GroES が形成するチャンバー内に引き込まれたタンパク質は，ATP の加水分解によるエネルギーを用いて折りたたまれる．片方のチャンバーで折りたたみが完了すると，その反対側のチャンバー内にタンパク質が引き込まれて同じように折りたたみが行われる．タンパク質が引き込まれるときのシャペロニンの空洞内は疎水性が高くなっていて，折りたたみに失敗して疎水性が露出したようなタンパク質が引き込まれ易くなっている．そして，折りたたみが完了すると，その内部が親水性に変化して，折りたたまれたタンパク質が外部に放出される．このような空洞内の変化は ATP のエネルギーに依存した構造変化によるものである．

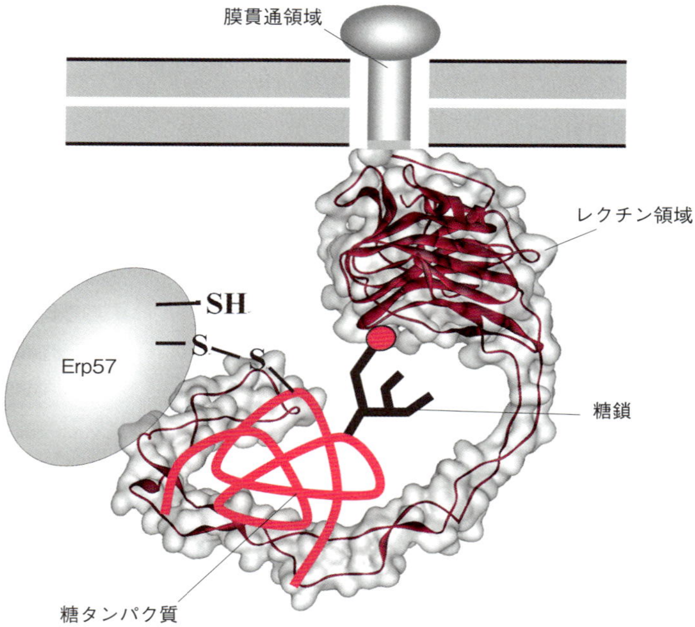

図 4-42　カルネキシンの構造を示す分子モデル

カルネキシンは膜結合タンパク質で，そのレクチン領域で標的の糖タンパク質の糖鎖と結合する．そして，結合したタンパク質の折りたたみが異常でないかどうかチェックする．カルネキシンに結合しているタンパク質の Erp57 は，タンパク質のジスルフィド結合を触媒する酵素である．

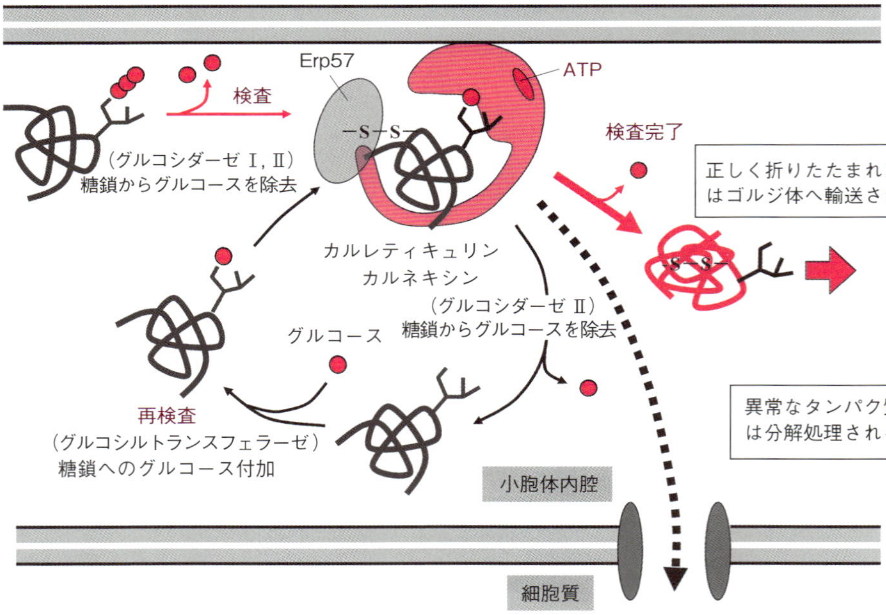

図 4-43　小胞体内腔の分子シャペロンによる糖タンパク質の品質管理

真核細胞の小胞体内腔では，カルレティキュリン，カルネキシン，Erp57 などが，合成されたタンパク質の品質管理を行っている．合成されたタンパク質が品質管理を行っているカルレティキュリンやカルネキシンと結合できるようにするために，糖タンパク質の糖鎖のグルコースが 2 個切断される．糖タンパクは ATP の結合したカルレティキュリンやカルネキシンと結合して，正しく折りたたまれているかどうか品質検査を受ける．タンパク質によっては，Erp57 によりジスルフィド結合が形成され，さらなる折りたたみが行われるものもある．グルコースが分解されてカルネキシンやカルレティキュリンから遊離した糖タンパク質のうち，正しく折りたたまれたものについてはゴルジ体に送られる．一方，折りたたみが不完全なものは，グルコースが再結合されて，折りたたみ作業がくり返される．正常に折りたたむことができない異常なタンパク質は小胞体の外に排出され，プロテアソームにより選択的に分解処理されてしまう．

けて，更なる折りたたみの介助が行われている．カルネキシンとカルレティキュリンは同じ働きをする良く似た構造のタンパク質である（図 4-42）．カルレティキュリンは可溶性のタイプであるが，カルネキシンは膜結合型のタンパク質である．

カルネキシンとカルレティキュリンは，折りたたみが不完全な糖タンパク質と結合し，ジスルフィド結合を触媒する酵素の Erp57 と一緒になって，その折りたたみの介助を行っている（図 4-43）．折りたたみが不完全なものについては，完全に折りたたまれるまで小胞体内腔に引き留めておく．そして，完全に折りたたまれたものはゴルジ体へと送られるが，完全に折りたたむことができない異常な糖タンパク質については，小胞体から細胞質に送り出して，プロテアソーム（proteasome）と呼ばれる特殊なタンパク質複合体により分解処理してしまう．それは，折りたたみのうまくいかない異常なタンパク質は，細胞の機能に異常を引き起こすからである．このような一連の作業はタンパク質の品質管理と呼ばれている．

細胞質内に存在するプロテアソームと呼ばれるタンパク質複合体は，筒状の構造をした巨大な分子である．プロテアソームは原核細胞と真核細胞に存在し，その基本構造は触媒ユニットと呼ばれる 28 個のタンパク質からなっている．高等な真核細胞のものでは，さらに調節ユニットと呼ばれる 7 個のタンパク質からなる複合体が触媒ユニットの両側に結合している（図 4-44）．プロテアソームは，一般の加水分解酵素とは異なり，特殊な標識をつけられたタンパク質のみを選択的に分解処理している（11 章参照）．しかも，その分解作業には ATP のエネルギーを必要とする．このプロテアソームによるタンパク質の選択的な分解機構は，タンパク質の品質管理のみならず，さまざまな場所において重要な役割を果たしている．

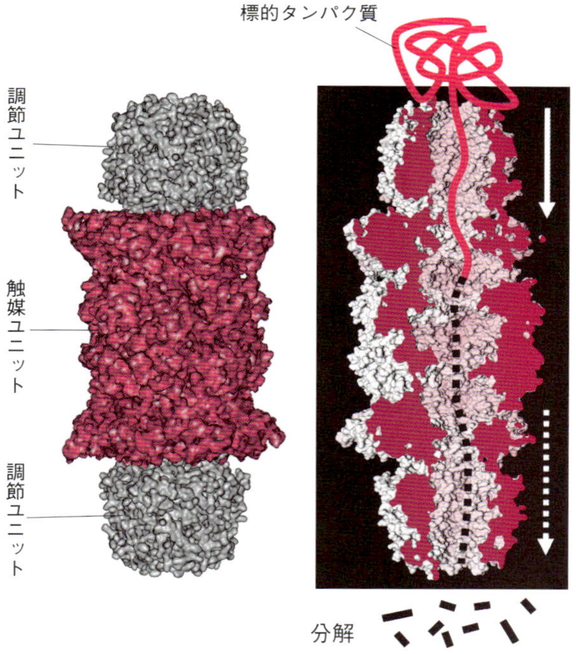

図 4-44　動物細胞のプロテアソーム
プロテアソームは調節ユニットと触媒ユニットから構成されている．調節ユニットには 2 つのタイプが知られているが，図に示したのはフットボールプロテアソームと呼ばれているタイプのものである．触媒ユニットの大きさは 20S で，その両側に結合している調節ユニットの大きさは 11S である．それらの内部は中空になっており，内部に標的タンパク質を引き込んで，ATP のエネルギー依存的に 4～25 アミノ酸残基くらいのサイズにまで分解してしまう．矢印はタンパク質が引き込まれて分解されていく方向を示す．

b．糖鎖の結合

小胞体で合成される膜タンパク質や分泌タンパク質のほとんどは，その合成過程やゴルジ体においてアミノ酸の一部に糖鎖（一般にオリゴ糖，図 4-45）が付け加えられて糖タンパク質（glycoprotein）になる（図 4-46）．オリゴ糖が付け加えられる部分のアミノ酸は，特定の部位のアスパラギン，セリン，トレオニンなどである．ア

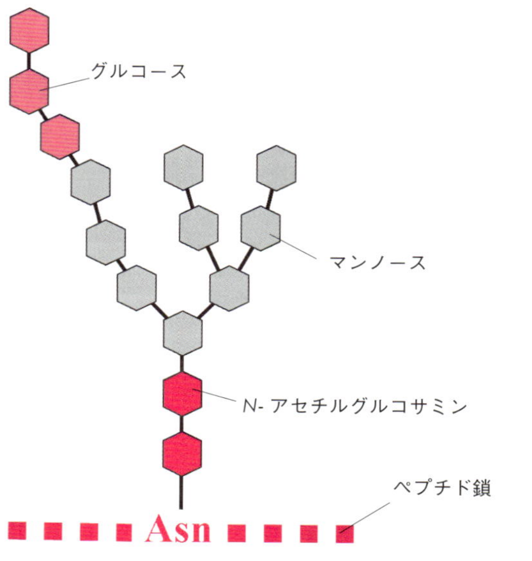

図 4-45　タンパク質に付加されたオリゴ糖の基本構造
アスパラギンに付加された高マンノース型のオリゴ糖を示す．

スパラギンの場合は，アミノ基にオリゴ糖が結合されるので，N 結合型と呼ばれている（図 4-47）．そして，セリンとトレオニンの場合は，それらの水酸基にオリゴ糖が結合されるので，O 結合型と呼ばれている．

タンパク質に結合されている糖鎖のほとんどは N 結合型である．N 結合型による糖鎖の結合は小胞体とゴルジ体で行われるが，O 結合型による糖鎖の結合は，ゴルジ体で行われる．小胞体で結合された糖鎖は，ゴルジ体に送られてから，さらなる修飾を受ける．

このようにしてタンパク質に結合された糖鎖は，タンパク質の親水性や酵素活性に影響を及ぼすだけでなく，糖鎖のもつ負電荷とアミノ酸側鎖との相互作用を介し

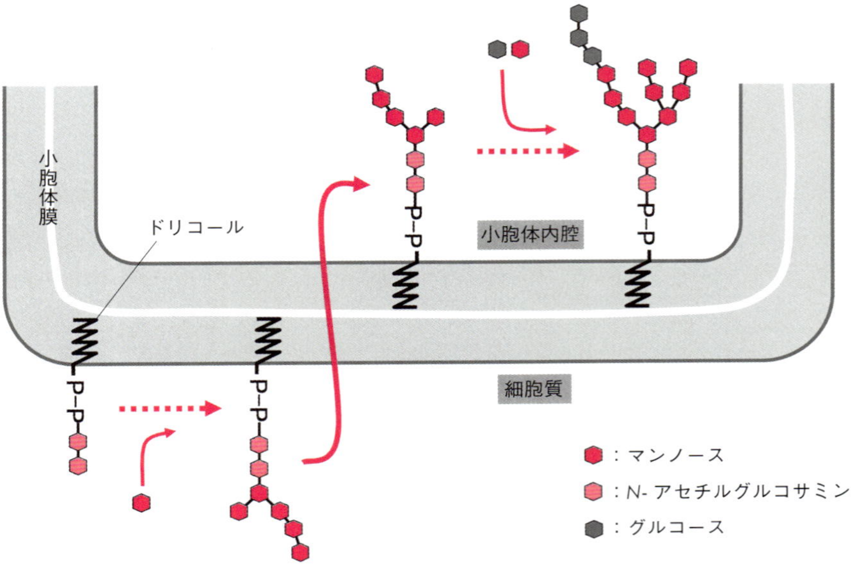

図 4-46　タンパク質に付加されるオリゴ糖の形成過程

オリゴ糖の形成は，最初に，小胞体膜の細胞質側で行われる．その際には，細胞膜に組み込まれているドリコールと呼ばれる脂質に，糖が順次付加さる．一定の段階まで進むと，糖鎖を結合したドリコールが小胞体の内腔側を向くように反転する．でき上がったオリゴ糖は，オリゴ糖転移酵素により，タンパク質の特定のアミノ酸に付加される．

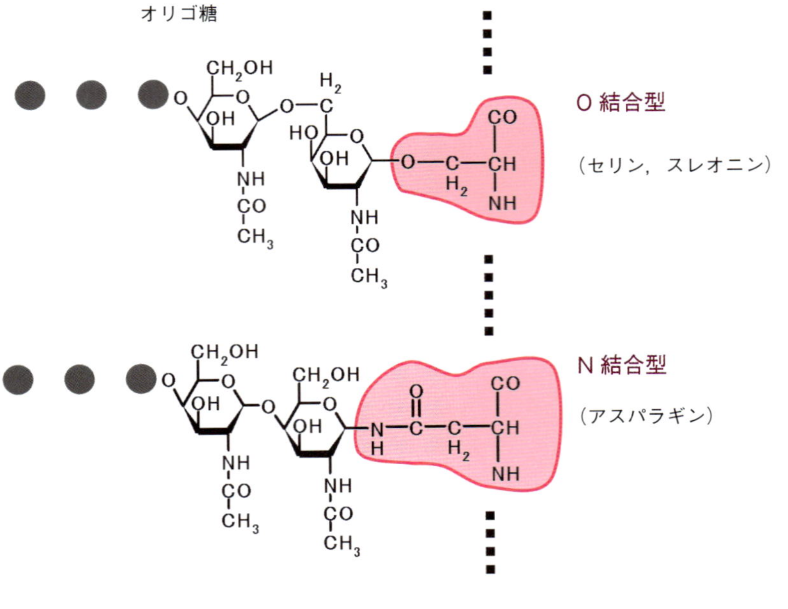

図 4-47　オリゴ糖とタンパク質の結合

タンパク質の多くは，その特定部位のセリン，トレオニン，アスパラギンなどにオリゴ糖が付加されている．セリンとトレオニンには O 結合型，アスパラギンには N 結合型と呼ばれる結合のしかたで糖が結合される．

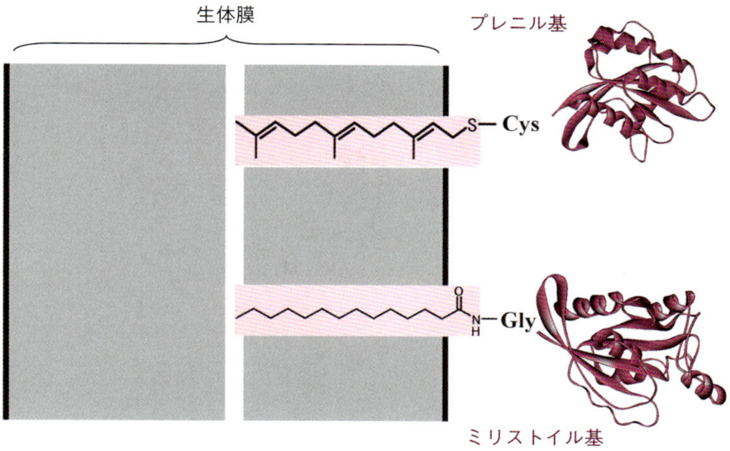

図 4-48　脂肪酸の付加
タンパク質のN末端に結合されたプレニル基とミリストイル基の例を示す．それらのタンパク質は結合された脂肪酸を生体膜に差し込んで膜と結合している．

て，タンパク質の折りたたみ，あるいは，細胞接着や免疫機能などに重要な役割を果たしている．さらに，タンパク質の糖鎖はビタミンやホルモンなどの結合部位としての役割も果たしている．

c. 脂肪酸の付加

生体膜の近くで働いているものや生体膜に結合されているタンパク質には，しばしば脂肪酸が結合されていて，それを生体膜に挿入することにより，生体膜に結合しているものがある．タンパク質に付加される脂肪酸には，プレニル基，ミリストイル基，パルミトイル基，ゲラニル基，ファルネシル基などが知られている．それらは，一般に，システインやN末端のグリシンに結合されている（図 4-48）．

d. ジスルフィド結合

分泌タンパク質の多くは，システイン残基のSH基どうしの間にジスルフィド結合と呼ばれる共有結合が形成されている（図 4-49）．ジスルフィド結合はタンパク質の折りたたみの際に形成され，タンパク質の立体構造の保持やタンパク質の機能の調節などに重要な役割を果たしている．このジスルフィド結合を形成するためには，

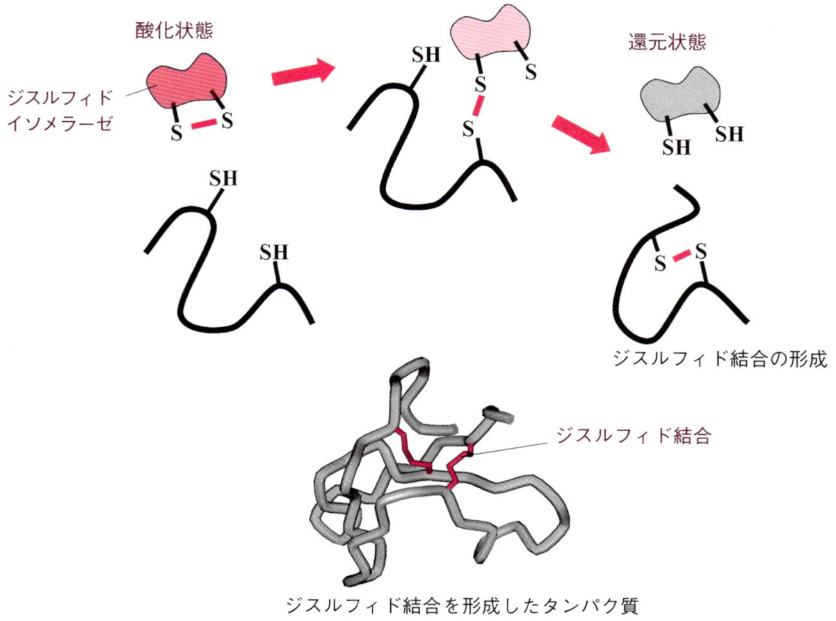

図 4-49　ジスルフィド結合の形成
タンパク質の折りたたみや，その構造の安定化などのために，タンパク質に含まれるシステインどうしでジスルフィド結合が形成される．

酸化的な環境が必要である．そのために，真核細胞では小胞体内腔でジスルフィド結合が形成される．それゆえ，真核細胞では，分泌細胞，リソソームの加水分解酵素，膜タンパク質などのように，小胞体で合成されるタンパク質にジスルフィド結合の形成が見られる．

真核細胞では，このジスルフィド結合の形成はタンパク質ジスルフィドイソメラーゼ（protein disulfide isomerase；PDI）により行われる．原核細胞の大腸菌（グラム陰性菌）の場合では，細胞内で合成されたタンパク質のジスルフィド結合が形成される場合は，細胞膜と外膜の間のペリプラズムに輸送され，そこに存在する酵素のDsbAにより行われる．それは，ペリプラズムが小胞体の内部と同じように酸化的な環境になっているからである．

e．アミノ酸の化学修飾

合成されたタンパク質の多くは，その一部のアミノ酸が化学的に修飾される．たとえば，N末端のアセチル化，リシンやアルギニンなどのメチル化，セリンやチロシンなどのリン酸化，プロリンの水酸化などがある（図4-50）．これらの化学修飾は，タンパク質の親水性，酵素活性，他のタンパク質との相互作用などに重要な影響を及ぼしている．このようなアミノ酸の化学修飾は，細胞機能の調節の至るところで用いられており，細胞機能を遂行する上で重要な役割を果たしている．

f．タンパク質の部分的な分解

タンパク質が合成された後，その一部が切り離されることにより，その機能が活性化されるものがある（図4-51）．たとえば，ホルモンのインスリン，消化酵素のキモトリプシン，成長因子のTGFなどが知られている．

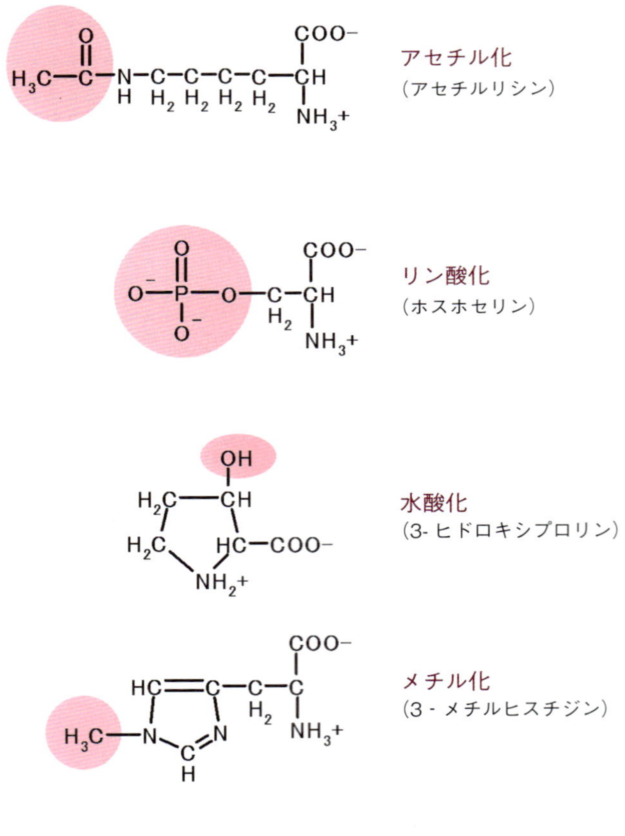

図4-50　タンパク質の化学修飾

合成後のタンパク質のアミノ酸には，さまざまな化学修飾が行われる．ここでは，いくつかの例を示す．

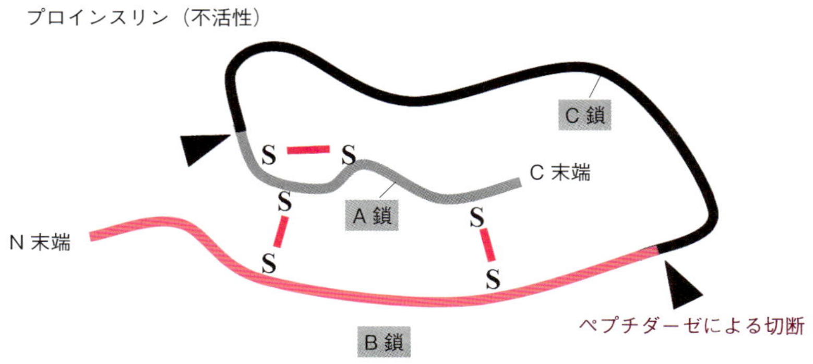

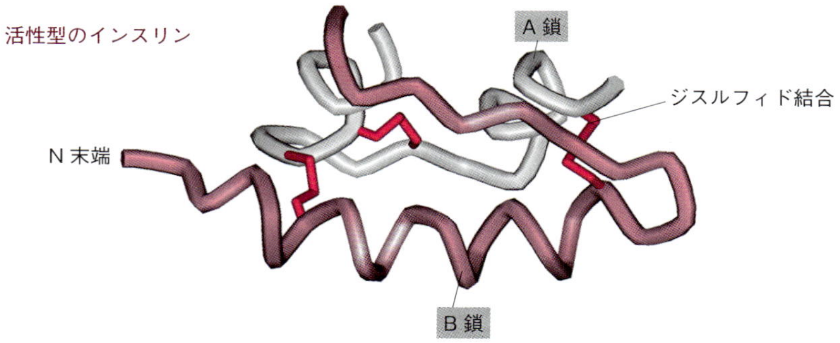

図 4-51　タンパク質の切断

タンパク質の一部が切除されることにより機能を発揮するものが存在する．その 1 例として，ホルモンのインスリンがある．インスリンの前駆体であるプロインスリンは，ゴルジ体で C 鎖が切断されて A 鎖と B 鎖だけになると，ホルモンとしての機能を発揮する活性型のインスリンになる．

それらのタンパク質は，最初に大きな分子の前駆体タンパク質として合成され，その一部が分解酵素により切断されることにより，機能をもったタンパク質に変化する．切断される際には，タンパク質分解酵素であるシグナルペプチダーゼにより特定の部位のアミノ酸配列が認識されて切断される．

5. エネルギー代謝

生物が生存するために必要なエネルギーのほとんどは，太陽から地球上に放射されてくる光のエネルギーに依存している．地上に降り注ぐ太陽光のエネルギーは，植物や藻類などにより吸収された後，一連の化学反応をへて，化学エネルギーに変換される．植物細胞では，葉緑体で吸収された光のエネルギーが化学エネルギーに変換された後，そのエネルギーを用いて空気中の CO_2 が固定され，炭水化物（糖やデンプンなど）が合成される．その結果，太陽光のエネルギーが細胞内に安定的に蓄えられる．この過程は光合成（photosynthesis）と呼ばれ，太陽光から地球上の生物にエネルギーが供給されるしくみの中心となっている．

光合成により産生された炭水化物が細胞内で CO_2 と水にまで分解される過程で，その中に蓄えられた太陽のエネルギーが再び化学エネルギーとして取り出され，生命活動のエネルギー源として用いられる．

ここでは，葉緑体により吸収された太陽光のエネルギーが化学エネルギーに変換され，炭水化物として蓄えられるまでの過程と，ミトコンドリアによる炭水化物の分解を経て ATP の産生に至るまでの過程を中心に，生物のエネルギー代謝系について述べる．

5·1　植物による光のエネルギーの吸収と高エネルギー化合物の産生

太陽からの光のエネルギーを吸収してそれを化学エネルギーに変換しているのが，葉緑体の内部に存在するチラコイドである．チラコイドは生体膜から構成された扁平な小胞からなり，それらが積み重なってグラナを形成している（2 章参照）．その膜には，光のエネルギーを吸収して化学エネルギーに変換するための装置が存在している．そして，葉緑体内部のストロマの部分では，その化学エネルギーを用いて CO_2 を固定し，炭水化物（糖やデンプンなど）の産生を行っている（図 5-1）．

太陽から放出された 1 モルの光子（photon）のエネルギーは，プランク・アインシュタインの式である $E = h\nu$（h はプランク定数，ν は光の波長）により表すことができる．たとえば，太陽から地上に降り注がれる可視光の赤色(680 nm) から緑色（500 nm）の領域の光のエネルギーは 41.5 kcal / mol ～ 57.2 kcal / mol もある．この光のエネルギーは，葉緑体のチラコイド膜に分布する色素分子を励起（光励起，photoexcitation）することにより植物に吸収される．色素分子に吸収されたエネルギーは，チラコイド膜に分布する電子伝達系（electron transport system）に受け渡され，そこで，化学エネルギーへと変換される．

光のエネルギーを吸収するのは，葉の緑色のもとに

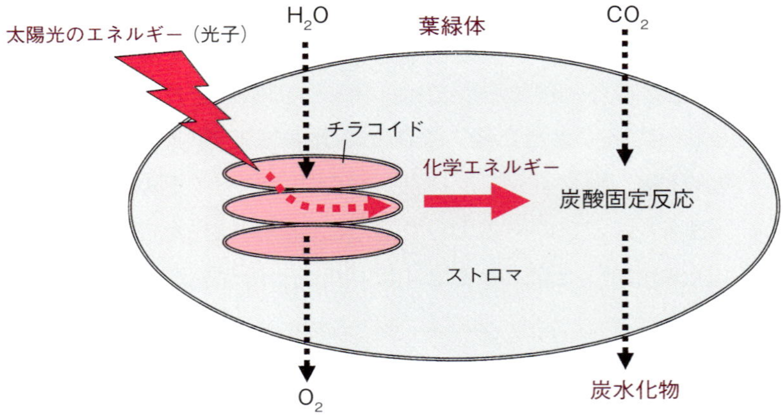

図 5-1　光合成の概略
葉緑体のチラコイドで太陽光のエネルギーが吸収される．そのエネルギーを用いて CO_2 が固定され，光のエネルギーが炭水化物に蓄えられる．

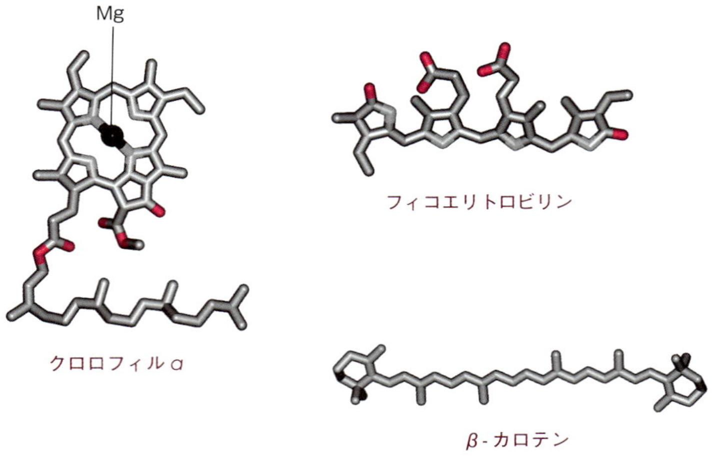

図 5-2　太陽光のエネルギーを吸収する色素
チラコイド膜で太陽光のエネルギーを吸収している分子は，タンパク質と結合した低分子量の色素である．

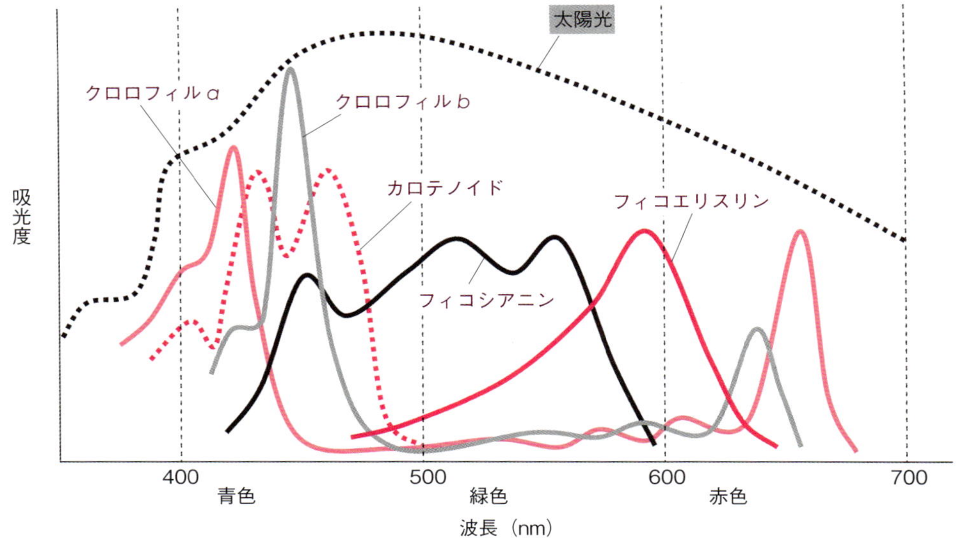

図 5-3　色素分子の吸収スペクトル
葉緑体にはクロロフィル，カロテノイド，フィコエリスリンなどの色素分子が存在し，可視光の幅広い範囲のエネルギーを効率よく吸収している．ここでは，藍藻のシアノバクテリアに含まれる色素分子のフィコシアニンも一緒に示してある．両者の色素分子を合わせると太陽光のエネルギーを幅広く吸収することができる．

なっている色素分子のクロロフィル（青色と赤色をよく吸収するので透過光や反射光が緑色に見える）や，何種類かの補助色素である（図 5-2）．補助色素には，カロテノイド類（青色を吸収）やフィコビリン類（赤色や緑色を吸収）などがあり，クロロフィルが吸収できない波長の光のエネルギーを吸収している．秋になると葉の色が黄色や紅色に変わるのはこれらの補助色素のためである．色素分子はそれぞれ特有な光の吸収スペクトルをもっているために，クロロフィルと補助色素を合わせると，可視光の全領域にわたる広範囲な光のエネルギーを効率よく吸収することができる（図 5-3）．

色素分子の電子が光のエネルギーにより励起されると，安定な基底状態の低エネルギー軌道から高エネルギー軌道に移り不安定な状態になる．その結果，非常に短時間（10^{-12} ～ 10^{-9} 秒）のうちに，以下のような 3 つの変化のどれかが励起された分子に引き起こされる（図 5-4）．①熱や蛍光を発して，もとの安定した基底状態にもどる．②共鳴エネルギー転移により他の色素分子にエネルギーを転移して，もとの基底状態に戻る．この場合，エネルギーを転移された色素分子は励起状態へと移行する．③酸化還元反応により，高エネルギー軌道の電子を他の分子に伝達（電子伝達）する．

光のエネルギーを吸収する色素分子はタンパク質と結合した複合体の状態で存在している．それらの複合体は，光のエネルギーを効率よく吸収して，そのエネルギーを電子伝達の形で移動させるために，光化学系

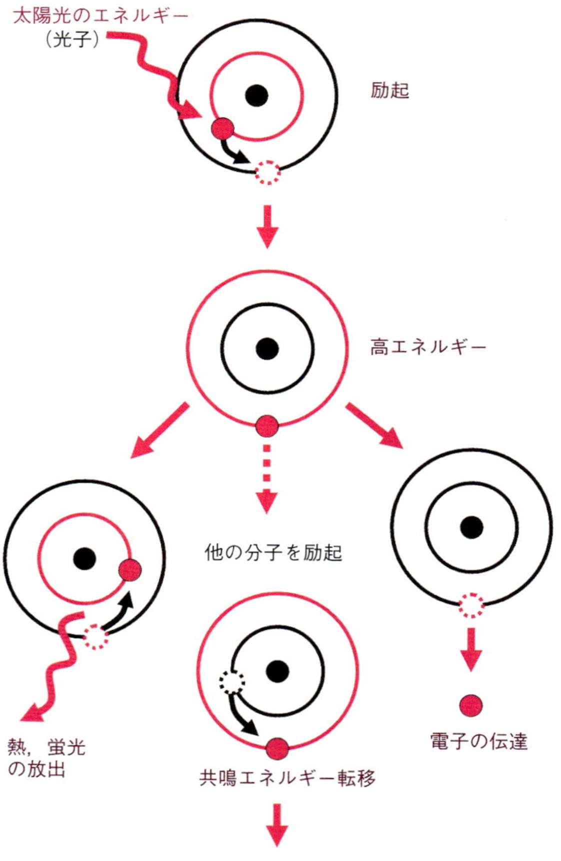

図 5-4　光のエネルギーにより励起
太陽光（光子）のエネルギーは，色素分子が励起されることにより吸収される．チラコイド膜では，励起状態の分子から他の分子への共鳴エネルギー転移と，分子から分子への電子の伝達が行われている．

(photosystem）と呼ばれるシステムを構成している．光化学系の中心部には，反応中心（reaction center）と呼ばれる構造があり，そこには特別なクロロフィルが二量体で存在している．そして，その周囲には，数多くのアンテナ色素と呼ばれる色素が集光のために存在している．この配置は，アンテナ色素が集めた光のエネルギーを反応中心の色素に効率よく集めるためのものである．さらに，光のエネルギーをより効率よく集めるために，反応中心をもたず，集光のために働いている集光複合体（light-harvesting complex；LHC）と呼ばれる構造が光化学系の周囲に集合している．そして，それらが集めた光のエネルギーが光化学系の反応中心に集まるようなしくみになっている．このような大掛りな分子の集合体により，1つの機能単位である光化学系複合体（photosystem complex）と呼ばれる構造が構築されている（図 5-5A，B）．

光化学系の反応中心に存在するクロロフィル a の二量体は，その周辺に分布するものよりも長波長側（エネルギーの低い光）で励起される特別なタイプのクロロフィル a である．植物の場合は，680 nm と 700 nm 付近に吸収スペクトルの最大値をもつ2つのタイプのクロロフィル a（それぞれ，P680 と P700 と呼ばれている）を光化

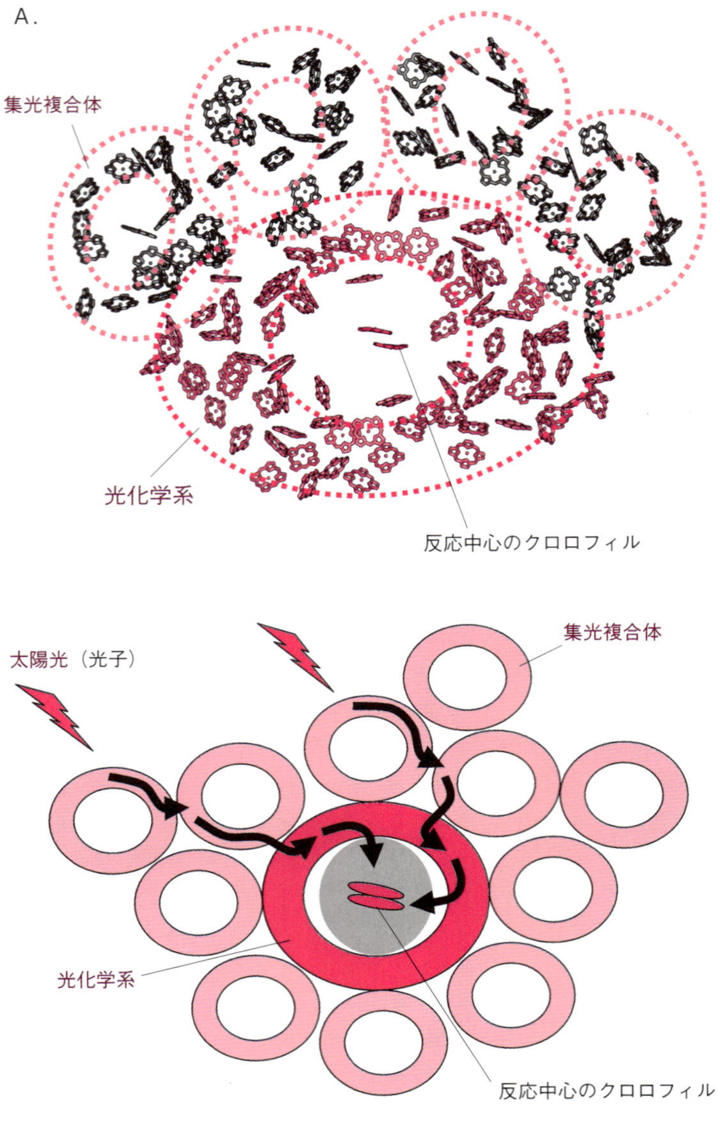

図 5-5A　植物の光化学系複合体を示すモデル
上の図は光化学系複合体からタンパク質を取り除いて，色素（クロロフィル）だけを示してある．下の図は，集光複合体の色素により吸収された光のエネルギーが，共鳴エネルギー転移により，光学系の反応中心のクロロフィルに集められる様子を示す．

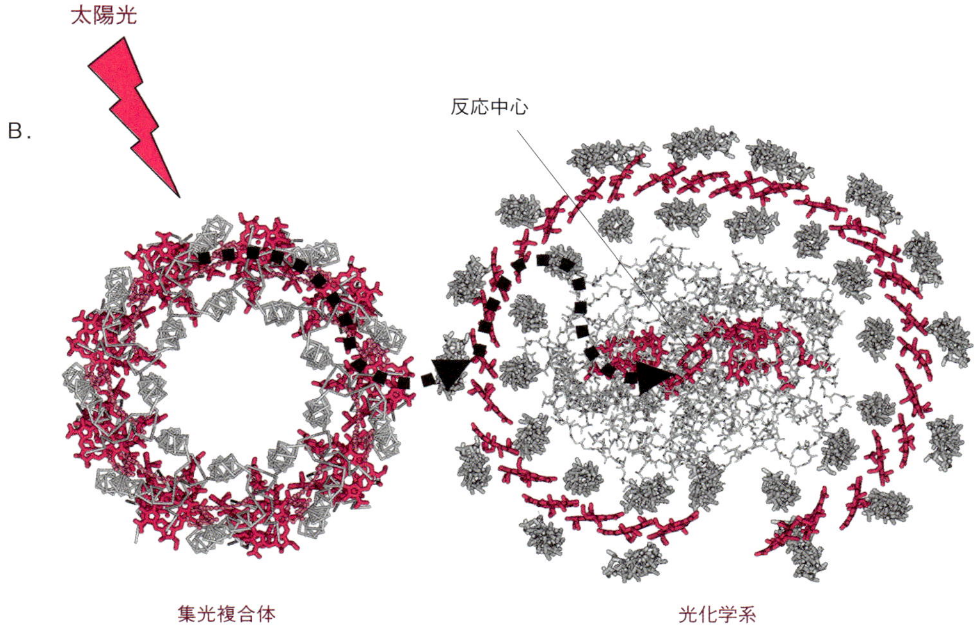

図 5-5B　シアノバクテリアの光化学系複合体を示すモデル
赤色に示されているのは色素で，灰色で示されているのはタンパク質である．矢印は，集光複合体により吸収された光のエネルギーが，共鳴エネルギー転移により，反応中心に向かう様子を示す．

学系の反応中心にもっている．その周辺には，それらよりも短波長側（エネルギーの高い光）で励起されるタイプのクロロフィル *b*，カロテノイド類，フィコビリン類などの色素が分布している．つまり，周囲の色素よりも低いエネルギーで励起される反応中心のクロロフィル *a* は，それよりも高エネルギーで励起された周辺の色素から，共鳴エネルギー転移により励起され易いようになっている．このようにして，広範囲から集められた光のエネルギーは，光化学系の反応中心にあるクロロフィル *a* の二量体を励起する．そして，励起された反応中心のクロロフィル *a* から，隣接する電子伝達系の分子へと電子が伝達される．

5･2　酸化還元電位と電子伝達

ある分子から水素原子が取り除かれたり，電子が失われたりする反応を酸化（oxidation）と呼び，その逆を還元（reduction）と呼んでいる（図 5-6）．それらの反応は必ず相ともなって起こるので，両方を合わせて酸化還元反応（reduction and oxidation；略して redox ともいう）と呼んでいる．そして，分子間における電子伝達のし易さを示す尺度として，一般に酸化還元電位が用いられている（図 5-7）．

たとえば，酸化還元反応の対となる NADP（nicotinamide adenine dinucleotide phosphate）の酸化型の $NADP^+$ と還元型の NADPH について見ると，$NADP^+$ が還元される（電子を受け取る）反応は $NADP^+ + 2H^+ + 2e^- \rightarrow NADPH + H^+$ となる．この際の標準酸化還元電位（pH7.0）は -0.32 V である．このように標準酸化還元電位がマイナスになるということは，NADPH が電子を $NADP^+$ に供与する方向，つまり，$NADPH + H^+ \rightarrow NADP^+ + 2H^+ + 2e^-$ の方向に反応が優位に進むことを意味する．それゆえ，標準酸化還元電位がマイナスになる反応を進行させるためには，外部からのエネルギーの供給が必要である．その逆の場合にはエネルギーの放出が起こる．

生体で行われている化学反応の反応物（A と B）と生成物（C と D）の濃度の関係を見ると，$A + B \rightleftharpoons C + D$ のような可逆的な関係が成り立つ，この反応の進行は熱力学の法則に従い，自由エネルギーの変化をともなう（図 5-8）．この場合，自由エネルギー変化がマイナスの値になる反応はエネルギーを放出することになる．このような反応は発エルゴン反応（exergonic reaction）

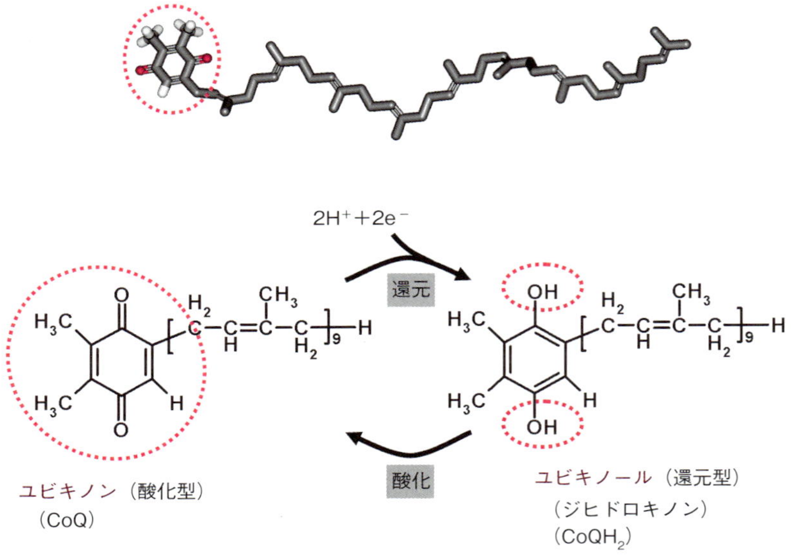

図 5-6　ユビキノンの酸化還元反応
ユビキノン（CoQ）は，1つ，あるいは2つの電子を伝達する担体として働いており，脂質二重層の中を拡散して移動しながら電子を伝達している．

Nernst の式

$$酸化還元電位（E）= E_0 + \frac{RT}{nF} \ln \frac{[Ox]}{[Red]}$$

E_0：標準酸化還元電位
一定の条件下（1気圧，1モル濃度）において測定される水素の酸化還元反応（$H_2 \rightleftharpoons 2H^+ + 2e^-$）の電位差を基準値（0V）として測定した値

R：気体定数（8.314 J/K・mol）

T：絶対温度（K）

n：酸化還元反応で授受される電子の数

F：ファラデー定数 (96485 C/mol), 1V は 1J/C

[Ox]：物質の酸化型の活量

[Red]：物質の還元型の活量

還元反応（酸化型から還元型への反応）の例	標準酸化還元電位（pH7.0）
$NAD^+ + 2H^+ + 2e^- \rightarrow NADH + H^+$	− 0.32 V
$NADP^+ + 2H^+ + 2e^- \rightarrow NADPH + H^+$	− 0.32 V
$FAD^+ + 2H^+ + 2e^- \rightarrow FADH_2$	− 0.22 V
$1/2\ O_2 + 2H + + 2e^- \rightarrow H_2O$	＋ 0.82 V

＊ pH7.0 における標準酸化還元電位は中間酸化還元電位とも呼ばれている．

図 5-7　酸化還元電位を表すネルンストの式
ある物質と基準電極（水素電極や銀－塩化銀電極など）との間に発生する電位差は Nernst の式により表される．

化学反応： A ＋ B ⇌ C ＋ D において

$$自由エネルギー変化\ \Delta G = \Delta G^0 + RT\ \ln\frac{[C][D]}{[A][B]}$$

$\Delta G^{0'} = -RTK_{eq}$

[A]，[B]，[C]，[D] は，平衡状態におけるモル濃度

$\Delta G^{0'}$ は標準自由エネルギー変化（25℃，1 気圧，1 モル，pH 7 の状態）

R：気体定数（8.317 J / K・mol），あるいは（1.987 cal / K・mol），T：絶対温度（K）

K_{eq}：反応の平衡定数

化学反応の例	自由エネルギー変化
ATP ＋ H_2O → ADP ＋ Pi	− 7.3 kcal / mol
NADH → NAD^+ ＋ H^+ ＋ $2e^-$	− 15 kcal / mol
$FADH_2$ → FAD^+ ＋ $2H^+$ ＋ $2e^-$	− 10 kcal / mol
1/2 O_2 ＋ $2H^+$ ＋ $2e^-$ → H_2O	− 38 kcal / mol

たとえば，NADH の電子が酸素に伝達されて水を生成する場合を考えると，

NADH → NAD^+ ＋ H^+ ＋ $2e^-$

1/2 O_2 ＋ $2H^+$ ＋ $2e^-$ → H_2O

上の 2 反応を加算すると

NADH ＋ H^+ ＋ 1/2 O_2 → NAD^+ ＋ H_2O となり

NADH が酸化される過程の自由エネルギー変化は −53 kcal / mol となるので，

この反応が起きる際には 53 kcal / mol の自由エネルギーが放出されることになる．

図 5-8 化学反応と自由エネルギー

と呼ばれている．それと逆に，自由エネルギー変化がプラスの値になる反応の場合には，外部からのエネルギーの供給が必要である．このような反応は吸エルゴン反応（endoergonic reaction）と呼ばれている．

5･3 光合成

a. 光化学系における電子伝達

チラコイド膜に存在する電子伝達系は，光化学系複合体Ⅱ，シトクロム b_6-f 複合体，光化学系複合体Ⅰ（図 5-9）を中心として，それらの間の電子伝達を介在するタンパク質から構成されている（図 5-10）．これらの電子伝達系で電子の流れを引き起こしているのは，吸収された光のエネルギーである．そのエネルギーは光化学系複合体ⅡとⅠの反応中心に存在するクロロフィル *a* を介して供給されている．

反応中心に存在するクロロフィル *a* は，周囲に分布するアンテナ色素からの共鳴エネルギー転移により光のエネルギーを受け取って励起し，その周囲に分布している電子の担体に電子を受け渡している．その電子は高エネルギー状態（還元活性の高い状態）にあり，それが電子の担体を経て伝達されていく過程で自由エネルギーを放出する．この過程は発エルゴン反応として進行する．そのエネルギーによりチラコイド膜を横切った H^+ の輸送や NADPH の産生などが行われる．その全過程の経路を酸化還元電位との関係で示すと，Z 型の図として表すことができる．そのために，この過程における電子の伝達の流れは Z 機構（Z scheme）とも呼ばれている（図 5-11）．

電子伝達系の最初に位置する光化学系複合体Ⅱは，その周囲に分布する多くの集光複合体とともに，光化学系複合体を構成している．そこでは，集光複合体や光化学系複合体のアンテナ色素が吸収した光のエネルギーを光化学系複合体の反応中心に集め，反応中心のクロロフィル *a*（P680）を励起して，電子伝達系の担体に電子を受け渡す役割を果たしている．光化学系複合体Ⅱには，クロロフィル *a* から Mg^{2+} をとり除いた構造のフェオフィ

A.

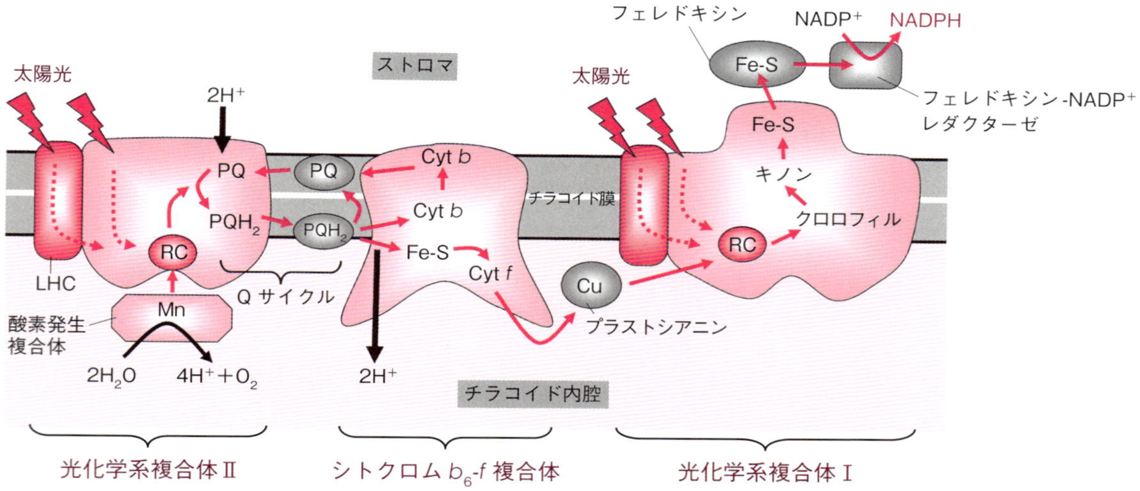

LHC：集光複合体，PQ：プラストキノン，PQH_2：還元型のプラストキノン，RC：反応中心

B.

複合体	主要な構成要素
光化学系複合体Ⅱ	集光複合体 酸素発生複合体 P680，フェオフィチン，プラストキノン
シトクロム b_6-f 複合体	シトクロム b_6，シトクロム f プラストキノール
光化学系複合体Ⅰ	集光複合体，プラストシアニン P700，Fe-S，フェレドキシン フェレドキシン-NADP レダクターゼ

図 5-9　葉緑体の電子伝達系

A：電子伝達系を構成する複合体間における電子の流れを示す．矢印は電子伝達の方向，輸送される H^+ の方向，そして化学反応の方向などを示す．**B**：電子伝達系の複合体を構成する要素を示す．

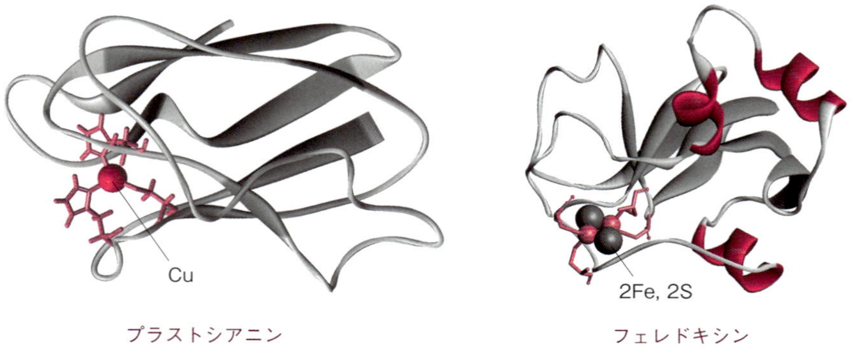

図 5-10　葉緑体の電子伝達系で働いている電子の担体

電子の伝達を介在する担体タンパク質の多くは，その内部に遷移金属を保持しており，それらを用いて電子の伝達を行っている．

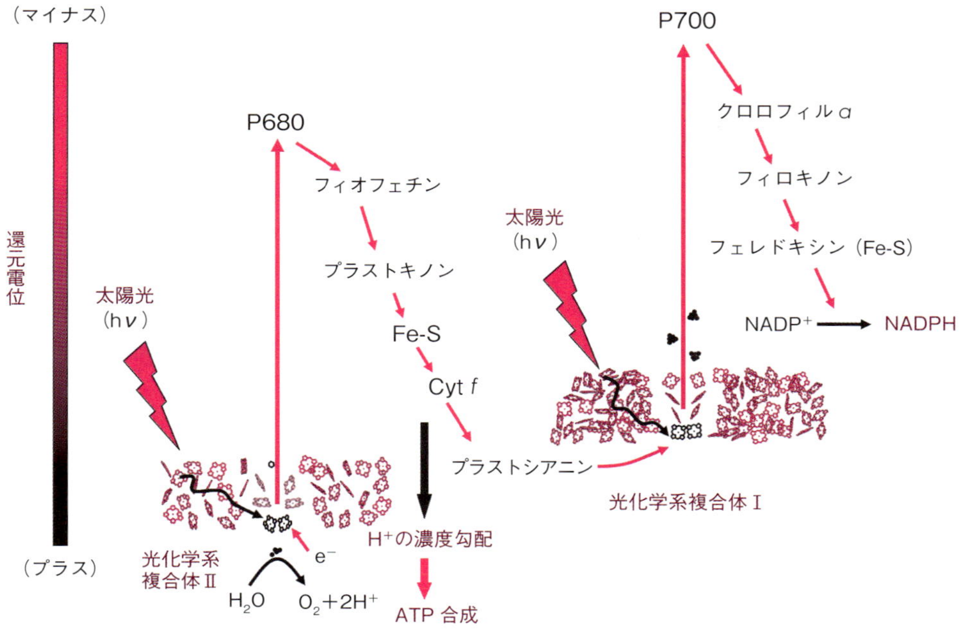

図 5-11 葉緑体の電子伝達系 (Z 機構)
光化学系複合体Ⅱと光化学系複合体Ⅰの色素に太陽光のエネルギーが供給され，そのエネルギーを用いてチラコイド膜を隔てた H^+の濃度勾配の形成や NADPH の産生が行われる．光化学系複合体Ⅱで吸収された光のエネルギーにより H^+の濃度勾配が形成され，光化学系複合体Ⅰで吸収された光のエネルギーにより NADPH が産生される．

チン（pheophytin）や，葉緑体のキノンであるプラストキノン（plastoquinine）などの電子伝達体が，その複合体を構成するタンパク質の D1 や D2 と結合して存在する（図 5-12）．励起された反応中心の P680 から放出された電子は，フィオフェチン，D2 タンパク質に結合しているプラストキノン，そして，D1 タンパク質に結合しているプラストキノンへと順次伝達されていく．D1 タンパク質のプラストキノンは電子を受け取るまでは D1 タンパク質と結合しているが，電子を受け取って還元された状態のプラストキノール（plastoquinol）になると，D1 タンパク質から離れる．D1 タンパク質から遊離したプラストキノールは，チラコイド膜内を移動してシトクロム b_6-f 複合体に電子を伝達する．

光のエネルギーで励起されて電子を放出した P680（酸化された状態）は，他の分子から電子が供給されるともとの状態に戻る．P680 に電子を供給しているのは，光化学系複合体Ⅱに結合している酸素発生複合体（oxygen-evolving complex；OEC）と呼ばれているタンパク質の複合体である．この OEC では，そこに含まれる Mn^{2+} の触媒作用により水を酸化して得られた電子を P680 に供給している．その際に分解された O_2 と H^+ はチラコイド内腔に遊離される．

シトクロム b_6-f 複合体には，シトクロム b，シトクロム f，Fe-S などの電子伝達体がタンパク質と結合した状態で存在する（図 5-13）．この複合体では，プラストキノールからシトクロム b に伝達された電子が，Fe-S 結合タンパク質を経てシトクロム f やプラストシアニン（plastocyanin）まで伝達される．プラストシアニンはチラコイド膜の内腔側に分布するタンパク質で，その内部に Cu^{2+} を結合している．この複合体では，電子伝達系の重要な作業の 1 つである，チラコイド膜を横切った H^+ の輸送が行われる．

プラストシアニンを経由したシトクロム b_6-f 複合体からの電子は，光化学系複合体Ⅰの反応中心に分布するクロロフィル a（P700）に供給される．P700 では光のエネルギーによる励起が加わり，再び高エネルギー状態に移行した電子は次の担体に受け渡される．その電子はクロロフィル a，フィロキノン（phylloquinone），Fe-S 結合タンパク質へと順次伝達され，最後に，フェレドキシン（ferredoxin）に受け渡される．フェレドキシン

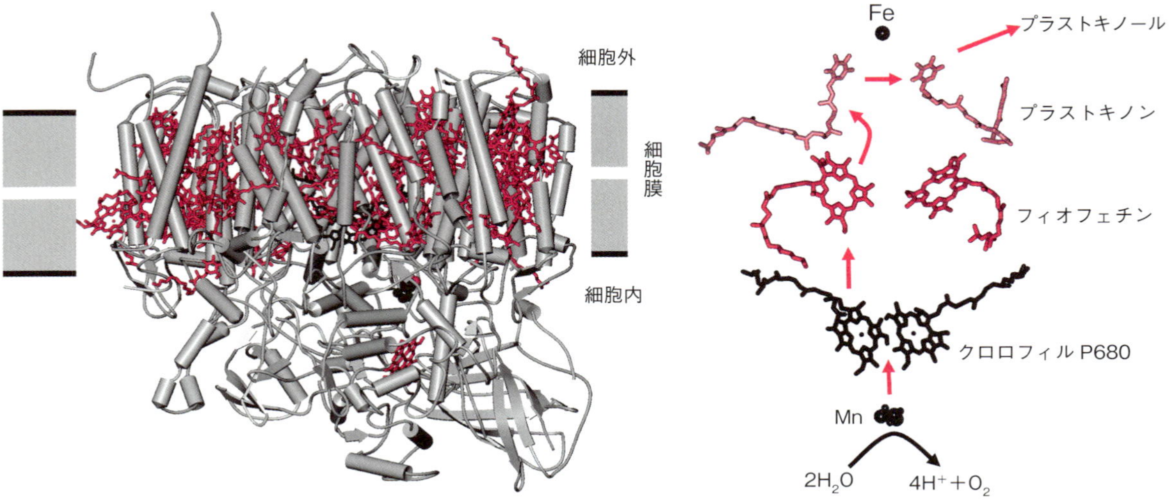

（赤の矢印は電子伝達の流れを示す）

図 5-12　光化学系複合体Ⅱの分子モデルと電子伝達
アンテナ色素に吸収された光のエネルギーは反応中心のクロロフィルに集められ，次にフィオフェチン，プラストキノンへと伝達される．光化学系複合体Ⅱの分子モデルは細菌の細胞膜に存在するものが示されている．タンパク質の構造でチューブ状に示された部分は α ヘリックスを示す．

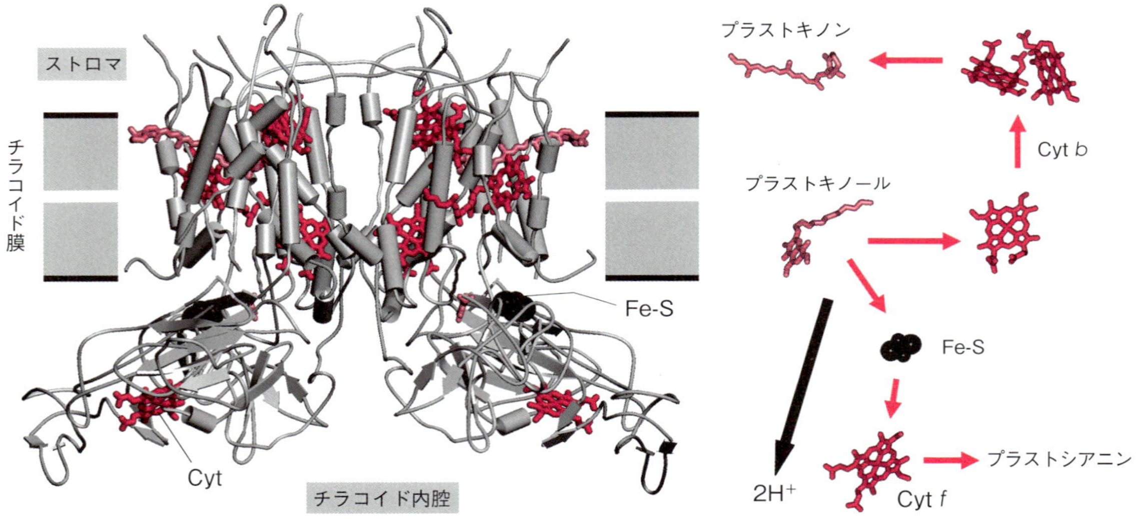

（矢印は電子伝達の方向と，H^+の輸送の方向を示す）

図 5-13　シトクロム b_6-f 複合体の分子モデルと電子伝達
クラミドモナス（藻類の一種）の葉緑体に存在するシトクロム b_6-f 複合体の二量体を示す．
矢印は電子が伝達される方向と H^+が輸送される方向を示す．

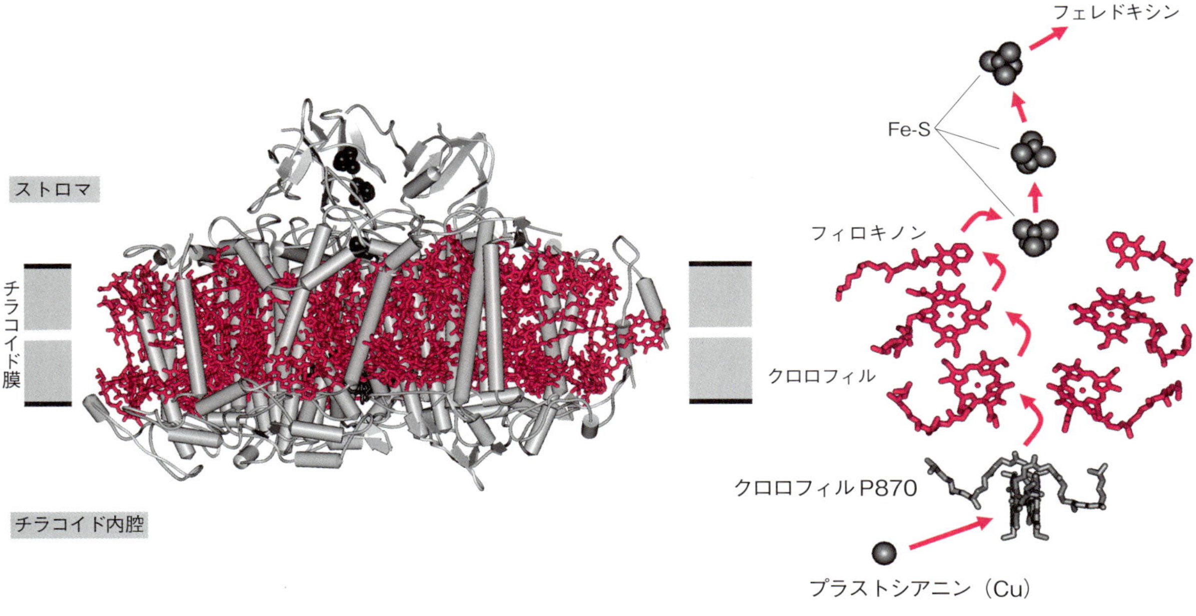

（赤の矢印は電子伝達の流れを示す）

図 5-14　光化学系複合体 I を示す分子モデルと電子伝達
細菌の細胞膜に存在する光化学系複合体 I を示す．矢印は電子が伝達される方向を示す．プラストシアニンから電子が供給されるとともに，アンテナ色素に吸収された光のエネルギーが反応中心のクロロフィルに集められる．

電気ポテンシャル

$\Delta G_{elec} = nF\ (\Psi_{in} - \Psi_{out})$

n：プロトンの荷電，F：ファラデー定数（96485 C / mol）

内膜を隔てた電位の差（$\Psi_{in} - \Psi_{out}$）を −0.14V とすると，

ΔG_{elec} = (1) (96485 C / mol) (−0.140 J / C) = −3.23 kcal / mol

（1 V は 1 J/C，1 cal は 4.18 J）

化学ポテンシャル

$\Delta G_{chem} = RT\ \mathbf{ln}\ [H^+]_{in} / [H^+]_{out} = -2.303\ RT\ (pH_{in} - pH_{out})$

R：気体定数（1.987 cal / K·mol），T：絶対温度（298 K）

内膜を隔てた pH の差（$pH_{in} - pH_{out}$）を 1.4 とすると，

ΔG_{chem} = −2.303 (8.314 J / K・mol) (298 K) (1.4) = −1.91 kcal / mol

内膜を隔てた総合的な電気化学ポテンシャルは，

$\Delta G_{total} = \Delta G_{elec} + \Delta G_{chem}$ = −5.14 kcal / mol となる．

*計算上では，1 分子の ATP を合成するのに必要な標準自由エネルギーは −7.3 kcal / mol であるので，膜を横切った 2 分子の H^+ の移動があれば 1 分子の ATP の産生が可能という計算になるが，実際には，約 3 個の H^+ の移動にともない，1ATP が産生されている．

図 5-15　H^+ の濃度勾配がもつエネルギー

に受け渡された電子はフェレドキシン-NADP$^+$レダクターゼのFAD（flavin adenine dinucleotide）に伝達され，NADP$^+$を還元してNADPHを産生する（図5-11, 5-14）．

以上のような一連の電子伝達系において，吸収された光のエネルギーがチラコイド膜（細菌の場合は細胞膜）を隔てたH^+の濃度勾配と，化学エネルギーのNADPHに変換される．生体膜を隔てて形成されたH^+の濃度勾配は，高いエネルギーを含んだ電気化学ポテンシャル（図5-15）をもっているので，H^+がチラコイド膜を横切ってストロマに移動する際には，自由エネルギーを放出する．この自由エネルギーにより，チラコイド膜に存在するATP合成酵素が駆動されてATPの産生が行われることになる．

b. 原核細胞に見られる光エネルギーの利用

古細菌の中には，植物とは異なる方法で光のエネルギーを利用し，細胞膜を隔てたH^+の濃度勾配を形成するものがいる．たとえば，古細菌の高度好塩菌の細胞膜には，ヒトの視細胞に存在する光受容体のロドプシンとよく似たバクテリオロドプシンと呼ばれる7回膜貫通タンパク質が細胞膜に組み込まれている．このバクテリオロドプシンに結合しているレチナールに太陽光が吸収されると，レチナールの構造がオールトランス型から13-シス型に変化する．その構造変化にともなって引き起こされるタンパク質の立体構造の変化が，細胞内のH^+を細胞外に向けて運び出す働きをする（図5-16）．その結果，植物のチラコイド膜の場合と同じように，細胞膜を隔てたH^+の濃度勾配が形成される．そして，そのエネルギーを用いて，細胞膜に存在するATP合成酵素を駆動してATPを合成している．

c. ATPの合成

植物により吸収された光のエネルギーは，葉緑体の電子伝達系を経る過程で，チラコイド膜を隔てたH^+の濃度勾配の形成とNADPHの産生に用いられる．しかしながら，H^+の濃度勾配として蓄えられた光のエネルギーは，そのままではさまざまな細胞機能のエネルギーとし

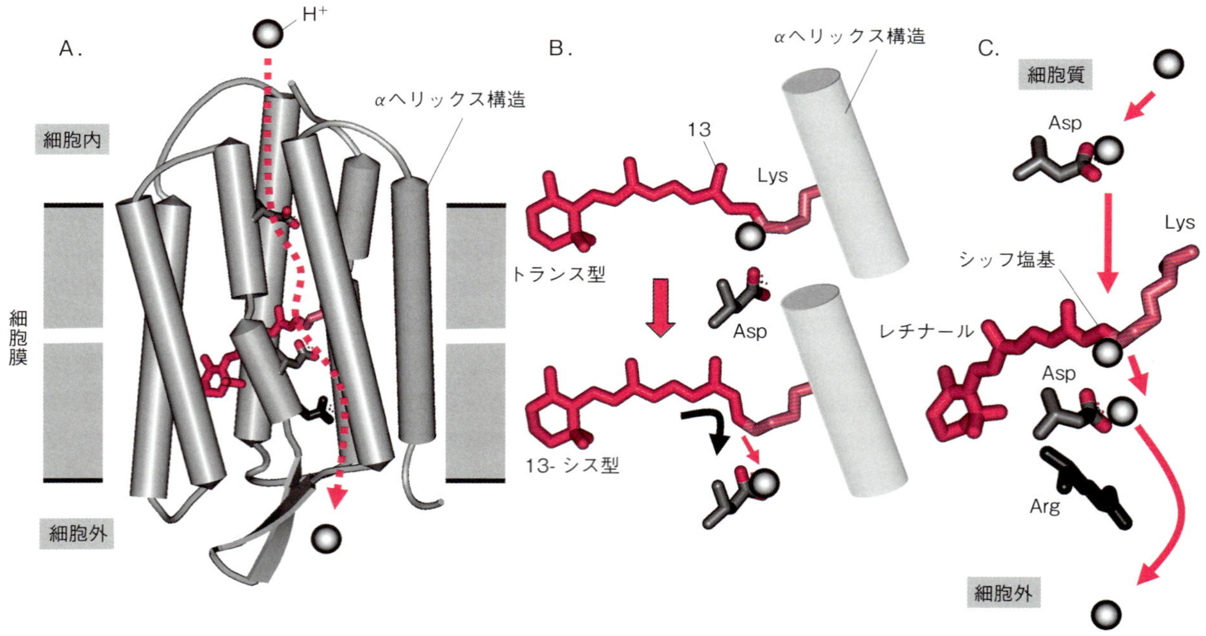

図5-16　バクテリオロドプシンによるH^+の輸送

A：7回膜貫通タンパク質のバクテリオロドプシンに含まれるレチナールは，炭素と窒素が共有結合したシッフ塩基と呼ばれる構造でリシンと共有結合している．光に照射される前のレチナールはオールトランス型で，シッフ塩基の窒素にH^+が結合している．B：光を吸収すると，レチナールは13-シス型に変化し，その近くに分布するアスパラギン酸（マイナスの電荷をもつ）にH^+を受け渡す．C：アスパラギン酸に受け渡されたH^+は別のアミノ酸残基や水分子へと次々に受け渡され，最終的に細胞外へと輸送される．一方，H^+を失ったシッフ塩基には，細胞質側に分布するアスパラギン酸から新たにH^+が受け渡される．このくり返しにより，H^+は細胞質から細胞外に向けて輸送されている．

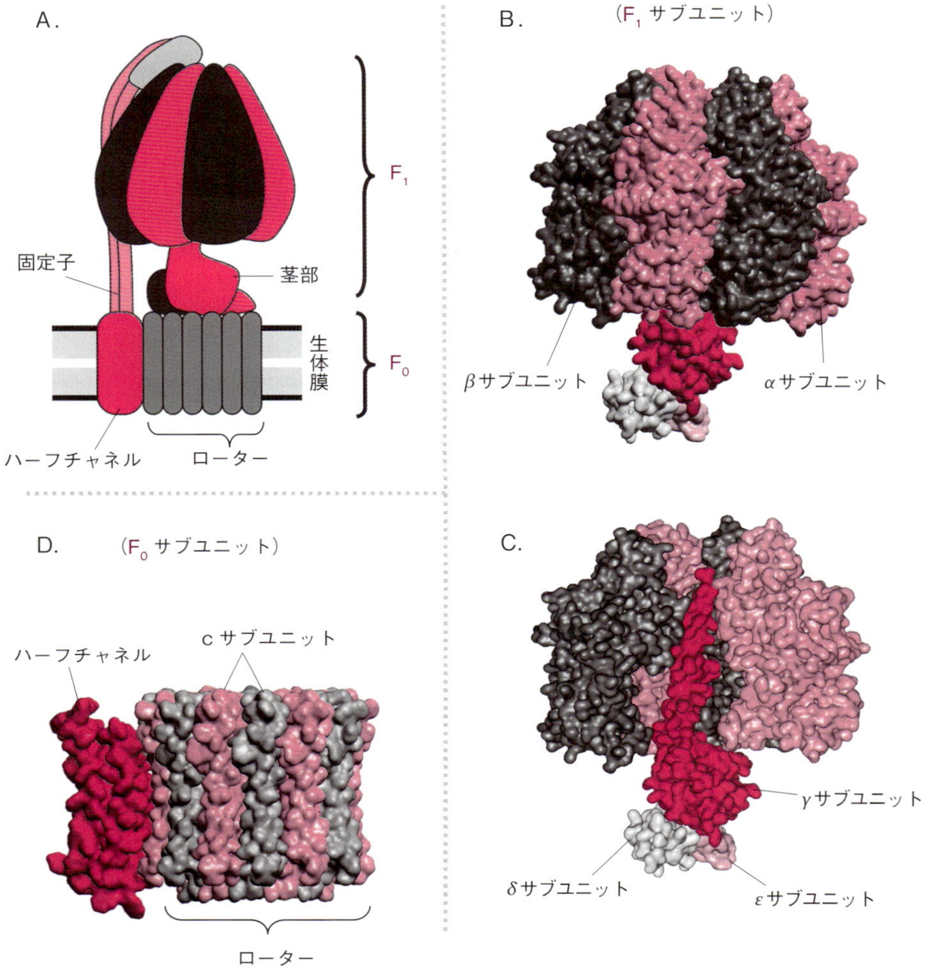

図 5-17　ATP 合成酵素の分子モデル

A：ATP 合成酵素の全体を示す模式図．ミトコンドリア，葉緑体，細菌の ATP 合成酵素は基本的に同じ構造をしている．**B**：ミトコンドリアの F_1 サブユニットを示す．**C**：α と β サブユニットの一部を取り除いて回転軸の γ サブユニットが見えるようにしたもの．**D**：大腸菌の F_0 サブユニットを示す．ハーフチャネルと，12 個の c サブユニットからなる．

て使用することができない．そのために，H^+ の濃度勾配のエネルギーは化学エネルギーの ATP に変換される．それを行っているのがチラコイド膜に存在する ATP 合成酵素である．

ミトコンドリアの内膜，葉緑体のチラコイド膜，細菌の細胞膜には ATP 合成酵素が存在し，それらの基本構造はよく似ている．ATP 合成酵素はいくつかのタンパク質からなる大型の複合体で，機能的な 2 つのユニット（ミトコンドリアでは F_0 と F_1 サブユニット，葉緑体では CF_0 と CF_1 サブユニット）から構成されている．CF_0 はチラコイド膜を貫通する疎水性の構造からなり，CF_1 の部分はストロマの内腔に突き出ている（図 5-17）．CF_0 の部分が H^+ の濃度勾配がもつエネルギーにより回転すると，それに結合している γ サブユニットが回転する．その γ サブユニットの回転力を利用して CF_1 の部分で ATP が産生される．これらの機能や ATP 合成のメカニズムについては，ミトコンドリアの ATP 合成酵素のところで詳しく述べる．

d. 光合成の効率

光合成により吸収された太陽光のエネルギーは ATP を中心とした高エネルギー化合物に変換されてから，さまざまな細胞機能のエネルギー源として用いられている．ここでは，太陽光のエネルギーがどのくらいの効率で化学エネルギーに変換されて使用されているのか，植物の光合成の場合で試算してみる．

実験的なデータから，26光子＋9ADP＋9Pi＋$6NADP^+ \rightarrow O_2$＋9ATP＋6NADPH＋$3H_2O$という結果が示されている．つまり，26個の光子のエネルギーから，9個のATPと6個のNADPHが産生されることになる．そこで，波長が680nmの26個の光子の総エネルギーを計算すると，26×42（kcal / einstein）＝1092 kcal / molとなる．また，ATPとNADPHの合成に必要なエネルギーをそれぞれ7.3kcal / mol，52kcal / molとすると，9ATPと6NADPHの総合エネルギーは，9×7.3＋6×52＝377.7kcal/molとなる．変換効率は377.7 / 1092＝0.345である．つまり，太陽光のエネルギーの約35％が化学エネルギーに変換されていることになる．しかしながら，実際の効率は，さまざまな条件により，計算値よりも少し低い値になる．

この変換効率がどの程度のものかを比較するために，参考までに，一般に市販されている最近の太陽電池の変換効率（出力電気エネルギー×100％ / 入射する太陽光のエネルギー）を見ると，現状では，おおよそ10～15％程度である．つまり，植物が太陽光のエネルギーを吸収して，それを非常に効率よく化学エネルギーに変換するシステムをもっていることがわかる．

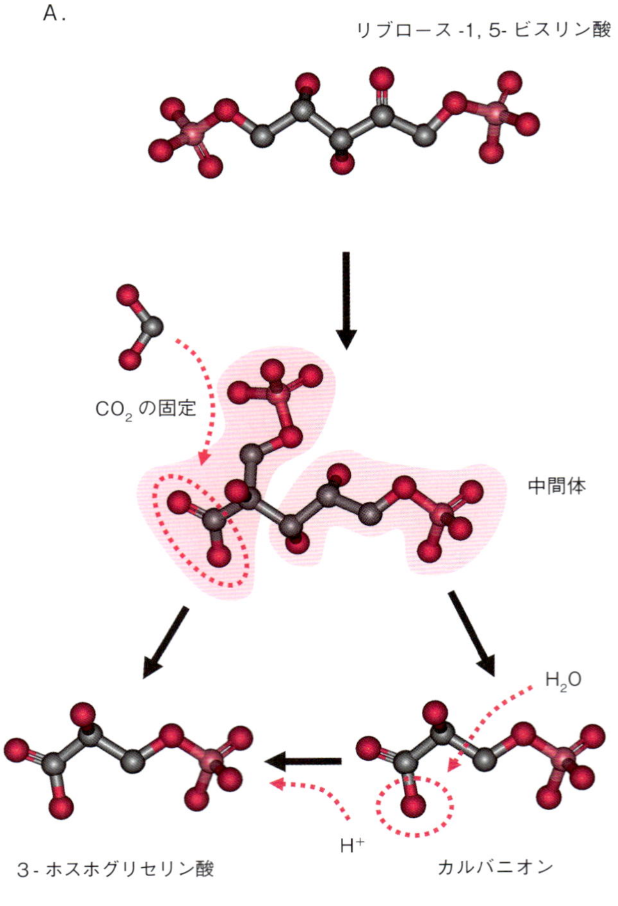

図5-18A　カルビン・ベンソン回路における炭酸固定反応
光合成における炭酸固定の最初のステップ．ルビスコのカルボキシラーゼ活性により，リブロース-1,5-ビスリン酸にCO_2が固定され，3-ホスホグリセリン酸とカルバニオンが産生される．カルバニオンはH^+が加えられて3-ホスホグリセリン酸に変換される．

5·4　カルビン・ベンソン回路

植物の葉緑体で吸収された太陽光のエネルギーは，ATP や NADPH のような化学エネルギーに変換された後，その多くが CO_2 と水を原料にして炭水化物を合成するのに用いられている．その結果，吸収された太陽光のエネルギーが炭水化物の中に安定した状態で蓄えられることになる．このようにして炭水化物の中に蓄えられたエネルギーは長期間にわたり安定的に保存することが可能で，後で述べる解糖や TCA 回路を経て分解されることにより，再び化学エネルギーとして取り出して使用することができる．

吸収された太陽光のエネルギーを用いて炭水化物が合成される一連の化学反応系は，カルビン・ベンソン回路（Calvin-Benson cycle）と呼ばれている．この回路は，炭酸固定を行うための代表的な反応回路であり，緑色植物から光合成細菌に至るまで幅広く存在する．植物細胞の場合には，このカルビン・ベンソン回路が働いているのは，太陽光のエネルギーにより産生された ATP や NADPH が豊富に存在する葉緑体のストロマの中である．

a.　炭酸固定

カルビン・ベンソン回路では CO_2 が固定（還元）さ

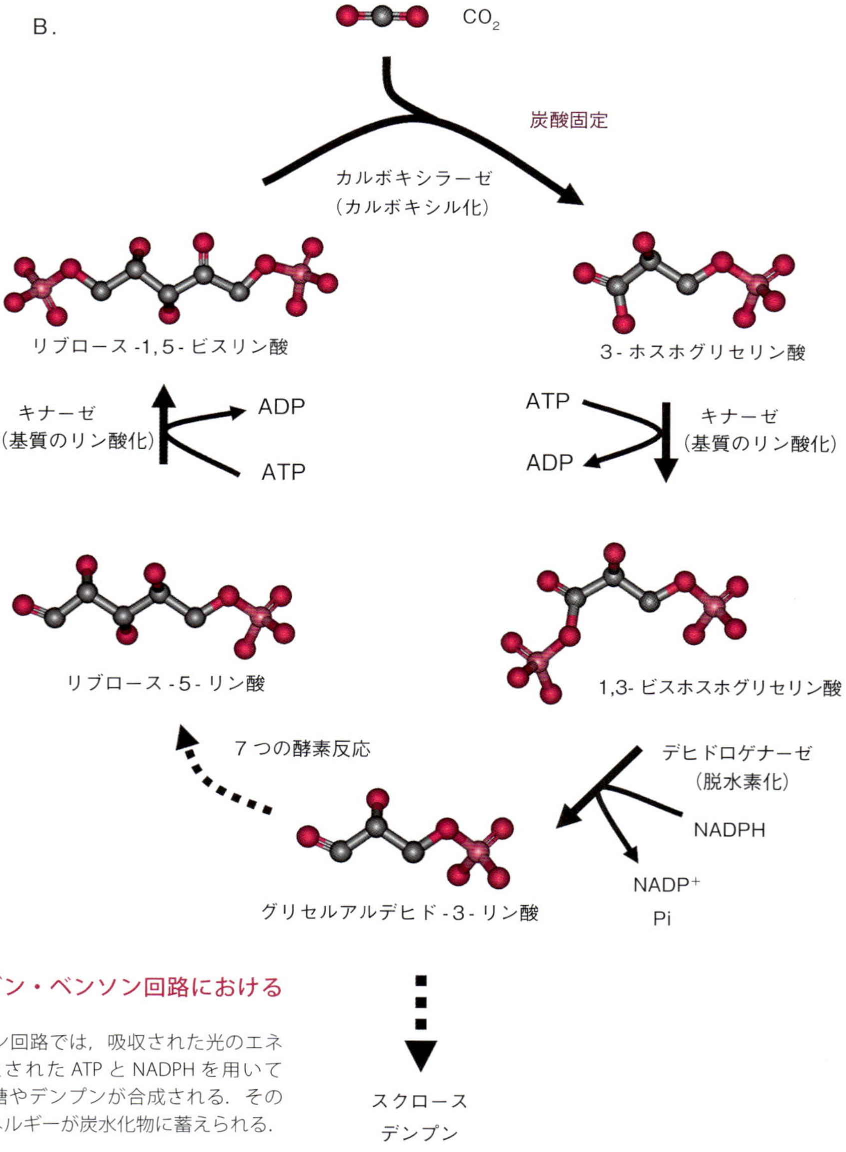

図 5-18B　カルビン・ベンソン回路における糖の合成

カルビン・ベンソン回路では，吸収された光のエネルギーにより産生された ATP と NADPH を用いて CO_2 が固定されて糖やデンプンが合成される．その結果，太陽光のエネルギーが炭水化物に蓄えられる．

れて炭水化物が産生される（図5-18A）．CO_2は五炭糖のリブロース-1,5-ビスリン酸のカルボニル基に固定された後，三炭糖の3-ホスホグリセリン酸に加水分解される．その後，3-ホスホグリセリン酸はリン酸化や還元反応を経て，グリセルアルデヒド-3-リン酸とジヒドロキシアセトンリン酸になり，その一部(6分子中の1分子)が糖の合成にまわされる（図5-18B）．残りのものはリブロース-1,5-ビスリン酸に変換され，再びCO_2の固定に用いられる．炭水化物の合成にまわされたグリセルアルデヒド-3-リン酸やジヒドロキシアセトンリン酸などの三炭糖は，縮合反応により結合される．その後，フルクトースを経てグルコースに変換されてから，スクロースやデンプンなどに合成されて細胞内に蓄えられる．この回路を3回転させると，3分子のCO_2から1分子のグリセルアルデヒド-3-リン酸が合成されることになる．その反応式は，$3CO_2 + 9ATP + 6NADPH \rightarrow$ グリセルアルデヒド3-リン酸$+ 9ADP + 6NADP^+ + 8Pi$となる．

カルビン・ベンソン回路の最初の段階で，炭酸固定反応を触媒している酵素はリブロース-1,5-ビスリン酸カルボキシラーゼ/オキシゲナーゼ（ルビスコ，rubiscoと呼ばれている）である（図5-19）．カルビン・ベンソン回路では，このルビスコがカルボキシラーゼとして働き，カルビン・ベンソン回路のリブロース-1,5-ビスリン酸のカルボニル基にCO_2を結合している．ルビスコは毎秒数分子程度の触媒活性（一般的な酵素では，毎秒1000分子くらいの触媒活性がある）しかないので，それを補うために，葉緑体内にルビスコが多量（全タンパク質の20～50%）に存在している．

ルビスコはカルボキシラーゼ活性とともに，リブロース-1,5-ビスリン酸を酸化するオキシゲナーゼ活性（リブロース-1-リン酸を酸化して，ホスホグルコール酸を産生）をもっている．そのために，ルビスコの触媒作用により，リブロース-1,5-ビスリン酸が酸化されてホスホグリセリン酸とホスホグルコール酸が生じる．O_2濃度が高い場合には，この反応は無視できないほどの量になる．しかも，このホスホグルコール酸の蓄積は植物細胞に有害なので処理されなければならない．その処理法は，ATPやNADPHなどのエネルギーを消費して，ホスホグルコール酸をホスホグリセリン酸に変換してカルビン・ベンソン回路へと戻す方法である．この過程ではCO_2やNH_3が排出される．このような一連の代謝経路はグリコール酸経路と呼ばれ，葉緑体，ペルオキシソーム，ミトコンドリアの3つのオルガネラが協同してその経路を構成している（図5-20）．

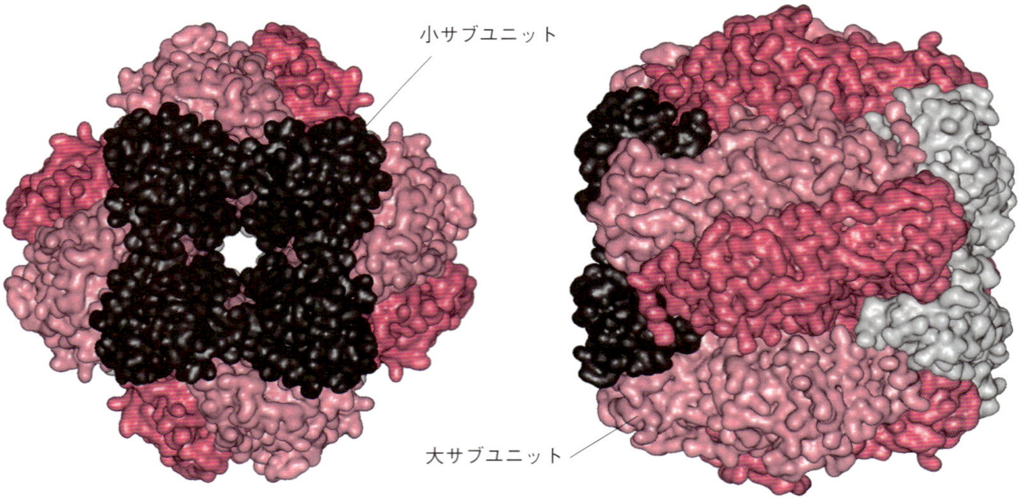

図5-19　ルビスコの分子モデル
植物や藻類のルビスコは8つの大サブユニットと8つの小サブユニットから構成される十六量体で，合計の分子量は560kDaにも及ぶ大型のタンパク質複合体である．

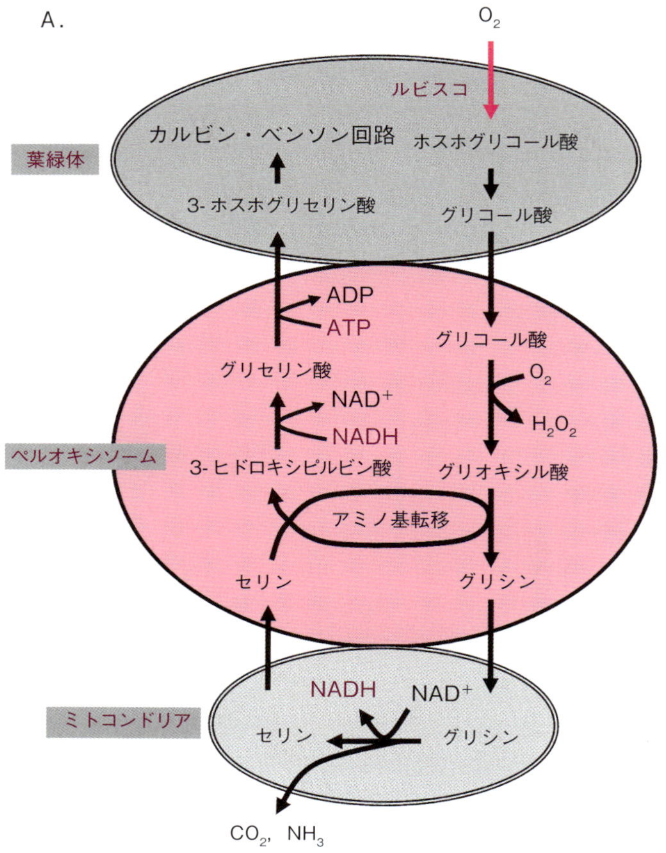

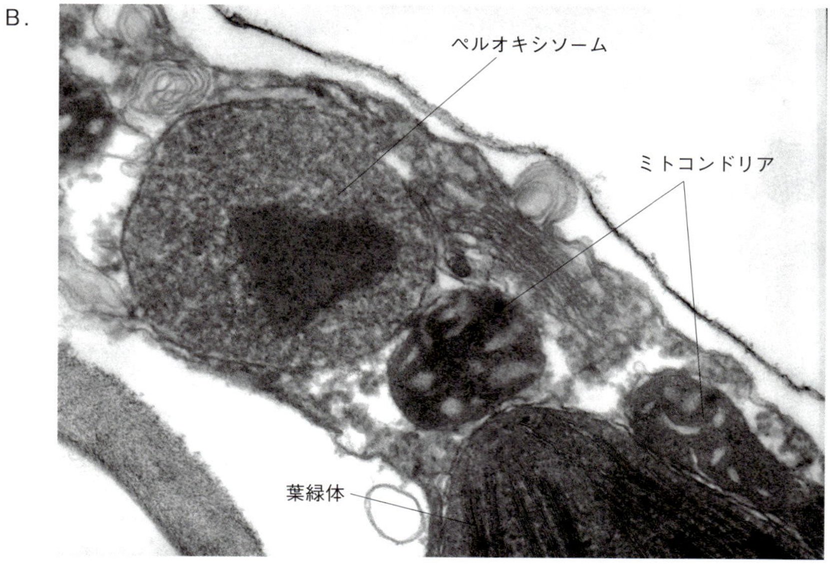

図 5-20　グルコール酸経路

A：ルビスコのオキシゲナーゼ活性により生じた産物である，ホスホグリコール酸を処理するためのグルコール酸経路を示す．ホスホグルコール酸はエネルギーを費やして 3-ホスホグリセリン酸にまで戻されてから，カルビン・ベンソン回路に取り込まれる．これら一連の反応は葉緑体，ペルオキシソーム，ミトコンドリアの連携により行われている．**B**：グルコール酸経路において共同で働いている 3 つのオルガネラを示す電子顕微鏡写真．

ルビスコが働いているとき（光に曝（さら）されているとき）にはグリコール酸経路が働いてCO_2を放出するので，この現象は光呼吸（photorespiration）とも呼ばれている．しかし，これは暗状態で行われる本来の呼吸とは異なるものである．無駄なエネルギーを費やさなければならないこのような作業は，光合成の能率を低下させて植物の成長を妨げるものとなっているが，光合成生物が進化してきた環境（O_2濃度が低く，CO_2濃度が高い環境）の下ではとくに問題にはならなかったのであろう．しかしながら，その時代とは環境が大きく異なる現在に至っても，その機能が依然として残されている．おそらく，何らかの必要性があって，そのしくみが残されているのかもしれない．

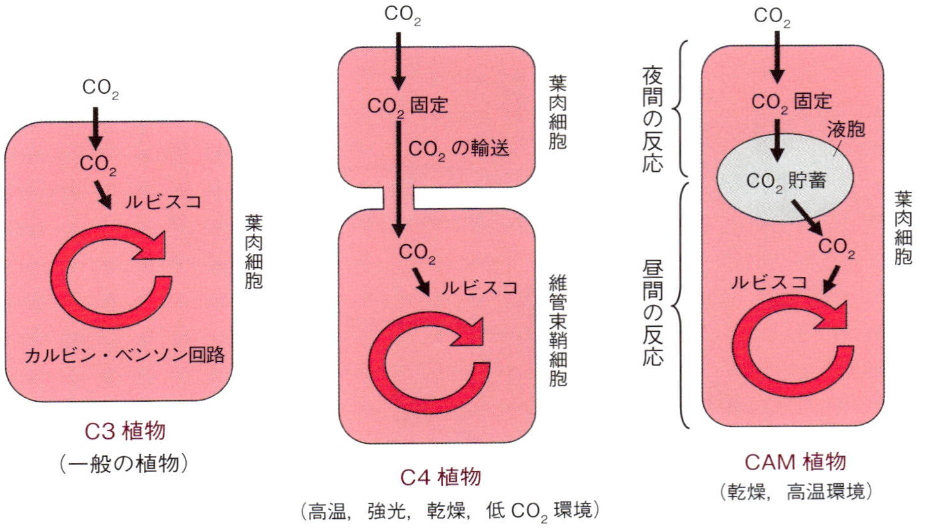

図 5-21　炭酸同化経路の多様性
植物は，光の強さ，温度，乾燥などの環境条件の違いに応じてカルビン・ベンソン回路を変化させ，さまざまな環境に適応している．

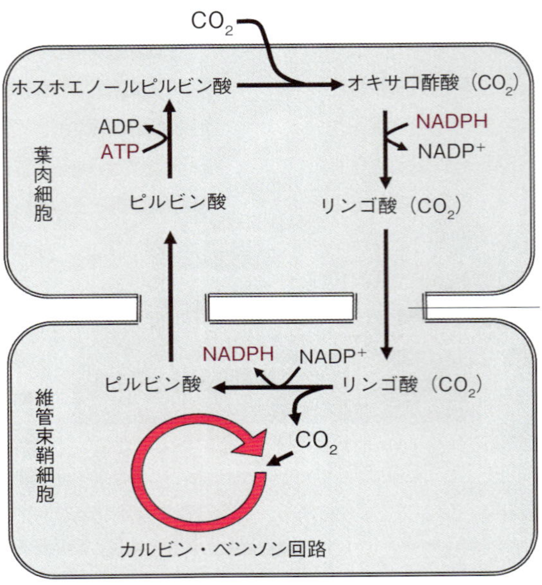

図 5-22　C4 植物に見られる炭酸同化経路
2 種類の細胞が炭酸同化の役割を分担することにより細胞内のCO_2濃度を高め，ルビスコのオキシゲナーゼ活性を抑制している．

b. 環境に適応した炭酸固定法

植物は地球上の高温や乾燥などの過酷な環境にも適応して生育している．そのための手段の1つとして，植物の重要な機能である炭酸固定のしくみを，それらの環境に適応したものに変えている（図5-21）．その1つが，太陽光が強くて高温の環境で繁栄している植物（たとえば，サトウキビやトウモロコシ）に見られる．太陽光が強く高温な環境では，ルビスコのオキシゲナーゼ活性が亢進されるので，その影響を防ぐための対策がとられている．それは，ルビスコの働きを高濃度の CO_2 を含んだ細胞に限定するやり方である．この場合には，2種類の細胞が協同して働き，一方の細胞が CO_2 の固定を専門に行い，固定した CO_2 をもう一方の細胞に輸送して遊離する．その結果，CO_2 を送られた細胞内では CO_2 濃度が高まるので，ルビスコのオキシゲナーゼ活性が抑えられて CO_2 が効率よく固定される．このような植物では，最初に CO_2 が固定されるのが4つの炭素からなるオキサロ酢酸なのでC4植物とも呼ばれている（図5-22）．これに対して，一般の植物は，CO_2 を固定するのが3つの炭素からなる3-ホスホグリセリン酸なので，C3植物と呼ばれている．

もう1つは，乾燥した環境で繁栄している植物に見られる．太陽光の強い乾燥した環境では，日中に気孔を開くと水分が蒸発してしまうので，それを防ぐための対策がとられている．それは，温度が低くて比較的に湿度の高い夜にだけ気孔を開いて CO_2 を取り込むやり方である．その際の CO_2 の固定と輸送は，C4植物の場合と同じように，オキサロ酢酸とリンゴ酸が用いられている．夜間に取り込まれた CO_2 は，リンゴ酸の段階で液胞の中に貯蓄される．そして，太陽光のあたる日中になると，そのリンゴ酸から CO_2 が遊離され，それをもとに炭酸固定が行われる．この経路の存在が最初に明らかにされたのがベンケイソウ科（crassulaceae）の植物であったために，このしくみをもっている植物はCAM（crassulacean acid metabolism）植物と呼ばれている．太陽光の強い乾燥した砂漠で生育しているサボテンはCAM植物としてよく知られている例である．

5・5　炭水化物の分解と化学エネルギー

a. ATP

動物，植物，細菌など多くの生物は，炭水化物を分解して，そこに蓄えられたエネルギーをATPやNADHのような化学エネルギーのかたちで取り出し，それらをさまざまな生命現象に用いている．ATPやNADHは，炭水化物から取り出されたエネルギーを運ぶ担体として働いている分子で，とりわけATPは，さまざまな生命現象に共通して用いられているので，細胞内でエネルギーを流通させるための通貨にもたとえられている．

ATPはアデノシンにリン酸基がリン酸エステル結合し，そのリン酸基にさらに2つのリン酸基がリン酸無水結合している（図5-23）．中性の水溶液中では，リン酸無水結合をしている2つのリン酸基は，互いのマイナス電荷どうしで反発し合うために，不安定な状態の結合（高エネルギーリン酸結合）になっている．さらに，無水結

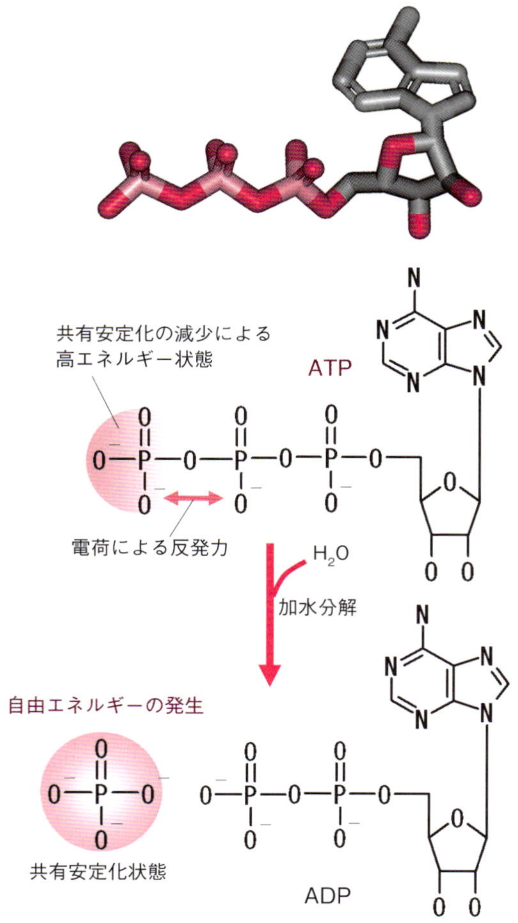

図5-23　ATPの自由エネルギー
リン酸無水結合が加水分解されると自由エネルギーの放出が起こる．

合をしているために，リン酸基の酸素とリンの共鳴安定化ができない．そのために生じる高エネルギー状態が，ATPの加水分解にともなって生じる自由エネルギーの放出をさらに高めている．このような状態で，リン酸無水結合が加水分解されると自由エネルギーの放出が起こる．つまり，ATPが加水分解されてADPになる過程で，7.3 kcal / molの自由エネルギーが放出される．

細胞内では，このようにATPの加水分解により得られる自由エネルギーを用いて，細胞運動，物質輸送，物質合成，発熱，発光などのさまざまな細胞機能が営まれている．高エネルギー化合物を分解することにより，その中に蓄えられた自由エネルギーを利用するというやり方は，生命現象の基本的なしくみである．

ATPの加水分解により放出される自由エネルギーは，生体内の化学反応における自由エネルギーの放出の中では中等度の高さである．化学反応にともなって，ATPよりも高い自由エネルギーを放出する化合物はいくつもある．たとえば，解糖系のホスホエノールピルビン酸や1,3-ビスホスホグリセリン酸などがある．それらのリン酸基が加水分解されると，それぞれ14.8 kcal / molと11.8 kcal / molの自由エネルギーが放出される．そのエネルギーを用いてADPがリン酸化されてATPが産生されている．このように，ATPの自由エネルギーよりもさらに高い自由エネルギーをもつ化合物は，化学反応によるATPの合成を可能にしている．

b. 解糖と発酵

生物が糖を分解してエネルギーを取り出す方法として，O_2を必要としない解糖（glycolysis）と発酵（fermentation），そして，O_2を必要とするTCA回路（TCA cycle, tricarboxylic acid cycle）などが用いられている（図5-24）．このTCA回路は，クエン酸回路（citric acid cycle），あるいは，クレブス回路（Krebs cycle）などとも呼ばれている．それらが働いている場所は異なり，解糖と発酵は細胞質内，そして，TCA回路はミトコンドリアのマトリックス内で働いている．解糖の経路には，真核細胞や嫌気性の細菌などが糖を分解する際に用いているエムデン・マイヤーホフ経路（Embden-Meyerhof pathway）と，好気性の細菌が用いているエントナー・ドウドロフ経路（Entner-Doudoroff pathway）が知られている．前者は生物に幅広く用いられている効率的な方法であるが，後者は簡略化された反応経路からなり，エネルギーの産生効率が比較的に悪い方法である．

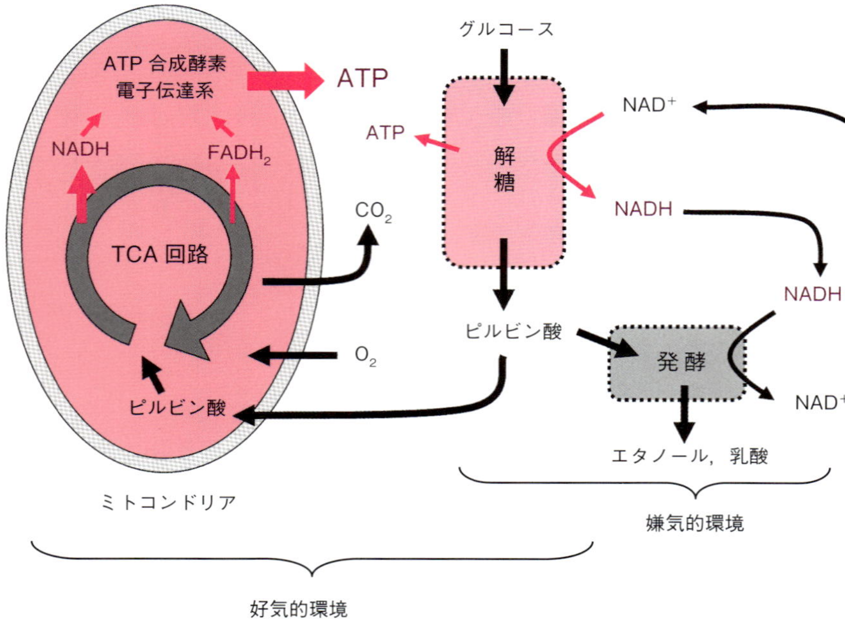

図5-24　糖の分解とエネルギーの産生
真核細胞では，糖を分解して化学エネルギーを産生するための中心的な働きをしているのが，細胞質の解糖系とミトコンドリアのTCA回路である．そこで得られたエネルギーをもとに，ミトコンドリア内膜に存在するATP合成酵素がATPを産生している．

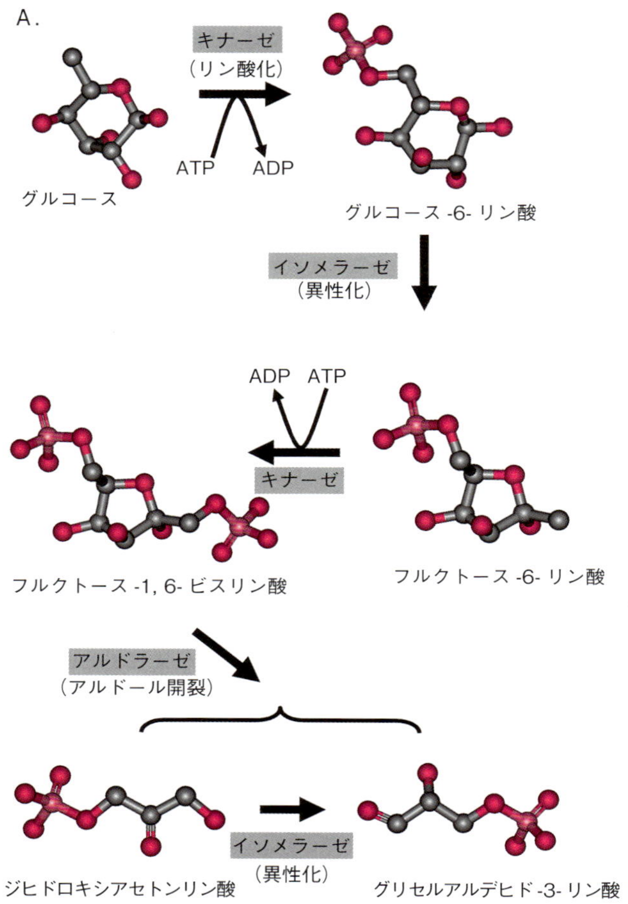

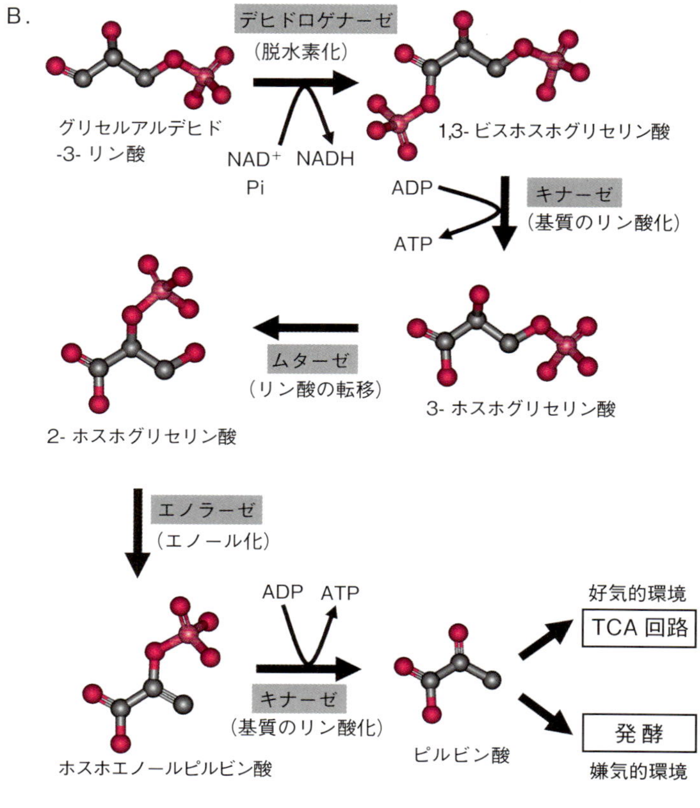

図 5-25　解糖

A：解糖系の最初のステップを示す．グルコースがグリセルアルデヒド -3- リン酸まで分解される過程で ATP が消費される．**B**：グリセルアルデヒド -3- リン酸がピルビン酸まで分解される過程を示す．この過程では NADH と ATP が産生される．

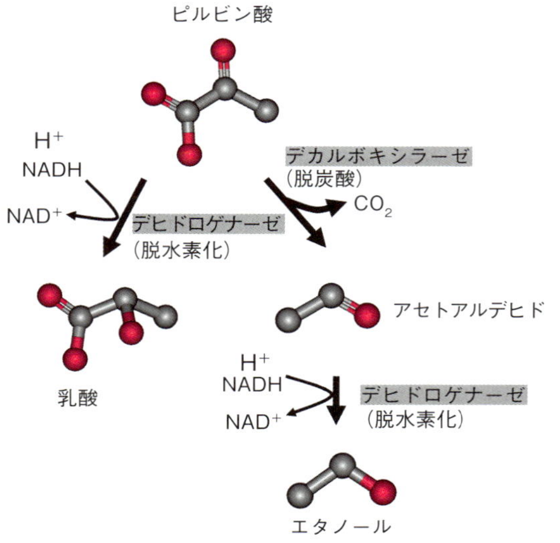

図 5-26　発酵
この過程では NADH が消費され，産生された NAD^+ が解糖系に供給される．

エムデン・マイヤーホフ経路では，1分子のグルコースが2分子のピルビン酸にまで分解される．この経路で分解される基質はグルコースだけではなく，他の種類の糖もこの経路に投入されて分解される．この経路の初期の過程ではエネルギーが消費されるが（図 5-25A），後半の過程では ATP と NADH が産生される（図 5-25B）．結果的には，1分子のグルコースが分解されて，2分子の ATP と2分子の NADH が産生される．O_2 の乏しい嫌気的な環境下では，ピルビン酸がさらにアルコール（エタノール）や乳酸にまで分解される（図 5-26）．この過程が発酵と呼ばれ，その過程では NADH が酸化されて NAD^+ が産生される．この NAD^+ は解糖経路に補給されて解糖の持続のために用いられる．一方，O_2 が豊富に存在する好気的な環境下では，解糖により産生されたピルビン酸は TCA 回路で酸化されて水と CO_2 にまで分解される．この場合には，解糖だけよりも，さらに多量の化学エネルギーを糖から取り出すことができる．

動物でも O_2 が乏しいときには発酵を行う細胞がある．たとえば，O_2 の供給が不足した嫌気的な条件下（激しい運動時）の筋細胞では，エネルギーを持続的に得るために一時的に乳酸発酵が行われる．その結果生じた乳酸

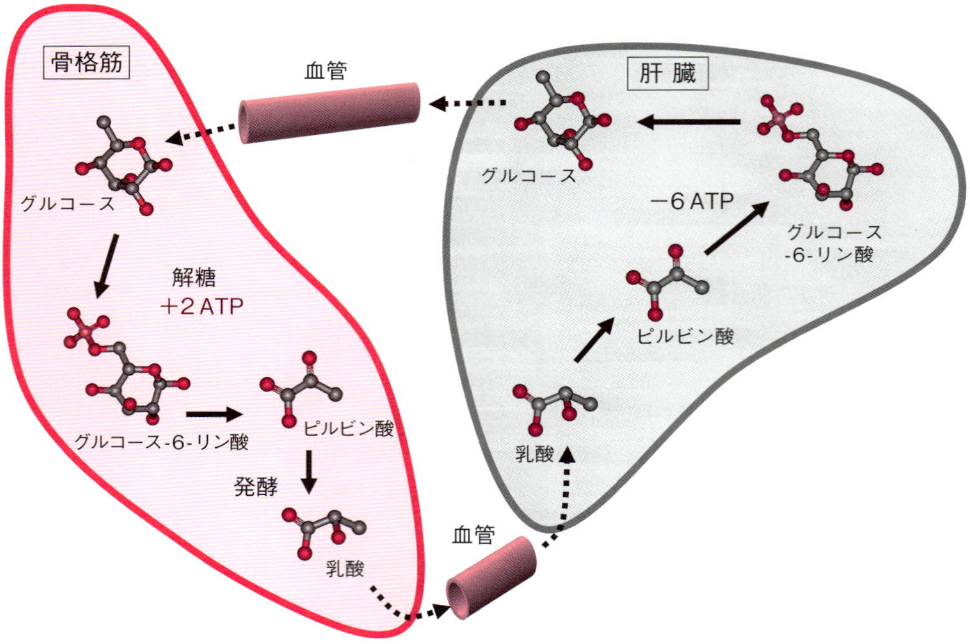

図 5-27　コリ回路
骨格筋細胞における発酵で産生された乳酸は，血中を経て肝臓に運ばれ，そこで糖に戻される．骨格筋の発酵過程では ATP が産生されるが，肝細胞で乳酸がグルコースに変換される過程では ATP が消費される．

は，発酵とは逆の反応（酸化）によりピルビン酸に変換された後，TCA 回路に回されて分解されたり，糖新生過程をへてグルコースに変換されたりして処理される．この過程には肝臓が関わっており，この処理回路はコリ（Cori）回路とも呼ばれている（図 5-27）．

c. TCA 回路

TCA 回路は，細菌では細胞質内に，そして，動物や植物の細胞ではミトコンドリアのマトリックス内に存在している．この違いは，ミトコンドリアが真核細胞に取り込まれた好気性細菌に由来するという説を考えると理

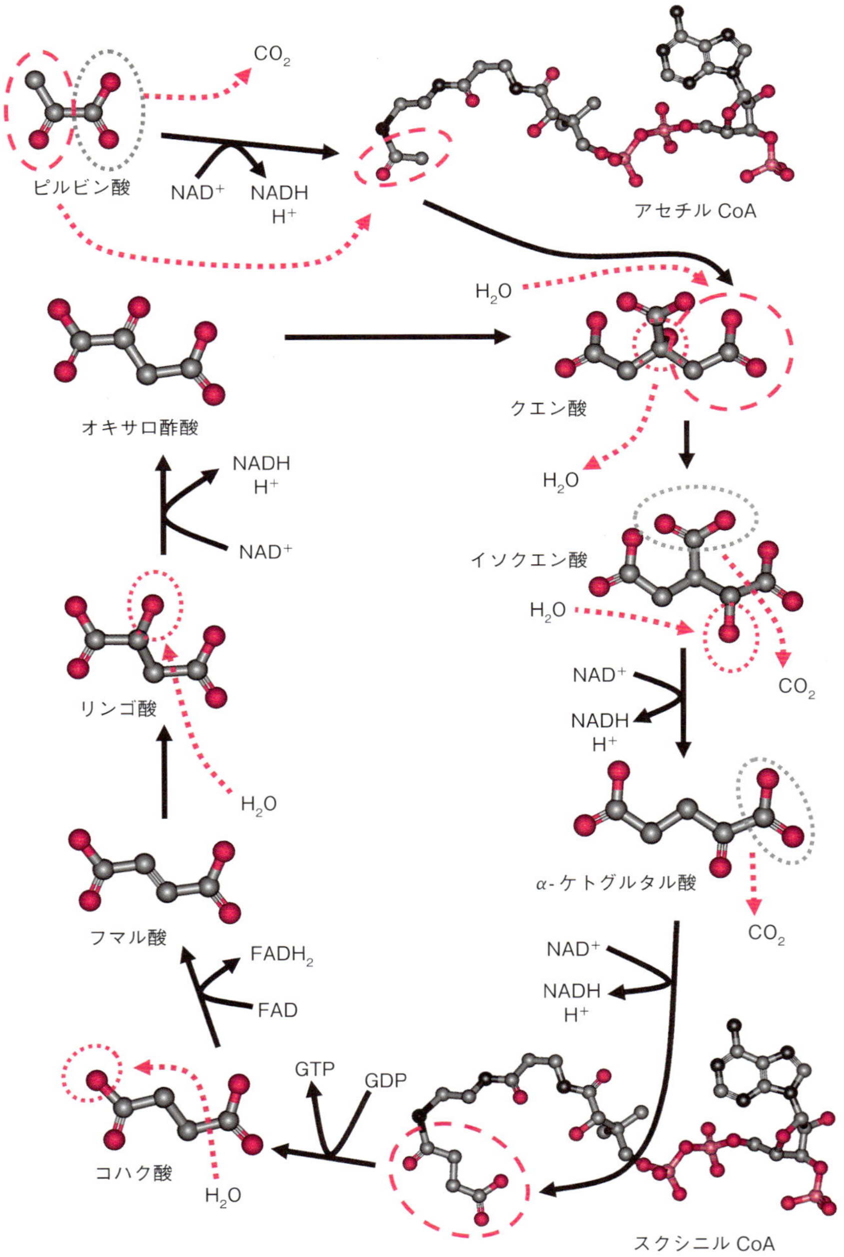

図 5-28 TCA 回路

TCA 回路は 8 ステップの反応で 1 回転する．1 回転すると，3 分子の NADH，1 分子の FADH，1 分子の GTP，そして，2 分子の CO_2 が産生される．

解できる．解糖系の産物であるピルビン酸は，ミトコンドリアのマトリックス内に輸送され，そこでTCA回路に取り込まれて分解される（図5-28）．

ミトコンドリアの外膜には物質の透過孔を形成するポーリンが存在するので，分子量が約1万以下の低分子は拡散により容易に外膜を通過することができる．一方，ミトコンドリアの内膜は細胞膜と同じように不透過性の構造をしている．それゆえ，TCA回路と関係するピルビン酸，ADP，ATP，NAD^+，NADHなどが細胞質とミトコンドリア内の間を移動するためには，特別な輸送システムが必要である．ピルビン酸とATPは，ミトコンドリア内膜に存在する専用のチャネルを通ってマトリックス内に輸送されるが，NAD^+やNADHはそれらとは異なった方法で膜の反対側に転送されている．NAD^+やNADHは，膜を通過して直接に輸送されるのではなく，間接的な方法（電子の転送）によりそのエネルギーが転送されている．その方法には，リンゴ酸－アスパラギン酸シャトル（図5-29A）とグリセロール-3-リン酸シャ

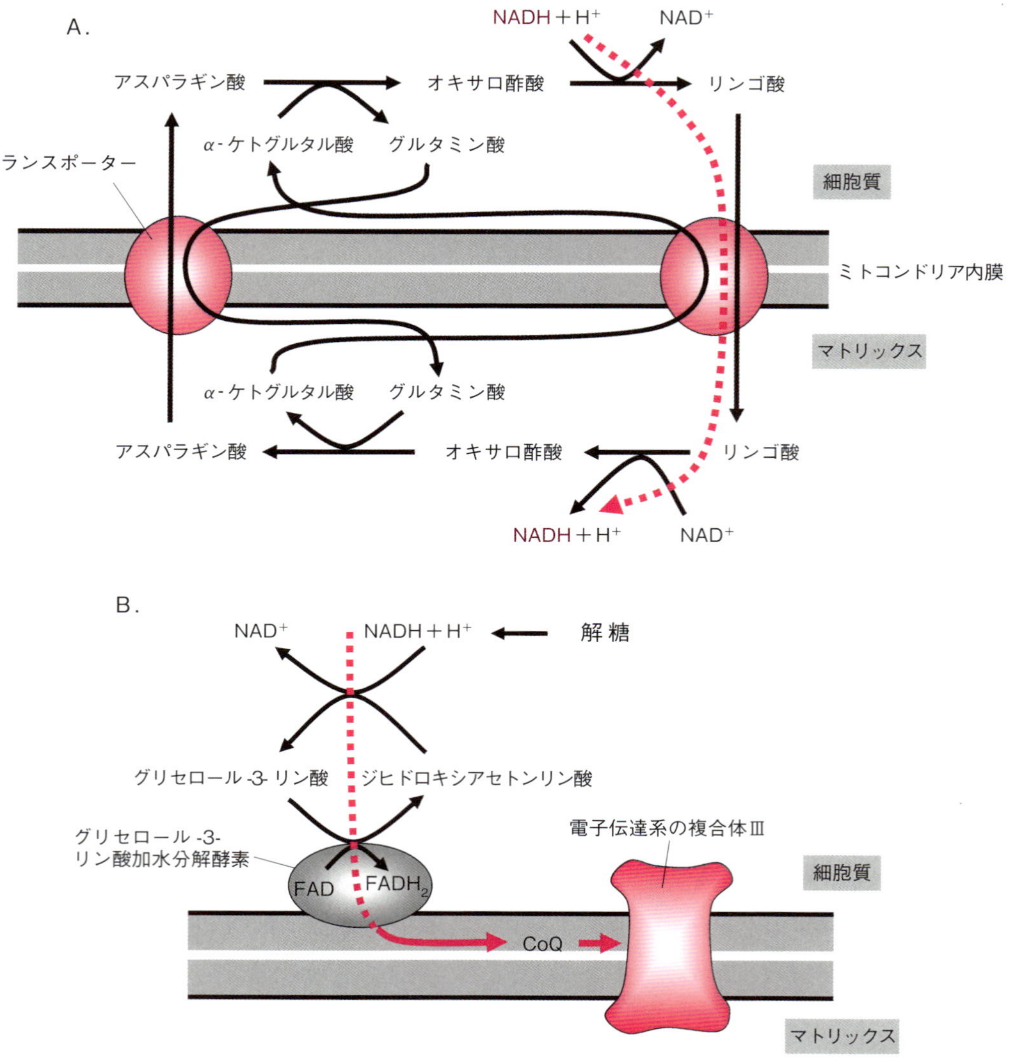

図5-29　ミトコンドリア内へのNADHの転送
細胞質のNADHはミトコンドリア内膜を通過できないので，それらのエネルギーは電子の転送による間接的な方法によりミトコンドリア内に送り込まれている．その方法には2つのタイプが知られている．A：リンゴ酸－アスパラギン酸シャトル．B：グリセロール-3-リン酸シャトル．赤い矢印は電子の流れ（エネルギーの流れ）を示す．

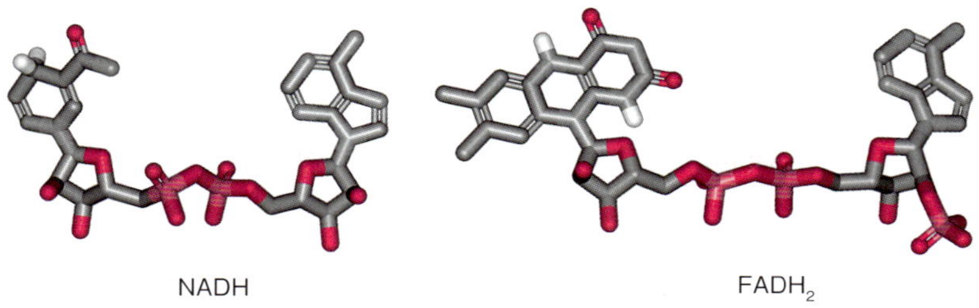

図 5-30　高エネルギー化合物の NADH と $FADH_2$ の分子モデル

トル（図 5-29B）と呼ばれる 2 つの方法が知られている．前者は動物の肝臓，心臓，腎臓などで，そして，後者はそれら以外の臓器で働いている．

ミトコンドリアのマトリックス内に取り込まれたピルビン酸は，CO_2 が取り除かれて補酵素のコエンザイム A（CoA と略す）と結合することにより，アセチル CoA になる．この過程で，NAD^+ が還元されて NADH が産生される．アセチル CoA は TCA 回路に組み込まれて分解される．このアセチル CoA の供給は解糖系からだけでなく，脂肪酸の β 酸化やアミノ酸の分解経路からも供給されている．TCA 回路の反応は 8 ステップ（クエン酸からイソクエン酸の間に，中間産物の cis- アコニット酸をいれて 9 ステップとする場合もある）で一回転する循環回路を形成しており，それが一回転すると，アセチル CoA から 2 分子の CO_2 が取り除かれ，3 分子の NADH，1 分子の $FADH_2$（FAD の還元型），そして，1 分子の GTP（動物の場合 GTP，植物や細菌では ATP）の産生が行われる．この TCA 回路では，糖の分解により得られる自由エネルギーをもとに，高エネルギー化合物の NADH と $FADH_2$ が主に産生される（図 5-30）．

還元型の補酵素である NADH と $FADH_2$ は，ともに高エネルギー化合物で，それらが酸化される際には大きなエネルギーが放出される．たとえば，$NADH + H^+ + 1/2\ O_2 \rightarrow NAD^+ + H_2O$ の反応が起きる際には 53 kcal / mol のエネルギーが放出され，$FADH_2 + 1/2\ O_2 \rightarrow FAD + H_2O$ の反応が起きる際には 48 kcal / mol のエネルギーが放出される．しかしながら，これらの高エネルギー化合物は，ATP のように細胞機能のエネルギー源として一般的に用いられることはない．つまり，これらのエネルギーはミトコンドリア内膜に存在する電子伝達系に受け渡され，ミトコンドリア内膜を隔てた H^+ の濃度勾配の形成に用いられる．そして，その H^+ の濃度勾配のエネルギーが ATP 合成酵素により ATP に変換されてから，さまざまな細胞機能のエネルギーとして用いられる．

嫌気的な環境下で，解糖と発酵によりグルコースが部分的に分解される場合と，好気的な環境下で，解糖と TCA 回路によりグルコースが完全分解される場合とでは，得られるエネルギーの取得効率に大きな違いがある．解糖と発酵による糖の分解では，1 分子のグルコースがピルビン酸を経て，エタノールや乳酸にまで分解される過程で，2 分子の ATP しか得られない．ATP とグルコースの自由エネルギーをそれぞれ，7.3 kcal/mol と 686 kcal/mol とすると，$2 \times (7.3)$ kcal/mol / 686 kcal/mol $= 0.02$ となり，グルコースに蓄えられた自由エネルギーの約 2 % しか化学エネルギーとして取り出せない計算になる．

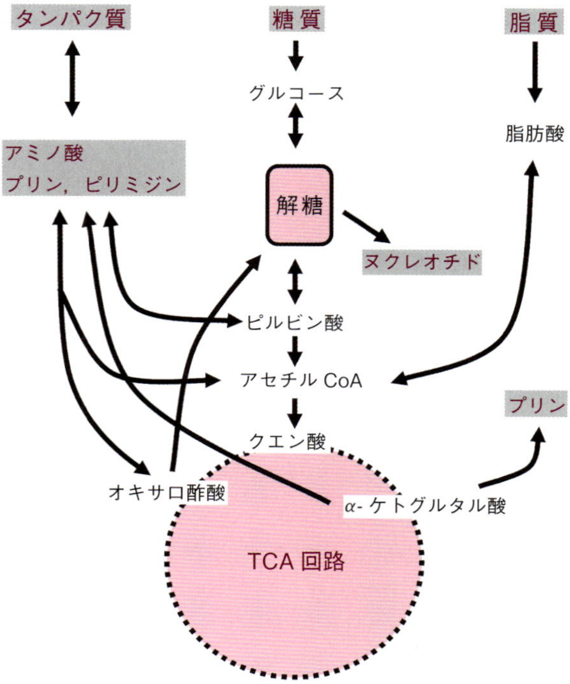

図 5-31　TCA 回路と他の代謝経路との関係

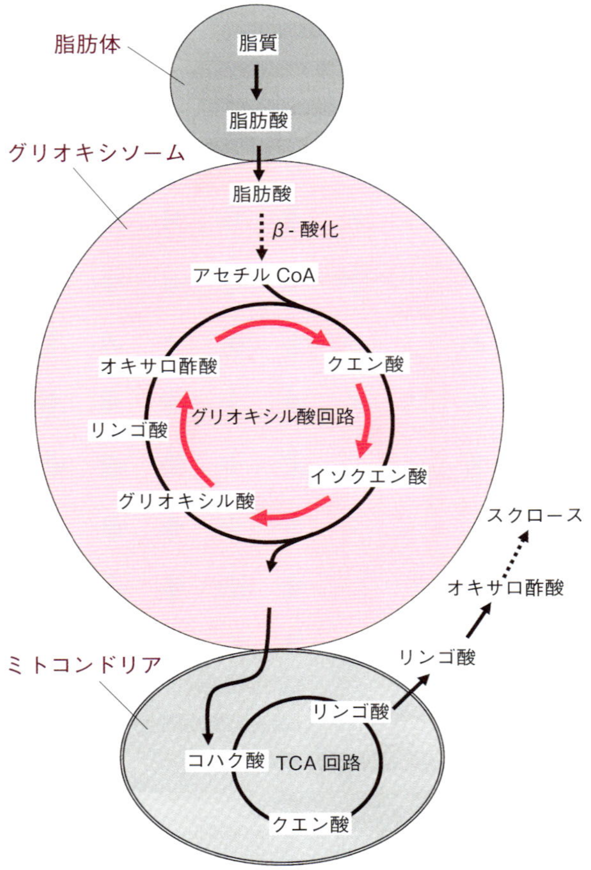

図 5-32　グリオキシル酸回路
発芽中の植物の種子では，グリオキシソームの中で働いているグリオキシル酸回路を経由して脂質から糖が産生される．

一方，解糖と TCA 回路が合わさって，グルコースが水と CO_2 にまで完全に分解されると，1 分子のグルコースから，2 分子の ATP，10 分子の NADH，2 分子の $FADH_2$，そして 2 分子の GTP が取り出される．NADH と $FADH_2$ の自由エネルギーをそれぞれ 53 kcal/mol と 48 kcal/mol とし，GTP の自由エネルギーを ATP のものとほぼ同じとすると，$2 \times (7.3) + 10 \times (53) + 2 \times (48) + 2 \times (7.3)$ kcal/mol となるので，$655/686 = 0.95$ となり，グルコースに蓄えられた自由エネルギーの約 95 % が化学エネルギーとして取り出された計算になる．

TCA 回路は，糖を分解してエネルギーを取り出す役割だけでなく，別の重要な役割がいくつもある．たとえば，TCA 回路を構成する分子のアセチル CoA，α-ケトグルタル酸，オキサロ酢酸，フマル酸，マレイン酸などは，TCA 回路だけでなく，糖代謝，脂質代謝，アミノ酸代謝などの代謝経路にも幅広く関わっている（図 5-31）．それゆえ，TCA 回路はエネルギー代謝だけでなく，細胞内のさまざまな代謝経路とも密接に連携して働いている．

植物と細菌の一部には，脂肪酸を分解して，糖を生成する特別な代謝経路が存在している．たとえば，発芽直後の植物では光合成をすることができないので，貯蔵している脂質を消費してエネルギーを得たり，それを原料として糖の産生を行ったりしている．その際に中心となっているのがグリオキシル酸回路と呼ばれている代謝経路である（図 5-32）．このグリオキシル酸回路は TCA 回路とよく似た回路で，その反応系は，グリオキシソーム（glyoxysome）と呼ばれる小胞（ペルオキシソームと類似）の中に存在している．この回路は，TCA 回路から α-オキソグルタル酸とスクシニル CoA の経路を省いたようなものになっているので，CO_2 の産生をともなわない．このような，脂質の分解から糖の産生に到るまでの一連の代謝経路は，グリオキシソームとミトコンドリアとの連携で行われている．

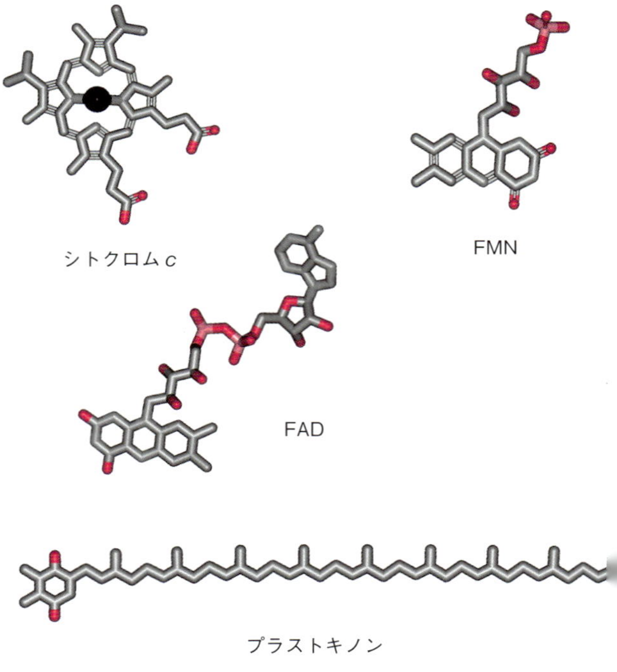

図 5-33　ミトコンドリアの電子伝達系で働いている電子の担体の分子モデル

5·6　ミトコンドリアにおける ATP 産生

a.　電子伝達系

ミトコンドリアの内膜にも，チラコイド膜と同じように，電子伝達系（呼吸複合体とも呼ばれている）と ATP 合成酵素が存在する．ミトコンドリアの電子伝達系は，TCA 回路で産生された高エネルギー化合物の NADH や $FADH_2$ が電子供与体として働き，ミトコンドリア内膜に存在する電子伝達系に電子を受け渡している．その電子は伝達経路を順次伝達され，最終的には O_2 に受け渡されて（O_2 を還元して）H_2O が産生される．その経路で働いている電子の担体は，シトクロム，FMN（flavin mononucleotide），FAD，コエンザイム Q（coenzyme Q，CoQ と略す．ユビキノンと同じもの）などの補酵素や Fe-S，Cu^{2+} などの金属元素である（図 5-33）．

A.

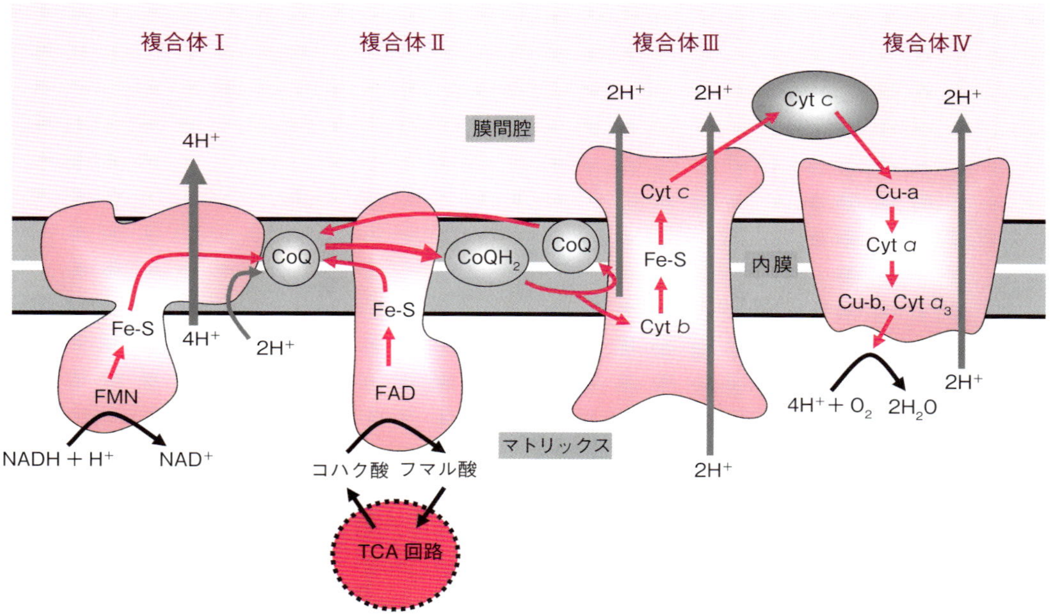

B.

複合体	分子量（× 10^3）	構成タンパク質の数	電子の担体	化学反応
複合体 I（NADH デヒドロゲナーゼ，NADH － CoQ レダクターゼ）	850	42 － 43（14）	FMN，Fe-S	NADH + CoQ + $2H^+$ → NAD^+ + H^+ + $CoQH_2$
複合体 II（コハク酸デヒドロゲナーゼ，コハク酸－ CoQ レダクターゼ）	140	4 － 5	FAD，Fe-S	コハク酸 + $FADH_2$ + CoQ → フマル酸 + FAD + $CoQH_2$
複合体 III（CoQ － Cyt c オキシドレダクターゼ）	250	11	Cyt *b*，Cyt c Fe-S	$CoQH_2$ + 2Cyt c^{3+} → CoQ + $2H^+$ + 2Cyt c^{2+}
Cyt c	13	1	Heme	
複合体 IV（Cyt c オキシダーゼ）	160	13（3 － 4）	Cyt *a*，Cu	2Cyt c^{2+} + $2H^+$ + 1/2 O_2 → 2Cyt c^{3+} + H_2O

＊構成タンパク質のカッコ内の数は細菌のものを示す．

図 5-34　ミトコンドリアの電子伝達系

A：電子伝達系を構成する複合体の位置関係を示す模式図．矢印は，電子の伝達方向，H^+の輸送方向，そして化学反応の方向などを示す．$CoQH_2$ は CoQ の還元型を示す．B：電子伝達系の構成要素を示す表．

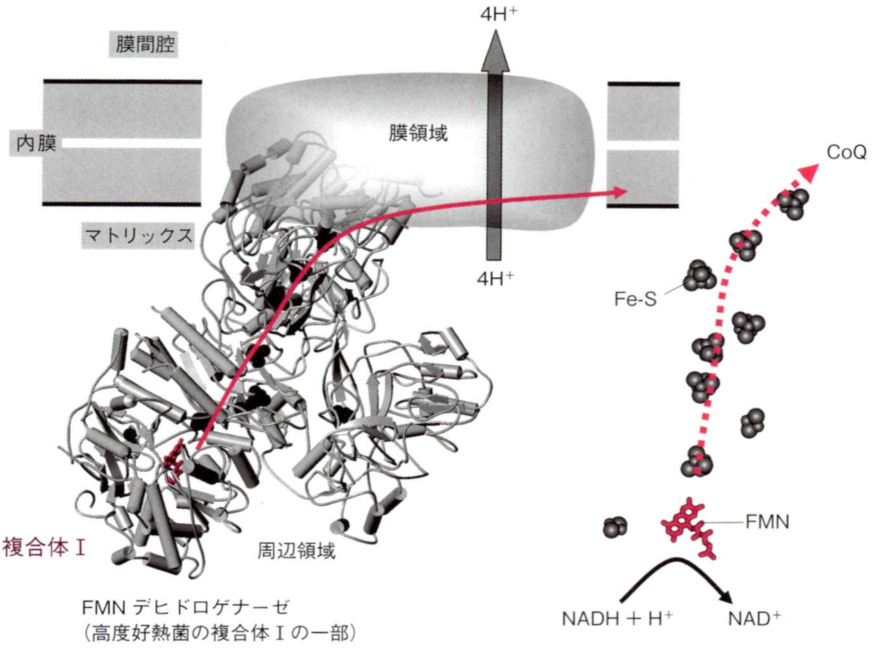

図 5-35　複合体 I の分子モデル
複合体 I はマトリックス側に突き出ている周辺領域と，膜内に分布する膜領域からなる．ここでは，膜領域の部分の詳細は略されて，周辺領域の構造だけが示してある．矢印は電子が伝達される方向と H^+ の輸送方向を示す．

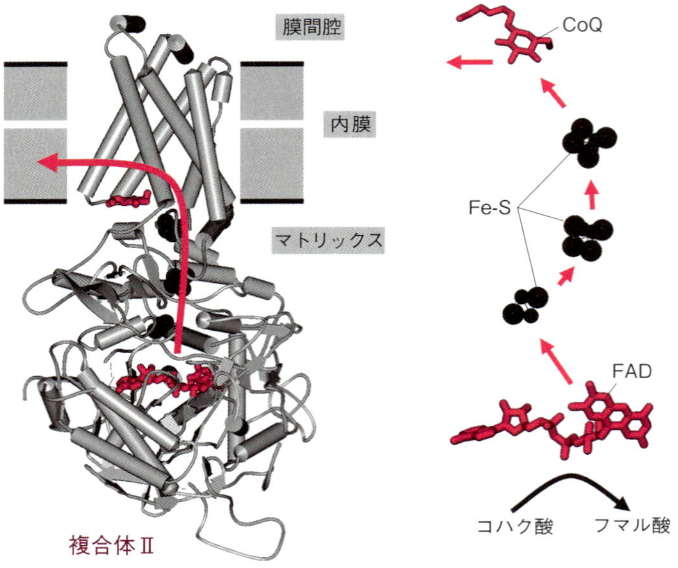

図 5-36　複合体 II の分子モデル
矢印は電子が伝達される方向を示す．

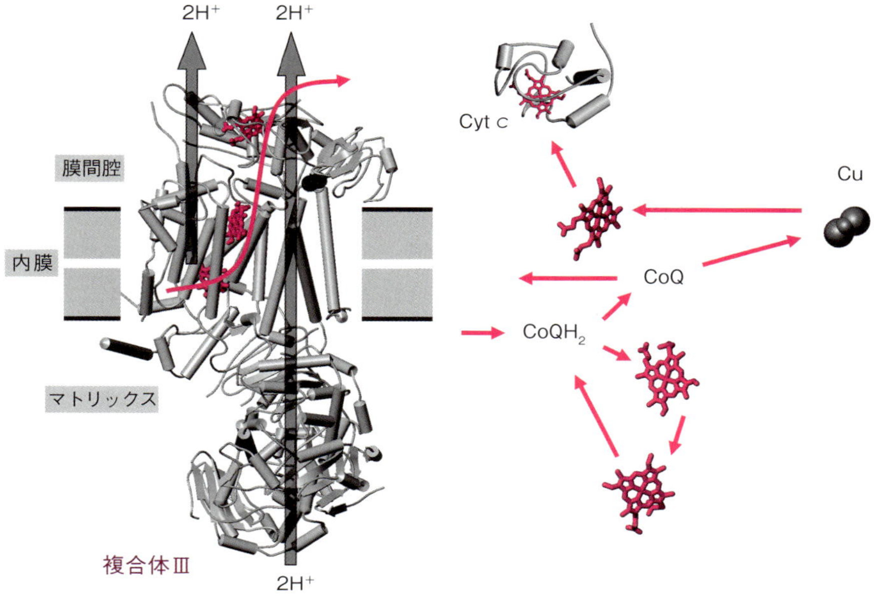

図 5-37　複合体Ⅲの分子モデル
実際にはここで示した分子が 2 つ集合して二量体を形成している．矢印は電子が伝達される方向と H^+ の輸送方向を示す．

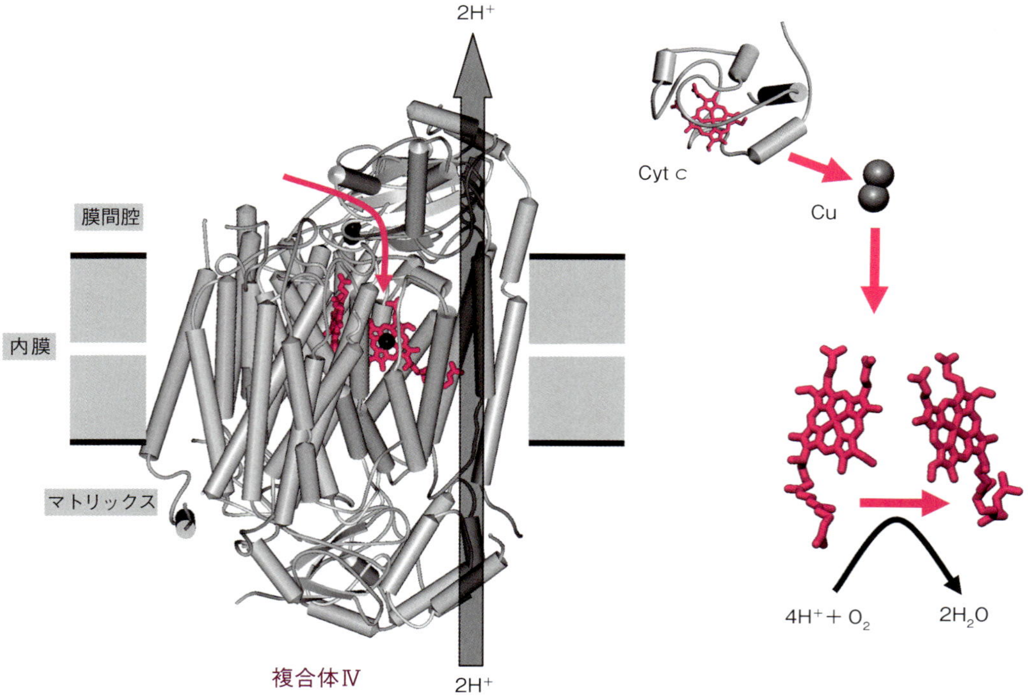

図 5-38　複合体Ⅳの分子モデル
実際にはここで示した分子が 2 つ集合して二量体を形成している．矢印は電子が伝達される方向と H^+ の輸送方向を示す．

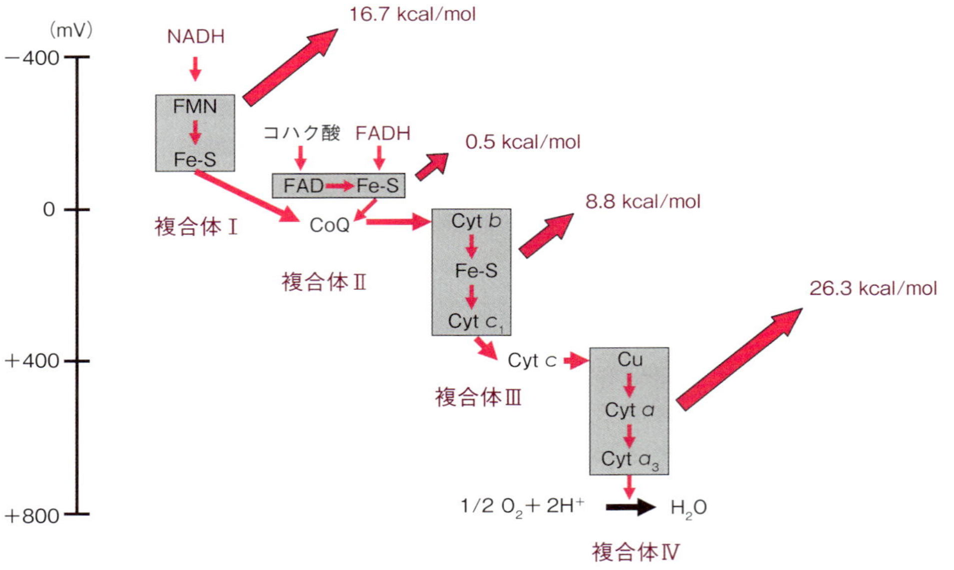

図 5-39　電子伝達と自由エネルギーの放出
酸化還元電位（縦軸）の値と複合体の相対的な位置関係を示す．発エルゴン反応（標準還元電位がプラスの方向に反応）として進行する電子の伝達過程では，自由エネルギーが放出される．矢印は電子伝達の流れの方向と，放出される自由エネルギーの量を示す．

ミトコンドリアの内膜に組み込まれている一連の電子伝達系は，4 種類の呼吸複合体（複合体Ⅰ，Ⅱ，Ⅲ，Ⅳ）を中心に構成されている（図 5-34）．複合体Ⅰは FMN をもつフラボプロテインと，Fe-S センターをもつタンパク質が中心となって構成されており，FMN と Fe-S が酸化還元反応の中心的な役割を果たしている（図 5-35）．この複合体Ⅰでは，NADH から CoQ に電子が伝達され，その際に放出されるエネルギーの多くが，内膜を横切った H^+ の輸送に用いられる．その結果，1 分子の NADH あたり，4 個の H^+ がマトリックス内から膜間腔（内膜と外膜の間の隙間）に輸送される．

複合体Ⅱは，TCA 回路を構成する酵素のコハク酸デヒドロゲナーゼ（コハク酸をフマル酸に変換する），FAD をもつフラボプロテイン，そして，Fe-S センターをもつタンパク質などが中心となって構成されている複合体である．複合体Ⅱでは，コハク酸が酸化されてフマル酸に変換される際に放出される電子が，FAD や Fe^{2+} の酸化還元反応を経由して CoQ に伝達される．ここでは，マトリックス内から膜間腔への H^+ の輸送は行われない（図 5-36）．

複合体Ⅰや複合体Ⅱから電子を受け渡されて還元型になった CoQ-H_2 は，複合体Ⅲに電子を伝達する．複合体Ⅲはいくつかの種類のシトクロム（cytochrome，Cyt と略す）と Fe-S センターをもつタンパク質複合体である．CoQ-H_2 から伝達された電子は，Cyt と Fe-S に順次伝達され，最後に電子を受け渡されたシトクロム *c*（Cyt-*c*）が，次の複合体Ⅳに電子を伝達する．これらの酸化還元反応のエネルギーにより，4 個の H^+ が内膜を横切ってマトリックス内から膜間腔に輸送される（図 5-37）．

Cyt-*c* を経由して複合体Ⅳに伝達された電子は，最後に O_2 に伝達され，O_2 が還元されて水が産生される．複合体Ⅳは 2 種類の Cyt と Cu センターをもつタンパク質複合体で，Cyt-*c* からの電子による酸化還元反応のエネルギーで 2 個の H^+ をマトリックス内から膜間腔に輸送している（図 5-38）．

以上のように，電子が電子伝達系の経路を伝達されていく過程で，NADH や $FADH_2$ に蓄えられていた自由エネルギーが順次放出され，そのエネルギーを用いてマトリックスから膜間腔にむけて H^+ が輸送される．その結果，ミトコンドリアの内膜を隔てて H^+ の濃度勾配が形成される（図 5-39）．そして，その H^+ の濃度勾配がもつエネルギーにより ATP 合成酵素が駆動されて，ATP が産生される．

b. ATP 合成酵素

ミトコンドリアの ATP 合成酵素は，F_0 サブユニットと F_1 サブユニットと呼ばれる 2 つのタンパク質複合体

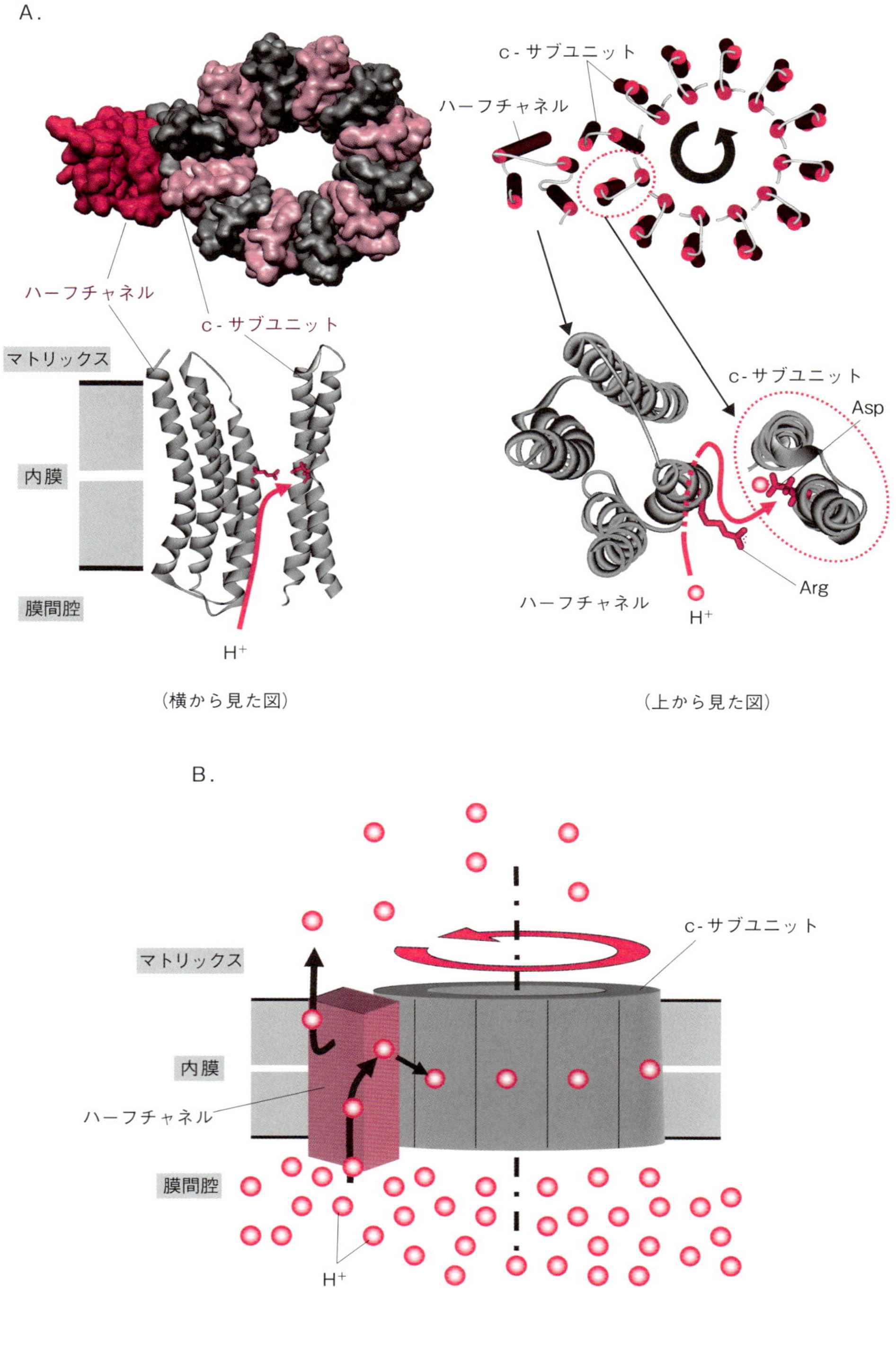

図 5-40　ATP 合成酵素の F_o サブユニットの回転と水素の移動

A： H^+ はハーフチャネルのアルギニン（Arg）を経由して c サブユニットのアスパラギン酸（Asp）のカルボキシ基と結合する．**B：** c サブユニットのアスパラギン酸への H^+ の結合が次々と起こり，ローターが回転する．アスパラギン酸に結合している H^+ は 1 回転してハーフチャネルまで戻ると，c サブユニットから遊離して膜の反対側に放出される．9 ～ 14 個（c サブユニットと同じ数）の H^+ が膜の反対側に移動することにより，ローターが 1 回転する．黒い矢印は H^+ の移動方向を示す．

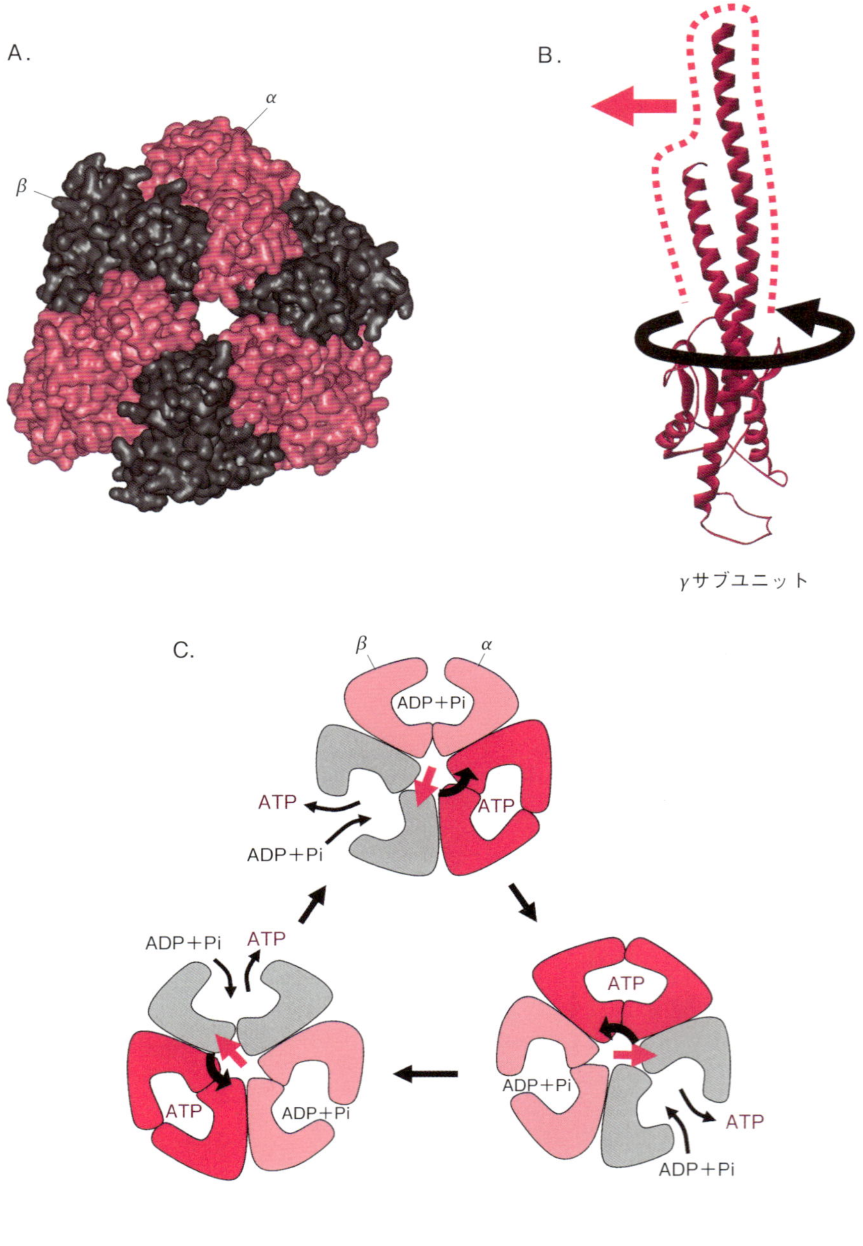

図 5-41　ATP 合成酵素の γ サブユニットの回転にともなう ATP の合成

A：ATP 合成酵素の F_1 サブユニットを構成する α, β サブユニット複合体．**B**：α, β サブユニット複合体を貫いて回転する γ サブユニット．赤い矢印と黒い矢印は，それぞれ γ サブユニットの突き出た方向とその回転方向を示す．**C**：γ サブユニットが 1 ステップ 120° で 1 回転（3 ステップ，360°）すると 3ATP が合成される．赤い矢印と太い黒い矢印は，それぞれ γ サブユニットの突き出ている方向とその回転方向を示す．

から構成されている（図5-17）．F_0サブユニットは，合計12～17個のタンパク質からなり，ミトコンドリアの内膜を貫通して存在している．そして，F_1サブユニットは合計9～10個のタンパク質からなり，F_0サブユニットと結合してマトリックス内に突き出ている．

F_0とF_1サブユニットはそれぞれ独特の機能をもっている．たとえば，分離されたF_1にATPを加えると，そのATPを加水分解したエネルギーにより，γタンパク質が回転運動をする．つまり，F_1サブユニットの部分は，ATPを加水分解したエネルギーによりモーターのような回転運動をする機能ももっている．そのために，F_1サブユニットはF_1-ATP分解酵素（F_1-ATPase）とも呼ばれている．また，F_0サブユニットの部分は，H^+を通すイオンチャネルのような部分とH^+を結合して回転運動する機能をもった部分から構成されている．ATP合成酵素としての役割は，これら両者の機能が合わさって働くことにより可能となっている．

ATP合成酵素は，化学エネルギーを物理的な運動に変換して，その運動をもとにATPの産生を行っている．その際に利用している化学エネルギーは，ミトコンドリア内膜を隔てたH^+の濃度勾配がもつ電気化学ポテンシャルである．濃度勾配に従って，H^+がF_0サブユニット内を通って膜を横切る際に，電気化学ポテンシャルが運動エネルギーへと変換される．

F_0サブユニットの回転運動は，その中にリング状に配列しているcサブユニット（2本のαヘリックス構造からなる）が重要な役割を果たしている（図5-40A）．cサブユニットの中央部にはアスパラギン酸のカルボキシ基（マイナス荷電をもつ）が分布し，それに次々とH^+が結合することにより回転運動が引き起こされると考えられている．つまり，cサブユニットへのH^+の結合が，cサブユニットの構造変化を引き起こし，その変化がF_0サブユニットの回転運動を引き起こすからである．その際にH^+が膜通過をする部分は，特殊なイオンチャネルの働きをしている部分で，その部分の構造と膜通過の様式から，ハーフチャネル（half-channel）と呼ばれている（図5-40B）．

cサブユニットからなるリング構造の回転は，それと結合しているF_1サブユニットのγとεサブユニットの回転運動を引き起こす．その結果，αとβサブユニットからなるリング構造の中心部を貫いているγサブユニットが回転することになる．その際に，γサブユニットの長軸方向に傾きがあるために，それが回転するとαとβサブユニットの構造に物理的なゆがみが引き起こされる（図5-41）．そのゆがみによる物理的な力が，βサブユニットに結合したADPとリン酸を結合させてATPを産生していると考えられている．その際に，γサブユニットの1ステップ（120°の角度）の回転運動で1分子のATPが産生され，1回転（360°の角度）の回転運動で3個のATPが産生される．

F_0サブユニットのリング構造を形成しているcサブユニットの数は，ミトコンドリアで10個，大腸菌で9～12個，葉緑体で14個である．ということは，ミトコンドリアでは10個のH^+がATP合成酵素内を移動して内膜を通過することにより，3個のATPが合成されることになる．つまり，少なくとも約3個のH^+が膜を移動する際に放出する自由エネルギーにより，1個のATPが産生されるという計算になる．

以上に述べたように，解糖，TCA回路，電子伝達系，そして，ATP合成酵素を経ることにより，グルコースに蓄えられたエネルギーがATPの化学エネルギーへと変換される．この過程では，1分子のグルコースから，解糖とTCA回路により，2分子のATP，10分子のNADH，2分子の$FADH_2$，そして2分子のGTPが産生される．その結果，全部で38個のATP（1 NADH ≒ 3 ATP，1 $FADH_2$ ≒ 2 ATP，GTP ≒ ATP）が産生される計算になる．その効率を単純に計算すると，$38 \times (7.3) / 686 = 277.4 / 686 = 0.40$となり，グルコースに蓄えられたエネルギーの約40％がATPのエネルギーとして取り出されたことになる．しかし，実際のATPの自由エネルギーは7.3 kcal / molよりも大きい（10～14 kcal / mol）ので，効率は50％以上にもなると考えられる．

6. 細胞骨格

真核細胞の細胞内には，細胞骨格と呼ばれる繊維状の構造が存在し，さまざまな細胞機能に関与している．細胞骨格には，アクチン繊維（actin filament），微小管（microtubule），そして，中間径繊維（intermediate filament）の3種類が存在する．それらは基本単位となるタンパク質が重合して繊維状の構造を形成したものである．細胞骨格は細胞内に機能的な繊維網を形成し，基本単位の重合と脱重合をくり返しながら，その繊維構造の解体と再構築を頻繁に行っている．それは，細胞骨格が細胞形態の維持，筋細胞の収縮運動や細胞の移動運動，細胞接着，細胞内の物質輸送，そして，細胞分裂の際の染色体分離など, 細胞内に見られる多くの動的な現象に深く関わっているからである．一方，原核細胞では，真核細胞の細胞骨格と類似のタンパク質が存在するものの，真核細胞のような繊維構造は見られない．

ここでは，3種類の細胞骨格の構造と機能，それらの繊維構造が形成される際の重合と脱重合の調節に関わる分子の存在，そして，それらの調節分子による調節のしくみなどについて述べる．

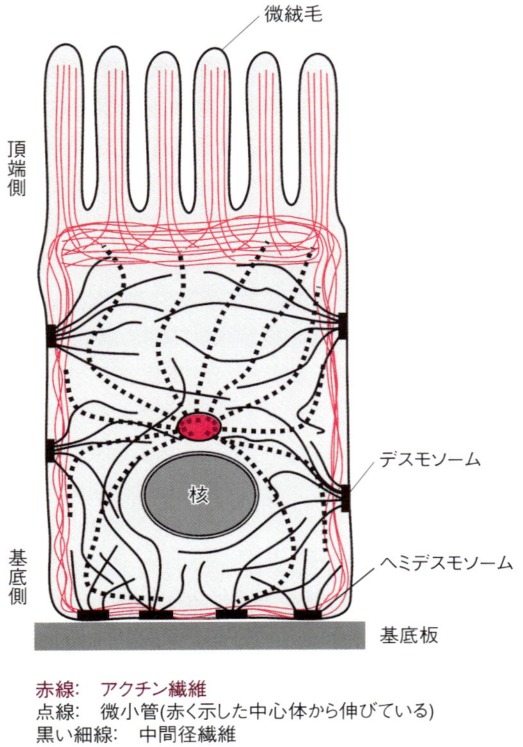

図 6-1 細胞骨格繊維の分布様式
上皮細胞における細胞骨格繊維の典型的な分布パターンを示す．上皮細胞には頂端側（apical）と基底側（basal）の向きがある．アクチン繊維は微絨毛の中と細胞膜直下に多く分布する．微小管は中心体から細胞質に放射状に伸びている．中間径繊維はデスモソームと結合して細胞質に伸びている．上皮細胞の基底側はヘミデスモソームにより基底板と接着している．

6·1 アクチン繊維

a. 基本構造

3 種類の細胞骨格繊維（表 6-1）の構造と機能，そして細胞内の分布（図 6-1）にはそれぞれ特徴がある．アクチン繊維を構成している基本単位は G- アクチンと呼ばれる球状タンパク質である．この G- アクチンが 2 列に連なって重合することにより，2 本の繊維がよじれてできたような細いアクチン繊維（直径 7 ～ 9 nm，F- アクチンとも呼ばれる）が形成される（図 6-2）．アクチン繊維を構成する G- アクチンの構造は，生物種による

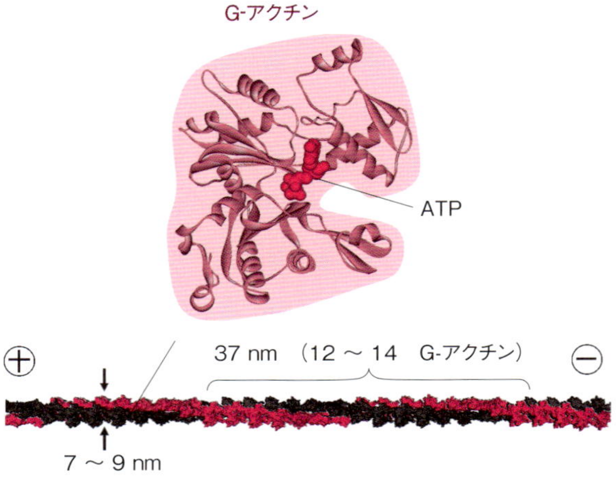

図 6-2 アクチン繊維
G- アクチンが重合して繊維状の F- アクチンが形成される．それぞれの列を色分けして示してある．G- アクチンが一定の向きで重合して形成されるアクチン繊維には，プラス側とマイナス側の向きがある．

表 6-1 3 種類の細胞骨格繊維とその特徴

細胞骨格繊維	繊維の太さ	基本構成単位（分子量，× 10³）	特徴
アクチン繊維（ミクロフィラメント，F- アクチン）	7 ～ 9 nm	G- アクチン（42）	・G- アクチンがらせん状に重合してできた繊維構造（プラスとマイナスの向きがある）． ・繊維構造の形成には ATP が必要． ・柔軟で不安定な繊維構造． ・細胞膜直下や微柔毛に多く分布し，細胞の形態，細胞運動，細胞内の物質輸送に関与．筋細胞の収縮装置の主要構成要素．
微小管（ミクロチューブル）	24 ～ 25 nm	α と β のチューブリンからなるヘテロ二量体（51）	・α と β のチューブリンからなる二量体が重合してできた管状の繊維構造（プラスとマイナスの向きがある）． ・繊維構造の形成には GTP が必要． ・比較的に強固な構造であるが，やや不安定な繊維構造． ・細胞の形態，細胞運動，細胞内輸送，染色体分離などに関与．
中間径繊維	10 nm	α ヘリックス構造を本体とするタンパク質（40 ～ 200）	・ロープ状の繊維構造（向きがない）． ・繊維構造の形成の際には，ATP や GTP を必要としない． ・多くの種類があり，それらの分布には細胞の種類による違いがある． ・安定的で，比較的強固な構造． ・細胞形態の保持，細胞接着，細胞小器官の形態や位置の保持などに関与． ・種類は多いが，共通した分子構造をしている．

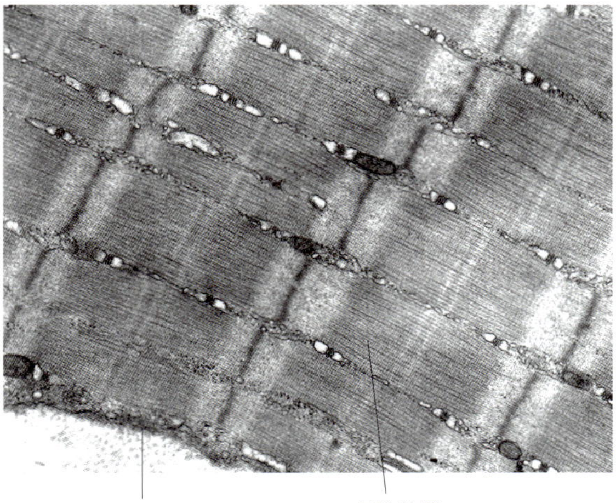

図 6-3　骨格筋細胞の電子顕微鏡写真
骨格筋の細胞質内は収縮装置により占められている．写真は哺乳類の骨格筋を示す．

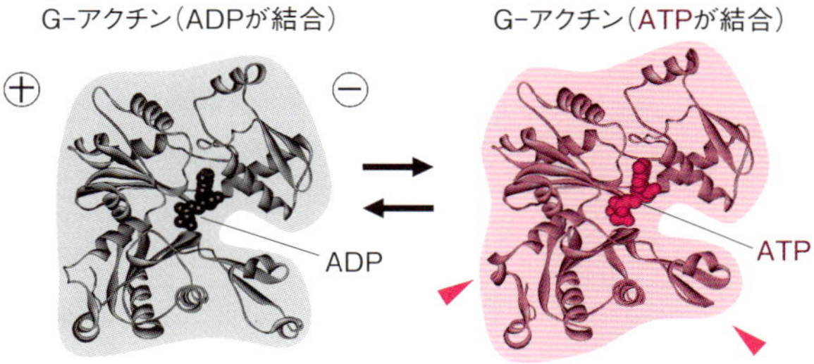

図 6-4　アデニンヌクレオチドを結合した G- アクチンの立体構造の変化
ADP と ATP が結合した G- アクチンの立体構造の違いを示す．三角印で示したところに立体構造の違いが見られる．

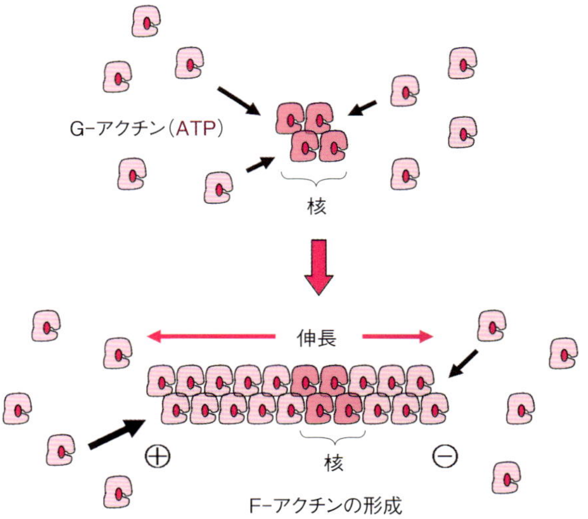

図 6-5　アクチン繊維が重合する際の最初のステップ
ATP を結合した G- アクチンにより，核となる構造が形成されると，その核を中心に G- アクチンが重合して，F- アクチンと呼ばれるアクチン繊維が形成される．＋と−はアクチン繊維の向きを示す．

違いは少なく，たとえば，アメーバとヒトの G- アクチンのアミノ酸配列を比べると，約 80％の相同性を示す．酵母やアメーバでは G- アクチンの遺伝子は 1 つしかないが，ヒトでは G- アクチンの遺伝子が 6 個知られており，それらの N 末端側に分布する 4 〜 6 個の酸性アミノ酸（負の荷電をもつ）が示す特徴から，α，β，γ の 3 つのタイプに分類されている．これらの中の，α- アクチンは筋細胞を中心に分布し，4 種類のアイソフォーム（アミノ酸配列が少し異なる同種類のタンパク質）が存在する．そして，β- アクチンと γ- アクチンは筋細胞以外の一般の細胞を中心に分布している．また，植物細胞では，G- アクチンの種類が多く，G- アクチンの遺伝子が 60 種類以上も知られている．

アクチン繊維は細胞一般に見られるが，とくに多量に存在しているのが骨格筋，心筋，平滑筋などの筋細胞で，それらの収縮装置の主要な構成要素になっている（図 6-3）．収縮装置のよく発達している骨格筋や心筋細胞では，総タンパク質含量の約 10％をアクチンが占めている．一般の細胞でも，アクチンは細胞内の総タンパク質含量の 1 〜 5％を占めている．一般の細胞では，その細胞膜直下，微絨毛の芯，分裂中の細胞の収縮環などに密集して分布している．それらの中でも，筋細胞の収縮装置や微絨毛の芯に分布しているアクチン繊維は，比較的に安定した状態で存在している．一方，活発に移動運動している細胞や分裂中の細胞などでは，アクチン繊維の存在が不安定で，G- アクチンの重合と脱重合が頻繁にくり返され，アクチン繊維の分解と再構築が活発に行われている．

G- アクチンは ATP や ADP と結合する領域をもつとともに，結合した ATP を加水分解する ATPase としての機能ももっている．G- アクチンは ATP と ADP のどちらと結合するかによってその立体構造が変化する（図 6-4）．その構造変化が，G- アクチンの重合や脱重合の際に重要な役割を果たしている．G- アクチンが重合してアクチン繊維を形成する最初のステップでは，重合の核となる構造が形成される．次に，その核を中心に G- アクチンの重合が進行する．その結果，繊維状の構造が形成され，それが伸長してアクチン繊維になる（図 6-5）．アクチン繊維には向きがあり，その繊維の伸長が優位に起こる側がプラス側，そしてその反対側がマイナス側と呼ばれている．

b. アクチン繊維の形成

G-アクチンが重合して繊維構造を形成するためには，Mg^{2+}，K^{+}，Na^{+} などのイオンと，ATP と結合した G-アクチンが必要である．ATP と結合した G-アクチンは互いに安定的に結合する性質がある．そして，重合したアクチン繊維の ATP が加水分解されて ADP になると，その立体構造が変化して，G-アクチンどうしの結合が不安定になり，脱重合し易くなる．脱重合した G-アクチンに結合している ADP が ATP に交換されると，再び立体構造が変化して，重合が可能な状態になる（図 6-6）．このようなアクチン繊維の重合と脱重合，そして，G-アクチンのリサイクルは，多くの種類の調節タンパク質により調節されている．

試験管内における実験結果から，G-アクチンの重合は ATP と結合した G-アクチンの濃度と関係し，濃度の違いにより，プラス側とマイナス側からの重合に違いが見られる（図 6-7）．ATP と結合した G-アクチンの濃度が 0.1 μM 以下では，G-アクチンの重合はどちら側からも起こらない．そして，0.1 μM から 0.6 μM の範囲では，主に，アクチン繊維のプラス側から重合が起こる．それと同時に，アクチン繊維のマイナス側からは ATP が加水分解された G-アクチンの脱重合が起きる．そのた

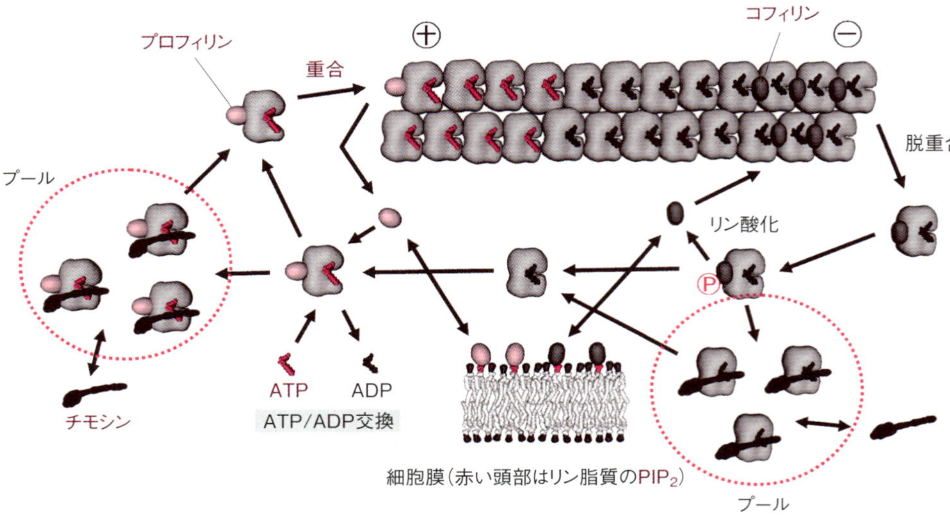

図 6-6　アクチン繊維形成の制御
G-アクチンの重合と脱重合は，G-アクチンに結合するさまざまな調節タンパク質により調節されている．ここでは，よく知られている一部の調節タンパク質の例が示されている．

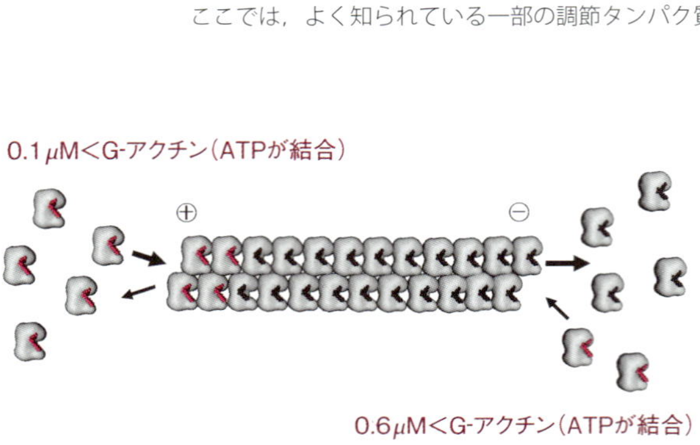

図 6-7　濃度に依存した G-アクチンの重合
ATP を結合した G-アクチンはアクチン繊維のプラス側とマイナス側のどちらからも重合可能であるが，ATP と結合した G-アクチンがマイナス側から重合するのはその濃度が高いときである．

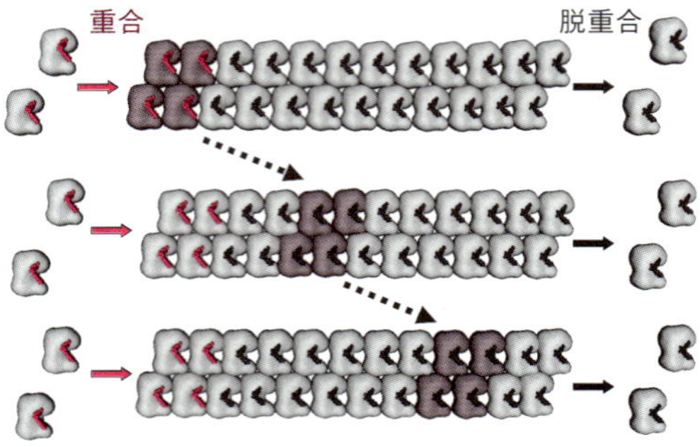

図 6-8　トレッドミリングを示す模式図
一定の条件下では，G-アクチンがアクチン繊維のプラス側から重合して，マイナス側から脱重合する．この状態では，プラス側から重合した G-アクチンがマイナス側に移動していくように見える．

め，プラス側から重合したG-アクチンがしだいにマイナス側に向かって移動していくように見える．この現象はトレッドミリング（tredmilling）と呼ばれている（図6-8）．そして，ATPと結合したG-アクチンの濃度が0.6 μM以上になると，G-アクチンの重合はアクチン繊維のプラス側とマイナス側の両方から起こる．

c. アクチン結合タンパク質

実際の細胞内で起きているG-アクチンの重合や脱重合は，試験管内で見られるものよりもはるかに速やかに行われている．それは，アクチン繊維の重合や脱重合を調節しているタンパク質が細胞内に存在するためである．調節タンパク質には多くの種類が存在し，それらはまとめてアクチン結合タンパク質（actin-binding protein：ABP）と呼ばれている．アクチン結合タンパク質の中でよく知られているものを表に示した（表6-2）．それらの役割は，たとえばG-アクチンと結合してADPとATPの交換を調節したり，G-アクチンどうしの結合を弱めたりすることにより，アクチン繊維の重合や脱重合を調節することである．さらに，アクチン繊維を結合したり平行に束ねたりして，アクチン繊維の立体構築も調節している．以下に，それらのアクチン結合タンパク質のいくつかの例とその役割について述べる．

ゲルゾリン（gelsolin）

その名が示すように，細胞質のゲル状態からゾル状態への移行を引き起こすタンパク質である．このゲルゾリンはCa^{2+}結合タンパクでもある．細胞内のCa^{2+}が上昇して，ゲルゾリンにCa^{2+}が結合すると，その立体構造が変化してアクチン繊維と結合できるようになる．アクチン繊維と結合したゲルゾリンは，アクチン繊維を切断する．そして，切断した部分のプラス端を覆うように結合（cappingと呼ばれている）することにより，切断されたアクチン繊維が再重合するのを阻止している（図6-9）．ゲルゾリンにフォスファチジルイノシトール-2-リン酸（PIP_2，phosphatidylinositol-4,5-bisphosphate）が結合すると，アクチン繊維からゲルゾリンが離れるので，切断されたアクチン繊維は再利用される．

表6-2　アクチン結合タンパク質

分類	タンパク質	分子量（×10^3）	その他
脱重合促進・アクチン繊維の切断	コフィリン	15	G-アクチンの脱重合の促進
	セベリン	40	アクチン繊維の切断
	ゲルゾリン	87 ～ 90	プラス端に結合，アクチン繊維の切断，再重合の阻害
	ビリン	92 ～ 95	プラス端に結合，アクチン繊維の切断，重合調節
アクチン繊維末端のキャッピング・重合の核	ARP2/3	200	マイナス端に結合，重合の核となる
	CapZ	32 ～ 36	プラス端に結合，アクチン繊維の維持
	トロポモジュリン	40	マイナス端に結合
重合の調節	チモシン	5	G-アクチン－ATPを隔離
	プロフィリン	12 ～ 15	重合の促進
アクチン繊維間の連結	α-アクチニン	100	アクチン繊維の連結，サルコメア
	フィンブリン	68	アクチン繊維の連結，微絨毛
	フィラミン	270	アクチン繊維の連結，交差繊維

よく知られているアクチン結合タンパク質について，それらが果たしている役割で分類した表を示す．

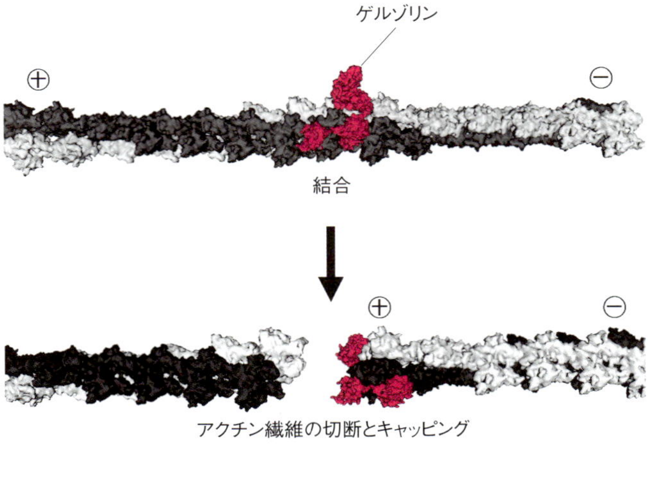

図6-9　ゲルゾリンによるアクチン繊維の切断とキャッピング
ゲルゾリンはアクチン繊維に結合して，アクチン繊維を切断する．ゲルゾリンは切断された部分のプラス端に結合（キャッピングと呼ばれる）することにより，その断端にG-アクチンや他のアクチン繊維などが結合できないようにしている．

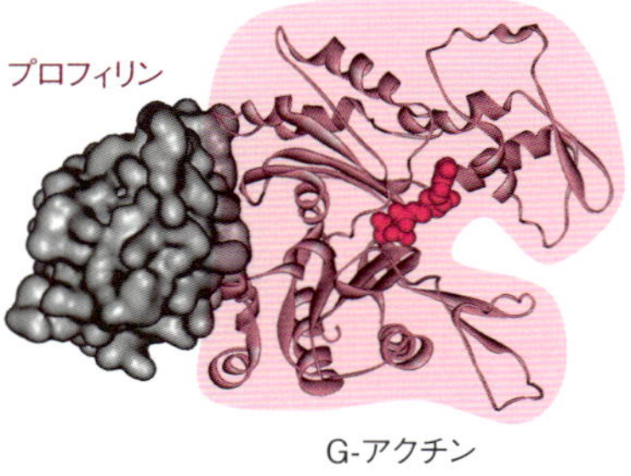

図 6-10　プロフィリンと G- アクチンの結合を示す分子モデル

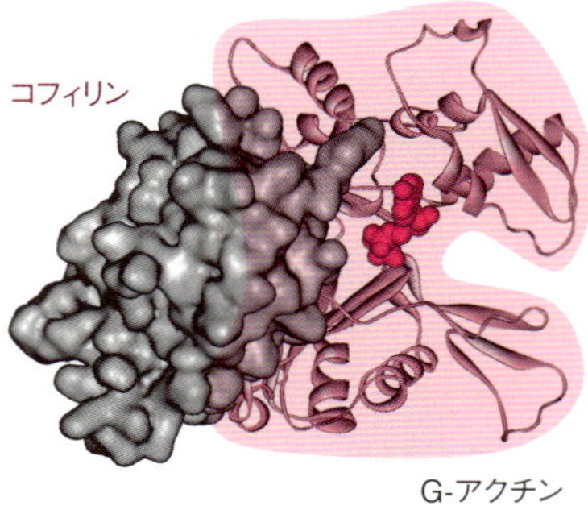

図 6-11　コフィリンと G- アクチンの結合を示す分子モデル

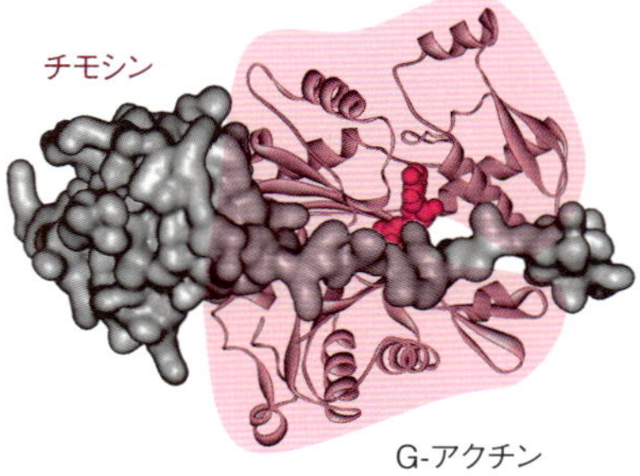

図 6-12　チモシンと G- アクチンの結合を示す分子モデル

プロフィリン（profilin）

プロフィリンは，ADP を結合した G- アクチンのプラス側に結合してその構造を変形させ，ADP と ATP が交換されるのを促進している．つまり，プロフィリンが G- アクチンに結合すると，ADP が結合している領域（ポケットとも呼ばれている）が広がるので，ADP と ATP の交換が促進されるからである（図 6-10）．その働きのために，プロフィリンはアクチン ATP 交換因子（actin ATP-exchange factor）とも呼ばれている．プロフィリンが G- アクチンに結合することにより，ADP と ATP の交換速度は大きく（～ 1000 倍）増加して，アクチン繊維の形成が促進される．また，プロフィリンは G- アクチンのプラス側に結合するために，プロフィリンが結合した G- アクチンは，プロフィリンが邪魔をしてアクチン繊維のマイナス側からの重合を阻害する．このことは，G- アクチンがアクチン繊維のマイナス側から重合しにくいことに，プロフィリンも関与していることを示している．プロフィリンは PIP_2 と結合する領域をもち，通常は，細胞膜の PIP_2 と結合して細胞膜上にストックされている．そして，必要に応じてそこから分離されると G- アクチンと結合する．

コフィリン（cofilin）

コフィリンはアクチン繊維が脱重合するのを促進するために，アクチン脱重合因子（actin-depolymerizing factor）とも呼ばれている．コフィリンは，ADP を結合したアクチン繊維と結合して，その構造をゆがめることにより，アクチン繊維の脱重合を促進する（図 6-11）．脱重合した後，コフィリンが結合した状態の G- アクチンは，ADP と ATP の交換が妨げられるために，そのままではアクチン繊維への再重合ができない．G- アクチンと結合したコフィリンは特定部位のアミノ酸がリン酸化されると，G- アクチンから離れる．G- アクチンから離れたコフィリンは，プロフィリンと同じように，細胞膜の PIP_2 に結合して細胞膜上にストックされ，必要に応じてそこから分離されて利用される．

チモシン（thymosin β4）

チモシンは小型（分子量が 5×10^3）のタンパク質で，細胞内に多量に存在する．G- アクチンと結合したチモシンは，その重合を阻害する．チモシンは ADP が結合している領域を横切るように結合するので，それが結合した G- アクチンは，ADP と ATP の交換や，アクチン繊維への再重合などが阻害される．そのために，チモシンが結合した G- アクチンは重合できずに，細胞内にプールされた状態になる．このことは，チモシンが G- アクチンを細胞内にプールする役割を果たしていると考えることもできる（図 6-12）．

キャッピングタンパク質（capping proteins）

キャッピングタンパク質はアクチン繊維の末端に結合するタンパク質の総称で，アクチン繊維の解体や構築などの調節に関わっている．キャッピングタンパク質には，アクチン繊維のプラス端に結合するキャップ Z（capZ），ゲルゾリン，ビリン（villin），そして，マイナス端に結合する ARP2/3，トロポモジュリン（tropomodulin）などが知られている．ここでは，その性質が比較的に詳しく調べられている ARP2/3 について述べる．ARP2/3 は G- アクチンとよく似た構造の ARP2 と ARP3 を中心に，全部で 7 つのタンパク質から構成された複合体で，アクチン繊維が重合する際の起点として働いている．つまり，ARP2/3 を起点に G- アクチンが重合してアクチン繊維が成長する．この ARP2/3 は，すでに形成されているアクチン繊維の側面に結合するので，そこから一定の角度で枝分かれしたようにアクチン繊維が重合する（図 6-13）．このような分枝構造は，移動中の細胞の先端部に形成された葉状仮足（lamellipodium）内に見られる．

架橋タンパク質（cross-linking proteins）

細胞内のアクチン繊維は，平行繊維として束ねられていたり，網目状に立体構築されていたりする場合が多い．それらの構造を形成しているのが，アクチン結合タンパク質の一種の架橋タンパク質である．架橋タンパク質には，並列したアクチン繊維を架橋するものや，交差したアクチン繊維を架橋するものなどがある．前者には，α-アクチニン（α-actinin）（図 6-14）やフィンブリン（fimbrin）（図 6-15）などが知られている．後者にはフィラミン（filamin）（図 6-16）が知られている．

α-アクチニンはその N 末端側にアクチン繊維と結合する領域をもち，同じ 2 分子がペアになったホモ二量体で機能し，平行に走行するアクチン繊維を約 40 nm の間隔で架橋している．筋細胞の収縮装置の中に平行繊維として分布するアクチン繊維は，Z 帯と呼ばれる部分でα-アクチニンにより架橋され，一定の間隔で束ねられている．フィンブリンは 1 分子で機能し，平行に走行するアクチン繊維を約 14 nm の間隔で架橋して束ねている．微絨毛（microvilli）の中を平行に走行しているアクチン繊維束は，このフィンブリンにより束ねられている例である（図 6-17）．

フィラミン（filamin）は交差するアクチン繊維を架橋している．フィラミンはその N 末端側にアクチン繊維と結合する領域があり，C 末端側にはフィラミンどうしで結合する領域がある．そのために，アクチン繊維と結合した 2 分子のフィラミンどうしが互いに結合することにより，交差するアクチン繊維を架橋している．

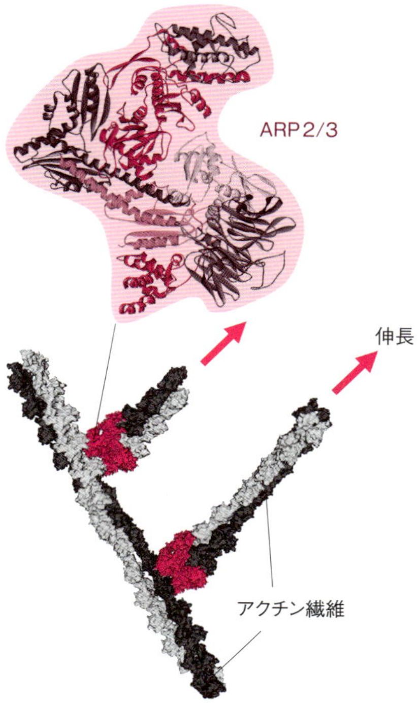

図 6-13　ARP 2/3 の構造とアクチン繊維の形成を示す分子モデル
ARP2/3 は 7 つのタンパク質からなる複合体である．ARP2/3 はアクチン繊維の側面に結合し，その部分から約 70°の角度で枝分かれするように，新たなアクチン繊維の形成を引き起こす．

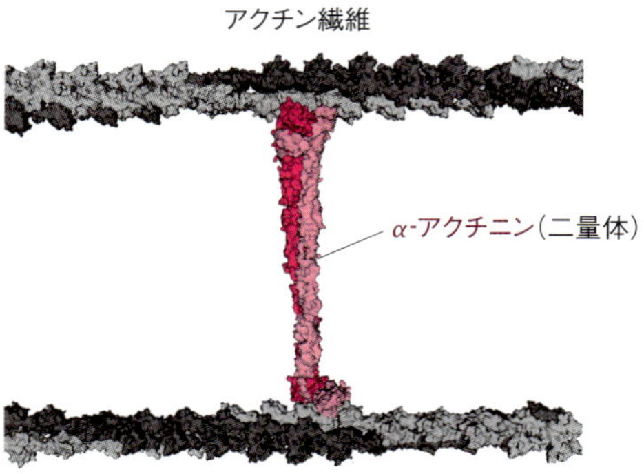

図 6-14　α-アクチニンによるアクチン繊維の連結を示す分子モデル
α-アクチニンのホモ二量体は平行に走行するアクチン繊維を約 40 nm の間隔で連結する．

アダプタータンパク質

アクチン繊維は細胞膜直下に多量に存在し，アクチン繊維網を形成している．それらはしばしば細胞膜と結合し，細胞の形態維持や細胞運動などに重要な役割を果たしている．アクチン繊維と細胞膜の結合は，アクチン結合タンパク質を介して細胞膜と結合している場合や，細胞膜の膜貫通タンパク質と直接，あるいは，アクチン結合タンパク質を介して間接的に結合している場合などがある．その際のアクチン結合タンパク質は，アダプタータンパク質（adapter protein）とも呼ばれている．それらのアダプタータンパク質の中でも重要な役割を果たしているものには，たとえば，膜貫通タンパク質のインテグリンやカドヘリンとアクチン繊維の結合を介在している，タリン（talin）やビンキュリン（vinculin），そして

図 6-15　フィンブリンによるアクチン繊維の連結を示す分子モデル
フィンブリンは平行に走行するアクチン繊維を約 14 nm の間隔で結合する.

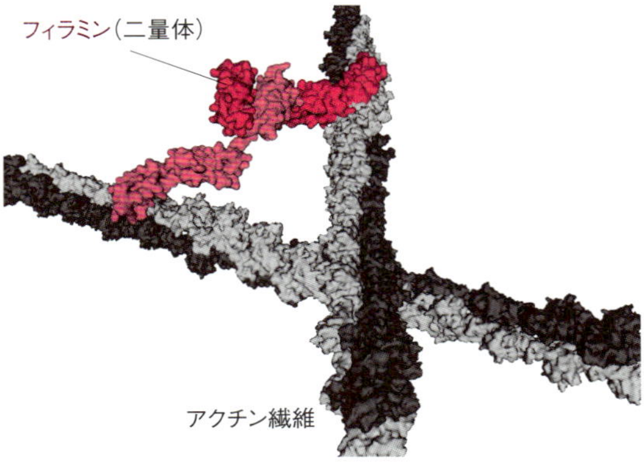

図 6-16　フィラミンによるアクチン繊維の連結を示す分子モデル
フィラミンのホモ二量体は交差するアクチン繊維を結合する.

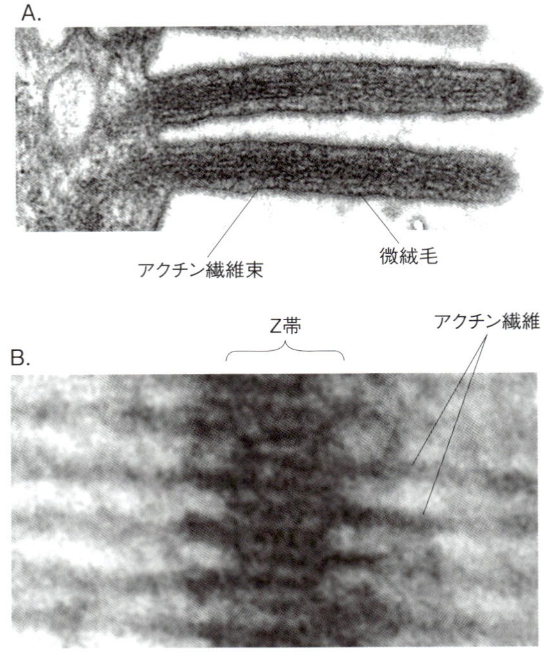

図 6-17　アクチン繊維の束を示す電子顕微鏡写真
A：消化管の上皮細胞に見られる微絨毛．微絨毛の中にはフィンブリンに束ねられたアクチン繊維の束が存在する．**B**：骨格筋の収縮装置の Z 帯．アクチン繊維はこの部分で α- アクチニンにより束ねられている.

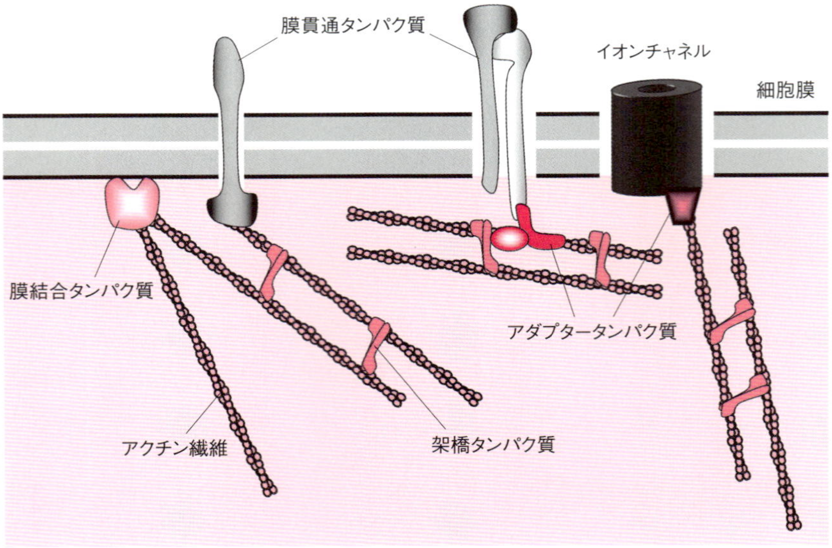

図 6-18　アクチン繊維と細胞膜の結合
アクチン繊維は膜結合タンパク質や膜貫通タンパク質と結合して，細胞膜に連結されている.

イオンチャネルの Na^+-K^+ ATPase とアクチン繊維の結合を介在しているアデューシン(adducin)などがある(図6-18).

6・2　微 小 管

a. 基本構造

微小管を構成する基本単位は，α-チューブリンとβ-チューブリンがペアとなったヘテロ二量体である．これらの他にも，γ-チューブリンが存在するが，このγ-チューブリンは微小管の構成要素ではなく，微小管が形成される際の重合の起点として働いている．微小管は，α-チューブリンとβ-チューブリンのヘテロ二量体が重合して形成された外径が 24 ～ 25 nm（内径が約 14 nm）の管状の構造をしている（図 6-19 ①）．微小管を構成するヘテロ二量体は一定の向きで重合するので，形成された微小管には向きがある．その向きは，β-チューブリンが末端に存在する方がプラス側，そして，α-チューブリンが末端に存在する方がマイナス側である．機能的な面から，プラス側は微小管が伸長する方向として定義されている．

ペアを形成するα-チューブリンとβ-チューブリンの構造はよく似ているが，それらの性質は大きく異なる．α-チューブリンは GTP と結合することはできるが，それを加水分解したり，GDP と交換したりすることはできない．つまり，いつも GTP と結合した状態にある．一方，β-チューブリンは GTP と GDP の両方に結合することができ，GTP を加水分解する GTPase としての酵素機能ももっている．

チューブリンのヘテロ二量体は，一定の条件下（GTP や Mg^{2+} の存在，37℃くらいの温度など）では，重合や脱重合が自動的に起きる．その際に，β-チューブリンに GDP が結合したヘテロ二量体どうしよりも，GTP を結合したものどうしのほうが，より安定的な重合を維持する．これは，GDP と GTP が結合したβ-チューブリンの立体構造の違いが関係すると考えられる．微小管の重合と脱重合はプラス側とマイナス側の両方から可能であるが，その構造上，重合はプラス側からより起き易くなっている．それゆえ，微小管はプラス側から伸長する．このような性質をもつチューブリンの重合と脱重合は，β-チューブリンの GDP と GTP の交換や，GTP の加水分解を中心に制御されている．

b. 微小管の形成

チューブリンの二量体が重合して微小管が形成される際の実験的なモデルでは，最初に，チューブリンの二量体が一列に重合してプロトフィラメントと呼ばれる構造が形成される．次に，それが 13 本並列に重合してシー

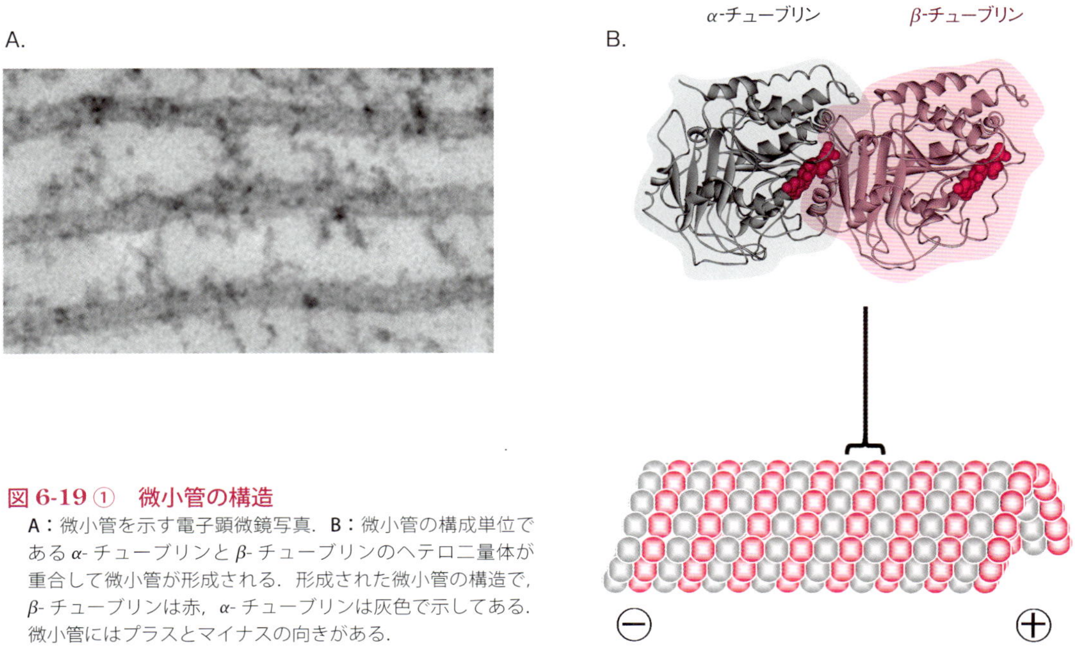

図 6-19 ①　微小管の構造
A：微小管を示す電子顕微鏡写真．B：微小管の構成単位であるα-チューブリンとβ-チューブリンのヘテロ二量体が重合して微小管が形成される．形成された微小管の構造で，β-チューブリンは赤，α-チューブリンは灰色で示してある．微小管にはプラスとマイナスの向きがある．

ト状の構造を形成してから，シート構造が管状に丸まって微小管が形成されるというものである（図 6-19②）．この方法により形成された微小管が核となり，それにチューブリンの二量体が重合して微小管が伸長する．

生体外で観察される微小管の伸長は，β- チューブリンに GTP が結合した二量体の濃度に依存している．その濃度が一定の値を超えると，微小管の重合が開始され，それ以下だと微小管の脱重合が起きる．その濃度は臨界濃度（critical concentration）と呼ばれ，おおよそ 0.03 μM とされている（図 6-19③）．GTP を結合した二量体の重合は，微小管のプラス側から優勢に行われ，重合してからしばらくするとその GTP が加水分解されて GDP になる．GTP の加水分解は微小管を構成するヘテロ二量体の立体構造を変化させ，二量体どうしの結合を不安定にして，微小管の脱重合を引き起こす．

GTP を結合した二量体の濃度が高く，重合した二量体の GTP が加水分解される前に次々と新たな重合が起これば，伸長している微小管のプラス側に GTP を結合した二量体が集積することになる．この集積は GTP キャップと呼ばれ，GTP キャップが形成されている状態

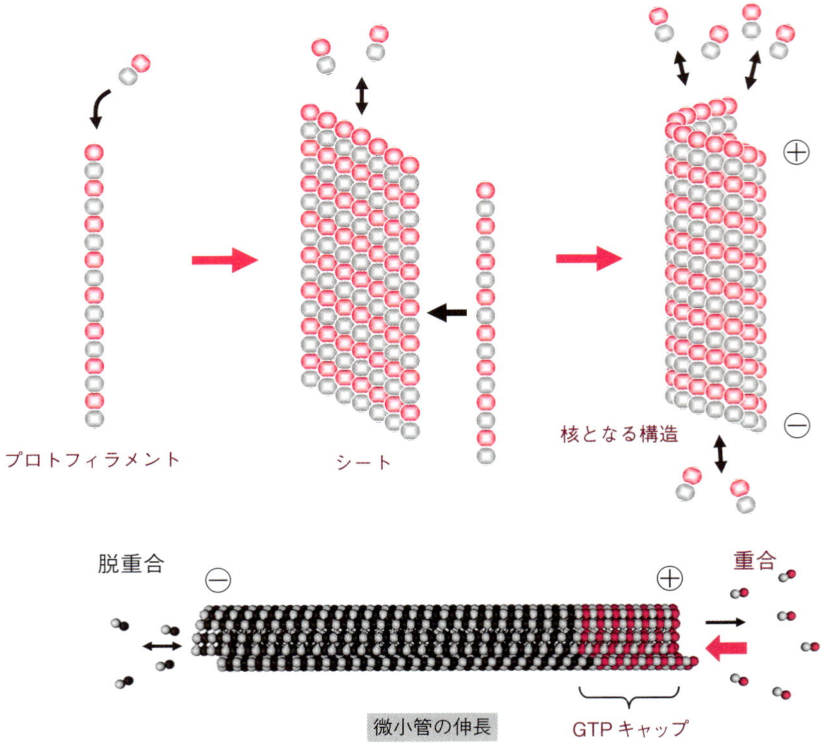

図 6-19② 微小管の核の形成と微小管の伸長
微小管の形成は，チューブリンの二量体が重合して核となる構造の形成から始まる．核となる構造が形成されると，そこに，次々と二量体が重合して微小管が伸長する．その際には，β- チューブリンに GTP を結合した二量体が，微小管のプラス側を中心に重合する．その一方で，GTP が加水分解されて不安定になった二量体がマイナス側を中心に脱重合する．重合が活発に行われると，プラス側には GTP を結合した状態の二量体が集積するので，その部分は GTP キャップと呼ばれている．

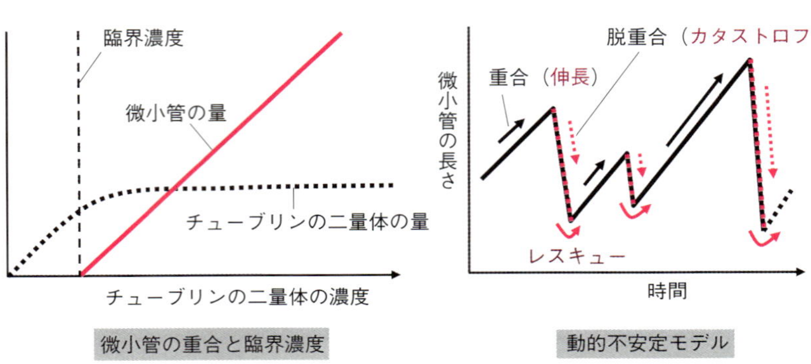

図 6-19③ 微小管の重合と脱重合
微小管の重合は，β- チューブリンに GTP が結合したチューブリンの二量体の濃度に依存し，臨界濃度を超えると微小管の重合が開始される（左のグラフ）．また，微小管は重合と脱重合を頻繁にくり返して，動的に不安定な状態にある（右のグラフ）．

の微小管では伸長が続くことになる．しかしながら，たとえば，GTP を結合した二量体の濃度が減少して新たな重合が減少したり，GTP の加水分解が速やかに行われたりして，GTP キャップが消失してしまうと，微小管の脱重合が引き起こされる．

微小管の脱重合は，主に，プラス側から急激に引き起こされ，その破局的な状況からカタストロフ（catastrophe）と呼ばれている．そのままでは，微小管は完全に脱重合して消失してしまう．そのような状態に陥っても，再び β- チューブリンに GTP を結合した二量体の濃度が上昇すれば，重合が再開して微小管は伸長に転じる．このように，微小管のカタストロフから伸長へと転換させる現象は，レスキュー（rescue）と呼ばれている（図 6-19 ③）．

細胞質内に広く分布する微小管は細胞質微小管（cytoplasmic microtubule）と呼ばれ，アクチン繊維と同じように重合と脱重合を頻繁にくり返している．それは，細胞の形態や運動機能の変化など，さまざまな細胞機能の動的な変化に応じて，微小管の再構築や解体が頻繁にくり返されているからである．このような状態は動的不安定（dynamic instability）と呼ばれている．その一方，繊毛や鞭毛の内部には，軸糸微小管（axonemal microtubule，図 6-22）と呼ばれる比較的に安定した状態の微小管が存在する．それらは，一般の微小管とは異なる特殊な構造（ダブレット構造）をしている．その他にも，中心体の中心子を構成するトリプレット構造と呼ばれる特殊な微小管が存在する．

細胞内における微小管の形成は，重合の起点となる構造から引き起こされると考えられている．微小管が重合する際の起点となるのは γ-TuRC（γ-tubulin ring complex）と呼ばれる構造である．γ-TuRC はグリップと呼ばれるタンパク質複合体に，γ- チューブリンが座金のような形で円形に 12 ～ 14 個重合したものである．微小管の重合は，この γ- チューブリンにヘテロ二量体を構成する α- チューブリンが結合することにより開始される（図 6-21）．動物細胞では，γ-TuRC が MTOC（mcrotubule organizing center）に分布しているので，MTOC が重合の起点となり，微小管は伸長方向をプラス端にして細胞質内を放射状に伸びている（図 6-22）．この MTOC は，一般に中心体（centrosome）と呼ばれている構造で，動物細胞の間期の細胞では核の周辺に 1 つだけ存在する．しかし，細胞分裂に先立って複製され

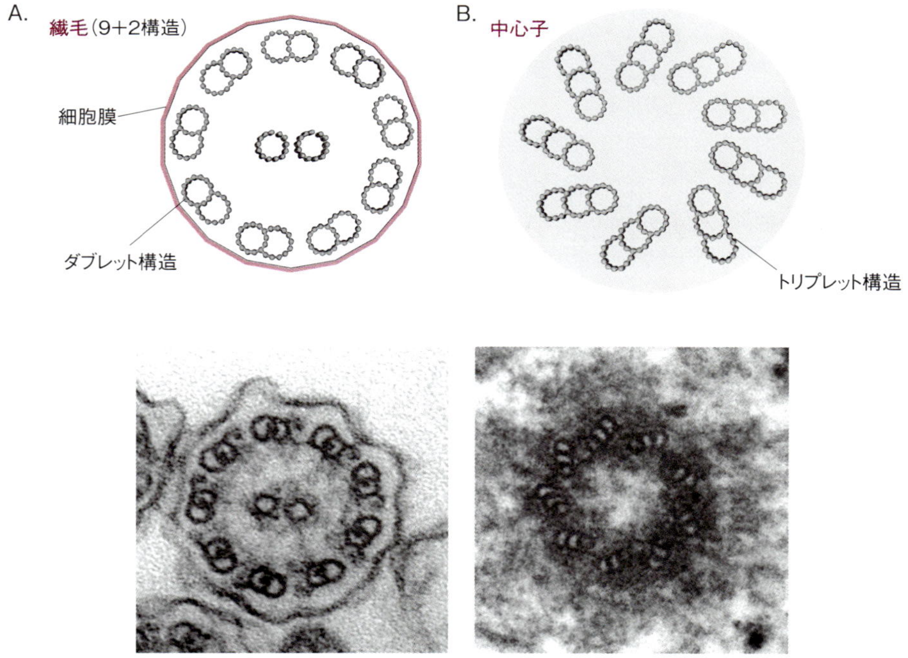

図 6-20　微小管の特殊な形態
A：繊毛や鞭毛に存在する 9 ＋ 2 構造の中のダブレット構造をした微小管．その模式図と電子顕微鏡写真を示す．B：中心子を形成するトリプレット構造をした微小管．その模式図と電子顕微鏡写真を示す．

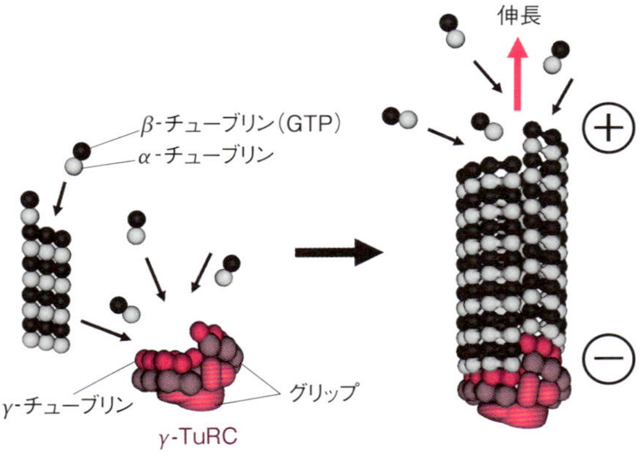

図 6-21　細胞内における微小管の形成
MTOC（中心体）に存在する γ-TuRC が起点となり，そこにチューブリンの二量体が重合することにより，微小管がプラス方向に伸長する.

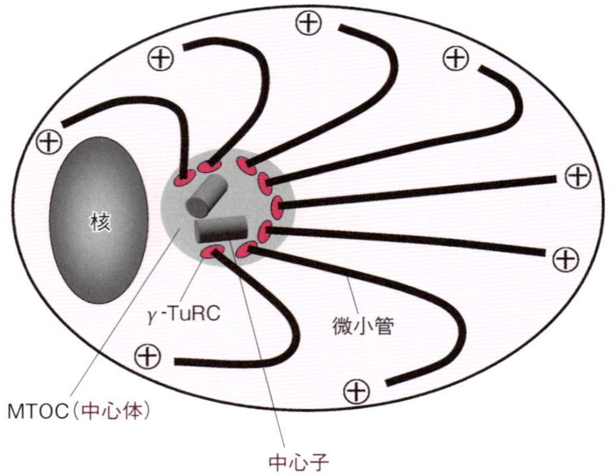

図 6-22　中心体を起点として形成された微小管
動物細胞では，中心体を起点として微小管が形成され，それらは細胞内に放射状に伸びている．微小管の向きは中心体の方向がマイナス側となる.

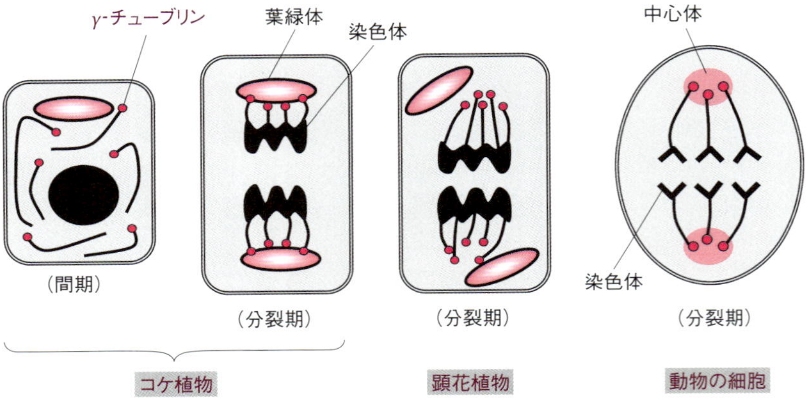

図 6-23　植物細胞に見られる微小管の形成の起点
植物細胞には中心体はないが，γ- チューブリンは存在するので，それを起点として微小管が重合する．γ- チューブリンが中心体に分布する動物細胞と異なり，植物細胞では，γ- チューブリンは細胞質内に散在したり，葉緑体上に分布したりしている.

るので，分裂期の M 期には中心体が 2 つ存在する.

植物細胞では，一般に中心体が存在しない．しかし，微小管は細胞内に普通に形成され，微小管による染色体の分離も動物細胞と同じように行われる．それは，中心体がなくても，微小管が重合する際の起点となる γ- チューブリンが植物細胞にも存在するからである．中心体が存在しない植物細胞では，γ- チューブリンが細胞質内に散在して分布していたり，葉緑体の周囲に集合していたりする．たとえば，コケ植物の胞子形成の際には，葉緑体が分裂して両極に移動すると，その周囲に局在する γ- チューブリンを起点として微小管が形成される．その様子は，葉緑体が動物細胞の中心体の役割を果たしているように見える（図 6-23).

微小管には，微小管結合タンパク質（MAPs：microtubule-associated protein）と呼ばれている多くの種類のタンパク質が結合している．それらには，微小管の構造維持に関与しているタンパク質，微小管上を移動するモータータンパク質（motor protein；7 章参照)，そして，酵素や細胞内情報伝達に関与するタンパク質など，さまざまなものが知られている（表 6-3)．微小管

表 6-3　微小管結合タンパク質

分類	名称	役割
構造的タンパク質	MAP1a，1b	微小管の重合や脱重合の調節，他の細胞骨格との連結，微小管の安定化など
	MAP2a，2b MAP4 Tau	
	stathmin	脱重合を促進する
	γ-チューブリン	マイナス側に結合
	EB1	プラス側に結合
	plectin	微小管と中間径繊維の結合
	katanin	微小管の切断
モータータンパク質	キネシン ダイニン	細胞内の物質輸送
酵素	タンパク質キナーゼ A（PKA） MAP キナーゼ グリコーゲン合成酵素キナーゼ 3β（GSK-3β）	アミノ酸のリン酸化
細胞内情報伝達系のタンパク質	Rac 三量体 G タンパク質	細胞内における情報の伝達

よく知られている微小管結合タンパク質を，それらが果たしている役割で分類してある．

の構造維持に関与しているタンパク質には，微小管の構造の安定化，微小管の切断，チューブリンの脱重合促進など，微小管の構築や解体などに関わるものから，微小管どうしの結合や，微小管と他の細胞骨格繊維や生体膜などとの結合に関与しているものなどがある．また，モータータンパク質は微小管に沿って移動しながら，細胞内の物質輸送を行っている．酵素タンパク質には，微小管結合タンパク質の結合を調節しているリン酸化酵素や脱リン酸化酵素などがある．

6・3　中間径繊維

中間径繊維には多くの種類が存在し，哺乳類では 6 つに分類された約 40 種類の中間径繊維が知られている．その一部の例を表に示す（表 6-4）．中間径繊維の場合も，アクチン繊維や微小管などと同じように，基本単位のタンパク質が重合することにより形成される．しかしながら，その重合のしくみはアクチン繊維や微小管などとは大きく異なる．たとえば，重合の際に ATP や GTP などのヌクレオチドを必要としない．

中間径繊維を構成する基本単位の構造は，α ヘリックス構造をしたコア部と N 末端側の頭部からなる．中間径繊維の重合モデルはいくつかあるが，ここでは，そのうちの 1 つを示す．基本単位の 2 分子がコア部でねじれるようにして同じ向きで重合し，二量体を形成する．次に，その二量体どうしが，少しずれた位置で逆向きに重合し，四量体を形成する．この四量体が，縦に一列に重合することにより，プロトフィラメントが形成される．このプロトフィラメントが 2 本束になってプロトフィブリルを形成し，さらにそのプロトフィブリルが 8 本集まって束になったものが，直径 10 nm の中間径繊維である（図 6-24）．細胞内では，中間径繊維結合タンパク質と呼ばれるタンパク質により，中間径繊維どうしや，中間径繊維とアクチン繊維や微小管などが連結されている．中間径繊維結合タンパク質には，たとえば，プレクチン（plectin）やフィラグリン（filaggrin）などが存在し，それらが中間径繊維を含めた細胞骨格繊維の複雑な網目構造を形成して，細胞の形態，運動，細胞内輸送などの細胞機能に重要な役割を果たしている（図 6-25）．

中間径繊維は細胞内で比較的安定な状態で存在し，細胞どうしの接着や形態保持などに働いており，物理的に力のかかる細胞（表皮細胞，筋細胞，神経細胞など）に

表 6-4　中間径繊維の分類

タイプ	名称	分布
Type Ⅰ	酸性ケラチン	表皮
Type Ⅱ	塩基性ケラチン	表皮
Type Ⅲ	デスミン ビメンチン GFAP ペリフェリン	筋細胞 中胚葉由来の多くの細胞 アストログリア細胞 神経細胞
Type Ⅳ	NF-L NF-M NF-H インターネキシン	神経細胞
	ネスチン	胚の神経に発現
Type Ⅴ	ラミン A ラミン B1，B2 ラミン C	核膜の内側に分布

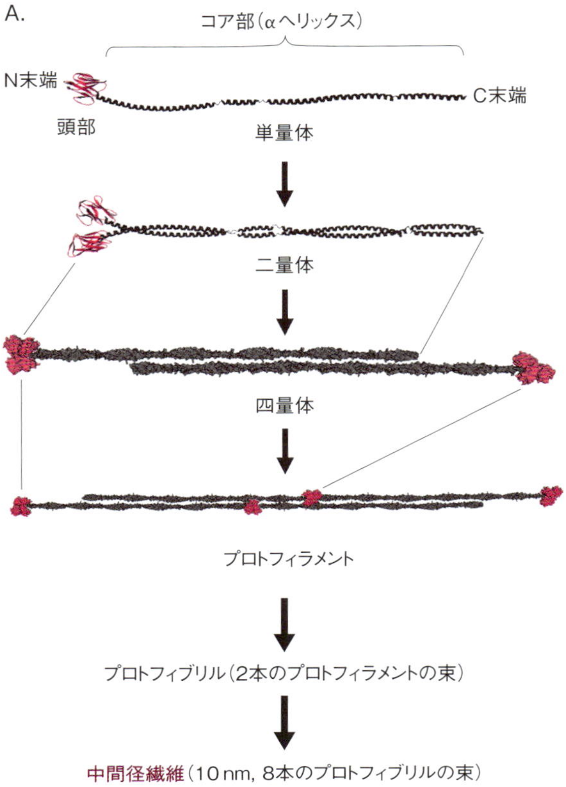

多く見られる．安定な繊維状態で存在する中間径繊維も，細胞分裂のときのように，細胞の内部構造が大きく変化する時には，その分解と再構築が起こる．その際には，構成タンパク質のリン酸化（N 末端にある頭部領域のアミノ酸のリン酸化）により繊維の脱重合が引き起こされる．

B.

図 6-24　中間径繊維の構造
A：中間径繊維の重合モデル．中間径繊維は，その基本構成単位となっているタンパク質が重合して形成される．その際にヌクレオチドは必要としない．B：中間径繊維の電子顕微鏡写真．皮膚の表皮細胞のデスモソームに結合した中間径繊維の一種であるケラチン繊維を示す．

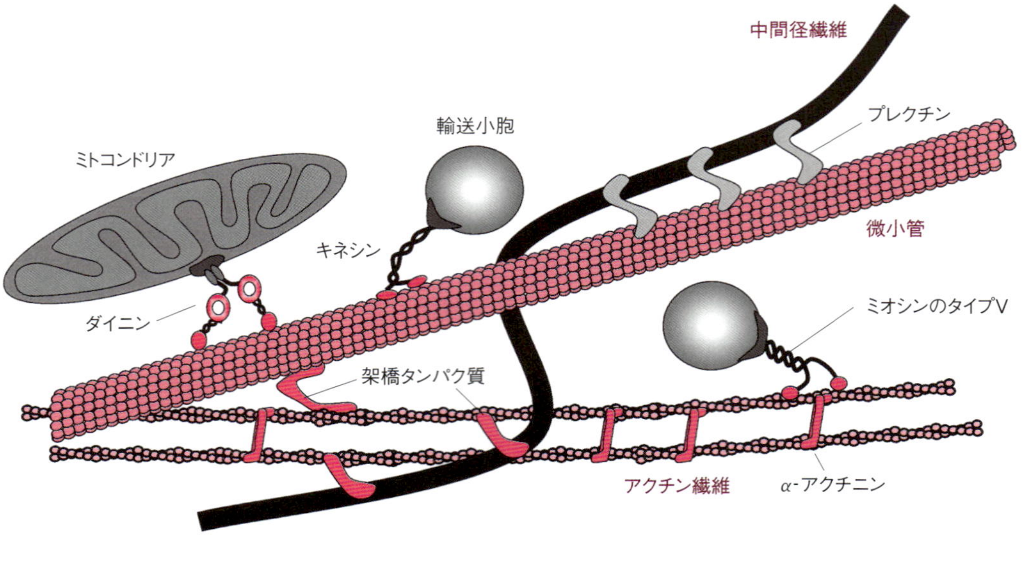

図 6-25　細胞骨格繊維のネットワーク
3 種類の細胞骨格繊維は架橋タンパク質により連結され，機能的なネットワークを形成している．細胞骨格上を移動するモータータンパク質のダイニン，キネシン，ミオシンのタイプVなどがそれらの繊維に沿って荷物を運搬している．

7. 細胞の運動と接着

細胞に見られる運動には，繊毛や鞭毛の運動，細胞の収縮や移動運動，原形質流動，細胞内の物質輸送，そして染色体の分離などさまざまなものがある．真核細胞に見られる細胞の運動の中心は，アクチン繊維や微小管などの細胞骨格繊維に依存するものである．細胞の運動はそれらの繊維に結合するさまざまな種類のタンパク質との間の相互作用により引き起こされる．たとえば，アクチン繊維に結合して細胞の運動を引き起こしているのがミオシンである．そして，微小管と結合して細胞の運動を引き起こしているのがダイニン（dynein）やキネシン（kinesin）などである．これらの分子は，一般に，モータータンパク質とも呼ばれ，ATP の加水分解によるエネルギーを利用してアクチン繊維や微小管に結合しながら，それらの繊維上を移動運動している．

動物や植物では，多くの細胞が集合して結合することにより組織や器官を形成している．その際に重要な役割を果たしているのが，細胞膜に分布する細胞接着分子（cell adhesion molecule, CAM）と，細胞が分泌した細胞外基質である．また，細胞の接着は細胞どうしの情報伝達や，細胞外基質からの情報を細胞内に伝達する役割も果たしている．

ここでは，真核細胞で一般的に見られる ATP の加水分解をともなった細胞の運動のしくみについて述べる．また，細胞接着については，細胞接着分子や細胞外基質の構造と機能，そして，細胞接着分子が果たす情報伝達機能などについて述べる．

7·1　アクチンとミオシンによる運動

アクチンとミオシンによる運動でよく知られているのが，骨格筋細胞，心筋細胞，平滑筋細胞などの収縮運動である．ミオシンは筋細胞以外にも一般の細胞に広く存在し，アクチン繊維との相互作用により，細胞のさまざまな運動に関わっている．たとえば，細胞内の物質輸送，細胞の移動運動，細胞の分裂などに活躍している．

a. ミオシン

真核細胞には，多くの種類のミオシンが存在し，少なくとも 18 種類の異なるファミリー（タイプⅠ～ⅩⅧ）が知られている．それらは，頭部（head），頚部（neck），そして，尾部（tail）と呼ばれる領域からなる重鎖（heavy chain）と，その重鎖に結合した軽鎖（light chain）と呼ばれるタンパク質の複合体からなる（図 7-1）．その頭部はアクチン繊維と結合し，ATPase としての機能をもっている．頚部は IQ モチーフ（isoleucine と glutamine の一文字表記の I と Q に由来）と呼ばれるイソロイシンとグルタミンのくり返し構造からなり，その部分にいくつかの軽鎖を結合している．これらの軽鎖はミオシンの運動機能を調節する役割を果たしている．

多くの種類が存在するミオシンの中で，その構造と機能がよく知られているのが，ミオシンのタイプⅡである．

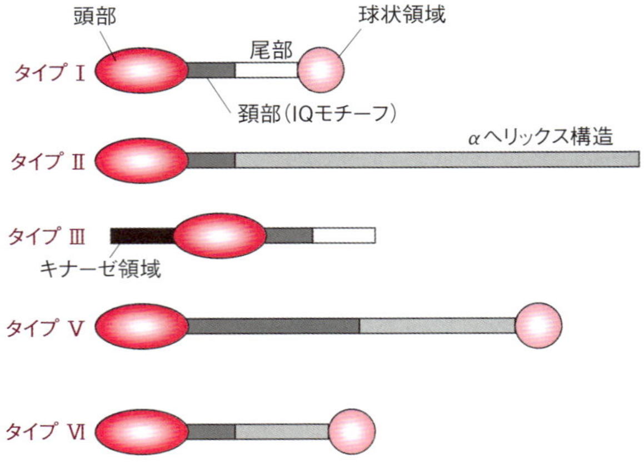

図 7-1　ミオシン分子の基本構造
模式図は主要なミオシンの重鎖の構造を示す．重鎖は頭部，頚部，尾部からなる．

ミオシンのタイプⅡは心筋，骨格筋，平滑筋などの筋細胞の収縮運動に関わっているミオシンである．それらは，αヘリックス構造をしている尾部の部分で互いに結合して二量体を形成している（図 7-2）．この二量体がミオシンのタイプⅡの機能単位になっているが，筋細胞内では，さらに，この二量体どうしが尾部の部分で互いに重合して束になり，太いミオシン繊維を形成している．そ

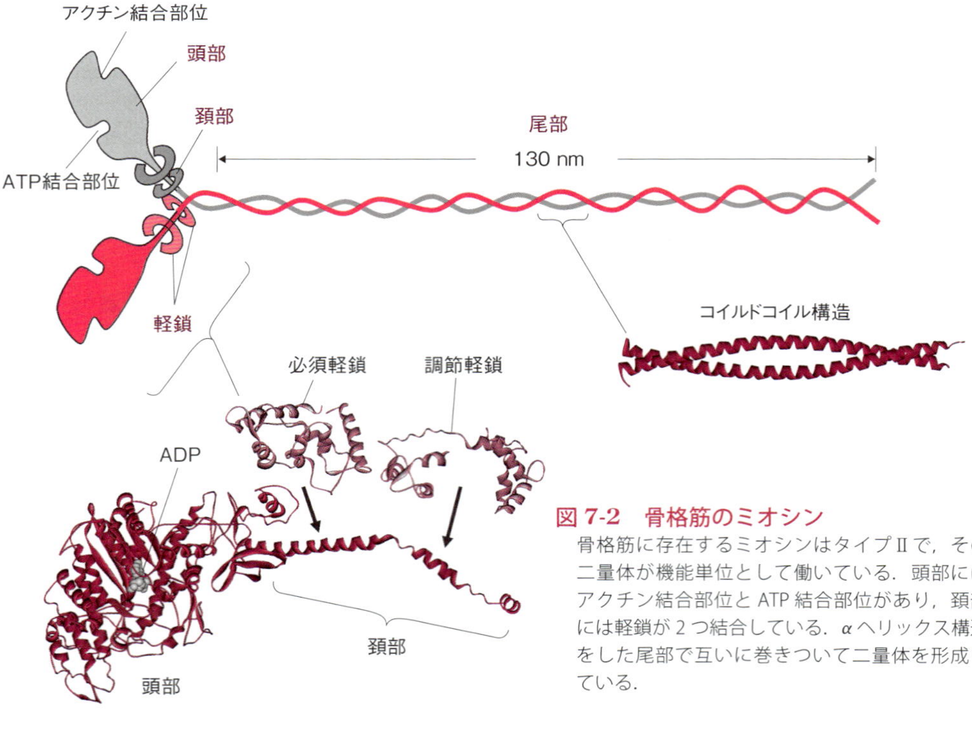

図 7-2　骨格筋のミオシン
骨格筋に存在するミオシンはタイプⅡで，その二量体が機能単位として働いている．頭部にはアクチン結合部位と ATP 結合部位があり，頚部には軽鎖が 2 つ結合している．αヘリックス構造をした尾部で互いに巻きついて二量体を形成している．

の繊維から突き出た頭部がアクチン繊維と共同して収縮運動を行っている．

b．筋細胞の収縮装置

速い速度で強い収縮力を発揮する骨格筋細胞や心筋細胞では，一定の間隔に配列されたアクチン繊維とミオシン繊維が，サルコメア（sarcomere）と呼ばれる特殊な収縮装置を形成している（図 7-3）．そこでは，アクチン繊維とミオシンの頭部が相互作用して収縮力を発揮している．このサルコメアが数多く直列に連なることにより，長い繊維状のミオフィブリル（myofibril）と呼ばれ

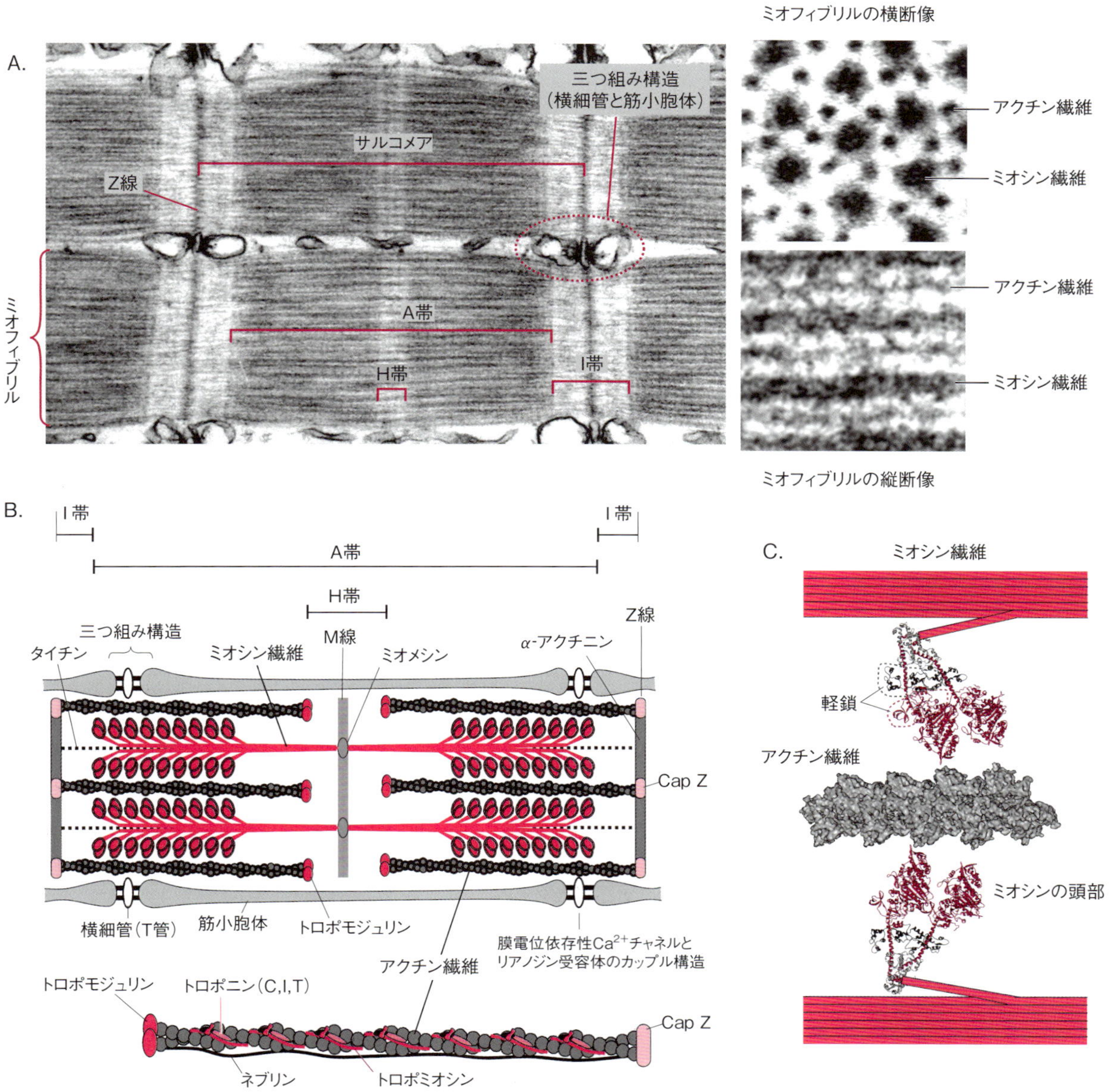

図 7-3　骨格筋の収縮装置

A：両生類の骨格筋細胞の内部を示す電子顕微鏡写真．サルコメアが連なったミオフィブリルと，細胞内 Ca^{2+}濃度の調節機能を担う三つ組み構造（中央の横細管と，その両側の筋小胞体からなる）が一定の位置に存在する．ミオフィブリルは太いミオシン繊維と細いアクチン繊維から構成され，太いミオシン繊維の周囲を取り巻くように，6 本の細いアクチン繊維が分布する．**B：**哺乳類のサルコメアを構成する分子と筋小胞体を示す模式図．アクチン繊維とミオシン繊維を中心とした収縮構造の周囲には筋小胞体が分布する．アクチン繊維には筋収縮を調節するタンパク質のトロポミオシンとトロポニンが結合している．**C：**ミオシンの頭部とアクチン繊維の分子モデルを示す．

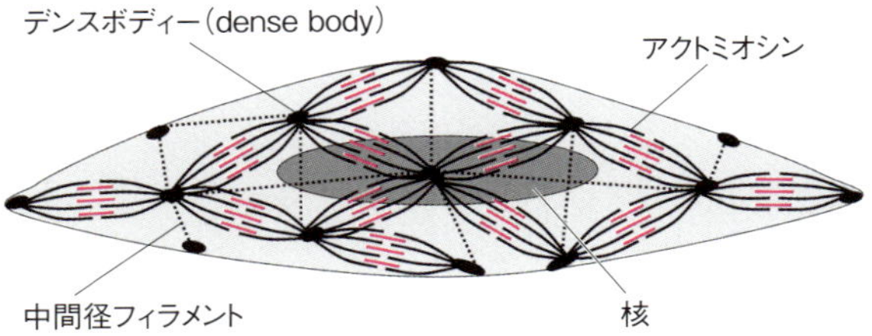

図 7-4 平滑筋の収縮装置
平滑筋細胞には，骨格筋や心筋細胞に見られるミオフィブリルのような構造は見られないが，サルコメアに相当する収縮装置が細胞内に存在する．それらは骨格筋の Z 帯に相当する構造のデンスボディーにより結び付けられている．

る構造を形成している．収縮機能に特化した骨格筋や心筋細胞では，ミオフィブリルが細胞質のほとんどを占めるほど多量に存在している．そのため，それらがいっせいに収縮すると，一定の方向に強い収縮力を発生する．

一方，収縮速度は遅く，収縮力もあまり強くない平滑筋細胞では，ミオフィブリルのような構造は発達していないが，その細胞内にはサルコメアと同じような構造が長軸方向に配列して存在している（図 7-4）．

ミオフィブリルの両端は細胞膜の膜貫通タンパク質と結合しており，さらに，その膜貫通タンパク質を介して細胞どうしや，細胞と細胞外基質（後述）が強く結合している．そのために，筋細胞がいっせいに収縮することにより，筋組織全体が強い力を発生し，骨格筋による運動や血液の循環を引き起こしている．

c. 筋収縮の分子モデル

筋細胞の収縮は，平行に配列したアクチン繊維とミオシン繊維の間のズレ（滑り運動）により引き起こされている．そのズレを引き起こしているのは，ミオシンの立体構造の変化である．ATP を結合したミオシンの頭部

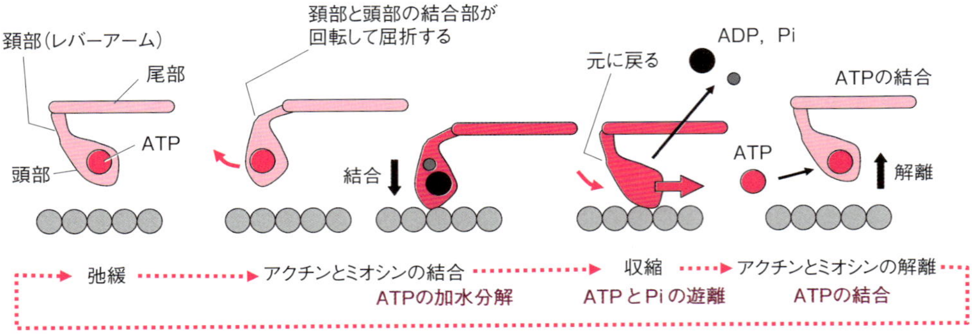

図 7-5 アクチン繊維とミオシン分子の相互作用による筋収縮モデル
筋収縮はミオシンと ATP の結合，ATP の加水分解，ミオシンとアクチンの結合，そして，ADP と ATP の交換などの過程を経て引き起こされる．ミオシン頭部と頸部の立体構造の変化が筋収縮を引き起こしている．

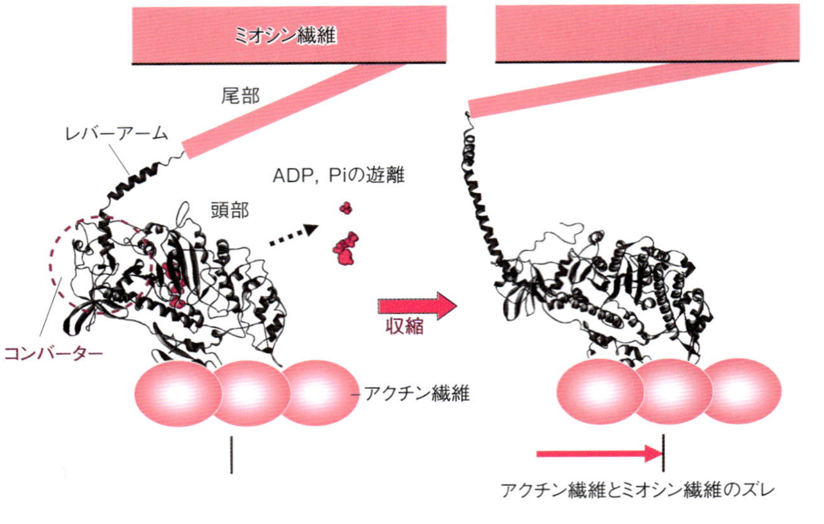

図 7-6 筋収縮のメカニズム（レバーアーム説）
ミオシンの頭部は，レバーアームと呼ばれる頸部の α ヘリックス構造を介してミオシン繊維とつながっている．ミオシン頭部への ATP の結合，ATP の加水分解，そして，ADP の遊離などにともなって，ミオシンの頭部とレバーアームの立体構造が大きく変化する．この際の変化は，頸部と頭部の境界部に存在するコンバーターと呼ばれる領域（赤い点線で囲んだ部分）が約 60° くらい回転することによるものである．その結果，アクチン繊維とミオシン繊維との間にズレが生じる．このズレが筋収縮を引き起こす原動力となる．

がアクチン繊維と結合した後，そのATPを加水分解することにより，その頭部から頚部にかけての立体構造が大きく変化する．その結果，アクチン繊維とミオシン繊維の間にズレが生じる．このズレが筋収縮を引き起こす原動力になっている（図7-5）．

ATPの加水分解にともなって引き起こされるアクチン繊維とミオシン繊維の間のズレの距離は1ステップが5〜10 nmであるが，その運動が短時間に連続してくり返されることや，サルコメアが数多く縦に連なっているために，結果的には，アクチン繊維とミオシン繊維間に大きな距離のズレが生じる．このように，ミオシンの頭部から頚部にかけた立体構造の変化により筋収縮が引き起こされるとするモデルはレバーアーム説と呼ばれ（図7-6），アクチンとミオシンが関連する運動の基本的なしくみと考えられている．

7・2　筋収縮の制御

ATPと一部のイオンが存在すれば，試験管内でもアクチン繊維とミオシンによる収縮を引き起こすことは可能であるが，実際の筋細胞では，その収縮を調節するためのさまざまな制御機構が働いている．その調節の中心的な役割を担っているのが，細胞内のCa^{2+}濃度の変化と，その変化を感知してアクチンとミオシンの結合を制御しているいくつかの調節タンパク質である．

a. 筋細胞への刺激の伝達と細胞内Ca^{2+}の上昇

筋細胞の収縮を引き起こす外部からの刺激は，神経細胞を介して筋細胞に伝えられる．神経細胞は筋細胞とシナプスで結合しているので，神経細胞の興奮はシナプスを介して筋細胞に化学伝達される．その際に神経細胞から分泌される化学伝達物質はアセチルコリンである．分泌されたアセチルコリンは細胞膜に存在するアセチルコリン受容体（Na^+やK^+を通すイオンチャネル）に作用

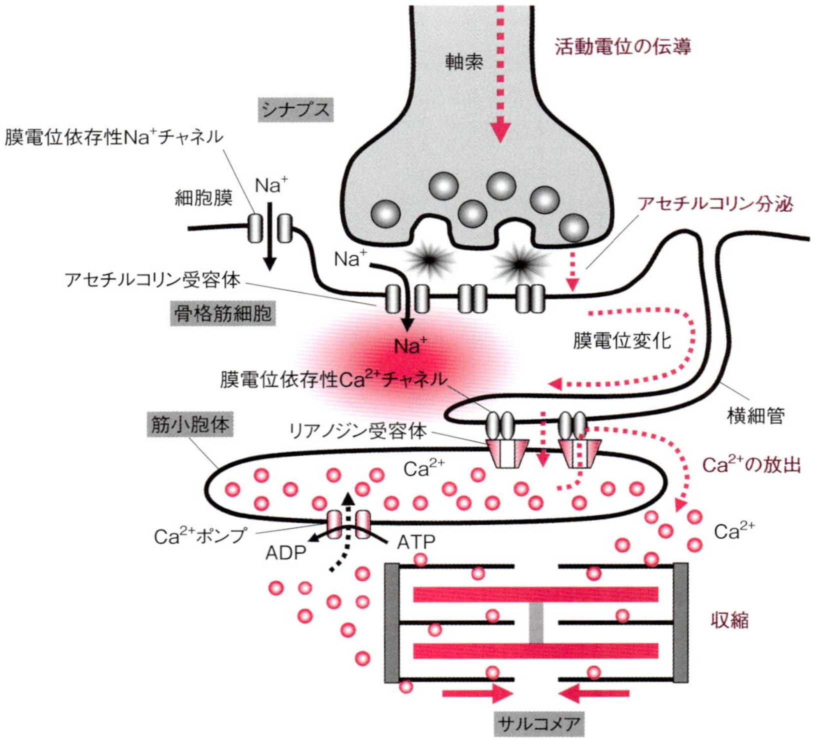

図7-7　骨格筋細胞の興奮と収縮

シナプスを介して筋細胞に伝達された興奮（膜電位の変化）は，横細管に分布する膜電位依存性のCa^{2+}チャネルに感知され，その情報が筋小胞体膜に分布するリアノジン受容体に伝えられる．その結果，リアノジン受容体が開いて，筋小胞体からCa^{2+}が放出され，細胞内Ca^{2+}濃度を上昇させる．その結果，筋収縮が引き起こされる．そして，放出されたCa^{2+}が筋小胞体に吸収されると，筋収縮は再び抑制される．

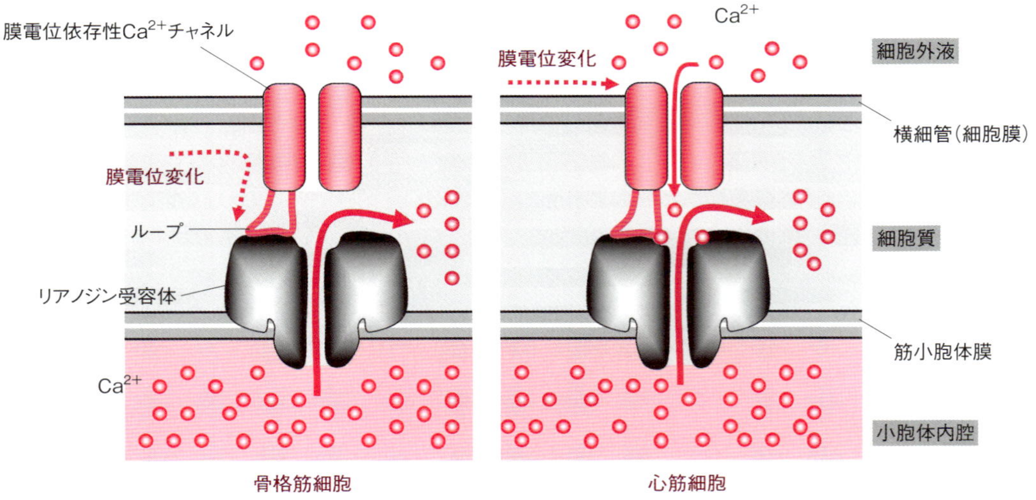

図 7-8　筋小胞体からの Ca^{2+} の放出機構
骨格筋細胞の場合には，膜電位の変化による情報が膜電位依存性の Ca^{2+} チャネルを介してリアノジン受容体に伝達され，リアノジン受容体の Ca^{2+} チャネルを開く．一方，心筋細胞の場合には，膜電位の変化が膜電位依存性の Ca^{2+} チャネルを開いて，細胞外からの Ca^{2+} の流入を引き起こす．その Ca^{2+} がリアノジン受容体の Ca^{2+} チャネルを開く．

してそのチャネルを開く．その結果，細胞外に高濃度に存在する Na^+ が筋細胞内に流れ込み，筋細胞の膜電位を一過性にプラスの方向に変化（脱分極）させる．その膜電位の変化が膜電位依存性の Na^+ チャネルを開いて細胞内への Na^+ の流入を引き起こすので，筋細胞ではさらなる膜電位の上昇が引き起こされる．

筋細胞の膜電位の上昇は，横細管（T 管，細胞膜が細胞内に管状に伸びた構造）に分布する膜電位依存性の Ca^{2+} チャネル（L 型 Ca^{2+} チャネル）に感知され，その情報が筋小胞体膜に分布するリアノジン受容体（ryanodine receptor，RyR，Ca^{2+} チャネルの一種）へと伝えられる．この過程で，筋細胞の膜電位の変化（興奮）を筋小胞体に効率よく伝えるための特別な構造が存在する．その構造は三つ組み（Triad）と呼ばれ，横細管をはさむようにして筋小胞体が約 12 nm の距離で接近している．この部分で，膜電位依存性の Ca^{2+} チャネルとリアノジン受容体がカップリングを形成し，膜電位の変化によるシグナルを筋小胞体に伝えている（図 7-7）．

膜電位依存性の Ca^{2+} チャネルから筋小胞体のリアノジン受容体へと興奮が伝達される方法は，心筋と骨格筋では少し異なる（図 7-8）．心筋細胞では，膜電位依存性の Ca^{2+} チャネルが開いて，細胞外から Ca^{2+} が流入すると，その Ca^{2+} がリアノジン受容体に結合してチャネルを開くしくみになっている．このしくみは CICR（Ca^{2+}-induced Ca^{2+} release）と呼ばれている．一方，骨格筋の場合は膜電位依存性 Ca^{2+} チャネルからリアノジン受容体へ興奮が直接的に伝達され，リアノジン受容体のチャネルを開くと考えられている．この過程には，膜電位依存性 Ca^{2+} チャネルの立体構造の変化が関与すると考えられている．このしくみは VICR（voltage-induced Ca^{2+} release）と呼ばれている．

リアノジン受容体が開いて細胞質内に放出された Ca^{2+} は細胞内の Ca^{2+} 濃度を上昇させて筋収縮を引き起こす．その後，細胞質内に放出された Ca^{2+} は短時間のうちに再び筋小胞体内に取り込まれて，細胞内の Ca^{2+} 濃度はもとの低濃度状態にもどり，筋収縮は抑制される．この際に，筋小胞体内に Ca^{2+} を能動輸送しているのが筋小胞体膜に分布する Ca^{2+} ポンプ（Ca^{2+}-ATPase）である．このように，Ca^{2+} 濃度の一過性の上昇が，アクチンとミオシンの収縮を引き起こす引き金の役割を果たしている．

b. Ca^{2+} による筋収縮の調節

細胞内の Ca^{2+} 濃度の変化に反応して筋収縮を調節しているのが，アクチン繊維に結合している調節タンパク質である．骨格筋細胞と心筋細胞の調節タンパク質はトロポミオシンと 3 種類のトロポニン（トロポニン C，I，

T）から構成されている．その中のトロポニンCがカルシウム結合タンパク質で，細胞内の Ca^{2+} 濃度に依存して Ca^{2+} と選択的に結合する．収縮していない静止状態の筋細胞内の Ca^{2+} 濃度は低濃度（1×10^{-7}M 以下）に保たれているので，この濃度では，トロポニンCは Ca^{2+} と安定的に結合することはできない．ところが，細胞内の Ca^{2+} が 1×10^{-5}M 程度まで上昇すると，Ca^{2+} がトロポニンCと安定的に結合できるようになる．

アクチン繊維に結合している調節タンパク質のトロポミオシンはミオシンの頭部がアクチン繊維と結合する部位を覆っている．その状態ではアクチン繊維とミオシンが結合できないために，筋収縮は抑制されている．ところが，細胞内の Ca^{2+} 濃度が上昇して，トロポニンCに Ca^{2+} が安定的に結合すると，制御タンパク質の立体構造が変化してトロポミオシンが移動する．その結果，アクチン繊維上にあるミオシンとの結合部位が露出するので，アクチン繊維とミオシンが結合できるようになり，筋細胞の収縮が引き起こされる（図7-9）．

平滑筋にはトロポミオシンは存在するが，トロポニンは存在しない．そのかわりに，トロポニンと同じような役割を果たしている調節タンパク質のカルモジュリンやカルデスモンが存在しており，カルシウム結合タンパク質のカルモジュリンは細胞質内の Ca^{2+} 濃度に依存した平滑筋細胞の収縮を制御している．

c．非筋細胞の収縮とその制御

非筋細胞（一般の細胞）にも，筋細胞と同じように，アクチン繊維とミオシンの相互作用による収縮機能が備わっている．その収縮のしくみは平滑筋細胞に見られるものと似ているが，平滑筋細胞に見られるような特別な収縮装置は見られない．収縮力を発生しているのは，平滑筋のものよりもさらに簡素化された装置である．たとえば，タイプⅡミオシンの二量体が互いに尾部の部分で重合して，それぞれの頭部でアクチン繊維と相互作用することにより収縮力を発生している（図7-10）．実際には10～20個くらいのミオシン分子が筋細胞のミオシン繊維のように重合して，アクチンと相互作用して収縮力

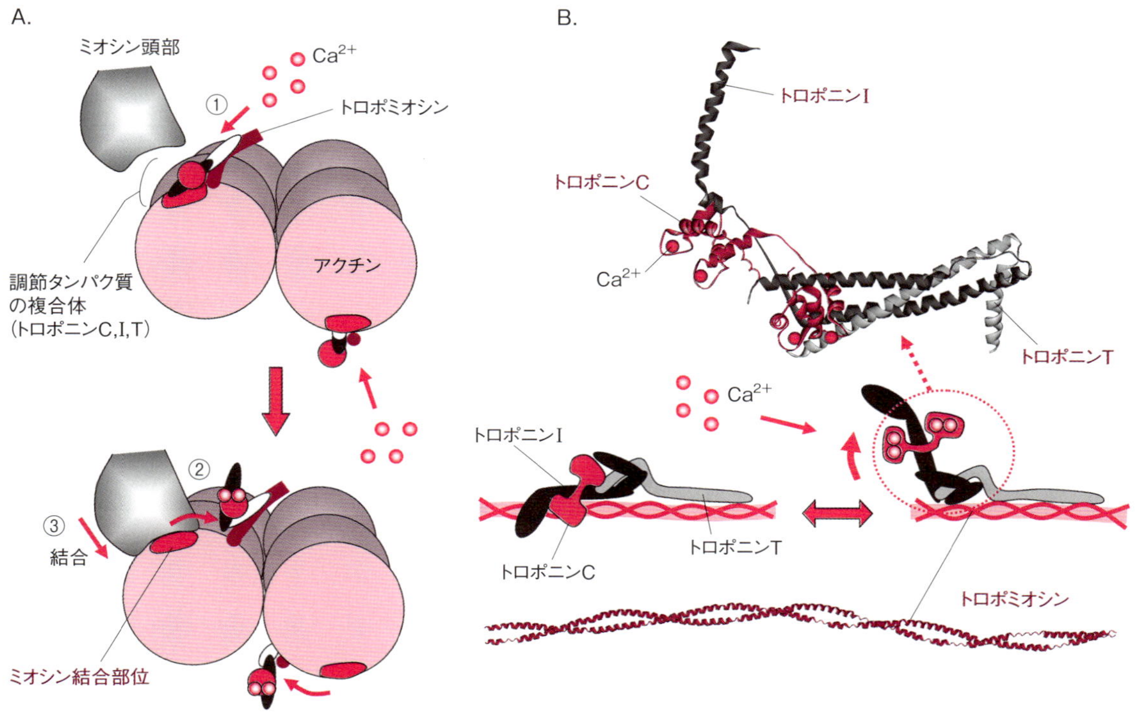

図7-9　Ca^{2+} による筋収縮の調節

A：①細胞内 Ca^{2+} 濃度が上昇して，Ca^{2+} がトロポニンCと結合する．②その結果，トロポニン複合体の立体構造が変化してトロポミオシンの位置がずれる．③すると，アクチン上に分布するミオシン結合部位が露出するので，ミオシンとアクチンが結合できるようになり，筋収縮が可能になる．B：トロポニンCに Ca^{2+} が4つ結合すると，トロポニン複合体の立体構造が大きく変化する．

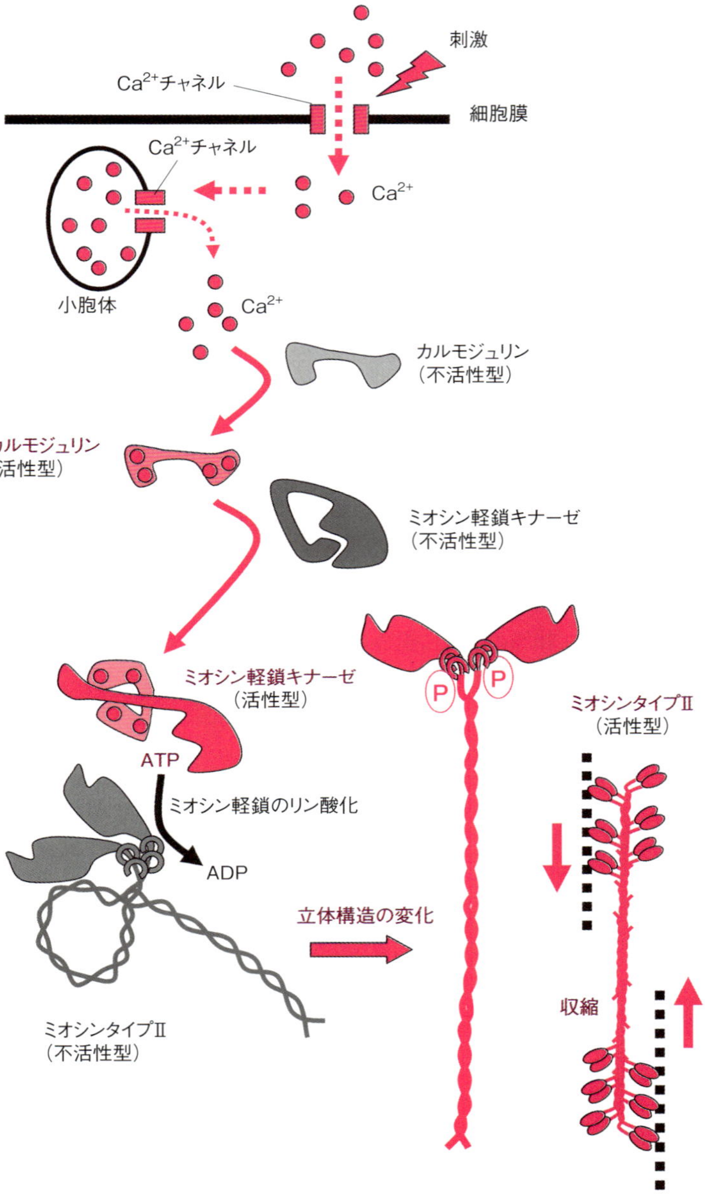

図 7-10　非筋細胞におけるアクチンとミオシンの収縮

外部からの刺激により，細胞内に Ca^{2+} が流入すると，それが小胞体からの Ca^{2+} の放出を引き起こす．その結果，細胞内 Ca^{2+} 濃度が上昇することにより，カルモジュリンに Ca^{2+} が結合してカルモジュリンを活性化させる．活性化されたカルモジュリンはミオシン軽鎖キナーゼを活性化して，不活性な状態のミオシンの軽鎖をリン酸化する．軽鎖がリン酸化されて活性状態になったミオシンはアクチン繊維と相互作用して収縮を引き起こす．

を発生していると考えられている．たとえば，細胞膜に結合しているアクチン繊維とミオシンが相互作用して収縮力を発生することにより，細胞の移動運動を引き起こしている（図 7-11）．

非筋細胞の収縮を制御しているしくみは，骨格筋や心筋細胞のものとは少し異なる．非筋細胞の収縮装置は，筋細胞のサルコメアのように，恒常的に構築されているものではなく，必要に応じてミオシン分子を活性化して収縮装置の構築を行っている．非筋細胞では，不活性な状態のミオシン分子は折りたたまれたような状態になっているので，そのままでは，アクチン繊維と相互作用することができない．それゆえ，細胞が収縮するためには，その不活性なミオシンを活性型に変えて重合させ，アクチン繊維と相互作用できるようにする必要がある．不活

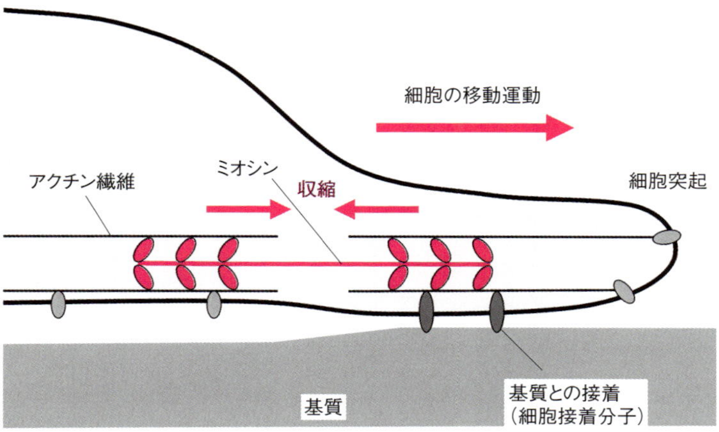

図 7-11　非筋細胞の細胞運動
非筋細胞におけるアクチンとミオシンの収縮は，細胞の移動運動に重要な役割を果たしている．細胞が移動する際には，細胞膜に結合したアクチン繊維とミオシンが相互作用して収縮力を発生し，それが移動運動の際の動力源として働いている．

性型のミオシンを活性型に変える方法は，ミオシン分子に結合している軽鎖をミオシン軽鎖キナーゼ（myosin light chain kinase；MLCK）によりリン酸化することである．そのミオシン軽鎖キナーゼを活性化するのがカルモジュリンである．普段は不活性な状態にあるカルモジュリンは，細胞内の Ca^{2+} 濃度が上昇すると Ca^{2+} と結合して活性型になり，ミオシン軽鎖キナーゼに結合してそれを活性化させる．活性化されたミオシン軽鎖キナーゼはミオシン軽鎖をリン酸化してミオシンを活性化させる．活性化されて伸びた状態になったミオシン分子は，尾部の部分で互いに重合して，アクチン繊維と相互作用して収縮できるようになる（図 7-10）．

7·3　モータータンパク質

筋細胞の収縮運動以外にも，細胞の移動運動，繊毛や鞭毛の運動，細胞内の物質輸送，原形質流動，そして染色体の分離など，細胞にはさまざまな運動が見られる．それらの運動で活躍しているのがモータータンパク質と総称されているタンパク質である．モータータンパク質にはアクチン繊維上を移動するものと微小管上を移動するものが存在し，前者にはミオシンのタイプⅠ，Ⅴ，ⅩⅠなどが，そして，後者にはキネシンやダイニンなどが知られている．

a. アクチン繊維に沿って移動運動するミオシン

アクチン繊維上を移動運動するミオシンにはいくつかのタイプがあるが，ここでは，それらの中でも比較的に詳しく調べられているミオシンのタイプⅤを中心に説明する．タイプⅤは，アクチン繊維と結合して ATP を加水分解する機能をもつ頭部と，6 個の軽鎖を結合した頚部，そして，荷物を結合する尾部からなっている．その機能単位は，タイプⅡと同じく，尾部で結合した二量体である（図 7-12）．そして，アクチン繊維に沿って移動運動する際の基本的なしくみも，タイプⅡと同じである．つまり，頭部でアクチン繊維と結合し，ATP を分解する際のエネルギーを用いてその頭部と頚部の立体構造を変化させ，アクチン繊維に結合しながら一定方向に移動する．その移動のしかたは，ヒトが二足歩行をするように移動するモデルが考えられている（図 7-13）．タイプⅤの頚部はタイプⅡのものよりも長いので，1 ステップで移動できる距離は，タイプⅡよりも長く，約 36 nm である．

タイプⅤの重要な役割は，その尾部に荷物（たとえば，輸送小胞や色素顆粒など）を結合しながらアクチン繊維に沿ってそのマイナス側からプラス側の方向に移動する．このような性質をもつタイプⅤは，細胞内に機能的に配置されたアクチン繊維網に沿って荷物を輸送するトランスポーターとしての役割を果たしている．

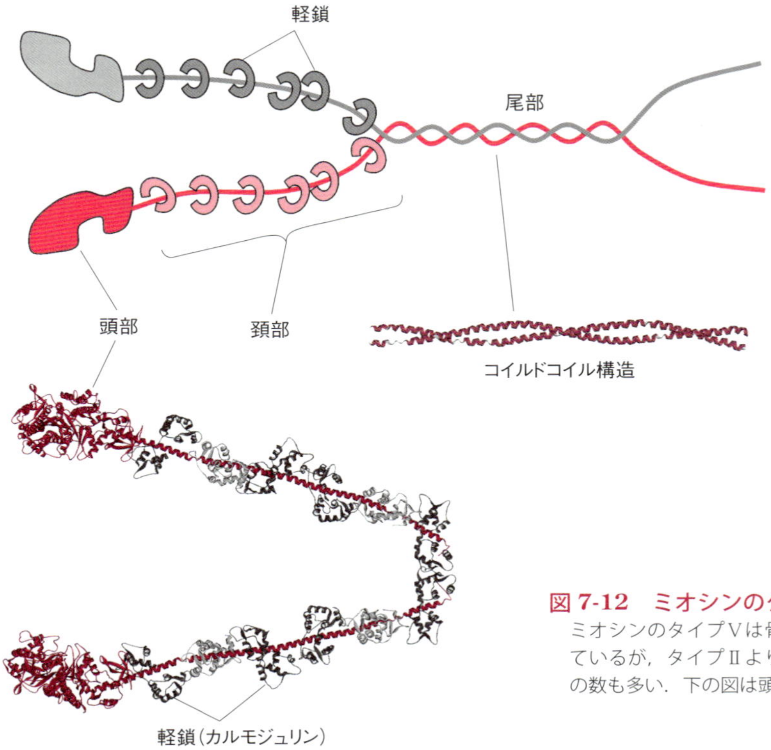

図 7-12　ミオシンのタイプⅤの分子構造
ミオシンのタイプⅤは骨格筋細胞のタイプⅡと基本構造はよく似ているが，タイプⅡよりも頸部が長く，そこに結合している軽鎖の数も多い．下の図は頭部と頸部の分子モデルを示す．

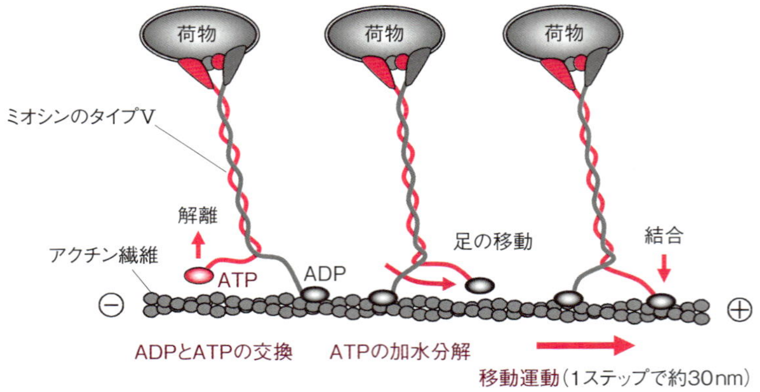

図 7-13　ミオシンのタイプⅤの移動運動
ミオシンのタイプⅤは，その頭部をアクチン繊維に結合させながら，ヒトが二足歩行するようにアクチン繊維上を移動すると考えられている．ATP の加水分解にともなって引き起こされる頭部と頸部の立体構造の変化により移動運動が行われる．

タイプⅤと少々様子が異なるのはタイプⅠである．タイプⅠは比較的に短い尾部をもっているが，基本的な構造は他のタイプと同じである．しかしながら，タイプⅠは二量体を形成しないで，単体で輸送機能を行っている．このタイプは尾部に小胞体を結合し，その頭部でアクチン繊維と相互作用しながら移動運動をしている．

ミオシンのほとんどはアクチン繊維上をプラス方向に移動するが，ミオシンのタイプⅥとタイプⅨは例外的に逆のマイナス方向に移動する．

b. 微小管に沿って移動運動するキネシンとダイニン

アクチン繊維に沿って移動運動するミオシンと同じように，微小管に沿って移動運動をするモータータンパク質も存在する．それらには，キネシンとダイニンの2種類が知られている．両者とも，ミオシンのタイプⅤと同じように，細胞骨格繊維と結合する領域，ATP を結合して加水分解する領域，そして，荷物と結合する領域から構成されている．キネシンはミオシンとよく似た構造をしている分子で，多くの仲間が存在する．一方，ダイニンはキネシンとは異なる構造をしたタンパク質で，AAA⁺ATPase（AAA：ATPases associated with diverse cellular activities）という ATPase のグループに属するタンパク質である．このタンパク質と同じ種類には，たとえば，細胞内輸送系で活躍している NSF（8 章参照），タンパク質分解を行っている 26S プロテアソーム（4 章参照），DNA 複製で活躍している ORC（origin recognition complex，11 章参照）などが知られている．ダイニンとキネシンは異なる構造をしているが，ATP の加水分解により自身の立体構造を変化させ，細胞骨格繊維に沿って荷物を運搬するという点では同じ機能をもったタンパク質である．

キネシン

キネシンの重鎖の基本構造は，微小管と結合して ATP を加水分解する頭部，可動部を構成する頚部，そして荷物と結合する尾部からなる．そして，その尾部の末端部分にはいくつかの軽鎖が結合している．キネシンの場合も，ミオシンのタイプⅡやタイプⅤなどと同じように，二量体で機能している．運動のしくみもミオシンとよく似ており，ATP を加水分解することにより得られるエネルギーを用いて，頭部から頚部の立体構造を変化させ，微小管との間で結合と解離をくり返しながら移動運動する．その移動は微小管のマイナス側からプラス側の方向に行われ（図 7-14），移動運動のしかたは，ミオシンのタイプⅤとよく似た二足歩行と考えられている．そして，移動運動の際には，ATP の加水分解による立体構造の変化とともに，分子運動によるキネシン頭部の揺らぎも重要な役割を果たしている．つまり，自身の立体構造の変化と分子運動による頭部の揺らぎをうまく利用して，2 つの頭部を微小管と交互に結合させながら，一定の方向に移動運動していると考えられている．

ダイニン

ダイニンは，AAA モジュールと呼ばれる 6 個のサブユニットがドーナツ状に並んだ頭部（モーター領域）と，そこから伸びたストーク（stalk）と尾部（tail）から構成されている．そして，その尾部には中間鎖や軽鎖が結合していて，それらがダイニンと荷物の結合やダイニンの運動を制御している（図 7-15A）．ダイニンはストークの部分で微小管と結合し，尾部で荷物と結合する．

ダイニンの AAA モジュールを構成する 1 番目の ATPase に結合した ATP が加水分解されると，尾部と

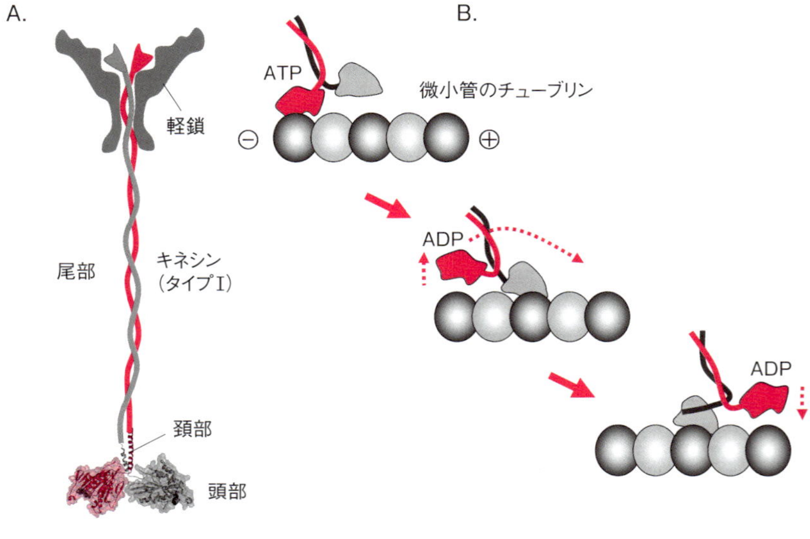

図 7-14　キネシンの構造と機能
A：一般的なタイプのキネシン（タイプⅠ）の構造を示す．尾部の先端には軽鎖が結合していて，その部分で輸送する荷物と結合する．そして，頭部で微小管と結合しながら移動運動する．B：キネシンは，頭部に結合した ATP を加水分解して得られるエネルギーで頭部と頚部の立体構造を変化させながら微小管の上をプラス端の方向に移動する．

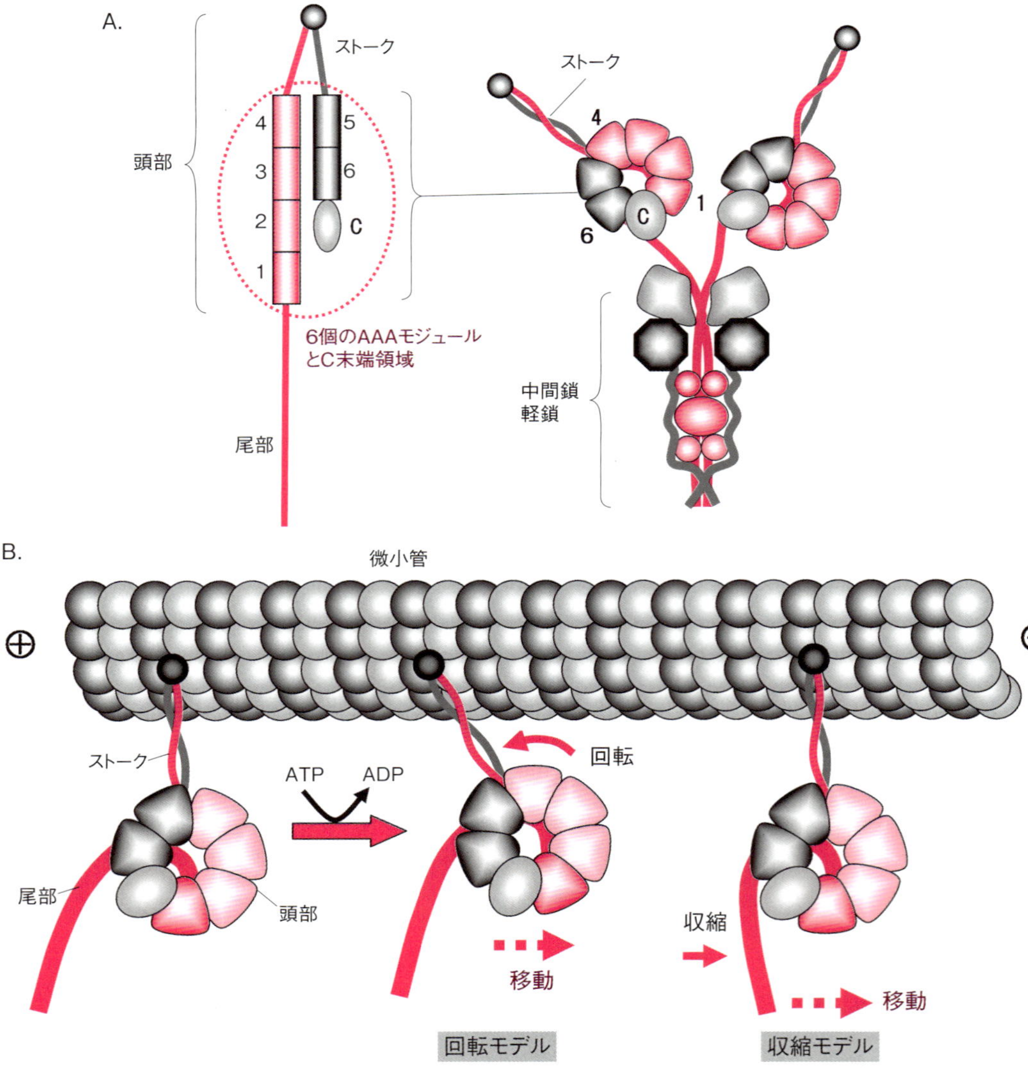

図 7-15　ダイニンの構造と機能

A：ダイニンの分子構造を示す．ダイニンの重鎖は，6個のAAAモジュール（1～4がATPの結合能をもつ）と呼ばれる構造がその中心をなし，微小管と結合するストーク，そして，中間鎖や軽鎖が結合している尾部で構成されている．B：1番目のAAAモジュールによりATPが加水分解されるとダイニンの立体構造が変化することを利用して微小管上をマイナス側の方向に移動運動する．

AAAモジュールの部分の立体構造が変化する．その結果，ストークを介して結合している微小管とダイニンの間に位置的なズレが生じる．そのズレにともない，結果的に，ダイニンの尾部に結合した荷物を微小管に沿って運搬することになる（図7-15B）．このステップがくり返して行われることにより，ダイニンは微小管に沿って移動運動する．

c. 細胞内物質輸送とモータータンパク質

細胞の内部では，さまざまな物質，たとえば，合成されたタンパク質や細胞小器官の輸送がさかんに行われている（8章参照）．そのような細胞内の輸送システムにおいて，運搬役を担っているのがミオシン，キネシン，ダイニンなどのモータータンパク質である．それらは荷物を結合して，細胞内の輸送経路に沿って配置された細胞骨格繊維上を移動運動しながら荷物を運搬している．そのために，細胞内には物質の輸送ルートを形成する細胞骨格繊維が網の目のように配置されている．

その繊維網のメインルートは，核と粗面小胞体，粗面小胞体とゴルジ体，そしてゴルジ体と細胞膜とを結ぶルートである（図 7-16）．それらの輸送ルートを構築している中心的な細胞骨格繊維は，核の周辺に存在する中心体から細胞質内に放射状に伸びた微小管と細胞膜付近に分布するアクチン繊維である．その微小管の向きは中心体の方向がマイナスで伸長方向がプラスである．そして，キネシンとダイニンが，それぞれ，微小管のプラスとマイナス方向に移動しながら細胞小器官や大きな分子などを活発に輸送している．しかも，これらの細胞内の輸送ルートは恒常的なものではなく，細胞の機能の変化に応じて分解と再構築が頻繁に行われている．

d．姉妹染色分体の分離

細胞分裂の際には，複製された姉妹染色分体が赤道面まで移動した後，2 つに分離される．そして，分離されたそれぞれの染色体は細胞の両極に向かって引っ張られながら移動する．これらの一連の過程で中心的な役割を果たしているのが，細胞の両極に分布する中心体から伸びた微小管と，その微小管上を移動するモータータンパク質のキネシンとダイニンである．分裂中の細胞内には，複製されて 2 つになった中心体が分裂装置の両端に存在し，それらを基点として微小管が紡錘形に伸びている．その微小管上を移動するキネシンとダイニンが染色体の分離と移動の際に重要な役割を果たしている．

染色体の分離は，染色体を中心体の方向に引っ張る力，そして，中心体どうしをそれぞれ反対方向に押す力と引っ張る力などが総合的に働くことにより達成される（図 7-17，図 11-34）．それらの力を発生しているのがキネシンとダイニンである．キネシンとダイニンは，それぞれ微小管上を逆方向に移動する性質があるので，その性質をうまく利用することにより，染色体の移動や分離を行うことができる．たとえば，染色体を結合したダイニンやキネシンの微小管上の移動，微小管と結合したキネシンの微小管上の移動，そして，細胞膜と結合したダイニンの微小管上の移動などの総合力が，染色体の分離と移動を可能にしている．

また，キネシンやダイニンによる移動運動とともに，微小管の重合や脱重合による微小管の伸長や短縮も，染色体の分離と移動に重要な役割を果たしている．たとえば，染色体が赤道面まで移動する際には，染色体と結合した微小管が重合しながら赤道面まで伸びていく．そして，分離された染色体が中心体の方向に引っ張られて移動する際には，染色体と結合した微小管が脱重合しながらしだいに短くなっていく．

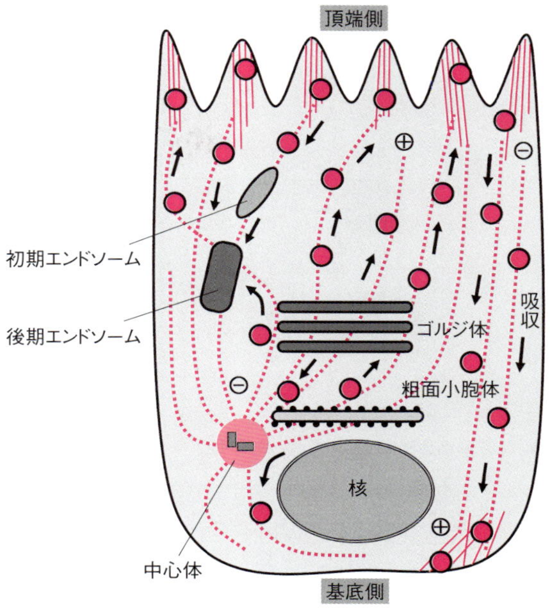

矢印は小胞体や輸送小胞（赤丸）の移動方向を示す．
赤い点線と赤い実線はそれぞれ微小管とアクチン繊維を示す．
吸収は小腸上皮などによる養分の吸収経路を示す．

図 7-16　細胞内に配置された細胞骨格繊維
中心体から伸びる微小管と細胞を縦走する微小管，そして，細胞膜の付近に分布するアクチン繊維網などは，モータータンパク質による細胞内の物質輸送ルートとして重要な役割を果たしている．そこでは，輸送小胞をはじめとした細胞小器官の輸送が行われている．

e．繊毛運動

真核細胞の繊毛の内部には，特殊な構造をした微小管が一定のパターンで配置されて存在している．その微小管はダブレットと呼ばれる構造をしたもので，それが 9 つほど筒状に並び，その中心部には通常の微小管が 2 本存在する．その様子から，繊毛の内部構造は 9 ＋ 2 構造と呼ばれている（6 章参照）．このような構造をもつ繊毛を波打つようにしならせて，繊毛運動を引き起こしているのがダイニンである．ダイニンは，ダブレット構造をした微小管の片側にその尾部を固定し，それと同時に，隣の微小管とストークで結合している．そのために，ATP を加水分解したエネルギーでダイニンの立体構造が変化すると，ダイニンが介在する微小管どうしの間にズレが生じる．この運動が連続して引き起こされると，微小管の間に大きなズレが生じて繊毛が屈曲する．その結果，繊毛の波打つような往復運動が引き起こされる（図 7-18）．

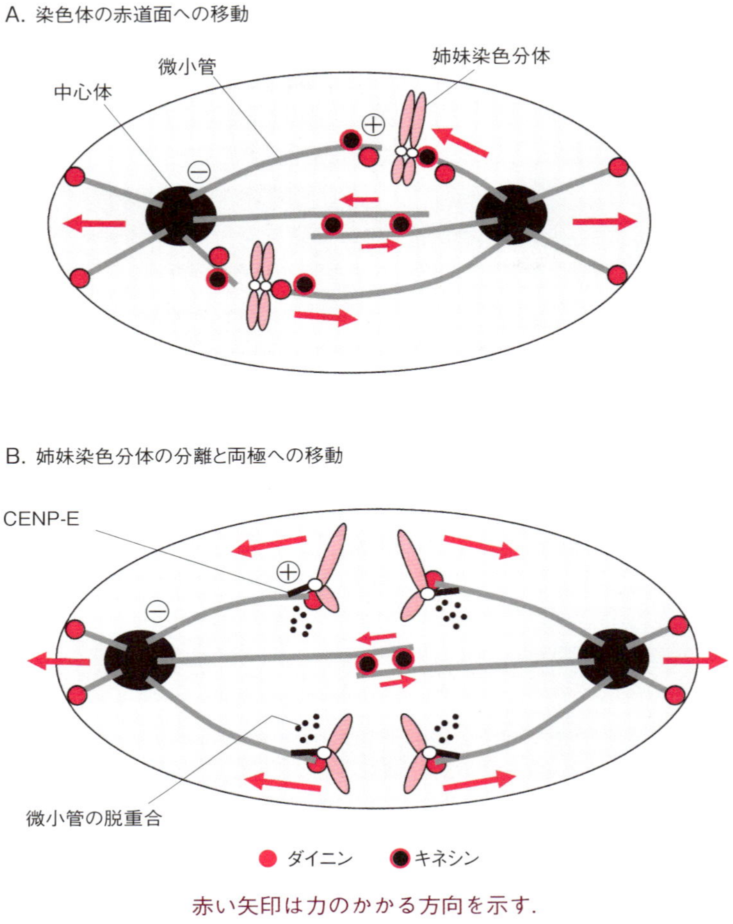

図 7-17　細胞分裂における姉妹染色分体の移動と分離

A：姉妹染色分体は分離される前に赤道面に移動する．その際には，染色体のキネトコアに結合したキネシンやダイニンが微小管上を移動することにより，染色体の移動が引き起こされる．**B**：姉妹染色分体が分離される際には，微小管の先端部が脱重合して短縮する．その短縮する微小管に結合した染色体は中心体に向かって移動することになる．中心体に向けて引かれていく染色体は，そのキネトコアに分布するキネシンの仲間であるCENP-Eと呼ばれるタンパク質を介して微小管と結合している．キネトコアにはダイニンも存在しており，微小管の脱重合とともに，それらのモータータンパク質が染色体の分離に重要な役割を果たしていると考えられている．また，中心体もそれぞれ反対の方向に向いた力がかけられている．その力は細胞膜上のダイニンによる引っ張る力と，微小管上のキネシンによる押す力である．

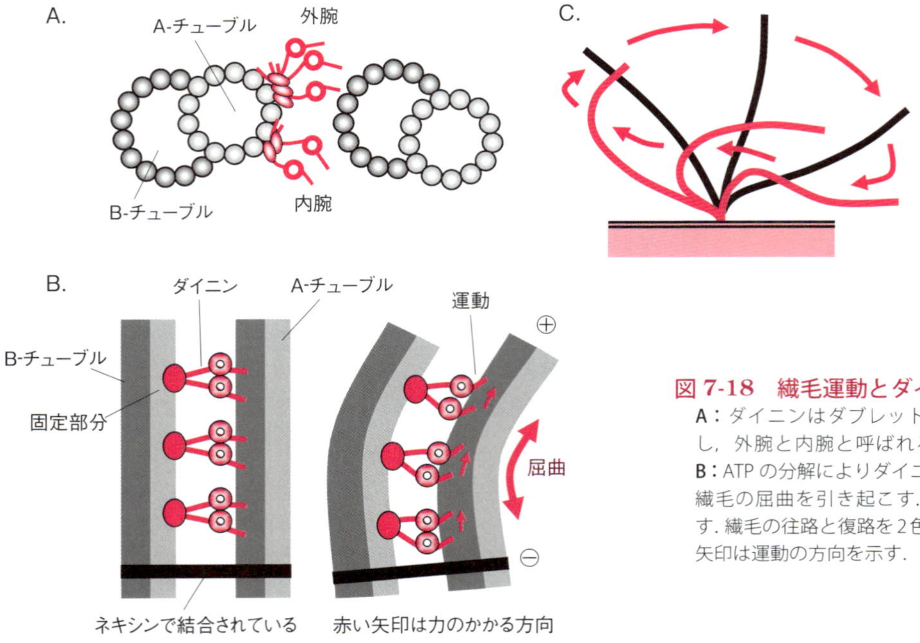

図 7-18　繊毛運動とダイニン

A：ダイニンはダブレット構造の微小管の間に介在し，外腕と内腕と呼ばれる2列に並んで分布する．**B**：ATPの分解によりダイニンの立体構造が変化して，繊毛の屈曲を引き起こす．**C**：繊毛の往復運動を示す．繊毛の往路と復路を2色に色分けして示してある．矢印は運動の方向を示す．

7·4　細胞の移動運動

組織を形成している細胞は，その周囲を取り巻く細胞外基質や，隣接する他の細胞としっかり結合しているので，それぞれの細胞が勝手に動き回ることはない．しかしながら，細胞がそれらの結合から切り離されると，多くの細胞が移動運動を行う．このように，細胞が移動運動する性質は特殊なものではなく，本来細胞がもっている基本的な性質の1つである．たとえば，動物の発生の初期には，中胚葉や器官の形成過程で多くの胚細胞が活発な移動運動を行う．しかしながら，細胞どうしが結合して組織や器官の形成を完了すると，それらの細胞は移動運動しなくなる．そのまま運動性を発現し続けるのは，たとえば，単独で移動運動をしながら機能している白血球のような一部の細胞だけになる．

細胞の移動運動は，いくつかのステップから成り立っている．最初のステップでは，進行方向に仮足と呼ばれる細胞突起を形成する．仮足には，葉状仮足や糸状仮足（filopodium）と呼ばれるものなどがあり，それらの形成にはアクチン繊維を中心とした細胞骨格の高次構造の形成が重要な役割を果たしている．次のステップでは，進行方向に伸ばした仮足を粘着性の基質に接着させ，その点を支点として細胞を収縮させる．その結果，細胞本体が仮足を形成した方向に引っ張られ，細胞の移動が行われる．当然ながら，この際には，基質と接着している細胞の後端部の接着は引き離される（図7-11，図7-19）．

a.　仮足形成

仮足が形成される際には，その部分の細胞骨格の再構築が行われる．構築される細胞骨格のパターンは形成される仮足の種類により異なる．たとえば，葉状仮足が形成される際には，アクチン繊維が一定の角度で分岐したような構造がシート状に形成される．その際に中心的な役割を果たしているのが，アクチン結合タンパク質（6章参照）のARP2/3と呼ばれるタンパク質複合体である．ARP2/3はアクチン繊維の側面に結合し，それを基点として約70°の角度で別のアクチン繊維の重合を引き起こす．それは，ARP2/3を構成するタンパク質の中にGアクチンとよく似たタンパク質が2個含まれているので，それらにアクチン繊維が重合して，新たなアクチン繊維を形成するからである．このようにして構築されたアクチン繊維の高次構造が葉状仮足の骨格構造を形成して，仮足の維持とその伸長を引き起こしている（図7-20A）．

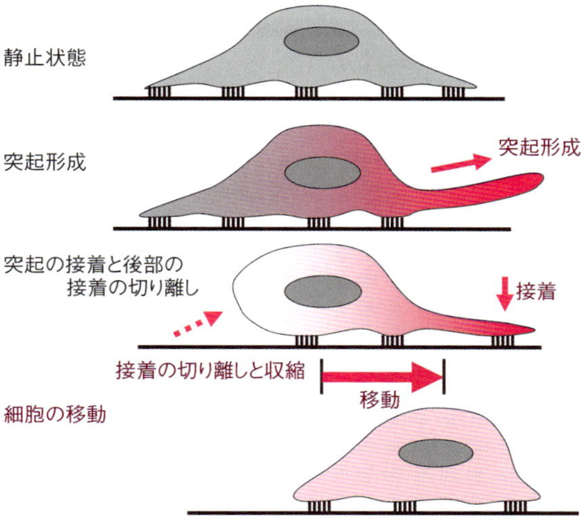

図 7-19　細胞の移動運動
細胞が右方向に向かって移動運動する場合の過程を示す．

また，糸状仮足の形成の際には，アクチン繊維束の伸長が仮足の伸長に重要な役割を果たしている．アクチン繊維は，アクチン結合タンパク質により平行に束ねられて繊維束を形成する．その繊維側の前方（仮足が伸びていく方向）の部分でアクチンの重合が起きることにより，アクチン繊維束が伸長する．それにともない，糸状仮足も前方に伸長していく（図7-20B）．このようなアクチン繊維束は，小腸の上皮細胞や尿細管の上皮細胞の表面に存在する微絨毛の中にも見られる．それらの繊維束は微絨毛の形成や微絨毛における物質の輸送路として重要な役割を果たしている．

b.　仮足形成の制御

仮足形成は，外界からの情報や細胞内部からの情報により誘導される．それらの情報に反応してから，細胞が移動運動を開始したり，細胞の形態変化を引き起こしたりするまでの過程は複雑で，依然として不明な点が多い．しかしながら，その過程の要所で重要な役割を果たしているいくつかの分子が明らかにされている．それらは，低分子量Gタンパク質（small molecular weight G protein，あるいは，small G protein）と呼ばれているタンパク質である．低分子量Gタンパク質は，細胞内を情報が伝達されていく際の伝達回路におけるスイッチの役割を果たしている分子で，数多くの種類が知られている（10章参照）．それらの中で，細胞の仮足形成に深く関わっているのがCdc42，Rac，Rhoなどである．

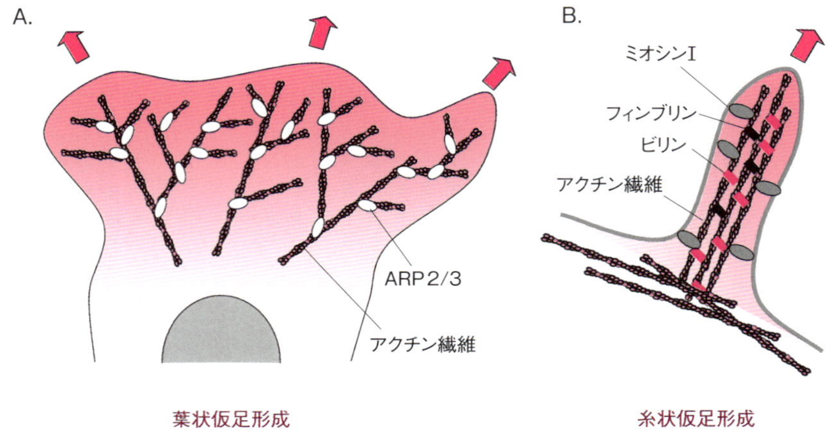

図 7-20　突起形成とアクチン繊維
A：葉状仮足が形成される際には，成長する突起の部分にアクチン繊維の分岐構造が形成される．B：糸状仮足が形成される際には，その突起の内部にアクチン繊維束が形成される．そのアクチン繊維束の伸張が突起の成長を引き起こす．

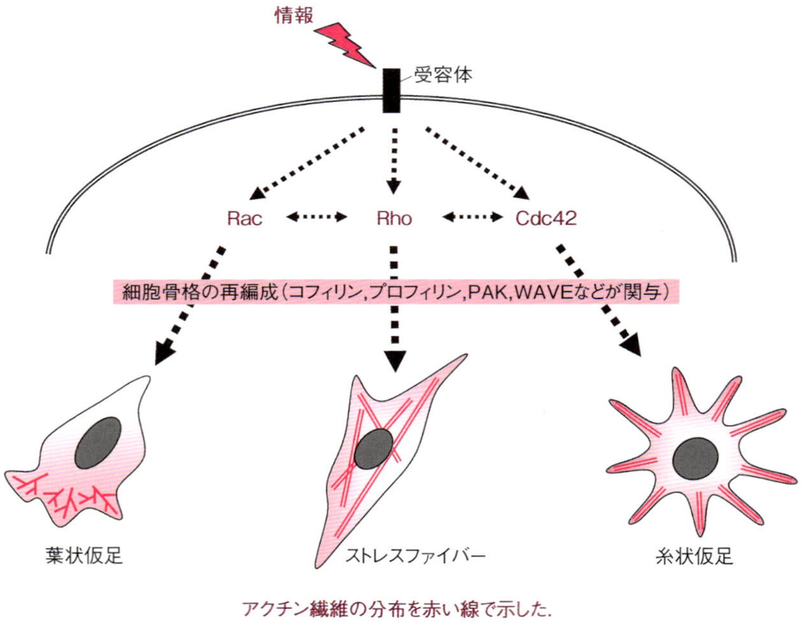

図 7-21　細胞突起形成の制御
外部からの情報は細胞内情報伝達系を経て，細胞の突起形成に影響を及ぼす．その際に重要な役割を果たしているのが，低分子量Gタンパク質のRac，Rho，Cdc42などである．それぞれが特徴的な細胞の突起形成に関与している．

細胞は，細胞膜に存在する細胞接着分子や，さまざまな情報伝達分子（細胞の増殖因子や分化誘導因子など）の受容体を介して外界からの情報を受け取る．その情報が細胞内の情報伝達経路を経てCdc42，Rac，Rhoなどに伝えられてそれらの分子を活性化（スイッチがONになる）すると，その下流で働いている情報伝達経路に外界からの情報が伝達される．その結果，アクチン繊維を中心とした細胞骨格系の高次構造の再編成が引き起こされる．

その際に，Rac，Rho，Cdc42のうちのどの分子が中心的に活性化されるかにより，異なったタイプのアクチン繊維の高次構造が構築され，それぞれ，葉状仮足，ストレスファイバー（特殊なアクチン繊維束），そして糸状仮足が形成される（図7-21）．このような細胞骨格の高次構造の制御は，細胞の移動運動，細胞接着，細胞の形態変化，細胞内輸送など，さまざまな細胞機能の制御に深く関わっている．

7·5　細胞接着分子

細胞が移動運動する際には，細胞と粘着性の細胞外基質や，細胞どうしの接着が必要条件となる．そのために，細胞膜の表面には，それらに必要な多くの種類の細胞接着分子や糖鎖などが存在している．細胞はそれらを介して，隣接する細胞やその周囲に分泌されている細胞外基質と接着しながら移動運動を行う．細胞膜の接着分子には多くの種類が知られており，それらの中でもとりわけ重要な役割を果たしているのが，膜貫通タンパク質として存在する細胞接着分子である（図 7-22，表 7-1）．それは，膜貫通タイプの細胞接着分子が，細胞どうしや細胞と細胞外基質との接着だけでなく，接着を通して外部からの情報を細胞内に伝達する役割も果たしているからである．

細胞接着分子による接着において，同じ種類の分子どうしで互いに接着するタイプはホモフィリック（homophylic）な接着と呼ばれている．それとは反対に，異なる種類の細胞接着分子により接着するタイプはヘテロフィリック（heterophylic）な接着と呼ばれている．ここでは，それらの中でも構造と機能が比較的詳しく調

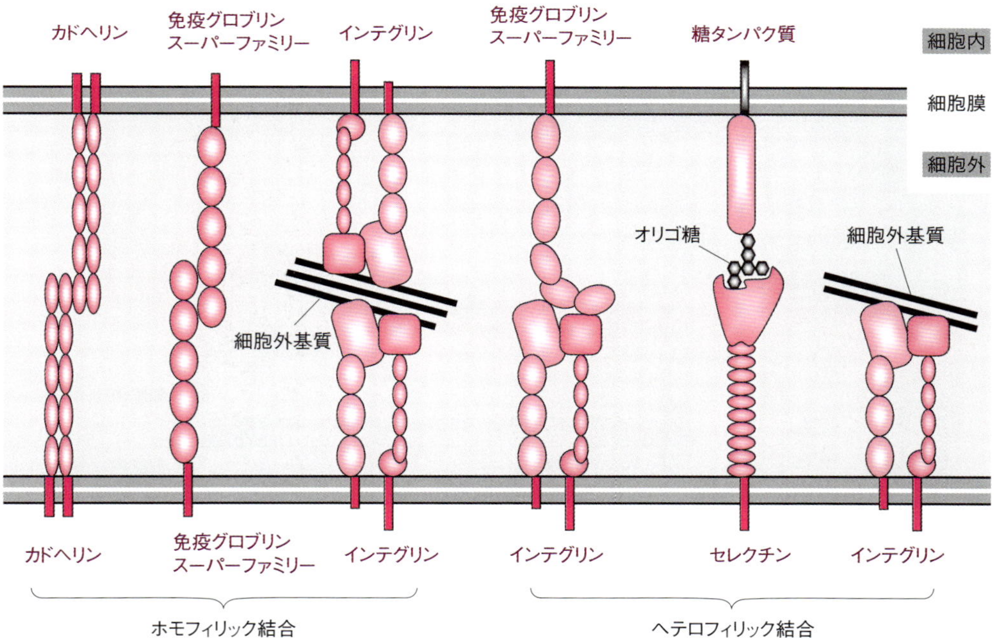

図 7-22　膜貫通タンパク質として存在する代表的な細胞接着分子

表 7-1　代表的な細胞接着分子の特徴

細胞接着分子	接着相手（リガンド）	性質
インテグリン	コラーゲン繊維，フィブロネクチン，ラミニン，ビトロネクチン，フィブリノーゲンなど	α と β のサブユニットからなる二量体で機能． 細胞外基質成分の RGD 配列と結合． 細胞外からの情報を細胞内に伝達する． 細胞内のアクチン繊維と結合．
カドヘリン	同種類のカドヘリン	組織特異的なタイプが存在． 細胞どうしの認識と接着，細胞選別． Ca^{2+}依存性の接着． 細胞外からの情報を細胞内に伝達する． 細胞内のアクチン繊維と結合．
免疫グロブリンスーパーファミリー	同種類の免疫グロブリンスーパーファミリー，インテグリン	細胞認識． 免疫グロブリン構造をもつ．
セレクチン	特定のオリゴ糖	L-，P-，E- タイプの 3 種類が存在． 血球と血管内皮細胞との接着に関与．

べられている，ホモフィリックな接着分子のカドヘリンとヘテロフィリックな接着分子のインテグリンを中心に述べる．

a. カドヘリン

カドヘリンは，Ca^{2+} に依存して，細胞どうしを接着させる分子という意味で，その名が付けられている．カドヘリンには多くの種類が存在し，それらはクラシックカドヘリン（classic cadherins）のグループとプロトカドヘリン（proto-cadherins）のグループに大きく分けられている（図 7-23，表 7-2）．前者は原索動物より進化した動物にしか見られないが，後者は，多細胞動物全般に広く見られる．それゆえ，後者は系統的に古いタイプのカドヘリンと考えられている．

カドヘリン分子は膜貫通タンパク質で，その細胞外領域は同じ単位のくり返し構造からなっている．そのくり返し構造の多くは 5 回で，一部には 5 回以上のものもある．カドヘリンの細胞外領域には，Ca^{2+} と結合する部分や，接着する相手を認識して結合する部分などが存在している．そして，細胞内領域（一部のカドヘリンには存在しない）には，細胞骨格繊維や細胞内の情報伝達系の分子などが結合する部分が存在している．つまり，カドヘリンは同じ種類の細胞どうしを接着させる接着分子としての役割とともに，相手の細胞と接着しているという情報を細胞内に伝達する分子としての 2 つの役割を果たしている．

カドヘリンの細胞内領域には転写因子のカテニン（α-カテニン，β-カテニン），アクチン繊維，アクチン結合タンパク質などが結合している．そして，カドヘリンど

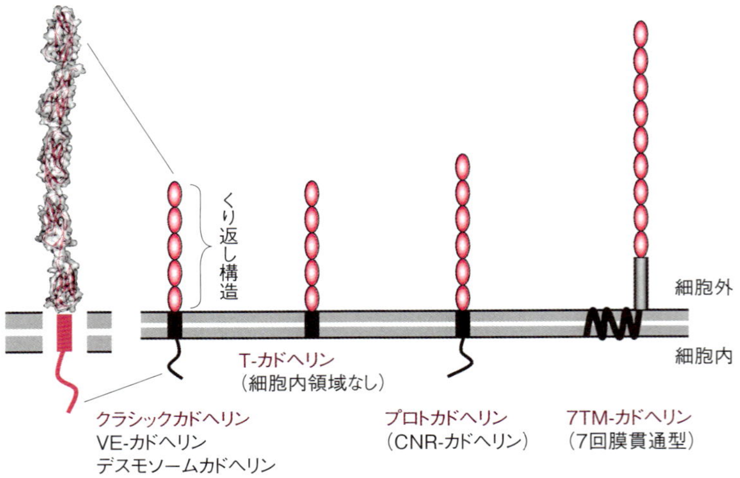

図 7-23　代表的な 4 つのタイプのカドヘリンを示す模式図
細胞接着する際には，これらの分子が二量体を形成して機能している．

表 7-2　カドヘリンの分類

種類		分子の例
クラシックカドヘリン	グループⅠ	E- カドヘリン，N- カドヘリン R- カドヘリン，B- カドヘリン P- カドヘリン，EP- カドヘリン L-CAM
	グループⅡ	VE- カドヘリン カドヘリン 6，8，11，12
デスモソーム性カドヘリン		デスモグレイン デスモコリン
プロトカドヘリン		CNR- カドヘリン μ- カドヘリン
その他		Fat
		7TM- カドヘリン
		T- カドヘリン

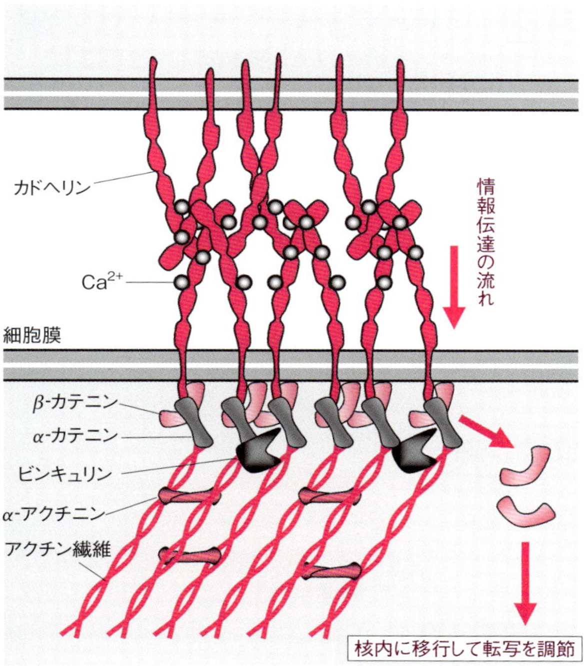

図 7-24　カドヘリンの細胞内領域に結合しているアクチン繊維と情報伝達分子
カドヘリンは同じ種類の細胞どうしを接着させる細胞接着分子としての役割とともに，同じ種類の細胞どうしが接着しているという情報を細胞内に伝達する分子としての役割も果たしている．

うしが結合すると，その情報は細胞内領域に結合しているカテニンやアクチン繊維などに伝えられる．その結果，細胞骨格繊維の構築の変化や，カドヘリンから遊離した β- カテニンによる遺伝子発現の調節などが引き起こされる（図 7-24）．このようにして，同じ種類の細胞と接着したという情報は，カドヘリンを介して細胞内に伝達され，細胞のさまざまな機能に影響を及ぼす．

b．インテグリン

細胞と細胞外基質との接着において，最も重要な役割を果たしている分子の1つがインテグリンである．インテグリンは2つのサブユニット（α 鎖と β 鎖）が非共有結合で結合した二量体を形成し，それが機能単位として働いている（図 7-25）．α 鎖，β 鎖ともに膜貫通タンパク質で，それぞれのサブユニットには多くの種類が存在する．それゆえ，それらが形成するペアの種類も多い（表 7-3）．このような α 鎖，β 鎖のペアの種類の多さは，インテグリンが働いている細胞の種類の多さや，インテグリンが結合する相手の多様性などに反映されている．

インテグリンは，その細胞外領域で細胞外基質と結合し，細胞内領域では細胞骨格繊維や細胞内の情報伝達系の分子などと結合している．つまり，インテグリンの場合も，カドヘリンと同じように，細胞接着分子であると

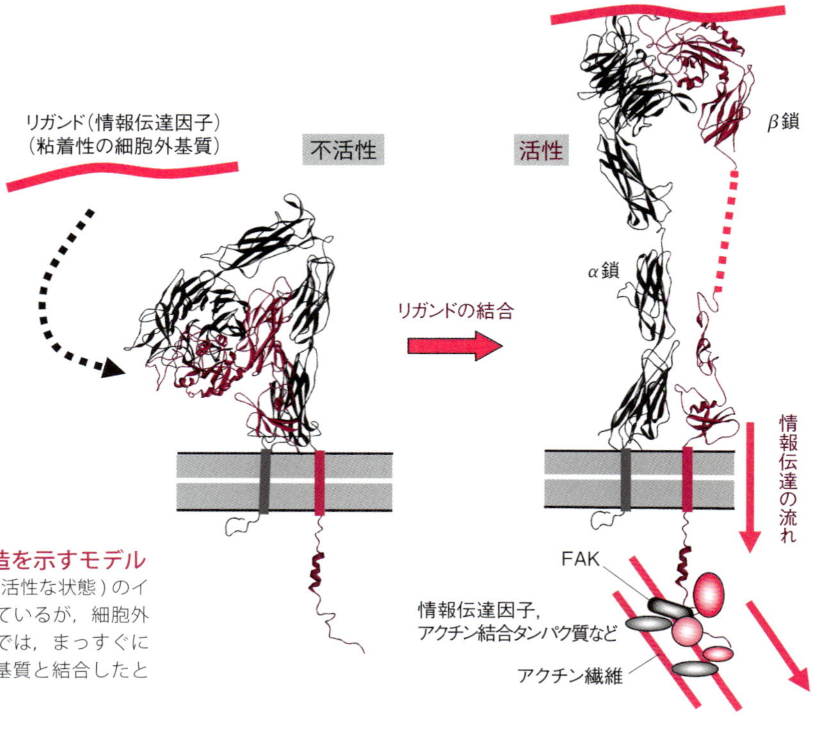

図 7-25　インテグリンの分子構造を示すモデル
細胞外基質と結合していない状態（不活性な状態）のインテグリンは折れ曲がった構造をしているが，細胞外基質と結合した状態（活性な状態）では，まっすぐに伸びた構造になる．そして，細胞外基質と結合したという情報を細胞内に伝達する．

表 7-3　インテグリンの α 鎖と β 鎖の組み合わせによる粘着性と機能の違い

α と β の組み合わせ	リガンド	分類
α1・β1	コラーゲン，ラミニン	コラーゲン受容体
α2・β1	コラーゲン，ラミニン	
α5・β1	フィブロネクチン	RGD 受容体
αV・β1	フィブロネクチン，ビトロネクチン	
αV・β5	ビトロネクチン	
α6・β1	ラミニン	ラミニン受容体
α6・β4	ラミニン	
αL・β2	免疫グロブリンスーパーファミリー	白血球特異的受容体
αX・β2	フィブリノーゲン	
αM・β2	フィブリノーゲン，ICAM-1	

α と β の組み合わせ	機能
αV・β3，α5・β1	リガンドとの結合によるアポトーシスの抑制
α6・β4	細胞と基底板との連結
α4・β1，αL・β2	血管内皮との接着
αV・β3，α5・β1	細胞移動を促進（細胞内 Ca^{2+} や pH の上昇）
α5・β1	細胞骨格タンパク質のリン酸化

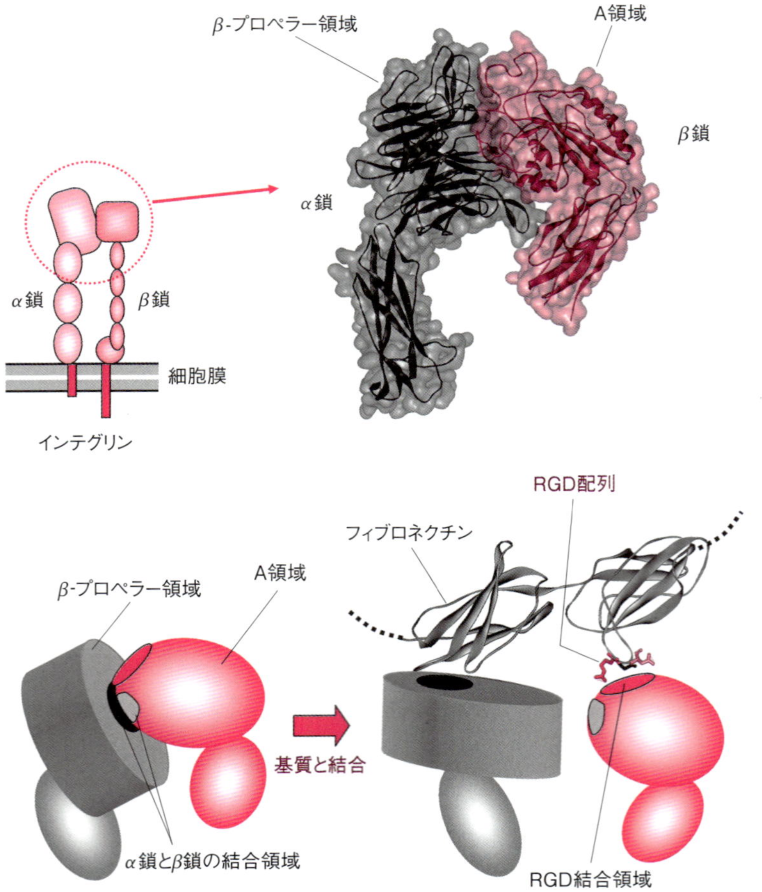

図 7-26　インテグリンと細胞外基質との結合様式を示すモデル

インテグリンは β 鎖のプロペラー領域と α 鎖の RGD 認識領域で細胞外基質と結合する．下図は細胞外基質の一種であるフィブロネクチンの RGD 配列の部分と選択的に結合しているインテグリンを示す．

同時に細胞内に情報を伝達する分子としての役割も果たしている．インテグリンは細胞外基質がもつ特定のアミノ酸配列（主として，Arg-Gly-Asp 配列，略して RGD 配列）を認識して，その部分と選択的に結合する．その際には Mg^{2+} などの二価陽イオンの存在が必要である．このRGD 配列をもつ細胞外基質には，たとえば，コラーゲン繊維や多くの糖タンパク質（ラミニン，フィブロネクチン，ビトロネクチン，フィブリノーゲンなど）などが知られており，インテグリンはこれらの分子と選択的に結合する（図 7-26）．また，RGD 配列以外にも，いくつかの特別なアミノ酸配列（たとえば，Leu-Asp-Val）を認識して，それらとも選択的に結合する．

インテグリンと細胞外基質が結合すると，インテグリンの集合体が形成される．それにともない，その細胞内領域にはさまざまな種類のタンパク質，たとえば，FAK（focal adhesion kinase），アクチン繊維，アクチン結合タンパク質，各種の情報伝達系の分子などの集合体が形成される．インテグリンに細胞外基質が結合することにより FAK が活性化され，活性化された FAK はその標的タンパク質である情報伝達系の分子をリン酸化する．FAK によりリン酸化された情報伝達系の分子は，細胞外基質と結合したというインテグリンからの情報を細胞内に伝達する．

c．その他の細胞接着分子

細胞が移動運動する際には，カドヘリンやインテグリンの他にも，多くの細胞接着分子が働いている．その 1 つにセレクチンがある．セレクチンも膜貫通タンパク質で，3 種類のタイプ（L，P，E 型）が知られている（図 7-27）．L 型は白血球（leukocyte）に，P 型は血小板（platelet）に，そして，E 型は内皮細胞（endothelial cell）に存在するのでその名称が付けられている．このセレクチンは，主に，細胞どうしの接着に用いられている．それぞれのタイプとも，細胞外領域の先端部に特定の糖鎖を認識して結合するレクチン様構造をもち，その他の部分はくり返し構造で構成されている．

セレクチンが選択的に結合するのは，接着相手の細胞膜に分布する特定の糖鎖（4 つの糖から構成されているオリゴ糖のシアリルルイス X やシアリルルイス a など）である．E-セレクチン，P-セレクチン，L-セレクチンと結合する細胞膜の糖タンパク質の例としては，それぞれ，ESL-1，PSGL-1，CD34 などが知られている．セレクチンは，白血球やガン細胞の移動運動や，発生過程における形態形成運動などにおいて，細胞どうしの接着や認識に重要な役割を果たしている（図 7-28）．

以上に述べた細胞接着分子の他にも，免疫グロブリンスーパーファミリー（immunoglobulin superfamily）と呼ばれている多くの分子種からなるグループが存在する．このグループの分子も膜貫通タンパク質で，その細胞外領域に Ig fold と呼ばれる免疫グロブリンサブユニットを 1 個以上もっていることが，共通した特徴である．

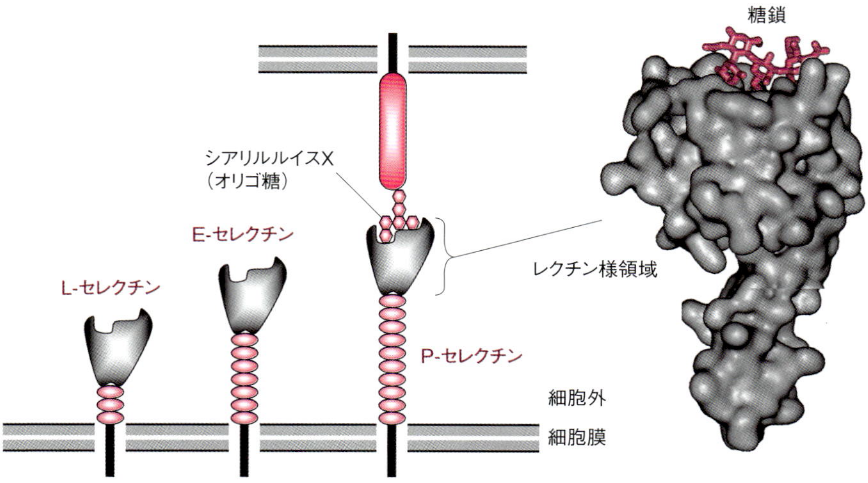

図 7-27　セレクチンの 3 つのタイプとその構造の特徴
セレクチンの細胞外領域の先端部にはレクチン様領域が存在し，その部分で相手の細胞膜に分布する特定の糖鎖を認識して結合する．その接着には Ca^{2+} の存在が必要である．

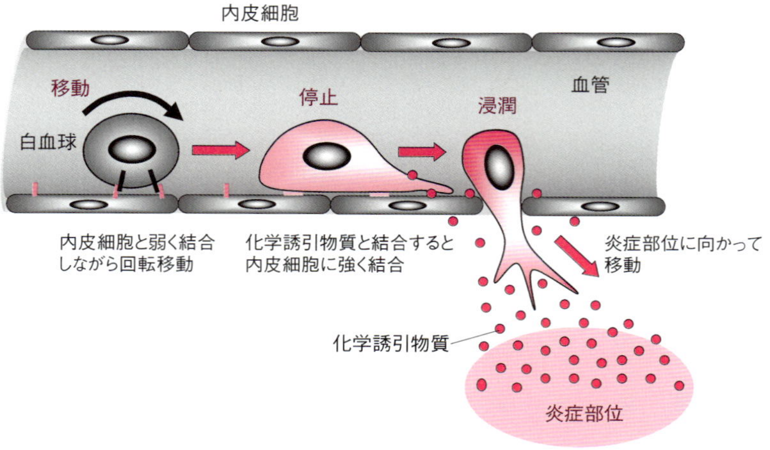

図 7-28 血管内における白血球の移動と血管から炎症部に向かった移動
白血球が血管内を移動するときは，血管の内皮細胞の膜表面に分布する糖鎖と，自身の細胞膜に分布するセレクチンを軽く結合して，回転しながら移動する．炎症部位から拡散してくる化学誘引物質を感知すると，インテグリンにより血管内皮細胞と強く結合し，その場所で移動を停止する．そして，炎症部位に向かって走化性を示し，血管から組織内へと移動（浸潤）を開始する．

このファミリーには，ホモフィリックな接着をするものやヘテロフィリックな接着をするものなどがある．その機能としては，免疫機能における細胞間の相互認識，ガン細胞の移動，発生過程における形態形成運動などさまざまな役割が知られている．

7·6 細胞外基質

細胞が移動運動する際には，細胞が接着するための粘着性の基質が必要である．その役割を果たしているのが，粘着性の細胞外基質である．原核細胞や真核細胞を問わず，細胞はその外部にさまざまな物質を分泌している．それらには，老廃物，情報伝達因子，原核細胞や植物細胞の細胞壁，組織を構築するために必要な支持物質など，多くの種類が知られている．これらの中で粘着性の基質として働いているのが，コラーゲン繊維などの繊維性のタンパク質，グリコサミノグリカン（glycosaminoglycan：GAG），プロテオグリカン（proteoglycan），糖タンパク質などである．

a. コラーゲン繊維

コラーゲン繊維（collagen fiber）は動物の細胞外基質の主要構成成分で，その組織や器官を構築する際には必要不可欠な成分である．とりわけ，脊椎動物では，骨や結合組織を構成する主要成分になっており，体の総タンパク質の多く（2～3割）をコラーゲン繊維が占めている．コラーゲン繊維はその強靭な繊維構造ゆえに，組織や器官を支持する物質としての役割を果たすとともに，インテグリンが接着する主要な細胞外基質としての役割も果たしている．

コラーゲン繊維は，α鎖と呼ばれる単位のコラーゲンタンパク質が，何ステップかの重合過程を経て形成された繊維状の構造物である．α鎖は，3つのアミノ酸（グリシン - プロリン -X；X は任意のアミノ酸）が反復配列した構造からなっている．このα鎖は 25 種類以上存在し，それらが形成するコラーゲン繊維の種類は 20 種類以上にも及んでいる．このα鎖が 3 本重合して形成されたコラーゲン繊維（プロコラーゲンと呼ばれている）が，さらに，アルドール結合して重合することにより，太いコラーゲン繊維（直径 10 ～ 300 nm）が形成される（図 7-29）．プロコラーゲンを構成するプロリンの多くが水酸化されてヒドロキシプロリンとなっている．それは，水酸基によるプロコラーゲンどうしの間の水素結合が，コラーゲン繊維の構造を安定化し，その強度を補強するために必要不可欠だからである．たとえば，プロリン水酸化酵素の補酵素であるビタミン C が不足すると，コラーゲン繊維のプロリンの水酸化が不十分となり，プロコラーゲンどうしの間における水素結合が不足するために，コラーゲン繊維がもろくなって壊血病のような病気を引き起こしてしまう．

20 種類以上もあるコラーゲン繊維の多くが直線上の繊維構造を形成するが，タイプⅣコラーゲンのように網

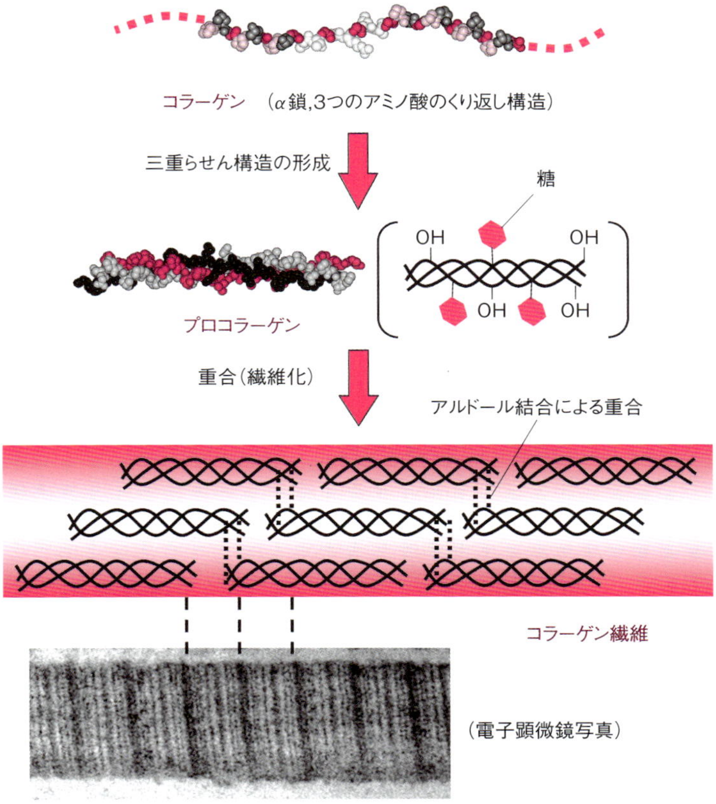

図 7-29　コラーゲンの分子構造
3 つのアミノ酸のくり返し構造からなるコラーゲンが 3 分子結合してプロコラーゲンを形成する．プロコラーゲンが重合してコラーゲン繊維が形成される．

表 7-4　コラーゲンの主要なタイプ

形状	タイプ	特徴	分布
太い繊維状の構造	Ⅰ	直径 300nm の繊維，67nm 間隔の縞模様	皮膚，腱，骨
	Ⅱ	直径 300nm の繊維，67nm 間隔の縞模様	軟骨
	Ⅲ	直径 300nm の繊維，67nm 間隔の縞模様	皮膚，筋組織，血管
	Ⅴ	直径 390nm の繊維	皮膚，腱，骨
非繊維状の構造	Ⅵ	タイプⅠの繊維の側面に結合	間質組織
	Ⅸ	タイプⅡの繊維の側面に結合	軟骨
網目状の構造	Ⅳ	平面状の網の目構造	基底板

目状の構造を形成するものもある（表 7-4）．動物の体に存在するコラーゲン繊維のほとんどを占めるのがタイプⅠコラーゲンで，われわれの体では，骨や皮膚の真皮層などを構成する主要な構成成分となっている．このタイプⅠコラーゲンと並んで重要な役割を果たしているのがタイプⅣコラーゲンである．このタイプは上皮組織の基底側や，筋細胞や神経細胞の周囲に分布する基底板（2 章参照）の主要な構成成分になっている．タイプⅣコラーゲンは，重合すると網目状の構造を形成するので，これに他の多くの種類の細胞外基質成分が結合することにより，基底板と呼ばれる層状の構造を形成している．この基底板は，上皮構造を形成したり，その上皮構造を安定に維持したり，あるいは，細胞膜の強度を補強したりするためには必要不可欠な構造である．

b．グリコサミノグリカン

グリコサミノグリカンは，2 種類の糖がくり返して直鎖状に連結された長い分子で，ムコ多糖とも呼ばれている（図 7-30）．その分子量はおおよそ $1 \sim 3 \times 10^4$ で，

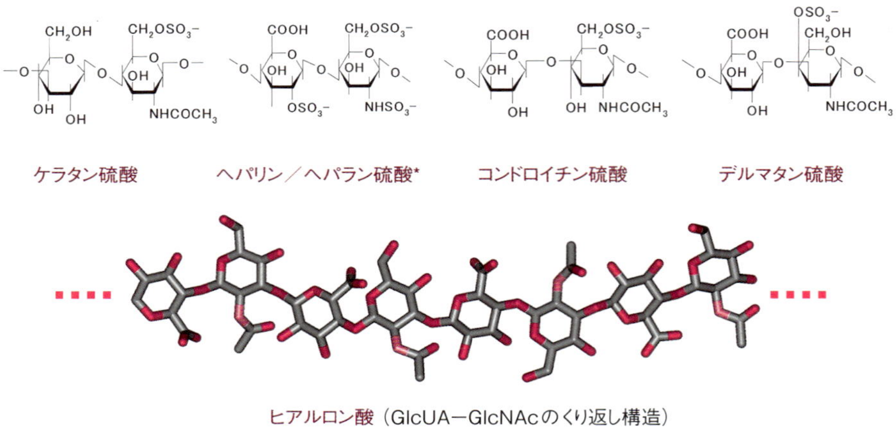

図 7-30　主要なグリコサミノグリカンの分子構造
グリコサミノグリカンは二糖のくり返し構造からなっている．
ヒアルロン酸の場合は分子モデルとくり返し構造を示す．
* ヘパラン硫酸にはヘパリンよりも多くの硫酸が結合している．

表 7-5　主要なグリコサミノグリカンの構造と性質

種類	二糖	分布	その他
ヒアルロン酸	GlcUA - GlcNAc	関節，皮膚，軟骨	最も大型のグリコサミノグリカン 水分を保持し，ショックアブソーバーの役割
コンドロイチン硫酸	GlcUA - GalNAc	骨，軟骨，心臓の弁	最も多量に存在するグリコサミノグリカン
ヘパラン硫酸	GlcUA - GlcNAc IdoA - GlcNAc	基底板，肺	細胞増殖や細胞分化に関与
ヘパリン	GlcUA - GlcNAc IdoA - GlcNAc	肝臓，肥満細胞の分泌顆粒	細胞増殖や細胞分化に関与
デルマタン硫酸	GlcUA - GalNAc IdoA - GalNAc	皮膚，心臓の弁	肝細胞増殖因子（HGF）と結合
ケラタン硫酸	Gal - GlcNAc	椎間板，軟骨	軟骨の主要構成成分

Glc：グルコース，Gal：ガラクトース，GlcUA：グルクロン酸，IdoA：イズロン酸，Fuc：フコース，GlcN：グルコサミン，GlcNAc：*N*-アセチルグルコサミン，GalNAc：*N*-アセチルガラクトサミン

ヒアルロン酸のようにサイズの大きいものでは，分子量が $1 \times 10^{7 \sim 8}$ に及ぶものもある．グリコサミノグリカンの多くは，コアとなるタンパク質の特定のアミノ酸に共有結合し，プロテオグリカンとして存在している（表7-5）．それらの多くは，糖に付加された硫酸基がマイナスの荷電を帯びているために親水性を示し，保水性の物質としての役割も果たしている．また，プロテオグリカンは糖タンパク質や糖脂質の糖鎖などとも互いに結合するので，細胞が移動運動する際の基質としての働きや，組織の構築に必要な結合組織の構成成分として重要な役割を果たしている（図7-31）．

c. 糖タンパク質

糖タンパク質は，タンパク質の一部のアミノ酸に糖鎖が共有結合したタンパク質の総称である．粗面小胞体で合成される膜タンパク質や分泌タンパク質のほとんどは，合成過程でオリゴ糖が付加されるので，それらは糖タンパク質になる．細胞外基質として分泌される糖タンパク質には，細胞に対する粘着物質として働いているものが多く存在する．それらの中には，インテグリンが選択的に結合するアミノ酸配列のRGD配列をもつものがいくつも知られている．前述したように，フィブロネクチン，ラミニン，ビトロネクチンなどの糖タンパク質がそうである．さらに，これらの多くが，他の細胞外基質，たとえば，コラーゲン繊維やグリコサミノグリカンなどとも結合する性質をもつので，細胞外基質どうしによる複雑な結合も可能となる（図7-32）．

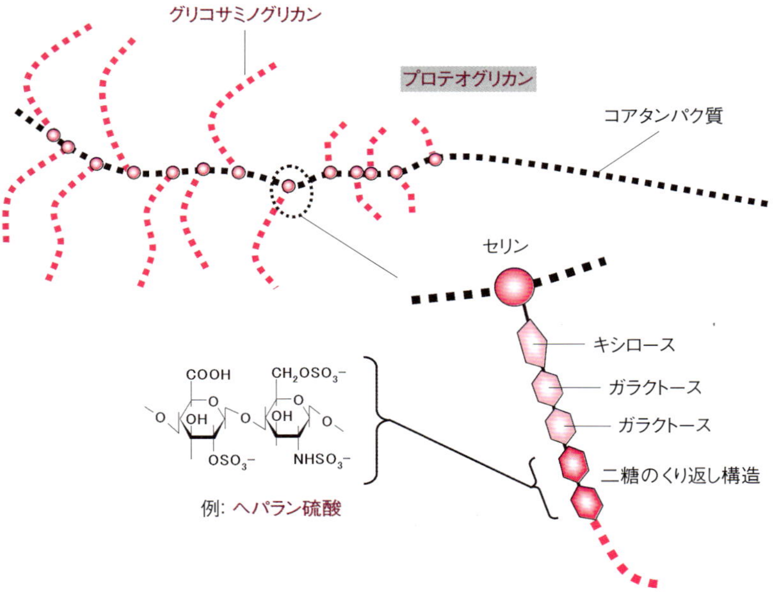

図 7-31　プロテオグリカンの分子構造
プロテオグリカンは，コアタンパク質の特定のセリンにグリコサミノグリカンが結合して構成されている．

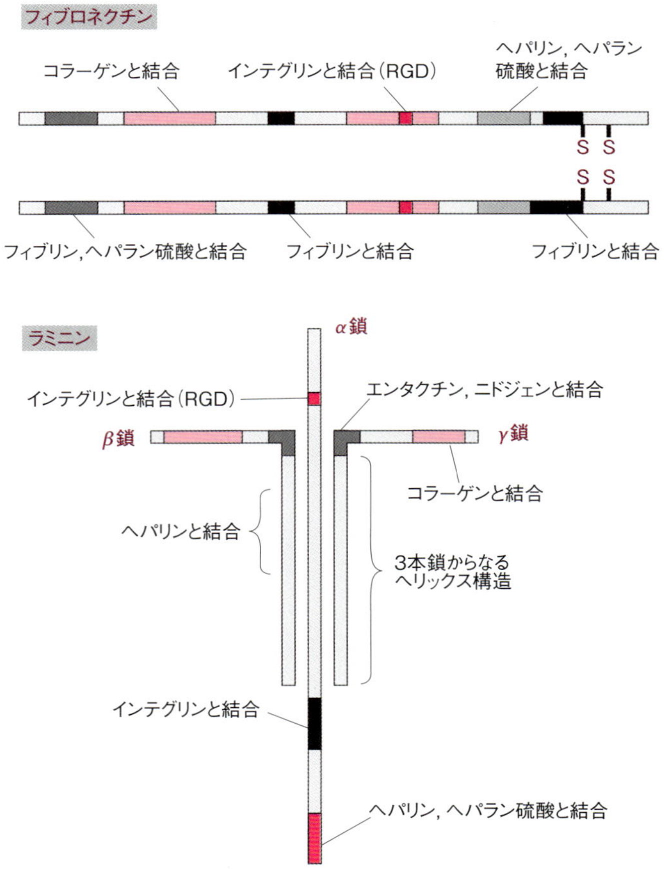

図 7-32　糖タンパク質のフィブロネクチンとラミニンの構造
フィブロネクチンとラミニンの構造には，さまざまな分子と結合する領域が含まれている．フィブロネクチンは2つの類似したポリペプチド鎖がジスルフィド結合した構造からなる．ラミニンは，3つのポリペプチド鎖から構成されている．

細胞外基質は，多細胞生物の支持構造や，細胞の粘着物質としての役割だけでなく，その他にもいくつかの重要な役割を果たしている．その1つが，細胞に影響を及ぼす情報伝達分子としての役割である．細胞外の情報伝達分子には，10章で述べる細胞増殖や細胞分化を制御している多くの種類の成長因子やホルモンなどが知られている．細胞外基質の多くは，これらと同じように細胞に作用して，細胞増殖や細胞分化などに大きな影響を及ぼすものが多く存在する．それは，細胞外基質と結合する細胞接着分子が細胞内の情報伝達系と密接に関わっているからである．たとえば，前述した，細胞接着分子のカドヘリン，インテグリン，セレクチン，免疫グロブリンスーパーファミリーなどは，その細胞内領域で細胞内の情報伝達系の分子や細胞骨格などと結合しており，細胞外基質や相手の細胞に接着したという情報を細胞内に伝えている．そして，それらの情報は，細胞内の生理機能や遺伝子発現などに大きな影響を及ぼすことにより，細胞の増殖や細胞分化などを制御している．

8. 細胞内輸送

真核細胞におけるタンパク質の合成は，遊離型のポリリボソームで行われるタイプと，小胞体膜に結合した膜結合型のポリリボソームで行われるタイプの2種類がある．前者のタイプでは, 核, ミトコンドリア, 葉緑体, ペルオキシソームなどの細胞小器官で必要とされるタンパク質や，細胞質内で働いている酵素や構造タンパク質（たとえば，細胞骨格）などが中心に合成されている．そして，後者のタイプでは，分泌タンパク質や膜タンパク質などが中心に合成されている．

遊離型と膜結合型のポリリボソームでは，それぞれ異なる種類のタンパク質が合成され，それらのタンパク質が目標の部位に輸送される方法も大きく異なる．遊離型ポリリボソームで合成されたタンパク質は，合成された後に細胞質内に遊離されるので，細胞質内を拡散して目標の細胞小器官にまで移動してその内部に選択的に取り込まれる．一方，膜結合型ポリリボソームで合成されたタンパク質は，小胞体膜に組み込まれたり，その内腔に蓄えられたりして小胞体に留められる．そして，小胞体から形成された小型の小胞により目標の細胞小器官や細胞膜まで輸送される．

ここでは，合成されたタンパク質の細胞内輸送，核と細胞質間における物質の輸送，そして，細胞外から細胞内への物質の輸送（取り込み）のしくみなどについて述べる．その際には，複雑な輸送機構が関与する膜結合型のポリリボソームで合成されたタンパク質の輸送を中心に述べる．

8・1　小胞体におけるタンパク質の合成

真核細胞の細胞内には，核やゴルジ体などのように，生体膜で区画化されたさまざまな細胞小器官が存在している．それらの細胞小器官の間では，物質をやり取りするための輸送のしくみが発達している（図 8-1）．細胞内の輸送においては，合成されたタンパク質の輸送が中心となっているが，それとともに，生体膜のリサイクル，細胞外からの養分や異物の取り込みと分解，そして，細胞小器官の分解処理などの機能も同時に行われている．その際に中心的な役割を果たしているのが，輸送小胞（transport vesicle）と呼ばれる小型の小胞（直径 50 ～ 150 nm）による物質の輸送である．このような小胞による輸送は，小胞体や核膜のない原核細胞では見られない．それゆえ，以下の説明は真核細胞におけるタンパク質の輸送が中心となる．

a. シグナル配列

核から細胞質に輸送されてきた mRNA の段階では，それが遊離型ポリリボソームで合成されるタンパク質の情報をもつのか，膜結合型ポリリボソームで合成されるタンパク質の情報をもつのかは区別できない．その区別が明らかになるのは，翻訳が開始されてからである．それは，合成が開始されたタンパク質の N 末端付近に，そのタンパク質が分泌タンパク質や膜タンパク質なのか，あるいは，細胞小器官のタンパク質なのかを示す特殊なアミノ酸配列が存在するからである．そのアミノ酸配列の有無により，膜結合型ポリリボソームで合成されるのか，あるいは，遊離型ポリリボソームで合成されるのかが決定される．

その特殊なアミノ酸配列は，シグナル配列（signal sequence）と呼ばれている．このシグナル配列という名称は他でも使われている一般的な名称なので，この場合にはとくに小胞体シグナル配列（ER signal sequence）と呼ばれている．小胞体シグナル配列は 13 ～ 36 アミノ酸残基から構成されていて，その構造の中心に 10 ～ 15 アミノ酸残基からなる疎水性の領域（α ヘリックス構造）が存在する．その前方には，正の荷電をもつアミノ酸残基（アルギニンやリシンなど）が分布し，そして，その後方には極性をもつアミノ酸残基が分布している（図 8-2）．小胞体シグナル配列は，このような性質の異なる 3 つの部分から構成されているのが特徴である．

小胞体シグナル配列をもつものは，分泌タンパク質，あるいは膜タンパク質として認識され，それを合成して

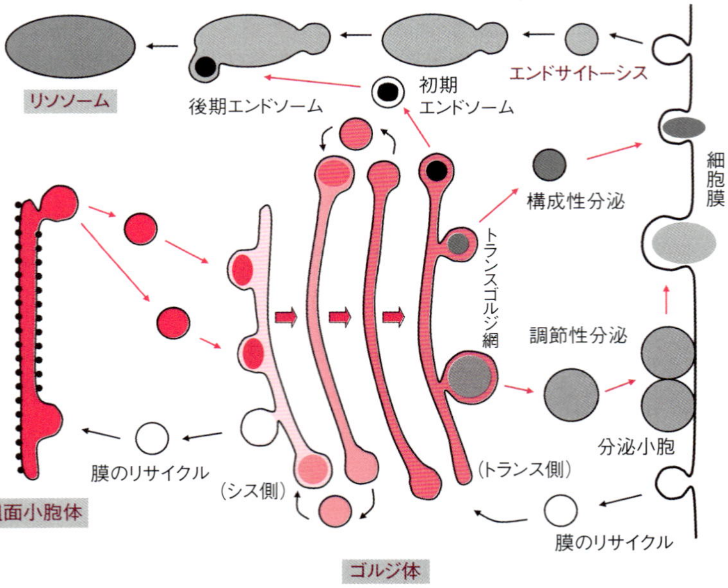

図 8-1　細胞内輸送系の概略図
粗面小胞体で合成されたタンパク質はゴルジ体を経て，細胞膜，分泌小胞，リソソームなどへ輸送される．その際には，タンパク質の輸送とともに，生体膜の輸送も行われている．

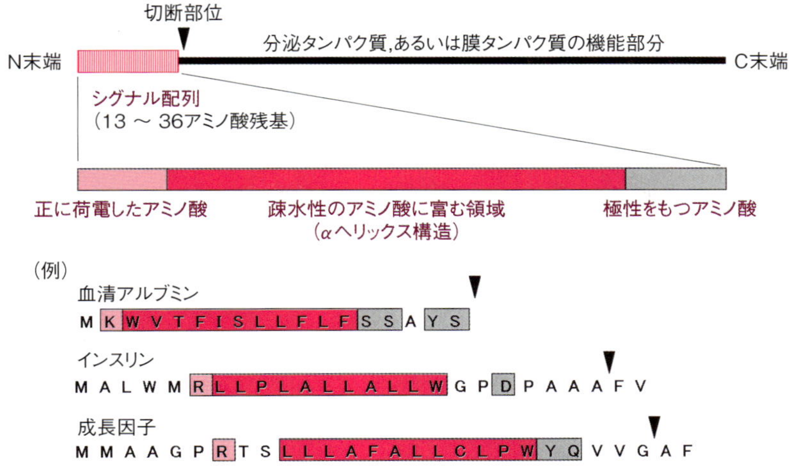

図 8-2　小胞体シグナル配列
小胞体のポリリボソームで合成されるタンパク質の N 末端側には，小胞体シグナル配列と呼ばれる特別のアミノ酸配列が存在する．

いるリボソームは小胞体膜に結合されて，膜結合型ポリリボソームとなる．それは，リボソームが小胞体膜に結合した状態で分泌タンパク質や膜タンパク質を合成するほうが，それらを合成してから小胞体の中に入れ込んだり，小胞体膜に組み込んだりするよりも効率的だからであろう．このように，リボソームが小胞体膜上に多数集合してタンパク質合成している状態の小胞体は，粗面小胞体と呼ばれている．一方，小胞体シグナル配列をもたないタンパク質は，そのまま遊離型ポリリボソームとしてタンパク質合成を続ける．

b. SRP

小胞体シグナル配列を認識して，リボソームを小胞体膜に結合させる役割を果たしているのが SRP（signal recognition particle）と呼ばれている分子である．SRP は，非コードタイプの RNA にいくつかのタンパク質が結合した，RNA とタンパク質の複合体からなり，真核細胞と原核細胞の両方に存在する．小胞体の存在しない原核細胞の SRP は，タンパク質を合成しているリボソームを細胞膜に結合させるために働いている（後述）．このSRP を構成する RNA の種類は哺乳類のものと古細菌のものではよく似ているが，真正細菌のものはそれらとは大きく異なっている（図 8-3）．しかしながら，SRP の機能を果たすために必要不可欠なタンパク質についてはすべての生物に共通して存在する．

哺乳類の SRP は，300 塩基からなる RNA と 6 つのタンパク質から構成されている．それらのタンパク質は，リボソームとの結合，シグナル配列の認識，SRP 受容体との結合などに重要な役割を果たしている．その中でもとりわけ重要な役割を果たしているのが，小胞体シグナ

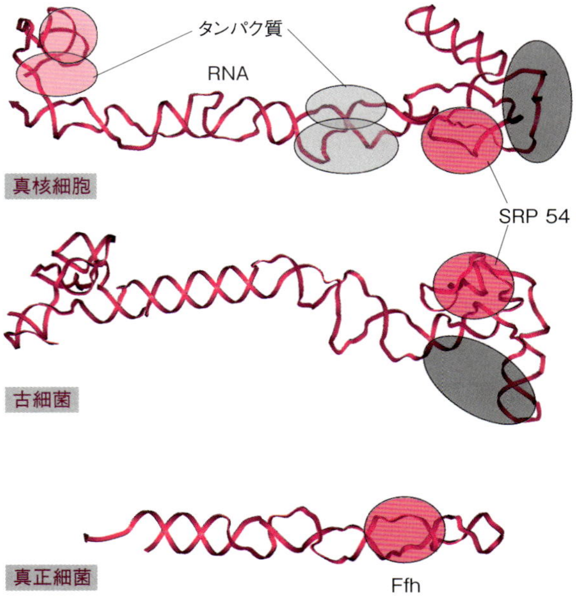

図 8-3　SRP の比較
真核細胞と原核細胞の SRP を示す．SRP54 と Ffh は類似したタンパク質で，小胞体シグナル配列や SRP 受容体と結合する役割を果たす．

図 8-4　哺乳類の SRP の基本構造

Alu 領域はリボソームと結合し，S 領域はシグナル配列や SRP 受容体と結合する．SRP54 はシグナル配列と SRP 受容体に結合する役割を果たし，Alu 領域に結合している 2 つのタンパク質はリボソームと結合する役割を果たす．

ル配列や SRP 受容体と結合する G タンパク質の一種の SRP54 である．これと同じ役割を果たすタンパク質は，原核細胞と真核細胞の SRP に共通して存在する．SRP の構造は Alu 領域と S 領域と呼ばれる 2 つの領域からなっている（図 8-4）．SRP の Alu 領域は，リボソームと結合して，そのタンパク質合成を一時的に停止させる役割を果たしている．また，S 領域は，リボソームで合成されているペプチドの N 末端側にある小胞体シグナル配列と結合する．さらに，S 領域は小胞体膜の SRP 受容体とも結合するので，リボソームと小胞体を結合させる役割も果たしている．

c. SRP 受容体とトランスロコン

SRP と結合する小胞体膜の SRP 受容体は 2 種類のタンパク質（α と β サブユニット）からなり，両者とも G タンパク質の一種である．SRP とその受容体を介して小胞体膜に結合されたリボソームは，小胞体膜に存在するトランスロコン（translocon）と呼ばれるペプチド鎖の通過チャネルに導かれる．この過程には，SRP 複合体や SRP 受容体に結合している GTP の加水分解によるエネルギーが用いられる．このトランスロコンは，Sec61 と呼ばれるタンパク質の複合体からなり，ポリペプチド鎖の通過孔を形成している．この Sec61 複合体は 3 ～ 5 個集合してドーナツ状の構造を形成し機能している（図 8-5）．Sec61 複合体は，3 つのサブユニット（Sec α，Sec β，Sec γ）から構成され，哺乳類から酵母に至るまでの真核細胞に，その存在が確認されている．その中心的な部分を構成しているのが Sec α である．Sec α は，α ヘリックス構造で膜を 10 回貫通し，その中央部にペプチド鎖の通過できる通路を形成している．

膜結合型ポリリボソームで合成される分泌タンパク質は，いくつかのステップを経て完成される（図 8-6）．リボソームが SRP を介して小胞体膜の受容体と結合すると，小胞体シグナル配列を含むペプチド鎖がトランスロコンへと導かれて，その通路に挿入される．その際に，シグナル配列の部分がトランスロコンと結合する．そして，リボソームから SRP が遊離すると，SRP の結合により一時的に停止されていたタンパク質合成が再開される．合成されたペプチド鎖はトランスロコンの通路を通過しながら，小胞体内部へと移動する．分泌タンパク質の合成が完了すると，トランスロコンに結合しているシグナル配列の部分が切断され，完成された分泌タンパク質は小胞体の内腔に遊離される．

以上の分泌タンパク質合成のステップには，他の多くのタンパク質も関与している．たとえば，小胞体シグナル配列の部分を切断するシグナルペプチダーゼ（signal peptidase），ペプチド鎖に糖鎖を結合するオリゴ糖転位酵素（oligosaccharyl transferase），ジスルフィド結合を形成する PDI などである．それらはトランスロコンの周囲に集合して機能的な複合体を形成し，小胞体で行われるタンパク質合成において共同作業を行っている．

d. 小胞体膜への膜タンパク質の組込み

合成された分泌タンパク質は，小胞体シグナル配列の部分が切断されるだけでよいが，膜貫通タンパク質の場合は，合成される過程で小胞体膜への組込み作業が行われる．膜を貫通している存在する膜タンパク質は，1 つ以上の膜貫通領域をもち，それらの領域は，一般に，疎水性の α ヘリックス構造からなっている．タンパク質中に含まれる膜貫通領域の部分は，それがペプチド

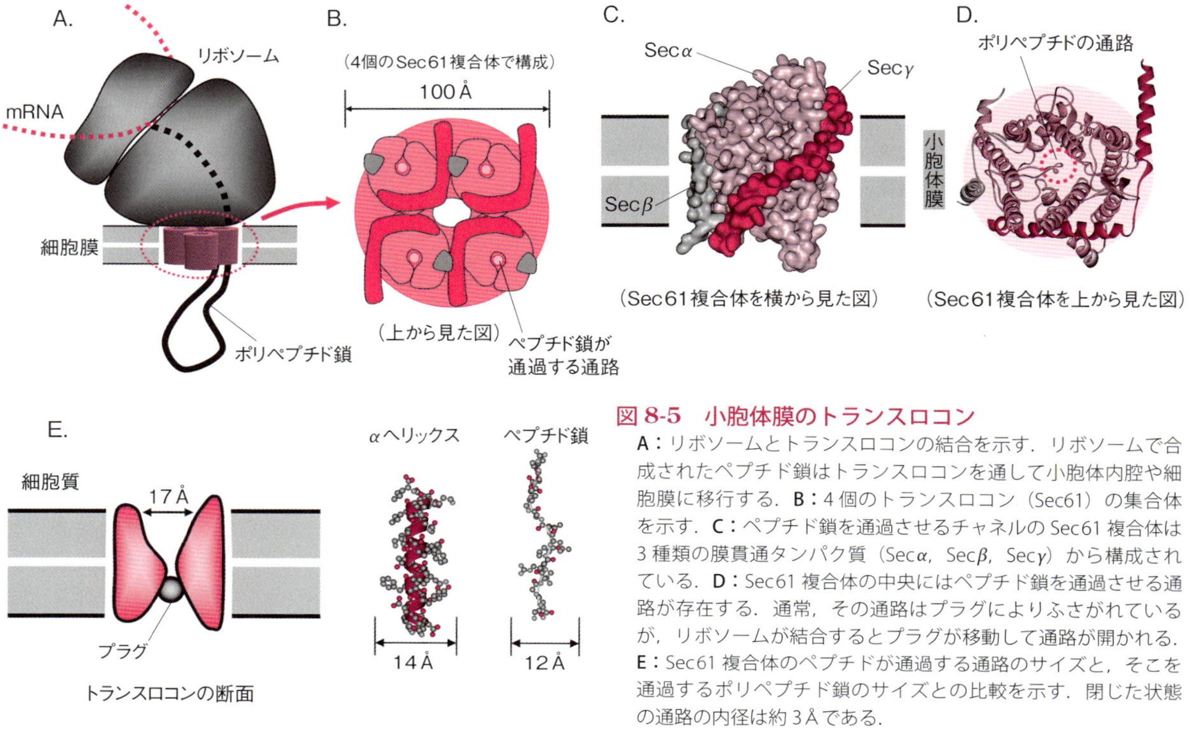

図 8-5　小胞体膜のトランスロコン

A：リボソームとトランスロコンの結合を示す．リボソームで合成されたペプチド鎖はトランスロコンを通して小胞体内腔や細胞膜に移行する．B：4 個のトランスロコン（Sec61）の集合体を示す．C：ペプチド鎖を通過させるチャネルの Sec61 複合体は 3 種類の膜貫通タンパク質（Secα，Secβ，Secγ）から構成されている．D：Sec61 複合体の中央にはペプチド鎖を通過させる通路が存在する．通常，その通路はプラグによりふさがれているが，リボソームが結合するとプラグが移動して通路が開かれる．E：Sec61 複合体のペプチドが通過する通路のサイズと，そこを通過するポリペプチド鎖のサイズとの比較を示す．閉じた状態の通路の内径は約 3 Å である．

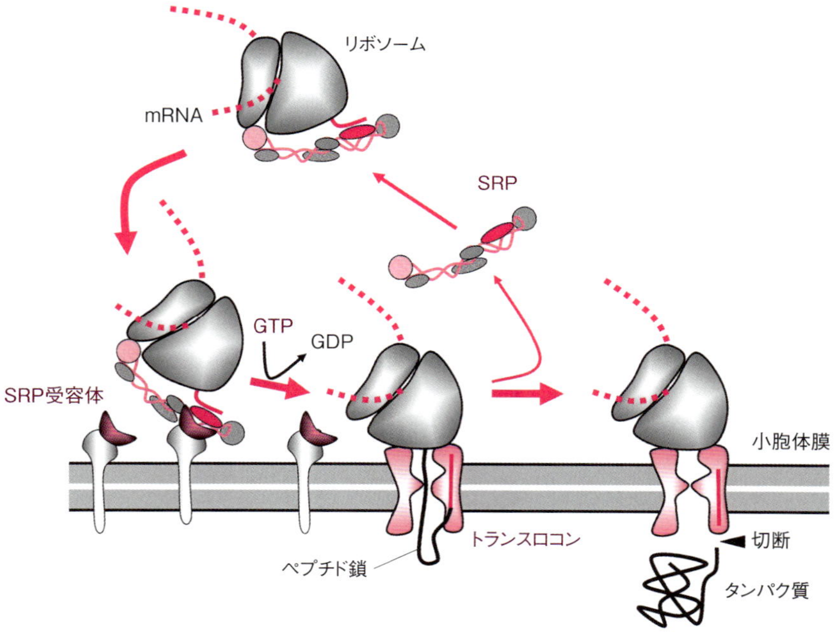

図 8-6　小胞体における分泌タンパク質の合成

リボソームが SRP を介して小胞体膜に結合されると，シグナル配列部分がトランスロコンの通路に挿入される．SRP が遊離すると，停止されていたタンパク質の合成が再開され，トランスロコンの通路を通してペプチド鎖が小胞体内腔へと伸びていく．タンパク質合成が完了すると，シグナル配列の部分が切断され，分泌タンパク質は小胞体内腔へと遊離される．

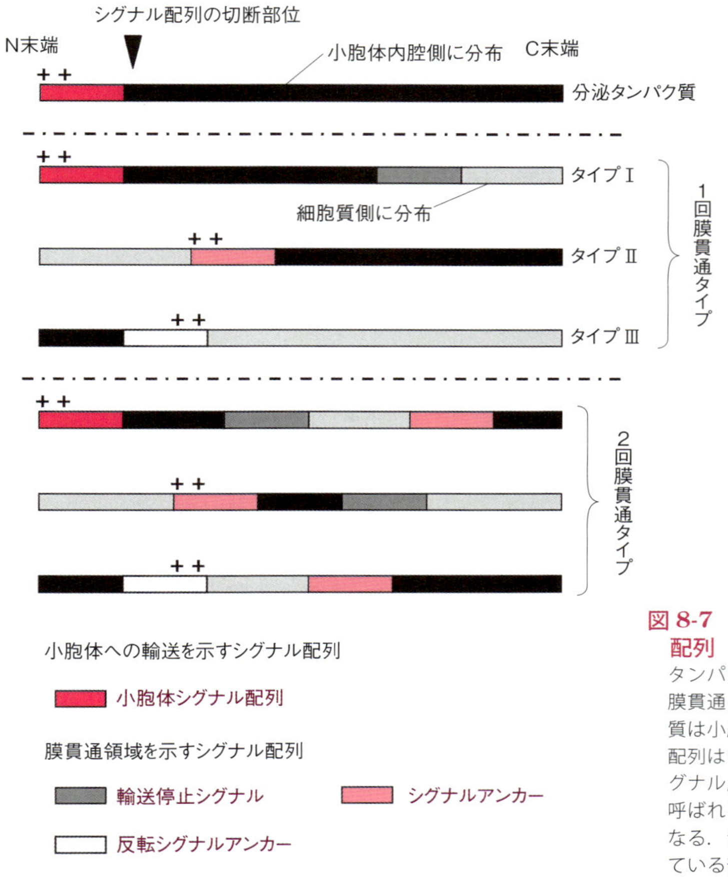

図 8-7　小胞体で合成されるタンパク質のシグナル配列

タンパク質に含まれるシグナル配列が，分泌タンパク質や膜貫通タンパク質になる運命を決めている．分泌タンパク質は小胞体シグナル配列をもつだけで，その他のシグナル配列はもたない．一方，膜貫通タンパク質には輸送停止シグナル，シグナルアンカー，反転シグナルアンカーなどと呼ばれるシグナル配列が存在し，その部分が膜貫通領域となる．シグナルアンカーや反転シグナルアンカーと呼ばれている部分は，小胞体シグナル配列としての機能と膜に組み込まれる部位としての機能の両方を合わせもっている．

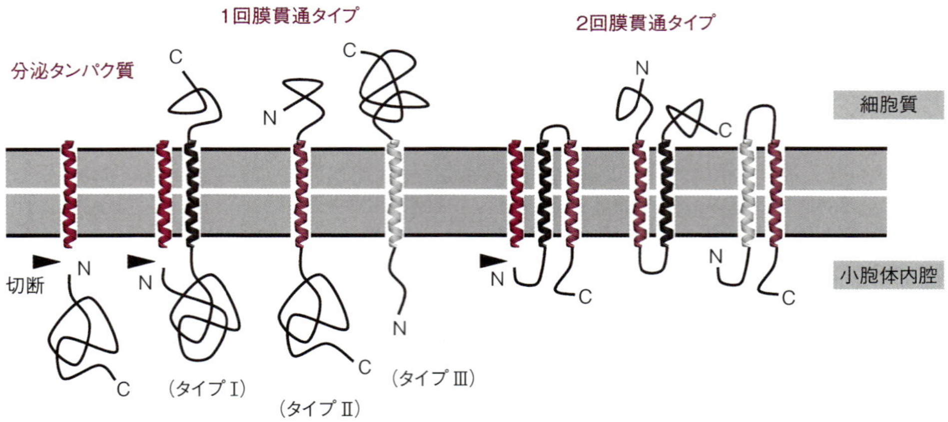

図 8-8　小胞体で合成されるタンパク質の種類

ここでは，膜貫通タンパク質として，膜を2回貫通するものまでを示したが，さらに多くの回数で膜を貫通するものも存在する．

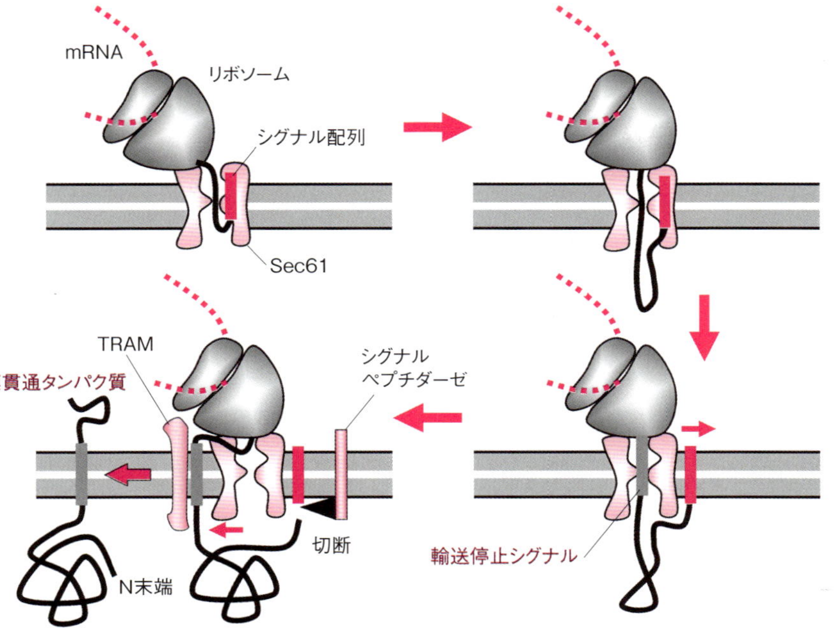

図 8-9　膜貫通タンパク質の合成と膜への組込みの過程
膜を1回貫通するタンパク質が小胞体膜に組み込まれる過程を示す．輸送停止シグナル配列の部分が合成されると，その部分はトランスロコンと結合してそこに留まる．トランスロコンで留まっていた輸送停止シグナル配列は，トランスロコンの側面が開くことにより，小胞体膜の中へ移動して膜に組み込まれる．その際に，TRAM が疎水性の膜貫通領域と結合して，タンパク質を膜内へと移動させる．シグナルペプチダーゼにより，小胞体シグナル配列が本体から切断されると，小胞体内腔側にN末端を向けた1回膜貫通タンパク質が完成する．
TRAM：translocation chain associated membrane protein

鎖の中に分布している位置やアミノ酸の分布の特徴などから，シグナルアンカー（signal anchors），輸送停止シグナル（stop transfer signal），反転シグナルアンカー（reverse signal anchors）などと区別されて呼ばれている（図 8-7）．それらの領域を構成するアミノ酸の分布の特徴により，膜に組み込まれる向きが決定される（図 8-8）．たとえば，膜貫通領域となるシグナル配列の一方の側に，正の荷電をもつアミノ酸がいくつか存在する場合には，その正の荷電をもつ側が細胞質側になるように膜に組み込まれる場合が多い．さらに，膜貫通領域の疎水性の度合いや，その領域の前後における荷電性の違い，その領域のN末端側における折りたたみの状態なども，膜貫通領域が膜に組み込まれる際の向きに影響を及ぼしている．

これらの膜貫通領域が小胞体膜に組み込まれる際には，トランスロコンと TRAM が重要な役割を果たしている（図 8-9）．膜貫通領域の部分が合成されると，その部分はトランスロコンに結合してそこにいったん留められる．そして，タンパク質合成が完了するとトランスロコンの側面が開いて，疎水性の膜貫通領域はトランスロコンから小胞体膜の脂質層の中に移動する（図 8-10）．

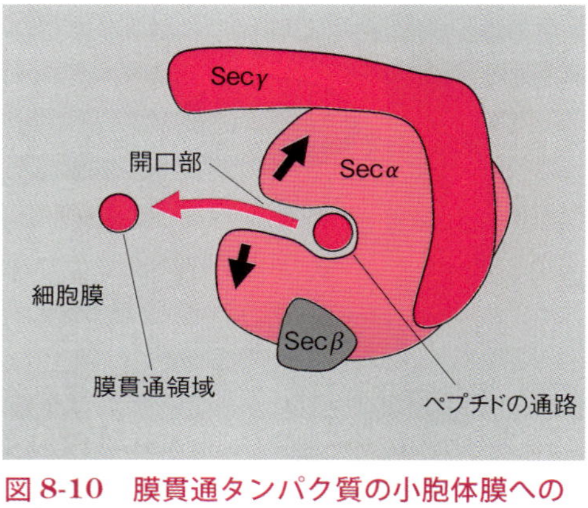

図 8-10　膜貫通タンパク質の小胞体膜への組込み
膜貫通タンパク質が小胞体膜に組み込まれる際には，Sec61 複合体の側面が開き，膜貫通領域が小胞体膜の中に移動する．

8·2 小胞体で合成されたタンパク質の輸送

粗面小胞体で合成された分泌タンパク質や膜タンパク質が最初に輸送されるのはゴルジ体である．ゴルジ体を経た後，タンパク質は細胞膜や他の細胞小器官に向けて送り出される（図 8-1）．細胞小器官や細胞膜の間は連続してないので，それらの間をタンパク質が輸送されるには，特別な方法が用いられる．それは，輸送小胞と呼ばれる小胞に荷物を詰め込み，目標とする細胞小器官や細胞膜まで輸送する方法である．その過程は，輸送小胞の出芽，目標の場所までの小胞の輸送，小胞と標的膜との選択的な結合，そして，小胞と標的膜との膜融合である．その過程を経て，小胞体で合成されたタンパク質が目標の細胞小器官や細胞膜まで輸送される（図 8-11）．

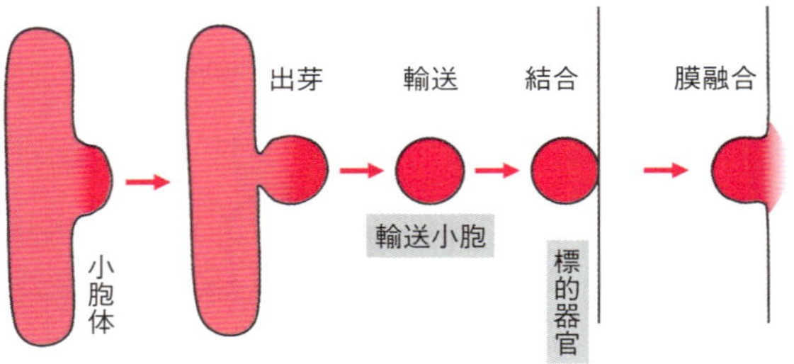

図 8-11 輸送小胞による細胞内輸送の過程
小胞体で合成されたタンパク質は，輸送小胞に詰め込まれた後，標的となる細胞小器官や細胞膜まで輸送される．輸送小胞と標的膜が融合することにより，輸送小胞内の荷物が標的に受け渡される．

a. 輸送小胞の形成

輸送小胞が小胞体や細胞膜から出芽する際に重要な役割を果たしているのが，コートタンパク質と呼ばれるタンパク質である．それらには，クラスリン（clathrin），COP Ⅰ（coat protein Ⅰ），COP Ⅱなどが知られている．これらのコートタンパク質に包まれて形成された輸送小胞は被覆小胞（coated vesicle）と呼ばれている．それら

表 8-1 被覆小胞を形成する 3 種類のコートタンパク質

種類	構成タンパク質	GTP 加水分解酵素	関連する輸送経路
クラスリン	重鎖と軽鎖，それぞれ 3 つずつ	ARF	細胞膜からエンドソームへ トランスゴルジ網からリソソームへ
COP Ⅰ	7 種類のサブユニット （α，β，β'，γ，δ，ε，ζ）	ARF	ゴルジ体のシス層板から小胞体へ ゴルジ体のトランス側からシス側へ
COP Ⅱ	Sec12，Sec13，Sec16，Sec23，Sec24，Sec31	Sar1	小胞体からゴルジ体のシス層板へ

＊：Sec という名称は，酵母細胞の Secretory mutants で明らかにされたタンパク質に由来する．

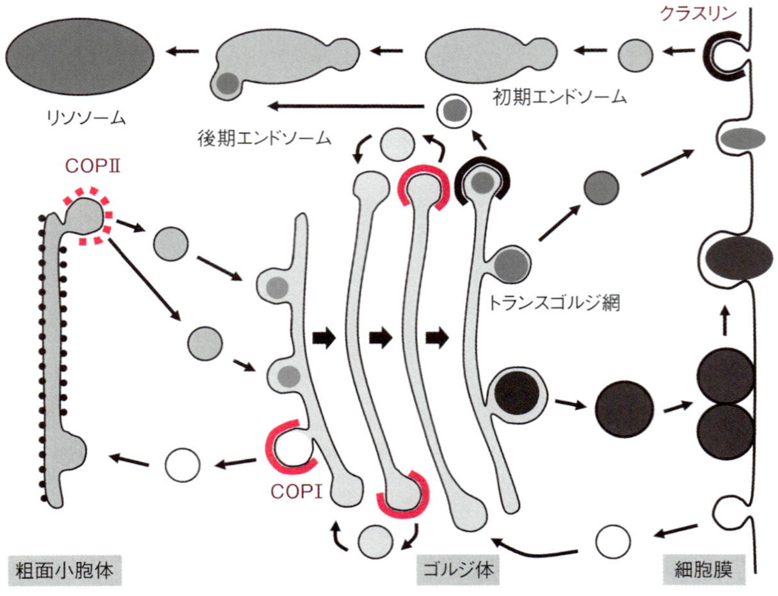

図 8-12 細胞内輸送系における 3 種類のコートタンパク質の分布例
3 種類のコートタンパク質は，それぞれ異なる場所で働いている．

3種類のコートタンパク質の構造や働いている輸送ルートなどがそれぞれ異なっている（表8-1，図8-12）．

クラスリンが関与する輸送小胞の出芽では，クラスリンと荷物の受容体との間にアダプチン（adaptin）と呼ばれるタンパク質が介在して，両者を結びつける役割を果たしている．それゆえ，アダプチンはアダプタータンパク質とも呼ばれている．アダプチンはα（γ，δ，εと呼ばれている種類もある）と，β，μ，σの4種類のサブユニットからなる複合体で，4種類のタイプのアダプチン（AP1，AP2，AP3，AP4）が知られている．また，アダプチン以外にも，GGA（Golgi-localizing, gamma-adaptin ear homology domain）と呼ばれるアダプタータンパク質が知られている．これら5種類のアダプタータンパク質は，それぞれ独自の輸送ルートで働いている（表8-2，図8-13）．

輸送小胞の出芽は，調節タンパク質と呼ばれているARFやSar 1などにより制御されている．ARFとSar 1はともにGタンパク質の一種で，GTPの加水分解酵素としての機能をもっている．ARFはクラスリンやCOP I，そして，Sar 1はCOP IIによる輸送小胞の出芽に関与している．出芽の最初のステップは，活性化されたARFやSar 1が出芽の引き起こされる部分の小胞体膜に組み込まれることである．ARFやSar 1の活性化は，それらに結合しているGDPがGTPに交換されることにより引き起こされる．その交換を行うのがグアニンヌクレオチド交換因子（guanine nucleotide exchange factor, GEF）である（図8-14）．

一般に，GTPやATPなどのヌクレオチドが結合するタンパク質は，結合しているヌクレオチドの交換（たとえば，GDPとGTPとの交換）や，ヌクレオチドの加水分解により，その立体構造に変化が引き起こされる．それとともに，タンパク質の機能も変化する．ここでは，

表8-2　クラスリンと結合するアダプチンの種類

種類	構成タンパク質	関連する輸送経路
AP 1	γ，β1，μ1，σ1	TGNから細胞膜へ向かう輸送小胞（AP1-B） エンドソームからTGNに向かう輸送小胞（AP1-A）
AP 2	α，β2，μ2，σ2	細胞膜からエンドサイトーシスされる輸送小胞
AP 3	δ，β3，μ3，σ3	TGNからリソソームに向かう輸送小胞
AP 4	ε，β4，μ4，σ4	不明（TGN付近に見られる）
GGA-1～3		TGNからエンドソームに向かう輸送小胞

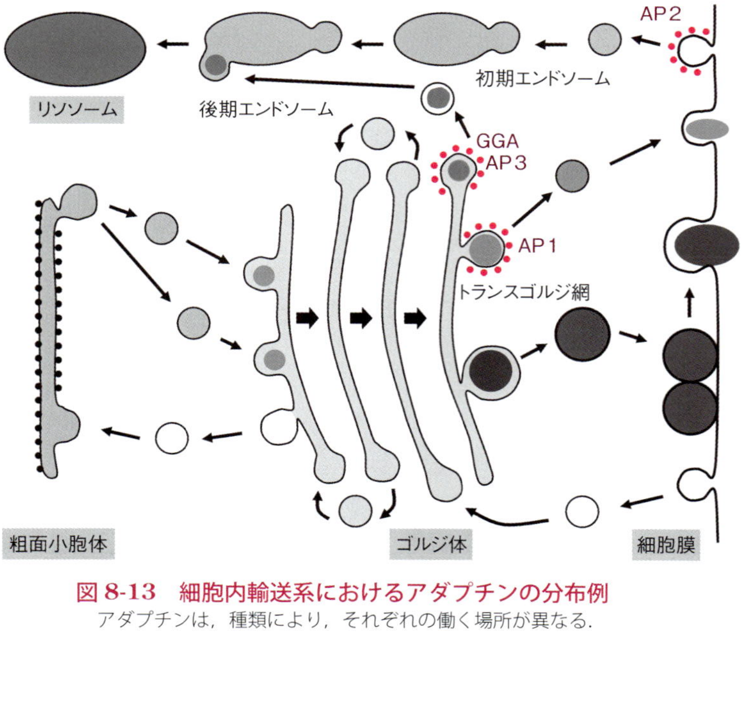

図8-13　細胞内輸送系におけるアダプチンの分布例
アダプチンは，種類により，それぞれの働く場所が異なる．

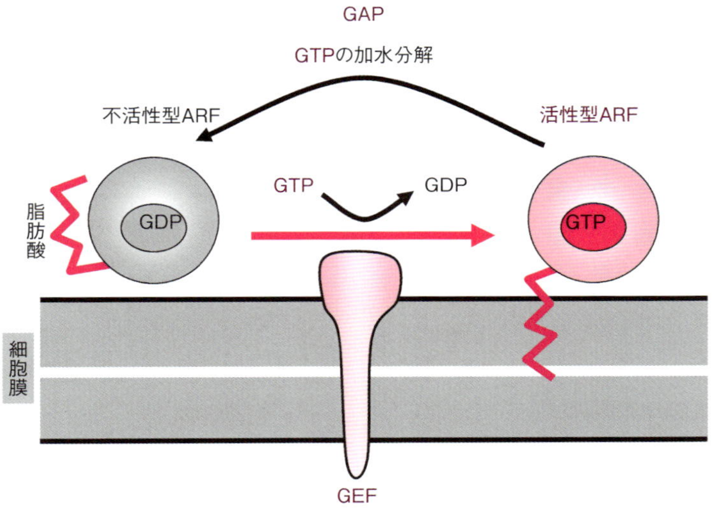

図 8-14 グアニンヌクレオチド結合タンパク質の活性化と不活性化
グアニンヌクレオチド結合タンパク質の ARF の活性は，GDP と GTP の交換や，GTP の加水分解などにより制御されている．GTP の結合した ARF が活性型で，GDP の結合したものが不活性型である．
GAP：GTPase activating protein，GEF：Guanine nucleotide exchange factor

結合している GDP が GTP に交換されて活性型になった ARF に引き起こされる変化は，結合している脂肪酸（ミリストイル基）の表出である．そして，表出した脂肪酸を小胞体膜や細胞膜に差し込んで膜に結合する．また，GTP が結合して活性型になった Sar 1 の場合には，N 末端部の疎水性の部分が表出するので，それを小胞体膜に差し込んで膜に結合する．このようにして膜に結合した活性型の ARF や Sar 1 は，コートタンパク質と膜タンパク質との結合を誘導する．この際に，コートタンパク質が結合する相手の膜タンパク質は，輸送する荷物と結合した荷物受容体である．つまり，コートタンパク質の役割は，荷物受容体に結合した荷物を内包した輸送小胞の形成を引き起こすことである．

クラスリンはそれぞれ 3 分子の重鎖と軽鎖からなる三脚のような構造をしているので，トリスケリオン（triskelion）とも呼ばれている（図 8-15）．そのクラスリンは，荷物の受容体と結合したアダプチンの β 鎖の部分に結合する（図 8-16，8-17）．アダプチンと結合したクラスリンは，互いに重合して五角形と六角形からなる籠のような構造を形成することにより，球形の輸送小胞の出芽を引き起こす（図 8-18）．また，COP II 小胞の場合には，Sar 1 が活性化されると，荷物と結合した受容体に Sec23 と Sec24 の二量体が結合する（図 8-19）．そして，それらに Sec13 と Sec31 の二量体が結合するこ

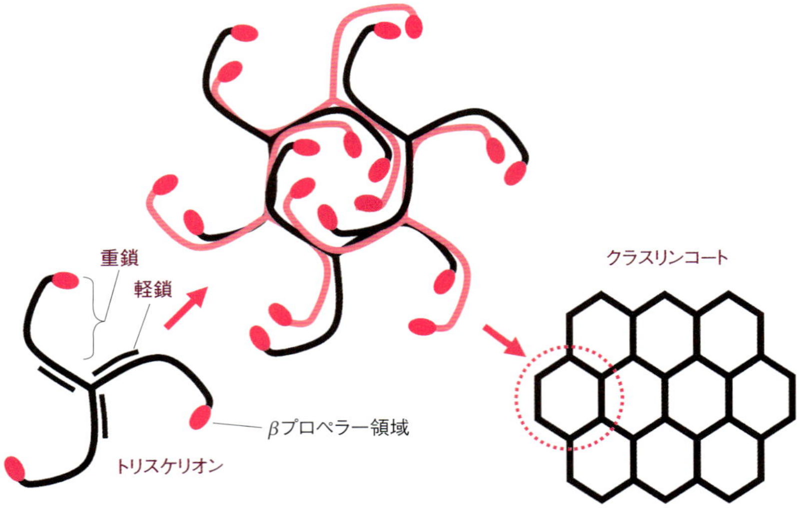

図 8-15 クラスリンとその重合
クラスリンはそれぞれ 3 分子の重鎖と軽鎖からなるトリスケリオンと呼ばれる複合体を形成し，それが 6 個重合して六角構造を構築する．さらに，それらが集合して六角構造からなるシート状の構造を構築する．この状態から，さらに，五角形と六角形の構造に再編成されると，小胞を包み込む球状のコートになる．

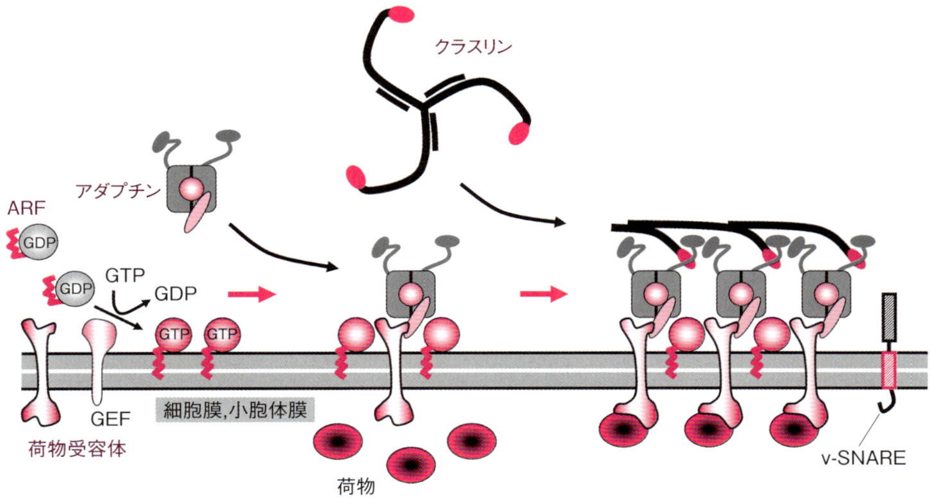

図 8-16　小胞体膜におけるクラスリンコートの形成過程
活性型になった ARF が小胞体膜に組み込まれると，荷物と荷物受容体の結合，荷物受容体とアダプチンの結合，アダプチンとクラスリンの結合が引き起こされる．

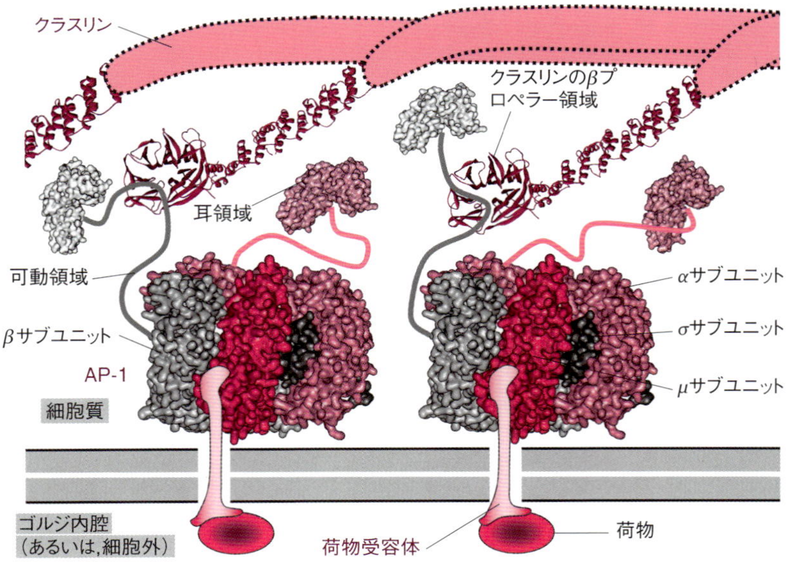

図 8-17　クラスリンによるコートの構築
荷物受容体はアダプタータンパク質（AP-1）の μ サブユニットと結合する．そして，クラスリン重鎖のプロペラー領域は，アダプタータンパク質の β サブユニットの可動領域と結合する．

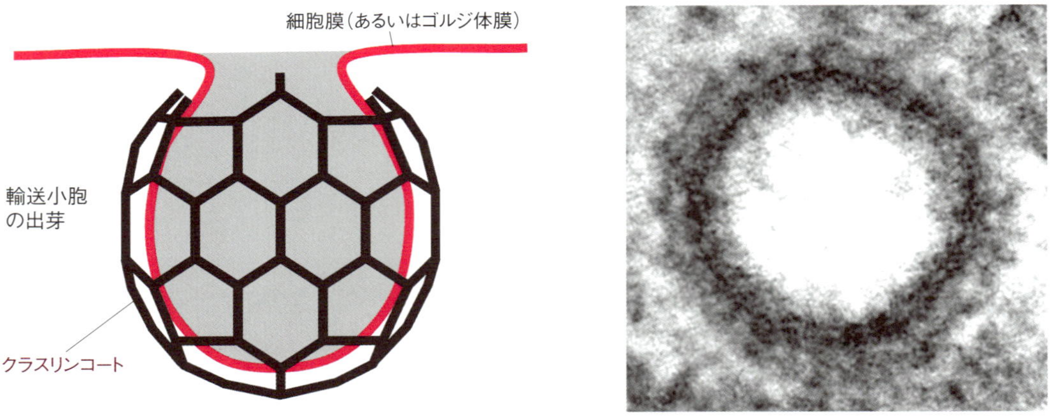

図 8-18 クラスリンコートに包まれて出芽した輸送小胞
トリスケリオンが五角形と六角形に重合することにより，クラスリンコートに包まれた小胞（直径 50 ～ 100 nm）が形成される．右の写真は形成された輸送小胞の電子顕微鏡写真を示す．

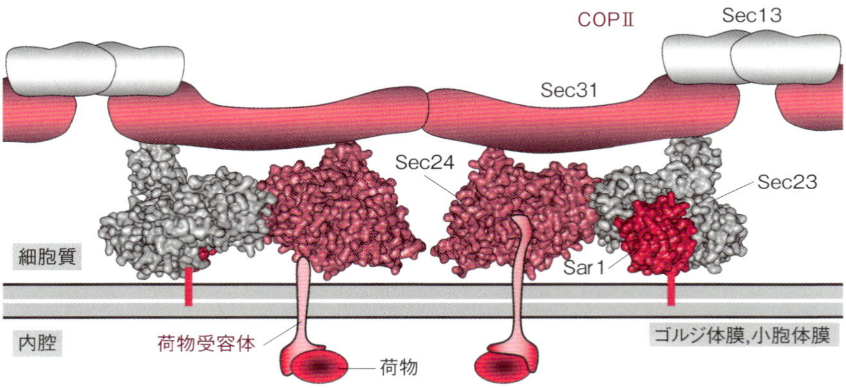

図 8-19 COP Ⅱによるコートの構築
荷物受容体に Sec24 が結合し，Sec24 と Sec23 に Sec31 が結合する．そして，Sec31 に Sec13 が結合してコートを形成する．G タンパク質の一種である Sar1 は Sec23 と結合する．

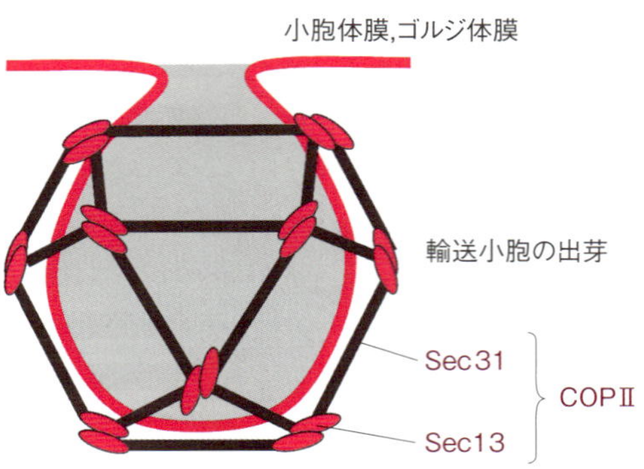

図 8-20 COP Ⅱによるコートに包まれて出芽した輸送小胞
COP が三角形と四角形に重合することにより，球形の小胞を包むコートが形成される．

とにより，出芽する小胞を包み込むような三角形と四角形からなる籠のような立体構造が形成され，輸送小胞の出芽が引き起こされる（図 8-20）．COP Ⅰの場合にも，ARF が活性化されると，出芽する小胞の周囲をコートタンパク質が取りまいて，輸送小胞の形成が引き起こされる．このように，膜に結合したコートタンパク質は，平面の膜から輸送する荷物を詰め込んだ球形の輸送小胞を形成するために，重要な役割を果たしている．

b. 輸送小胞の分離

小胞体や細胞膜から出芽した小胞は，それらの膜から切り離されることによって，独立した輸送小胞となる．

出芽した小胞を切り離す役割を果たしているのが，ダイナミン（dynamin）と呼ばれるGタンパク質の一種である．小胞が出芽すると，ダイナミン分子がその根本の部分にらせん状に巻きつくように重合する．小胞の根元に巻きついたダイナミンが小胞を切り離す方法は2つ考えられている（図8-21）．その1つは，らせん状に巻きついたダイナミンが，小胞の根元を締めつけるようにして小胞を分離する方法である．もう1つは，小胞の根元に巻きついたダイナミンのらせん構造のピッチが広がることにより，小胞の根元を引き伸ばして分離する方法である．このようなダイナミンの働きに必要なエネルギーは，ダイナミンに結合したGTPが加水分解されることにより得られる．

切り離された輸送小胞からは，やがて，コートタンパク質が遊離する．この過程はARFやSar 1のGTPが加水分解されることにより引き起こされる．GTPを結合した活性型のARFやSar 1のGTPが加水分解されると，ARFやSar 1は不活性型となり，構造変化を引き起こして膜から遊離する．それにともない，コートタンパク質も輸送小胞から遊離する．輸送小胞から遊離したARF，Sar 1，そして，コートタンパク質などはリサイクルされる．

c. 輸送小胞の運搬

輸送小胞が運ぶ荷物は，その内腔に詰め込まれた水溶性タンパク質（分泌タンパク質や加水分解酵素など）や，輸送小胞の膜に組み込まれた膜タンパク質である．その運搬は，細胞内に配置された細胞骨格繊維と，それに沿って移動するモータータンパク質により行われる．その際に，輸送小胞を間違いなく目標の場所まで輸送するしくみが存在する．そのしくみは，SNARE仮説と呼ばれるモデルで説明されている．SNAREの語源は，SNAP receptorの略である．SNAP（soluble NSF attachment proteins）とは，NSF（*N*-ethylmaleimide-sensitive factor）と呼ばれるATP分解酵素活性をもつタンパク質複合体と結合するタンパク質という意味である．そして，NSFは，*N*-ethylmaleimideにより失活するタンパク質という意味である．

SNARE仮説は，輸送小胞の膜に分布するv-SNAREと，標的膜に分布するt-SNAREと呼ばれる分子が選択的に結合することにより，輸送小胞と標的膜の選択的な結合を引き起こすというモデルである（図8-22）．このモデルでは，輸送ルートごとにv-SNAREとt-SNAREの異なるペアが存在するために，輸送小胞は間違うことなく標的膜と結合できるとしている．

輸送小胞の膜に分布するv-SNAREには，膜貫通タン

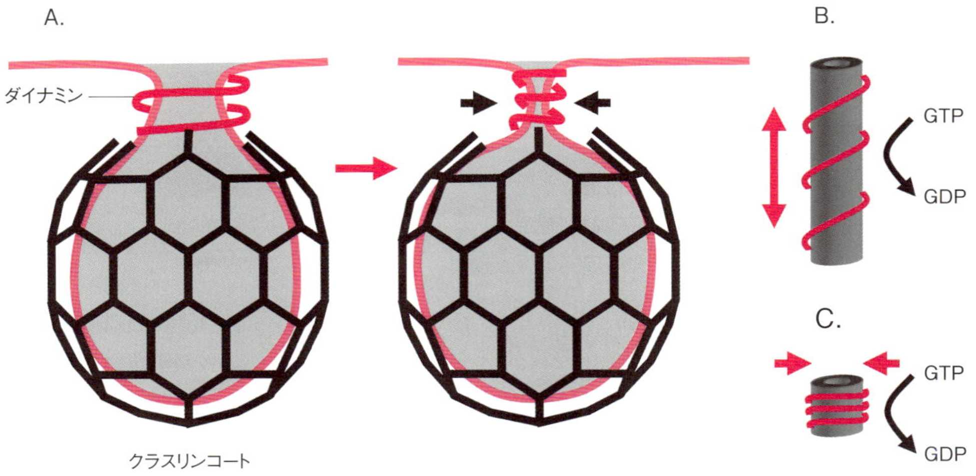

図8-21　出芽した輸送小胞の分離

A：クラスリンのコートに包まれて出芽した輸送小胞はGタンパク質の一種のダイナミン（GTP結合）により小胞体膜や細胞膜から分離される．その際のエネルギーはダイナミンに結合したGTPの加水分解に依存する．B，C：ダイナミンによる輸送小胞の分離を示すモデル．根元の部分を引き伸ばして分離するモデルと，締め付けるようにして分離するモデルを示す．

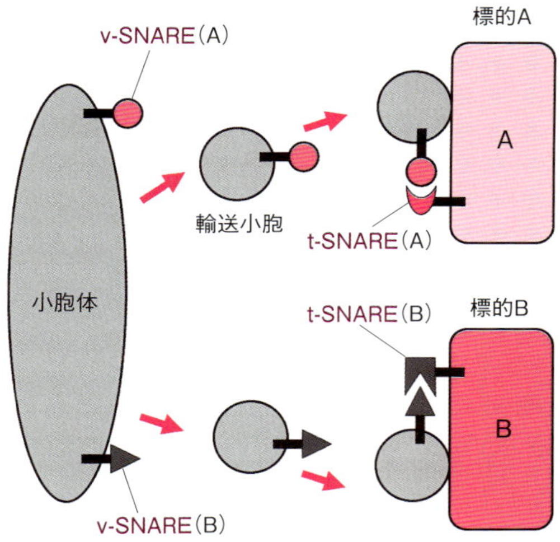

図 8-22　SNARE 仮説
小胞体から形成された輸送小胞には v-SNARE が，そして，その標的膜にはそれと相補的な t-SNARE が存在する．両者が選択的に結合することにより，輸送小胞は輸送先を間違えることなく荷物を届けることができる．SNARE は輸送ルートごとに異なるペアが存在する．

表 8-3　v-SNARE と t-SNARE の種類とその分布

v-SNARE	分布
VAMP-1（シナプトブレビン - Ⅰ）	シナプス小胞，調節性分泌顆粒
VAMP-2（シナプトブレビン - Ⅱ）	シナプス小胞，調節性分泌顆粒
VAMP-3（セルブレビン）	構成性分泌顆粒，調節性分泌顆粒
VAMP-5	構成性分泌顆粒，調節性分泌顆粒
VAMP-7	構成性分泌顆粒，エンドソーム
VAMP-8（エンドブレビン）	エンドソーム
GOS-28	ゴルジ体
シナプトタグミンⅠ，Ⅱ，Ⅲ，Ⅴ，Ⅹ	シナプス小胞，構成性分泌顆粒，調節性分泌顆粒
t-SNARE	**分布**
シンタキシン -1A，1B	細胞膜（調節性分泌）
シンタキシン -2	頂端面と側面の細胞膜（構成性分泌）
シンタキシン -3	頂端面の細胞膜（構成性分泌，調節性分泌）
シンタキシン -4	側面の細胞膜（構成性分泌，調節性分泌）
シンタキシン -7，8	エンドソーム
シンタキシン -10，16	トランスゴルジ網
シンタキシン -18	小胞体
シンタキシン -23	細胞膜（構成性分泌，調節性分泌）
シンタキシン -25A	細胞膜（調節性分泌）
SNAP-23	細胞膜
SNAP-25	細胞膜（シナプス小胞，調節性分泌顆粒）

v-SNARE と t-SNARE の種類は多くあるが，ここでは，よく知られている例について示してある．

パク質の VAMP や GOS-28 など，そして，標的膜に分布する t-SNARE には，膜貫通タンパク質のシンタキシンと膜結合タンパク質の SNAP-23 や SNAP-25 などが知られている（表 8-3）．SNAP-23 や SNAP-25 の SNAP は synaptosomal associated protein の略で，上述した SNAP とは意味が異なる．SNARE タンパク質の VAMP やシンタキシンには多くのタイプが存在し，それらの多様な組み合わせは，細胞内に多く存在する輸送ルートと対応している．しかしながら，実際には，v-SNARE と t-SNARE の組み合わせだけにより輸送ルートの選択や輸送小胞と標的膜との結合が単純に決められているわけではない．それぞれの輸送ルートにおける輸送小胞と標的膜の選択的な結合には，SNARE タンパク質以外にも，それらと一緒に働いている他のいくつかのタンパク質（たとえば，多くの種類が存在する Rab など）が重要に関与している．

d. 輸送小胞と標的膜の結合

輸送小胞が目標まで移動し，その標的膜と結合する過程については，シナプスにおける神経伝達物質の放出の場合で詳しく調べられているので，ここではその例について示す．標的膜であるシナプスの細胞膜まで運ばれたシナプス小胞（神経伝達物質を詰め込んだ輸送小胞）は，最初に，標的の細胞膜につなぎ止められる．その役割を果たしているのが，シナプス小胞の膜に存在するRabと呼ばれるGタンパク質と，それに選択的に結合するRab effectorと呼ばれるタンパク質である．このRabは，多くのv-SNAREとt-SNAREのペアに対応するように，多くの種類（ヒトでは60種類以上）が存在する（表8-4）．

Rabは GTPと結合している状態が活性型で，GTPが加水分解されてGDPになると不活性型になる．GTPと結合した活性型のRabは，自身に結合している脂肪酸を伸ばして，それをシナプス小胞の膜に差し込んで膜に結合している．その活性型のRabがRab effectorと呼ばれるタンパク質を介して細胞膜と結合し，両者をつなぎ止める役割を果たす（図8-23A，8-23B）．

次に，v-SNAREとt-SNAREの選択的な結合により，シナプス小胞と細胞膜が結合する．その際には，

表8-4　Rabの種類とそれらが関わっている輸送ルート

Rabのタイプ	関与している輸送ルート
Rab1，Rab2	粗面小胞体 → ゴルジ体
Rab3	シナプス小胞 → 細胞膜
Rab4	初期エンドソーム → 細胞膜（リサイクル）
Rab5	細胞膜 → 初期エンドソーム
Rab6	ゴルジ体 → 粗面小胞体（逆行輸送）
Rab7	初期エンドソーム → 後期エンドソーム
Rab8a	トランスゴルジ網 → 細胞膜の側面と底面側
Rab8b	トランスゴルジ網 → 細胞膜
Rab9，Rab11	後期エンドソーム → トランスゴルジ網
Rab21	トランスゴルジ網 → 細胞膜の頂端膜
Rab33b	ゴルジ体 → ゴルジ体

脊椎動物では60種類以上のRabが知られている．ここでは，それらの中でよく知られているものについて示してある．

v-SNAREのとt-SNAREがもつαヘリックス構造どうしが絡み合うようにして強く結合する．さらに，αヘリックス構造を2本もつSNAP-25がその結合に加わって，合計4本のαヘリックス構造が巻きつくような形

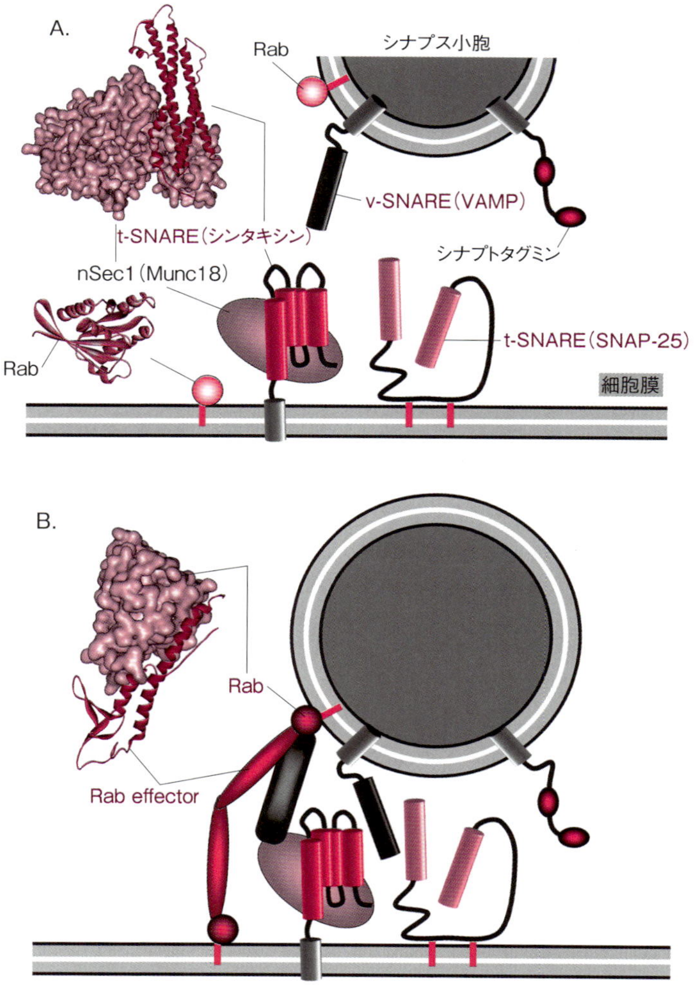

図8-23 ①　輸送小胞であるシナプス小胞と標的膜との結合，膜融合
A：シナプス小胞にはv-SNAREのVAMPとシナプトタグミンが存在する．標的となる細胞膜には，t-SNAREのシンタキシンとSNAP-25が存在している．模式図でチューブ状に示した部分はαヘリックス構造を示す．B：輸送小胞は，最初に，標的膜につなぎ止められる．その作業は，輸送小胞体膜と標的膜に存在するRabとRab effectorの結合により行われる．

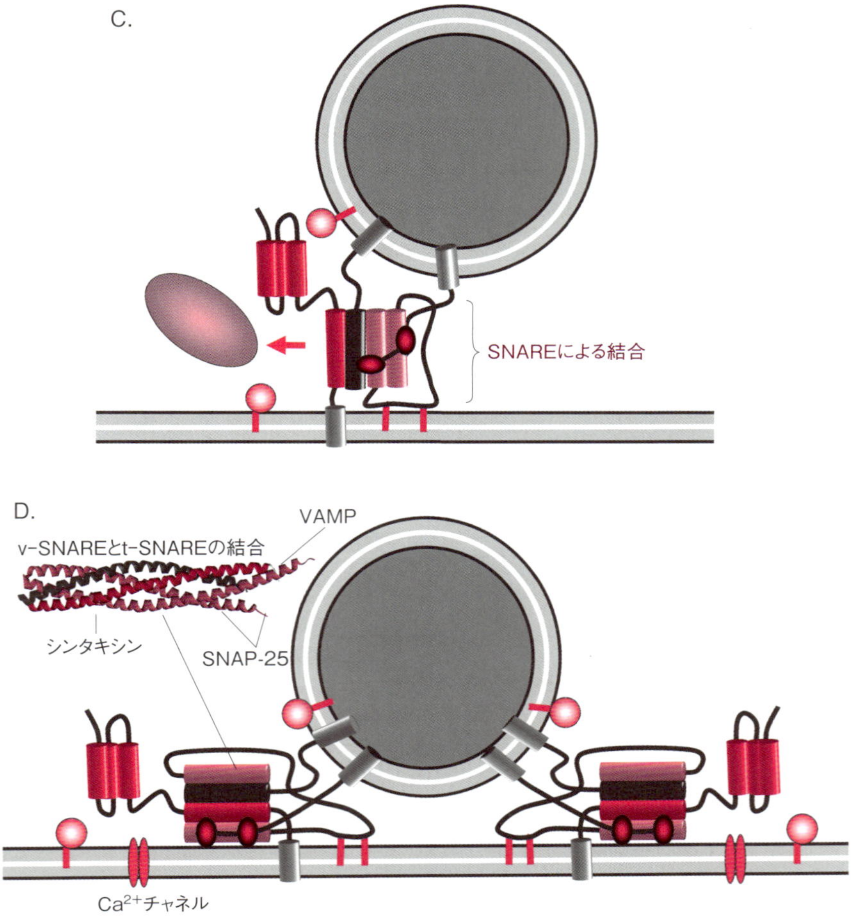

図 8-23 ②　輸送小胞であるシナプス小胞と標的膜との結合，膜融合

C：輸送小胞と標的膜に存在する SNARE どうしが，それらのもつ α ヘリックス構造で互いに結合する．その過程では，シンタキシンに結合していた nSec1 が遊離して，シンタキシンが v-SNARE と結合できるようになる．**D：**シナプス小胞と細胞膜は SNARE の α ヘリックス構造（合計 4 本）でしっかりと結合され，両者の膜が近づけられる．

で，シナプス小胞と細胞膜をしっかりと結合させる（図 8-23C，8-23D）．

e．輸送小胞と標的膜の膜融合

シナプス小胞の中の神経伝達物質を細胞外に分泌するためには，シナプス小胞の膜と細胞膜を融合させる必要がある．その際には，シナプス小胞の膜と細胞膜を結合している 4 本の α ヘリックス構造が絡み合ってねじれることにより，両者の膜を密に接近させる．そして，接近した膜どうしを融合させる際の引き金となるのが，Ca^{2+} である．標的膜と結合したシナプス小胞の周辺の Ca^{2+} 濃度が上昇すると，シナプス小胞膜に存在するシナプトタグミン（synaptotagmin）とよばれる Ca^{2+} 結合タンパク質に Ca^{2+} が結合する．その結果，シナプトタグミンの立体構造が変化して，その変化がシナプス小胞と細胞膜の融合を引き起こす．その結果，神経伝達物質が細胞外に分泌される（図 8-23E）．

膜の融合が引き起こされて，シナプス小胞の膜が細胞膜に組み込まれた後には，v-SNARE，t-SNARE，SNAP-25 が結合した複合体や，Rab などが細胞膜に残されることになる．v-SNARE，t-SNARE，SNAP-25 の複合体は，その結合が解かれて分離されてから再利用される．その分離作業を行っているのが NSF である．NSF は ATPase としての酵素活性をもつタンパク質の複合体（六量体構造）で，v-SNARE，t-SNARE，SNAP-25 の複合体に結合してそれらを解離させる．その際には，ATP を加水分解したエネルギーが用いられる（図 8-23F）．

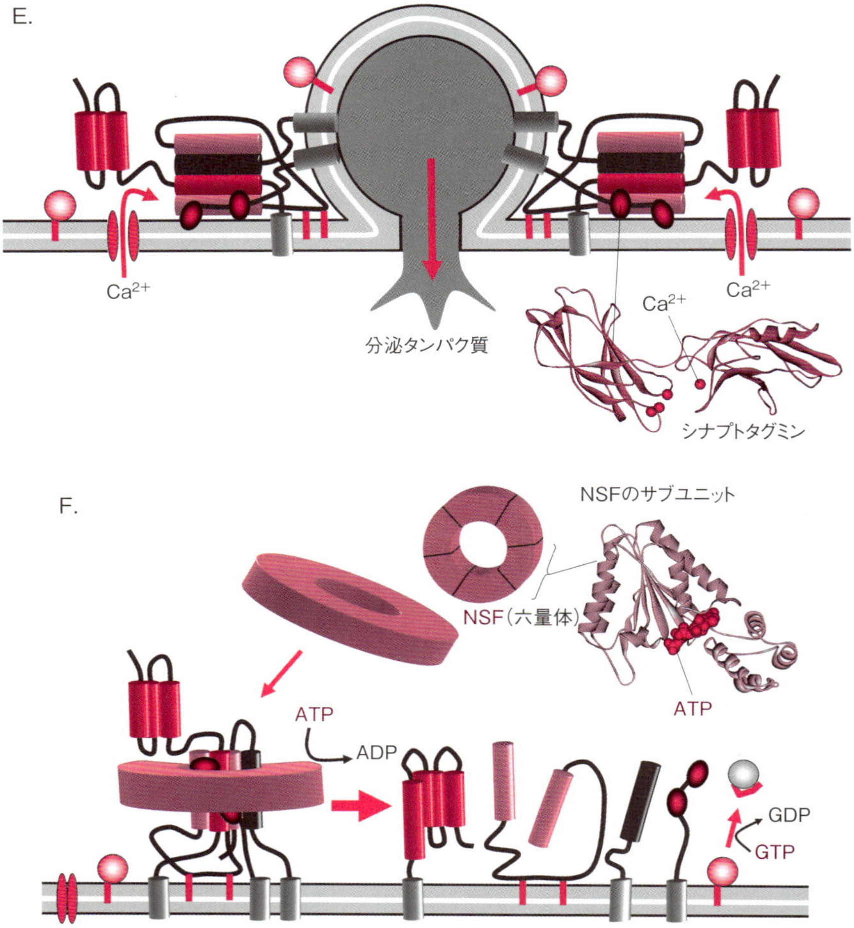

図 8-23 ③　輸送小胞であるシナプス小胞と標的膜との結合，膜融合
E：細胞膜の Ca^{2+} チャネルを通して，細胞外から Ca^{2+} が流入すると，シナプトタグミンに Ca^{2+} が結合して，シナプス小胞と細胞膜の融合が引き起こされる．**F**：シナプス小胞膜と細胞膜が融合した後に残された SNARE 複合体は，NSF により分離されて再利用される．

また，Rab の場合は，それに結合している GTP が加水分解されると，シナプス小胞の膜から遊離する．その遊離された Rab も再利用される．

8・3　ゴルジ体

ゴルジ体では，粗面小胞体から送られてきたタンパク質の糖鎖の修飾，タンパク質への新たな糖鎖の付加，タンパク質の選別，分泌タンパク質の濃縮など多くの作業が行われる．そして，それらの作業が完了したタンパク質は，輸送小胞や分泌小胞に詰め込まれて，それぞれ目標の場所に向けて輸送される．

a．構　造

ゴルジ体は層板状の小胞体が何重にも積み重なったような構造をした細胞小器官で，その構造には向きがあり，粗面小胞体から輸送小胞が送り込まれてくる側がシス，中間部分がメディアル，そして，荷物を送り出す側がトランスと呼ばれている．そして，トランス側の最外層の小胞体は網の目状をしているので，トランスゴルジ網と呼ばれている．この部分でタンパク質が仕分けされた後，輸送小胞や分泌小胞に詰め込まれて，目標の細胞小器官や細胞膜に向けて送り出される．そのために，細胞内におけるゴルジ体の一般的な向きは，シス側が粗面小胞体，そして，トランス側が細胞膜の方向に向いた位置関係で配置されている．

b．糖鎖の付加と化学修飾

分泌タンパク質や膜タンパク質は，ゴルジ体のシス側からトランス側に移動する過程で，小胞体でN結合されたオリゴ糖のさらなる化学修飾（一部の糖の削除と新たな糖の付加，図8-24）や，新たなオリゴ糖の付加（オリゴ糖のO結合）が行われる．この作業は，ゴルジ体の各領域の層板構造に局在している糖の転位酵素や分解酵素により順次行われている．そのために，ゴルジ体のシス，メディアル，トランスの層板のそれぞれに独特な酵素が局在し，それぞれの部位に特有な酵素処理が行われている．このようにして修飾された糖鎖は，たとえば，タンパク質の折りたたみや高次構造の形成，分泌されたタンパク質の安定化（分解されにくくなる），そして，細胞接着や細胞認識の際などに重要な役割を果たすことになる．

c. ゴルジ体におけるタンパク質の輸送モデル

ゴルジ体のシス側からトランス側に向けてタンパク質が輸送されるしくみについては，いくつかのモデルが考えられていたが，最近の研究から，層成熟モデル（図8-25）と呼ばれる方法で行われている可能性の高いことが示された．それによると，粗面小胞体から送られてきた輸送小胞が融合することにより，ゴルジ体のシス側に新しい層板構造が形成される．その層板に，ゴルジ体のメディアル層板特有の酵素を含んだ輸送小胞が，メディアル層板から逆行輸送で送られてくる．その結果，新しく付け加わったシス側の層板は成熟してメディアル層板になる．これと同じ方法で，トランス層板特有の酵素がメディアル層板に送られてくると，メディアル層板がトランス層板へと成熟する．その一方で，トランス層板の最外層にあるトランスゴルジ網からは，輸送小胞や分泌小胞が送り出されることによりその層が消失してゆく．このようにして，シス側で層板構造が追加される一方，トランス側では層板構造が消失してゆくために，シス側からトランス側に向かって層板が移動して行くように見える．ちょうど，細胞骨格のアクチン線維が重合するときに見られたトレッドミリングのようである（6章参照）．

d. タンパク質の選別と輸送

ゴルジ体のシスからトランスまで送られてきて，タンパク質の修飾がほぼ完了すると，トランスゴルジ網で輸送先ごとに仕分けられ，それぞれ別々の輸送小胞につめ込まれて，目標の細胞小器官や細胞膜に向けて送り出される．トランスゴルジ網から送り出される分泌経路には，主要な3つのルートがある（図8-1）．その1つは，加水分解酵素だけが選別されて詰め込まれた輸送小胞が，リソソームへ輸送される経路である．他の2つは，

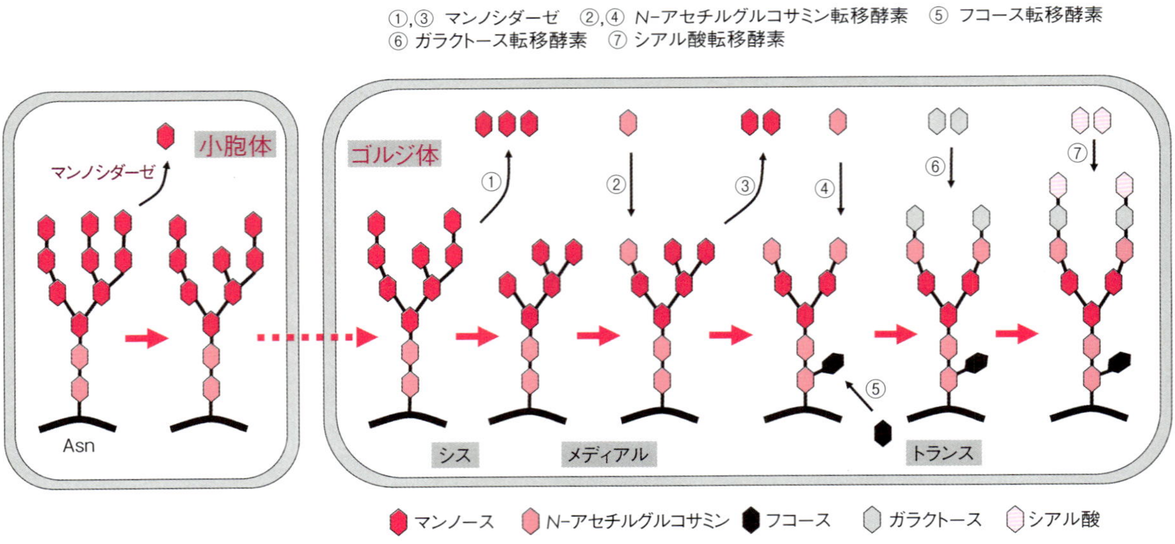

図8-24 小胞体から送られてきたタンパク質の糖鎖の化学修飾
小胞体でアスパラギンにN結合されたオリゴ糖は，小胞体で一部の糖が削除されてからゴルジ体に送られる．そして，ゴルジ体でさらなるオリゴ糖の化学修飾が行われる．その修飾は，タンパク質がシスからトランスに移動する過程で一定の順序により行われる．

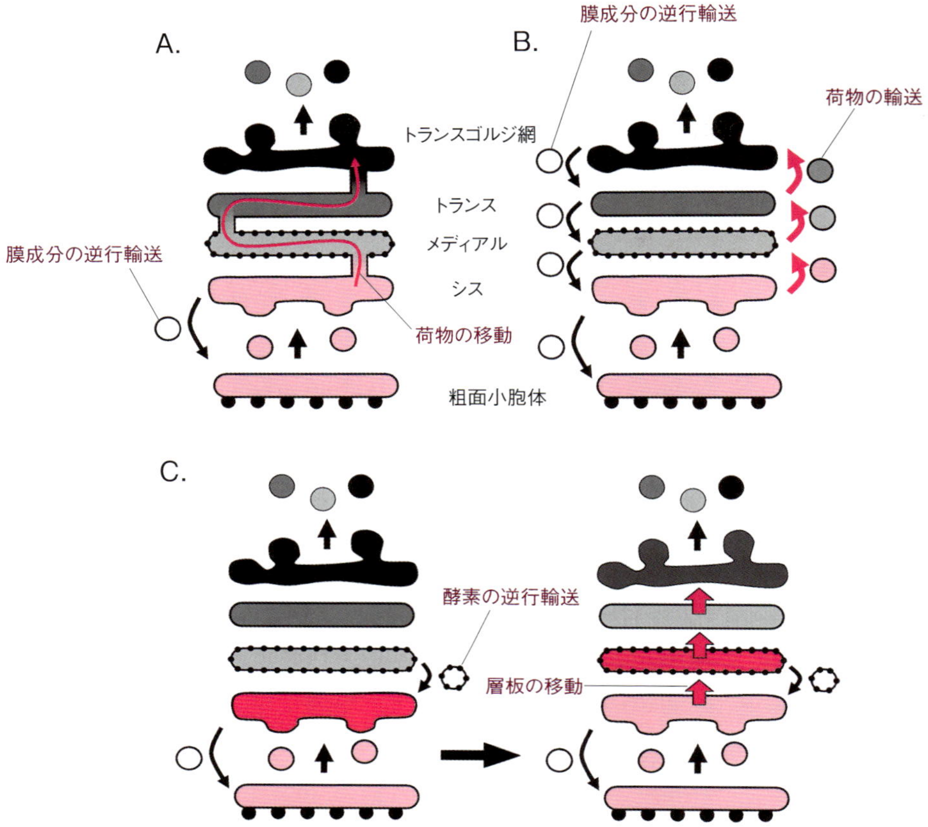

図 8-25　ゴルジ体におけるタンパク質輸送モデル

A：ゴルジ層板が連続していて，その中をタンパク質が移動するモデル．B：ゴルジ層板の間におけるタンパク質の移動を輸送小胞が行っているモデル．C：層成熟モデル．粗面小胞体から輸送されてきた輸送小胞が融合してシス層板を形成する．やがて，新たなシス層板が形成されると，その前に形成されたシス層板はトランス側に１つ移動する．その一方で，トランスゴルジ網から輸送小胞が形成されることにより，トランスゴルジ網は消失する．その結果，シス側で形成された層板構造がトランス側に移動していくように見える．それは，細胞骨格の重合の際に見られるトレッドミリングのようなものである．また，層板の移動の過程では，ゴルジ層板に局在する酵素類は輸送小胞により逆行輸送されて前に戻されるので，ゴルジ層板に局在する各種の酵素の分布は変わらない．

細胞膜の補給と，細胞外への物質の分泌を兼ねた経路である．それらの分泌経路は，構成性分泌（constitutive secretion）と，調節性分泌（regulated secretion）の 2 つの経路に分類されている．前者は，細胞や組織の維持に必要な物質（たとえば，血清成分や細胞外基質成分など）を常時分泌している経路である．後者は，細胞外部からの刺激（たとえば，神経伝達による膜電位の変化）を受けたときにだけ，それに反応して分泌を行っている経路である．この経路では，たとえば，ホルモン，神経伝達物質，消化酵素などが分泌されている．

構成性分泌経路では，一般的に，小型の輸送小胞が分泌物の輸送に用いられているが，調節性分泌経路では，分泌タンパク質が濃縮されて詰め込まれた，大型の輸送小胞（分泌小胞とも呼ばれている）が輸送に用いられている．そして，調節性分泌経路では，外部からの刺激に反応していつでも大量に分泌できるように，細胞質内や細胞膜直下に多量の分泌小胞が蓄えられて待機している．また，分泌小胞がゴルジ体から細胞膜に向けて送り出される過程では，4 章で示したように，分泌タンパク質（たとえば，インスリンやアルブミンなど）の構造の一部切断による活性型への変換なども行われている.

e. タンパク質の選別機構

トランスゴルジ網における輸送タンパク質の選別機能に関しては，リソソームに輸送される加水分解酵素の例がよく知られている．リソソームはその内部に，核酸，糖，タンパク質，脂質など，あらゆる種類の細胞成分を分解することのできるさまざまな酸性加水分解酵素を含み，細胞内消化の中心的な役割を果たしている小胞体である（図 8-26）．そこで働いている加水分解酵素は，ゴルジ体のトランスゴルジ網で選別された後，特別の輸送小胞に詰め込まれて，リソソームに輸送される．それらの加水分解酵素には特別の目印が付けられているので，それをもとにして選別される．その目印は，加水分解酵素に結合されているオリゴ糖のマンノースにリン酸が特別に付加されていることである．この構造は，マンノースの 6 位の炭素にリン酸が付加されているので，M6P（mannose-6-phosphate）と呼ばれている．マンノースへのリン酸の付加はゴルジ体のシス側の層板内で行われる．この構造が付いている糖タンパク質は加水分解酵素として認識され，ゴルジ体のトランスゴルジ網の部分に存在する M6P 受容体により捕捉される．その M6P 受容体にコートタンパク質の AP3 とクラスリンが結合することにより，加水分解酵素を含んだ特別の輸送小胞が形成される．その輸送小胞は，目標の器官であるエンドソームに輸送されて，そのエンドソームをリソソームへと変える．加水分解酵素が輸送された後，M6P 受容体は再利用されるために回収され，逆行輸送の輸送小胞によりゴルジ体へと戻される.

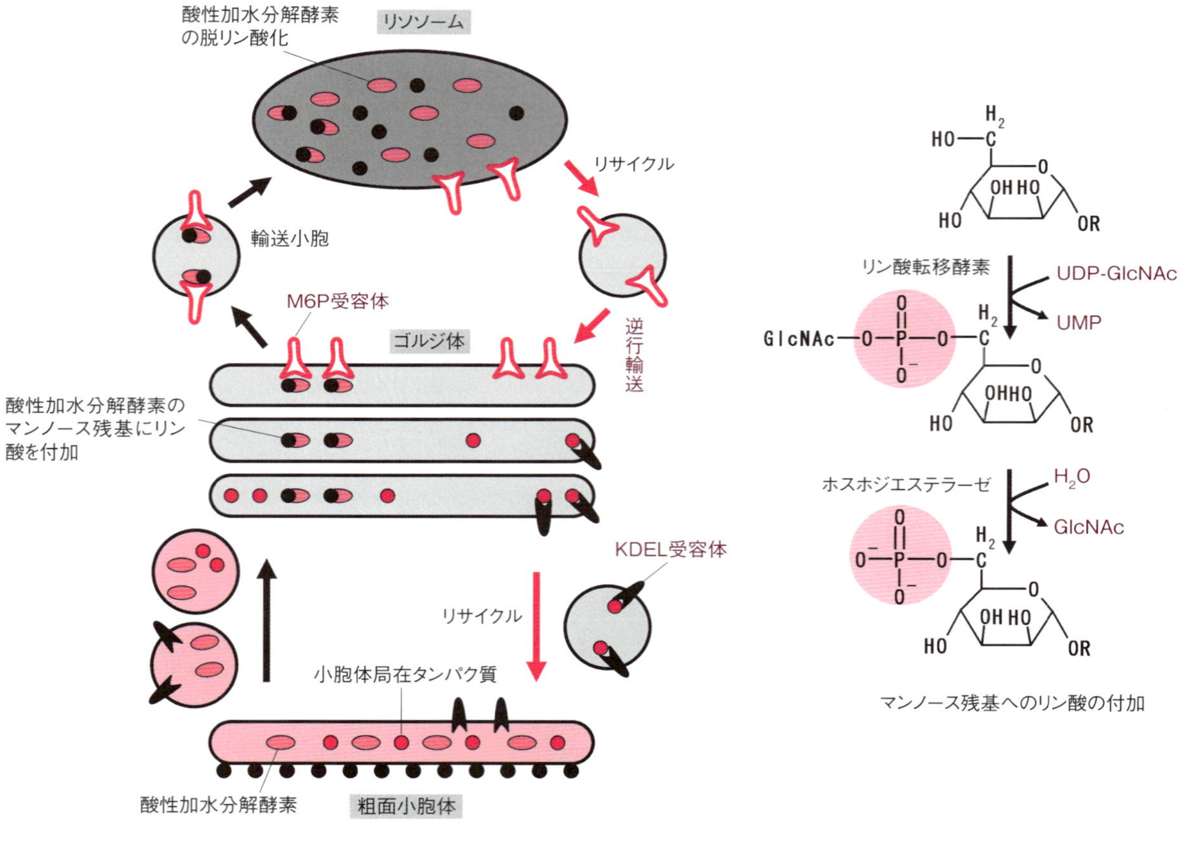

図 8-26　タンパク質の選別機構と受容体のリサイクル

粗面小胞体で合成された酸性加水分解酵素がゴルジ体に送られると，その糖鎖のマンノースの 6 位に M6P と呼ばれるリン酸が付加される．リン酸化された酸性加水分解酵素はゴルジ体で M6P 受容体と結合した後，特別の輸送小胞に詰め込まれてリソソームに送られ脱リン酸化される．その後，M6P 受容体だけは輸送小胞によりゴルジ体へと戻される．また，小胞体で働いている小胞体局在タンパク質についても，ゴルジ体に輸送されてしまった場合，その受容体（KDEL 受容体と呼ばれる）と結合して小胞体に戻される.

もし，このような加水分解酵素の選別機構に異常が起きると，大変なことになる．たとえば，稀な例ではあるが，加水分解酵素にM6Pの修飾をするホスホトランスフェラーゼという酵素が欠失したI-cell（Iはinclusionの略）病という病気がある．この場合，加水分解酵素の糖鎖にM6Pを付加することができないために，加水分解酵素の行き先が特定されなくなってしまう．そのために，加水分解酵素が構成性分泌経路により細胞外に分泌されてしまったり，逆に，リソソーム行きの輸送小胞に加水分解酵素が集まらなくなってしまったりする．その結果，リソソームによる細胞内の消化機能に異常が生じて，さまざまな細胞機能の異常が引き起こされる．

8･4　膜成分のリサイクル

細胞内には，粗面小胞体で合成されたタンパク質の輸送ルートだけでなく，その他にも，輸送小胞によるさまざまな輸送ルートが存在する（図8-27）．たとえば，膜タンパク質や脂質成分などの膜成分のリサイクル，外部からの養分の取り込み，そして，外部から進入してきた異物（細菌やウイルスなど）の取り込みと消化などのルートである．このように，細胞内の輸送小胞による輸送機構は，単なる細胞内の物質輸送としての役割だけでなく，さまざまな細胞の機能とも深く関わっている．

また，このように細胞全体にいきわたった輸送ルートは，細胞を構成している各種の細胞小器官の膜成分の量的な平衡を保つためにも，重要な役割を果たしている．膜成分のリサイクルは，粗面小胞体とゴルジ体の間，ゴルジ体の層板間，ゴルジ体と細胞膜の間，細胞膜とエンドソーム（後述）の間など，ほとんどの輸送ルートで見られる．これは，細胞の各部における膜成分の平衡の維持や，M6P受容体の例で見られたように，一部の膜タンパク質を送り先に戻して再利用するためなどである．このような膜タンパク質の再利用の例はM6P以外にも多くの例で知られている．たとえば，粗面小胞体内腔に局在して，そこで働いている分子シャペロンや酵素などの例が知られている．それらのタンパク質は輸送小胞内に紛れ込んで粗面小胞体からゴルジ体まで輸送されてしまう．そのような場合でも，多くのものは元の粗面小胞体に戻されて再利用される．

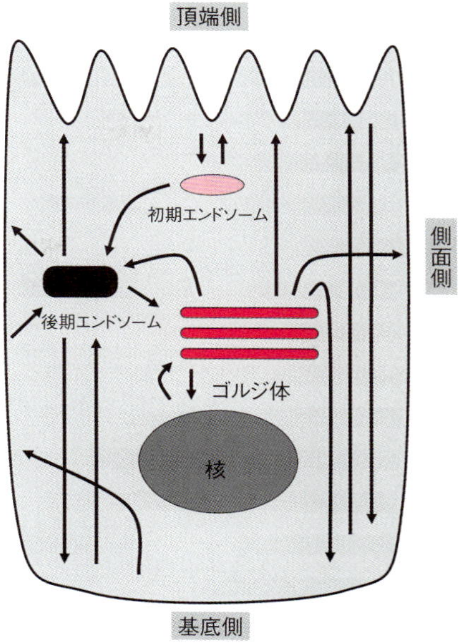

図8-27　細胞内の膜輸送系
小胞体，ゴルジ体，細胞膜などを構成する膜成分や膜の量などは，細胞内輸送系により調節され，一定の平衡状態が維持されている．

表8-5　タンパク質に存在する輸送シグナルの例

輸送ルート From	輸送ルート To	荷物	受容体	シグナル配列
ゴルジ体	粗面小胞体	水溶性タンパク質	KDEL受容体	Lys-Asp-Glu-Leu
ゴルジ体	粗面小胞体	膜タンパク質	COP Ⅰのα，βサブユニット	Lys-Lys-X-X，Lys-X-Lys-X-X，Phe-Phe-X-X-Arg-Arg-X-X
粗面小胞体	ゴルジ体	膜タンパク質	COP Ⅱのサブユニット	Di-acidic（たとえば，Asp-X-Glu），Phe-Phe
TGN	エンドソーム	加水分解酵素	M6P受容体	マンノース-6-リン酸
TGN	エンドソーム	膜タンパク質	アダプチン（AP2）のμ1	Tyr-X-X-φ
TGN	エンドソーム	膜タンパク質	GGA	Asp-X-X-Leu-Leu
細胞膜	エンドソーム	膜タンパク質	アダプチン（AP2）	Leu-Leu
細胞膜	エンドソーム	LDL	アダプチン（AP2）	Asn-Pro-X-Tyr

＊：Xはどのアミノ酸でもよい．φは疎水性のアミノ酸．

多くのタンパク質にはその輸送先を示すシグナル配列（アミノ酸の特別な配列）が含まれており，それにより輸送先が決定される．ここでは，よく知られているシグナル配列の例が示されている．

このような粗面小胞体のタンパク質の再利用を可能にしているのは，それらのタンパク質が粗面小胞体内腔に局在するタンパク質であるという目印がついているからである．その目印として，たとえば，哺乳類ではKDEL配列（Lys-Asp-Glu-Leu），酵母ではHDEL配列（His-Asp-Glu-Leu）と呼ばれているシグナル配列が知られている．この配列があると，ゴルジのシス部でKDELやHDELを認識する受容体に捕捉される．捕捉されたタンパク質は，COP I が関与する輸送小胞につめこまれて，ゴルジ体から粗面小胞体へ逆行輸送されて送り返される（表 8-5）．これらの他にも，自分の存在場所（あるいは，送られる先）を示した標識であるシグナル配列をもつタンパク質が数多く知られている．このことは，多くのタンパク質が自身の存在場所を示すアミノ酸配列をもち，それにより細胞内における分布が規定されているということを示している．

8･5　エンドサイトーシス

細胞は必要な養分を外部から取り込むが，その際に，単糖やアミノ酸などのような低分子は，細胞膜に存在する専用の担体（キャリアー）タンパク質を介して取り込まれる．その一方で，大きなサイズの養分や微生物などの異物も取り込まなければならない場合がある．たとえば，生体膜の主要な構成成分であるコレステロールの取り込みの場合には，LDL（low-density lipoprotein）と呼ばれる脂質とタンパク質からなる大型の複合体（直径20～30 nmの粒子）のまま細胞内に取り込まれる．このような大きな分子の細胞内への取り込みは，エンドサイトーシスと呼ばれる方法で行われる（図 8-28）．

エンドサイトーシスでは，物質が細胞膜に包み込まれて細胞内に取り込まれる．その方法には，ピノサイトーシス（pinocytosis, 飲作用），カベオリンタイプのエンドサイトーシス (caveolar endocytosis)，クラスリン関与タイプのエンドサイトーシス（clathrin-mediated endocytosis，受容体依存性エンドサイトーシスとも呼ばれる）そして，ファゴサイトーシス（phagocytosis, 食作用，貪食）などがある．

ピノサイトーシス，カベオリンタイプのエンドサイトーシス，クラスリン関与タイプのエンドサイトーシスで細胞質内に取り込まれた小胞は，互いに融合して，エンドソームと呼ばれる小胞体を形成する．その小胞体に，ゴルジ体から輸送されてきた酸性加水分解酵素が入れ込まれると，リソソームと呼ばれる構造に変化して，その内部の物質は分解処理される．

細胞はさらに大きな物体も細胞内に取り込む場合がある．それは，白血球の一種であるマクロファージ（macrophage，大食細胞）が異物を取り込む際に見られる．マクロファージは，外部から進入した細菌やウイルス，あるいは死んだ細胞や，古くなった赤血球などを取り込んで分解処理している．このように大型の異物を細胞内に取り込む場合には，細胞から伸びた仮足が異物を包み込むようにして，それらを細胞内に取り込む．マクロファージはその細胞表面に細菌やウイルスなどの異物を認識する受容体があり，それらが異物と結合すると，細胞膜直下に分布する細胞骨格系が再編成され，異物を

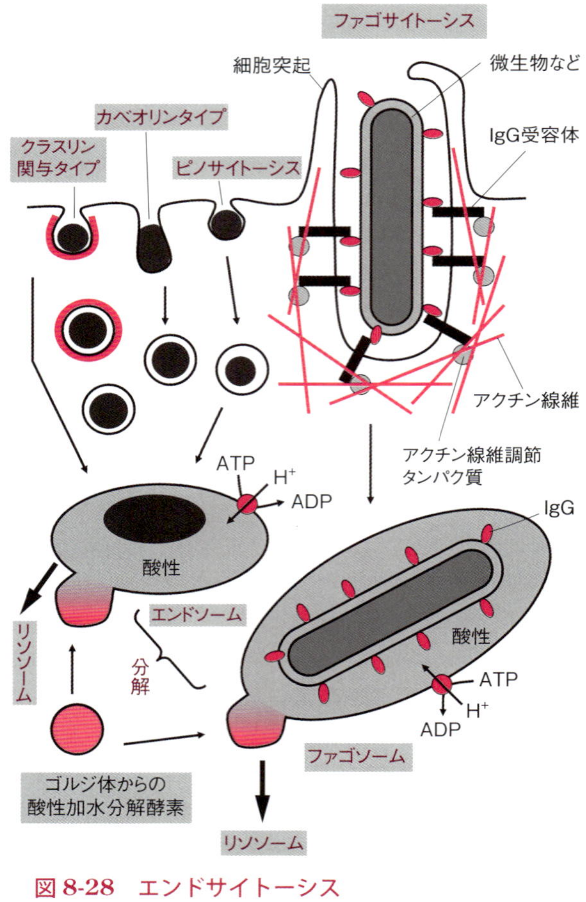

図 8-28　エンドサイトーシス
細胞は養分や異物など，さまざまなものをエンドサイトーシスにより細胞内に取り込む．それらの物質を取り込んだ小胞にゴルジ体から輸送されてくる酸性加水分解酵素が入れ込まれると，小胞はリソソームと呼ばれる小胞に変化して，その内部の物質を加水分解する．

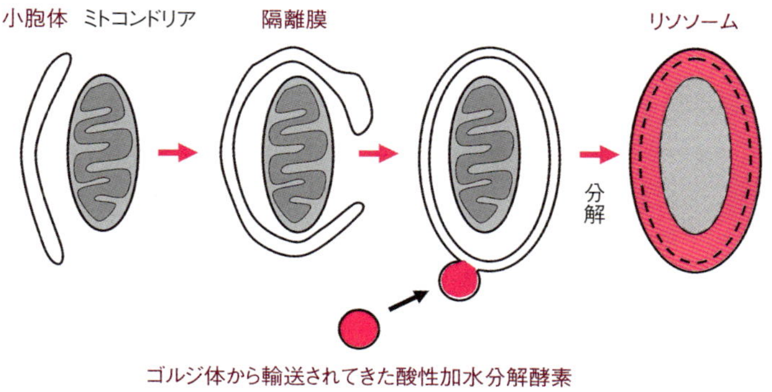

図 8-29　オートファジーの過程
小胞体により包みこまれたミトコンドリアが，ゴルジ体から送られてきた加水分解酵素により消化される過程を示す.

包み込むように仮足を伸ばす．伸びた仮足により包み込まれた異物は，細胞膜の融合により形成された小胞体（ファゴソーム）の中に閉じ込められてしまう．その小胞体にゴルジ体から送られてきた酸性加水分解酵素が入れ込まれると，小胞体はリソソームとなって，その内部の異物を分解処理してしまう．

このように，細胞内の消化機能において重要な働きをしているのが，トランスゴルジ網から送られてくる多くの種類の消化酵素である．それらの消化酵素は酸性加水分解酵素からなるので，分解の活性度を上げるためには，リソソーム内は酸性に保たれる必要がある．そのために，リソソームの膜にはプロトンポンプの H^+-ATPase が存在し，リソソーム内の pH を酸性（pH4 ～ 5 程度）に維持している．酸性加水分解酵素が用いられている理由の 1 つは，中性の細胞質内に漏れ出てもその被害を少なくするためと考えられる．また，脂質とタンパク質からなるリソソームの膜が消化酵素で分解されない理由は，その膜の内腔に面した脂質やタンパク質には高度に糖が付加されているために，酸性加水分解酵素による分解を免れているからである．

8·6　オートファジー

細胞は，外部から取り込んだ養分や異物を加水分解することにより，養分の吸収や体内に侵入した異物の処理を行っている．その他にも，細胞内部で不要になった小器官や異常な構造物（たとえば，異常凝集したタンパク質など）を自分で分解処理している．その機能はオートファジー（autophagy，自食作用）と呼ばれている．オートファジーの過程は，まず，隔離膜と呼ばれる扁平の小胞体が，異常や不要になった細胞小器官や異常な凝集物などを包み込む．小胞体により包み込まれて形成された構造は 2 枚の生体膜からなっている．その小胞体にゴルジ体から輸送されてきた加水分解酵素が入れ込まれるとリソソームとなり，2 枚の膜の内側の膜とともに取り込まれた内容物は分解処理されてしまう（図 8-29）．

また，オートファジーは，不要なものを分解処理するだけでなく，もっと積極的な役割も果たしている．それは，細胞が飢餓状態になったとき，必要な養分やエネルギーを独自で確保するために，このオートファジー機能を用いることがある．つまり，外部から養分が得られない細胞は，自身の余分な構造を消化して，それを養分として供給し，その生存を一時的に維持するという手段をとる．

8·7　細胞質と核の間における物質の輸送

真核細胞内では，核，ミトコンドリア，葉緑体，ペルオキシソームなどの細胞小器官で必要とされるタンパク質，そして，細胞質内で働いている酵素や構造タンパク質などは遊離型ポリリボソームで合成される．遊離型ポリリボソームでは，さまざまな種類のタンパク質が混在して合成されているが，それらは細胞質内を拡散して移動し，必要とする細胞小器官に間違うことなく取り込まれる．それは，それぞれの細胞小器官が必要とするタンパク質を間違いなく取り込むためのしくみがあるからである．

核の内部で必要とされるタンパク質，たとえば，リボソームタンパク質，転写や DNA 複製などに関与しているタンパク質，そして，染色体を構成しているタンパク質などは，細胞質の遊離型ポリリボソームで合成された後，核内に選択的に輸送される．その一方では，核内で転写された mRNA や tRNA などは核から細胞質に選択的に輸送される．

a．核 孔

核は核膜と呼ばれる 2 枚の生体膜に囲まれており，細胞質と核の間の物質輸送は核膜に形成された核孔を通して行われる．その核孔の通路を形成しているのが，核孔複合体と呼ばれる巨大な構築物（直径 90 ～ 100 nm）である（図 8-30）．核孔複合体は，100 種類以上にも及ぶタンパク質から構成された構造物で，nucleoporins（あるいは，略して Nups）とも呼ばれている．核孔複合体の通路に面した部分を構成しているタンパク質の多くは，フェニルアラニン（F）とグリシン（G）のくり返し構造からなる FG リピートと呼ばれる構造をもっている．それゆえ，核孔の通路の部分は，それらのアミノ酸の性質により，疎水性の環境になっている．その環境は，疎水性の構造をもつ輸送タンパク質が核孔を通過する際に重要な役割を果たしている．

核孔の中央部には小さな孔（直径 9 nm 以下）が開いていて，分子量が約 20×10^3 以下のタンパク質ならば単純拡散により，その孔を通過することが可能である．しかしながら，実際には，それをはるかに超える巨大な分子でも，核孔を容易に通過して，細胞質と核の間を移動している．しかも，核孔を通過して輸送されるタンパク質には，その輸送に一定の方向性が見られる．たとえば，核で必要とされるタンパク質は細胞質で合成された後，一方的に核内に輸送されることが知られている．それは，核と細胞質の間の物質輸送を制御している特別なしくみが存在しているからである．

b．シグナル配列と輸送タンパク質

核と細胞質間の輸送は，輸送されるタンパク質に含まれるシグナル配列に依存する方法で行われている．核孔を通過して一定の方向に輸送されるタンパク質には，その輸送の方向性を決めるシグナル配列が含まれている．そのシグナル配列には，細胞質から核に輸送されるタンパク質であることを示す核移行シグナル（nuclear localization signal；NLS）と，核から細胞質に輸送されるタンパク質であることを示す核外移行シグナル（nuclear export signal；NES）の 2 種類が存在する（表 8-6）．そして，それらのシグナル配列を認識して結合し，細胞質と核の間の輸送を制御しているのが，2 種類の輸送タンパク質と G タンパク質の Ran である．

輸送タンパク質には，NLS と結合して，そのタンパク質を細胞質から核に輸送しているインポーチン（importin）と，NES と結合して，そのタンパク質を核から細胞質に輸送しているエクスポーチン（exportin）と呼ばれるタイプが知られている．それらの輸送タンパク質には多くの種類が存在し（表 8-7），細胞質と核の間を往復移動しながら荷物を一定の方向に輸送している

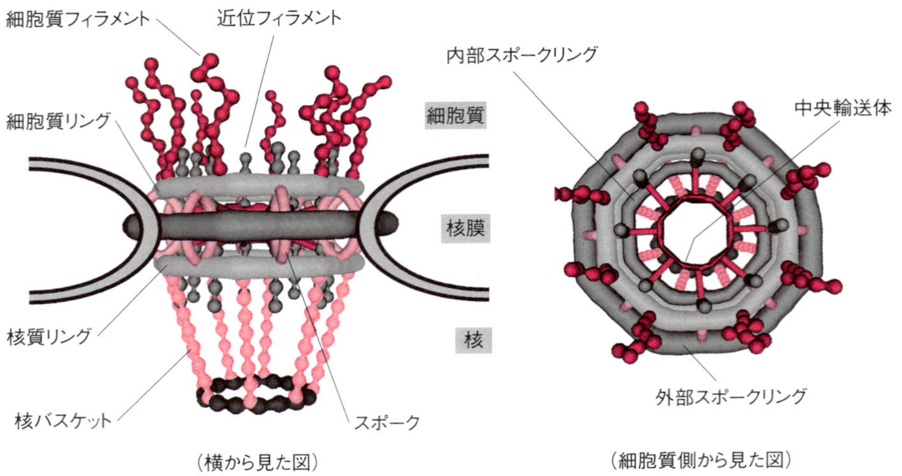

図 8-30　核孔複合体を示す模式図
核孔複合体は数多くのタンパク質から構成された巨大な構造物である．

表 8-6　NLS と NES の性質

シグナル名	アミノ酸配列の例	荷物としてのタンパク質の例
NLS（細胞質から核へ）	-Pro-Lys-Lys-Lys-Arg-Lys-Val-	ヒストン，ウイルスタンパク質，リボソームタンパク質など
NES（核から細胞質へ）	-Leu-Gln-Leu-Pro-Pro-Leu-Glu-Arg-Leu-Thr-Leu-	各種の RNA 結合タンパク質

表 8-7　インポーチンとエクスポーチンの種類

輸送タンパク質	輸送する荷物
細胞質から核へ	
インポーチン α, β（二量体）	NLS をもつ多くの種類のタンパク質
インポーチン 4，5，9	ヒストンタンパク質，リボソームタンパク質
トランスポーチン	mRNA 結合タンパク質
Kap β3	リボソームタンパク質
snurportin	snRNP
核から細胞質へ	
エクスポーチン 4	伸長因子 eIF-5A
エクスポーチン 5	miRNA 前駆体
エクスポーチン -t	tRNA
CAS	Kap α
Crm1	NES をもつ多くの種類のタンパク質

脊椎動物で知られている例を示す．

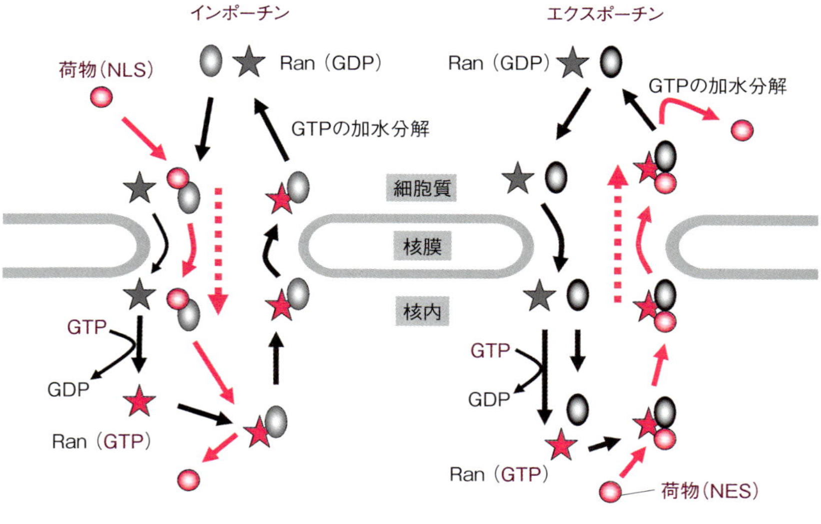

図 8-31　インポーチンとエクスポーチンによる細胞質と核の間の輸送
インポーチンはタンパク質の NLS を認識して結合し，それを細胞質から核内に輸送する．エクスポーチンはタンパク質の NES を認識して結合し，それを核から細胞質に輸送する．

（図 8-31）．その際に，輸送タンパク質の移動の制御や，輸送タンパク質に荷物を結合させたり輸送タンパク質から荷物を分離させたりする役割を果たしているのが Ran である．Ran の役割の 1 つに，輸送タンパク質のインポーチンからの荷物の分離がある．インポーチンは α と β サブユニットからなる複合体で，GTP が結合した活性型の Ran がインポーチン β と結合すると，インポーチン α がインポーチン β から遊離して，インポーチン α に結合している荷物を遊離する．このようにして，インポーチンと結合して核内に運ばれた荷物は，Ran の働きにより核内に遊離される（図 8-32）．

インポーチンとは逆に，核から細胞質の方向に荷物を輸送しているのがエクスポーチンである．細胞質から核に輸送される荷物のほとんどがタンパク質である

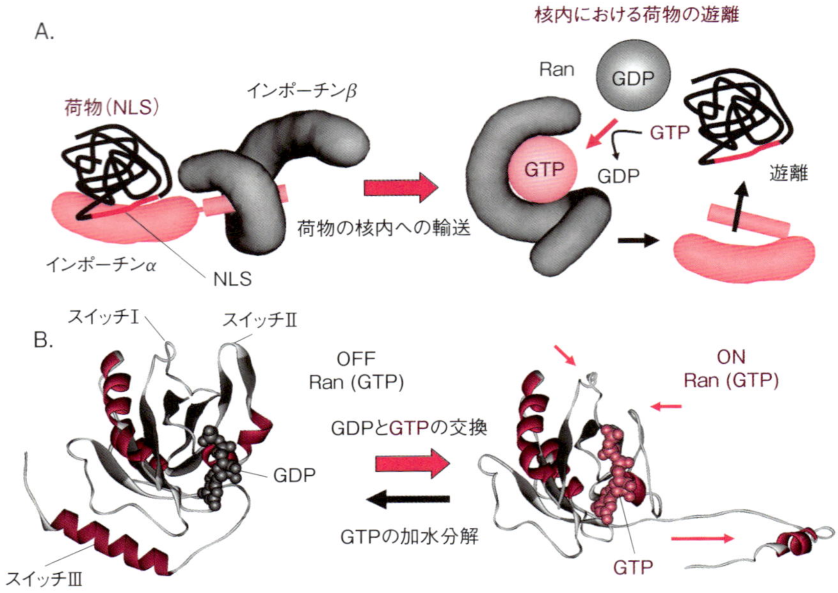

図 8-32　インポーチンからの荷物の分離

A：NLS 構造をもつ荷物がインポーチン α に結合し，それがインポーチン β と結合して核内に輸送される．核内に輸送されたインポーチン β に活性型の Ran が結合すると，インポーチン α から荷物が離れる．B：Ran に結合している GDP が GTP に交換されると活性型になる．その際に，Ran の立体構造が大きく変化してインポーチン β と結合できるようになる．

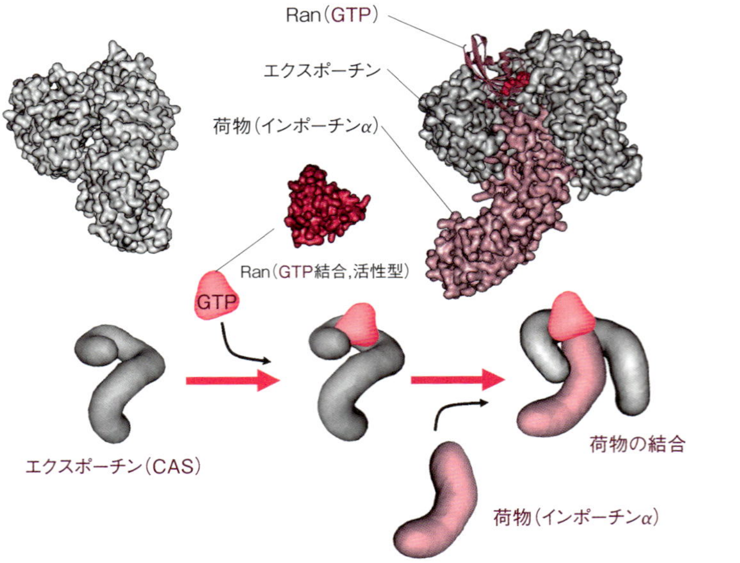

図 8-33　エクスポーチンへの荷物の結合

核内に荷物を運んできたインポーチン α は，エクスポーチンの一種の CAS と結合して細胞質まで戻されてリサイクルされる．その際に，核内で見られる両者の結合過程を示す．エクスポーチンに活性型の Ran が結合すると，エクスポーチンの立体構造が変化して荷物のインポーチン α と結合できるようになる．

のに対して，核から細胞質に輸送される荷物の中心は，RNA にタンパク質が結合したリボ核タンパク質（ribonucleoprotein；RNP）である．それらの RNP が核から細胞質に輸送される場合には，多くの場合，RNP を構成するタンパク質（アダプターとも呼ばれる）がもつシグナル配列の NES にエクスポーチンが結合して核孔を通過させている．しかしながら，tRNA の場合は特別で，tRNA 専用のエクスポーチンであるエクスポーチン-t が tRNA の TψC 領域を認識して結合し，核から細胞質に輸送している．

エクスポーチンの輸送の際にも Ran が重要な役割を果たしている．その例として，核内に移動してきたインポーチンが細胞質に送り返される際の Ran の役割がよく知られている．核内において，荷物を結合していないフリーな状態のエクスポーチンに活性型の Ran（GTP を結合）が結合すると，エクスポーチンの立体構造が変化して，荷物となるインポーチン α と結合できるようになる．そして，インポーチン α を結合したエクスポーチンは，その状態で核孔を通過してインポーチンを細胞質に輸送する．細胞質まで輸送すると，Ran に結合している GTP が加水分解されて，インポーチン α がエクスポーチンから遊離される（図 8-33）．こうしてインポーチン α は細胞質に戻されてリサイクルされる．

c. 核孔の通過モデル

輸送タンパク質と結合した荷物が核孔を通過する際のモデルには，ブラウンアフィニティーゲートモデル（Brownian affinity gate model）や，セレクティブフェイズモデル（selective phase model）がある（図 8-34）．両者とも，核孔の通路に面した部分に存在する FG リピート構造のもつ疎水性の性質をうまく利用した方法である．前者は，荷物を結合した輸送タンパク質の疎水性の部分が，核孔の通路に面して分布する FG リピートに結合しながら，一定の方向に荷物を輸送するというモデルである．後者は，核孔内をふさぐように占めている疎水性のフィラメント構造（FG リピートをもつ）に対して親和性をもった疎水性の輸送タンパク質が，それらのフィラメントに結合しながらそこを潜り抜けて，荷物を輸送するというモデルである．

d. 核孔通過の特別な例

細胞質と核の間を一方向にだけ輸送されるのではな

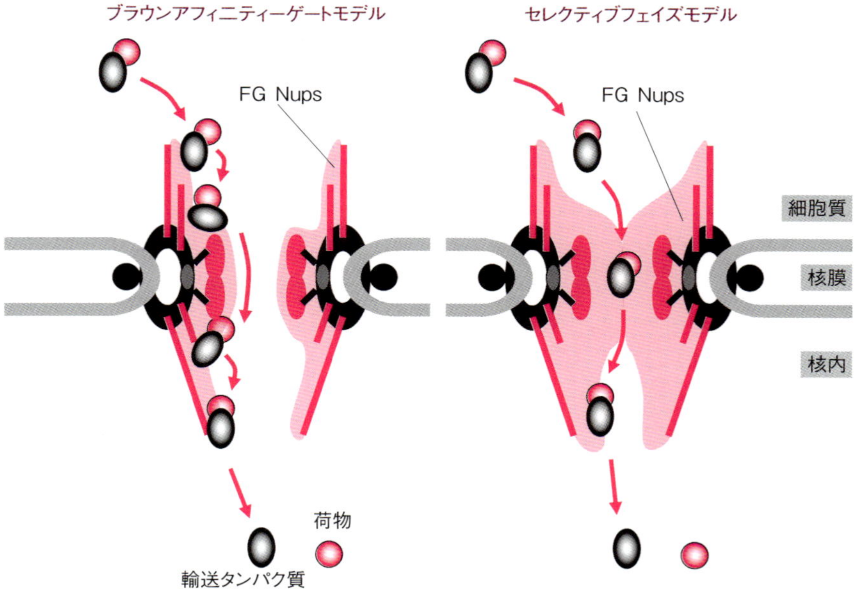

図 8-34 核孔をタンパク質が通過する際の 2 つのモデル
ブラウンアフィニティーゲートモデルでは，通路に沿って分布する疎水性の FG リピート構造に結合しながら，輸送タンパク質が核孔を通過する．セレクティブフェイズモデルでは，FG リピートをもつフィラメント構造が核孔の通路をふさいでいる．その中を，輸送タンパク質が FG リピート構造と親和性を保ちながら通過する．

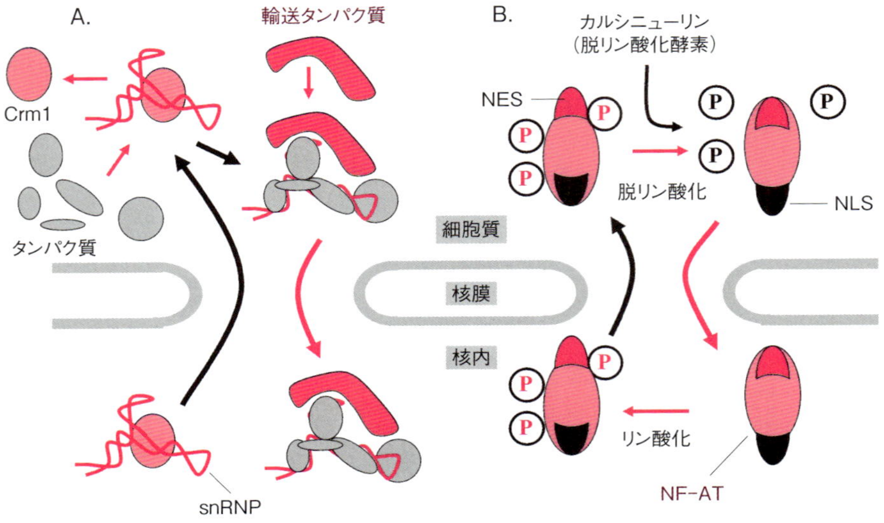

図 8-35 核孔を通過する特殊な例

A：snRNA は核から細胞質に運ばれた後に，細胞質内でタンパク質と機能的な複合体を形成する．その複合体（RNP）は輸送タンパク質により再び核内に戻された後，核内で機能する．B：NF-AT は NLS と NES の両方のシグナル配列をもつ．それらのシグナルの機能は，タンパク質のリン酸化や脱リン酸化により制御されている．リン酸化されると NES が表出して細胞質に輸送され，脱リン酸化されると NLS が表出して核内に輸送される．

く，必要に応じて，両者の間を行き来して輸送されるタンパク質や RNA が存在する．その例として，NF-AT（nuclear factor of activated T-cell）と呼ばれる転写因子や snRNA などが知られている（図 8-35）．NF-AT タンパク質は NLS と NES の両方のシグナル配列をもち，細胞質内の Ca^{2+} 濃度の変化や，特定部位のアミノ酸のリン酸化により，シグナル配列のどちらかが露出するので，それにより輸送の方向性が調節されている．また，核内で mRNA の前駆体からイントロンを切り出す働きをしている snRNA は，核内に輸送されてきたタンパク質と核内で複合体を形成するのではなく，snRNA がいったん細胞質に運び出されから，細胞質内でタンパク質と複合体を形成した後，その複合体が再び核内に戻されてくる．

8·8 ミトコンドリア，葉緑体，ペルオキシソームへのタンパク質の輸送

ミトコンドリア，葉緑体，ペルオキシソームなどの細胞小器官に取り込まれるタンパク質には，それぞれの輸送先を示すシグナル配列が含まれている．シグナル配列の多くは N 末端側に分布し，そのアミノ酸配列にはいくつかの特徴が見られる（図 8-36A，B）．それらのタンパク質が細胞小器官に取り込まれる際には，シグナル配列を認識して結合する受容体が関わっている．それらの受容体は細胞小器官の膜に分布するものや，細胞質に遊離状態で存在するものなどがある．受容体が細胞小器官の膜に分布する場合には，取り込まれるタンパク質は直接それらの受容体に結合してから目的の細胞小器官に取り込まれる．また，受容体が細胞質内に遊離状態で存在する場合には，タンパク質はいったんそれらの受容体と結合した後，さらに，細胞小器官の膜に分布する別の受容体と結合することにより，目的の細胞小器官に取り込まれる．

タンパク質が細胞小器官に取り込まれる際には，膜にある受容体に結合した後，その膜に存在するタンパク質の通過チャネルであるトランスロコンへと導かれて，その通路を通して細胞小器官内に取り込まれる（図 8-37）．そして，取り込まれた後，ほとんどの場合には，そのシグナル配列が切断される．また，ミトコンドリアや葉緑体は 2 枚の膜に包まれた構造になっているので，それらの 2 枚の膜を通過して内部まで運ばれていくタンパク質も多く存在する．その場合には，密着した外膜と

A：各種の細胞小器官にタンパク質が輸送されるために必要なシグナル配列の例.

輸送ルート	シグナル配列の受容体	存在部位	アミノ酸配列の例
小胞体へ	SRP	N 末端側	H_3N^+-Met-Met-Ser-Phe-Val-Ser-Leu-Leu-Leu-Val-Gly-Ile-Leu-Phe-Trp-Ala-Thr-Glu-Ala-Glu-
ミトコンドリアへ	MSF, Tom20	N 末端側	H_3N^+-Met-Leu-Ser-Leu-Arg-Ser-Ile-Arg-Phe-Phe-Lys-Pro-Ala-Thr-Arg-Thr-Leu-Cys
色素体（葉緑体）へ	14-4-3, Toc	N 末端側	H_3N^+-Met-Val-Ala-Met-Ala-Met-Ala-Ser-Leu-Asn-Ser-Ser-Met-Ser-Ser-Leu-Ser-Leu-Ser-Ser-Asn-Ser-Phe-Leu-Gly-Asn-Pro-Leu-Ser-Pro-Ile-Thr-Leu-Ser-Pro-Phe-Leu-Asn-Gly-
ペルオキシソームへ	Pex5	C 末端側	-Ser-Lys-Leu-COO^-

B.

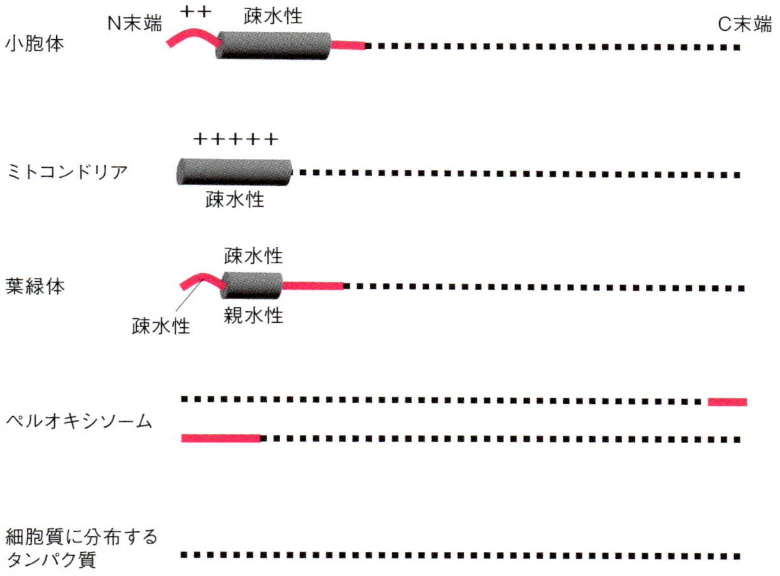

図 8-36　タンパク質の輸送に関わるシグナル配列

A：各種の細胞小器官にタンパク質が輸送されるために必要なシグナル配列の例. B：シグナル配列を示す模式図. 小胞体シグナル配列をもつものは，粗面小胞体に輸送される. 遊離型ポリリボソームで合成されるタンパク質には，目的の細胞小器官へ輸送されるためのシグナル配列が含まれている. ミトコンドリア行きのシグナル配列は，20〜50 アミノ酸が形成する疎水性の α ヘリックス構造からなる. 片側には塩基性のアミノ酸が，そして，その反対側には疎水性のアミノ酸が偏って分布する. 葉緑体を中心とした色素体行きのシグナル配列にはセリンが多く分布する. そして，シグナル配列の中に存在する疎水性の α ヘリックス構造の反対側には，親水性アミノ酸が偏って分布している. ペルオキシソーム行きのシグナル配列は簡単な構造をしており，多くの場合，C 末端側に分布しているが，一部のものは N 末端側に分布している. 一方，特定の輸送先もなく，細胞質内に分布しているタンパク質にはシグナル配列は含まれていない.

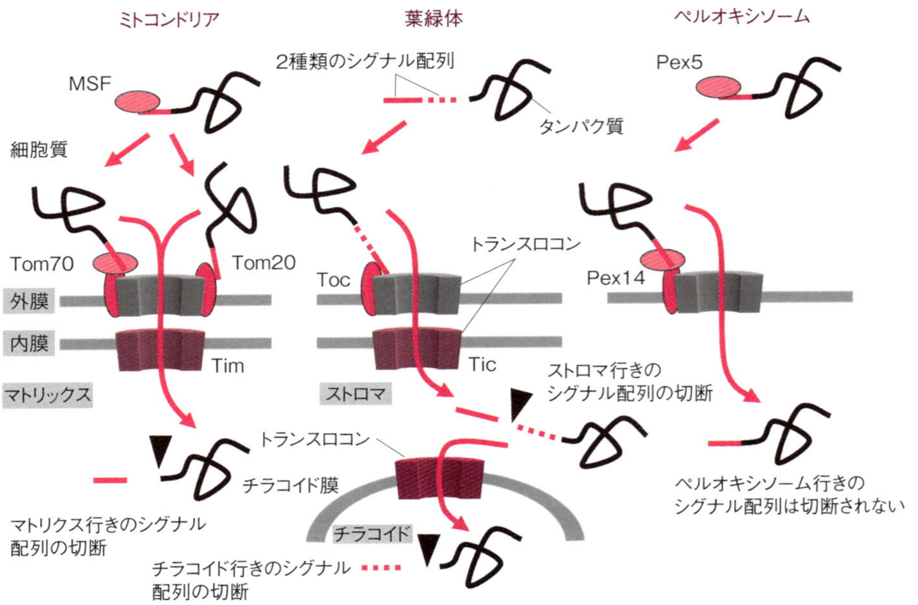

図 8-37　遊離型ポリリボソームで合成されたタンパク質の細胞小器官への輸送
遊離型ポリリボソームで合成されたタンパク質が細胞小器官に輸送される際には，最初に，そのタンパク質が目標の細胞小器官の膜に分布する受容体に認識されて捕捉される．そして，そのタンパク質はトランスロコンを経由して細胞小器官の内部に取り込まれる．ミトコンドリアと葉緑体では，取り込まれた後，タンパク質のシグナル配列が切断されるが，ペルオキシソームではシグナル配列は切断されない．タンパク質がトランスロコンを通過する際には，その立体構造がほどかれて細胞小器官内に取り込まれる．そして，取り込まれてから再び立体構造が形成される．

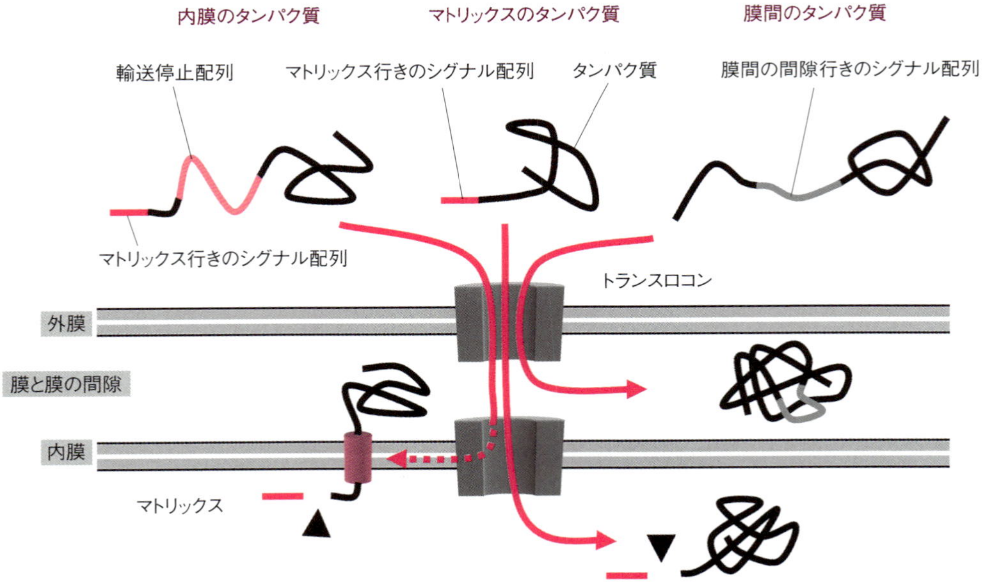

図 8-38　ミトコンドリアに取り込まれるタンパク質
2 枚の膜から構成されるミトコンドリアのタンパク質には，それぞれの行き先を示すいくつかのシグナル配列が存在し，それらによってタンパク質の行き先が決められている．

内膜の部分で両膜のトランスロコンが合体して連続した通路を形成するので，そこを通過して内部に運ばれる．その際には，外膜に結合するためのシグナル配列だけでも，2 枚の膜を通過することができる．しかしながら，葉緑体では，外膜と内膜を通過してから，さらに，その中に存在するチラコイド膜の内部まで輸送されるタンパク質が存在する．その場合のタンパク質には，葉緑体の外膜と結合するためのシグナル配列と，チラコイド膜と結合するためのシグナル配列の 2 種類の異なるシグナル配列が必要である．

また，ミトコンドリアや葉緑体は，2 枚の膜構造で包まれているので，それらの間で働いているタンパク質や，2 枚の膜のそれぞれに別々に組み込まれて働いている膜タンパク質なども存在する．それらのタンパク質が，目標の場所まで間違いなく輸送されるのは，それぞれのタンパク質がその輸送先を示す特別なシグナル配列をもっているからである（図 8-38）．

タンパク質は折りたたまれた状態で細胞小器官まで運ばれてくると考えられるので，それらが通路の狭いトランスロコンを通過するためには，その高次構造が解かれて，一本のポリペプチド鎖になる必要がある．しかも，そのポリペプチド鎖をトランスロコンの通路から細胞小器官内に引きずり込む作業も必要である．それらの作業を行っているのが，分子シャペロンである．その際に，タンパク質を細胞小器官内に引きずり込むためには ATP のエネルギーが用いられている．そして，細胞小器官内に取り込まれたタンパク質は，シグナル配列の部分が切断された後，再び折りたたまれて，機能的なタンパク質になる．

8・9　原核細胞におけるタンパク質の輸送

細胞内に膜系の細胞小器官が存在しない原核細胞では，細胞外やペリプラズムと呼ばれる領域へのタンパク質の分泌や，細胞膜への膜タンパク質の組込みは，細胞膜に分布するトランスロコンを通して行われる（図 8-39）．その際には 2 つの方法が用いられている．その 1 つは，真核細胞の小胞体膜で行われているように，リボソームを細胞膜に結合させて，そこでタンパク質を合成させる方法である．原核細胞にも SRP が存在し，それがリボソームを細胞膜のトランスロコンまで誘導して結合させ，そこで合成されたタンパク質をトランスロコンから細胞外に分泌したり，細胞膜に組み込んだりしている．もう 1 つは，遊離型ポリリボソームで合成されたタンパク質に存在するシグナル配列が認識されて，その

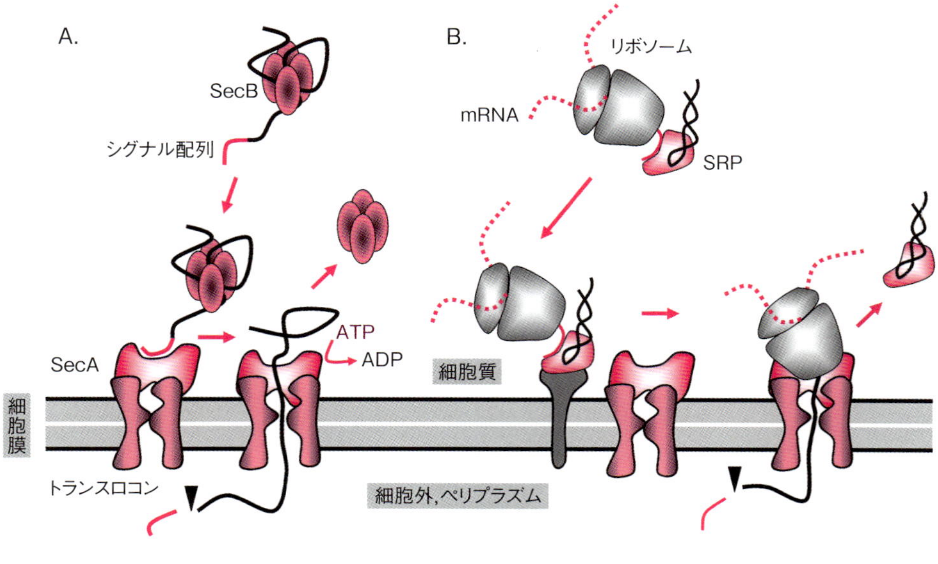

図 8-39　原核細胞におけるタンパク質の輸送
細胞内に膜構造がない原核細胞では，細胞膜へ組み込まれる膜タンパク質と，細胞外へ分泌されるタンパク質のための 2 種類の輸送方法がある．**A**：その 1 つは，合成されたタンパク質のもつシグナル配列により，細胞膜のトランスロコンに導かれる方法である．**B**：もう 1 つは，合成中のペプチド鎖に存在するシグナル配列を SRP が認識して，リボソームごとトランスロコンに導く方法である．これらの方法は真核細胞に見られるものとよく似ている．

タンパク質が細胞外に分泌される方法である．合成されたタンパク質に分子シャペロンのSecBが結合して，折りたたまれないように保持されている．折りたたまれてしまうと細胞膜のトランスロコンを通過できなくなってしまうからである．細胞膜のトランスロコンに結合しているSecA（シグナル配列の受容体，ATPase酵素活性をもつ）にタンパク質のシグナル配列が結合すると，SecBがタンパク質から離れる．SecAはATPを加水分解したエネルギーを用いて，そのタンパク質をトランスロコンから細胞外に送り出す役割を果たしている．そして，細胞外に出たタンパク質のシグナル配列は分解酵素により切断される．

9. 遺伝子の発現とその制御

DNA の塩基配列には，タンパク質合成に必要な情報を伝達する mRNA を中心に，tRNA や rRNA など多くの種類の非翻訳 RNA（untranslated RNA）を合成するための情報が含まれている．その他にも，RNA 合成の制御に関わる情報や，染色体構造の維持管理に関わる情報など，さまざまなものが含まれている．

基本的に，遺伝子の発現は必要なときに行われ，それ以外のときには発現が抑えられている．その制御に直接関わっている中心的な分子が転写因子（transcriptional factor）と呼ばれるタンパク質で，多くの種類が知られている．転写因子は，細胞内の情報伝達系を経由して伝えられた細胞外からの情報や，細胞内に生じた情報をもとに，遺伝子の発現を制御している．その際には，DNA に結合している他の調節因子と相互作用したり，DNA そのものと直接に結合したりして，遺伝子の発現を調節している．

原核細胞と真核細胞では，遺伝子発現とその制御の基本的なしくみはよく似ているが，異なる点も多く存在する．それらは，両者における遺伝子の構造の違いや，遺伝子の制御機構の複雑さの違いなどによるものである．ここでは，それらの違いも含めて，原核細胞と真核細胞の転写とその調節のしくみについて述べる．

9·1　遺伝子の構造

遺伝子の基本的な構造は，RNAをコードする領域と，その発現を調節する領域からなっている．原核細胞と真核細胞では遺伝子の基本的な構造は似ているが，異なる点も多くある．たとえば，mRNAの構造や転写に関わる因子の種類などに多くの違いが見られる．また，真核細胞のクロマチンはヒストンタンパク質をコアとしたヌクレオソーム構造を形成しているなど，両者のクロマチンの構造にも大きな違いがある．このような違いは，原核細胞と真核細胞の遺伝子発現の調節機能の違いとも密接に関連している．

遺伝子を構成するDNAの二重鎖は，その片方がRNA合成の際の鋳型として働くので，その鎖を鋳型鎖（template strand，あるいは，アンチセンス鎖，antisense strand）と呼んでいる．そして，その反対側のDNA鎖をコード鎖（coding strand，あるいは，センス鎖，sense strand）と呼んでいる（図9-1）．つまり，コード鎖のチミンをウラシルに変えると，転写されたRNAと同じ塩基配列になる．また，遺伝子を構成する塩基には番号がつけられており，RNAに転写される第1番目の塩基対の番号が＋1である．この位置は，TSS（transcription start site）と呼ばれ，その部分の塩基はアデニンやグアニンの場合が多い．この＋1の位置を基点として，コード鎖の5′側の塩基対の番号にはマイナスがつけられ，その方向を上流（upstream）と呼んでいる．たとえば，＋1の5′側の隣に存在する塩基対の番号は－1である．＋1の3′側の隣に存在する塩基は＋2の符号がつけられ，その方向は下流（downstream）と呼ばれている．

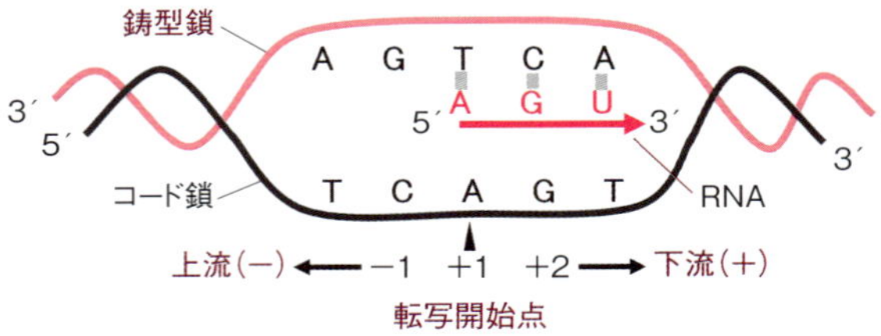

図9-1　RNAの合成
鋳型鎖とコード鎖の二重らせん構造からなるDNAのうち，鋳型鎖がRNA合成の際の鋳型として用いられる．

a. 原核細胞のオペロン

原核細胞のmRNAの遺伝子の多くは，必要とするタンパク質を効率的に発現するために，オペロン（operon）と呼ばれる単位により構成されている．オペロンは，複数のタンパク質をコードする構造遺伝子（structural gene）と，その発現を調節する領域からなっている（図9-2）．構造遺伝子にコードされている一連のタンパク質は，一般に，代謝経路において関連する酵素タンパク質である．たとえば，ラクトースオペロンの場合を例にあげると，その構造遺伝子は，β-ガラクトシドパーミアーゼ，β-ガラクトシダーゼ，そして，アセチル化酵素の3つのタンパク質の遺伝子から構成されている．つまり，このラクトースオペロンが発現されると，ラクトースを細胞内に取り込むためのβ-ガラクトシドパーミアーゼ，それをガラクトースとグルコースに分解するためのβ-ガラクトシダーゼ，そして，ラクトースをアセチル化するアセチル化酵素など，ラクトースを養分として用いるために必要な一連の酵素が同時に発現されるようになっている．このように，原核細胞のオペロンは一連の反応に必要な酵素群をまとめて発現するという，効率的なシステムを形成している．

オペロンの発現を調節する領域は，構造遺伝子の上流に存在するプロモーター（promoter）と，そのすぐ近くの下流側に存在するオペレーター（operator）と呼ばれる領域である（図9-3）．プロモーターの部分には，特別な塩基配列をした2つの領域が存在する．それらは，＋1からその上流に6～8塩基対ほど離れた位置に存在する－10配列（Pribnow boxとも呼ばれる）と，さら

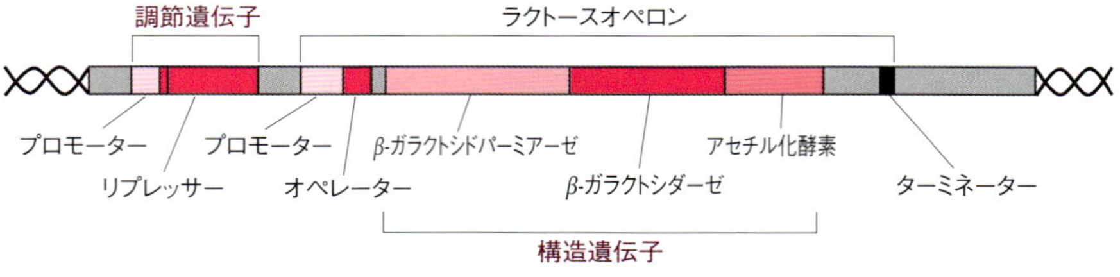

図9-2　原核細胞のオペロンの基本構造
大腸菌のラクトースオペロンの構造を示す．

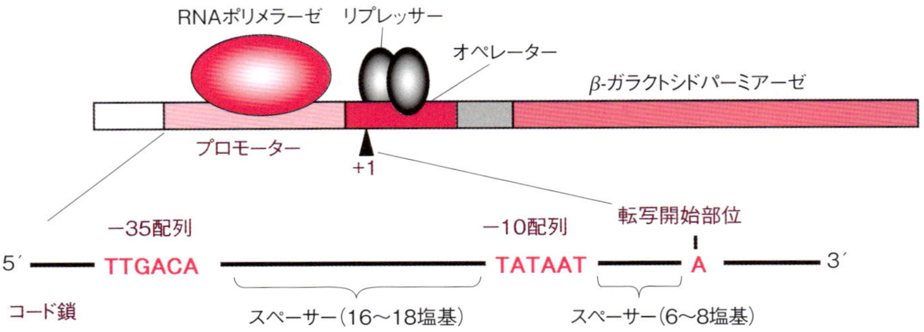

図 9-3　原核細胞のプロモーター
−10配列と−35配列の塩基配列は，共通配列（コンセンサス配列）を示す．

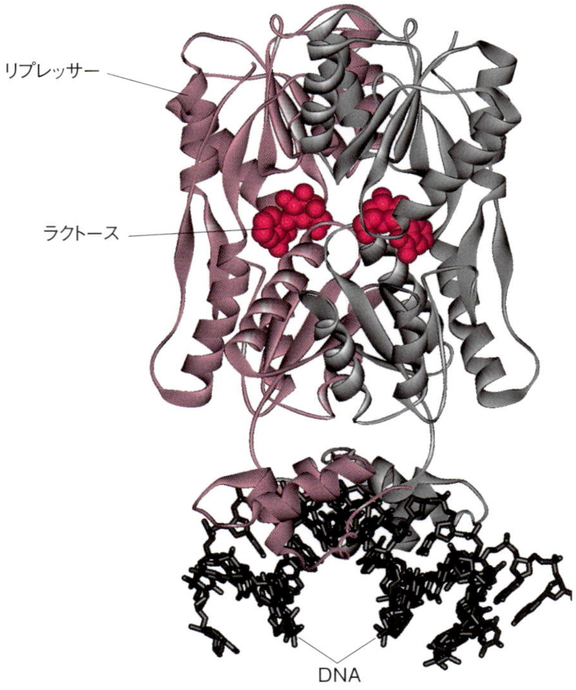

図 9-4　ラクトースリプレッサーの分子モデル
オペレーターに結合しているリプレッサーの二量体．
ラクトースが結合している．

にそれから16〜18塩基対ほど上流に位置する−35配列と呼ばれる領域である．このプロモーターはRNAポリメラーゼにより認識され，RNAポリメラーゼが結合する部位として機能している．また，オペロンはそのままでは発現可能な状態なので，必要のないときはその発現が抑制されている．オペロンの発現を抑制しているのは，その近くに存在する調節遺伝子（regulatory gene）の産物である，リプレッサー（repressor）タンパク質である（図9-4）．リプレッサーがオペレーターに結合すると，オペロンの発現は抑制される．そして，オペロンの発現が必要になると，このリプレッサーがオペレーターから引き離されて，遺伝子が発現されるしくみになっている．

ラクトースオペロンのように代謝の分解経路に働いている酵素の遺伝子は，基質が存在すると活性化されるので，誘導オペロン（inducible operon）と呼ばれている．

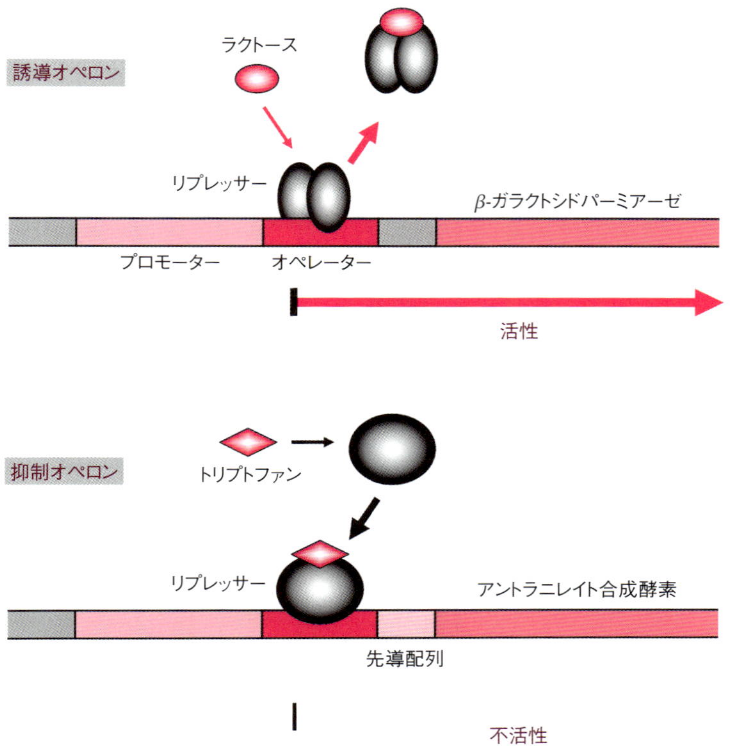

図 9-5　誘導オペロンと抑制オペロン
誘導オペロンの場合には，代謝の基質が存在すると，それを触媒する酵素の遺伝子発現が活性化される．一方，抑制オペロンの場合には，代謝産物が存在すると，その合成酵素の遺伝子発現が抑制される．

一方，トリプトファンオペロンのように合成系で働いている酵素のオペロンは，合成産物が多く存在する時は抑制されるので，抑制オペロン（repressible operon）と呼ばれている（図 9-5）．いずれの場合も，必要のないときには，リプレッサーにより遺伝子活性が抑制されていて，必要になるとリプレッサーが離れて遺伝子が活性化されるという点では同じである．

b．真核細胞の遺伝子

真核細胞の mRNA の遺伝子は，原核細胞のものとはいくつかの点で異なっている（図 9-6）．たとえば，原核細胞の遺伝子には複数の異なる種類のタンパク質がコードされているのに対して，真核細胞の遺伝子には 1 種類だけのタンパク質がコードされている．しかも，その遺伝子は，タンパク質に翻訳される情報をコードしているエクソン（exon）と，タンパク質の情報をコードしていないイントロン（intron）と呼ばれる領域からなっている．そのために，真核細胞では，転写された mRNA の前駆体（pre-mRNA）からイントロンが削除されてエクソンがつなぎ合わされることにより mRNA が完成する．

真核細胞の遺伝子発現を調節するプロモーター領域は原核細胞のものよりもさらに複雑な構造をしている（図 9-7）．その構造は RNA の種類（mRNA，tRNA，rRNA）により異なるが，ここでは，それらの中でもより複雑な構造が見られる mRNA の場合について述べる．プロモーター領域は，＋1 の近くに存在するコアプロモーター（core promoter，TSS の位置から± 35 塩基対の範囲内に分布）と，それに近接して存在する近位制御配列（proximal regulatory element，あるいは，proximal promoter element，TSS の位置から± 250 塩基対の範囲内に分布）からなる．前者には BRE（TF II B recognition element），TATA box，INR（initiation box），DPE（downstream promoter element）などの領域が含まれ，後者には CCAAT box，BLE（basal level enhancer

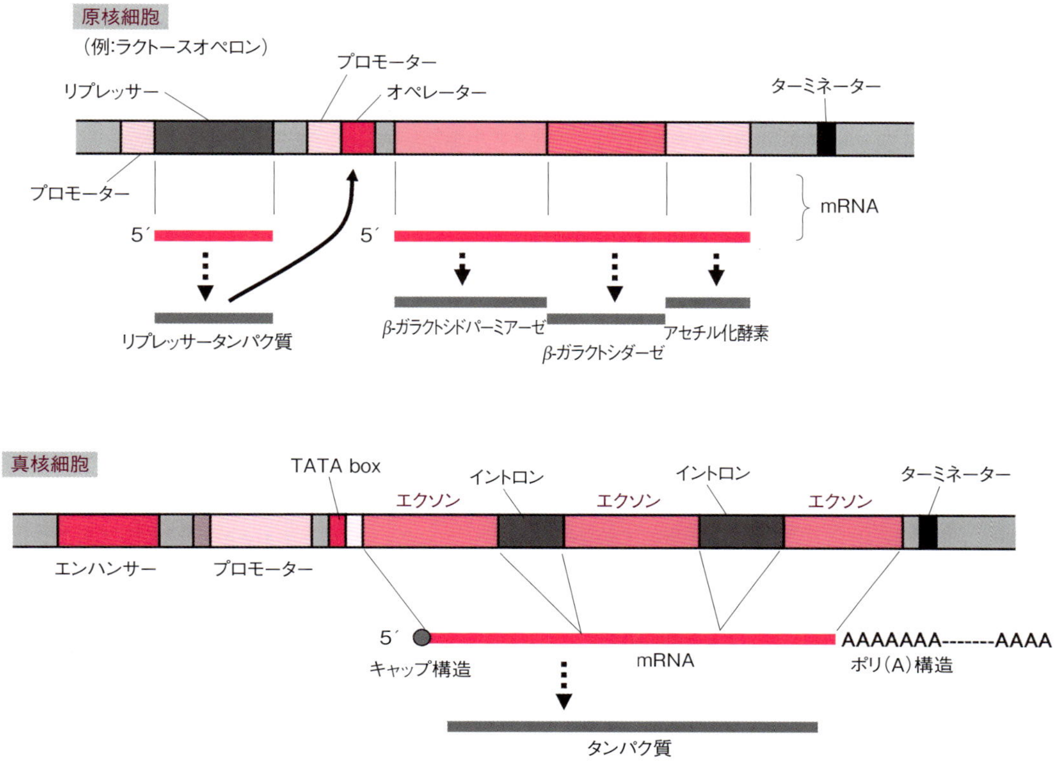

図 9-6　原核細胞と真核細胞の mRNA の構造と翻訳されるタンパク質
原核細胞の mRNA は複数のタンパク質をコードしている．一方，真核細胞の mRNA は 1 つのタンパク質をコードしている．

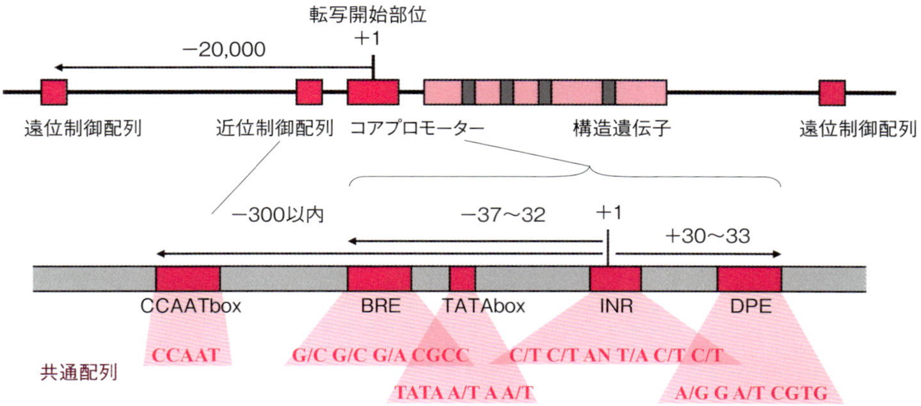

図 9-7　真核細胞のコアプロモーターと近位制御配列の構造
遺伝子の発現を制御する領域と，それらを構成する塩基の共通配列を示す．

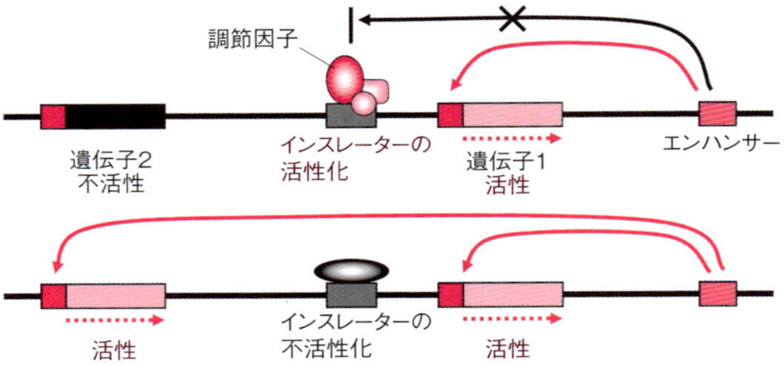

図 9-8　インスレーターの役割
遺伝子間に存在するインスレーターが活性化されると，近接した遺伝子どうしが互いに影響を及ぼし合わないように阻止する．インスレーターが不活性化されていると，隣接した遺伝子のエンハンサーによる影響を受けてしまう可能性がある．

element)，GC box などの領域が含まれている．mRNA のプロモーターにはこれらすべての領域が必ずしも必要というわけではなく，mRNA の種類によっては，これらの領域の一部が欠けているものもある．さらに，これらのプロモーターから遠く離れた領域には，遠位制御配列（distal regulatory element）と呼ばれる領域が存在し，遺伝子発現の調節に重要な役割を果たしている．遠位制御配列の多くは TSS の位置から ± 20,000 塩基対くらいの範囲内に分布するが，100,000 塩基対くらい遠方に離れて分布するものも知られている．このように，はるか遠方に存在する遠位制御配列がコアプロモーターに影響を及ぼすことができるのは，DNA 鎖を大きく曲げて，遠く離れた領域どうしを接近させることができるからである（後述）．

制御配列の領域に結合した転写因子が遺伝子発現の活性化因子（アクチベーター，activator）として働く場合には，その領域はエンハンサー（enhancer）と呼ばれ，その反対に抑制因子（リプレッサー）として働く場合には，その領域はサイレンサー（silencer）と呼ばれている．また，隣接して存在するエンハンサーやサイレンサーは，別の遺伝子にも影響を及ぼしてしまう可能性がある．そのような遺伝子間の干渉を防止するために，隣接する遺伝子間にはインスレーター（insulator）と呼ばれる領域が存在する（図 9-8）．その領域に結合した調節因子によるインスレーターの活性化は遺伝子間に及ぶ調節機能を遮る障壁の役割を果たし，隣接する遺伝子どうしが互いのエンハンサーやサイレンサーによる影響をむやみに及ぼしあわないように防止している．

9·2　遺伝子発現の調節

a.　原核細胞の転写制御

原核細胞の遺伝子発現の調節機能については，解糖系に関連した酵素の例がよく知られている．原核細胞は，外部から得られる養分に応じて細胞内の解糖系の酵素反応の経路を臨機応変に変換させて生存している．そのための効率的なしくみが，オペロンの構造や，その遺伝子を発現させるしくみに見られる．たとえば，グルコースを吸収してそれを解糖系で分解してエネルギーを得ている大腸菌に，グルコースの代わりにラクトースが養分として与えられると，それまで抑制されていたラクトースオペロンが発現されて，グルコースの分解系からラクトースの分解系へと代謝が速やかに切り替わる．

グルコースを養分として好んで用いる大腸菌では，グルコースの存在下では，ラクトースオペロンのオペレーターにリプレッサーが結合して，その発現を抑制している．この状態で，養分がグルコースからラクトースに変えられると，細胞内のラクトース濃度が上昇して，ラクトースオペロンのリプレッサーにラクトースが結合する．その結果，リプレッサーの立体構造が変化してオペレーターからリプレッサーが離れるために，ラクトースオペロンの遺伝子が発現する（図 9-9）．さらに，グルコースの欠乏により細胞内の cAMP が増加すると，CAP（catabolite activated protein），あるいは，CRP（cAMP receptor protein）と呼ばれるタンパク質に cAMP が結合する（図 9-10）．その結果，ラクトースオペロンの転写はさらに活性化される．

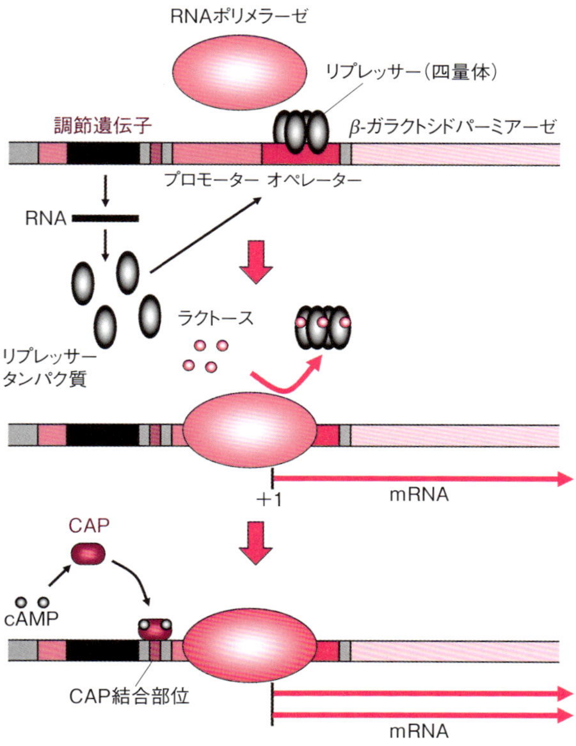

図 9-9　大腸菌のラクトースオペロンの調節機構
養分として，グルコースの代わりにラクトースが与えられると，ラクトースがリプレッサーに結合して，リプレッサーをオペレーターから遊離させる．その結果，ラクトースオペロンの遺伝子が活性化されて，ラクトースを養分として用いるのに必要な酵素の遺伝子が活性化される．さらに，CAP に cAMP が結合して活性化されると，活性化された CAP がその結合部位に結合し，ラクトースオペロンの遺伝子の発現を増強する．

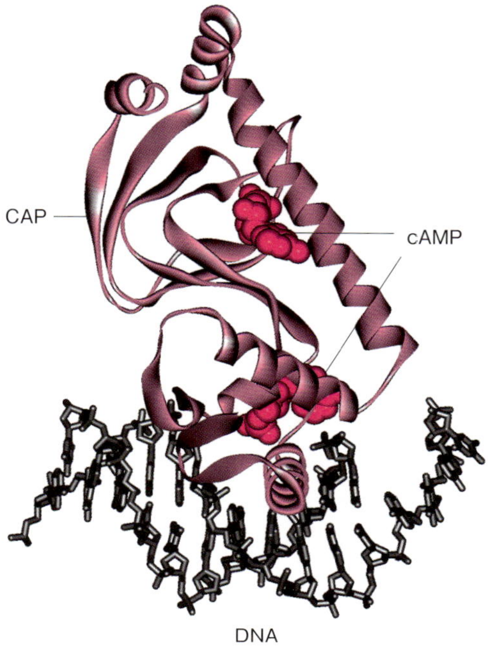

図 9-10　CAP の分子モデル
cAMP が結合して活性化された CAP が CAP 結合部位に結合している様子を示す．

表 9-1　原核細胞の RNA ポリメラーゼのサブユニット

サブユニット		サイズ (kDa)	機能
α_{I}，α_{II}		37	酵素の集合に必要．転写因子との相互作用．触媒作用に関わる．NTP と結合．
β		151	転写開始，伸長に関与．触媒作用に関わる．
β'		155	DNA 鎖に結合．
σ	σ^{70}	70	ほとんどの遺伝子を認識．
	σ^{32}	32	熱ショック遺伝子を認識．
	σ^{28}	28	運動や走化性に関する遺伝子を認識．
	σ^{38}	38	静止期やストレス反応の遺伝子を認識．
	σ^{54}	54	窒素代謝などの遺伝子を認識．
ω		10	変性した RNA ポリメラーゼを復活させる？

原核細胞の RNA ポリメラーゼは 2 つの α サブユニット（α_{I}，α_{II}）と 2 つの β サブユニット（β，β'），そして ω サブユニットが集合した 5 種類のタンパク質の複合体から構成されている．この複合体はコア酵素（core enzyme）と呼ばれ，それに σ 因子が加わったものがホロ酵素と呼ばれている（表 9-1，図 9-11）．σ 因子にはいくつかの種類が存在し，それぞれが異なる種類の遺伝子のプロモーターを認識して結合する．DNA と非特異的に結合しているホロ酵素は，プロモーターを探しながら下流方向に移動する．そして，プロモーターに遭遇すると，σ 因子が－10 配列と－35 配列の部分を認識してそれらに結合する．さらに，α サブユニットの C 末端部

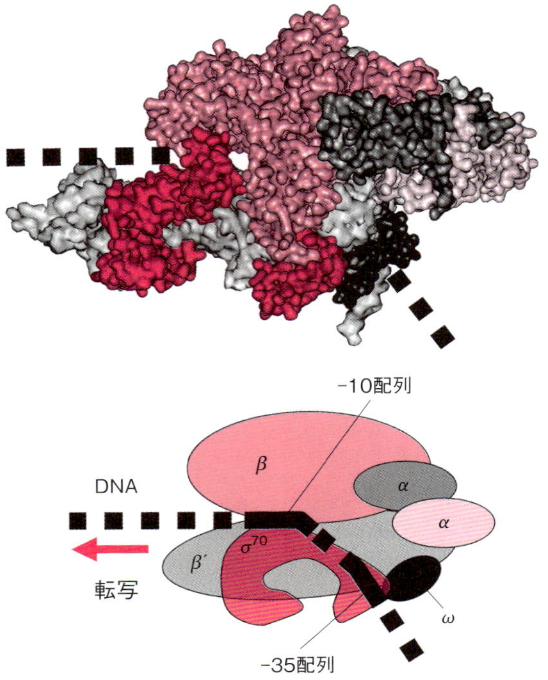

図 9-11　原核細胞の RNA ポリメラーゼの分子モデル
−10 配列と −35 配列を認識して DNA に結合している RNA ポリメラーゼのホロ酵素を示す.

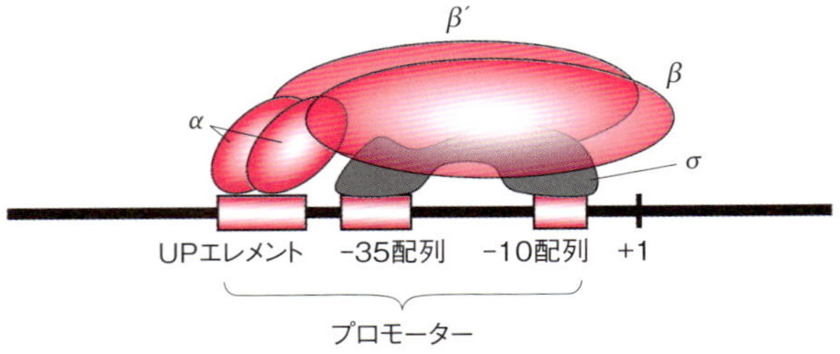

図 9-12　原核細胞の RNA ポリメラーゼとプロモーター領域との結合
σ 因子が −10 配列と −35 配列の塩基配列を認識して結合する. さらに, α 因子が UP エレメントを認識して結合する.

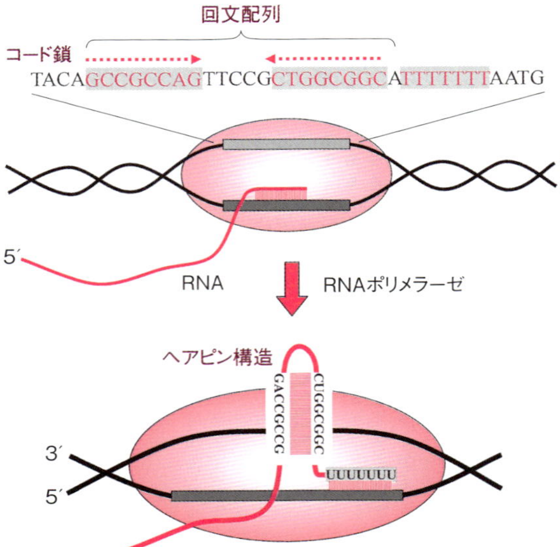

図 9-13　原核細胞の転写の終了
終結シグナルが転写されると, そこに含まれる回文配列によりヘアピン構造が形成される. さらに, ウラシルに富んだ領域は DNA との結合力を弱める. その結果, DNA から RNA が離れ易くなり, 両者が分離すると転写が終了する.

の構造も UPE（UP element）領域を認識してそこに結合する（図 9-12）. このようにして, σ 因子や α サブユニットがプロモーターを認識すると, RNA ポリメラーゼのホロ酵素がプロモーター領域と強く結合する. プロモーター領域と結合したホロ酵素は, プリン塩基が集中しているために比較的に結合力が弱い− 10 配列の部分の二重鎖を 17 塩基対くらいの幅で一本鎖にほどく. そして, 転写の起始点となる＋ 1 の部分の塩基対が露出すると, そこから転写を開始する.

RNA が 8 〜 9 塩基対くらい合成されると, σ 因子がホロ酵素から離れるので, コア酵素とプロモーターとの結合性が弱まる. その結果, コア酵素は鋳型鎖の 5′ 方向に向かって RNA 合成を開始する. 転写の速度は毎秒 20 〜 50 塩基くらいで, その際のエラーの割合は 1 万個の塩基について 1 個くらいである. 転写が進行し, やがて, 終結シグナル（termination signal）と呼ばれる配列に達してそこが転写されると, 転写の終了作業が行われる. 転写された終結シグナルの部分には, グアニンとシトシンに富んだ配列と, それに続くウラシルのくり返し配列が存在する. グアニンとシトシンに富んだ配列は回文配列（逆方向に相補的な塩基が並んだ配列）と呼ばれ, その部分の相補的な RNA どうしがヘアピン構造を形成するために, DNA から RNA が引き離され易くなる. さらに, ウラシルに富んだ領域は DNA と RNA の水素結合による結合力を弱める（図 9-13）. その結果, 終結シグナルが転写された RNA 鎖は鋳型鎖から自動的に離れて転写が終了する.

終結シグナルには, グアニンとシトシンに富んだ領域やウラシルのくり返し配列をもたないものもある. そのような場合の転写の終結には, ρ 因子（rho factor）と呼ばれるタンパク質複合体（六量体からなり, ATP 依

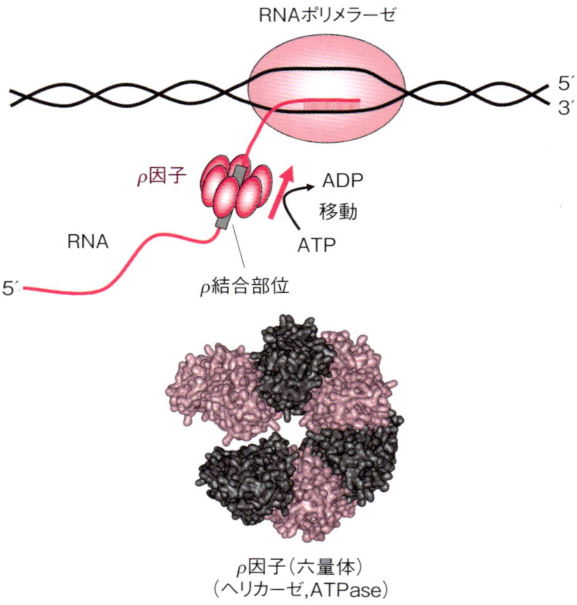

図 9-14　ρ依存性の転写終了
回文配列やウラシルに富んだ終結シグナルを持たない遺伝子の転写終了にはρ因子が関与している．ρ因子は六量体からなる複合体で，ATPase 活性とヘリカーゼ機能をあわせもっている．それらの機能を用いて，DNA から RNA を引き離して転写を終了させる．

存性のヘリカーゼ活性をもつ）が関与している（図 9-14）．ρ因子は転写された RNA に存在するρ結合部位を認識して，そこに結合する．そして，ATPase 活性を発揮して RNA に沿って移動する（あるいは，RNA を自分に巻きつける）とともに，そのヘリカーゼ活性により，鋳型の DNA から RNA を引き離す．このような転写の終了のしかたはρ依存性の転写終了（ρ-dependent transcriptional termination）と呼ばれている．

b. 真核細胞の転写制御

真核細胞の間期の細胞では，DNA の多くが直径 30 nm の繊維に折りたたまれたクロマチン構造をとっている．そして，その 30 nm 繊維は核内の特定の部位に結合して，ループ状の構造（50,000 ～ 100,000 塩基対からなる）を形成していると考えられている．そのループには，いくつかの遺伝子とそれらの発現を調節する領域が含まれている．しかしながら，この折りたたまれたクロマチン構造の状態のままでは，転写因子や RNA ポリメラーゼが DNA 鎖と結合して転写を行うことはできない．この状態から，転写が可能な状態になるには，いくつかのステップが必要である．まず，30 nm 繊維が解かれて，ヌクレオソームが一列に連なった基本繊維にまで展開される必要がある．次に，11 nm の DNA からヒストンを引き離して，転写因子や RNA ポリメラーゼが DNA 鎖に結合できるようにしなければならない．

クロマチン構造の制御

遺伝子発現が不活性な折りたたまれた状態のヘテロクロマチンから，転写可能な展開されたユークロマチンの状態へと移行するためには，ヌクレオソーム構造を形成するヒストンを化学修飾して，DNA とヒストンの結合を弱め，両者を引き離す作業が行われる（図 9-15）．

クロマチンを構成するヒストンの化学修飾には，アセチル化，メチル化，リン酸化，ユビキチン化（ubiquitination），SUMO 化（sumolyation），ADP リボシル化（poly ADP ribosylation）など多くの種類がある（図 9-16）．それらの化学修飾を受けるアミノ酸のほとんどが，ヒストンの N 末端側の尾（tail）と呼ばれるペプチ

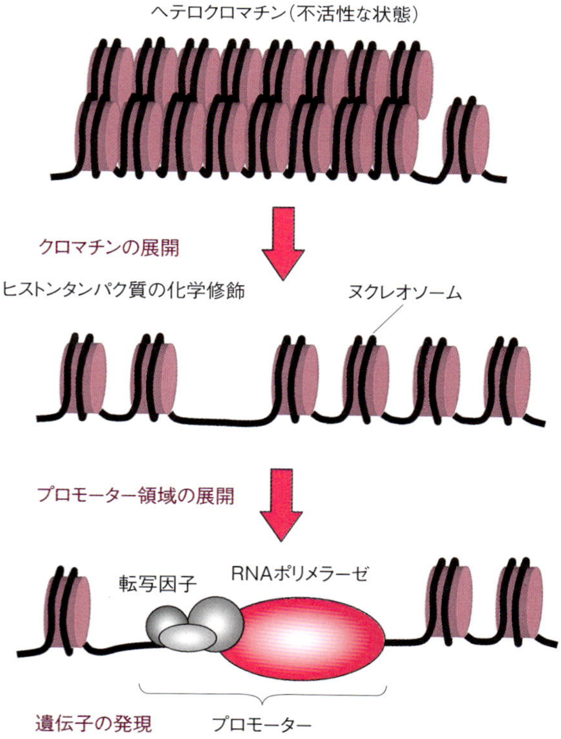

図 9-15　遺伝子の活性化のステップ
遺伝子発現が不活性な状態のヘテロクロマチンから遺伝子発現を活性化させるには，ヘテロクロマチンを展開しなければならない．さらに，RNA ポリメラーゼや転写を調節する因子が結合できるように，プロモーターの部分のヌクレオソームからヒストンを引き離す必要がある．

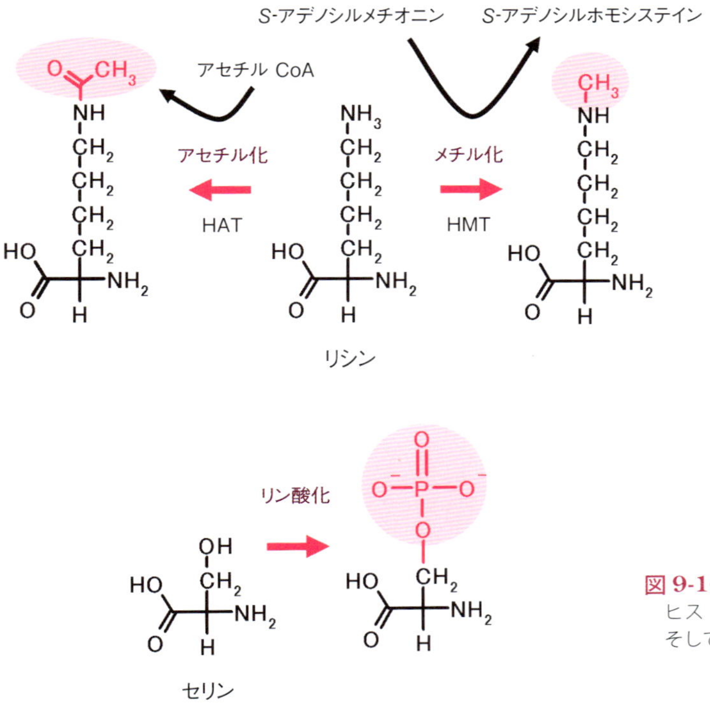

図 9-16　ヒストンの化学修飾
ヒストンを構成するリシンのアセチル化とメチル化，そして，セリンのリン酸化の例を示す．

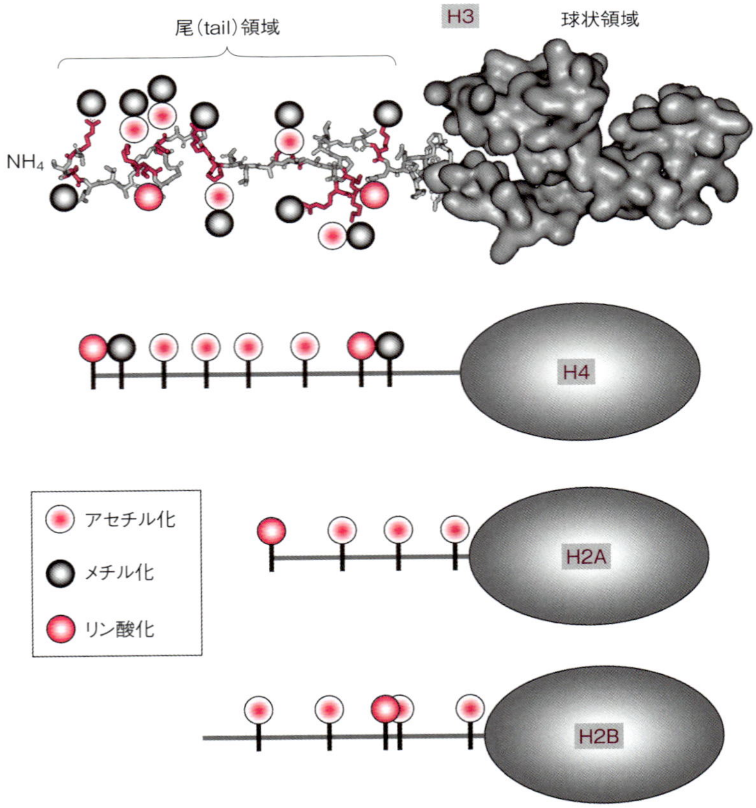

図 9-17　ヒストンの構造と化学修飾
ヒストンの化学修飾は尾の部分のアミノ酸を中心に行われる．

表 9-2 ヒストンコード

化学修飾	ヒストン	修飾されるアミノ酸残基	調節機能
アセチル化	H2A	K5	活性化
	H2B	K5, K12, K15, K20	活性化
	H3	K4, K14, K18, K23, K27	活性化
	H4	K8, K16	活性化
メチル化	H3	K9, K27	不活性化
		R17	活性化
	H4	R3	活性化
		K20	不活性化
リン酸化	H2A	S1, T119	有糸分裂
	H3	T3, S10, T11, S28	有糸分裂
	H4	S1	有糸分裂

K：リシン，R：アルギニン，S：セリン，T：トレオニン

化学修飾されるヒストンのアミノ酸のパターンと，それにより引き起こされる遺伝子発現の調節機能との関連を示す．ここでは，アセチル化，メチル化，リン酸化の場合について示してある．
数字はN末端からのアミノ酸の順番を示す．
哺乳類に見られるヒストンの化学修飾とその調節機能を示す．

ド鎖の部分に集中している（図 9-17）．そして，化学修飾の種類や，修飾されるアミノ酸の分布パターンの違いなどにより，遺伝子の発現がさまざまに調節されている．つまり，ヒストンに施された化学修飾のパターンが遺伝子発現を調節する符号のような役割を果たしている．このような転写調節のしくみは，ヒストンコード仮説（histone code hypothesis）と呼ばれている．これらのヒストンの化学修飾の中でとりわけ重要な役割を果たしているのが，リシンのアセチル化，リシンとアルギニンのメチル化，セリンとトレオニンのリン酸化などである（表 9-2）．それらの化学修飾により，たとえば，遺伝子発現の活性化，遺伝子発現の不活性化，有糸分裂や減数分裂の際のクロマチンの凝縮などが調節されている．

真核細胞の遺伝子は，ヒストンによりヌクレオソーム構造が形成されているために，遺伝子の発現が抑制されている状態が基本である．そのために，遺伝子を発現する際には，その状態を転写可能な状態に変える必要がある．その過程の最初のステップでは，遺伝子のエンハンサーの部分を認識してアクチベーターが結合し，エンハンセオソーム（enhanceosome）と呼ばれる複合体が形成される．このエンハンセオソームを構成するタンパク質の1つであるヒストンアセチル化酵素（HAT, histone acetyltransferase）は，周囲のヌクレオソームのヒストンをアセチル化する（図 9-18）．遺伝子の活性化が引き起こされる際のパターンとして，たとえば，H3 ヒストンの尾の部分の 9，14 番目のリシンのアセチル化や，H4 ヒストンの尾の部分の 8，16 番目のリシンがアセチル化される．ヒストンを構成する塩基性ア

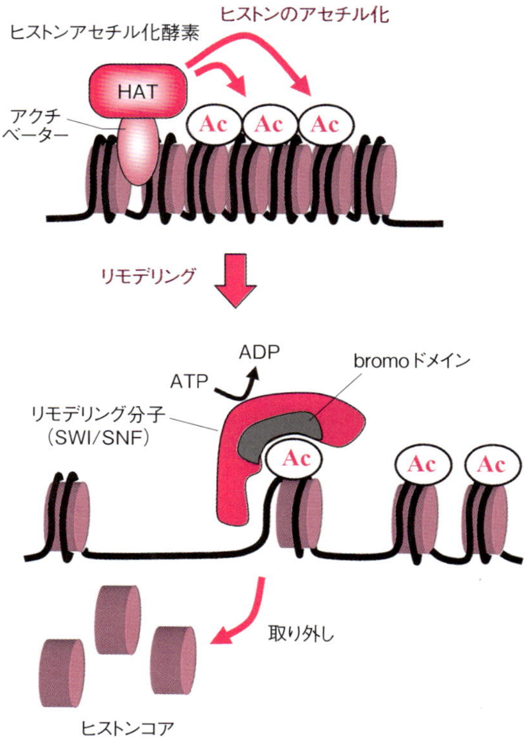

図 9-18 ヒストンの化学修飾とヌクレオソーム構造のリモデリング
HATによりヒストンがアセチル化されると，それを認識してリモデリング分子が結合する．リモデリング分子はDNA鎖からヒストンを引き離してRNAポリメラーゼや転写因子がDNA鎖に結合できるようにする．

ミノ酸がアセチル化されると，そのプラスの荷電が中和され，DNAのマイナスの荷電と結合していたヒストンの尾の部分がDNAから離れると考えられる．次に，アセチル化されたアミノ酸を認識してリモデリング分子のSWI/SNF（switch/sucrose non-fermenter）がヌクレオソームに結合し，DNAからヒストンを引き離す．

SWI/SNF はATPase活性をもったタンパク質の複合体で，アセチル化されたアミノ酸を認識して結合するための特別な領域（bromo domain と呼ばれている）をもっている（図 9-19）．アセチル化されたヒストンに結合したSWI/SNFは，ATPを加水分解して得られるエネルギーにより，ヌクレオソームに巻きついているDNA鎖をゆるめたり，ヌクレオソームを構成するコアのヒストンを移動させたり，あるいは，ヌクレオソームからヒストンを分離したりすると考えられている．このようにして，SWI/SNF はクロマチン構造をリモデリングして，プロモーター領域に転写因子とRNAポリメラーゼが結

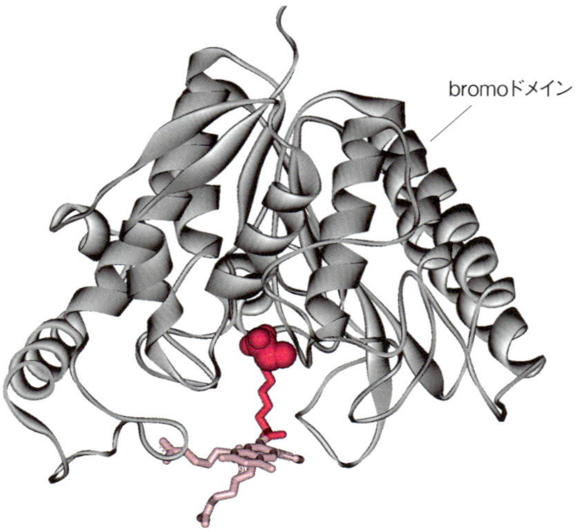

bromoドメインとアセチルリシン（赤く示した部分）

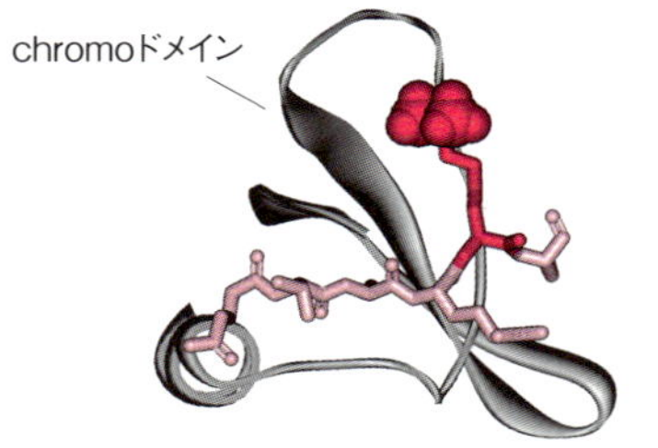

chromoドメインとメチルリシン（赤く示した部分）

図 9-19　化学修飾されたヒストンを認識するタンパク質のドメイン
アセチル化されたリシンを認識する bromo ドメインと，メチル化されたリシンを認識する chromo ドメインの分子モデルを示す．

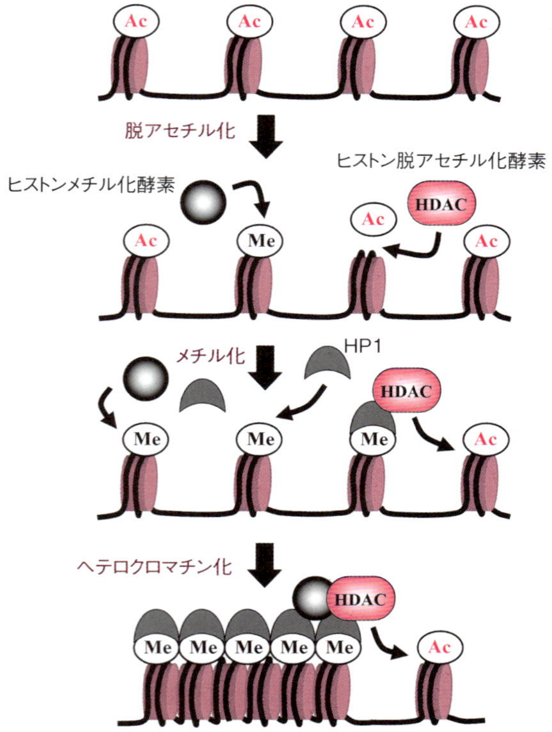

図 9-20　遺伝子の不活性化の過程
遺伝子が不活性化される場合には，ヒストンの脱アセチル化と，それに引き続くヒストンのメチル化が行われる．メチル化されたリシンに HP1 が結合すると，遺伝子をヘテロクロマチン化して遺伝子のさらなる不活性化を引き起こす．

合できるスペースを確保する．

以上のような遺伝子の活性化とは逆の過程として，発現する必要のなくなった遺伝子はヌクレオソームの再凝集によりその不活性化が行われる．遺伝子が不活性化される際にも，ヒストンの化学修飾が重要な役割を果たしている（図 9-20）．活性化状態にある遺伝子ではヒストンがアセチル化されているので，まず，そのアセチル基を取り除く作業が行われる．その作業はヒストン脱アセチル化酵素（HDAC，histone deacetylase）により行われる．次に，遺伝子を不活性化するためのヒストンの化学修飾が行われる．たとえば，H3 ヒストンの 9，27 番目のリシンや，H4 ヒストンの 20 番目のリシンのメチル化，そして，H3 ヒストンの 10 番目のセリンのリン酸化などである．この際のヒストンのメチル化は，ヒストンメチル化酵素（HMT，histone methyltransferase）により行われる．そして，メチル化されたリシンを認識して，HP1（heterochromachin protein 1）タンパク質が結合する．HP1 は，メチル化されたアミノ酸を認識して結合する特別な領域（chromo ドメインと呼ばれている）をもっており，メチル化された H3 ヒストンの 9 番目のリシンを認識して結合する（図 9-19）．さらに，HP1 にヒストンメチル化酵素が結合して複合体を形成することにより，その周囲のヒストンを次々とメチル化していく．その結果，HP1 タンパク質により覆われた遺伝子は，不活性なヘテロクロマチン状態へと変化する．

RNA ポリメラーゼの種類

リモデリング分子の働きによりヌクレオソームからヒストンが取り外されて，プロモーター領域の DNA が展開されると，プロモーターの部分に転写因子と RNA ポリメラーゼが結合して転写を開始する．原核細胞の

表 9-3　RNA ポリメラーゼの構造

	原核細胞	真核細胞		
		RNA ポリメラーゼⅠ	RNA ポリメラーゼⅡ	RNA ポリメラーゼⅢ
コア酵素	β′	RPA1	RPB1（220）	RPC1
コア酵素	β	RPA2	RPB2（150）	RPC2
コア酵素	α^{I}	RPC5	RPB3（45）	RPC5
コア酵素	α^{II}	RPC9	RPB11（14）	RPC9
コア酵素	ω	RPB6	RPB6（23）	RPB6
	その他	他に 9 種類のサブユニット	他に 7 種類のサブユニット	他に 10 種類のサブユニット

＊カッコ内は分子量（$\times 10^3$）を示す.

原核細胞のコア酵素の構成ユニットと，それらに対応する真核細胞の 3 種類の RNA ポリメラーゼの構成ユニットを示す．真核細胞は酵母の例を示す．

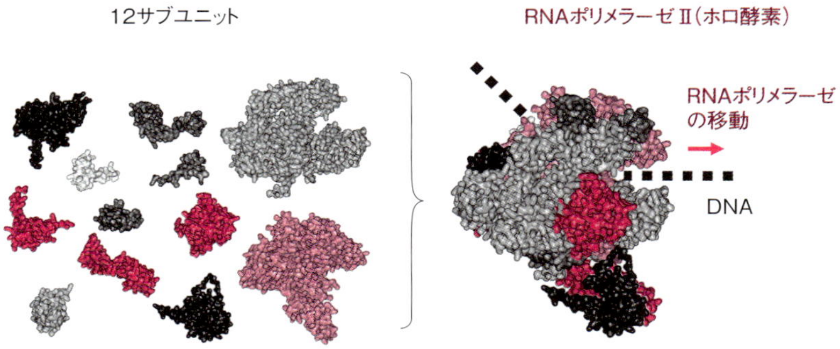

図 9-21　真核細胞の RNA ポリメラーゼⅡのホロ酵素の分子モデル
RNA ポリメラーゼⅡのホロ酵素を構成する 12 個の構成ユニットを示す.

RNA ポリメラーゼは 1 種類であるが，真核細胞には 3 種類の RNA ポリメラーゼ（RNA ポリメラーゼⅠ, Ⅱ, Ⅲ）が存在する. それぞれとも, 中心となる 5 つのサブユニットから構成され，その他に，4 つのサブユニットを共通にもっている．さらに，それぞれの RNA ポリメラーゼに独特なサブユニットをいくつかもっている．原始的な真核細胞の酵母では，RNA ポリメラーゼⅠは合計 14 個，RNA ポリメラーゼⅡは合計 12 個，そして，RNA ポリメラーゼⅢは合計 15 個のサブユニットからなっている（表 9-3，図 9-21）．それらの中で，RNA ポリメラーゼⅡを構成する一番大きなサブユニットの RPB1（原核細胞の β サブユニットに相当）には，尾（tail）と呼ばれる長く伸びた構造が存在し，mRNA の転写調節に重要な役割を果たしている．これらの 3 種類の RNA ポリメラーゼの他にも，真核細胞内にはミトコンドリアや葉緑体の内部で働いている別の種類の RNA ポリメラーゼが存在する．それらの RNA ポリメラーゼはミトコンドリアや葉緑体が独自にもつ遺伝子から合成されたもので，原核細胞の RNA ポリメラーゼとよく似た構造をしている.

9·3　RNA ポリメラーゼと基本転写因子

RNA ポリメラーゼⅠのプロモーターは，UCE（upstream control element）とコアプロモーターからなり，それらの領域に転写因子の UBF（upstream binding factor）と SL1（selectivity factor 1）が結合すると，RNA ポリメラーゼⅠがプロモーターに結合して転写が開始される．RNA ポリメラーゼⅢのプロモーターは＋1の下流に存在し，たとえば，tRNA 遺伝子の場合は，Box A と Box B（5S RNA の場合は，Box A と Box C）と呼ばれる 2 つのプロモーターが知られている．それらのプロモーターに転写因子の TFⅢA，TFⅢB，TFⅢC が結合すると，RNA ポリメラーゼⅢがプロモーターに結合して転写が開始される（図 9-22）．一方，RNA ポリメラーゼⅡの転写開始の調節は，それらのポリメラーゼと比べてさらに複雑である.

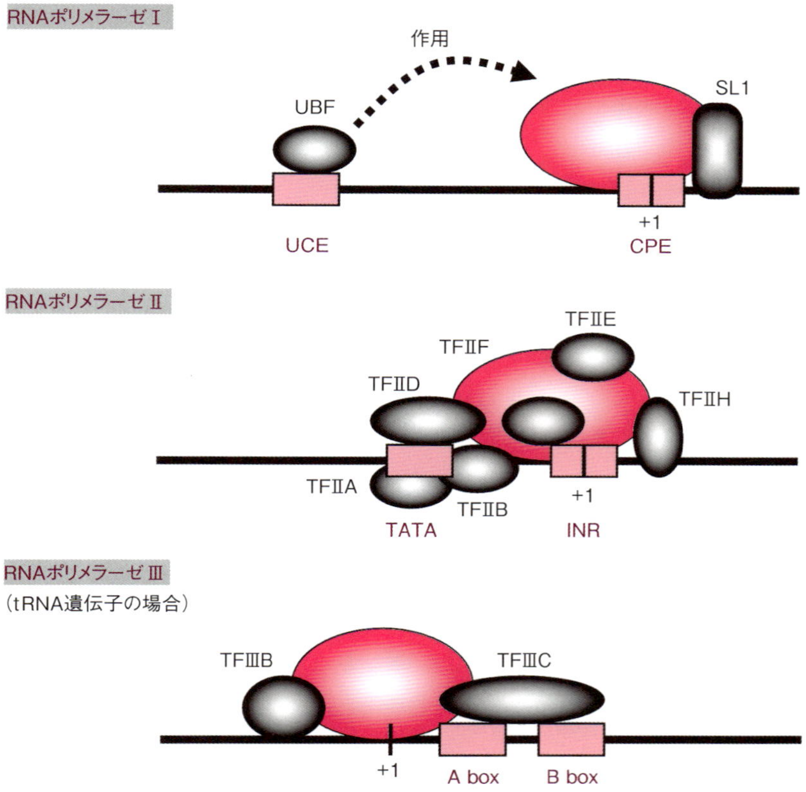

図 9-22　真核細胞の RNA ポリメラーゼの種類とプロモーターの違い
3 種類の RNA ポリメラーゼは，それらが結合するプロモーターの構造や転写因子の種類などが異なる．

RNA ポリメラーゼⅡの場合も，他のポリメラーゼと同じように，最初にプロモーターの部分に転写因子が結合して RNA ポリメラーゼの結合と転写の開始を誘導する．しかし，RNA ポリメラーゼⅡの転写調節に関わる転写因子は，他の種類の RNA ポリメラーゼと比べて数が多く（表 9-4），その転写開始のしくみもより複雑である（図 9-23）．プロモーターに最初に結合する転写因子は TF Ⅱ D と TF Ⅱ A で，それらはコアプロモーターの TATA box に結合する．TF Ⅱ D（ヒトの場合は合計で約 13 個のタンパク質からなる）は，TATA box に特異的に結合する TBP（TATA binding protein）と TAFs と呼ばれるタンパク質などの複合体からなる．TBP は鞍のような立体構造をしていて，DNA と結合すると，DNA の構造を大きく曲げる（図 9-24）．これにより，プロモーターや近位制御領域などに結合している転写因子と RNA ポリメラーゼどうしを互いに近づけることが

表 9-4　基本転写因子

転写因子		サブユニットの数	機能
TF Ⅱ D	TBP	1	コアプロモーターの TATA 領域に結合．
	TAFs	12	TBP を認識して, TBP やコアプロモーターに結合．転写の促進や抑制などを調節．他の転写因子と結合．キナーゼ，ヒストンアセチル化酵素などの酵素活性をもつ．
TF Ⅱ A		2	TBPとDNAとの結合を安定化する．TF Ⅱ Dと結合しその抑制的な作用を弱める．
TF Ⅱ B		1	TBP と TATA 領域を認識して結合．RNA ポリメラーゼが結合するのを仲介する．
TF Ⅱ F		2（四量体のヘテロテトラマーで働く）	RNA ポリメラーゼの結合を安定化する．RNA ポリメラーゼの転写活性を促進．
TF Ⅱ E		2（四量体のヘテロテトラマーで働く）	TF Ⅱ Hの結合を仲介するとともに，その活性を調節．DNA修復機能をもつ．ATPaseやキナーゼ活性をもつ．
TF Ⅱ H		9	ATP 依存性のヘリカーゼ．CTD キナーゼ活性をもつ．

RNA ポリメラーゼⅡ以外の基本転写因子を示す．

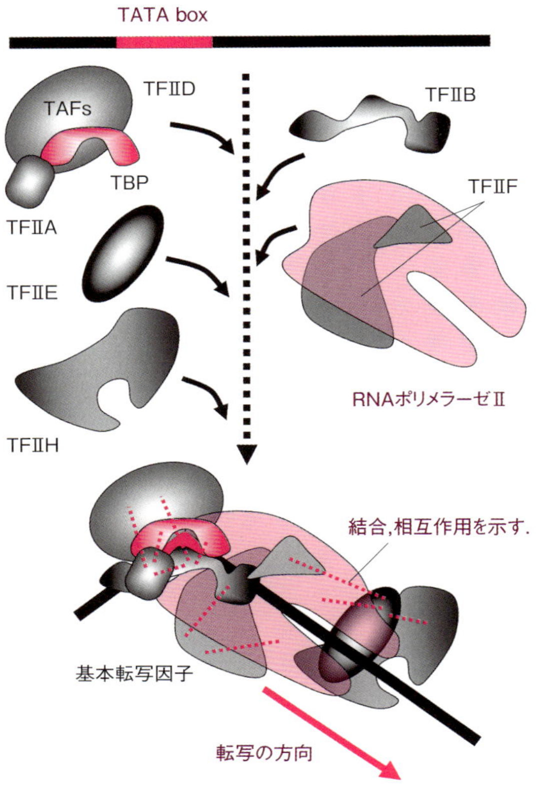

図 9-23　プロモーター領域に結合する基本転写因子
プロモーターに基本転写因子が結合する際には順序がある．そして，プロモーター領域に集合した基本転写因子どうしは互いに作用を及ぼしあっている．

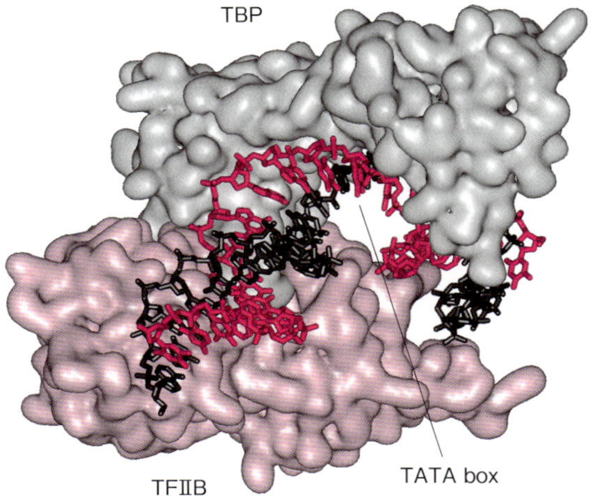

図 9-24　TATA box に結合した TBP
TBP は TATA box に結合し，その部分を中心に DNA 鎖の構造を大きく変形（弯曲）させる．

できる．TFⅡA はヘテロ二量体で，TBP の TATA box への結合の安定化や，TFⅡD の構造の安定化などの役割を果たしている．引き続いて結合する TFⅡB は，TBP や DNA と結合し，それらの間の結合を安定化させる．

引き続き，TFⅡF（RAP30 と RAP74 からなる）と RNA ポリメラーゼⅡが結合する．TFⅡF はヘテロ二量体で，RNA ポリメラーゼⅡと強く結合し，TFⅡE，TFⅡH などの結合を促進する役割を果たしている．TFⅡF を構成する RAP30 タンパク質は原核細胞の σ 因子とよく似た構造をしている．そして，もう一方の RAP74 タンパク質は RNA 鎖の伸長を促進する役割を果たす．次に結合する TFⅡE はヘテロ二量体で，ATPase 活性とキナーゼ活性をもつ．そして，最後に結合する TFⅡH は 9 つのタンパク質からなる複合体でヘリカーゼとしての役割をもち，RNA ポリメラーゼをリン酸化するキナーゼとしても働いている．また，TFⅡH は塩基除去修復酵素として，DNA の異常を修復するための機能ももっている．以上の転写因子群と RNA ポリメラーゼⅡを合わせたものが，基本転写因子（general transcription factors）と呼ばれており，全部で約 30 個のタンパク質からなる大きな複合体を形成する．

9·4　転写の開始と伸長

プロモーター領域に基本転写因子の結合が完了すると転写の開始が引き起こされる．転写の開始とその進行の調節には，RNA ポリメラーゼⅡを構成する RPB1 サブユニットの尾と呼ばれる部分が重要な役割を果たしている．この尾の部分は，RPB1 の C 末端の部分が尾のように長く伸びたもので，CTD（carboxyl-terminal domain）と呼ばれている．CTD は特殊な構造をしており，7 つのアミノ酸（Tyr-Ser-Pro-Thr-Ser-Pro-Ser）がくり返して配列している（図 9-25）．たとえば，ヒトやマウスでは 52 回，ショウジョウバエでは 43 回，酵母では 26 回のくり返し配列が CTD に存在する．この CTD のくり返し配列に含まれる 2 番目と 5 番目のセリンのリン酸化が，転写の開始とその進行の調節に重要な役割を果たしている．また，この CTD は，転写に関連した多くの機能タンパク質が一時的に結合する場としての役割も果たしている．

a.　転写の開始

転写開始前のプロモーターに結合している RNA ポリメラーゼの CTD はリン酸化されていないが，その後，

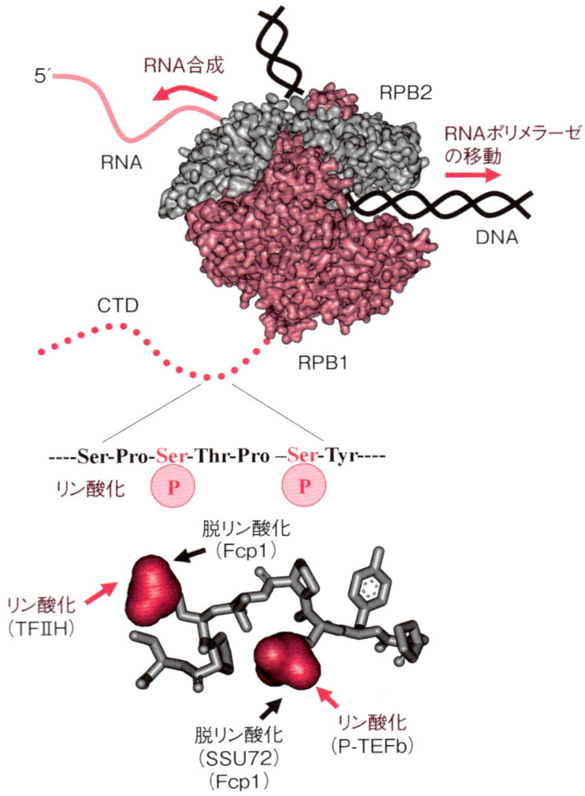

図 9-25 RNA ポリメラーゼⅡの転写調節
RNA ポリメラーゼⅡにより合成される mRNA の転写の伸長やプロセッシングなどの制御は，RPB1 サブユニットから伸びる CTD のセリンのリン酸化により行われる．カッコ内は酵素名を示す．

転写のステップに対応した CTD のリン酸化と脱リン酸化が起こり，転写の開始とそれに引き続く各ステップの調節が行われている（図 9-26）．転写因子の TF Ⅱ H により DNA の二重鎖が開かれると，＋1 の位置から RNA の合成が開始される．そして，8～9 塩基の RNA が合成されると，RNA ポリメラーゼはプロモーター領域から離れて DNA に沿って移動しながら転写を行う．そして，RNA の合成が 20～25 塩基くらいまで完了するとそこで一時的に停止する．それは合成された RNA の 5′末端にキャップ構造（7- メチルグアノシン）を結合させるためである．この一時的な停止時期は 5′キャッピングチェックポイント（5′-capping checkpoint）と呼ばれ，その時期の調節には CTD の 5 番目のセリンのリン酸化が関与している．5 番目のセリンが TF Ⅱ H によりリン酸化されると，転写の抑制因子である DSIF（DRB-sensitive inducing factor）と NELF（negative elongation factor）が，CTD や RNA ポリメラーゼに結合して転写を抑制する．それにともない，キャップ構造を結合するための酵素が CTD に結合して，転写された RNA の 5′末端部にキャップ構造が結合される（図 9-27）．

b. 伸長と転写の終了

キャッピングが完了すると，P-TEFb と呼ばれるキナーゼにより，CTD のくり返し配列の 2 番目のセリンと DSIF がリン酸化される．その結果，転写を抑制していた DSIF と NELF は RNA ポリメラーゼから遊離して，RNA ポリメラーゼは 5′キャッピングチェックポイントを脱して転写を再開する．やがて，RNA 合成が終わり

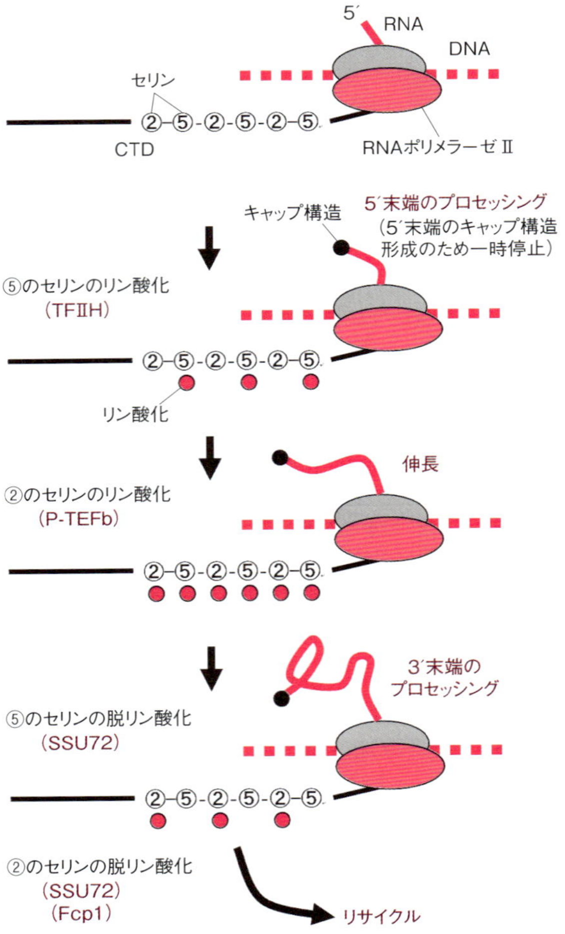

図 9-26 CTD のリン酸化による制御
CTD に分布するくり返し配列の 5 番目のセリンのリン酸化は mRNA の 5′末端のプロセッシングを引き起こす．5 番目と 2 番目のセリンのリン酸化は伸長を促進する．5 番目のセリンの脱リン酸化は mRNA の 3′末端のプロセッシングを引き起こす．転写が終了すると，すべてのセリンが脱リン酸化されて，RNA ポリメラーゼはリサイクルされる．カッコ内は酵素名を示す．

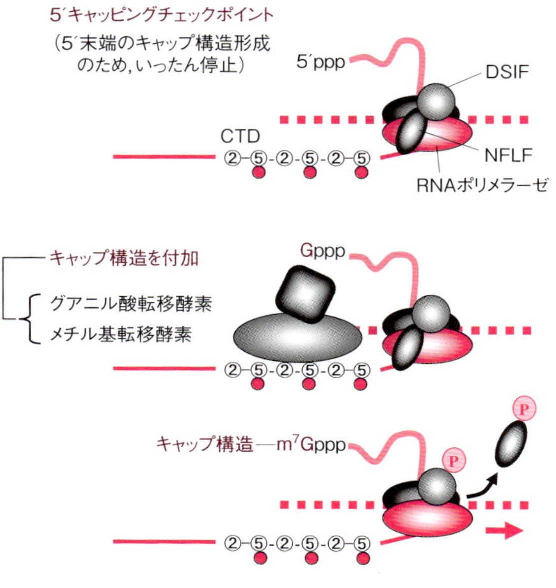

図 9-27　mRNA の 5′ 末端部へのキャップ構造の付加
CTD のアミノ酸のくり返し構造の 5 番目のセリンがリン酸化されると，mRNA 合成が一時的に停止されて，その 5′ 末端部にキャップ構造が付加される．キャップ構造の付加に関与する酵素は CTD に結合してその付加作業を行うと考えられている．キャップ構造の付加作業が完了すると転写が再開される．

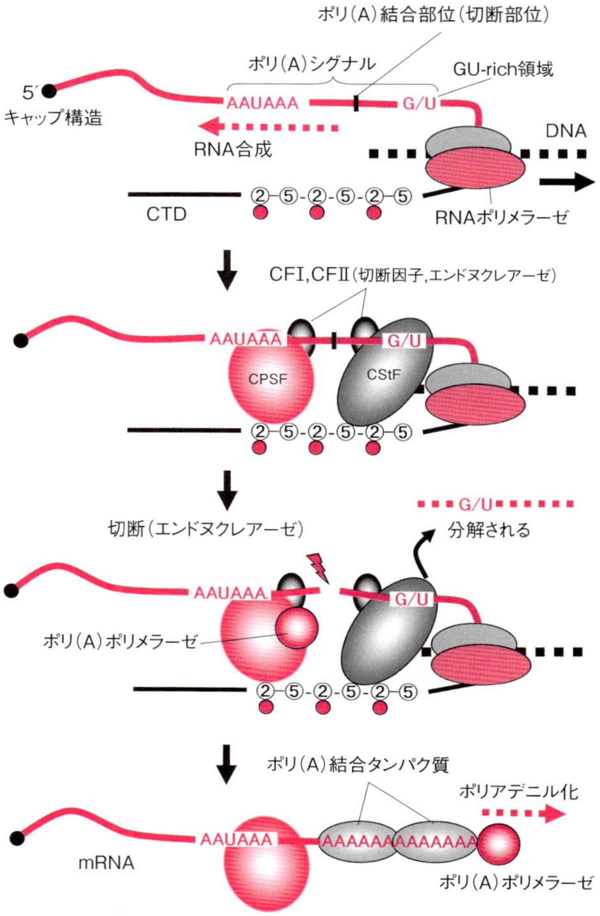

図 9-28　mRNA の 3′ 末端部へのポリ（A）尾部の付加
ポリ（A）シグナルと GU-rich 領域が転写されると，それらの領域にポリアデニル化を行う各種の因子が集結し，mRNA の 3′ 末端部にポリ（A）尾部を付加する．その際に，ポリアデニル化を行う因子が CTD に結合してその付加作業をすると考えられている．

に近くなると，ポリ（A）シグナル（poly-A signal）と呼ばれる配列が転写され，CTD のくり返し配列の 5 番目のセリンが脱リン酸化酵素の SSU72 により脱リン酸化されて，2 番目のセリンだけがリン酸化された状態になる．この状態になると，ポリ（A）シグナルや CTD のリン酸化状態を認識して 3′ 末端のプロセッシングを行う酵素群がポリ（A）シグナルや CTD に結合して，その作業を開始する．この過程で，転写された RNA は特定の部位で切り離されて，その 3′ 末端に 50 ～ 250 塩基のアデノシンが連なったポリ（A）尾部が付加される．

ポリ（A）を付加するための切断部位は，ポリ（A）シグナルと GU-rich（あるいは，U-rich）と呼ばれる領域の間に存在する．ポリ（A）シグナルと GU-rich 領域には，それぞれ CPSF（cleavage and polyadenylation specificity factor）と CstF（cleavage stimulatory factor）が結合し，エンドヌクレアーゼにより RNA が切断される．そして，切断された 3′ 末端部に 30 ～ 250 塩基のアデノシンがポリ（A）ポリメラーゼにより付加される．付加されたポリ（A）尾部の領域には PABP（poly-A binding protein）が結合し，mRNA の合成が完了する（図 9-28）．転写が完了すると，脱リン酸化酵素の Fcp1 により，CTD のくり返し配列の 2 番目のセリンが脱リン酸化され，元の状態に戻された RNA ポリメラーゼはリサイクルされる．

c. そ の 他

RNA ポリメラーゼが DNA 鎖に沿って転写を進めていく際に，どのようにしてヌクレオソーム構造から DNA 鎖を分離するのかという問題がある．真核細胞の DNA はその基本構造としてヌクレオソームを形成している

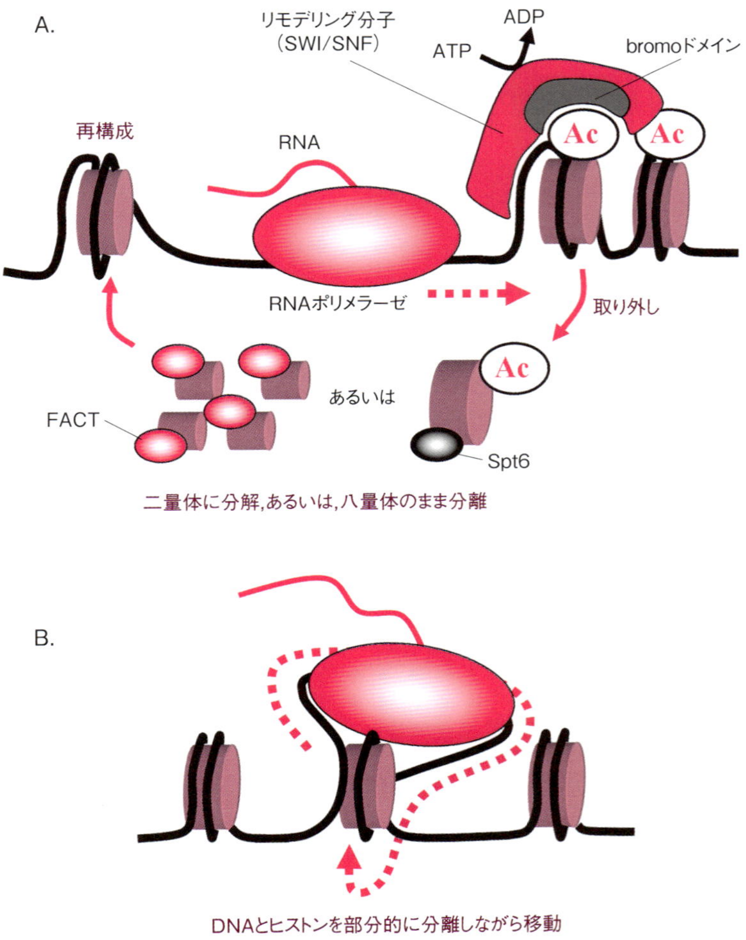

図 9-29　転写にともなう DNA 鎖の展開モデル
A：RNA ポリメラーゼの移動に先立って，リモデリング分子により DNA 鎖からヒストンが引きはがされる．ヒストンの引きはがされた DNA 鎖の上を RNA ポリメラーゼが移動しながら転写を行うモデル．リモデリング分子により引きはがされたヒストンは後方部に運ばれてヌクレオソームの再構築に用いられる．B：DNA 鎖からヒストンを部分的に引きはがしながら RNA ポリメラーゼが移動して転写を行うモデル．

ので，RNA ポリメラーゼが転写を続けていくためには，DNA 鎖をヌクレオソームから分離しながら進行する必要がある．その過程を示すモデルがいくつか示されている（図 9-29）．たとえば，ヌクレオソームからヒストンを取り外して DNA を展開しながら転写を行うというモデルがある．この際には，ヌクレオソーム構造の解体やその再構築に，FACT（facilitates chromatin transcription）や Spt6 などと呼ばれている転写の伸長を促進する因子が働いている．その他に，ヌクレオソームの構造を維持したまま，DNA 鎖をヒストンのコアから部分的に引き離しながら転写を行うというモデルがある．

また，RNA ポリメラーゼ内では，どのようにして転写が行われているのかという問題がある．転写に直接関わっている RNA ポリメラーゼのサブユニットは，原核細胞では β と β' サブユニット，真核細胞では RPB1 と RPB2 サブユニットである．両サブユニットが協力して RNA の合成を行っている．そして，それらに結合している他のサブユニットは転写活性の調節を行っていると考えられている．転写の作業を直接行っている RNA ポリメラーゼのサブユニットの構造の各部分には，その作業に関連したいくつかの名称がつけられている．たと

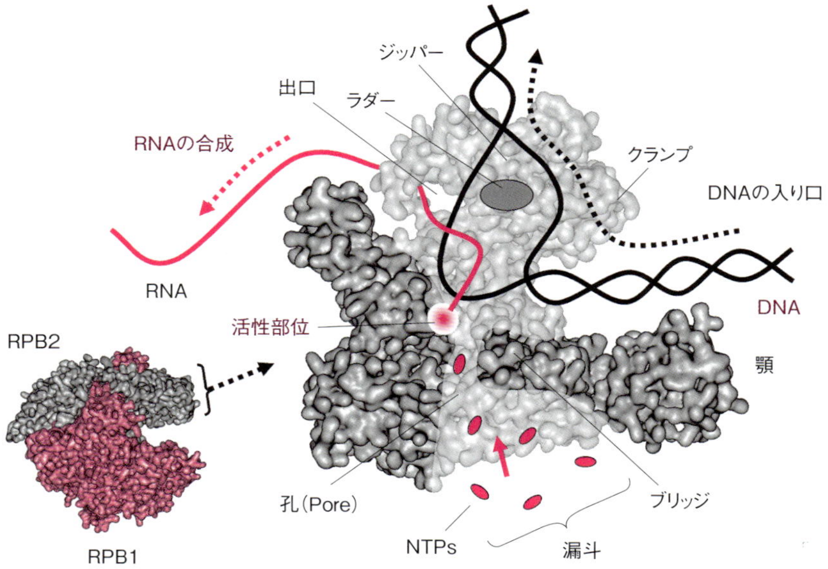

図 9-30　RNA ポリメラーゼの各部の名称
真核細胞の RNA ポリメラーゼⅡから，RPB1 を取り除いて RPB2 の内側の機能部位が見えるように示した分子モデル．RNA 合成の様子と，それに関係した各部の名称を示す．NTP：リボヌクレオシド -5′ - 三リン酸

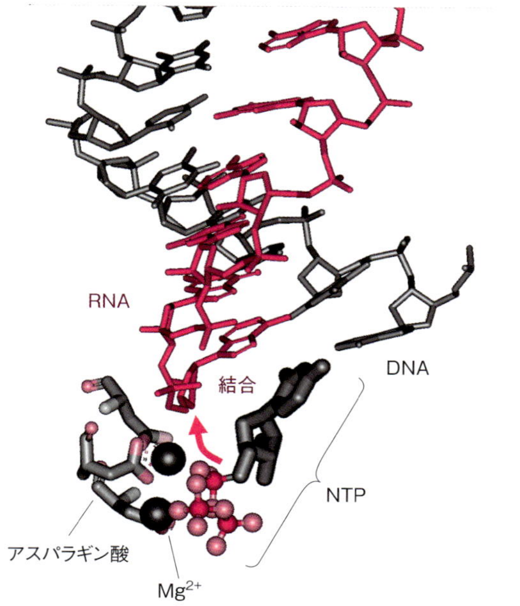

図 9-31　RNA ポリメラーゼの活性部位の分子モデル
活性部位のアスパラギン酸に Mg^{2+}が引きつけられている．その Mg^{2+}にヌクレオチドが引き寄せられて，RNA の 3′ 末端にホスホジエステル結合される．

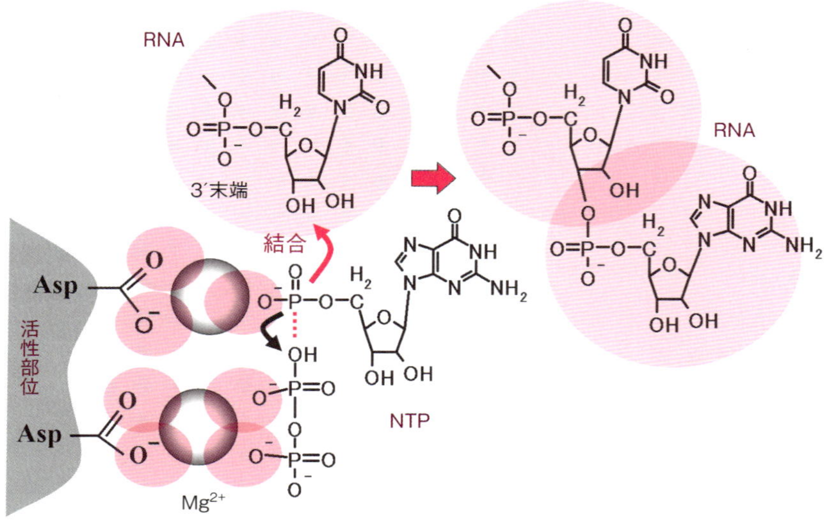

図 9-32　RNA の 3′ 末端にヌクレオチドが結合される化学反応

えば，真核細胞の RNA ポリメラーゼⅡの RPB2 を見ると，NTP の入り口と通路になっている漏斗と孔，触媒を行う活性部位，DNA をくわえ込むように DNA と結合する顎，DNA 鎖を押えるクランプ，そして，転写された RNA が出て行く出口などである（図 9-30）. そして，RNA 合成の触媒作用を行っている活性部位では，RNA ポリメラーゼのアスパラギン酸のカルボニル基に引きつけられた Mg^{2+} が，NTP のリン酸基を引き寄せて RNA の 3′-OH と NTP の α リン酸の結合を促進している（図 9-31，図 9-32）.

9·5　RNA のプロセシング

真核細胞の mRNA は，転写される過程で，プロセシング（processing）と呼ばれる加工処理を受ける．それらは，5′ 末端部へのキャップ構造の付加，3′ 末端へのポリ（A）尾部の付加，そして，イントロンを削除してエクソンをつなぐスプライシング（splicing）と呼ばれる処理である（図 9-33）.

スプライシング

転写された mRNA の前駆体（pre-mRNA，あるいは，hnRNA，heterogenous nuclear RNA とも呼ばれている）には，イントロンが含まれているので，それを削除して

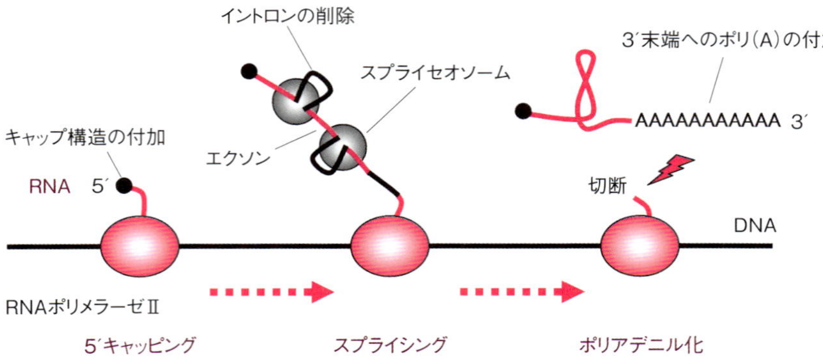

図 9-33　mRNA のスプライシングのステップ
mRNA は合成される過程で，5′ 末端へのキャップ構造の付加，イントロンの削除，3′ 末端へのポリ（A）の付加などの処理が行われる．

エクソンだけをつなぎ合わせる必要がある．この作業は，タンパク質合成のための情報を含まない不要なイントロンを削除するだけでなく，その他にも重要な役割がある．それは，エクソンの組み合わせを変えることにより，多種類のmRNAを作ることである．つまり，エクソンの多くはタンパク質の機能領域を単位として構成されているので，それらをさまざまに組み合わせることにより，1つの遺伝子から機能の異なるいくつものタンパク質を作ることが可能である．このしくみは，たとえば，発生過程において，1種類の遺伝子からさまざまな組織や器官に応じて多種類のタンパク質を作ることにも用いられている．また，環境の変化に適応するために，タンパク質を多様に変化させるという方法で，生物の進化の過程においても重要な役割を果たしてきたと考えられている．

真核細胞のmRNAの前駆体がスプライシングされる際には，イントロンであることを示す特別の塩基配列があるので，その部分を目印にしてイントロンが削除される．標準的なイントロンではGU-AGルール（あるいは，DNAから見るとGT-AGルール）と呼ばれる塩基配列がその目印になっている（図9-34）．それは，イントロンの5′末端側にGU配列，そして，3′末端側にAG配列の塩基が存在するからである．そして，それらの塩基配列の間には，アデノシンを中心とした枝分かれ部位（branch-point）と呼ばれる塩基配列［CU（A/G）A（C/U）］が含まれている．それらの目印となる塩基配列を認識して，スプライセオソーム（spliceosome）と呼ばれるsnRNAとタンパク質からなる複合体が結合し，それらの複合体の触媒作用によりイントロンが削除される．

スプライセオソームは5種類の分子（U1，U2，U4，U5，U6）により構成されている（表9-5）．それらはウリジンに富んだ小分子のRNAを含む小型のリボ核タンパク質（small nuclear ribonucleoproteins, snRNP）で，イントロンの特定の塩基配列の部分に結合したり，互いどうしで結合したりして，共同作業によりRNAのスプライシングを行っている（図9-35）．スプライシングの過程は2つのステップで行われ，最初のステップでは，エステル転移反応によりイントロンの5′末端の部分を切断して，枝分かれ部位のアデノシンと結合させる．その構造が投げ縄（lariat）に似ているので，ラリアット

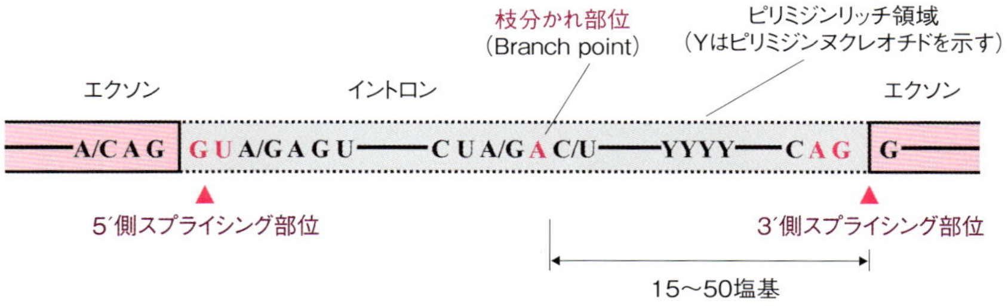

図9-34 mRNAのイントロンに含まれる特別な塩基配列
イントロンには，その部位がイントロンであることを示す特別な塩基配列が含まれている．その目印は，イントロンの領域の両端に分布するGUとAGで，その目印はGU-AGルールと呼ばれている．

表9-5 スプライシングを行う分子

snRNP	役割
U1	イントロンの5′末端部位を認識して結合．
U2	イントロンの枝分かれ部位を認識して結合．U6と結合．
U4	U6と共同してスプライセオソームのエステル転移反応を触媒する．
U5	エクソンの5′と3′末端部位に結合して両者を保持する．
U6	イントロンの5′末端の近くに結合．U2と結合．U4と共同してスプライセオソームのエステル転移反応を触媒する．

イントロンのスプライシングは，5種類のRNP複合体からなるスプライセオソームにより行われる．そのスプライセオソームを構成する5種類のRNPとその役割を示す．

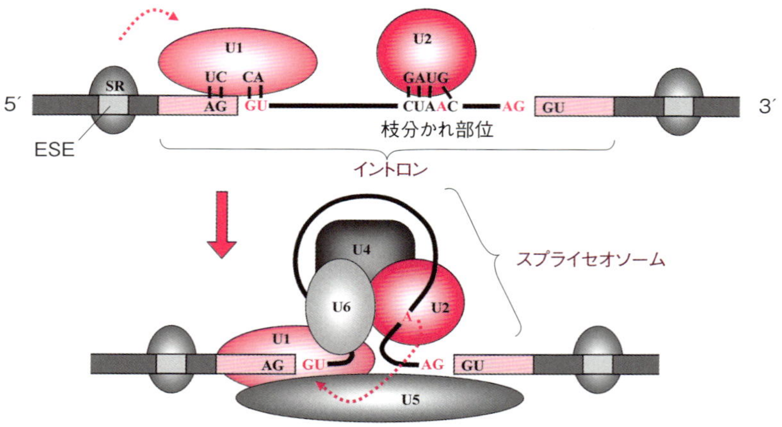

図 9-35　スプライセオソームとイントロンの結合
SR はエクソンに含まれる ESE 領域を認識して結合し，スプライセオソームがイントロンの 5′ や 3′ 部位に結合するのを誘導する．スプライセオソームを構成するサブユニットは，イントロンの特定の領域に結合したり，互いどうしで結合したりして，スプライシングを行う．
SR：serine arginine rich protein，ESE：exonic splicing enhancer.

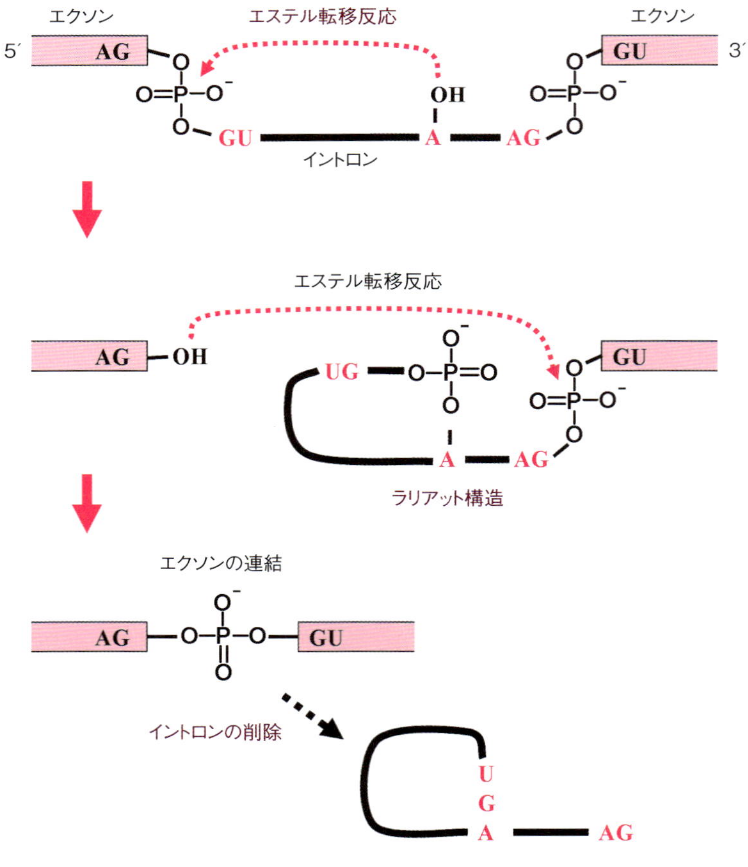

図 9-36　イントロンがスプライシングされる過程

構造とも呼ばれている．そして，次のステップでは，同じくエステル転移反応によりイントロンの 3′ 末端の部分が切り離されてエクソンどうしがつなぎ合わされる（図 9-36）．

真核細胞の mRNA の前駆体がスプライシングされる方法には，構造的スプライシング（constitutive splicing）と，選択的スプライシング（alternative splicing）と呼ばれる 2 つの方法が知られている．前者の方法では，イントロンが取り除かれた後，すべてのエクソンが順番どおりに連結されて 1 種類の mRNA が形成される（図 9-37）．一方，後者の方法では，イントロンが取り除かれた後，一部のエクソンを削除して連結することにより，エクソンの組み合わせが異なる複数の mRNA が形成される（図 9-38）．

イントロンは真核細胞の mRNA 以外にも存在し，その削除の方法には真核細胞の mRNA とは異なるいくつかのタイプがある（表 9-6）．それらについては，真核細胞内のミトコンドリアや葉緑体，そして，一部の原核細胞に見られるグループⅠとグループⅡと呼ばれるタイプが知られている．これらのタイプのスプライシングは

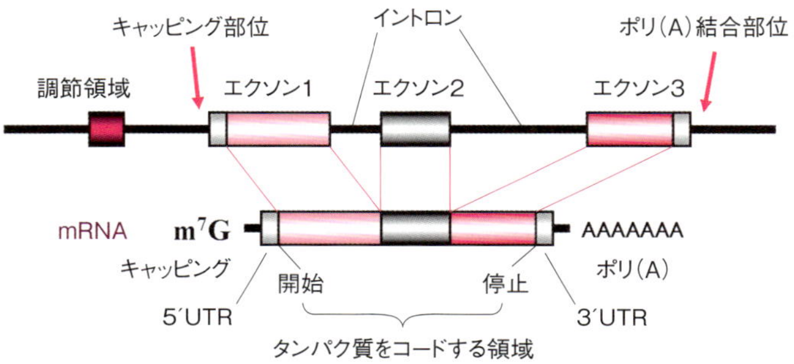

図 9-37　構造的スプライシング
イントロンが取り除かれた後，複数のエクソンがすべて連結されると，1 種類の mRNA が形成される．

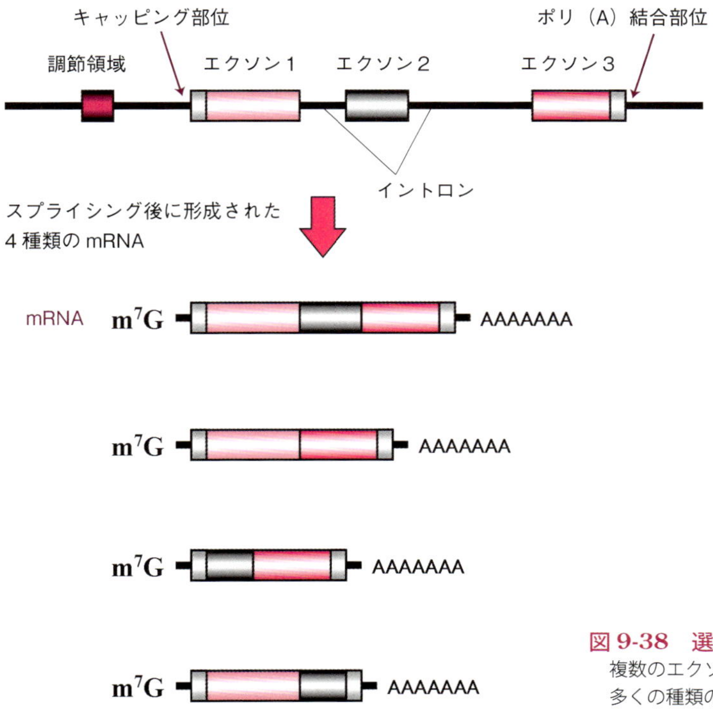

図 9-38　選択的スプライシング
複数のエクソンがさまざまな組み合わせで連結されると，多くの種類の mRNA が形成される．

表 9-6　スプライシングのタイプとその分布

タイプ	分布の例
GU-AG イントロン（AU-AC イントロン）	真核細胞の mRNA 前駆体
グループⅠ	ミトコンドリアや葉緑体の RNA 前駆体，一部の真核細胞の rRNA 前駆体，一部の原核細胞の RNA 前駆体
グループⅡ	ミトコンドリアや葉緑体の RNA 前駆体，原核細胞の RNA 前駆体
tRNA 前駆体イントロン	真核細胞の tRNA 前駆体
古細菌イントロン	古細菌のさまざまな RNA 前駆体

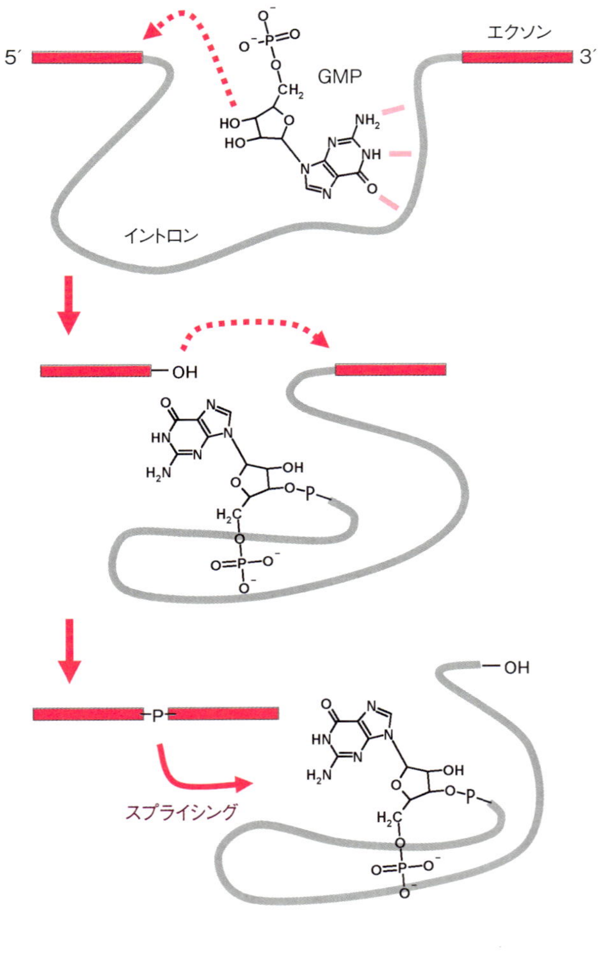

図 9-39　グループⅠのセルフスプライシング
GMP，GDP，GTP などを特定の部位に結合させて，それをイントロンの 5′ 末端に結合させることにより切断する．その後，エクソンどうしをエステル転移反応により結合してイントロンを削除する．

セルフスプライシング（self-splicing）と呼ばれ，RNA 自身のもつ触媒作用により，RNA の前駆体に含まれる不要な部分を自分自身で削除する方法である．グループⅠでは，外部のグアニンヌクレオチドと Mg^{2+} や K^{+} を用いて，RNA が自身に含まれるイントロンを独自で削除する（図 9-39）．グループⅡの場合は，自身に含まれるアデノシンを用いてラリアット構造をつくりイントロンを削除する．これは，スプライセオソームの触媒作用によりスプライシングを行う真核細胞の mRNA の場合とよく似ているが，それを独自で行っている．

原核細胞と真核細胞の両方とも，rRNA や tRNA が合成される場合には，最初に，それらがいくつか集った RNA の前駆体として転写される．そして，転写後に切断されて，rRNA や tRNA として機能するものになる．

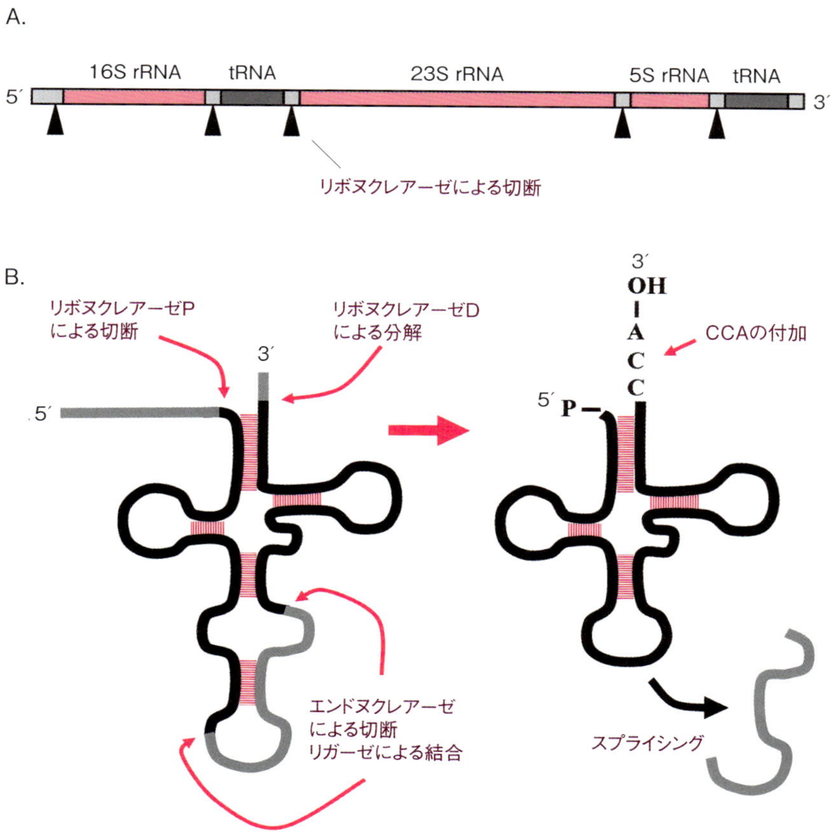

図 9-40　rRNA と tRNA の形成の際に見られるプロセッシング
A：rRNA のプロセッシング（原核細胞の場合）．B：tRNA のプロセッシング．

その分断作業はリボヌクレアーゼが行っている．さらに，tRNA は分断された後，その内部に残っている 10 ～ 20 塩基のイントロンが削除される．その際には，エンドヌクレアーゼによりイントロンが削除された後，リガーゼにより切り取られた部分が結合される（図 9-40）．

9·6　転写因子の働きと構造

必要な時に必要な量のタンパク質を合成するために，遺伝子の転写機能は外部からの情報や細胞内部からの情報により複雑に制御されている．原核細胞の遺伝子は転写の活性な状態が初期設定で，転写の必要がないものを，リプレッサーで抑制しておくという方法を取っていると考えられる．一方，真核細胞の遺伝子は DNA 鎖にヒストンタンパク質が結合しているために，全体的に不活性な状態が初期設定で，必要なときにその遺伝子を活性化する方法をとっていると考えられる．そのために，真核細胞では，初期設定の状態から転写が可能な状態にするために，DNA 鎖からヒストンタンパク質を引き離すことが重要な作業となる．

ここでは，転写因子により複雑に調節されている真核細胞の転写調節について述べる．原核細胞では，アクチベーターが RNA ポリメラーゼに直接作用して転写の開始を制御しているが，真核細胞では，アクチベーターと RNA ポリメラーゼの間には転写因子を含む数多くの調節タンパク質が介在して，転写の開始を複雑に調節している．それらの調節タンパク質には，介在役を果たすメディエーター（mediator）やコファクター（cofactor）と呼ばれる多くの種類の調節タンパク質が存在する（図 9-41）．真核細胞では，特定の遺伝子の発現制御には複数のエンハンサーやサイレンサーが関わっており，それらに結合する多くの転写因子の相乗効果により遺伝子の発現が調節されている．それらの因子の影響は，遺伝子

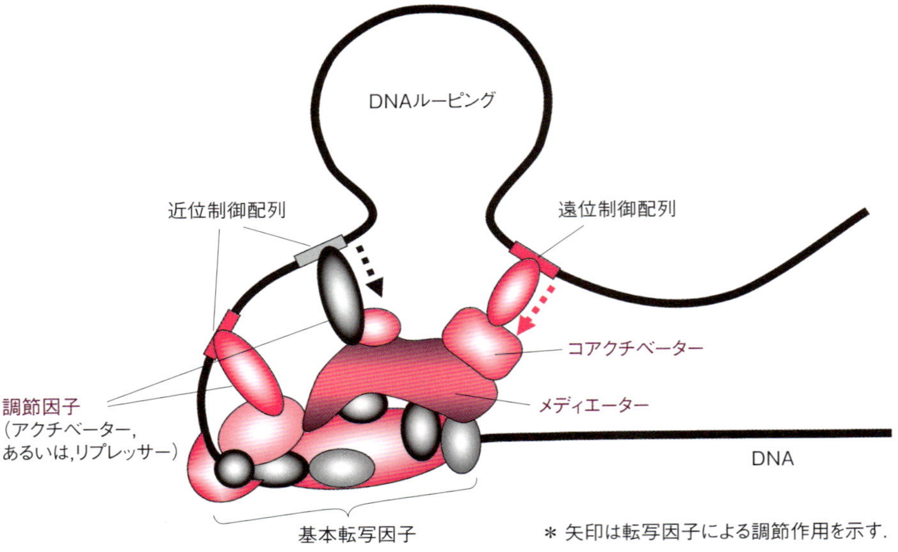

図 9-41　真核細胞の基本転写因子と調節因子との相互作用
エンハンサーに結合した基本転写因子は，プロモーターに結合している調節因子からの直接の作用や，メディエーターやコアクチベーターを介した間接的な作用により，転写の開始が調節されている．遠方に存在するプロモーター（遠位制御配列）に結合した調節因子からの作用は，DNA 鎖をルーピングさせて両者を接近させることにより行われる．

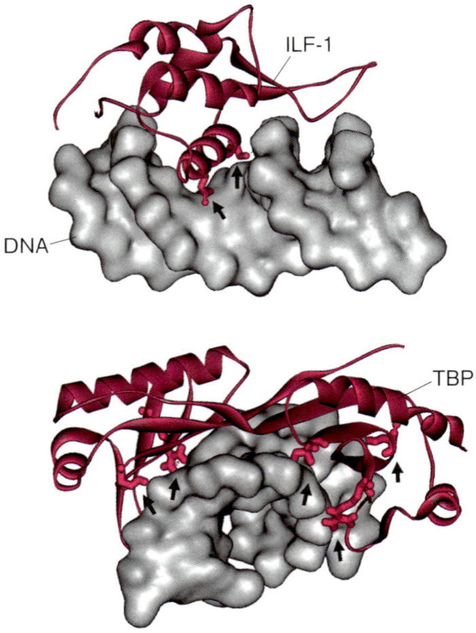

図 9-42　エンハンサーに結合した調節因子
調節因子は α ヘリックスや β シート構造を DNA 鎖の溝の部分に入り込ませ，DNA の特定の塩基配列を認識して，DNA と水素結合や静電結合する．矢印は DNA と水素結合をしているアミノ酸を示す．ILF-1：interleukin enhancer-binding factor 1.

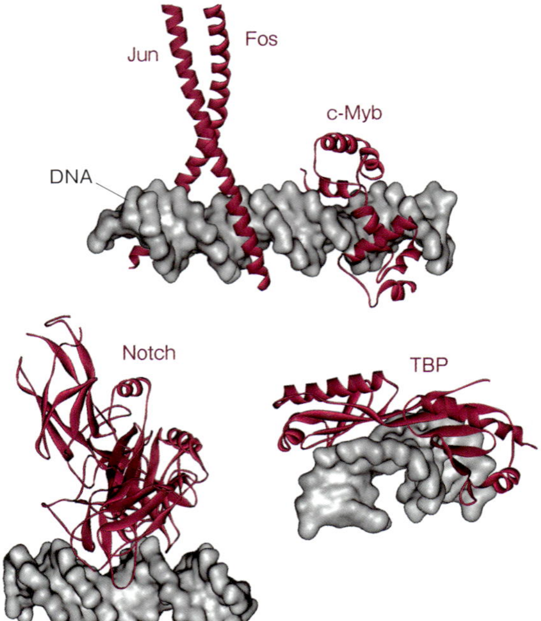

図 9-43　エンハンサーに結合したさまざまなタイプの調節因子

の発現を直線的にではなく，非線形的に制御している．つまり，遺伝子の発現は，複数の転写因子から及ぼされる影響の量に単純に比例して引き起こされるものではないということである．

転写因子の多くは特定の塩基配列（たとえば，プロモーターやエンハンサーの部分の特別な塩基配列）を認識して DNA 鎖と結合する一方で，他の転写因子や RNA ポリメラーゼとも相互作用する．そのために，それらの転写因子は，DNA 結合領域（DNA-binding domain）と呼ばれる領域と活性化領域（activation domain）と呼ばれる領域を合わせもっている場合が多い．DNA 結合領域の多くは，DNA の溝（主溝と副溝）にはまり込んで，負に荷電した DNA 鎖との静電結合や，リン酸基との水素結合により，DNA 鎖の特定の塩基配列を認識して結合する（図 9-42）．その際には，α ヘリックス構造が，DNA 鎖の主溝にはまり込んで結合する場合が多く見られるが，その他にも，β シートやループ状に弯曲したペプチド鎖の部分が DNA 鎖の溝にはまり込んで結合する場合など，さまざまな形態が見られる（図 9-43）．

9·7　RNA エディティング

ほとんどの場合は，鋳型の遺伝子にコードされている情報が mRNA に正確に転写された後，その情報どおりにタンパク質に翻訳される．しかしながら，特殊な例として，mRNA に転写された後，その塩基配列の一部が意図的に変更される場合がある．たとえば，一部の塩基の挿入，置換，欠失などにより，mRNA の塩基配列が変えられ，タンパク質のアミノ酸の一部が変えられたり，翻訳の際の開始点や終止点が変更されて，タンパク質の構造が大きく変えられたりする例が知られている．このようなしくみは RNA エディティング（RNA editing）と呼ばれ，植物や粘菌のミトコンドリアの mRNA をはじめとして，哺乳類の mRNA に至るまで幅広く知られている．

このような RNA エディティングの方法には，たとえば，mRNA の特定のシチジンを脱アミノ化してウリジンに変換する方法や，ウリジンを mRNA の特定の部分に挿入する方法などが知られている．ウリジンの挿入には，エンドヌクレアーゼ，ターミナルウリジル転移酵素（terminal uridyl transferase），RNA リガーゼ，そして，それを補助するガイド RNA（guide RNA，gRNA）などが働いている（図 9-44）．もう 1 つの例を示すと，タン

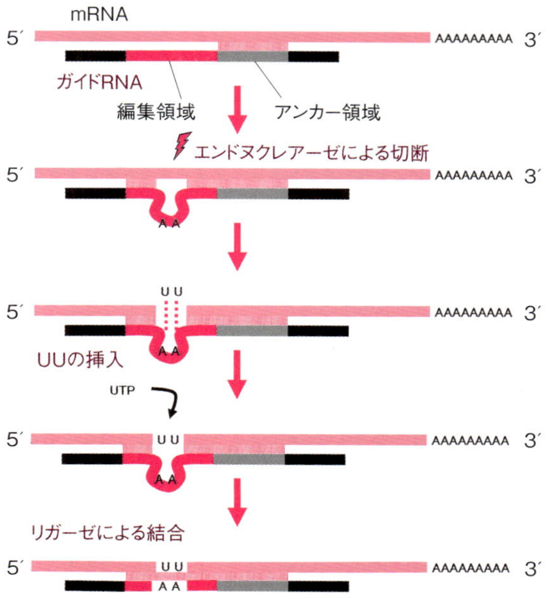

図 9-44　ガイド RNA によるエディティング
mRNA の特定領域にガイド RNA が結合して，その部分の一部を切断し，UU を挿入する例を示す．

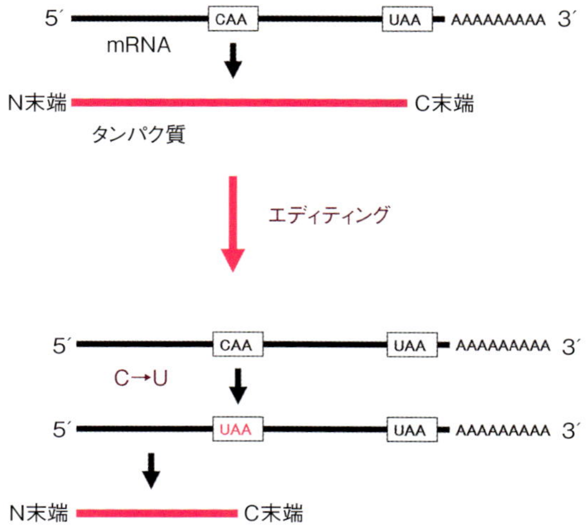

図 9-45　mRNA の塩基のエディティング
mRNA に含まれる CAA の部分の C が脱アミノ化されて U にエディティングされると，CAA が終止コドンの UAA に変わる．その結果，エディティングされる前のタンパク質よりも小型のタンパク質が翻訳されることになる．

パク質をコードしている領域に存在する塩基をエディティングして，その部分に停止コドンを作ってしまう方法が知られている（図 9-45）．この場合，エディティングを受けた mRNA から合成されるタンパク質は，前のものの一部が欠失した小型のタンパク質になる．

9·8　エピジェネティックス

動物の発生初期の細胞では，多くの遺伝子が活性な状態にあるが，発生が進むにつれて，しだいにその多くが不活性化されていく．それは，細胞がさまざまな組織に分化するにつれ，それに必要な遺伝子の活性を上昇させる一方で，不必要になった多くの遺伝子を不活性化するからである．脊椎動物では，その不活性化に DNA のメチル化が関与している．メチル化される DNA は 5′-CG-3′（CpG とも書かれる）のように配列しているシトシンがメチル化される．このメチル化は，DNA メチル化酵素（Dnmt）により，S-アデノシルメチオニンからシトシンの 5 位の炭素にメチル基が転移される方法で行われる（図 9-46）．

CpG 配列（おおよそ，100 ～ 1000 塩基対の長さ）を含んだ DNA の領域は CpG アイランド（CpG islands）と呼ばれ，通常の細胞機能の維持に必要な遺伝子（一般に，ハウスキーピング遺伝子 housekeeping genes と呼ばれている）のプロモーター領域の多くの部分を占めている．それらの領域の DNA のシトシンがメチル化されると，そのメチル基が邪魔をして，転写因子の結合を阻害してしまう．そのために，メチル化された遺伝子ではその発現が抑制される．さらに，メチル化シトシンを認識して選択的に結合するタンパク質により，クロマチンの構造まで変化させられて，遺伝子のさらなる不活性化が引き起こされる場合もある．それを引き起こす因子は，MBD ドメイン（methylated DNA-binding domain，図 9-46）をもつタンパク質として分類され，その中には，MeCP2（methyl-CpG-binding protein 2）と呼ばれるタンパク質が存在する．MeCP 2 はプロモーター領域のメチル化シトシンと結合して，リプレッサーの Sin3 やヒストン脱アセチル化酵素の HDAC などと複合体を形成する．その複合体は，活性状態にある遺伝子のヒストンを

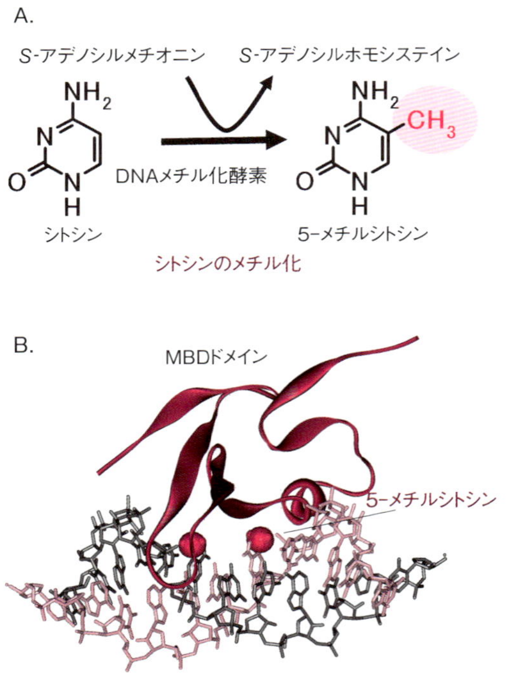

図 9-46　DNA のメチル化
A：DNA のシトシンのメチル化の反応を示す．B：メチル化された 5-メチルシトシンを認識して結合する MBD ドメインの構造を示す．

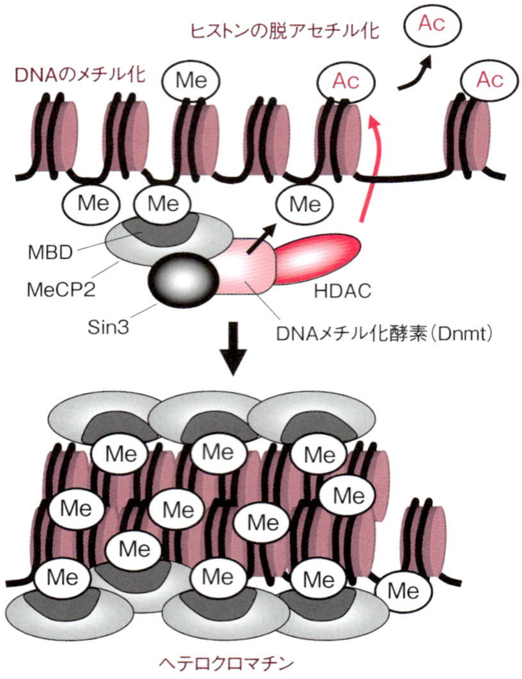

図 9-47　DNA のメチル化によるクロマチンの不活性化
DNA がメチル化されると，それを認識して結合するタンパク質によりクロマチンの凝縮が引き起こされ，遺伝子活性が不活性なヘテロクロマチンになる．

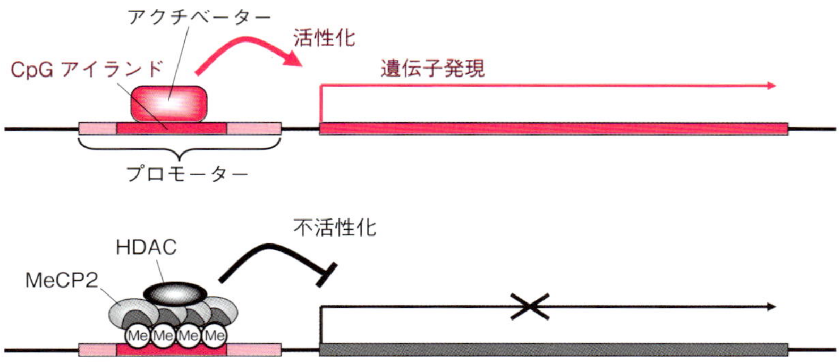

図 9-48　CpG アイランドのメチル化と遺伝子発現の制御
遺伝子のプロモーター領域に存在する CpG アイランドのシトシンがメチル化されると，そこに MeCP2 や HDAC などの複合体が結合して，遺伝子の発現を不活性化する．

脱アセチル化して遺伝子の発現を抑制するとともに，クロマチンの構造をヘテロクロマチンに変えて不活性にしてしまう（図 9-47）．このように，プロモーターの部分の CpG 配列のシトシンがメチル化されると，その遺伝子の発現が強く抑制される（図 9-48）．

発生の過程では，細胞の分化にともなって不必要になった多くの遺伝子は，そのプロモーター領域の CpG がメチル化されて不活性にされてしまう．しかも，メチル化された CpG 配列の部分は，複製後も親鎖から娘鎖に安定的に伝えられて維持されるので，いったん分化した細胞が分裂をくり返しても容易に発生初期の状態（多くの遺伝子が活性化された状態）に戻ることはない．このように，DNA の塩基配列の変化に依存せずに，遺伝子発現の変化が伝達される現象をエピジェネティックス（epigenetics, 後成性）と呼んでいる．このしくみは，多くの種類の動物や植物の発生過程（図 9-49），発ガン，幹細胞の維持などにも密接に関連していることが明らかにされている．

DNA のシトシンのメチル化は，多くの動物や植物を中心として，原核細胞にも見られる．しかしながら，真核細胞の単細胞や無脊椎動物の一部にはシトシンのメチル化が見られないものが存在する．シトシンのメチル化が見られない生物は，進化の過程において，遺伝子の不活性状態を維持する他の方法を発達させたのではないかと考えられている．というのは，シトシンのメチル化が見られない線形動物のウマカイチュウ，節足動物のミジンコ，双翅目のタマバエ，原索動物のヌタウナギなどにも，メチル化転移酵素と類似の酵素が存在することや，それらの生物が遺伝子の不活性状態を維持するために他の方法を用いているからである．たとえば，発生過程で体細胞に移行した細胞が，不要になった多くの遺伝子を捨ててしまうという方法（染色体放出，chromosome elimination）が知られている．このように遺伝子を捨ててしまう方法でも，遺伝子を完全な状態で子孫へと受け継がねばならない生殖細胞以外で起きるのならばとくに問題はない．

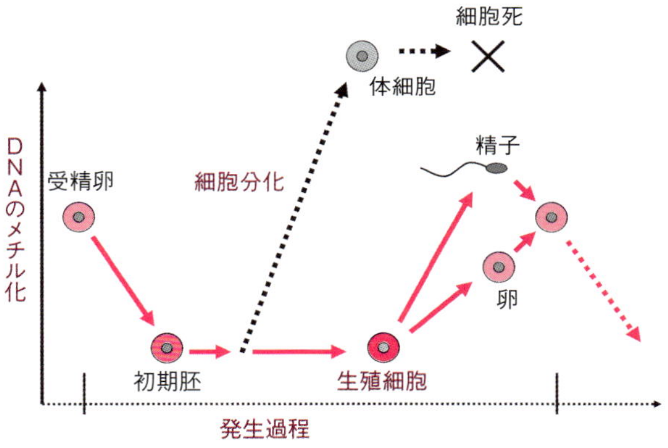

図 9-49　発生の過程で見られる DNA のメチル化の変化
発生の初期過程では，メチル化されている DNA の多くの部分が脱メチル化されて，遺伝子が活性化される．その後，生殖細胞はそのまま低いメチル化状態を維持するが，体細胞に分化した細胞では，再び DNA のメチル化が行われて遺伝子の多くが再び不活性化される．

10. 細胞内の情報伝達系

細胞はさまざまな種類の情報を細胞の内外から受け取り，その情報をもとに遺伝子の発現や生理機能などを調節し，外界の変化や自身に生じた変化に対応している．とりわけ，細胞が外界から受け取る情報の種類は多様で，たとえば，ホルモンや細胞成長因子などの情報伝達分子による情報をはじめとして，細胞どうしの接着，そして，圧力や光などの物理的な刺激なども情報として受け取られている．

外界からの情報の多くは，細胞膜に分布する受容体と呼ばれる膜タンパク質により受け取られ，その情報は細胞内の情報伝達系（signal transduction system）に伝達される．そして，細胞内に伝達された情報はその標的となるタンパク質や遺伝子へと伝達されて，細胞の生理機能や遺伝子の発現を調節している．このような細胞内の情報伝達系は，複雑な系を形成している多細胞動物でよく発達している．そこでは，外界からの情報を受け取るしくみ，細胞間における情報のやり取りを行うしくみ，そして，それら外界から受容された情報を細胞内に効率よく伝達するしくみなど，情報伝達系のさまざまなしくみが発達している．

ここでは，細胞における情報伝達のしくみについて，細胞が外部からの情報をどのようにして受け取り，受け取った情報をどのようにして細胞の内部に伝達し，そして，その情報により細胞の生理機能や遺伝子の発現をどのようにして制御しているのかということを中心に述べる．

10・1　細胞膜の受容体を介した情報伝達系

細胞には外界からの情報を受け取るための多くの種類の受容体が存在し，一般に，外界からの情報はそれらの受容体を介して受け取られる．受容体のほとんどは，細胞が外界と接する細胞膜に膜貫通タンパク質として存在し，その細胞外領域で情報伝達分子と結合することにより外界からの情報を受け取る．受容された情報は，受容体の細胞内領域を介して細胞内の情報伝達系に伝えられ，さまざまな生理機能の変化や遺伝子の発現を引き起こす（図 10-1）．また，ステロイドホルモンのような脂溶性の情報伝達分子の場合には，細胞膜を拡散して通過することが可能なので，細胞内に直接入り込んで細胞質や核内に存在するそれらの受容体と結合し，遺伝子の発現を引き起こす．

細胞膜には多くの種類の受容体が存在し，それらは細胞内へ情報を伝達する方法の違いにより，受容体の細胞内領域に酵素機能をもつタイプ，受容体が G タンパク質と共役するタイプ，そして，受容体がイオンチャネルとしての機能をもつタイプの 3 つに大きく分類されている（図 10-2）．

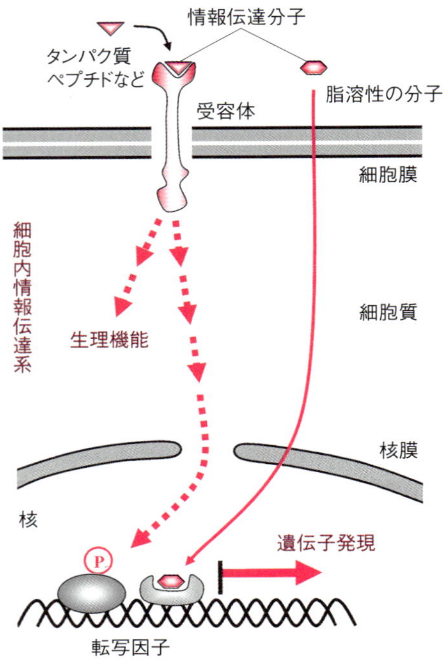

図 10-1　細胞内情報伝達系
細胞に作用する情報伝達分子のほとんどは，細胞膜を貫通して分布する受容体と選択的に結合することにより，その情報を細胞内に伝達する．一部の情報伝達分子（脂溶性の小型の分子）は，細胞膜を通過して核内まで移動し，核内の受容体と結合して遺伝子の発現を調節する．

10・2　受容体の細胞内領域が酵素機能をもつタイプ

このタイプの受容体は膜貫通タンパク質の細胞内領域の部分にキナーゼやグアニル酸シクラーゼなどの酵素機能をもっている．これらの受容体の細胞外領域に情報伝達分子が結合すると，それまで不活性だった細胞内領域の酵素が活性化される．つまり，細胞外からの情報を受け取った受容体は，その酵素機能を活性化させて，基質のタンパク質をリン酸化したり，細胞内の情報伝達分子である cGMP を増加させたりすることにより，外界

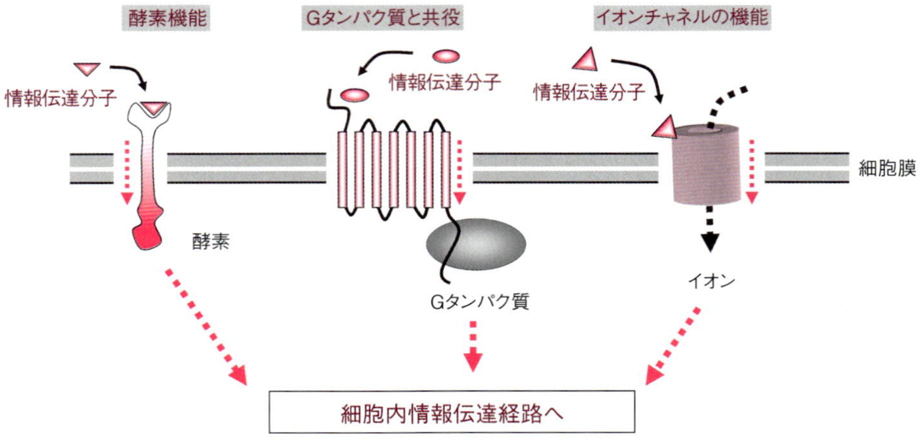

図 10-2　細胞膜に分布する受容体の主要な 3 つのタイプ
細胞膜に分布する受容体は，細胞内領域に酵素機能をもつタイプ，G タンパク質と共役したタイプ，そして，イオンチャネルとしての機能をもつタイプの 3 つに大きく分類される．

からの情報を細胞内に伝達する役割を果たしている．このような細胞内領域が酵素機能をもつ受容体のほとんどは，基質となるタンパク質をリン酸化する酵素のキナーゼをもつタイプである．

a．基質のリン酸化による情報の伝達

細胞内領域にキナーゼをもつ受容体はキナーゼ型受容体と呼ばれ，基質の違いにより，チロシンキナーゼ型受容体と，セリン／トレオニンキナーゼ型受容体の2つのタイプに分類されている．前者には，線維芽細胞成長因子（FGF），上皮細胞成長因子（EGF），インスリン様成長因子（IGF，インスリン受容体とよく似ている）などの受容体が，そして後者には，トランスフォーミング成長因子（TGF）やアクチビンなどの受容体が知られている．これらと同じような役割を果たしている受容体の中には，その細胞質領域にキナーゼをもたないものもある．それらの受容体は，自身でキナーゼをもたない代わりに，キナーゼをもつ他のタンパク質と結合して，そのキナーゼを介して細胞外からの情報を細胞内に伝達している．受容体と結合し，キナーゼとして働いている酵素は細胞質型キナーゼと呼ばれており，Src，Csk，FAK など（図 10-3）をはじめとした多くのものが知られている．

チロシンキナーゼ型受容体には3つのタイプがある（図 10-4）．1つは，細胞外領域にシステインリッチドメインを2つもつタイプで，たとえば，上皮細胞成長因子の受容体がそれに含まれる（図 10-5）．2つ目のタイプは，α サブユニットと β サブユニットからなる受容体が2つ

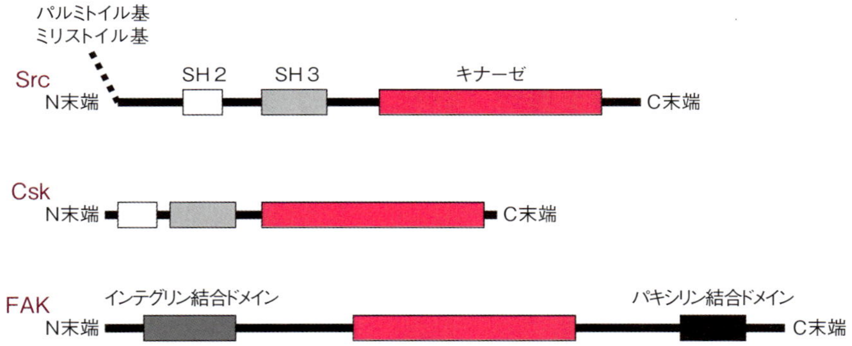

図 10-3　細胞質型キナーゼ
細胞質型キナーゼの例を3つ示す．

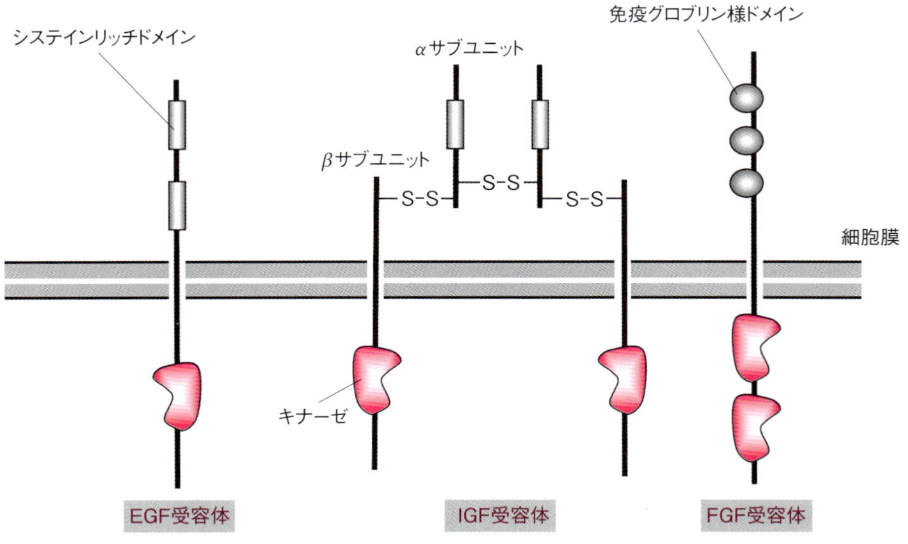

図 10-4　チロシンキナーゼ型受容体
チロシンキナーゼ型受容体は，その細胞内領域にチロシンキナーゼ領域をもっている．そのキナーゼが標的タンパク質をリン酸化して細胞外からの情報を細胞内に伝達している．

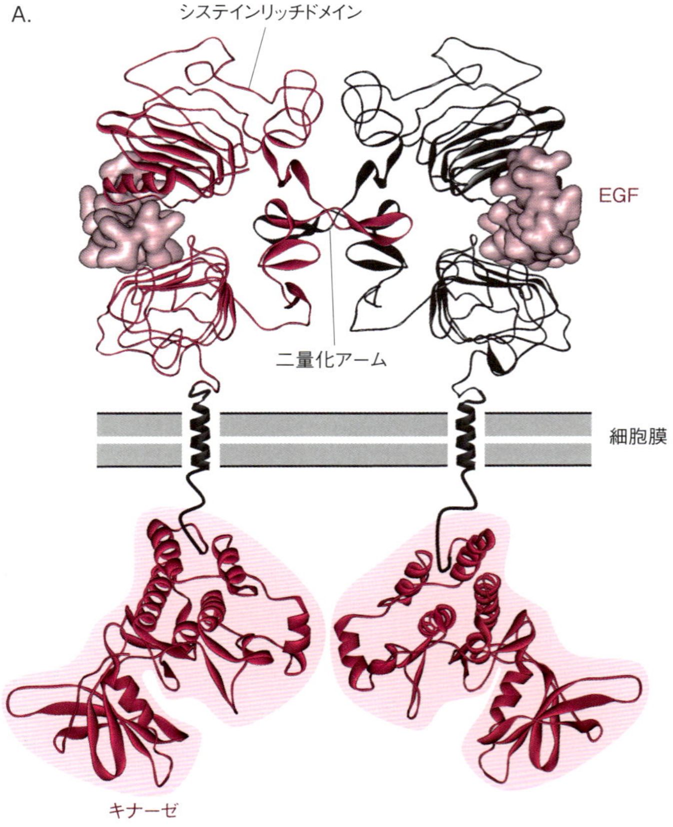

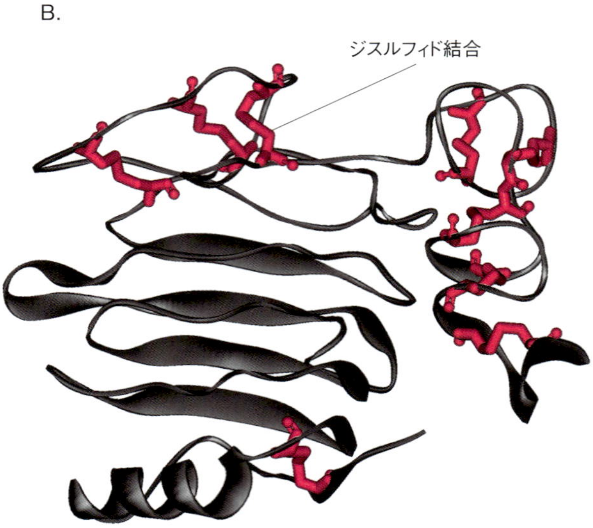

図 10-5　上皮細胞成長因子の受容体を示す分子モデル

A：ホモダイマーを形成した上皮細胞成長因子の受容体は二量化アームの部分で結合している．受容体の細胞外領域には 2 つのシステインに富んだ領域が存在し，細胞内領域にはキナーゼ領域が存在する．**B**：細胞外領域のシステインリッチドメインの分子モデル．赤く示した部分はシステインによるジスルフィド結合を示す．

合わさった四量体からなる．α サブユニットが細胞外領域を構成し，β サブユニットが膜貫通領域と細胞内領域を構成している．このタイプには，インスリン様成長因子の受容体が知られている．そして，3 番目は，細胞外領域に免疫グロブリン様ドメインを数個もっているタイプである（図 10-6）．FGF の受容体や血小板由来成長因子（PDGF）の受容体がこのタイプで，それぞれ，免疫グロブリン様ドメインを 3 個と 5 個もっている．

チロシンキナーゼ型受容体では，情報伝達分子が受容体に結合すると，ホモ二量体を形成し，それらの細胞内領域に存在するキナーゼが活性化される．そして，活性化されたキナーゼは互いに相手の特定部位のチロシンをリン酸化する（図 10-7）．このような，自身によるリン酸化は自己リン酸化（autophosphorylation）と呼ばれている．受容体のチロシンがリン酸化されると，その部分を認識して情報伝達系のタンパク質が受容体に結合してくる．受容体のキナーゼは，それらのタンパク質を基質としてチロシンのリン酸化を行うことにより，細胞外からの情報を細胞内に伝達する．

セリン / トレオニンキナーゼ型受容体の TGF-β の場合は，タイプⅠとタイプⅡの受容体がペアになって機能している．情報伝達分子と結合した TGF-β は，タイプⅠ受容体とタイプⅡ受容体が結合してヘテロ二量体を形成する．次に，タイプⅡ受容体のキナーゼがタイプⅠ受

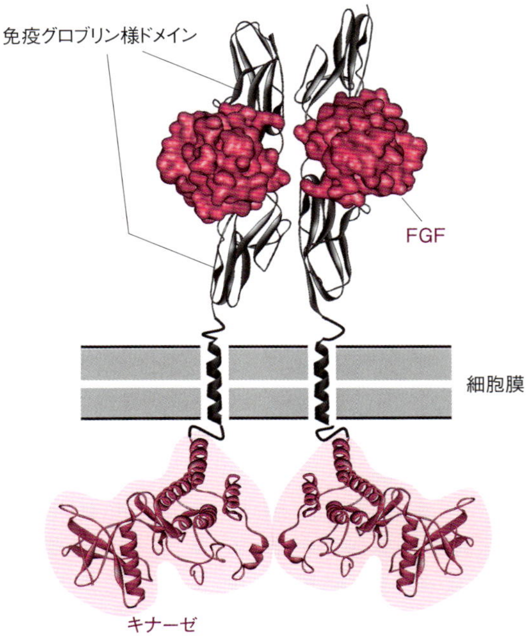

図 10-6　FGF 受容体を示す分子モデル
ホモダイマーを形成した線維芽細胞成長因子の受容体の細胞外領域に FGF が結合している．細胞外領域を構成する 3 つの免疫グロブリン様ドメインのうちの 2 つが示してある．その細胞内領域にはキナーゼ領域が存在する．

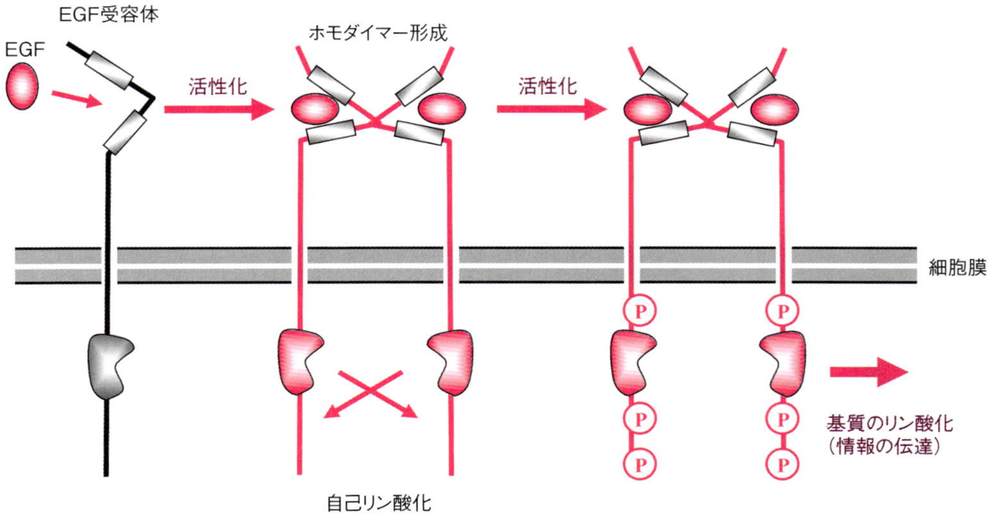

図 10-7　上皮細胞成長因子の受容体の活性化
上皮細胞成長因子が受容体に結合すると，受容体は二量体を形成する．それと同時に，活性化された細胞内領域のキナーゼによる自己リン酸化が行われて，細胞内に情報が伝達される．

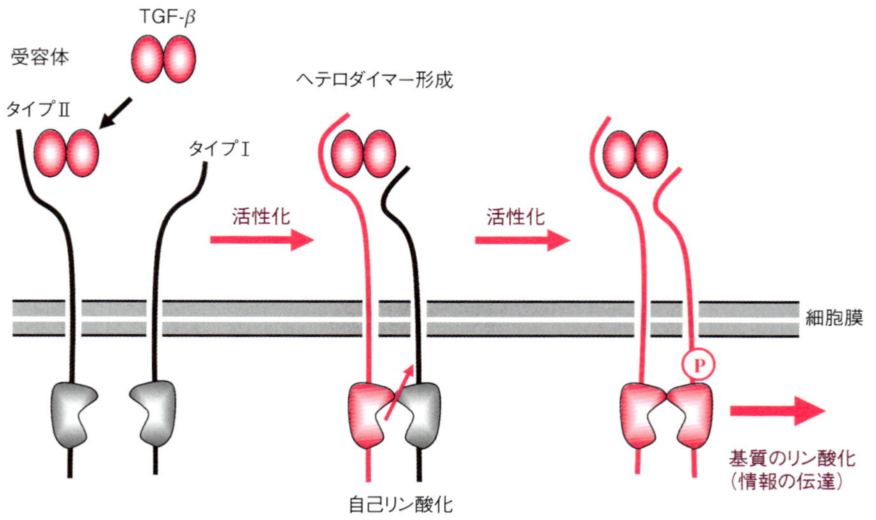

図 10-8　TGF-βの受容体の活性化

受容体のタイプⅡにTGF-βが結合すると，タイプⅠの受容体と二量体を形成する．次に，タイプⅡのキナーゼがタイプⅠの細胞内領域を自己リン酸化する．その結果，リン酸化されたタイプⅠのキナーゼが活性化され，標的タンパク質をリン酸化して，細胞内に情報を伝達する．

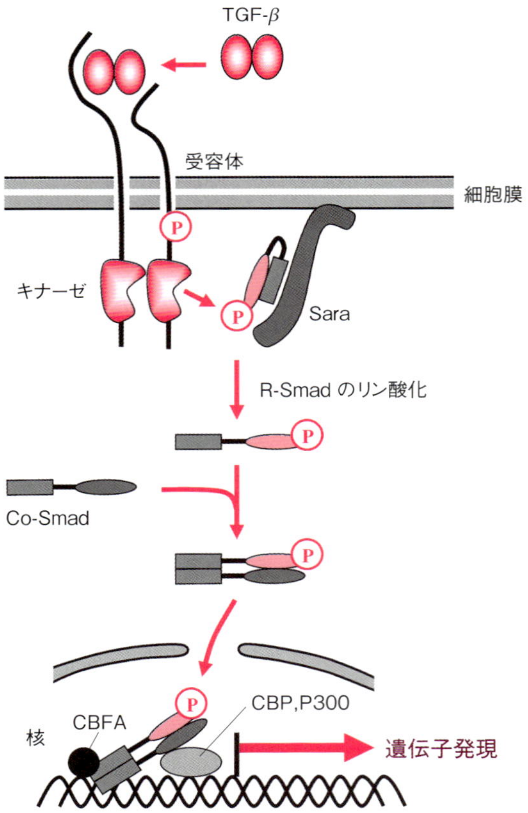

図 10-9　TGF-βによる細胞内の情報伝達系

受容体にTGF-βが結合すると細胞内領域のキナーゼが活性化されて，その標的タンパク質であるR-Smad（転写因子）がリン酸化される．リン酸化されたR-SmadはCo-Smadと複合体を形成した後，核内に移動して遺伝子の発現を調節する．SARA：Smad anchor for receptor activation，CBP：CREB-binding protein，Smad：ショウジョウバエのMAD（mother against decapentaplegic）や，線虫のSMA（small body size）の仲間のタンパク質から由来した名称，CBFA：core-binding factor A

容体の特定部位を自己リン酸化する（図 10-8）．そして，リン酸化されて活性化したタイプⅠ受容体のキナーゼが，基質の Smad をリン酸化して細胞外からの情報を細胞内に伝達する（図 10-9）．

細胞外から細胞内への情報伝達，そして細胞内における情報伝達の主要な手段として，タンパク質のリン酸化が幅広く用いられている．それは，リン酸化が引き起こすタンパク質の立体構造の変化を利用して，基質となるタンパク質の機能（たとえば，酵素活性）を調節して情報を伝達しているからである．このように，情報の伝達に用いられているタンパク質のリン酸化は，電気回路のスイッチを ON や OFF に切り替えて電流の流れを制御するのとよく似ている．つまり，タンパク質をリン酸化してその機能を活性（ON）にしたり，脱リン酸化して不活性（OFF）にしたりすることにより，タンパク質間の情報の流れを制御しているからである．

b. Src とインスリン受容体

キナーゼの活性化のしくみについて，細胞質型キナーゼの Src と，その細胞内領域にキナーゼをもつインスリン受容体の場合を例に示す．Src の構造は，タンパク質どうしが互いに結合するための 2 つの領域（SH2 ドメインと SH3 ドメイン，後述）と，キナーゼから構成されている．その N 末端にはパルミトイル基やミリストイル基が結合していて，それらを細胞膜に組み込むことにより細胞膜と結合している（図 10-10，図 10-11）．受容体からの情報がない時は，Src の C 末端部の近くに存在するチロシンがリン酸化されていて，キナーゼは不活性な状態にある．そして，受容体からの情報が Src に

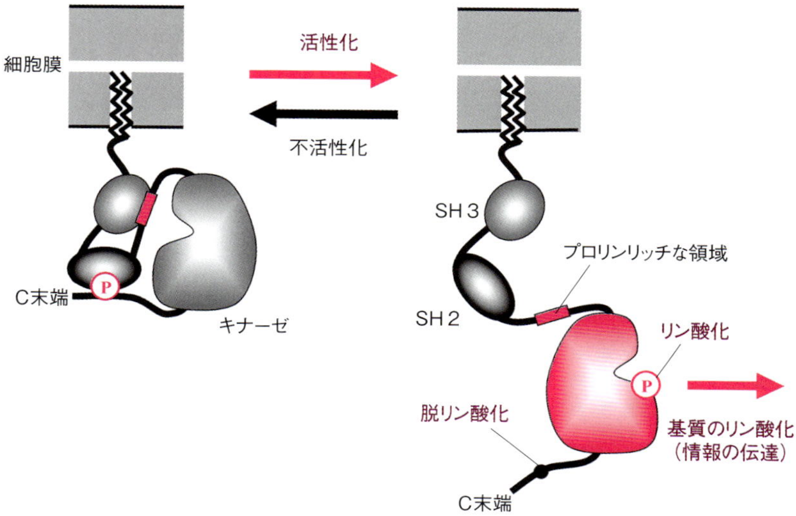

図 10-10　細胞質型キナーゼの Src の活性化
Src は脂肪酸を介して細胞膜と結合している．不活性な状態の Src では，その C 末端の近くがリン酸化されている．そのリン酸化部位が脱リン酸化されるとともに，キナーゼの活性部位がリン酸化されると，Src のキナーゼが活性化される．

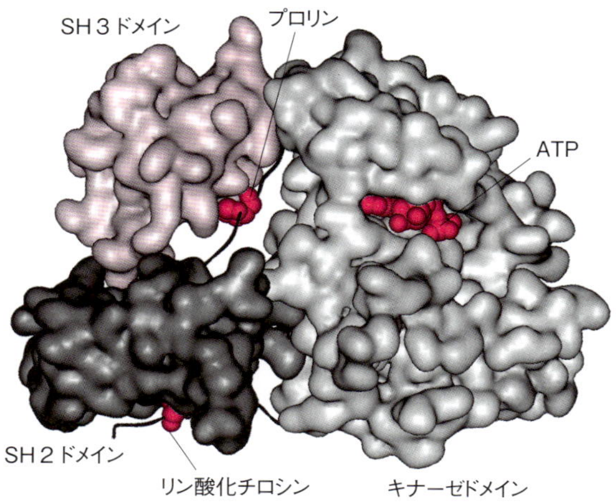

図 10-11　不活性な状態の Src を示す分子モデル
SH3 と SH2 が，それぞれ，プロリンリッチ領域とリン酸化チロシンに結合して Src の立体構造を不活性な状態に保っている．

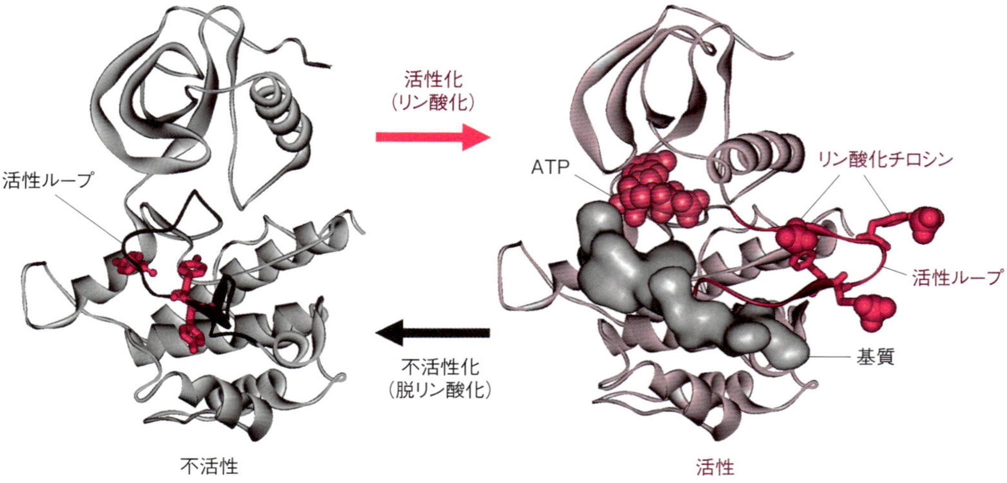

図 10-12 受容体のキナーゼの活性化
キナーゼの活性部位には活性ループと呼ばれる構造が存在する．そのループのチロシンがリン酸化されると活性ループを中心とした立体構造が大きく変化して，活性部位に基質が結合できるようになる．この状態がキナーゼの活性化された状態である．

伝達されると，C末端部に存在するリン酸化チロシンが脱リン酸化されるとともに，活性部位のチロシンのリン酸化が行われて，キナーゼが活性化される．キナーゼが活性化されたSrcは，標的タンパク質をリン酸化して，受容体からの情報を次のステップに伝達する．Srcの不活性化は，活性化とは逆に，C末端部に存在するチロシンのリン酸化と，活性ループのリン酸化チロシンを脱リン酸化することにより行われる．

受容体のキナーゼの活性化の場合も，Srcのキナーゼの活性化の場合とほとんど同じしくみである．たとえば，インスリン受容体にインスリンが結合すると，酵素の活性部位をふさいでいる活性ループ（activation loop）のチロシンのリン酸化が行われる．通常の不活性な状態では，そのループが活性部位をふさいでいて，そこに基質が結合できないようになっている．ところが，活性ループのチロシンがリン酸化されると，ループの部分を中心に活性部位の立体構造が大きく変化して，キナーゼが活性化される（図 10-12）．活性化されたキナーゼが自己リン酸化を行うと，そのリン酸化された部分のチロシンを認識して，細胞内の情報伝達系のタンパク質が結合してくる．それらのタンパク質をキナーゼがリン酸化する．このように，キナーゼ型受容体が細胞内の基質タンパク質をリン酸化することにより，細胞外からの情報が細胞内に伝達される．

受容体から伝達された情報が，リン酸化により細胞内を次々と伝達されていく例として，MAPキナーゼカスケード（mitogen activated protein kinase cascade）と呼ばれる情報伝達の経路がよく知られている（図 10-13）．この経路は真核細胞に共通して見られるもので，細胞成長因子からの情報を核内へ伝達するための主要な経路である．細胞成長因子の受容体から得られた情報は，いくつかのステップを経てMAPキナーゼカスケードへと伝達される．この経路は，MAPKKK（MAPKK kinase），MAPKK（MAPK kinase），MAPK（MAP kinase） の3ステップに分類されているキナーゼから構成されている．それぞれ，セリン/トレオニンキナーゼとして働き，それらの活性はリン酸化により制御されている．カスケードの最後に位置するMAPキナーゼがリン酸化されて活性型になると，核内に移行して標的タンパク質の転写因子をリン酸化し，遺伝子の発現を引き起こす．

MAPキナーゼカスケードは細胞成長因子による情報を核内に伝達する経路の他にも，サイトカインからの情報や，さまざまなストレスを細胞内に伝達する経路としても働いている．それらの経路の違いに対応して，いくつもの種類のMAPキナーゼカスケードが存在する．たとえば，その経路の最後のステップに位置するMAPキナーゼの種類について見ると，ERK（extracellular signal-regulated kinase），JNK（jun-N-terminal kinase）， p38 などが知られている．

c. 細胞内情報伝達タンパク質の集合体

細胞内には情報伝達系の複雑なネットワークが形成されているが，それらが効率的に機能するために，情報伝達経路に関わる一連のタンパク質がまとめられて，機能的な集合体を形成していると考えられている．そして，その集合体の中心には，足場となるタンパク質が存在し，それに多くの情報伝達系のタンパク質が結合して集合体を形成している．つまり，細胞内の情報伝達はタンパク質どうしの結合や酵素反応などを介して行われているので，それを迅速に行うためには，関連するタンパク質どうしが集合体を形成して互いに接近しているほうが効率的だからである．

足場に集合しているタンパク質の多くは，特別の構造を認識して結合するためのドメイン（領域）をもっている．このようなタンパク質の特別な構造と，それらを認識して結合するためのドメインには多くの種類が存在する（表 10-1，図 10-14）．たとえば，リン酸化されたチロシンの部分を認識してそこに結合する SH2 ドメインや PTB ドメイン，プロリンが多く含まれるプロリンリッチドメイン（proline-rich domain）を認識してそこに結合する SH3 ドメインなどがある．また，それらのドメインを複数個もって，タンパク質どうしの結合を介在しているタンパク質も存在し，それらはアダプタータンパク質と呼ばれている（図 10-15）．

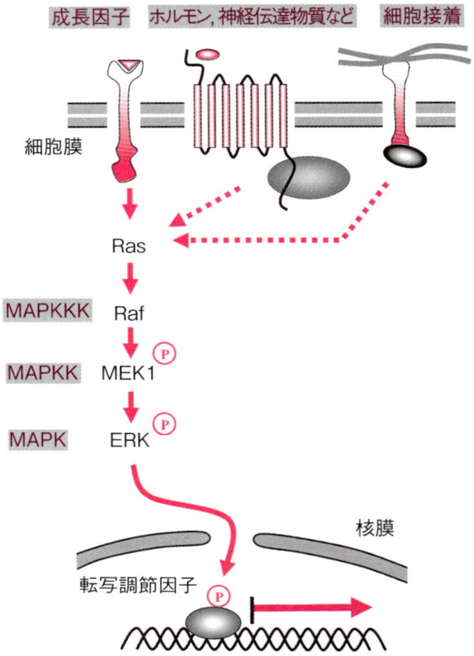

図 10-13　細胞膜の受容体と MAP キナーゼカスケード
MAP キナーゼカスケードは細胞膜の受容体からの情報が核に伝達される際の主要な情報伝達経路である．

情報伝達系のタンパク質が集合して結合する際の足場としての役割を果たしているのが，足場タンパク質（scaffold protein），あるいは，ドッキングタンパク質（docking protein）と呼ばれているものである．足場タンパク質は自身が他のタンパク質に結合するためのドメインと，他のタンパク質を結合させるために必要な構造，たとえば，リン酸化されるチロシン残基や，プロリンリッチな領域などをいくつももっている．それらのチロシンがリン酸化されると，SH2 ドメインや PTB ドメインをもった情報伝達系のタンパク質がそこに結合するので，足場タンパク質の周囲には多くのタンパク質が集合することになる．

表 10-1　タンパク質どうしの結合に関与する結合ドメイン

ドメインの名称	認識する部位	共通したアミノ酸配列と認識されるアミノ酸（赤字）
SH2	リン酸化チロシン	Y－X－X－hy
SH3	プロリンリッチドメイン	P－X－X－P－Y
PTB	リン酸化チロシン	hy－X－N－P－X－Y
PH	イノシトールリン脂質 イノシトールリン酸	PIP_3
WW	プロリンリッチドメイン	P－P－X－Y
PDZ	膜結合タンパク質の C 末端領域	S/T－X－V，F－Y－F－I など
LIM	チロシンを含む領域	N－K－L－Y，G－P－L－Y，N－N－A－Y など
14-3-3	リン酸化セリン	R－S－X－S－Y－P

X は任意のアミノ酸，hy は疎水性アミノ酸，S/T は S か T のどちらかを示す．

表に示したのは主なドメイン構造で，これらの他にもまだいくつもある．たとえば，プロリンリッチドメインを認識する GYF，IP_3 を認識する FYVE，PIP_2 を認識する ENTH，メチル化リシンを認識する chromo，アセチル化リシンを認識する bromo などがある．SH：Src homology，PH：pleckstrin homology，PTB：phosphotyrosine-binding，WW：トリプトファンの一文字表記の W に由来，PDZ：PSD95/Dlg/ZO-1，LIM：Lin-11/Isl1/mec-3，14-3-3：電気泳動パターンの特徴に由来する名称．

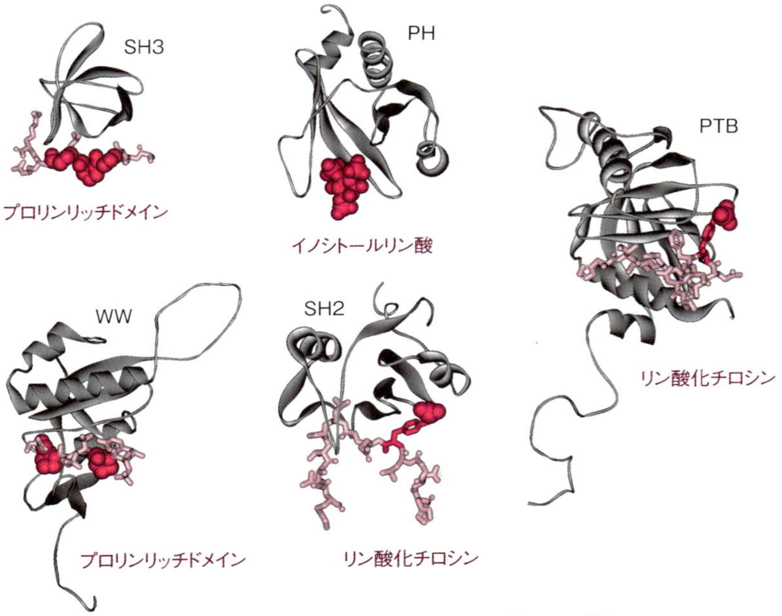

図 10-14　主要な結合ドメインの分子モデル

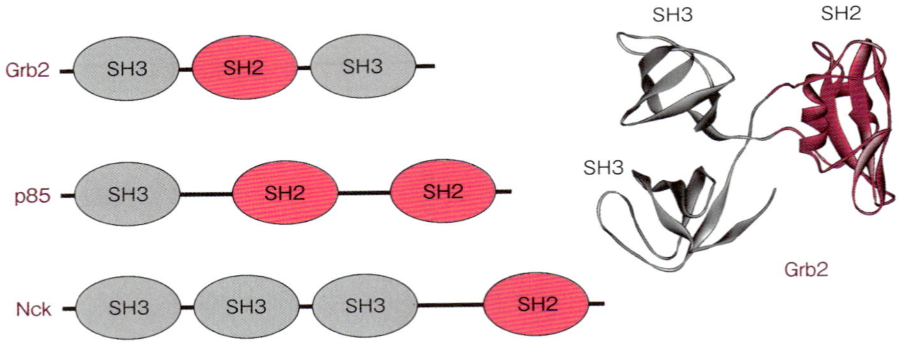

図 10-15　アダプタータンパク質

ここで示した 3 つのアダプタータンパク質はよく知られているものである．その中の Grb2 については分子モデルを示してある．Grb2 は 2 つの SH3 と 1 つの SH2 から構成されている．

EGF 受容体のように，自己リン酸化によるリン酸化チロシンを細胞内領域に多くもつ場合は，それ自身がドッキングタンパク質としての役割も果たしている（図 10-16）．また，細胞内領域にアダプタータンパク質や足場タンパク質などを結合させると，さらに多くの情報伝達系のタンパク質をそこに集合させることができる．たとえば，インスリン受容体では，細胞内領域のリン酸化チロシンの他に，IRS と呼ばれるドッキングタンパク質を細胞内領域に結合させているので，それを介して多くの情報伝達系のタンパク質を集結させることができる．その結果，受容体の細胞内領域を基点に，外界からの情報を細胞内の多方面の情報伝達経路に伝達することが可能になっている．

外界からの情報が，キナーゼ型受容体を介して細胞内に伝達されていく一連の過程について，細胞成長因子の場合を例に示す（図 10-17）．細胞成長因子が受容体に結合すると，細胞内領域のキナーゼが活性化されて自己リン酸化を行う．そのリン酸化されたチロシンを認識して，細胞内の情報伝達系のタンパク質が結合してくる．その際に，アダプタータンパク質の Grb2（growth factor bound protein 2）は，受容体の細胞内領域やドッキングタンパク質のリン酸化チロシンを認識して結合す

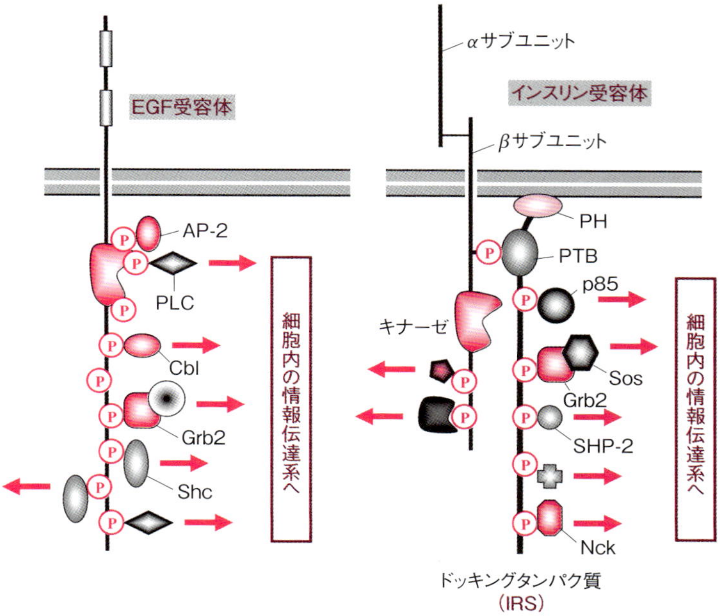

図 10-16　受容体の細胞内領域に結合する情報伝達系の各種タンパク質
活性化された上皮細胞成長因子の受容体の細胞内領域には，多くのリン酸化されたチロシンが存在する．それらに情報伝達系のタンパク質が結合するので，受容体の細胞内領域はドッキングタンパク質としての役割も果たしている．また，インスリン受容体は，その細胞質領域にドッキングタンパク質の IRS を結合することにより，それを介して，多くの情報伝達系のタンパク質を結合している．

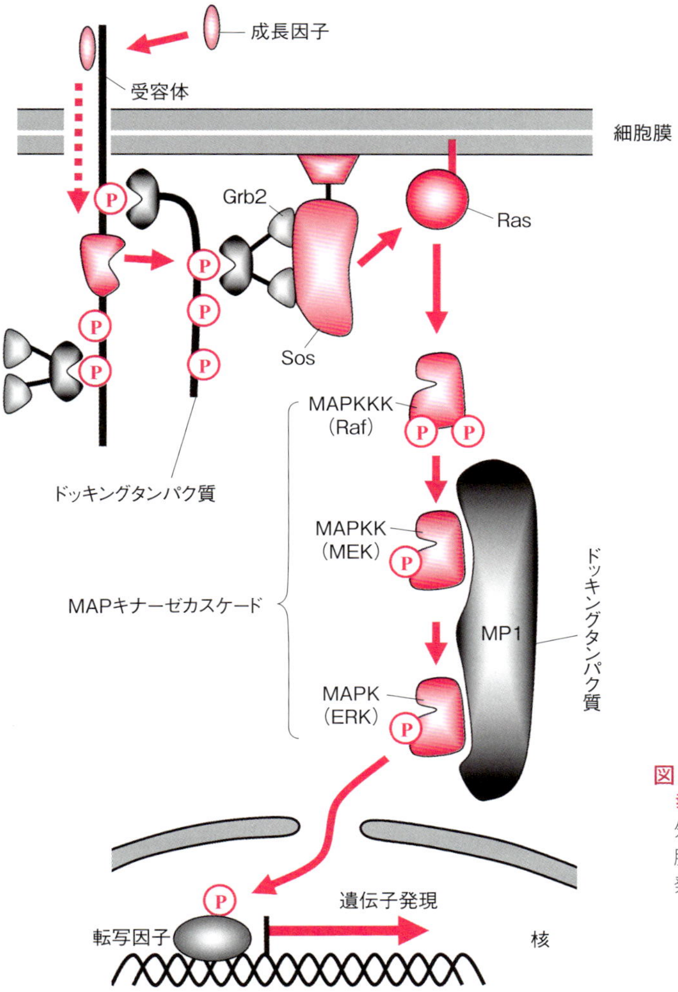

図 10-17　成長因子の受容体による典型的な情報伝達経路
外界からの情報（受容体への成長因子の結合）は，細胞内の情報伝達経路を経て核まで伝えられ，遺伝子の発現を制御する．

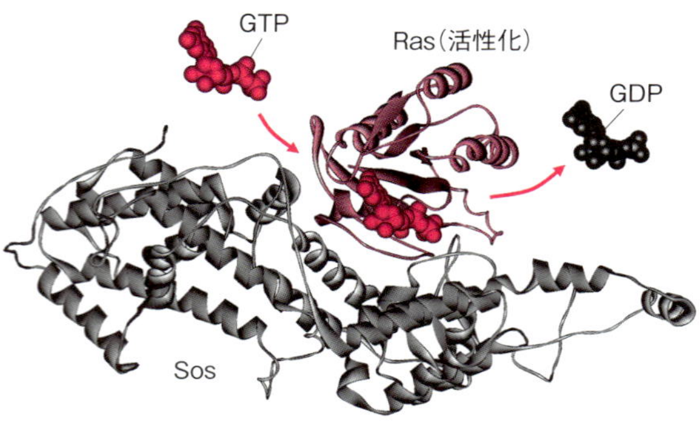

図 10-18　グアニンヌクレオチド交換因子の Sos と Ras の分子モデル
Sos は Ras のグアニンヌクレオチドが GDP から GTP に交換されるのを促進して，Ras を活性型にする．

る．Grb2 は SH2 ドメインの他に SH3 ドメインを 2 つもつので，その SH3 ドメインで Sos（son of sevenless）のプロリンリッチドメインを認識して結合する．その結果，受容体と Sos がアダプターの Grb2 を介して連結され，Sos は受容体からの情報を次の Ras に効率よく伝達することができるようになる．Sos による Ras への情報伝達の役割は，Ras の GDP が GTP に交換されるのを促進し, Ras のスイッチを OFF（不活性）から ON（活性）に切り替えることである（図 10-18）．Ras は膜結合性の G タンパク質で，情報伝達経路におけるスイッチの役割を果たしている．Sos がそのスイッチを ON にすることにより，受容体からの情報が MAP キナーゼカスケードへと伝達される．MAP キナーゼカスケードでは，足場タンパク質と結合した一連のキナーゼが集合しており，それらの間で順次リン酸化が行われて情報が核まで伝えられる．

10·3　G タンパク質

細胞内には G タンパク質と呼ばれるグループのタンパク質が存在し，細胞内情報伝達のみならず，さまざまな細胞の機能において重要な役割を果たしている．G タンパク質とは GTP や GDP などのグアニンヌクレオチドと結合する領域をもったタンパク質の総称で，GTP を加水分解する機能（GTPase 活性）も併せもっている．G タンパク質には，さまざまな細胞機能に幅広く関与している低分子量 G タンパク質と，細胞膜の受容体と共役して働いている三量体 G タンパク質（hetero trimeric G protein）がある．

低分子量 G タンパク質

低分子量 G タンパク質は分子量が 20 ～ 30 × 10^3 の小型のタンパク質で，細胞内情報伝達系をはじめとして，細胞の分化や増殖，細胞骨格の制御，細胞内輸送など，幅広い細胞機能に関わっている．低分子量 G タンパク質は多くの種類が存在し，それらが果たしている機能の面からいくつかのグループに分類されている（表 10-2）．それらは共通した基本構造からなり，5 つのループ構造（G1 ～ G5）と，後述するエフェクターや GEF などと結合する領域から構成されている（図 10-19）．G タンパク質は GTP と GDP のどちらに結合しているかによって，その立体構造が大きく変化する．この性質を利用して，細胞内の情報伝達の際には，情報の流れを制御する分子スイッチとしての役割を果たしている．そのスイッチを ON と OFF に切り替えているのがグアニンヌクレオチドで，一般に，GTP が結合しているときはスイッチが ON の状態で，その反対に，GDP が結合しているときはスイッチが OFF の状態である（図 10-20）．

通常の G タンパク質は GDP を結合していて OFF の状態にあるが，その GDP がグアニンヌクレオチド交換因子（guanine-nucleotide exchange factors, GEF）の作用で GTP に交換されると，スイッチが OFF から ON の状態に切り替わる．そして，G タンパク質の GTPase 活

表 10-2　低分子量 G タンパク質の分類

種類	ファミリー	機能
Ras	Ras, Ral, Rap, Rad, Rin, Rit, TC21, Kir, 他	成長因子からの情報伝達系で働く． 細胞増殖，細胞分化など．
Rho	Rho, Rac, Cdc42, Rnd, TC10, 他	アクチン繊維の構築の制御． 細胞突起形成，細胞増殖など．
Rab	Rab1 ～ 33, Smg, p25B, Ram, 他	輸送小胞の標的膜へのドッキングと膜融合．
ARF	Arf1 ～ 6, Sar, Arl, Ard, 他	核と細胞質間の物質輸送．
Ran	Ran, TC4	輸送小胞の形成．

主要な低分子量 G タンパク質の例を示す．

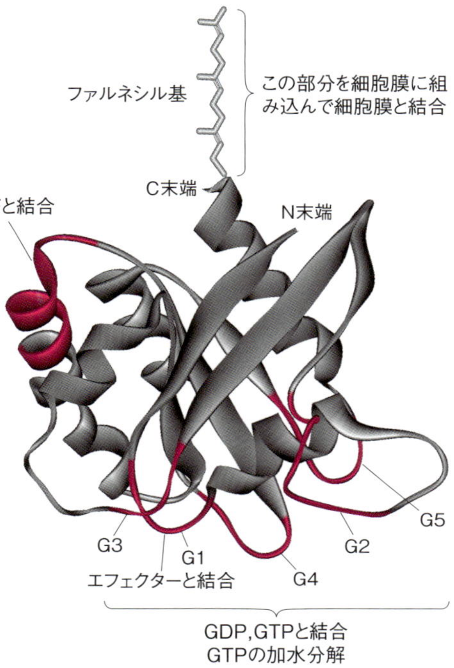

図 10-19　低分子量 G タンパク質の基本構造

低分子量 G タンパク質の Ras の構造を示す分子モデル．5 つのループ構造，GEF との結合部位，C 末端に結合した脂肪酸などの機能部位が存在する．G2 と G3 の領域が分子スイッチの役割を果たしている．

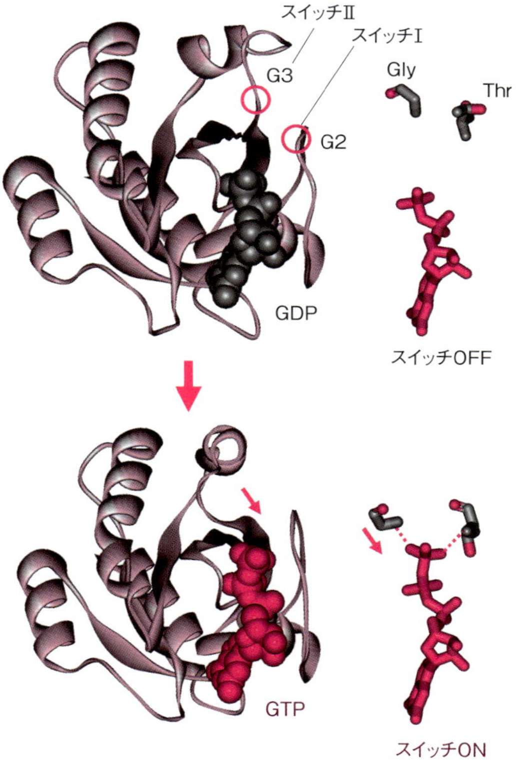

図 10-20　低分子量 G タンパク質の活性化

低分子量 G タンパク質は情報伝達経路の情報の流れを制御するスイッチのような役割を果たしている．その際のスイッチの切り替えは，GDP と GTP の交換によって行われる．GDP が結合しているときはスイッチが OFF（不活性）の状態で，GTP が結合しているときはスイッチが ON（活性）の状態である．その機能の違いはタンパク質の立体構造の変化に依存するものである．スイッチの ON と OFF には，G2 と G3 ループのそれぞれに存在する Thr と Gly，そして，GTP との間の相互作用が重要な役割を果たしている．

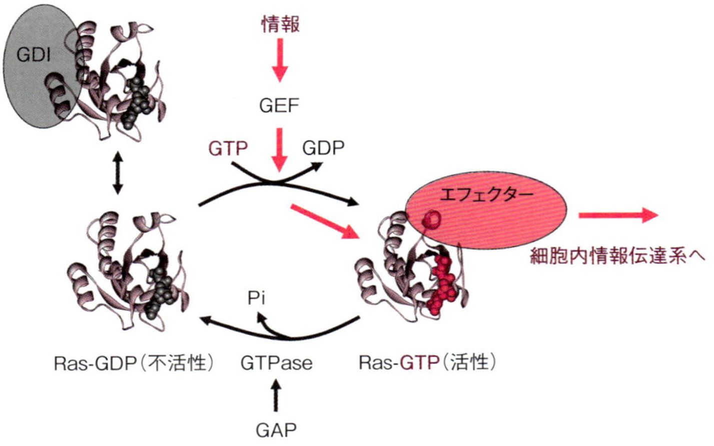

図 10-21　低分子量 G タンパク質の活性化の制御機構
低分子量 G タンパク質の活性化の制御は，GEF，GAP，GDI により行われている．GEF はグアニンヌクレオチドの交換を促進し，GAP は GTP の加水分解を促進している．そして，GDI は不活性な GDP 結合型を安定に維持して，その活性化を抑制している．活性型の Ras は標的となるタンパク質のエフェクターと結合して情報を伝達する．

性により，GTP が加水分解されて GDP になると，スイッチが ON から OFF に切り替わる．このように，G タンパク質のスイッチの切り替えは，GDP と GTP の交換反応と，GTP の加水分解により行われている．これらを調節しているのが，GEF による GDP と GTP の交換，GTPase 活性化タンパク質の GAP（GTPase activating protein）による GTP の加水分解の促進，グアニンヌクレオチド解離抑制因子の GDI（GDP dissociation inhibitor）による GDP と GTP の交換抑制などである（図 10-21）．GDI は G タンパク質の脂肪酸に結合し，G タンパク質が生体膜に組み込まれて活性化されるのを抑制することにより，GDP 結合型（不活性状態）を安定的に維持していると考えられている．

10·4　受容体と G タンパク質が共役しているタイプ

G タンパク質と共役した受容体は GPCR（G protein-coupled receptor），あるいは，7 回膜貫通タンパク質からなるので，7-TM（7-transmembrane）受容体と呼ばれている．受容体の細胞内領域には三量体 G タンパク質が結合しており，それらを介して外界から得られた情報が細胞内に伝達される．7-TM 受容体は原核細胞にもその存在が確認されており，酵母からヒトに至るまでの真核細胞には多くの種類が存在する．7-TM 受容体に多くの種類が存在するのは，それらが視覚，嗅覚，味覚，神経伝達，ホルモン，細胞成長因子など幅広い範囲の情報の受容体として存在し，イオン，アミン，タンパク質，脂質，ヌクレオチドから光子に至るまで多様な情報を受容し，その情報を細胞内に伝達しているからである．

これらの 7-TM 受容体は，その構造がよく似ている主要な 3 つのグループと，その他の 2 つのグループに分類されている（表 10-3）．それらの細胞外領域と情報伝達因子との結合のしかたにも特徴がある（図 10-22）．われわれが用いている薬の約半分は，これらの 7-TM 受容体と関連することや，ヒトの遺伝子が解読された結果，7-TM 受容体に相当すると見られる未解明の遺伝子がまだ多く存在していることがわかった．それらは，結合する情報伝達分子や機能が明らかにされていないので，オーファンレセプター（orphan receptor，孤児受容体）とも呼ばれ，それらと結合する情報伝達分子や機能の解明がさかんに進められている．

7-TM 受容体の細胞内領域に結合している三量体 G タンパク質は 3 種類（G_α，G_β，G_γ）の異なるサブユニットからなる（図 10-23）．G_α サブユニットの N 末端と，G_γ サブユニットの C 末端には脂肪酸（ミリストイル基，パルミトイル基，ファルネシル基，ゲルニルゲルニル基

表 10-3　7-TM 受容体の分類

分類	リガンドの種類	リガンド結合部位の構造	リガンドの特徴
ロドプシンの仲間	アミン，ペプチド，匂い分子，麻薬類，ヌクレオチドなど	膜貫通部位のポケットの部分	小型の分子
セクレチン受容体の仲間	セクレチン，カルシトニン，グルカゴン，甲状腺ホルモンなど	細胞外領域のループの部分やN末端側の細胞外領域の部分	ペプチド
代謝調節型のグルタミン酸受容体の仲間	代謝型グルタミン酸，GABA，Ca^{2+}，フェロモンなど	N末端側の細胞外領域の部分	糖タンパク質ホルモン
その他 ・cAMP 受容体の仲間 ・Frizzled/smoothened 受容体の仲間	 cAMP Frizzled，smoothened		

など）が結合しているので，それらを細胞膜に組み込んで細胞膜と結合している．それらの中で，G_α サブユニットがグアニンヌクレオチドの結合領域と GTPase 活性をもっている．この G_α サブユニットは，低分子量Gタンパク質の場合と同じように，GTP と GDP のどちらが結合しているかによって，その機能のスイッチが ON（活性）と OFF（不活性）の状態に切り替わる．受容体に情報伝達分子が結合してない通常の状態では，G_α サブユニットに GDP が結合していて OFF の状態にある．そして，受容体に情報伝達分子が結合すると，GDP が GTP に交換されて ON の状態になる．

G_α サブユニットが ON の状態になると，三量体Gタンパク質は受容体から離れて細胞膜上を移動し，エフェクター（effector，効果器）と呼ばれる標的の酵素タンパク質まで移動する．そして，その酵素と結合して作用を及ぼし，酵素を活性化させる．このように，7-TM 受容体により受容された外界からの情報は，それに結合している三量体Gタンパク質を介して細胞内の情報伝達系に伝達される．その際の情報伝達の中心的な役割を果たしているのが G_α サブユニットで，G_β と G_γ サブユニットのダイマーも特定の標的を活性化して情報を伝達する役割を果たしている．三量体Gタンパク質のサブユニットにはいくつものアイソフォームが知られており，それらは標的が異なるだけでなく，その働きも異なっている（表 10-4）．

三量体Gタンパク質の活性化の調節は，低分子量Gタンパク質と同じように，GAP や GEF などに相当する調節因子により調節されている（図 10-24）．GEF に相当する役割を受容体が行い，GAP に相当する役割を RGS（regulators of G-protein signaling）が行っている．活性化された G_α サブユニットの GTP が加水分解されると G_α サブユニットは不活性状態になり，エフェクタ

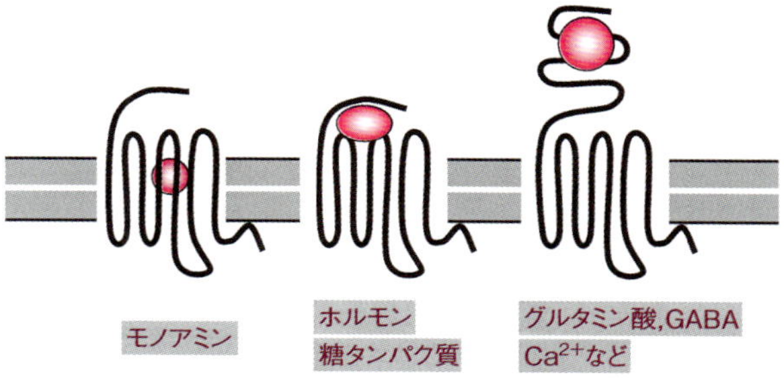

図 10-22　情報伝達分子が 7-TM 受容体に結合するタイプによる分類

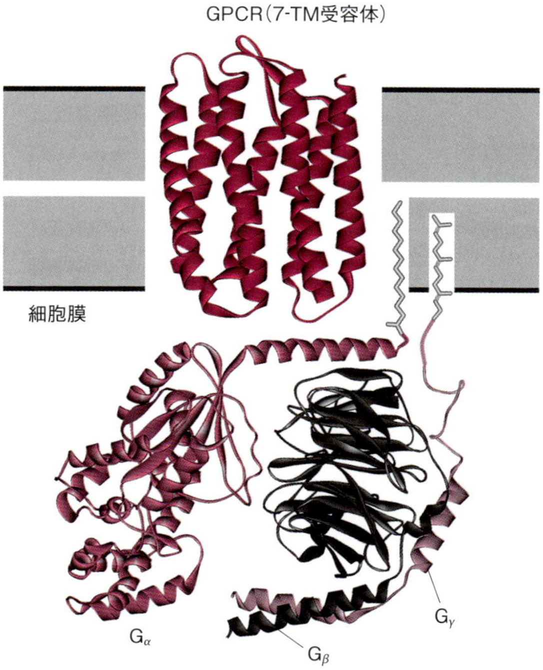

図 10-23　7-TM 受容体と三量体Gタンパク質との複合体を示す分子モデル

表10-4 三量体Gタンパク質のG_αの種類とその特性

サブユニット	エフェクター	作用
$G_{\alpha s}$	アデニル酸シクラーゼ	促進
$G_{\alpha q}$	ホスホリパーゼ Cβ	促進
$G_{\alpha i}$	アデニル酸シクラーゼ	抑制
$G_{\alpha 11}$, $G_{\alpha 14\text{-}18}$	ホスホリパーゼ Cβ	促進
$G_{\alpha 12}$, $G_{\alpha 13}$	Rho, Rac, Cdc42	ヌクレオチド交換促進 突起形成促進
$G_{\alpha o}$	アデニル酸シクラーゼ	抑制
$G_{\alpha z}$	アデニル酸シクラーゼ	抑制
$G_{\alpha olf}$	アデニル酸シクラーゼ	促進
$G_{\alpha t}$	ホスホジエステラーゼ	促進
G_β・G_γダイマー	ホスホリパーゼ Cβ ホスファチジルイノシトール3キナーゼ アデニル酸シクラーゼ Ca^{2+}チャネル K チャネル	促進 促進 抑制 促進 促進

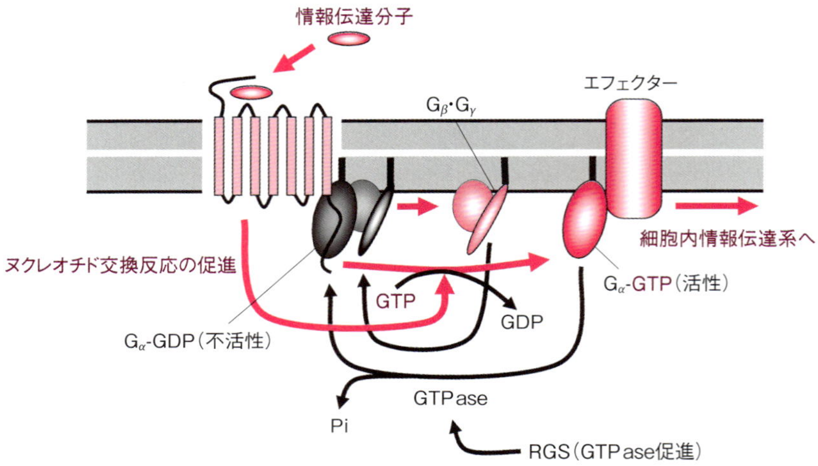

図 10-24 7-TM 受容体と三量体 G タンパク質との複合体における情報の伝達
情報伝達分子からの情報は 7-TM 受容体を介して三量体 G タンパク質に伝えられる．活性化された G_α や G_β・G_γ はそれぞれ標的となるエフェクターと結合してそれらを活性化する．そして，G_α の GTP が加水分解されると元の不活性な状態に戻る．それらの過程の制御はグアニンヌクレオチドの交換反応と GTP の加水分解を中心に行われている．

ーから離れて 7-TM 受容体や他のサブユニットと再び結合して，次の情報が来るまで待機している．

10·5 三量体 G タンパク質のエフェクター

三量体 G タンパク質により活性化される標的には，アデニル酸シクラーゼ（adenylyl cyclase），ホスホリパーゼ C，ホスホジエステラーゼなどの酵素や，低分子量 G タンパク質，Ca^{2+} チャネルや K^+ チャネルなどが知られている（図 10-25）．これらの活性化は，cAMP，イノシトール 3 リン酸（inositol 1,4,5-triphosphate，$InsP_3$，IP_3），ジアシルグリセロール（1,2-diacylglycerol，DG，DAG）などの産生や，細胞内の Ca^{2+} 濃度の増加を引き起こす．これらの低分子は細胞内の情報伝達分子として働くので二次情報伝達因子（second messenger）とも呼ばれている．しかも，cAMP，IP_3，Ca^{2+} などは水溶性の低分子なので，細胞質中を広範囲にすばやく拡散して，それぞれの標的タンパク質と結合してそれらを活性化する．このように，細胞膜の受容体からの情報が二次

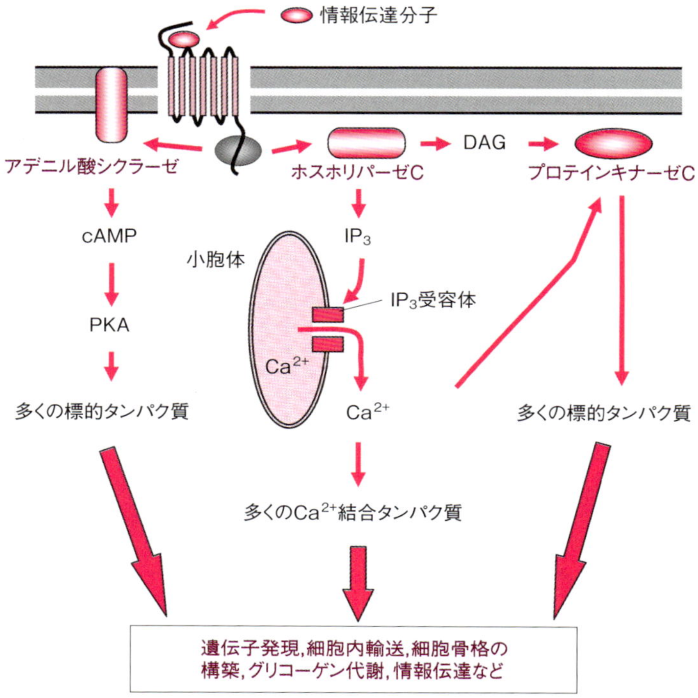

図 10-25 7-TM 受容体により活性化される主なエフェクター
7-TM 受容体と三量体 G タンパク質が制御している細胞内のエフェクターは，二次情報伝達因子と密接に関連しているので，この情報伝達系は幅広い細胞機能の制御に関わっている．

情報伝達因子に変換されると，その情報は細胞内に幅広く伝達されることになる．

a. アデニル酸シクラーゼ

三量体 G タンパク質のエフェクターの 1 つとして知られているアデニル酸シクラーゼは 12 回膜貫通タンパク質で，細胞質内に突き出た 2 つの領域（C1 と C2 ドメイン）があり，それらの領域が合わさったものが，ATP から cAMP を産生する触媒部位として働いている（図 10-26）．活性化された G_α サブユニットはこの触媒部位の特定の部分に結合してアデニル酸シクラーゼを活性化する．アデニル酸シクラーゼには組織により異なるいくつかの種類があり，それらの活性化のしくみにも違いが見られる．G_α サブユニットが不活性化され，アデニル酸シクラーゼから離れると，アデニル酸シクラーゼは不活性になり，産生された cAMP もホスホジエステラーゼにより分解されて AMP になる．

アデニル酸シクラーゼにより産生された cAMP は，細胞内に速やかに拡散して標的タンパク質と結合することにより，外部からの情報を細胞内に伝達する役割を果たしている．その標的タンパク質として知られているのがプロテインキナーゼ A（protein kinase A，PKA）である（図 10-27）．不活性状態のプロテインキナーゼ A の触媒部位には調節サブユニットが結合して，その酵素活性を抑制している．調節サブユニットに cAMP が 2 個結合すると，その立体構造が変化して調節サブユニットが触媒サブユニットから離れる．その結果，触媒サブユニットへの抑制が解除され，プロテインキナーゼ A が活性化される．活性化された酵素はその基質となる標的タンパク質のセリンやトレオニンをリン酸化して，情報を次に伝達する．この際に，プロテインキナーゼ A の標的となるタンパク質には，グリコーゲン代謝や染色体の凝縮に関係するタンパク質をはじめとして，多くのものが知られている．

b. ホスホリパーゼ C

ホスホリパーゼ C も三量体 G タンパク質のエフェクターの 1 つである．ホスホリパーゼ C は PH ドメイン，Ca^{2+} 結合ドメイン，C2 ドメイン，酵素ドメインからなるタンパク質で，PH ドメインと C2 ドメインの

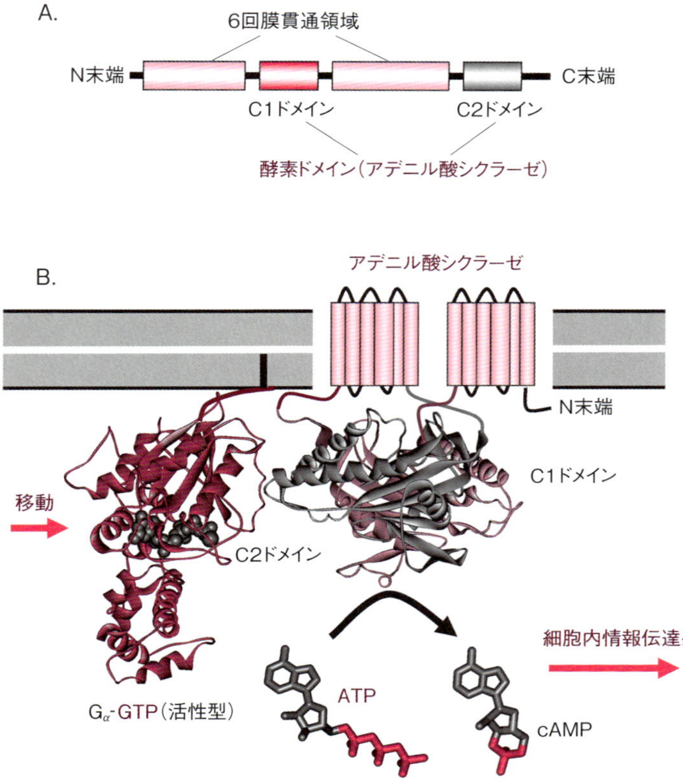

図 10-26　G_α によるアデニル酸シクラーゼの活性化
A：アデニル酸シクラーゼを構成する機能領域を示す．B：アデニル酸シクラーゼの分子モデルを示す．活性化された G_α は細胞膜上を移動して，同じく細胞膜に存在するアデニル酸シクラーゼと結合し，それを活性化する．その際に，活性型の G_α はアデニル酸シクラーゼの機能領域（C1 と C2 ドメイン）に結合して，その酵素機能を活性化する．

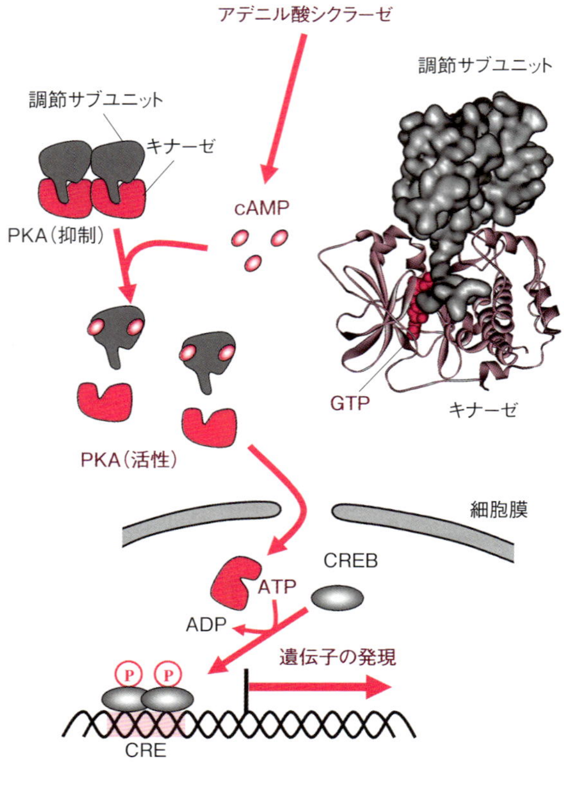

図 10-27　cAMP によるプロテインキナーゼ A（PKA）の活性化と遺伝子発現の制御
アデニル酸シクラーゼにより産生された cAMP は，PKA を抑制している調節サブユニットに結合して，それを PKA から引き離す．その結果，活性化された PKA は核内に移行して転写因子をリン酸化することにより，遺伝子の発現を引き起こす．CRE：cAMP response element，CREB：CRE binding protein

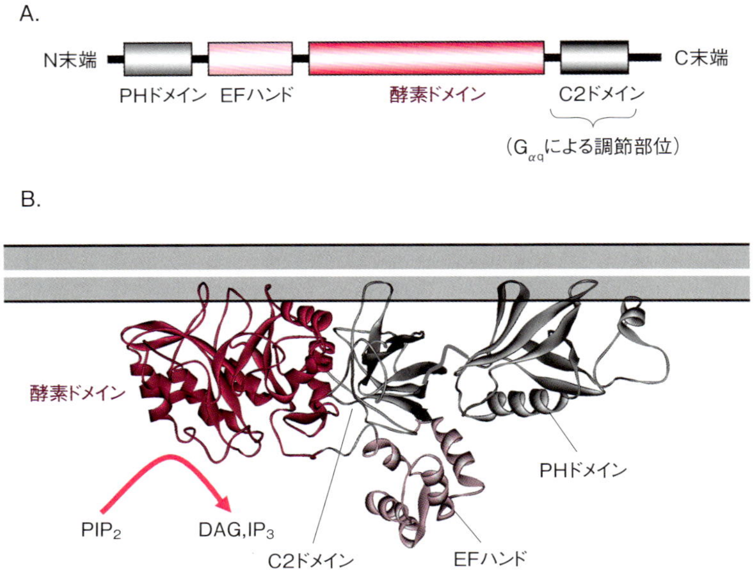

図 10-28　ホスホリパーゼ C の分子モデル
A はホスホリパーゼ C を構成する機能領域を示し，B はその分子モデルを示す．

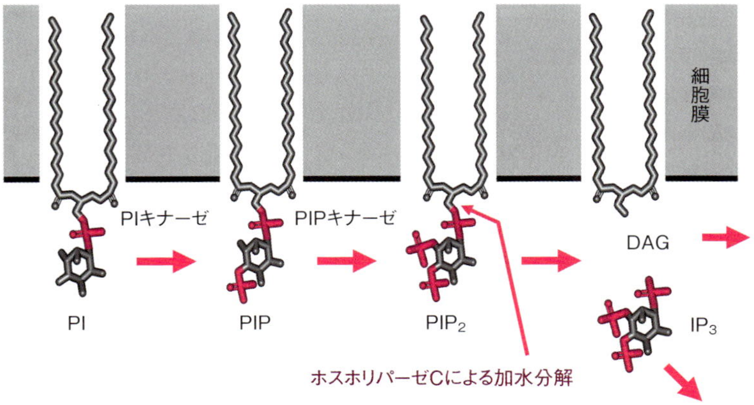

図 10-29　ホスホリパーゼ C による PIP_2 の分解
PIP_2 はそれぞれ二次情報伝達因子の IP_3 と DAG に分解される．

部分で細胞膜を構成する特定のリン脂質の頭部（リン酸化されたイノシトール環）を認識して細胞膜に結合している（図 10-28）．G_α サブユニットが結合して活性化されると，ホスホリパーゼ C はイノシトール環がリン酸化されたホスファチジルイノシトール 2 リン酸（phosphatidyl 4,5-bisphosphate，PIP_2）を分解して，イノシトール 3 リン酸とジアシルグリセロールとに分離する（図 10-29）．分離されたイノシトール 3 リン酸は細胞質内を速やかに拡散して標的タンパク質のイノシトール 3 リン酸受容体（IP_3 receptor）と結合してその受容体を活性化する．

c. イノシトール 3 リン酸受容体

イノシトール 3 リン酸受容体は，小胞体膜に分布する Ca^{2+} チャネルで，その小胞体の内部に蓄えられた Ca^{2+} を細胞質内に放出する役割を果たしている．イノシトール 3 リン酸受容体は四量体からなり，そのサブユニットは 6 回膜貫通の糖タンパク質で，細胞質側の領域に IP_3 が結合すると，その立体構造が変化してチャネルを

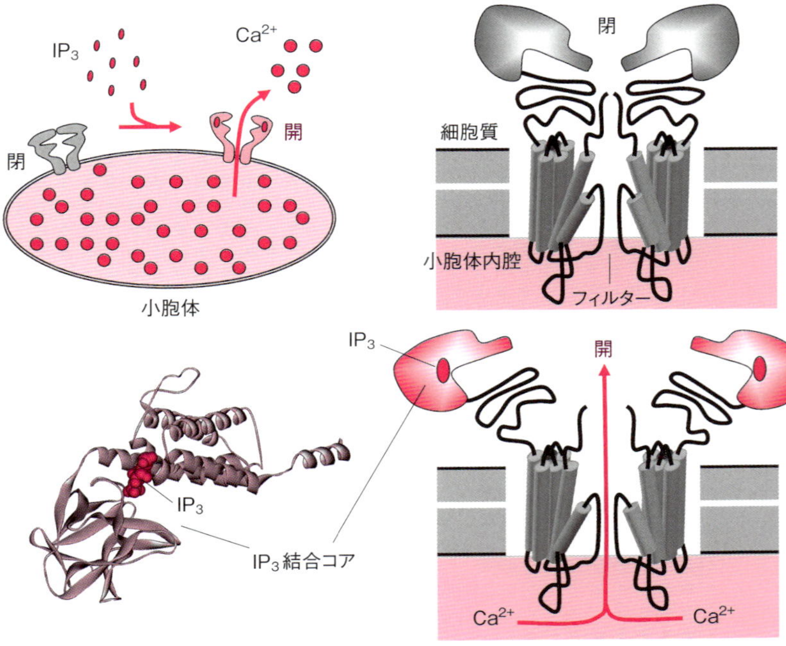

図 10-30 イノシトール 3 リン酸受容体による小胞体からの Ca^{2+} の放出

イノシトール 3 リン酸受容体の IP_3 結合コアに Ca^{2+} が結合すると Ca^{2+} チャネルが開いて，小胞体から細胞質へ Ca^{2+} が放出される．イオンチャネルのフィルターの部分は 5 つの連続したアミノ酸配列（GGVGD）により構成されている．

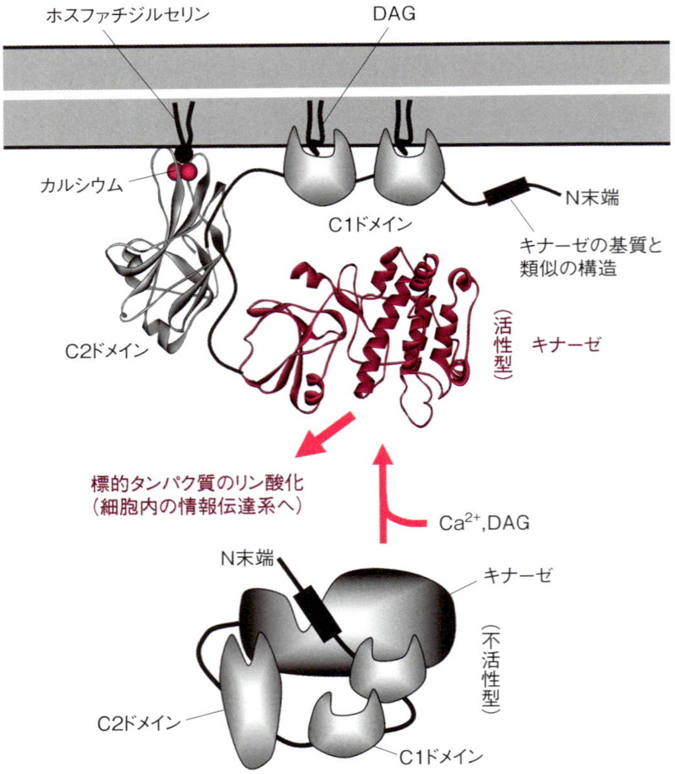

図 10-31 プロテインキナーゼ C の分子モデル

不活性型のプロテインキナーゼ C に Ca^{2+} とジアシルグリセロール（DAG）が結合すると，キナーゼが活性化される．活性化されたキナーゼは標的タンパク質をリン酸化して，情報を次に伝達する．

開いて，小胞体から細胞質内にCa^{2+}を放出させる（図10-30）．その結果，細胞質内で増加したCa^{2+}は二次情報伝達因子として働き，標的タンパク質と結合することにより，細胞外からの情報を細胞内に幅広く伝達する役割を担っている．一方，ジアシルグリセロールは細胞膜内を移動して標的タンパク質のプロテインキナーゼC（protein kinase C）と結合してそれを活性化する．プロテインキナーゼCは標的タンパク質のセリンやトレオニンをリン酸化することにより，情報を次に伝達する（図10-31）．

10･6　Ca^{2+}と細胞内情報伝達

二次情報伝達因子として働いている細胞内のCa^{2+}は，そのわずかな濃度の変化を利用して，細胞内の情報伝達分子として働いている．そのために，通常の細胞内のCa^{2+}濃度は非常に低く（10^{-4}mM以下）保たれている．そして，必要に応じて，短期間だけ細胞内のCa^{2+}濃度を上昇させるしくみになっている．細胞内のCa^{2+}濃度を上昇させる方法はいくつかあるが，その主なものは2つある．その1つは，細胞膜に分布するCa^{2+}チャネルを開いて細胞外（Ca^{2+}濃度が数mM）から細胞内にCa^{2+}を流入させる方法である．もう1つは，小胞体膜に分布しているCa^{2+}チャネルを開いて，小胞体に蓄えられているCa^{2+}を細胞質内へ放出させる方法である．

小胞体から細胞質内へのCa^{2+}の放出は，小胞体膜に分布するCa^{2+}チャネルのイノシトール3リン酸受容体とリアノジン受容体により行われている．両者とも細胞に幅広く分布しているが，とりわけ，リアノジン受容体は筋細胞の筋小胞体を中心に分布し，筋小胞体から細胞内へCa^{2+}を放出して，筋収縮の調節に重要な役割を果たしている（7章参照）．細胞質内に放出されたCa^{2+}はその役割を果たすと，速やかに小胞体の内部やミトコンドリア内部に取り込まれたり，細胞外へ排出されたりして，細胞質内はもとの低濃度なCa^{2+}濃度の状態に戻される．

Ca^{2+}結合タンパク質

細胞内のCa^{2+}濃度が上昇すると，Ca^{2+}の標的タンパク質であるCa^{2+}結合タンパク質（calcium-binding protein）にCa^{2+}が結合する．それらのタンパク質の多くは，2つの直交するαヘリックス（それらはEとFと呼ばれている）からなるEFハンド（EF hand）と呼ばれる構造をもっている（図10-32）．Ca^{2+}が結合するのは，それらのαヘリックス構造の間に存在するループ構造の部分である．そのループには，アスパラギン酸とグルタミン酸の側鎖のカルボキシ基が，Ca^{2+}を結合し易いように配置されている．ここでは，Ca^{2+}結合タンパク質としてよく知られている，カルモジュリン（calmodulin）についてその様子を示す．カルモジュリンの名称はcalcium modulated proteinに由来するもので，その構造はαヘリックスで連結された2つのEFハ

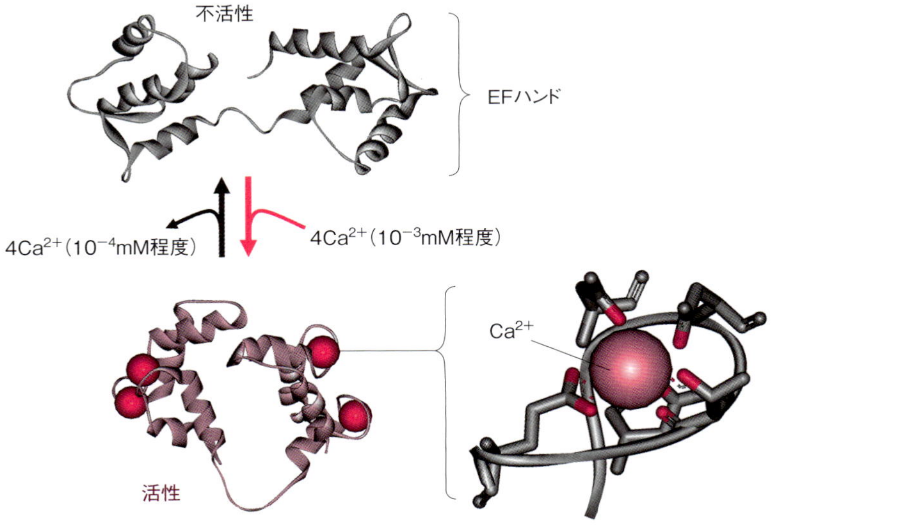

図10-32　カルモジュリンの分子モデル
カルモジュリンのEFハンドにCa^{2+}が4個結合すると，その立体構造が大きく変化して標的タンパク質と結合できるようになる．Ca^{2+}はループを構成する5つのアミノ酸（6個の酸素）に囲まれるように結合する．

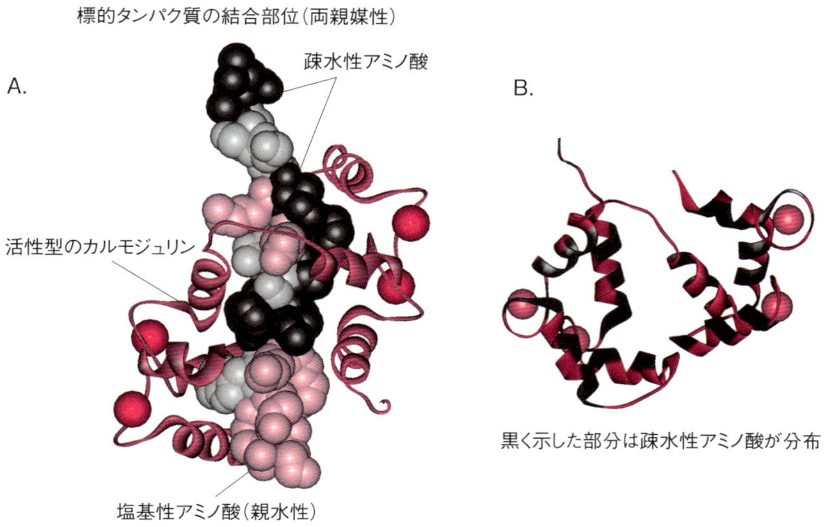

図 10-33　カルモジュリンと標的タンパク質との結合を示す分子モデル
活性化されたカルモジュリンはその疎水性の部分で標的タンパク質と結合する．A：結合する標的タンパク質の結合部位は親水性と疎水性のアミノ酸からなる両親媒性の構造をしている．B：活性化されて標的タンパク質と結合している状態の立体構造を示す．標的タンパク質の結合部位を包み込むように疎水性のアミノ酸（黒色）が配置している．

ンドからなり，それぞれに 2 個ずつの Ca^{2+} が結合する．細胞内の Ca^{2+} 濃度が 10^{-3}mM まで上昇すると，Ca^{2+} が EF ハンドに結合し，通常の値である 10^{-4}mM にまで低下すると Ca^{2+} はカルモジュリンから離れる．このように，カルモジュリンの EF ハンドは，細胞内の Ca^{2+} 濃度に依存して，Ca^{2+} と結合したり離れたりする性質がある．

カルモジュリンの EF ハンドに Ca^{2+} が結合すると，その立体構造は大きく変化して，メチオニンが多く分布する疎水性のポケットを露出する（図 10-32）．一方，カルモジュリンが結合する標的タンパク質の結合部位の特徴として，塩基性両親媒性 α ヘリックス（basic amphiphilic alpha helix）と呼ばれる構造が知られている．この構造では，親水性アミノ酸のリシンと，疎水性アミノ酸のロイシンのそれぞれが片寄って分布している（図 10-33）．つまり，Ca^{2+} の結合により露出したカルモジュリンの疎水性の部分が，標的タンパク質の塩基性両親媒性 α ヘリックスの疎水性部分に結合する．その結果，標的タンパク質が活性化されて，カルモジュリンからの情報が伝達される．このような塩基性両親媒性 α ヘリックス構造の例としては，ミオシンの頚部に存在する IQ モチーフがよく知られている．この部分にはカルモジュリンの仲間の軽鎖が結合して，ミオシンの機能を調節している．

カルモジュリンをはじめとした Ca^{2+} 結合タンパク質には多くの種類（少なくとも 100 種類以上）が存在し，それらは EF ハンドや C2 ドメイン（図 10-13 参照）と呼ばれる特別な部分で Ca^{2+} と結合している．しかも，それらの存在は，酵素，細胞骨格，情報伝達に関わる分子など，幅広い分野のタンパク質にも及んでいる．このことは，細胞内の情報伝達分子としての Ca^{2+} が，遺伝子発現，代謝，細胞骨格，分泌など，細胞内のさまざまな機能の調節に深く関わっていることを示している．

10・7　受容体がイオンチャネルとしての機能をもつタイプ

細胞膜の受容体には自身がイオンチャネルを兼ねているものが存在する．そのようなタイプは，神経細胞の化学伝達に関わっているイオンチャネルに多く見られる．たとえば，シナプスの部分に分布しているアセチルコリン，グルタミン酸，GABA，セロトニン，グリシンなどの受容体は，神経伝達物質の受容体であるとともに，特定のイオンを通過させるイオンチャネルとしての機能がある．それらの受容体は，Cys ループ受容体（Cysloop receptor)，イオンチャネル型グルタミン酸受容体(ionotropic glutamate receptor)，ATP 受容体などに分類されている（表 10-5，図 10-34）．Cys ループ受容体と呼ばれて分類されているものは，それらの細胞外領域の N 末端側に，Cys ループと呼ばれるジスルフィド結合を形成した構造を共通してもっているからである．

イオンチャネルを兼ねている受容体の多くは，複数の膜貫通性の糖タンパク質が集合した多量体構造からなり，その中央にイオンを通す通路が形成されている．そして，細胞外領域に情報伝達分子が結合するとイオンの通路が開かれて，イオンが通過する．その結果，膜電位が変化したり，二次情報伝達因子の Ca^{2+} そのものが細胞内に流入したりして，外界からの情報が細胞内に伝達される．

グルタミン酸の結合によりイオンチャネルが直接開かれるイオンチャネル型グルタミン酸受容体は，代謝調節型グルタミン酸受容体と比べて，細胞内への情報の伝達が非常に速い（10 ～ 20 ミリ秒くらい）．それは，イオンチャネル型グルタミン酸受容体では，グルタミン酸の結合によりチャネルが開放されて，細胞内に情報が速やかに伝達されるからである．一方，代謝調節型グルタミン酸受容体では，受容体に結合したグルタミン酸の情報が，G タンパク質を介して伝達されるために，情報の伝達に数分から数時間もかかる．

細胞膜に分布する受容体型のイオンチャネルと同じようなタイプのイオンチャネルは細胞小器官の膜にも存在する．すでに紹介した小胞体膜の Ca^{2+} チャネルの IP_3 受容体やリアノジン受容体などがそうである．これらの

表 10-5　イオンチャネルの機能をもつ受容体の分類

分類	イオンチャネルの例
Cys ループ受容体	アセチルコリン受容体 5HT- 3 受容体 GABA 受容体 グリシン受容体
イオンチャネル型グルタミン酸受容体	AMPA タイプ受容体 カイニン酸タイプ受容体 NMDA タイプ受容体
ATP 受容体	ATP 受容体

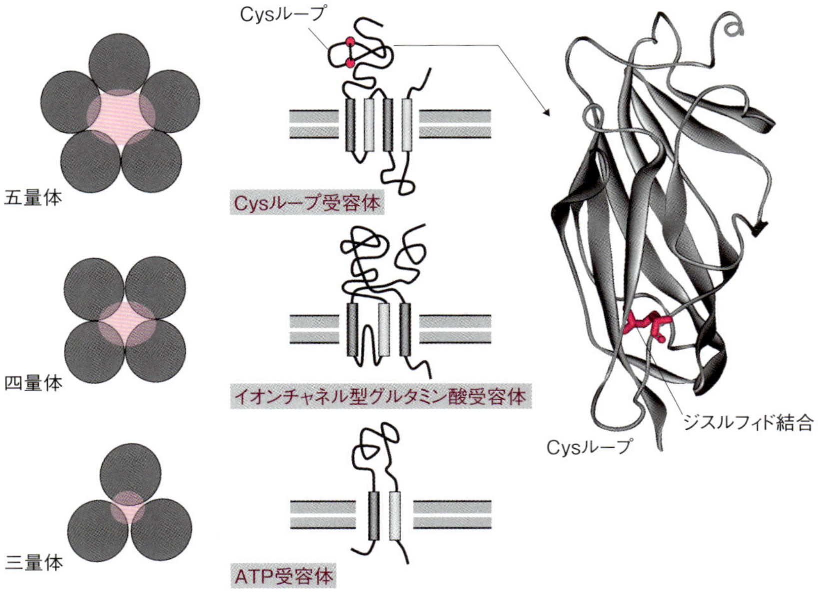

図 10-34　イオンチャネルの機能をもつ受容体の構造
主要な 3 つのタイプの膜貫通領域の構造と細胞外領域の構造の特徴を示す．
それらは 3 分子以上が集合することにより，チャネル構造を形成する．

他にも，たとえば，cAMP，アラキドン酸，ロイコトリエンなどの細胞質内からの情報伝達分子が結合することにより，その開閉が調節されているイオンチャネルが小胞体膜や細胞膜などに存在している．

10・8 核内受容体

上に述べたように，細胞膜の受容体を介して細胞外からの情報が細胞内に伝達される方法以外にも，細胞膜を拡散により通過して細胞内に入り込んだ情報伝達分子が，細胞質や核内に存在する受容体に直接結合して情報を伝達する方法がある．脂溶性の低分子，たとえば，ステロイドホルモン，ビタミンAなどのように細胞膜を自由に通過できる情報伝達分子の場合，それらは拡散により細胞膜を通過した後，細胞内に分布する受容体と結合する．それらの情報伝達分子には，直接 核内受容体に結合するものや，細胞質に存在する受容体と結合してから核内に移行するものなどがある．いずれの場合も，細胞膜の受容体や細胞質内の情報伝達経路を経由せずに，遺伝子発現の調節に関与している．

核内受容体は転写因子として働いているタンパク質で，その基本構造は情報伝達分子と結合する領域とDNAと結合する領域から構成されている．疎水性の情報伝達分子と結合する領域には疎水性のアミノ酸が多く分布しており，親水性のDNAと結合する領域には親水性のアミノ酸が多く分布している．核内受容体の働きについてエストロゲンの場合を例に示す（図10-35）．エストロゲンの受容体は細胞質でエストロゲンと結合すると，転写因子としての働きが活性化され，核内に移行してDNAと結合し，特定の遺伝子の発現を調節する．エストロゲンの場合を含めて多くの受容体では，ホモやヘテロの二量体を形成してDNAと結合する．

10・9 細胞どうしや細胞と細胞外基質との接着による情報の伝達

ホルモンや成長因子などのように情報伝達のために分泌された特別な分子からの情報だけでなく，細胞どうし

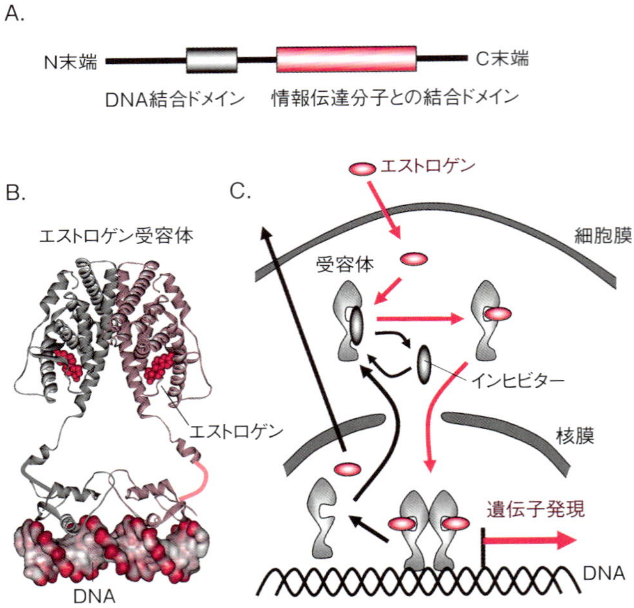

図10-35 核内受容体の構造と機能

A：核内受容体の基本的な機能領域を示す．B：核内受容体であるエストロゲン受容体の分子モデルを示す．C：エストロゲンは拡散により細胞内に進入すると，細胞質に存在するエストロゲン受容体と結合する．エストロゲンと結合して活性化された受容体は，核内に移行して転写因子として働き，遺伝子の発現を調節する．その際に，グルココルチコイド，電解質コルチコイド，プロゲステロン，アンドロゲン，エストロゲンなどの受容体はホモ二量体，甲状腺ホルモン，レチノイン酸，エクダイソン，胆汁酸などの受容体はヘテロ二量体を形成する．

による接着や，細胞が組織形成のために分泌した細胞外基質と結合することも，細胞外からの情報として作用している．それらの情報を細胞内に伝達しているのが，カドヘリン，インテグリン，CAM，セレクチンなどを中心とした接着分子である．ここでは，それらが細胞内の情報伝達系に関与している例を，カドヘリンとインテグリンの場合を例に述べる．

両者とも，7章で述べたように，細胞膜に存在する膜貫通タンパク質で，それらの細胞内領域には，細胞骨格繊維や細胞内の情報伝達系に関与する多くのタンパク質が結合している．カドヘリンの細胞内領域にはアクチン繊維とともにカテニン（α-カテニンとβ-カテニン）が結合している（図10-36）．このうち，β-カテニンは転写因子としての機能をもつタンパク質で，受容体から離れると核内に移行して遺伝子の発現を調節する機能がある．通常の状態では，細胞質中のβ-カテニンは，足場タンパク質のAxinを中心にGSK-3β（glycogen synthase kinase-3β）と呼ばれるキナーゼやAPCなどと一緒に複合体を形成している．そして，GSK-3βによるリン酸化を受けたβ-カテニンは，SCFによりユビキチン化された後，プロテアソームに分解される．そのために，細胞質内の濃度は低く抑えられている．ところが，情報伝達分子のWnt（ショウジョウバエのwinglessと同じ仲間の脊椎動物の遺伝子）が7回膜貫通タンパク質の受容体のfrizzledに結合すると，β-カテニンのリン酸化が抑制され，その分解が抑えられる．その結果，細胞質中に増加したβ-カテニンは核内に移行して転写因子のLef/Tcf（lymphoid enhancing factor/T-cell factor）と結合し，遺伝子の発現を引き起こすことにより細胞増殖や細胞運動を制御する．カドヘリンに結合しているβ-カテニンも，この情報伝達系に深く関わっている．

インテグリンの細胞内領域には，タリン（talin）やパキシリン（paxillin）を介して細胞質型キナーゼのFAKが結合している．そして，そのFAKを中心に，細胞内の情報伝達に関わる一連のタンパク質が集合体を形成している（図10-37）．コラーゲン繊維やフィブロネクチンなどの細胞外基質，他の細胞の細胞膜に存在する特定の分子（たとえば，免疫グロブリンスーパーファミリー）がインテグリンに結合すると，その情報がFAKに伝えられ，FAKが活性化される．その結果，FAKの自己リン酸化が引き起こされ，FAKのいくつかのチロシンがリン酸化される．そのリン酸化されたチロシンを認識し

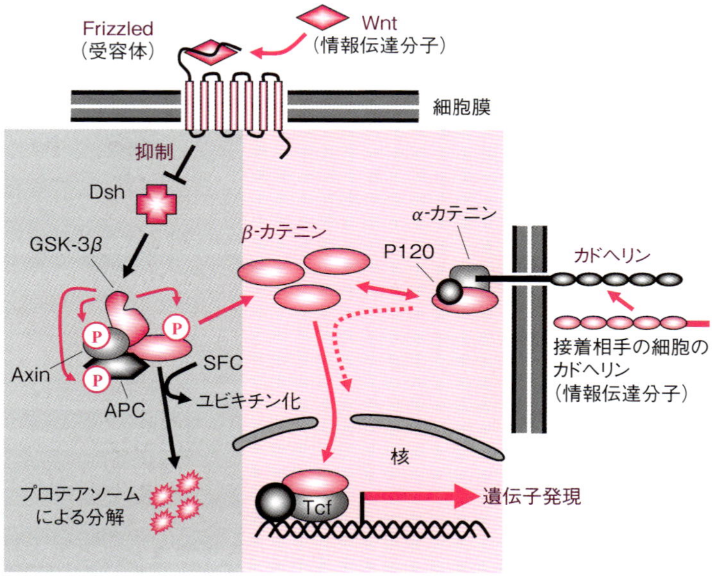

図10-36　カドヘリンによる細胞内の情報伝達経路
カドヘリンの細胞内領域には転写因子のβ-カテニンが結合している．相手の細胞のカドヘリンと結合したという情報は，β-カテニンを介して遺伝子の発現の調節にまで及ぶ．このような，β-カテニンによる遺伝子の発現の制御は，Wntとその受容体のFrizzledとも関連して行われている．細胞質内では，両者の情報伝達経路が互いに関連して働いている．Dsh：dishevelled

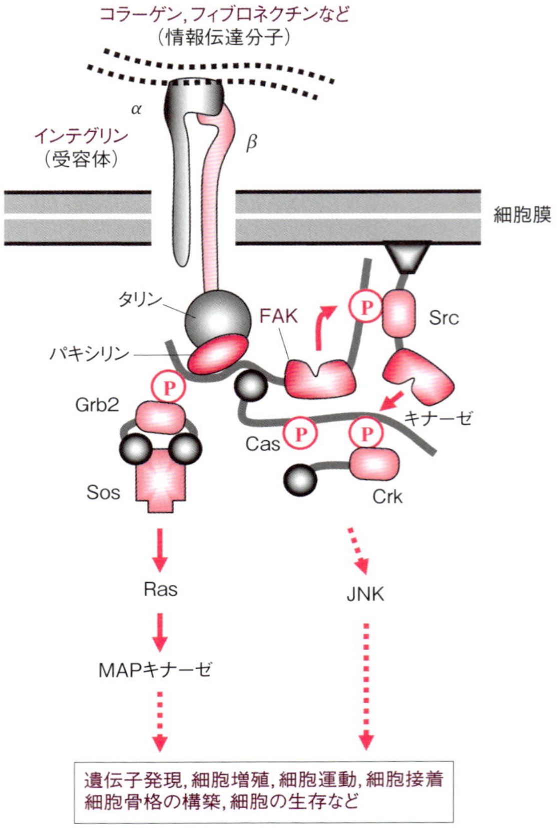

図 10-37　インテグリンによる情報伝達系
インテグリンの細胞内領域には多くの情報伝達系のタンパク質が集結している．情報伝達分子である細胞外基質がインテグリンと結合すると，その情報が細胞内領域に結合しているFAKを活性化して，そこから多くの情報伝達系へと情報が伝達される．その結果，インテグリンからの情報により，細胞機能のさまざまな変化が引き起こされる．

て Src，Crk，Grb2 などの情報伝達系のタンパク質が集合し，インテグリンからの情報を次の標的タンパク質へと伝達する．このようにして，インテグリンを介して細胞内に伝達された情報は，細胞の運動性や粘着性，細胞増殖，細胞骨格の構築，細胞分化などを調節している．

10·10　特殊なタイプの情報伝達

今までに述べたタイプの細胞内情報伝達系とは少し異なるタイプの情報伝達のしかたも知られている．その 1 つは，情報の伝達をタンパク質の分解を介して行うタイプである．前述した，β-カテニンが分解されることにより情報伝達のスイッチが OFF にされる Wnt と frizzled による情報伝達系の場合も，これに相当する例である．その他にもいくつかの例が知られている．たとえば，動物の神経や手足の発生過程で重要な役割を果たしているソニックヘッジホッグ（sonic hedgehog, Shh）と呼ばれる情報伝達分子の例がある（図 10-38）．細胞膜の受容体にソニックヘッジホッグが結合していないときは，その情報伝達経路に存在する転写因子の Ci（cubitus interruptus）がタンパク質分解酵素により分解されているために，その機能が OFF にされている．ところが，受容体にソニックヘッジホッグが結合すると，Ci の分解が抑制されるため，細胞内で増加した Ci が核内に移行し，転写因子の CBP と結合して，標的遺伝子の発現を引き起こす．

もう 1 つは，Delta と呼ばれる情報伝達分子の受容体の Notch の例がある．Notch は膜貫通タンパク質の受容体で，それが合成される際に，トランスゴルジを通過

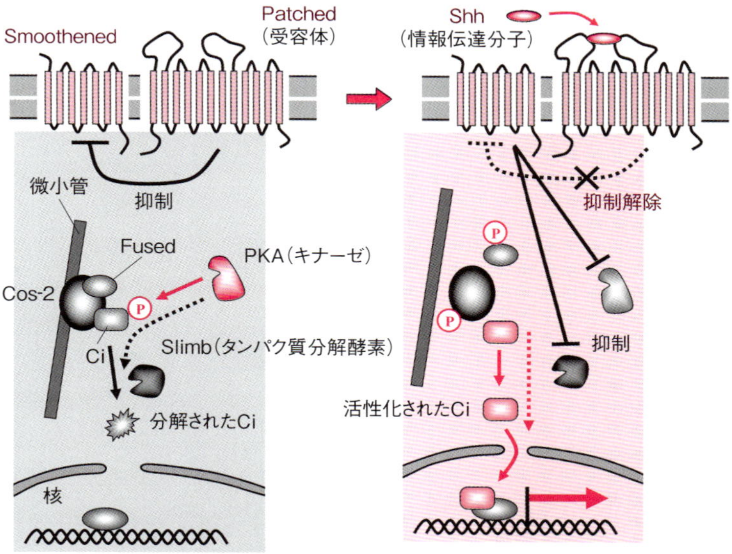

図 10-38　ソニックヘッジホッグによる情報伝達系
情報伝達分子のソニックヘッジホッグがその受容体の Patched に結合すると，細胞内のタンパク質分解酵素が阻害されるために，転写因子の Ci タンパク質の分解が抑制される．その結果，増加した Ci は核内に移行して遺伝子の発現を調節する．Cos-2 はキネシンに似た微小管結合タンパク質，Fused はセリン／トレオニンキナーゼ，PKA は膜結合性のキナーゼ．この情報伝達系は神経管形成，肢芽形成などで働いている．

する過程で 2 つに切断され，それらがヘテロ二量体として結合した状態で細胞膜に組み込まれる（図 10-39）．その二量体の Notch は相手の細胞膜に分布する膜タンパク質の Delta と結合すると，その細胞外領域の部分が特別なタンパク質分解酵素により切断される．それに引き続いて，細胞内領域が特別なタンパク質分解酵素により膜貫通部分から切断される．切断された細胞内領域は転写因子としての機能があるので，それが核内に移行して CSL と呼ばれる転写因子と結合し，標的遺伝子の発現を引き起こす．

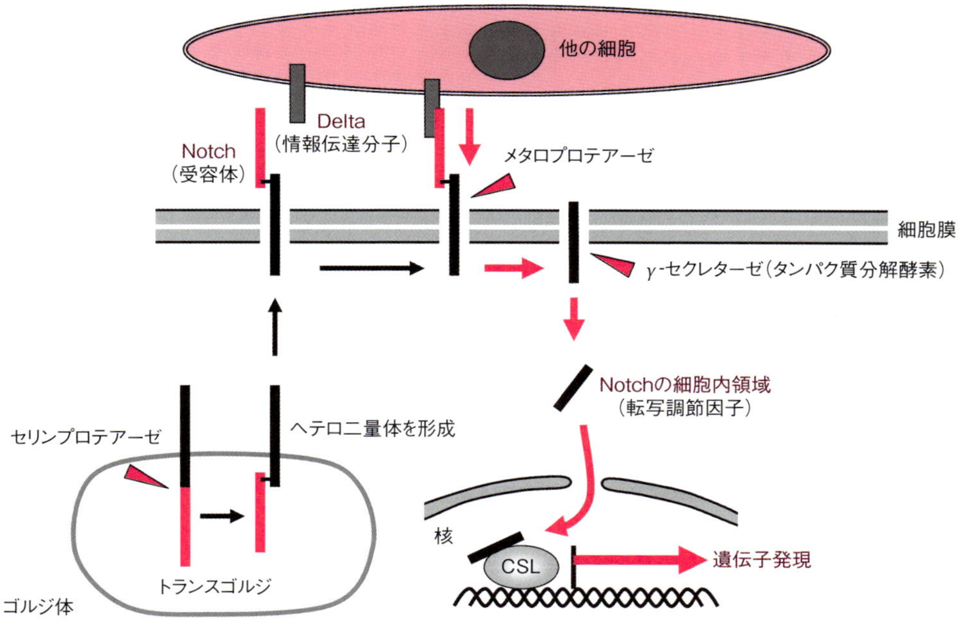

図 10-39　Notch による情報伝達系
受容体の Notch はその情報伝達分子である Delta（相手の細胞膜に存在）と結合すると，細胞内領域（転写因子として働く）が切断される．その結果，切断された細胞内領域は核内に移行して遺伝子の発現を調節する．CSL：C promoter binding factor 1/ suppressor of hairless/LAG-1

10・11 細胞内情報伝達系における情報の増幅

外界からの情報は細胞内の情報伝達経路を経て伝達されるにつれ，しだいに増幅される（図 10-40）．それは，情報伝達の過程で活性化される酵素が数多くの基質を触媒するからである．たとえば，1 分子のアドレナリンが細胞膜の受容体に結合した結果，数分子のアデニル酸シクラーゼが活性化されたと仮定する．次に，それらのアデニル酸シクラーゼが合計で 100 分子の cAMP を産生したとすると，これを単純に分子の数で比較すれば，アドレナリンによる情報がアデニル酸シクラーゼの段階で 100 倍に増幅された計算になる．さらに，cAMP が標的の酵素を活性化させると，その次の段階でも同じような増幅が行われる．このようなステップをいくつも経ると，情報が最終的には，非常に大きく増幅されることになる．

このように，細胞は外界からのわずかな情報でも，細胞内の情報伝達系で大きく増幅することにより，その情報に対して的確に反応することができる．また，外界からの情報は細胞内の複雑な情報伝達網を経て多方面に伝達されるので，一種類の受容体から得られた情報からでも，さまざまな細胞の反応が引き起こされることになる．

以上に紹介したように，細胞は多様な方法により，外界や他の細胞からの情報を受容してそれを細胞内の情報伝達系に伝え，細胞の置かれている環境の変化に応じて自身の細胞機能を変えたり，新たな遺伝子の発現を引き起こしたりしている．場合によっては，外界からの情報により，アポトーシスのように自身の運命を決定する場合もある．このようなしくみは，進化の過程で獲得されて，その多くが保存されてわれわれの体を構成する細胞に引き継がれてきたと考えられている．

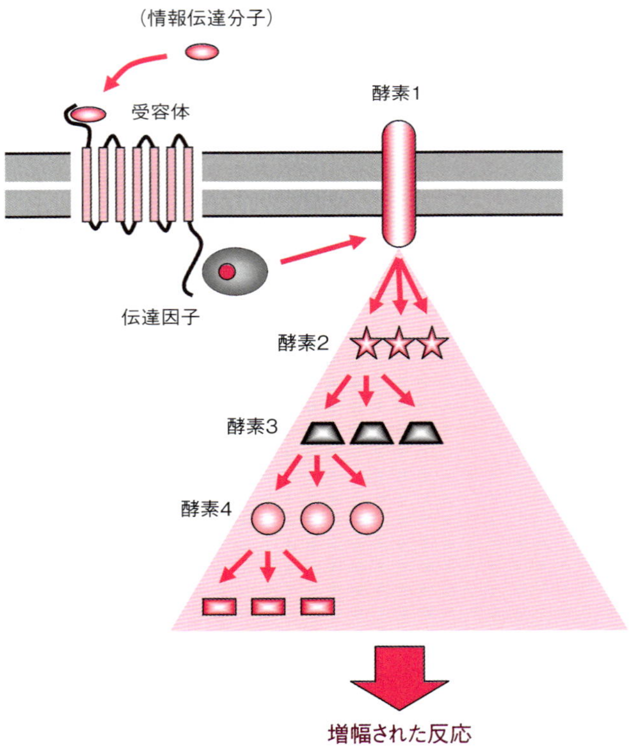

図 10-40 情報の増幅
細胞外からの情報は細胞内を伝達される過程で大きく増幅される．
それは，活性化された酵素が多数の基質を触媒するからである．

11. 細胞周期

細胞は自己を複製することにより増殖し，その生命を子孫へと受け継いでいる．細胞増殖の基本的なしくみについては，原核細胞と真核細胞の間で，多くの類似点が見られる．これは，細胞増殖の基本的なしくみの多くが，原核細胞から真核細胞への進化の過程で引き継がれてきたためである．しかしながら，原核細胞と比べて細胞の構造が複雑な真核細胞では，その細胞増殖のしくみについてもさらに複雑な調節系が働いている．

細胞の増殖は細胞周期と呼ばれる周期的な作業をくり返して行われている．その周期の中で行われる重要な作業は，DNA の正確な複製と複製された DNA を間違いなく娘細胞に分配することである．その正確性を維持するために，細胞周期にはさまざまな監視機構が働いている．たとえば，DNA の複製や染色体分離のエラー，DNA の損傷などのチェックが行われている．

また，環状の DNA 鎖をもつ原核細胞と，線状の DNA 鎖をもつ真核細胞の間には，DNA の複製方法をはじめとして，いくつもの違いがある．その中で最も大きな違いの 1 つが，真核細胞における細胞の分裂回数の制限である．環状の DNA 鎖をもつ原核細胞では分裂回数に制限はないが，線状の DNA 鎖をもつ真核細胞では，一定の分裂回数を経るとそれ以上に分裂ができなくなってしまう．

ここでは，原核細胞と真核細胞の細胞周期のしくみについて述べるとともに，両者の間に見られる違いや問題点などについても述べる．

11・1　細胞周期の制御

真核細胞では，細胞増殖の1サイクル（細胞周期）が，G_1 期，S期，G_2 期，M期の4つの時期に区分されている（図11-1）．この周期は，DNAの複製を行うS期と，複製されたDNAを娘細胞に分配するM期を中心にして，それらの間に介在する G_1 と G_2 期からなっている．さらに，その細胞周期から外れて，細胞増殖を休止している状態が G_0 期である．活発な細胞増殖を行っている植物や動物の発生過程の細胞には G_0 期が見られないが，成長を完了した成体の細胞のほとんどは細胞分化して G_0 期に移行し，細胞増殖を休止している．そして，G_0 期に移行したそれらの細胞のほとんどは，さまざまな機能を果たしながらそれ以上に増殖することもなく寿命を終える．

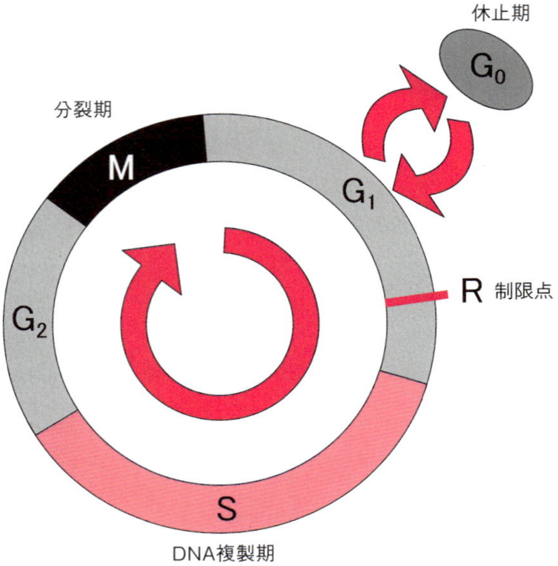

図 11-1　真核細胞の細胞周期を示す模式図
動物や植物の組織を構成するほとんどの細胞は細胞周期から外れた G_0 期の状態にあり，さまざまな機能を果たしている．それらの細胞のほとんどは，そのまま寿命を終える．G_0 期の細胞の一部は増殖を促す刺激により再び細胞周期に戻って増殖をくり返す．

真核細胞の細胞周期に関する研究は，酵母から哺乳類に至るまで幅広い生物種で進められ，それらの細胞周期の制御に働いている多くの種類の分子が明らかにされている．それらの中で，細胞周期の進行を制御している中心的な分子としてあげられているのが，サイクリン（cyclin），CDK（cyclin dependent kinase），そして，CKI（cdk inhibitor）の3つのグループのタンパク質である．

細胞周期を自動車の構造にたとえると，それらの3種類の分子の役割は，それぞれ，アクセル，エンジン，ブレーキのような役割を果たしている．つまり，細胞周期はCDKのキナーゼの働きにより進行し，その働きをサイクリンが促進している．そして，CKIは，CDKの酵素活性を抑制することにより，細胞周期を停止させる役割を果たしている．

細胞周期は同じ遺伝情報をもった細胞を複製する過程であり，その過程ではDNAの正確な複製と，複製したDNAを正確に娘細胞に分配するためのしくみが発達している．しかしながら，その過程においては，さまざまな障害や作業ミスが生じる．それらの中でも重要な問題は，DNAに生じた損傷，DNAの複製エラー，そして，複製された染色体が分配される際の作業ミスなどである．いずれの問題についても，それらを見過ごすと，細胞にとっては致命的な結果になる場合が多い．そのために，細胞周期の各所で，それらを防止するための厳しいチェック機構が働いている．このチェック機構により傷害やエラーが発見されると，ただちに，その修復作業が行われる．その間には細胞周期が一時的に停止され，修復が完了すると細胞周期は再開される．もし，修復が不可能な場合には，異常な細胞が増殖するのを防ぐために，その細胞をアポトーシスへと導いて処分する．

a. サイクリンとCDK

サイクリンにはいくつかのタイプがあり，その多くが細胞周期の限られた時期にだけ合成される．合成されたサイクリンはCDKと複合体を形成してその役割を果たし，必要がなくなると速やかに分解処理されてしまう（図11-2）．サイクリンと複合体を形成して働いているCDKは，酵母では1種類であるが，哺乳類では何種類も存在する（表11-1）．CDKは，サイクリンと異なり，細胞周期による発現量の大きな変化はなく，どの時期にも存在している．CDKの役割は標的タンパク質のセリンやトレオニンを特異的にリン酸化することである．そして，CDKの酵素としての機能は，サイクリンと複合体を形成することにより調節されている．

不活性な状態のCDKの立体構造を見ると，キナーゼの活性部位がふさがれたような状態にあるので，そのままではキナーゼとしての機能を果たすことができない．その状態のCDKにサイクリンが結合すると，その立体構造が変化して，キナーゼの活性化に必要な最初のステ

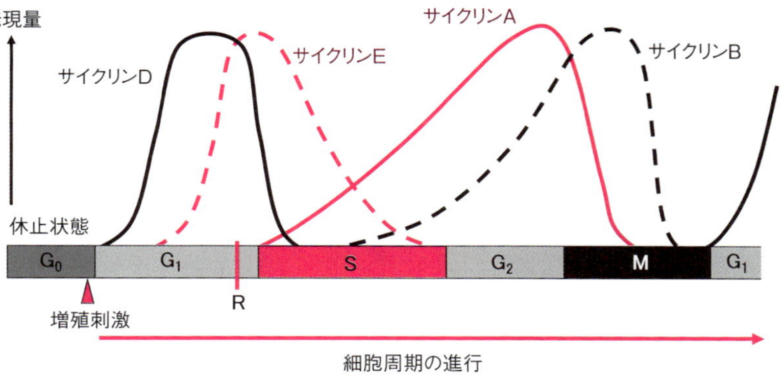

図 11-2　細胞周期とサイクリンの発現パターン
増殖を促す刺激により，G_0 期から再び細胞周期に戻って増殖を開始した細胞に見られるサイクリンの発現パターンを示す．各種のサイクリンは細胞周期の特定の時期に発現して細胞周期の進行を調節している．

表 11-1　細胞周期とサイクリン

出現時期	サイクリンとCDKの複合体	抑制因子	活性化因子	標的タンパク質	働き
G_1	サイクリンD（D1，D2，D3）/ CDK4，CDK6	p16ファミリー p21ファミリー	CAK，CDC25A	pRb	G_0期からG_1期への移行
G_1，S	サイクリンE / CDK2	p21ファミリー	CAK，CDC25A	pRb，CDC6	G_1期からS期への移行
S	サイクリンA / CDK2	p21ファミリー	CAK，CDC25A	pRb，Pre-RC，E2F	S期の進行
G_2，M	サイクリンB（B1，B2）/ CDK1，サイクリンA / CDK1	p21ファミリー	CAK，CDC25A，B，C	M期に必要なタンパク質（APC，ラミン，Condensinなど）	G_2期からM期への移行とM期の実現

動物の細胞周期の各時期に特異的に発現するサイクリンと，CDK との複合体を示す．

ップである CDK の立体構造の変化が引き起こされる．次に，CDK の活性部位をふさいでいる T ループと呼ばれる部分のチロシンがリン酸化されると，T ループの立体構造が大きく変化して活性部位が表出する．その結果，CDK の活性部位と標的タンパク質が結合できるようになり，CDK が活性化される（図 11-3）．

b. ＣＫＩ

サイクリンと CDK の複合体に結合して，CDK のキナーゼとしての活性を阻害しているのが CKI である．CKI には，CIP/KIP（CDK inhibitory polypeptides/kinase inhibitory proteins）ファミリーと INK4（inhibitor of kinase4）ファミリーの 2 つのグループが存在する．CIP/KIP ファミリーの分子には p21，p27，p57 などが，そして，INK4 ファミリーの分子には p15，p16，p18，p19 などが存在する．両ファミリーは，それぞれ阻害する CDK のタイプが異なり，CIP/KIP ファミリーはサイクリン A やサイクリン E と結合した CDK2 を中心に阻害する．一方，INK4 ファミリーはサイクリン D と結合した CDK4 や CDK6 を中心に阻害する．また，CIP/KIP ファミリーは，阻害作用の他にも，CDK4 や CDK6 とサイクリン D との複合体形成を促進する作用がある．両ファミリーの間では，CDK の酵素活性の阻害のしかたにも違いがある．CIP/KIP ファミリーはサイクリン

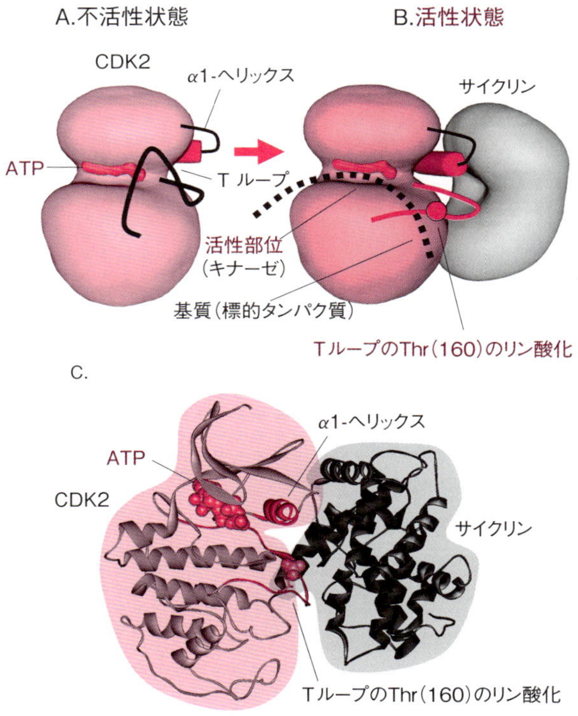

図 11-3　サイクリンによる CDK の活性化
A：酵素機能が不活性な状態の CDK は，キナーゼの活性部位が T ループにより邪魔されているので，基質と結合することができない．B：サイクリンの結合と T ループのリン酸化は，T ループの立体構造を変化させて，活性部位と基質が結合できるようにする．C：活性化された状態の CDK とサイクリンを示す分子モデル．

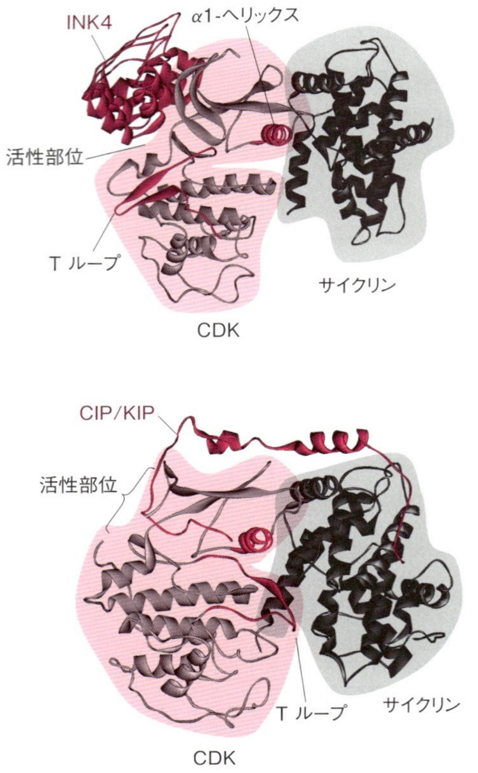

図 11-4　CDK と CKI の結合様式を示す分子モデル
CKI の INK4 は CDK の構造をゆがめて，CDK にサイクリンや ATP が結合するのを阻害する．そして，CIP/KIP は CDK の活性部位にはまり込むように結合して，CDK のキナーゼの活性を阻害する．

の疎水性部位や，CDK の活性部位（ATP の結合部位）の両方にまたがって結合して，CDK の活性を阻害する．また，INK4 ファミリーは，CDK に結合して CDK の立体構造を変形させ，CDK とサイクリンの結合や CDK と ATP の結合を邪魔して，その酵素活性を阻害する（図 11-4）．

c. ユビキチンリガーゼ

細胞周期の一定の時期に合成されたサイクリンは，CDK と結合してその酵素機能を活性化する．そして，その役割を終えると，特殊な分解機構により速やかに分解処理されてしまう．このようなやり方は，細胞周期を確実に制御するための方法の1つと考えられる．つまり，細胞周期に大きな影響を与えるものは，それが間違って働かないように，必要がなくなったらただちに分解処理してしまうということである．その際に，サイクリンの選択的な分解を誘導しているのがユビキチンリガーゼと呼ばれる酵素活性をもったタンパク質複合体である．ユビキチンリガーゼには多くの種類が存在し，標的タンパク質と結合する受容体の構造（結合部位のドメインやモチーフ構造）の違いにより 3 つのタイプに分類されている（図 11-5）．それらは，HECT ドメインを有する HECT タイプと，リングフィンガーモチーフを有する single-subunit RING finger タイプと multi-subunit RING finger タイプ（SCF と APC を含む）である．その中でも，細胞周期において中心的な役割を果たしているのが，APC と SCF である．

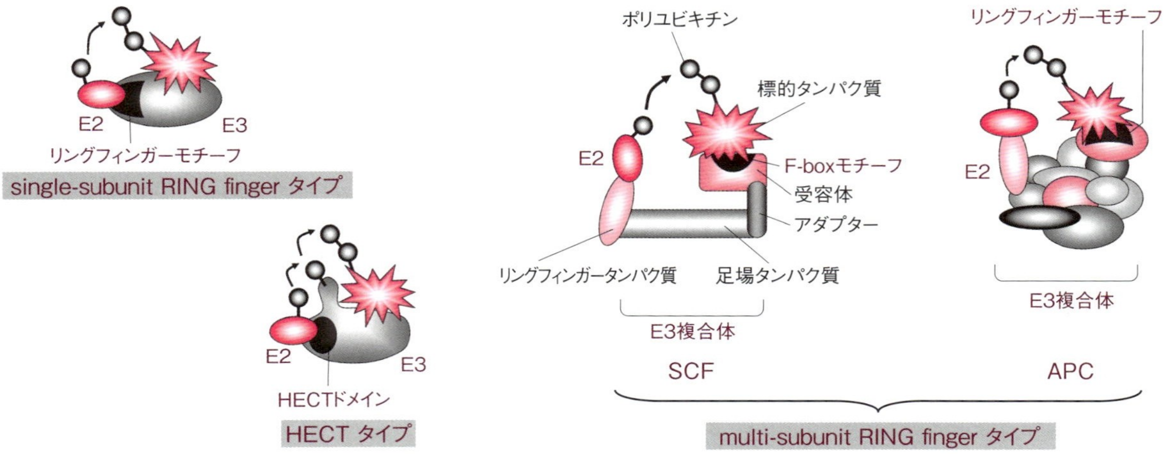

図 11-5　標的タンパク質にユビキチンを結合するタンパク質複合体
複合体にはいくつかのタイプがあり，それらは，標的タンパク質にユビキチンを結合するという共通した機能をもっている．APC；anaphase-promoting complex，HECT；homologous to E6AP carboxyl terminus，RING；really interesting new gene，SCF；Skp1/Cullin/F-box protein complex.

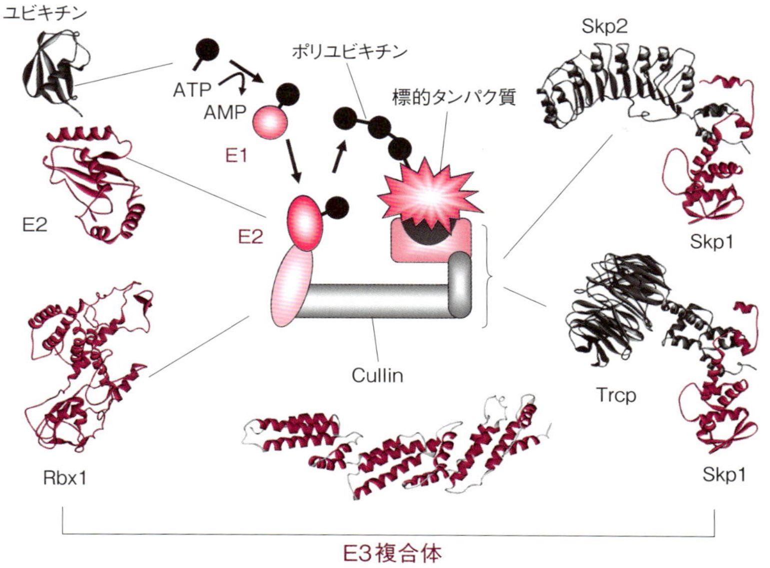

図 11-6　SCF を構成するサブユニットの分子モデル
標的タンパク質の受容体の部分については，Skp2 と Trcp の 2 種類の例が示してある．

APC と SCF の基本構造は，ATP を用いてユビキチンを高エネルギー化するユビキチン活性化酵素（E1），活性化されたユビキチンを標的タンパク質に転移するユビキチン結合酵素（E2），そして，標的タンパク質にユビキチンを共有結合させるユビキチンリガーゼ（E3）からなっている（図 11-6）．ユビキチンリガーゼの活性は，通常の状態では抑制されているが，必要に応じて活性化され，標的タンパク質のリシン残基にユビキチンの C 末端をイソペプチド結合する．そして，同じ反応によりユビキチンを次々と連結して，標的タンパク質に一列に連なったユビキチン鎖を結合する．

APC と SCF はよく似た構造をして同じような役割を果たしているが，それぞれが活躍する細胞周期の時期や，ユビキチンを結合する標的タンパク質などが異なっている．SCF は主に G_1 期から S 期への進行の際に活躍し，APC は主に M 期から G_1 期への進行の際に活躍している．これらのユビキチンリガーゼは，サイクリンや CKI などを含めて，細胞周期に関係した多くの種類のタンパク質の選択的な分解に関わっている．ユビキチンリガーゼが多くの種類の標的タンパク質に対応して，それらに選択的にユビキチンを結合できるのは，ユビキチンリガーゼの受容体の種類が数百種類にも及ぶほど多く存在し，それぞれが特定のグループの標的タンパク質と対応しているからである（図 11-7）．

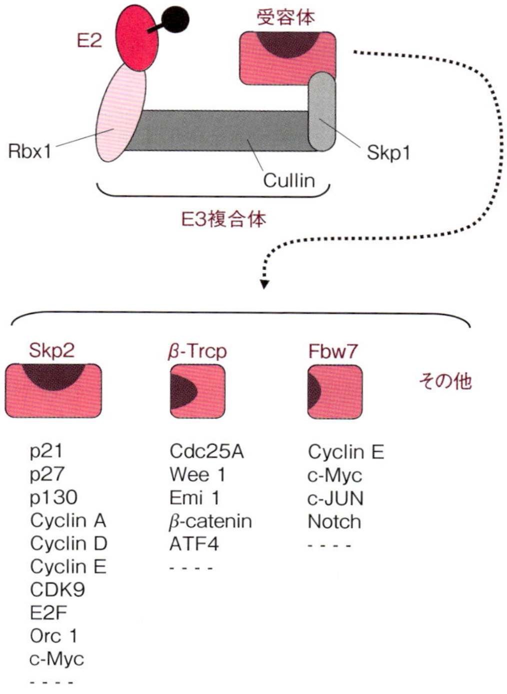

図 11-7　SCF の受容体の種類とその標的タンパク質
標的タンパク質の受容体には多くの種類が存在し，それぞれの受容体は特定のグループの標的タンパク質を認識してユビキチンを結合する．

APC や SCF によりユビキチンが結合されたタンパク質は，分解されるべきタンパク質としての目印が付けられたことになる．その目印を認識して，選択的に加水分解するのがプロテアソームと呼ばれる特殊なタンパク質複合体である．このプロテアソームについては，8 章の小胞体におけるタンパク質の品質管理機構ですでに紹介したものと同じである．

11·2 細胞周期の開始

動物の場合を見ると，発生過程ではほとんどの細胞が活発な細胞増殖を行っているが，成体を構成している細胞のほとんどは細胞周期を停止した G_0 期にある．それらの細胞のほとんどは，細胞増殖を促す刺激が加わっても再び細胞周期に戻って増殖することはない．しかしながら，その一部には，細胞増殖を促す刺激が加わると再び細胞分裂を開始するものがある．細胞分裂の可能な細胞は，体を構成するさまざまな組織の中に少数存在し，それらの組織が傷害を受けた場合の修復や再生，あるいは，消耗してゆく細胞の供給などを行っている細胞である．このような細胞は体性幹細胞（adult stem cell）と呼ばれ，再生医療やガンの研究分野で注目されている細胞でもある．再び細胞分裂することのできない細胞は，分裂終了細胞（postmitotic cell），あるいは，最終分化した細胞（terminally differentiated cell）と呼ばれており，通常の方法では，それ以上に細胞分裂を引き起こすことはできない．これらの細胞のほとんどは，決められた細胞機能（たとえば，神経細胞，心筋細胞，上皮細胞としての機能）を果たしながら，一定の期間を経るとその寿命を終える．

G_0 期の状態で細胞周期を休止していた細胞を再び細胞周期の G_1 期に復帰させ，S 期へと向かわせるための刺激には，たとえば，酵母細胞における養分の供給，動物細胞における細胞成長因子の作用などがある．動物の細胞の場合には，G_0 期で休止している細胞に細胞増殖因子を作用させると，その情報は受容体を介して，細胞内の情報伝達系に伝えられる．そして，細胞内情報伝達系（10 章参照）を経て核まで伝えられたシグナルは，細胞増殖を促す特定の遺伝子の発現を引き起こす．最初に発現される遺伝子は早期応答遺伝子（early-response genes）と呼ばれ，c-Fos，c-Jun，c-Myc などである．それらの遺伝子から翻訳されるタンパク質は転写因子で，次の新たな遺伝子の発現を引き起こす．次に発現されるのは，G_1 期から S 期にかけて必要とされるさまざまなタンパク質の遺伝子で，それらは後期応答遺伝子（delayed-response genes）と呼ばれている（図 11-8）．

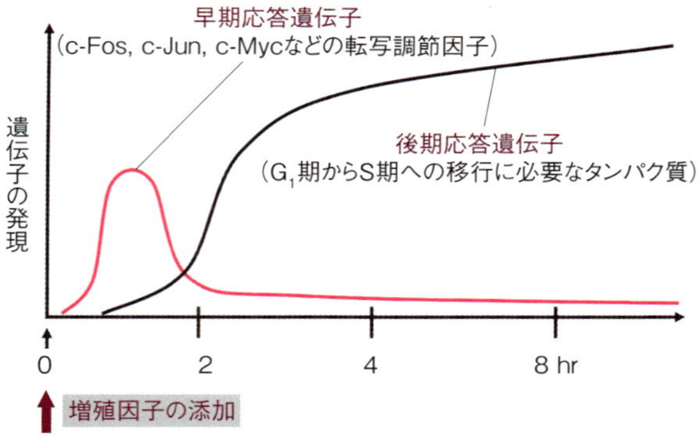

図 11-8 細胞増殖の再開にともなう遺伝子の発現 G_0 期の細胞が細胞周期を再開する際に見られる遺伝子の発現パターンを示す．最初に発現されるのが早期応答遺伝子の集団で，それに引き続いて，後期応答遺伝子の集団が発現される．

増殖因子の刺激により早期応答遺伝子が発現されると，次に，それらの標的遺伝子の 1 つであるサイクリン D が発現される．サイクリン D は CDK4 や CDK6 と複合体を形成することにより CDK を活性化させる．そして，活性化された CDK はその標的タンパク質である pRb（retinoblastoma protein）ファミリーと呼ばれている pRb や p130，p107 などをリン酸化する．pRb，p130，p107 は転写を調節するタンパク質の一種で，pocket ドメインと呼ばれる領域をもち，その領域で転写因子の E2F（early 2 factor）や DP（E2F dimerization partner）と結合し，それらの転写調節機能を制御している（図 11-9A）．

pRb ファミリーのそれぞれは，細胞周期における役割を分担して働いており，pRb は細胞周期を通して一定量が発現されているのに対して，p107 は S 期を中心に，そして，p130 は G_0 期を中心に多量に発現されている．また，pRb は遺伝子発現を活性化するタイプの E2F1，E2F2，E2F3 を中心に，そして，p107 と p130 は遺伝子発現を不活性化するタイプの E2F4 と E2F5 に結合して機能している（表 11-2）．哺乳類では，これらの E2F の他に，E2F6，E2F7，E2F8 などが存在するが，それらは pRb ファミリーとは複合体を形成しないで機能している．

細胞増殖を休止している G_0 期では，G_0 期を脱して S

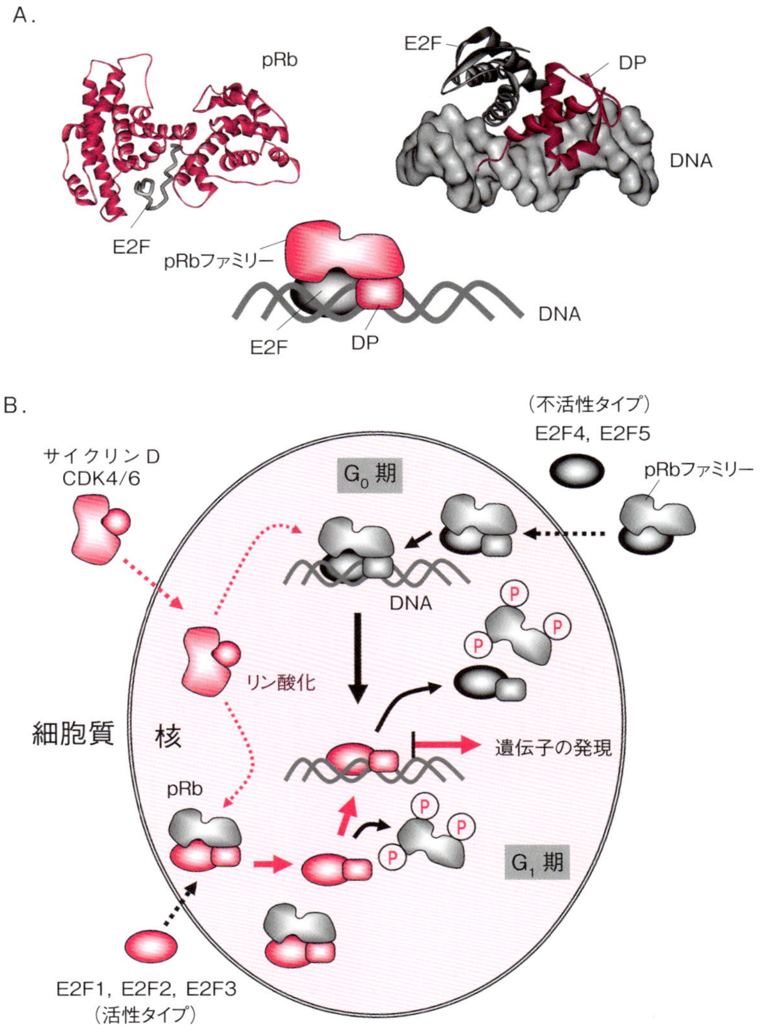

図 11-9　pRb による細胞周期の調節
A：細胞周期の停止と開始の調節で重要な役割を果たしているのが pRb ファミリーと転写因子の E2F と DP の複合体である．**B**：細胞周期を停止している G_0 期から脱して細胞周期を S 期に進行させるためには，それに必要な各種タンパク質の遺伝子発現を抑えている不活性タイプの E2F と DP を活性タイプのものと交換する必要がある．その際に重要な役割を果たしているのが，サイクリン D と結合して活性化されたキナーゼの CDK 4 や CDK6 による，pRb ファミリーのリン酸化である．

表 11-2　pRb の仲間

pRb ファミリー	結合タンパク質	遺伝子発現の制御	役割	発現される時期
pRb	E2F1	活性	アポトーシス	G_0，G_1，S 期
	E2F2，E2F3	活性	細胞増殖	
	E2F4	不活性	細胞分化	
p107	E2F4	不活性	細胞分化	S 期
p130	E2F4，E2F5	不活性	細胞分化	G_0 期

pRb ファミリーのタンパク質の種類と，それぞれの役割の違いを示してある．

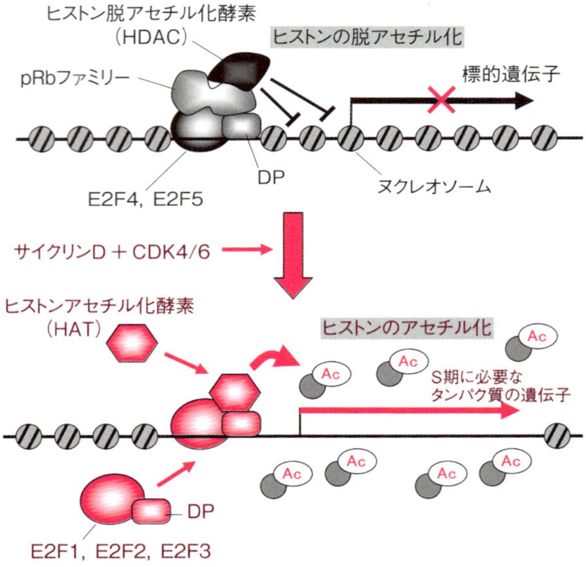

図 11-10 pRb による調節が解除されるメカニズム
pRb にはヒストン脱アセチル化酵素が結合していて，ヒストンを脱アセチル化することにより標的遺伝子の発現を抑制している．ところが，CDK4 により pRb がリン酸化されると，pRb とヒストン脱アセチル化酵素が不活性タイプの E2F と DP とともに DNA から遊離する．それに代わって，活性タイプの E2F や DP とともにヒストンアセチル化酵素が結合すると，ヒストンのアセチル化が行われて標的遺伝子の発現が引き起こされる．

期に進行するために必要なタンパク質の遺伝子の発現が抑制されている．その抑制を行っているのが遺伝子のプロモーター領域に結合している E2F4 や E2F5 と DP の複合体，そして，それらに結合している pRb ファミリーである．この抑制を解除して細胞周期を S 期へと向かわせるのが，サイクリン D と CDK4 や CDK6 との複合体である．サイクリンと結合して活性化された CDK は，細胞質から核内へと移行して，その標的である pRb ファミリーをリン酸化する．その結果，遺伝子発現を抑制していた E2F4 や E2F5 が pRb ファミリーの p107 や p130 とともにプロモーターから遊離する．それに代わって，遺伝子発現を促進するタイプの E2F1，E2F2，E2F3 が pRb から遊離してプロモーターに結合することにより，新たな遺伝子の発現が引き起こされる（図 11-9B）．

このように，pRb ファミリー，E2F，DP などの複合体により遺伝子発現が制御される際には，それらと結合して転写を調節するタンパク質も重要な役割を果たしている．それらには，たとえば，ヒストンを脱アセチル化する酵素の HDAC，ヒストンをアセチル化する酵素の HAT，クロマチンをリモデリングする因子の SWI/SNF などがある（図 11-10）．これらの分子による転写調節のしくみについては，9 章に詳しく述べられている．

サイクリン D と CDK4 や CDK6 との複合体により発現が引き起こされる遺伝子の多くは，S 期への進行を促すタンパク質や，S 期で必要なタンパク質（たとえば，サイクリン E やサイクリン A，ヌクレオチド合成と DNA 複製に関わる多くのタンパク質）などである．それらの中でも，S 期への進行に重要な役割を果たしているのがサイクリン E とサイクリン A である．それらは CDK2 と複合体を形成して CDK2 を活性化することにより，pRb ファミリーをリン酸化して新たな遺伝子の発現を引き起こして，細胞周期を G_1 から S 期へと確実に進行させる（図 11-11）．

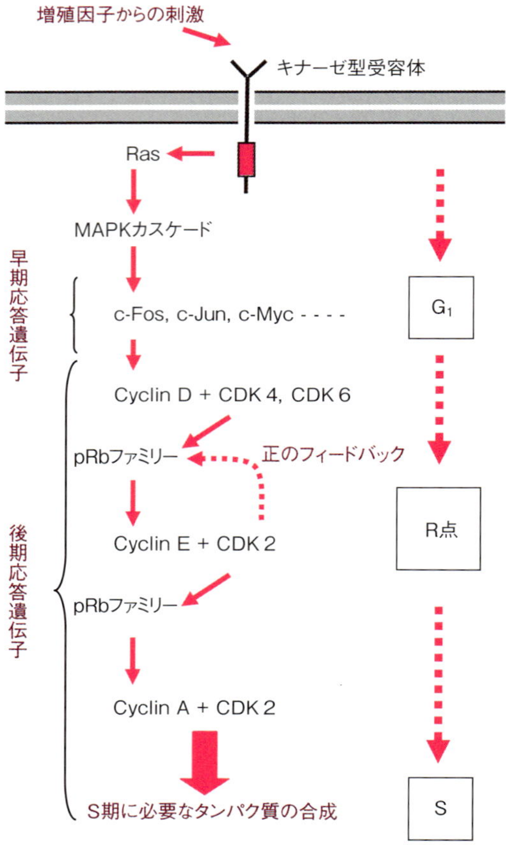

図 11-11 増殖因子の刺激による細胞周期の開始
増殖因子による刺激は，細胞内の情報伝達系を介して早期応答遺伝子の発現を引き起こす．それに引き続いて，後期応答遺伝子の発現が引き起こされて R 点を通過すると，もう後戻りできなくなり S 期へと進行する．

G_0 期から脱出して，G_1 期を経て S 期に向けて細胞周期が進行する過程では，G_1 期と S 期の間に関門が存在する．その点は制限点（restriction point, R 点）と呼ばれ，そこを通過すると，細胞周期の進行が決定的なものになり，もう後戻りできなくなる．その地点に至るまでには，サイクリン D と複合体を形成した CDK4 や CDK6 による pRb のリン酸化に加えて，サイクリン E と CDK2 の複合体による正のフィードバック機構も働くようになるので，pRb が過剰にリン酸化される．そのために，pRb の抑制機能が完全に失われてしまい，G_1 期に留まることができなくなってしまう．

11・3　DNA 複製の開始

DNA 複製の開始のステップは原核細胞と真核細胞では少々異なる（図 11-12）．真核細胞では，G_1 期が進行して S 期に移行する時期になると，サイクリン D と CDK4 や CDK6 の複合体の活性がしだいに低下し，サイクリン E も SCF によりユビキチンが結合されてプロテアソームにより分解されてしまう．それに代わって，サイクリン A と CDK2 の複合体の活性が高まる．そして，サイクリン A と CDK2 の複合体，Cdc7（Dbf4 依存性キナーゼ）と Dbf4 の複合体が中心となり，DNA 複製を調節するタンパク質のリン酸化が行われ，DNA の複製が開始される．

a.　複製開始点

染色体の DNA には複製開始の起点となる領域が存在し，複製開始点（replication origin）と呼ばれている．環状の DNA 鎖からなる原核細胞の染色体（大腸菌のゲノムサイズは 4.6×10^6 塩基対からなる）には，この起点が 1 か所だけ存在する．一方，それよりもはるかに長い DNA 鎖をもつ真核細胞の染色体（ヒトのゲノムサイズは 3×10^9 塩基対からなる）では，複製の効率を上げるために，数多くの複製開始点が存在する（図 11-13）．たとえば，酵母の染色体では 300 ～ 400，ヒトの染色体では数万にも及ぶ複製開始点が存在する．複製開始点は 2 ～ 5 個からなるクラスターを形成しており，クラスターにより複製の時期が異なる．そのために，S 期には 2 相（初期と後期）にずれた複製パターンが観察される．

この複製開始点には，複製開始点認識複合体（ORC, origin recognition complex）と呼ばれる 6 個のタンパク

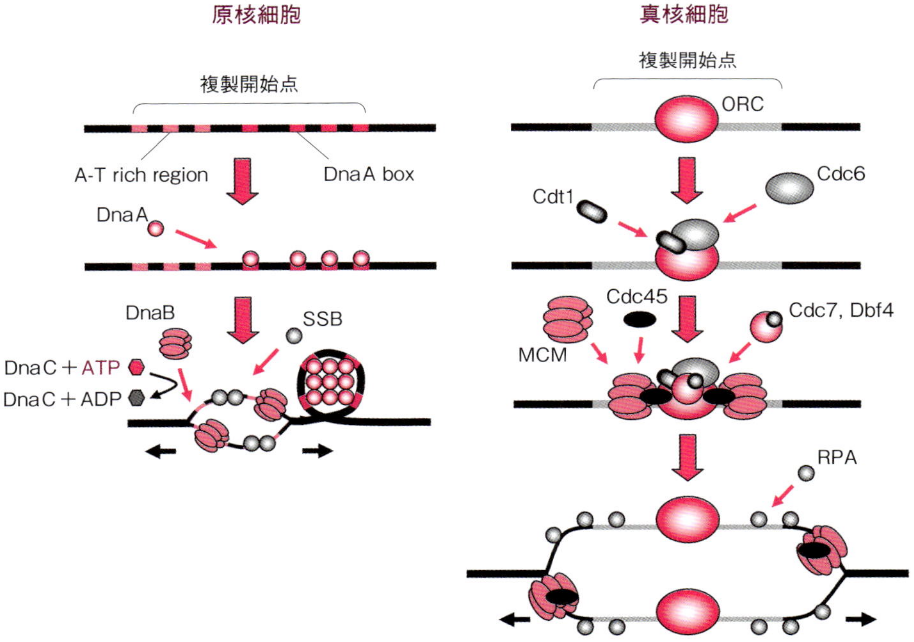

図 11-12　DNA 複製の開始のしくみ
原核細胞と真核細胞の DNA 複製開始のしくみを示す．両者の基本的なしくみはよく似ている．

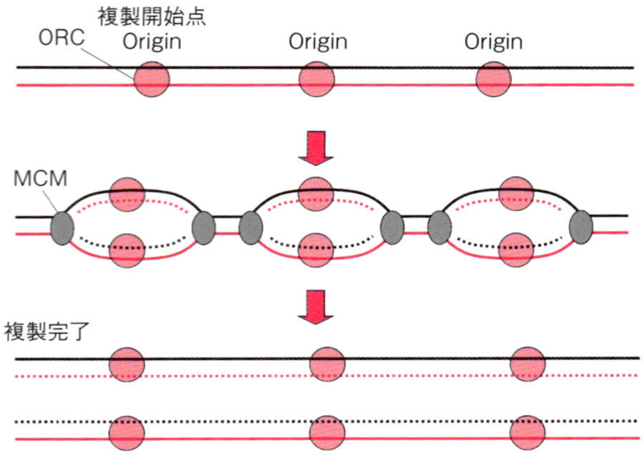

図 11-13　真核細胞の DNA 複製
真核細胞の DNA 上には，複製の開始点となる Origin が数多く存在し，それらの部位から複製が開始される．1 つの複製単位は 300 ～ 300,000 塩基対からなり，50 塩基／秒くらいの速度で複製される．

質からなる複合体が，細胞周期のいつの時期にも結合している．この複合体は，DNA 複製を開始するために必要な調節タンパク質が結合するための基盤として働いている．M 期の終わりから G_1 期にかけて，複製開始点認識複合体に Cdc6，Cdt1，MCM（mini-chromosome maintenance）などが結合する．これらのタンパク質は，開始因子（initiation factors）と呼ばれ，それらが結合した複合体は Pre-RC（pre-replication complex）と呼ばれている．MCM は 6 種のタンパク質からなる複合体で，DNA 複製の際に二重らせん構造をほどくヘリカーゼとして働く．原核細胞の場合も，ORC，MCM，Cdc6 のそれぞれに相当するタンパク質の DnaA，DnaB，DnaC が複製開始点に結合して開始因子として働いている．

b. DNA 複製のライセンス

Pre-RC の状態は，DNA の複製が許可（ライセンス）された状態と考えられ，この状態から DNA 複製が開始されるためには，さらにいくつかのステップが必要である．たとえば，Cdc6 をリン酸化して，それを複製開始点認識複合体から分離させることや，MCM をリン酸化して活性化することなどがある．それらのリン酸化には，サイクリン A と CDK2 の複合体と，Cdc7 と Dbf4 の複合体が関わっている．リン酸化された Cdc6 は DNA から分離された後，SCF によりユビキチンが結合されてプロテアソームにより分解されてしまう．また，Cdt1 も複製開始点認識複合体から分離された後に分解されてしまう．Cdc45（DNA ポリメラーゼと DNA の結合の仲介役）は，リン酸化されて活性化された MCM と結合して，DNA 複製開始の際に重要な役割を果たす．以上のステップが完了すると，複製開始点から DNA の複製が開始される．

S 期における DNA の複製は必ず 1 回のみに限られ，過剰な複製が起こらないように厳密に管理されている．その方法の 1 つとして，DNA の複製が許可（ライセンス）された Pre-RC を形成できる時期を G_1 期だけに限っていることである．それ以外の時期では Pre-RC の形成ができないようにして，1 回の細胞周期の中で DNA 複製が何回も起きないようにしている．それを制御していると考えられているのが，サイクリン A やサイクリン B と複合体を形成して活性化された CDK1 である．このキナーゼは DNA 複製が開始された後でも，Cdc6 や MCM をリン酸化して，それらを DNA から引き離して機能できないように維持している．そのために，サイクリン A とサイクリン B が分解されて CDK1 のキナーゼ活性が低下する G_1 期に至るまで，再び Pre-RC を形成して DNA 複製を開始することはできない．

11·4　DNA 複製のしくみ

DNA 複製の基本的なしくみは，原核細胞と真核細胞でよく似ており，複製に関わっている主要なタンパク質にも類似したものが多い．ここでは，比較的に詳しく調べられている原核細胞の大腸菌の例を中心に，DNA 複製について述べる．

a. 原核細胞の DNA 複製

環状の DNA 鎖からなる原核細胞の DNA 複製の方法は，シータモデル（theta model）と呼ばれる方法で複製される．この他に，環状の DNA をもつプラスミドやウイルスなどでは，ローリングサークルモデル（rolling-circle model）と呼ばれる方法が知られている（図 11-14）．シータモデルのしくみについて大腸菌の DNA 複製を例にあげると，その複製開始点は 245 塩基対からなり，そこには，9 塩基対からなる DnaA box 領域が 4 つと，13 塩基対からなる AT-rich 領域（アデニンとチミンに富む）が 3 つ含まれている．DNA 複製の開始の最初のステップは，開始因子の DnaA が DnaA box に結合することである．DnaA box に結合した DnaA には，さらに多くの DnaA が結合することにより，DNA 鎖が特別な立体構造を形成する．それにより，AT-rich な部分の二重らせん構造を形成している水素結合が分離され，その部分のらせん構造がほどかれる．それは，AT-rich な部分の塩基の多くが 2 つの水素結合で結合しているために，他の部分と比べて DNA の二重鎖がほどかれ易くなっているからである．

ほどかれた DNA の部分に DnaB が六量体を形成して結合する．この際には，DnaC と DnaT が協力する．DnaC は DnaB と結合してシャペロンの役割を果たし，DnaT は DnaB と DnaC の複合体が DNA に結合するのを補助する．DnaB が六量体を形成して DNA に結合すると，DnaC は DnaB から遊離する．以上の過程は，ATP のエネルギーを消費して行われる．DNA を取り巻くように結合した DnaB の六量体はヘリカーゼ酵素として働き，DNA の複製にともない，鋳型となる二重らせん構造を順次ほどく作業を行う．この作業は ATP のエネルギーを用いて行われる．ほどかれて一本鎖になった DNA には，その安定化と保護のために，SSB（single-strand binding protein）と呼ばれるタンパク質が DNA 鎖をコートするように結合する（図 11-12）．

DNA 複製には多くのタンパク質が関わっているが，原核細胞と真核細胞とも，基本的なタンパク質には同じような種類が存在する（表 11-3）．それらの中で，DNA 複製の中心的な役割を果たすのが DNA ポリメラーゼである（図 11-15）．DNA 複製の最初のステップでは，DNA の複製が開始されるための起点として必要な，プライマー（primer）と呼ばれる RNA が合成される．プライマーは，起点となる部分の DNA を鋳型にして複製される，10 塩基程度からなる RNA である．プライマーを合成するのは DnaG で，その酵素機能からプライマーゼ（primase）と呼ばれている．プライマーの 3′ 側に塩基が順次結合されることにより 3′ から 5′ 方向に DNA

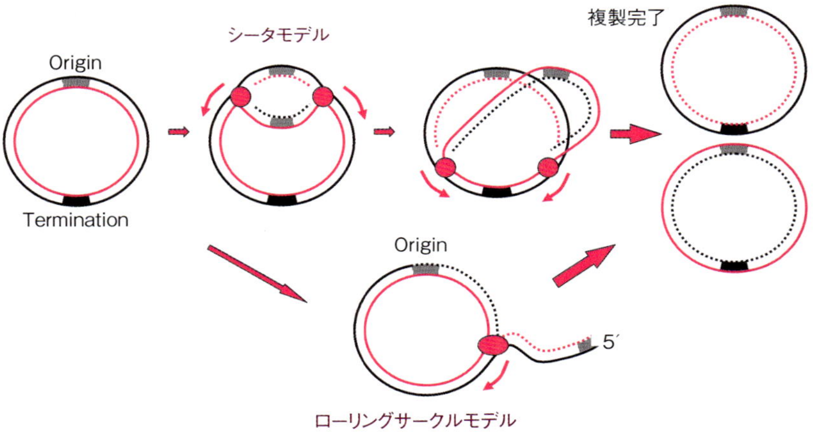

図 11-14 環状 DNA の複製モデル
ここでは，原核細胞に見られるシータモデルと，プラスミドやウイルスなどに見られるローリングサークルモデルの 2 つのタイプを示す．

表 11-3 DNA 複製に関わる主要なタンパク質とその役割

役割	原核細胞（大腸菌の場合）	真核細胞
複製開始点認識 DNA をほどく（DnaA の場合）	DnaA	ORC
ヘリカーゼの結合	DnaC	Cdc6
ヘリカーゼ	DnaB	MCM
プライマーゼ	DnaG	Polymerase α-primase
一本鎖 DNA の安定化と保護	SSB	RPA（replication protein A）
クランプの促進	PolymeraseⅢの構成要素（β サブユニット）	PCNA
クランプローダー	PolymeraseⅢの構成要素（γ 複合体）	RFC（replication factor C）
DNA ポリメラーゼ	DNA polymerase Ⅰ，Ⅱ，Ⅲ	DNA polymerase α, δ, ε, β,（γ）
リガーゼ	Ligase	Ligase Ⅰ

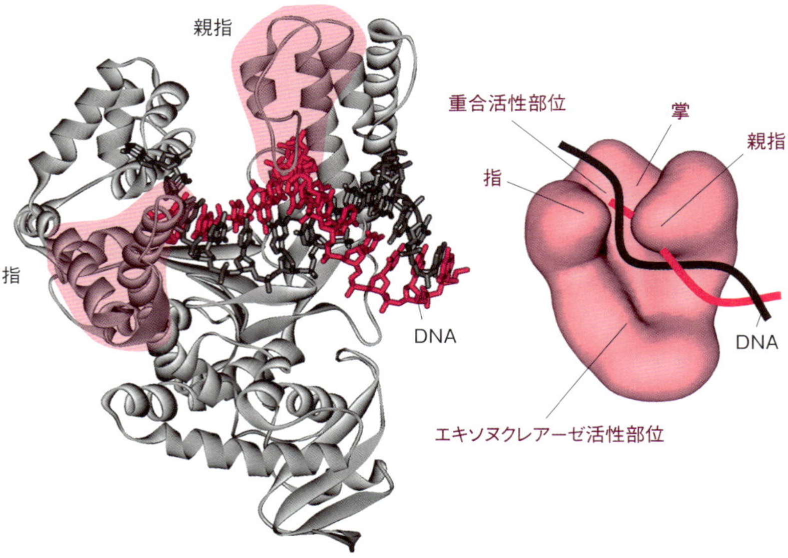

図 11-15　DNA ポリメラーゼの構造と機能
高度好熱菌の DNA ポリメラーゼⅠの分子モデルと機能部位を示す．黒い DNA 鎖が鋳型を示し，赤い DNA 鎖が複製中の DNA 鎖を示す．DNA ポリメラーゼⅠの模式図には，各部の名称と機能部位を示す．

が複製されていく（図 11-16）．その際の DNA の複製は DNA ポリメラーゼⅢにより行われる．

ほどかれた DNA 鎖は，それぞれ 3′ と 5′ の向きが逆なので，一方の側の DNA 鎖については，ほどかれる方向に向かって連続的な複製が可能であるが，その反対側の DNA 鎖についてはそれが不可能である．そのために，反対側の DNA 鎖では，鋳型の DNA を断片的に複製してからそれらをつなげる方法をとっている．前者のように連続的に複製される DNA 鎖をリーディング鎖（leading strand），後者のように断片的に複製される DNA 鎖をラギング鎖（lagging strand）と呼んでいる（図 11-17）．断片的に複製されたラギング鎖はその発見者にちなんで岡崎フラグメント（Okazaki fragment）とも呼ばれている．岡崎フラグメントの長さは，原核細胞では 1000 ～ 2000 塩基，真核細胞では 100 ～ 200 塩基程度である．断片的に複製されたラギング鎖が連結される際には，DNA ポリメラーゼⅠ（5′ から 3′ 方向にヌクレオチド鎖を分解するエキソヌクレアーゼ活性をもつ）によりプライマーが分解された後，その部分の DNA が複製され，DNA リガーゼによりすでに複製されている部分と連結される（図 11-18）．

原核細胞では，DNA を複製する DNA ポリメラーゼが 3 種類（Ⅰ，Ⅱ，Ⅲ）存在している（表 11-4）．DNA 複製で中心的な存在を果たしているのが DNA ポリメラーゼⅢで，DNA ポリメラーゼⅠとⅡは，それぞれ，プライマーを分解した後の部分の DNA 複製や DNA の修復を行っている．DNA ポリメラーゼⅢは 10 種類のサブユニット（α，ε，θ，γ，δ，δ'，χ，ψ，τ，β）からなるタンパク質複合体で，実際に DNA の複製を行っているのは α，ε，θ サブユニットからなるコア構造である．それらに，7 つのサブユニットが加わった全体がホロ酵素と呼ばれている．コア構造は，5′ から 3′ 方向への DNA の複製と，3′ から 5′ 方向へヌクレオチド鎖を分解するエキソヌクレアーゼとしての役割を果たしている．そして，β サブユニットは DNA ポリメラーゼⅢのコアを DNA の鋳型につなぎとめて，DNA の鋳型に沿った進行を助ける役割（sliding DNA clamp，あるいは，sliding clamp と呼ばれている）を果たしている．そして，γ 複合体（γ，δ，δ'，χ，ψ）は，鋳型の DNA に β サブユニットを装着させるクランプローダー（clamp loader）としての役割を果たしている（図 11-19）．

スーパーコイル構造をとっている原核細胞の DNA では，DNA 複製の際にはそれをほどく必要がある．さらに，DNA 複製の際には，二重らせん構造をほどきながら複

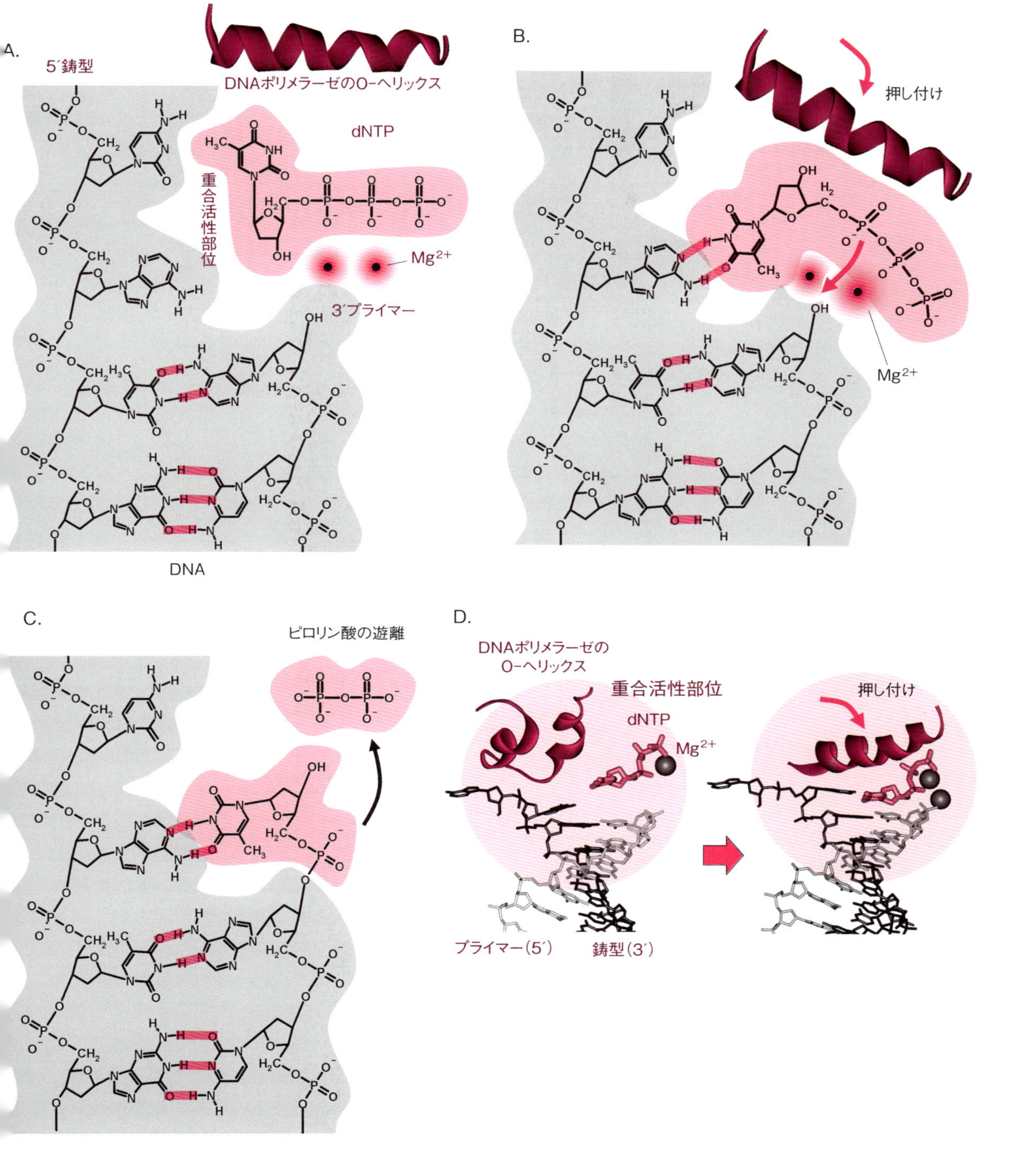

図 11-16　DNA 複製の過程

A：DNA ポリメラーゼの重合活性部位に DNA 複製の材料となる dNTP（デオキシリボヌクレオシド -5′- 三リン酸）が入り込む．**B：**dNTP は O- ヘリックスにより重合部分に押し付けられるとともに，dNTP のリン酸と DNA ポリメラーゼのアスパラギン酸の間に介在する Mg^{2+}により引き寄せられる．Mg^{2+}は dNTP のリン酸と 3′-OH の結合の促進や，切り離されたピロリン酸の離脱を促す役割を果たしている．**C：**塩基の重合とピロリン酸の遊離が行われる．**D：**DNA ポリメラーゼの O- ヘリックスによる dNTP の重合部位への押し付けと，Mg^{2+}と dNTP の相互作用を示す分子モデル．

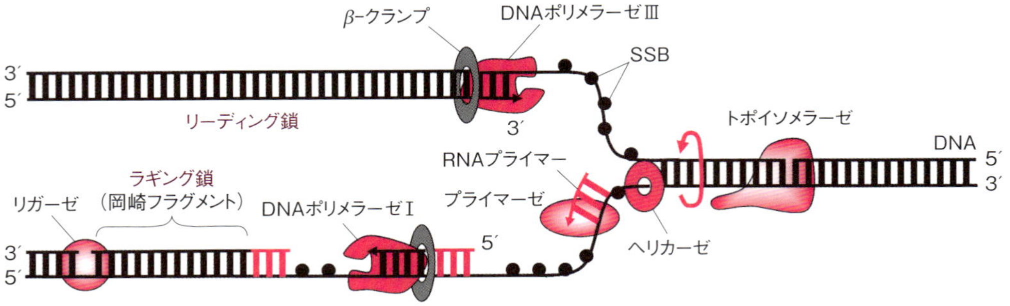

図 11-17　DNA 複製の概略を示す模式図
DNA の複製は二重鎖のそれぞれが鋳型となって行われる．DNA の合成は鋳型となる DNA 鎖の 3′ から 5′ 方向に行われる．

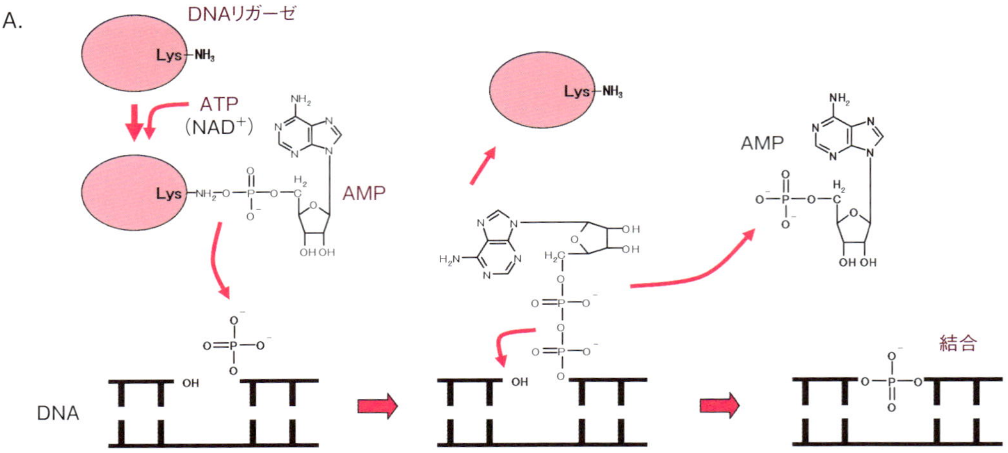

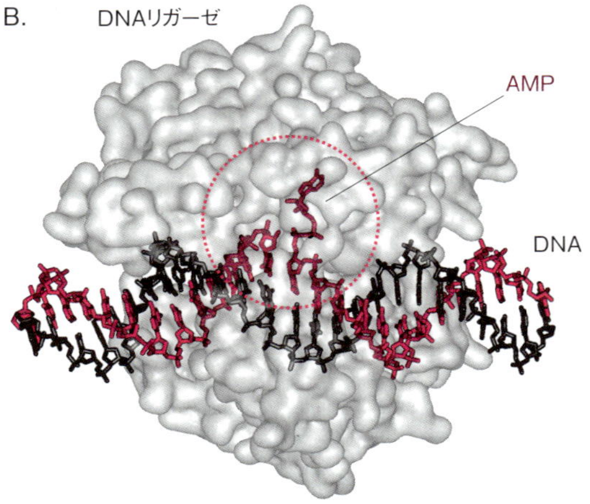

図 11-18　DNA リガーゼによる DNA 鎖の結合
A：DNA リガーゼのリシン残基の ε-NH_2 に連結された AMP のリン酸基を，DNA 鎖の 5′ のリン酸基と共有結合させることによりリン酸基を活性化させる．そのリン酸基と 3′ 側の水酸基を反応させて両者を結合する．真核細胞では，DNA リガーゼの補因子（cofactor）として ATP が用いられるが，原核細胞では NAD^+ が用いられる．
B：DNA 鎖を結合中（点線の赤丸で示す）の DNA リガーゼの分子モデル．

表 11-4　DNA ポリメラーゼの種類とその機能

名称		機能
原核細胞（大腸菌）	DNA ポリメラーゼⅠ	DNA 修復，5′ から 3′ へのポリメラーゼ，5′ から 3′ へのエキソヌクレアーゼ，3′ から 5′ へのエキソヌクレアーゼ
	DNA ポリメラーゼⅡ	DNA 修復，5′ から 3′ へのポリメラーゼ
	DNA ポリメラーゼⅢ	DNA 複製，5′ から 3′ へのポリメラーゼ
真核細胞（ヒト）	DNA ポリメラーゼ α	ラギング鎖の DNA 複製，5′ から 3′ へのポリメラーゼ，プライマーゼ
	DNA ポリメラーゼ ε	DNA 修復，5′ から 3′ へのポリメラーゼ，3′ から 5′ へのエキソヌクレアーゼ
	DNA ポリメラーゼ δ	リーディング鎖の DNA 複製，5′ から 3′ へのポリメラーゼ，3′ から 5′ へのエキソヌクレアーゼ
	DNA ポリメラーゼ β	DNA 修復，5′ から 3′ へのポリメラーゼ
	DNA ポリメラーゼ γ	ミトコンドリア DNA の複製と修復，5′ から 3′ へのポリメラーゼ，3′ から 5′ へのエキソヌクレアーゼ

真核細胞の α，ε，δ，β は核に分布．γ はミトコンドリアに分布．真核細胞の α，ε，δ は原核細胞のⅠ，Ⅱ，Ⅲにそれぞれ相当する．

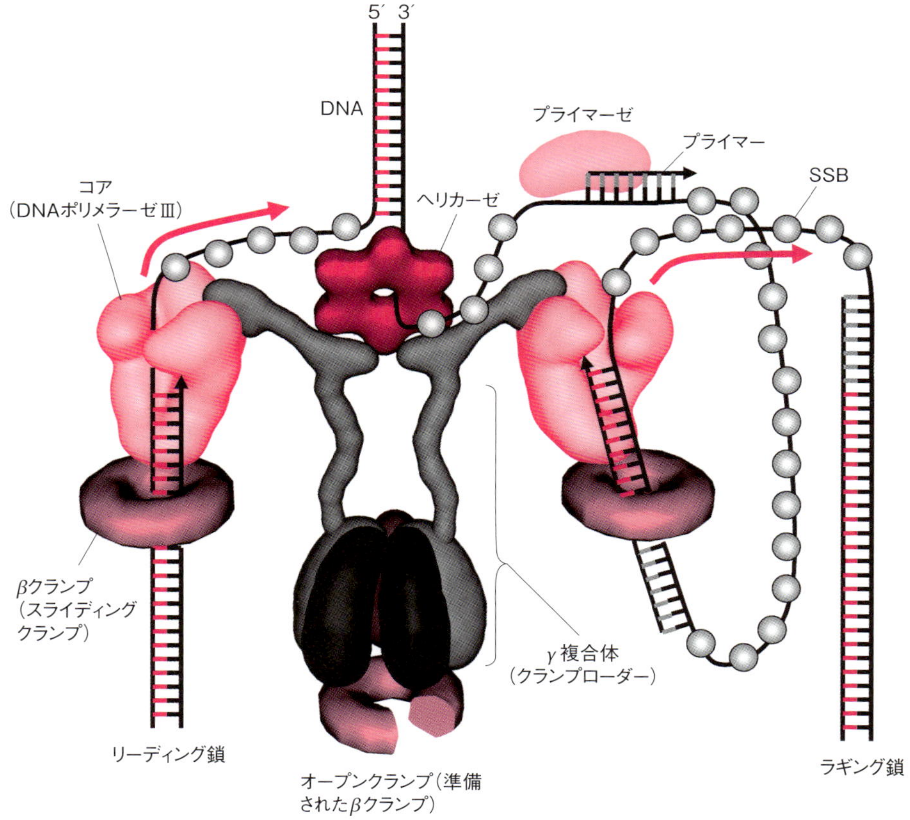

図 11-19　DNA 合成の中核をなすホロ酵素
大腸菌のホロ酵素が DNA を複製している様子を示すモデル．ホロ酵素を中心にして，複製に関与する分子が機能的な立体構造を形成して作業している．

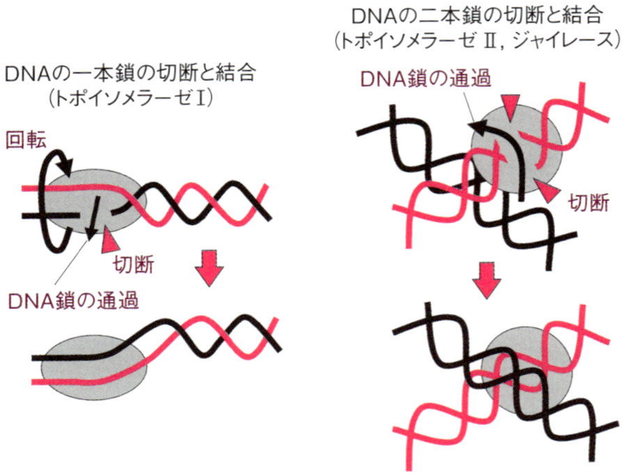

図 11-20　トポイソメラーゼの機能
DNA の一本鎖の切断と結合を行うトポイソメラーゼⅠと，二本鎖の切断と結合を行うトポイソメラーゼⅡを示す．トポイソメラーゼⅠは DNA 鎖の 1 本を切断して再結合することにより，DNA 複製にともなって蓄積される二重らせん構造のねじれを解消している．トポイソメラーゼⅡは DNA の二重鎖を切断してもう一方の DNA を通過させた後，DNA 鎖を再結合することにより DNA 鎖のねじれを解消している．

製を続けていかないと，複製されている DNA の二重らせん構造によじれが蓄積してしまう．それを解消するために働いているのが，トポイソメラーゼ（topoisomerase）と呼ばれる酵素で，機能の異なる 2 種類が存在する．その 1 つが二本鎖からなる DNA のうちの一本鎖だけを切断して，それを再結合するトポイソメラーゼⅠで，もう 1 つは，二本鎖の両方を切断して，それを再結合するトポイソメラーゼⅡ（図 11-20）である．トポイソメラーゼⅠは，DNA 複製の際に生じる DNA 鎖のねじれを解消するために，一方の DNA 鎖に切れ目を入れて，DNA の二重らせん構造を一回転させ，再び DNA 鎖を結合する役割を果たしている（図 11-21）．大腸菌のトポイソメラーゼⅡはジャイレース（gyrase）とも呼ばれており，DNA 複製の際にスーパーコイル構造をほどく役割や，複製後に，再びスーパーコイル構造を形成する際の役割などを果たしている（図 11-22）．

複製開始点から両方向に進行する DNA 複製は Ter 領域と呼ばれる終点領域まで達すると，そこで複製を終了する．Ter 領域には Tus と呼ばれるタンパク質が結合していて，そこに向かって進行してくるヘリカーゼの DnaB を止めて DNA 複製を停止させると考えられてい

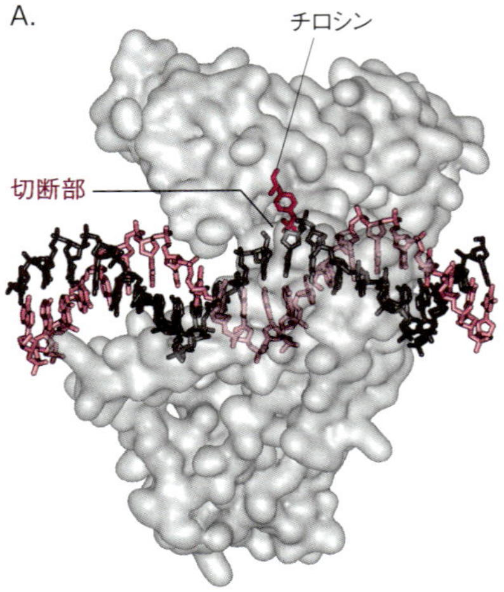

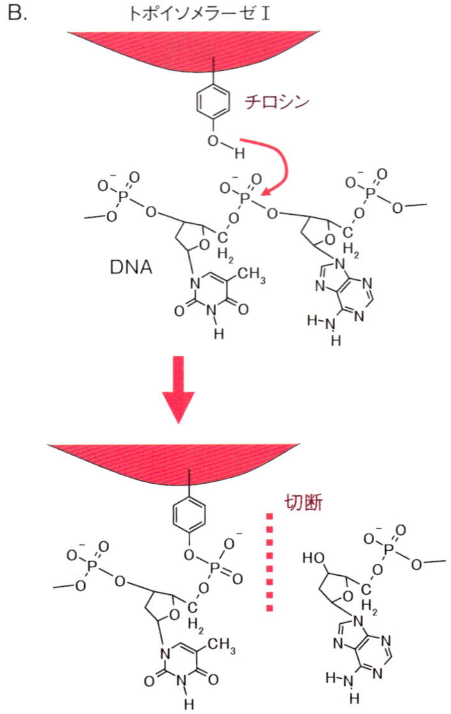

図 11-21　トポイソメラーゼⅠの分子モデル
A：リン酸基とチロシンが共有結合することにより切断された DNA は，1 回転してねじれを解消した後，再結合される．B：トポイソメラーゼⅠのチロシンによる DNA 鎖の切断と再結合を示す．

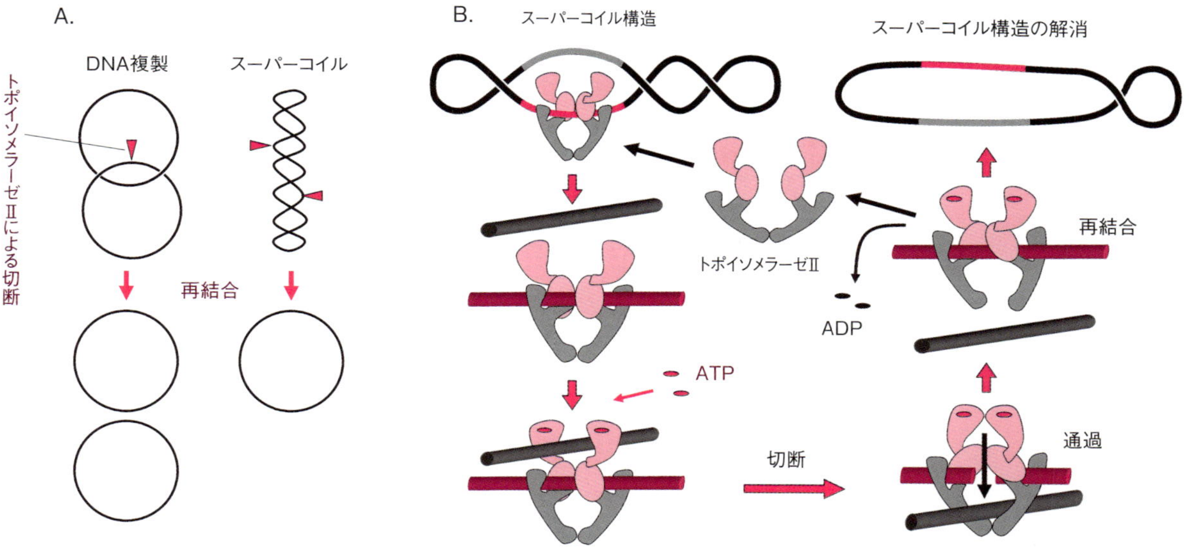

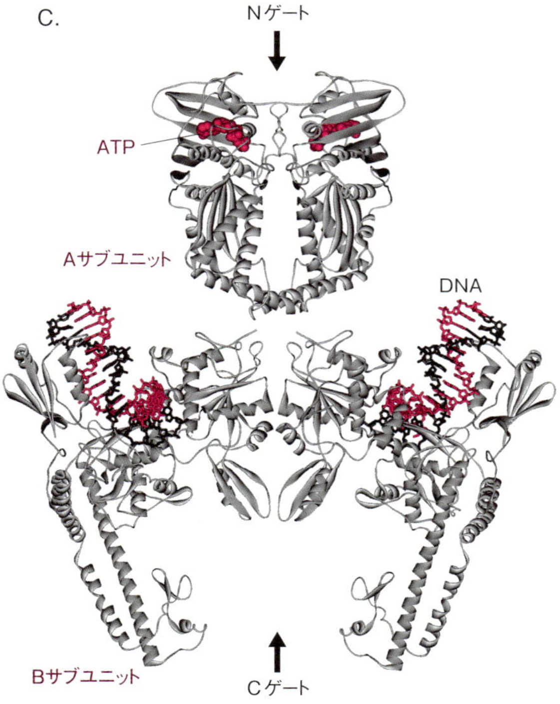

図 11-22　原核細胞のトポイソメラーゼⅡによる役割

A：原核細胞では，複製された環状 DNA の二重鎖の分離，クロマチンのスーパーコイル構造の形成，そして，スーパーコイル構造の解消などの際にトポイソメラーゼⅡが活躍している．**B**：トポイソメラーゼⅡが DNA の二重鎖を切断して再結合するしくみ．**C**：トポイソメラーゼⅡの分子モデル．A サブユニットと B サブユニットのそれぞれ 2 つずつからなる四量体で構成されている．切断された DNA と結合した B サブユニットと，ATP を結合した A サブユニットを示す．

る．複製が終了した 2 つの環状の DNA 鎖は絡み合った状態なので，両者を分離するためにジャイレースにより一方の環状 DNA 鎖が切断される．そして両者が分離された後，切断部が再結合されると複製が完了する．

DNA 複製の過程では，DNA ポリメラーゼによる塩基の付け間違い（不正対合，mismatch）が 10^4 個の塩基対に対して約 1 個程度生じる．しかし，実際に複製された後の DNA を見ると，不正対合の出現率は $10^8 \sim 10^9$ 個の塩基対に対して約 1 個程度という非常に少ない割合になっている．それは，1 つの塩基の付け間違いでも，場合によっては致命的なことになりかねないので，複製の際に生じる間違いを，できるだけその段階で阻止するしくみが備わっているからである．そのしくみは，校正修復（proof-reading repair）と呼ばれ，DNA ポリメラ

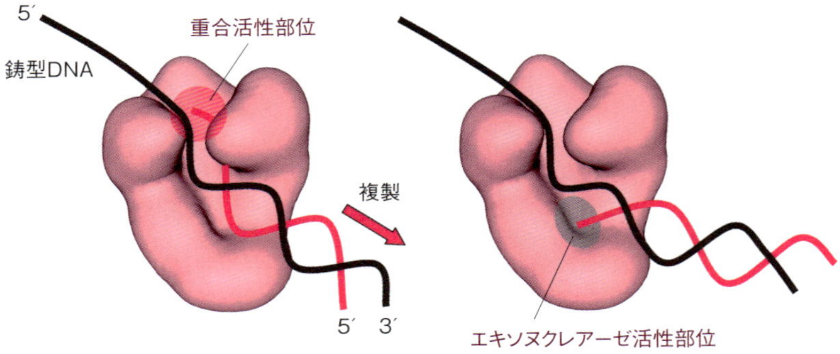

図 11-23 DNA ポリメラーゼによる校正機構
重合活性部位で複製された塩基にミスが見つかった場合，その部分を含めた一定の領域がエキソヌクレアーゼ活性部位で分解された後，ミスのあった領域が再複製される．

ーゼⅠと DNA ポリメラーゼⅢの両方がもつ修復機能である．DNA ポリメラーゼの重合活性部位（polymerase active site）で重合された塩基対は，その後，付け間違いがないかどうか結合ポケットと呼ばれる部分でチェックされる．もし，間違った塩基対が結合されていることが発見された場合には，その領域がエキソヌクレアーゼ活性部位（exonuclease active site）に移されて，そこで間違った部分が切断されて取り除かれる．その後，再び重合活性部位に戻されて DNA の複製がやり直される（図 11-23）．

b. 真核細胞の DNA 複製

表 11-3 に示したように，原核細胞と真核細胞の DNA 複製には類似のタンパク質が働いていて，複製の基本的なしくみもよく似ている．しかしながら，両者にはいくつかの重要な違いもある．たとえば，複製開始点の数の違い，DNA 鎖に結合しているヒストンタンパク質や染色体の両端に存在するテロメアの存在などである．それらの中でも，真核細胞の DNA 複製において重要な問題となっているのがテロメアである．ここではその問題について述べる．

真核細胞の染色体を構成する DNA の両末端にはテロメアと呼ばれる構造が存在している．テロメアは 5 ～ 8 個からなる共通した塩基配列（たとえば，脊椎動物では TTAGGG）を単位としたくり返し構造により構成されている．テロメアは，染色体の両末端を覆う（キャッピングと呼ばれる）ことにより，染色体の構造の保持やその機能の安定化に重要な役割を果たしている（図 11-24）．たとえば，線状の染色体の DNA 鎖の両末端は，そのままでは損傷して断裂した DNA 鎖と間違われてしまい，後で述べる細胞周期のチェック機構に引っかかってしまう恐れがある．そのために，テロメアが DNA 鎖の両端を覆うことにより，チェック機構を免れていると考えられている．このような役割を果たしているテロメアは，環状の DNA 鎖をもつ原核細胞では必要ないので存在しない．

テロメアの部分に問題が生じるのは，真核細胞の DNA の複製過程である．DNA 複製の過程で，リーディグ鎖やラギング鎖が合成される際には，その起点としてプライマー RNA が合成される．やがて，それらは分解され，その部分には DNA が複製されて追加される．しかしながら，真核細胞の線状の DNA 鎖が複製される場合には，新生された鎖の 5′ 末端側に合成されたプライ

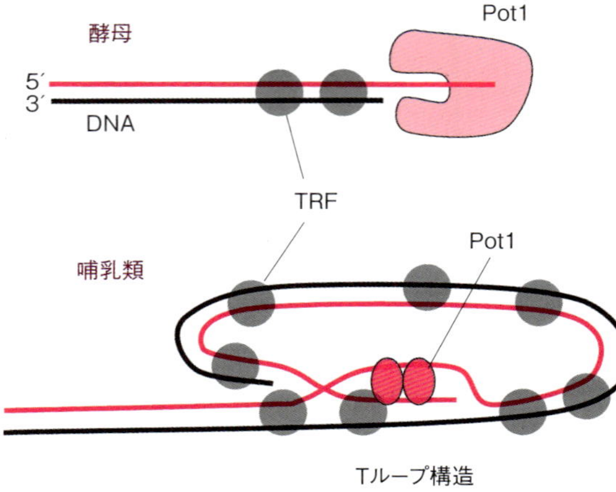

図 11-24 真核細胞のテロメア
真核細胞の直線状の DNA の両末端にはテロメアが存在する．その領域には何種類かの特別なタンパク質が結合して，DNA の末端を保護している．

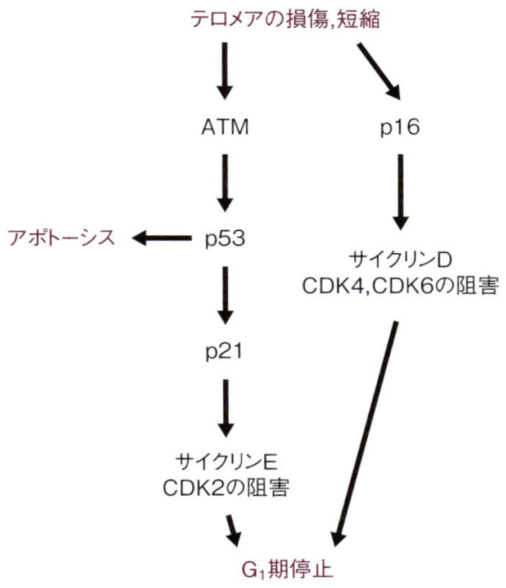

図 11-25　テロメアの損傷や短縮による細胞周期の停止
テロメアの部分に傷害や短縮が生じると，それらは ATM に検知されて p53 を経てから CKI の p21 に伝えられたり，CKI の p16 に直接伝えられたりして，G_1 期の停止が引き起こされる．傷害がひどい場合には，p53 からの情報によりアポトーシスが誘導される．

マーが分解された後，その部分の DNA を複製することができない．それは，その部分を合成するために必要なプライマーの鋳型となる反対側（3′ 末端側）の DNA 鎖がないためである．そのために，DNA の複製をくり返すごとに，DNA の末端側が少しずつ減少してしまうことになる．

細胞周期をほとんど経ていない発生初期の細胞では，テロメアの長さは 10,000 ～ 15,000 塩基対（ヒトの場合）も存在するが，その後，細胞分裂をくり返すたびにその一部が欠失してしまい，60 ～ 100 回の分裂を経ると，テロメアは 3,000 ～ 5,000 塩基対程度にまで減少してしまう．この程度までテロメアが減少すると，染色体を保護する機能が果たせなくなってしまう．そうなると，染色体機能に異常な細胞が生じる恐れが高くなるので，細胞周期をチェックしている機構がテロメアの減少を感知して，それ以上に細胞分裂ができないようにしてしまう（図 11-25）．この段階が一般の細胞における寿命となるので，テロメアの存在は生物の組織の老化や個体の寿命を決める重要な要因の 1 つになっている．

その一方で，無限に細胞分裂を続けることのできる細

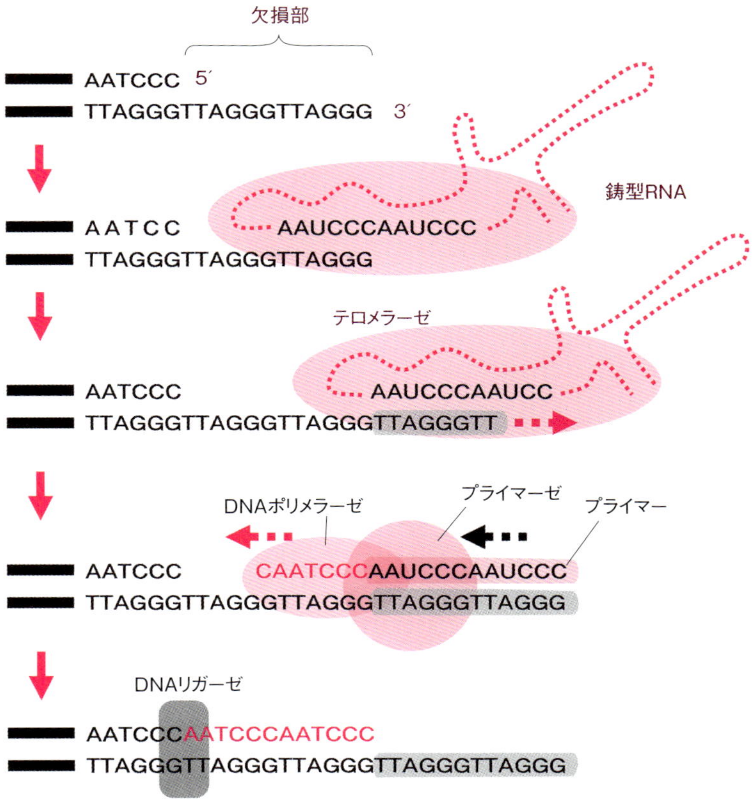

図 11-26　欠損したテロメアの修復
欠損したテロメアの部分の相補的な DNA 鎖が，テロメラーゼに組み込まれた RNA を鋳型として合成される．この作業は，テロメラーゼのもつ逆転写酵素としての機能により行われる．次に，テロメラーゼにより合成された部分を鋳型にして，プライマーが合成される．そのプライマーを起点として，DNA ポリメラーゼにより欠損した部分のテロメアが複製される．複製されたテロメアが DNA リガーゼにより結合されると，欠損したテロメアの部分の修復が完了する．

胞も存在する．その代表的な例が生殖細胞である．実際に，生殖細胞は世代を経て無限に細胞分裂を続けている．その他にも，一般の体細胞と異なり，細胞分裂に制限がないと考えられているものに，体性幹細胞（somatic stem cell）と呼ばれる細胞が存在する．体性幹細胞は多くの組織中に存在し，外部からの増殖刺激（たとえば，成長因子の作用）があると，G_0 期から細胞周期に復帰して再び細胞増殖を行い，組織の再生や傷害の修復のために働いている．

このような無限の細胞増殖が可能なのは，それらの細胞に特別な酵素が働いていてテロメアの減少を防いでいるからである．その酵素はテロメラーゼ（telomerase）と呼ばれる DNA 合成酵素の 1 種である．テロメラーゼは，3′ 末端に分布するテロメアと相補的な RNA（telomere RNA component）を自身でもっており，それを鋳型にして 3′ 末端側のテロメア部分の DNA を合成する．つまり，テロメラーゼは逆転写酵素（telomere reverse transcriptase）の 1 種である．テロメラーゼにより合成されて追加された 3′ 末端のテロメアを鋳型にして，5′ 末端側の欠損したテロメアの部分が複製され，欠損した部分のテロメアが修復される（図 11-26）．

テロメラーゼは一般の体細胞には発現していないが，時として，発現される場合もある．その例として，ガン化した細胞におけるテロメラーゼの発現である．ヒトにガンを引き起こすことが知られているヒトパピローマウイルス（HPV）に感染すると，ウイルスの遺伝子をもとに E6 タンパク質が発現される．このタンパク質が発現されると，p53 の分解を誘導するとともに，テロメラーゼの遺伝子が活性化される．その結果，テロメラーゼが発現して，無制限な細胞増殖が可能となり，このことが細胞をガン化させる大きな原因の 1 つとなっている．

11･5　S 期から M 期へ

a．M 期への進行

サイクリン A は CDK2 と複合体を形成し，S 期の DNA 複製に重要な役割をはたす一方で，CDK1 と複合体を形成することにより，S 期から M 期への進行を促進する．これに続いて，G_2 期から M 期にかけてサイクリン B が合成されて CDK1 と複合体を形成し，S 期から M 期への進行と，M 期の維持に重要な役割を果たす．そのために，サイクリン B と CDK1 の複合体は，別名で MPF（M-phase promoting factor）とも呼ばれている．

サイクリン B は S 期に合成され，CDK1 と複合体を形成するが，その時点では CDK1 のキナーゼは不活性な状態である．それは CDK1 の 14 位のトレオニン，15 位のチロシン，161 位のトレオニンが，それぞれ，Myt1，Wee1，CAK と呼ばれるキナーゼによりリン酸化されているからである．M 期への進行に先立ち，CDK1 の 14 位のトレオニンと 15 位のチロシンが，ホスファターゼの Cdc25 により脱リン酸化されると，CDK1 のキナーゼが活性化される（図 11-27）．つまり，161 位のトレオニンだけがリン酸化された状態のときに，CDK1 は活性化された状態になる．CDK1 がいったん活性化されると，その状態を維持させるために，Myt1 と Wee1 をリン酸化してそれらの機能を不活性にするとともに，Cdc25 の酵素活性を持続させる機構が働く．

サイクリン B は細胞質局在化シグナル（CRS；cytoplasmic retention signal）をもっているので，そのままでは細胞質内に局在することになる．しかしながら，CDK1 の活性化にともない，サイクリン B の CRS 部位がリン酸化されると，CRS の機能が失われてサイクリン B と CDK1 の複合体は核内へと優勢的に移行できるようになる．それと同時に，CDK1 の活性化を維持するための Cdc25 も核内に移行する．それは，Cdc25 が核移行シグナル（NLS）をもっているので，それをリン酸化すると，NLS の機能が亢進されて核に移行することになるからである．

核に移行したサイクリン B と CDK1 の複合体がリン酸化する標的は，DNA 複製が完了した染色体を 2 つに分離するために働くさまざまなタンパク質である．それらには，たとえば，クロマチンの凝縮，紡錘体の形成と核膜の崩壊，姉妹染色分体をつなぎ止めている分子の分解，リボソーム合成の停止などを引き起こすタンパク質などがある．M 期の中期になり，サイクリン B と CDK1 の複合体が働きを完了すると，サイクリン A は APC によりユビキチンが結合されて分解されてしまう．

b．染色体の凝縮

複製された長い DNA の線維からなるクロマチンを，そのままの状態で 2 つに分離することは不可能である．そのために，クロマチンを分離し易いようにコンパクトに折りたたむ作業が行われる．11nm のヌクレオソーム構造からなるクロマチンの基本構造が折りたたまれる最初のステップは，30nm 繊維の形成である．2 章に示したように，間期の核に存在するクロマチンは 30nm の繊

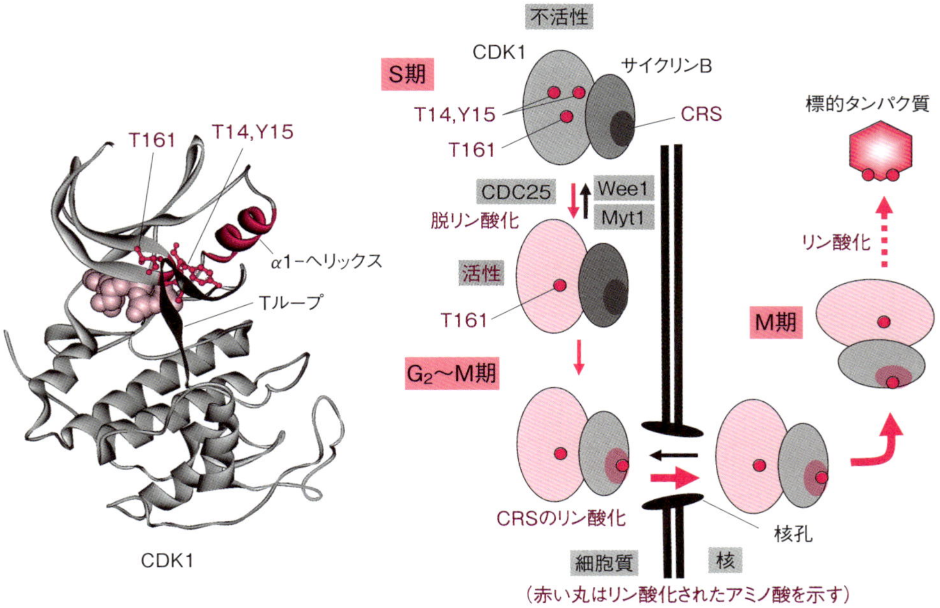

図 11-27　リン酸化による CDK1 の調節

CDK1 は特定の 3 か所のアミノ酸（T14，Y15，T161）がリン酸化されることにより，そのキナーゼの機能が制御されている．3 か所のアミノ酸のすべてがリン酸化されている時は，CDK1 のキナーゼが不活性な状態にある．そのうちの T14 と Y15 が脱リン酸化されて，T161 だけがリン酸化された状態になるとキナーゼが活性化する．サイクリン B の CRS 領域がリン酸化されると，活性状態の CDK1 とサイクリン B の複合体は核内に移行する．核内に移行した CDK1 は標的タンパク質のリン酸化を行い，細胞周期の M 期への進行を引き起こす．

維まで折りたたまれた状態で存在すると考えられているが，細胞分裂の際には，その状態からさらにコンパクトな状態の姉妹染色分体になるまで何ステップも折りたたまれる必要がある．この過程は染色体の凝縮と呼ばれ，サイクリン B と CDK1 複合体によるヒストン H1 のリン酸化をはじめとして，多くのタンパク質が関与する作業により行われる．

クロマチンの凝縮に関与しているタンパク質の 1 つに，コンデンシン（condensin）と呼ばれるタンパク質の複合体が存在する（図 11-28）．コンデンシンは合計 5 つのサブユニットから構成されており，その中で中心的な役割を果たしているのが SMC（structural maintenance of chromosome）と呼ばれる 2 つのサブユニットである．コンデンシンには 2 種類のタイプ（タイプ I とタイプ II）が知られており，タイプ II のコンデンシンは細胞周期を通して核内に存在するが，タイプ I は M 期に核膜が崩壊するまで細胞質に存在し，核膜の崩壊後，クロマチンに結合してその凝縮を引き起こす．その際に，コンデンシンは DNA と結合し，ATP の加水分解によるエネルギーを利用して，DNA にねじれを加えてその凝縮を引き起こす．この際のコントロールには，サイクリン B と CDK1 の複合体によるリン酸化が関与している．

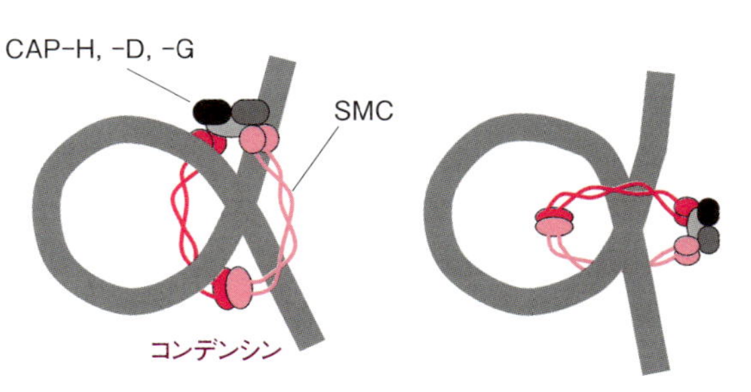

図 11-28　コンデンシンによるクロマチンの凝縮

コンデンシンは留め金のような働きをして，クロマチンの折りたたみに関与している．コンデンシンによるクロマチンの折りたたみの 2 つの可能性を示す．

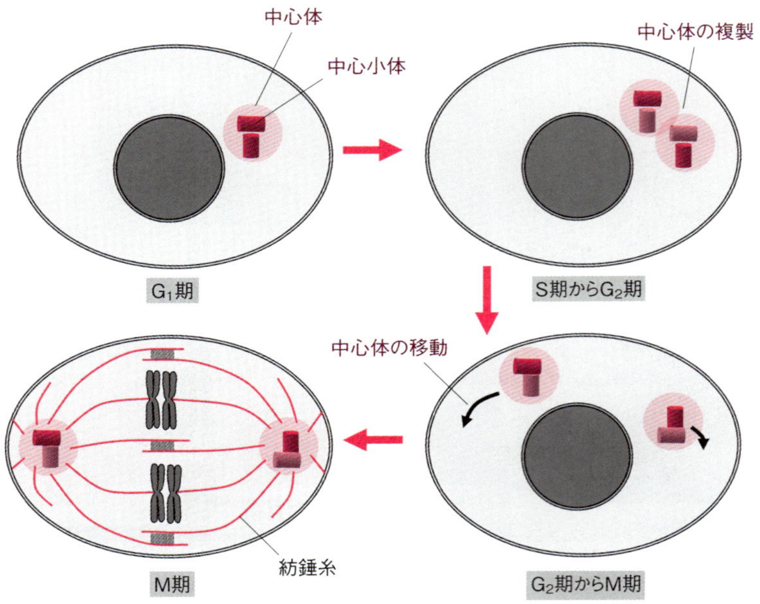

図 11-29　中心体の複製
中心体は 2 つの中心小体からなる．G_1 期から S 期にかけて，2 つの中心小体をもとにして中心体が 2 つに複製される．2 つの中心体は S 期に細胞の両極に移動する．M 期になると，中心体から伸びた紡錘糸（微小管）が姉妹染色分体のキネトコアと結合して染色体の分離を行う．

c. 紡錘体の形成と核膜の崩壊

G_0 期や G_1 期の細胞内には，核周辺に 1 つの中心体が存在するが，S 期から G_2 期にかけて，その中心体は複製されて 2 つになる（図 11-29）．中心体が複製される過程では，それを構成する 2 つの中心小体が分離することにより，それらをもとにして 2 つの中心体が複製される．この過程には，サイクリン E と CDK2 の複合体が関与している．2 つに複製された中心体は，S 期から G_2 期にかけて成熟し，G_2 期から M 期にかけて分離した後，M 期になると細胞の両極に移動する．中心体には，微小管が重合する際の起点となる構造が存在するので，そこを起点として微小管が重合して細胞内に伸長する．その際の微小管の向きは中心体の側がマイナス端になっている．

姉妹染色分体を 2 つに分離するためには核膜が邪魔になるので，M 期の前中期になると核膜が崩壊する．その引き金となるのがサイクリン B と CDK1 の複合体によるラミンのリン酸化である．ラミンは細胞骨格の中間径繊維の 1 種で，ラミンが重合してできた網目構造の核ラミナに核膜が裏打ちされている．ラミンがリン酸化されると，核ラミナの重合が不安定になり壊れるので，不安定になった核膜は小胞状に分離して崩壊する（図 11-30）．その結果，核と細胞質を遮る障壁がなくなるので，両側の中心体から伸びた微小管の繊維束（紡錘体，spindle と呼ばれる）と姉妹染色分体が結合する．姉妹染色分体はその紡錘体に沿って細胞の中央（赤道）まで移動させられた後，やがて，中心体が存在する両方向に向けて引っ張られて分離される．

ほとんどの種類の真核細胞では，核膜が M 期に崩壊し，姉妹染色分体が娘細胞に分配されるとまもなく，その染色体の周囲に再び核膜が形成される．しかし，一部の真核細胞では，核膜が崩壊しないままで染色体の分配が行われるものもある．たとえば，酵母では核膜に埋め込まれたスピンドル極体（spindle pole body）と呼ばれる紡錘体の重合拠点が形成され，そこから紡錘体が核内に形成されて，染色体の分配と同時に核膜も二分される（図 11-31）．

d. 染色体の分配

紡錘体の形成や核膜の崩壊が引き起こされ，姉妹染色分体の分離の準備が整うと，姉妹染色分体の分離作業が行われる．それまでの姉妹染色分体は，簡単に分離できないようにしっかりと結び付けられている．両者を結び

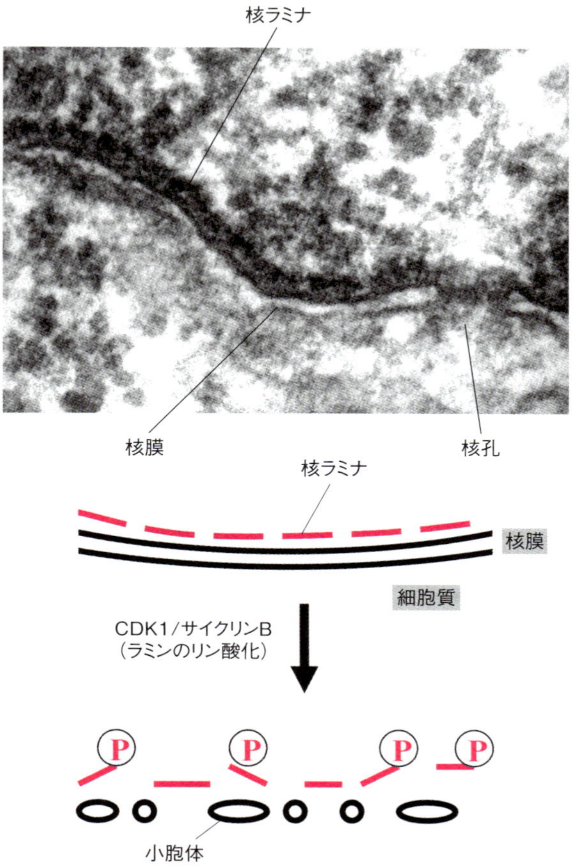

図 11-30　核ラミナの電子顕微鏡写真と M 期における核膜の崩壊

核膜の内側は，ラミンと呼ばれるタンパク質が重合してできた核ラミナと呼ばれる構造に裏打ちされている．核ラミナは核膜の安定化やクロマチンの結合部位としての役割を果たしている．姉妹染色分体の分離の際には核膜が邪魔になるので，ラミンがリン酸化されて核ラミナが脱重合される．その結果，不安定になった核膜は小胞へと分離する．染色体が分離された後，核膜はそれらの小胞が融合することにより再び形成される．

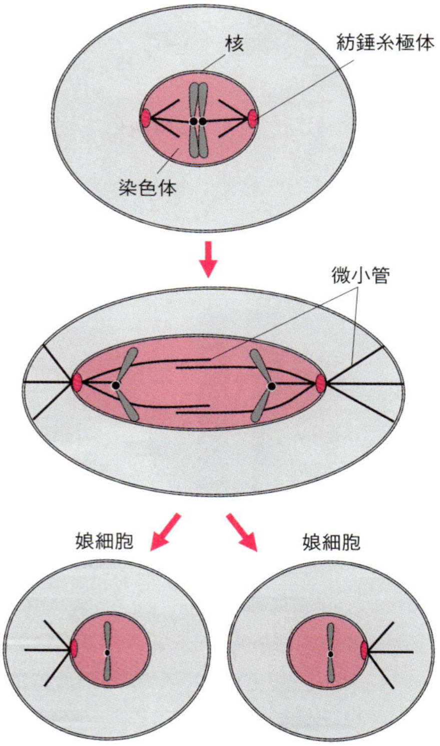

図 11-31　酵母の染色体分離

酵母では，姉妹染色分体の分離の際に，核膜の崩壊は起こらない．核膜構造が維持されたままで染色体の分離が行われる．

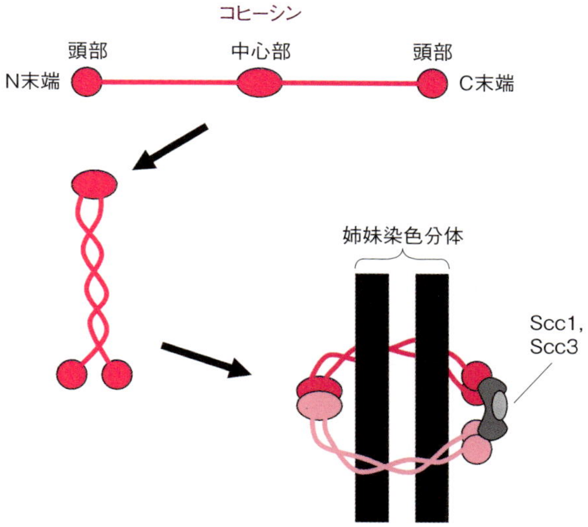

図 11-32　姉妹染色分体をつなぎとめるタンパク質のコヒーシン

複製後の染色体は，分離される時期まで，コヒーシンの二量体と Scc1 からなる複合体によりつなぎ止められている．酵母の場合を例に示す．

付けているのはコヒーシン（cohesin）と呼ばれるタンパク質で，少なくとも 4 つのサブユニットから構成されている（図 11-32）．コヒーシンは SMC ファミリーに含まれる複合体で，前述のコンデンシンと同じように，2 つのサブユニットが中心になって機能している．

コヒーシンの役割は，染色体の分離が行われる M 期の後期まで，姉妹染色分体を結び付けておくことである．分離する時期になると，コヒーシンは分解されて姉妹染色分体の分離と娘細胞への分配が行われる．その際に，コヒーシンの分解を行うのがセパレース（separase）と

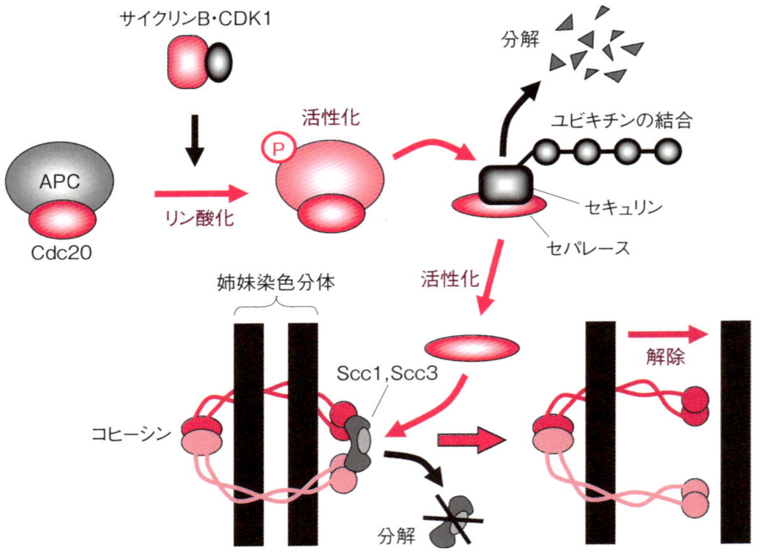

図 11-33　コヒーシンによる姉妹染色分体のつなぎ止めの解除

CDK1によるAPCのリン酸化はAPCを活性化する．活性化されたAPCは，タンパク質分解酵素のセパレースを抑制していたセキュリンにユビキチンを結合して，プロテアソームによるセキュリンの分解を誘導する．その結果，セキュリンの抑制から解除されたセパレースはコヒーシンに結合しているScc1を分解して姉妹染色分体のつなぎ止めを解除する．

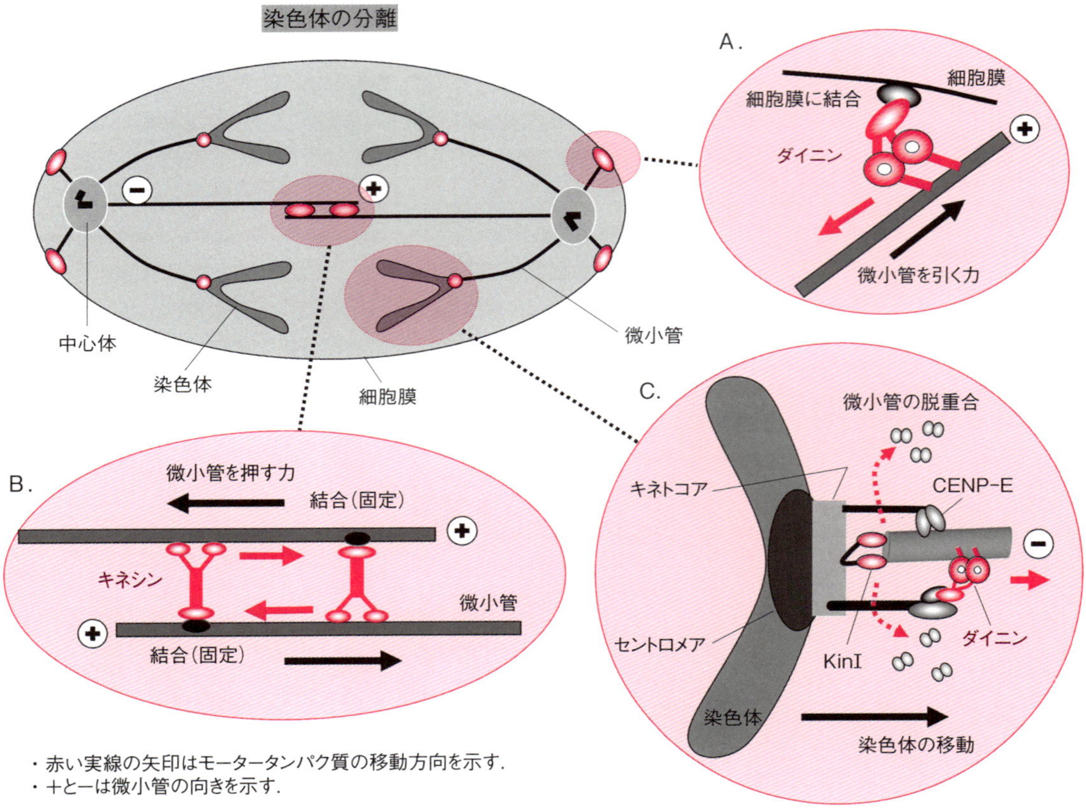

・赤い実線の矢印はモータータンパク質の移動方向を示す．
・＋と－は微小管の向きを示す．

図 11-34　姉妹染色分体の分離と移動を示すモデル

染色体の分離と移動にはモータータンパク質が活躍している．**AとC**：ダイニンは，細胞膜や染色体と結合した状態で紡錘糸（微小管）上を移動運動することにより，中心体や染色体を細胞の両極方向に引っ張る力を発生する．**B**：紡錘糸と結合したキネシンは，紡錘糸上を移動運動することにより，中心体を反対方向に押す力を発生する．**C**：モータータンパク質のダイニンやCENP-E，そして微小管の脱重合因子のKin Iなどが染色体の移動に関与している．以上のような力が総合的に働いて姉妹染色分体が分離される．

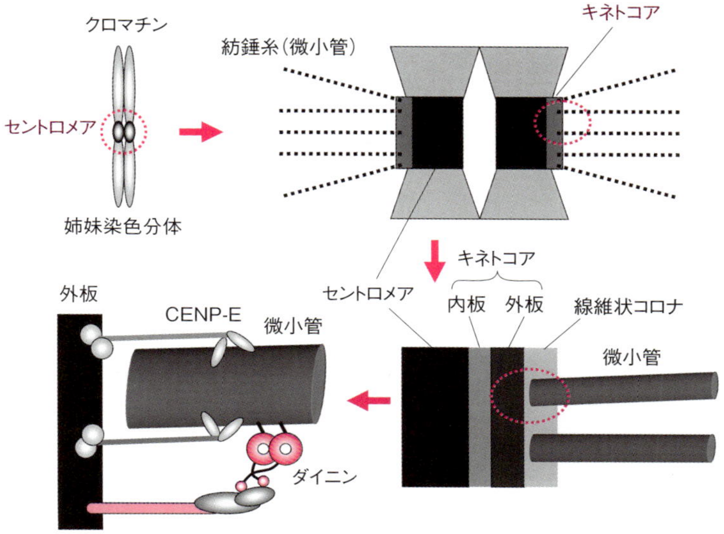

図 11-35　染色体と微小管の結合
微小管はキネトコアを介して染色体のセントロメアと結合している．微小管とキネトコアの結合部にはモータータンパク質や DNA 修復に関与する分子など，さまざまな分子が存在している．ここでは，モータータンパク質を示してある．

呼ばれるタンパク質分解酵素である．セパレースにはセキュリン（securin）と呼ばれる調節タンパク質が結合していて，その状態ではセパレースの酵素機能が抑制されている．ところが，M 期の後期になると，セキュリンが分解されてセパレースが活性化される．その結果，セパレースがコヒーシンを分解して，姉妹染色分体の分離を可能にする．セキュリンが選択的に分解されるのは，サイクリン B と CDK1 の複合体により活性化された APC が，セキュリンにユビキチンを結合して選択的に分解させるためである．セキュリンが分解されると，それと同時に，サイクリン B も APC の標的となりユビキチンが結合されて分解される．この過程を経ると，姉妹染色分体の分離が行われる（図 11-33）．

セキュリンが分解されて姉妹染色分体の結合が解除されると，姉妹染色分体は中心体に向かって引っ張られて移動する．その際には，微小管上を移動するモータータンパク質の移動運動と，微小管の重合や脱重合が重要な役割を果たしている（図 11-34）．中心体から伸びる微小管は，染色体のセントロメア（centromere）の部分に形成されたキネトコア（kinetochore，動原体）を介して，染色体と結合している（図 11-35）．セントロメアを構成する DNA は特別な塩基配列からなっている．たとえば，ヒトのセントロメアは，アルフォイド（alphoid）と呼ばれる 171 塩基対を基本単位とするくり返し構造から構成されており，その領域の長さは数メガ塩基にも及んでいる．

11・6　細胞周期のチェック機構

a．チェックポイント制御

上述したような複雑なステップの細胞周期が間違いなく進行しているのは，その過程で生じるさまざまな異常の有無がチェックされているからである．細胞周期の過程で生じる異常の監視機構は，チェックポイント制御（checkpoint control）と呼ばれており，そのしくみは細胞周期の各所で働いている（図 11-36）．細胞周期で厳重にチェックされているのは，DNA の複製異常と DNA

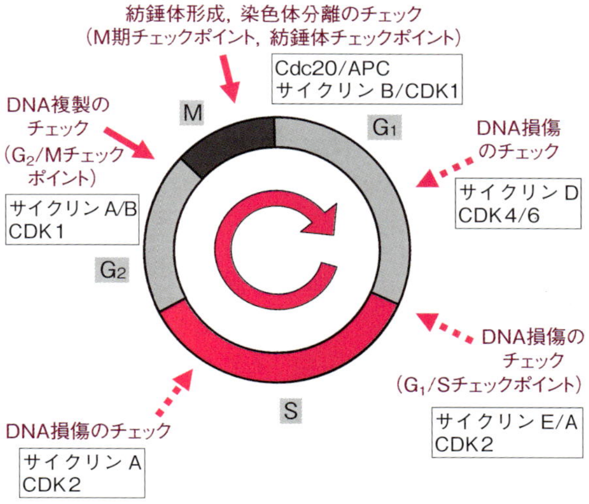

図 11-36　細胞周期のチェックポイント
DNA の損傷については細胞周期の至るところでチェックされている．さらに，S 期における DNA 複製のチェック，M 期における染色体分離に関するチェック，そして，G_1 期における制限点のチェックなどが行われている．

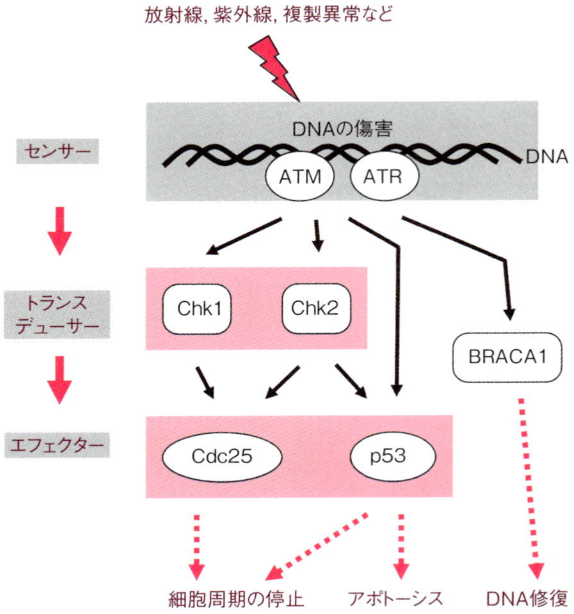

図 11-37　DNA 損傷のチェック機構
DNA の損傷はセンサー分子により感知され，その情報はトランスデューサーやエフェクター分子を経由して，細胞周期の停止と DNA の修復，さらには，アポトーシスなどを引き起こす．

の損傷，そして姉妹染色分体の異常分配などである．それらの異常が見過ごされると，細胞に致命的な障害がもたらされるからである．チェックポイント機構により異常が検出されると，それが修復されるまで細胞周期は一時停止される．そして修復が完了すると，細胞周期は再開される．しかしながら，修復不可能な異常が生じた場合には，その細胞を増殖させないために，アポトーシスへと導いて処分してしまう．このようなしくみは酵母からヒトに至るまで，真核細胞に共通して存在する．以下に，脊椎動物の例を中心にチェックポイント制御のしくみについて述べる．

細胞周期のチェックポイント制御で行われているチェック項目には，R 点で行われている S 期への移行のチェック，G_1 期，S 期，G_2 期で行われている DNA の複製異常と DNA の損傷のチェック，G_2 期で行われている DNA 複製完了のチェック，そして，M 期で行われている紡錘体形成や姉妹染色分体の分離と分配のチェックなどがある．それらのチェック作業の流れは，基本的に次のようなステップからなっている．まず，センサー分子により検知された異常が，トランスデューサーと呼ばれる分子を経由して，細胞周期の進行を制御しているエフェクター分子に伝達される．その結果，エフェクター分子は異常が修復されるまで細胞周期を停止させたり，修復不能な場合には，アポトーシスを引き起こしたりする（図 11-37）．

生物の細胞は，紫外線，電離放射線，活性酸素など，DNA に損傷を与えるさまざまな要因に常にさらされているので，DNA の損傷は頻繁に引き起こされている．それゆえ，DNA の損傷や異常は細胞周期の随所でチェックされている．DNA の損傷をチェックするセンサー分子には，DNA に結合している ATM（毛細血管拡張性運動失調症変異，ataxia-telangiectasia mutated）や，ATR（ataxia-telangiectasia and rad3-related）などのタンパク質が知られている．両者ともセリン / トレオニンキナーゼ活性をもつ酵素タンパク質であり，DNA の損傷はこれらの酵素を活性化して，標的タンパク質のリン酸化という形でその情報を次に伝えている．ATM や ATR の標的タンパク質である Chk1（checkpoint kinase 1，セリン / トレオニンキナーゼ）や Chk2，あるいは，BRCA1（breast cancer susceptibility protein 1）などがリン酸化されて活性化されると，それらは DNA が損傷したという情報を修復機構に伝達する．それと同時に，サイクリンと CDK の複合体や APC にもその情報が伝えられ，DNA の修復が完了するまで，細胞周期を一時的に停止させる．そして，DNA の修復が完了すると，その停止を解除して，細胞周期を再開させる．もし DNA の損傷が重大で修復不能な状態にある場合は，p53 を介してその細胞をアポトーシスへと導いて処分してしまうこともある．

b．細胞周期の停止とアポトーシス

p53 の遺伝子はガン抑制遺伝子としてよく知られており，多くのガン細胞ではこの遺伝子の発現や機能に異常が起きている．p53 は転写因子で，その標的遺伝子には細胞周期の停止やアポトーシスを引き起こす遺伝子などがある．その重要な役割の 1 つが，DNA に傷害が生じた際に，G_1 期で細胞周期を一時停止させて，その障害を修復させることである．放射線や化学物質により DNA に障害が引き起こされると，p53 の働きにより，CKI の p21 の合成が促進される．p21 はサイクリン D と CDK4 の複合体の活性を抑制するので，細胞周期の進行が停止される．その間に傷害の修復が試みられるが，もし，修復が不可能な場合には，p53 はその細胞をアポトーシスへと誘導する．

A.

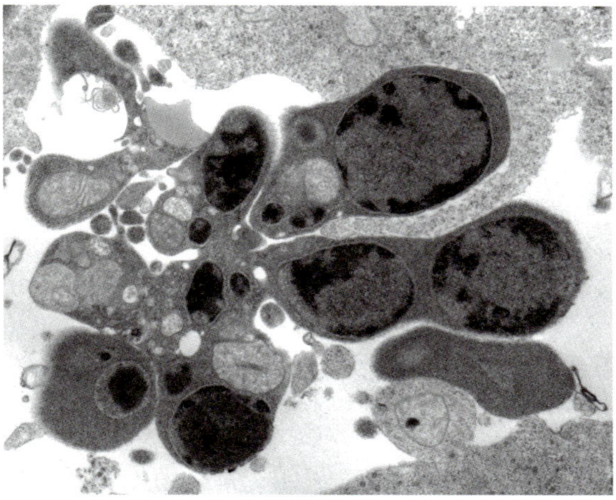

図 11-38 p53 の機能と分子モデル
A：アポトーシスを引き起こした細胞の電子顕微鏡写真．核の分断や凝縮，そして，細胞質の分葉化などが見られる．アポトーシスを起こした細胞はマクロファージに取り込まれて分解処理されてしまう．B：DNA に損傷のない正常な状態では p53 が分解されているが，DNA に損傷が生じると，p53 の分解機構が抑制されて p53 が細胞内で増加する．その結果，p53 の標的遺伝子が発現され，細胞周期の停止やアポトーシスが引き起こされる．

B.

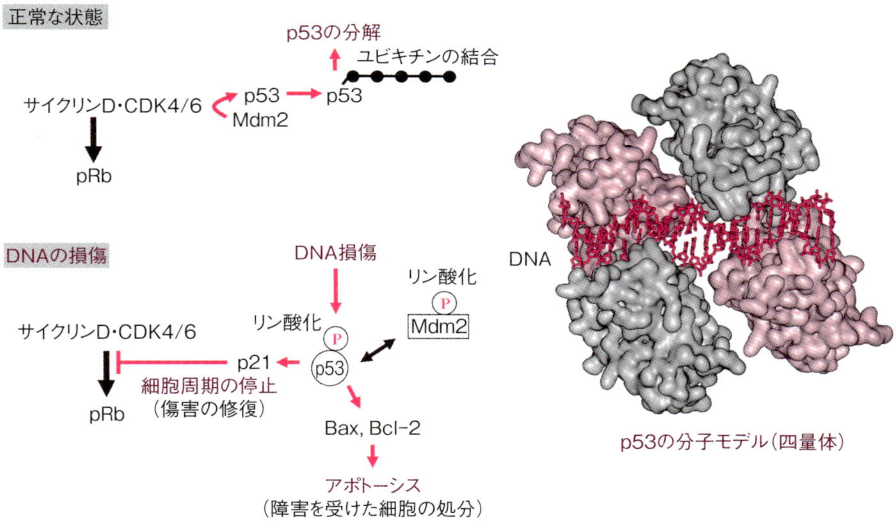

本来，細胞には自身を処分するアポトーシスと呼ばれる機構が備わっている．それは，たとえば，ガン細胞のような異常になった細胞を処分したり，発生過程で体の構造を形成する際に不必要な部分の細胞を処分したりするためである．アポトーシスの際にはタンパク質分解酵素のカスパーゼ（caspase）やエンドヌクレアーゼなどが活性化され自身を分解処理してしまう．その分解酵素の活性は death genes と呼ばれている Bax や Bcl-2 などの遺伝子により制御されている．Bax と Bcl-2 の遺伝子産物は，それぞれアポトーシスの活性化因子と抑制因子として働いており，p53 はこれらの遺伝子の発現を制御して傷害を受けた細胞の処分を行っていると考えられている（図 11-38）．

細胞が正常な状態では，この p53 は細胞周期の進行の邪魔になるので，頻繁に分解されており，細胞内の濃度は低く抑えられている．それを調節しているのは，p53 にユビキチンを結合している Mdm2（murine double minute 2）と呼ばれるユビキチンリガーゼである．もし，DNA に傷害が生じると，Mdm2 と p53 がリン酸化されて，両者が離れるために Mdm2 による p53 へのユビキチンの結合ができなくなる．その結果，分解されなくなった p53 の量が細胞質内で増加して，その標的遺伝子である p21 の合成を促進することになる．

DNA の正確な複製とともに，複製された姉妹染色分

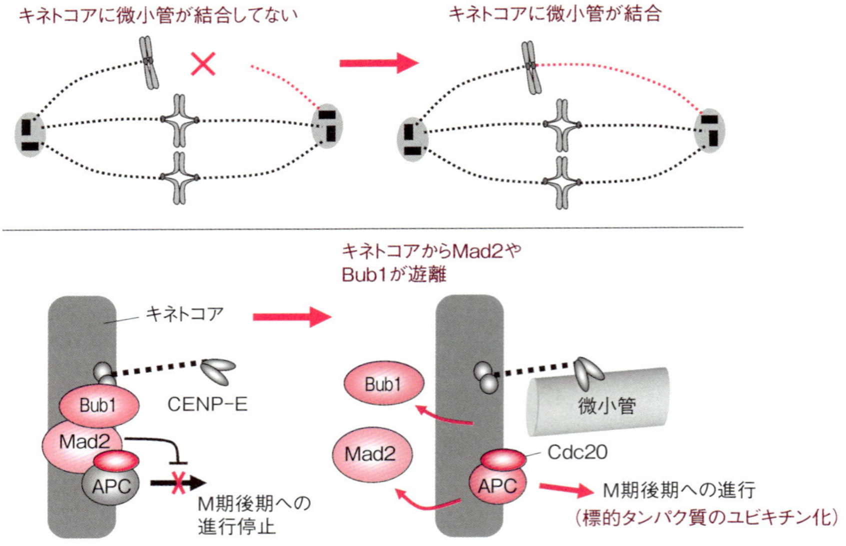

図 11-39 染色体分離のチェック
酵母では，染色体に紡錘糸が結合してないときは，Mad2 が Cdc20 に結合して APC の機能を阻害している．この状態では細胞周期の M 期後期への移行が停止されている．染色体が紡錘糸に結合すると，Bub1 が不活性化され，Mad2 が Cdc20 から遊離して APC が活性化される．その結果，セキュリンなどの標的タンパク質がユビキチン化され，細胞周期は M 期後期へと進行する．

体は娘細胞に均等に分配される必要がある．しかしながら，姉妹染色分体の分配の過程では，さまざまな事故が起きる可能性がある．そのために，姉妹染色分体が分配される際の過程は，厳重なチェックポイント機構により監視されている．そのチェック項目の中の 1 つが，姉妹染色分体の分離が開始される前に，すべての染色体のキネトコアに微小管が結合しているかどうかである．それを検知していると考えられているのが，キネトコアに存在するいくつかのタンパク質である．その中でよく知られているのが，モータータンパク質の CENP-E（centromere protein E）である．CENP-E は微小管と結合して，その上を移動運動するモータータンパク質のキネシンの仲間である．酵母では，微小管が結合していない染色体や，染色体を引っ張る張力に異常（姉妹染色分体の片側だけにしか微小管が結合していない場合）のある染色体が 1 つでもあると，その情報が，キナーゼの酵素活性をもつ Bub1（budding uninhibited by benimidazole 1）を経由して，その標的の Mad2（mitotic arrest-deficient 2）を活性化する．活性化された Mad2 は，APC と複合体を形成している Cdc20 に結合して，APC の機能を抑制する（図 11-39）．

APC の機能は，姉妹染色分体を分離可能な状態にすることなので，その機能が抑制されているうちは M 期の進行が一時的に停止される．すべての染色体への微小管の結合が完了すると，その情報が Cdc20 に結合している Mad2 に伝達されて Mad2 が Cdc20 から解離すると，APC への抑制が解除される．そうすると，姉妹染色分体の分離作業が再開される．つまり，このチェックポイント機構は，微小管と染色体が完全に結合されないうちに染色体分離が行われると，姉妹染色分体の不均等な分配が生じてしまうので，それを防止するために働いている．

11·7 細胞の分離

姉妹染色分体が細胞の両極に移動すると，細胞質の中央がくびれて細胞質が 2 つに分離され，姉妹染色分体のそれぞれを含む 2 つの娘細胞が形成される．そのくびれの部分には収縮環（contractile ring）と呼ばれる構造が形成され，それにより細胞が 2 つに分離される．収縮環はミオシンのタイプⅡが重合したミオシン繊維とアクチン繊維を中心に形成された構造で，骨格筋と同じようなメカニズムで収縮力を発生して細胞のくびれを形成し，細胞を力学的に分離する（図 11-40）．その収縮の調節は，

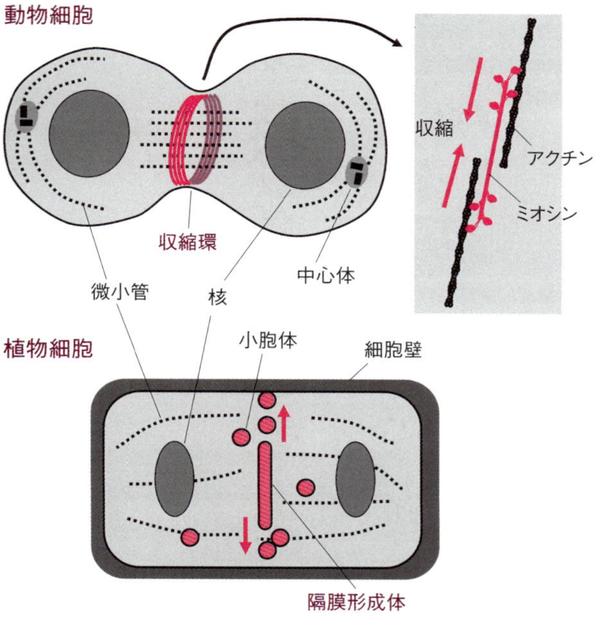

図 11-40　動物細胞と植物細胞の細胞分離
動物の細胞では，収縮環の部分に集合したアクチンとミオシンの収縮力により，細胞がくびれて 2 つに分離される．細胞壁があるためにそれができない植物細胞では，細胞質の中間部に小胞体の融合による隔膜形成体が形成されて細胞が分離される．

ミオシン軽鎖のリン酸化を介して調節されている．

植物細胞の場合には，細胞の周囲が硬い細胞壁により取り巻かれているために，動物細胞のような収縮環による細胞の分離は行われない．その代わり，姉妹染色分体の移動が完了すると細胞の中央部に隔膜形成体（phragmoplast）と呼ばれる構造が形成される．隔膜形成体は，小胞体が集合して融合することにより形成される板状の小胞体（cell plate）で，それが細胞膜と融合することにより細胞が分離される．

原核細胞が二分裂により二分される際にも，動物の細胞と似たように細胞がくびれて分離される（図 11-41）．原核細胞にはアクチンや微小管のような細胞骨格繊維は存在しないが，微小管とよく似た構造をした FtsZ と呼ばれるタンパク質が存在し，それが細胞の分離に関与している．FtsZ は GTPase 活性をもつタンパク質で，原核細胞が分離するときに細胞の中央部にリング状に重合した Z リングと呼ばれる構造を形成する．このリング構造の収縮により，細胞が 2 つに分離される．これと似た構造は葉緑体やミトコンドリアの分裂の際にも働いている．

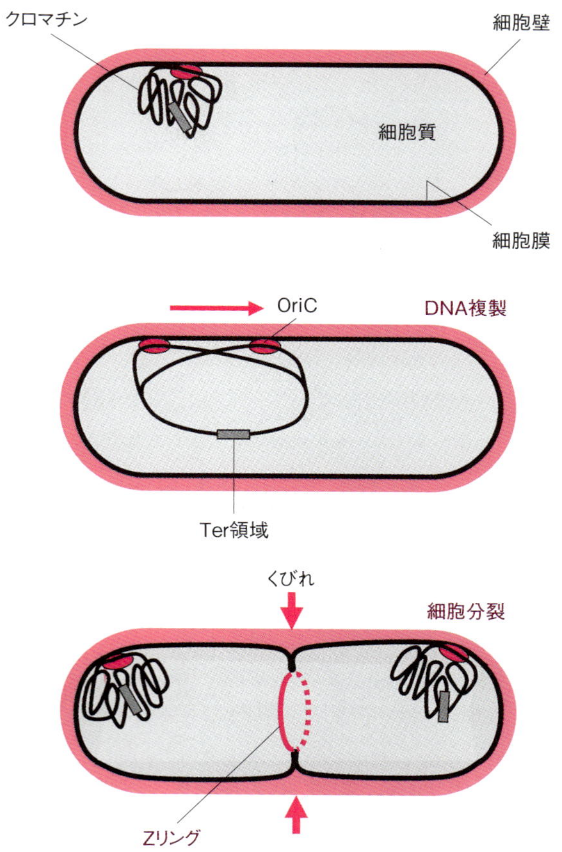

図 11-41　原核細胞の細胞分裂
原核細胞のクロマチンは細胞膜に結合した状態で複製される．複製後，それぞれのクロマチンは反対側に移動する．やがて，その中間部の細胞膜直下に FtsZ タンパク質が集合して Z リングと呼ばれる構造を形成する．Z リングが収縮することにより細胞膜がくびれて細胞が分離される．

11・8　DNA 損傷の修復機構

地上に生息する生物の DNA には，宇宙からの高エネルギーの放射線（紫外線や電離放射線など），代謝過程で発生する活性酸素，環境から取り込まれる化学物質などの影響により，さまざまな異常，たとえば，DNA の切断や，ピリミジンダイマーの形成（図 11-42），アルキル化，酸化，脱アミノ化などの化学修飾（図 11-43），さらには，pH や熱による DNA からの脱塩基などが頻繁（1 日で，1 細胞あたり 10^4 ～ 10^6 か所）に引き起こされている．これらの異常が生じると，DNA 複製の際に塩基の対合が変わってしまい，遺伝子に異常が引き起こされてしまう．もし，これらの異常が重要な遺伝子の中

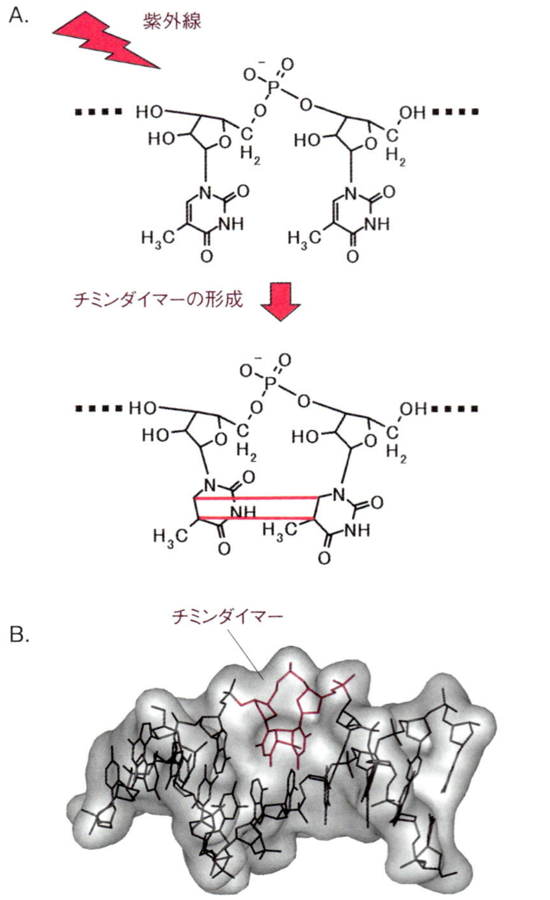

図 11-42 ピリミジンダイマーの形成

A：DNA の塩基は 254 nm 近くの紫外線を最もよく吸収する．その結果，紫外線の照射により，隣接したピリミジン塩基の間にダイマー（二量体）が形成されることがある．ここでは，紫外線により形成されたチミンダイマーを示す．B：チミンダイマー形成により変形した DNA の分子モデルを示す．

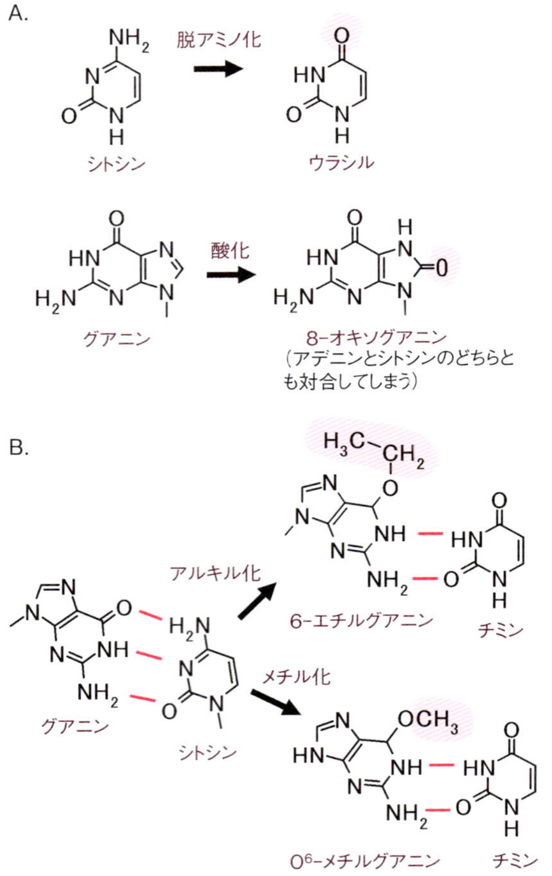

図 11-43 塩基の化学修飾

A：塩基が化学修飾されると異なる塩基に変わったり，複数の塩基とペアを形成したりするようになる．たとえば，シトシンが化学反応により容易にウラシルに変わってしまう．しかしながら，この場合には，DNA の塩基にはウラシルが用いられていないために，DNA 中に存在するウラシルは異常とみなされて修復されることになる．B：塩基の化学修飾により，通常の場合とは異なる相手の塩基とペアを形成してしまう．

に生じた場合，そのままにしておくと異常な細胞が生じる可能性がある．DNA に致命的な異常が生じた細胞は，一般に，アポトーシスにより処分されるが，それを免れて異常を保持したまま細胞が増殖していくと，動物の場合には細胞の老化の促進やガンなどを生じる原因にもなる．そのために，細菌から哺乳類に至るまで，DNA の異常を検知してそれを修復するという機能が発達している．

DNA に生じた異常の修復には，さまざまな方法がある．その基本は，異常が生じた塩基の部分を削除した後，正常な相補的 DNA 鎖を鋳型にして，その部分を新たに複製して修復するという方法である．その場合には，異常な塩基の部分だけを取り外して正常なものと交換して修復する方法（base excision）（図 11-44），化学修飾された塩基を酵素反応により正常に修復する方法（direct reversal）（図 11-45），そして，異常な塩基を含めた一定の領域を削除して修復する方法（ヌクレオチド除去，nucleotide excision）（図 11-46）などが知られている．

塩基の修復の際には，ミスマッチ（誤対合）を起こした塩基のペアのどちら側が誤ったものであるかを判別する必要がある．その際に用いられるのが，メチル化された塩基の存在である．大腸菌の DNA では GATC 配

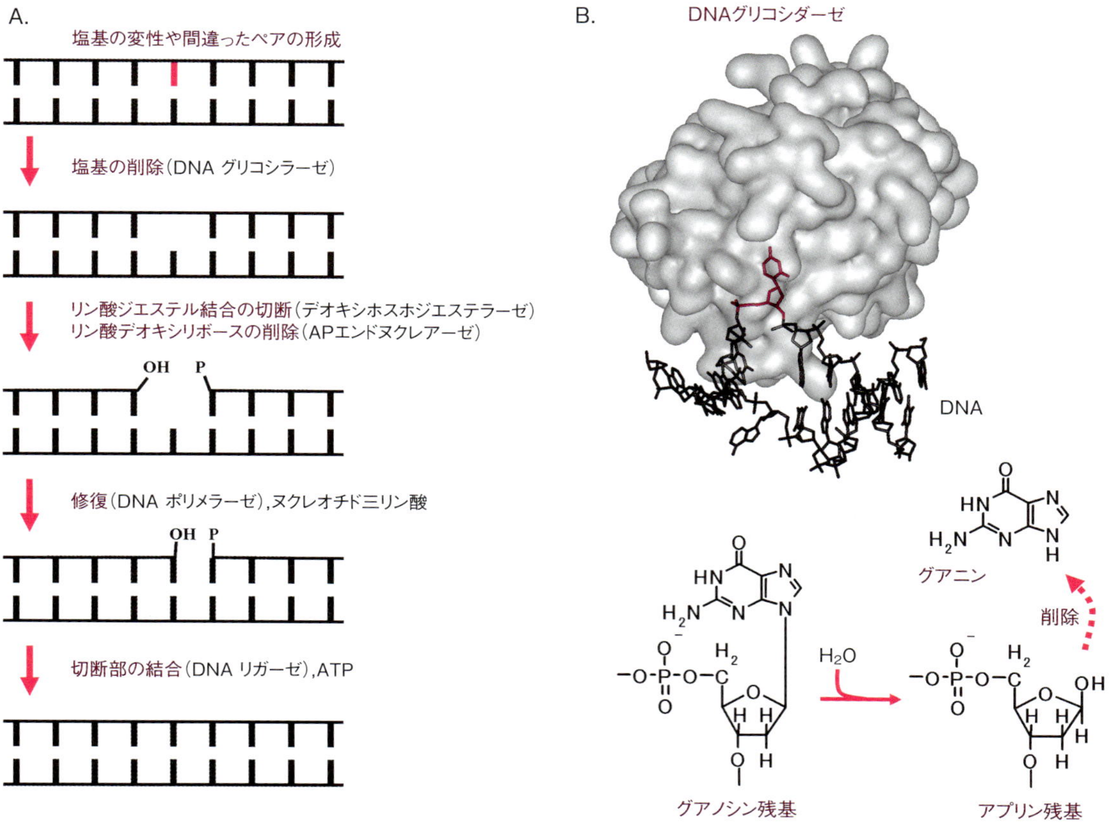

図 11-44　DNA の修復（塩基の除去による修復）
A：異常な塩基のみを交換して修復する方法．B：塩基を取り外す DNA グリコシダーゼの分子モデルとその化学反応．

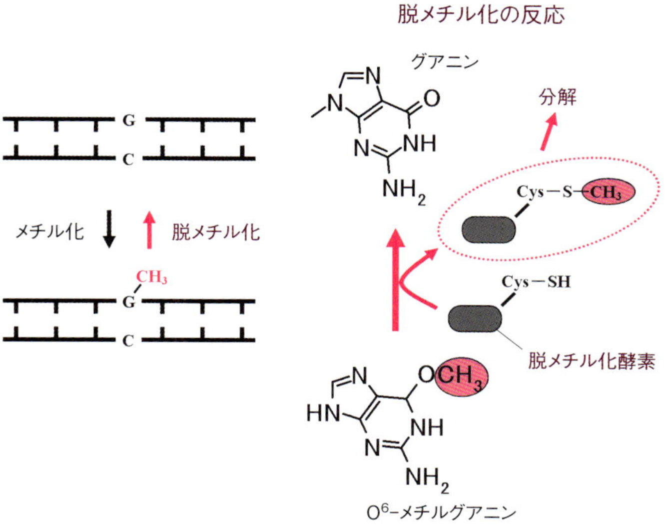

図 11-45　DNA の修復（化学反応による修復）
異常にメチル化されたグアニンから脱メチル化酵素によるメチル基が取り除かれる反応を示す．脱メチル化した後に，メチル基を転移された酵素タンパク質は分解されてしまう．大腸菌の例を示す．

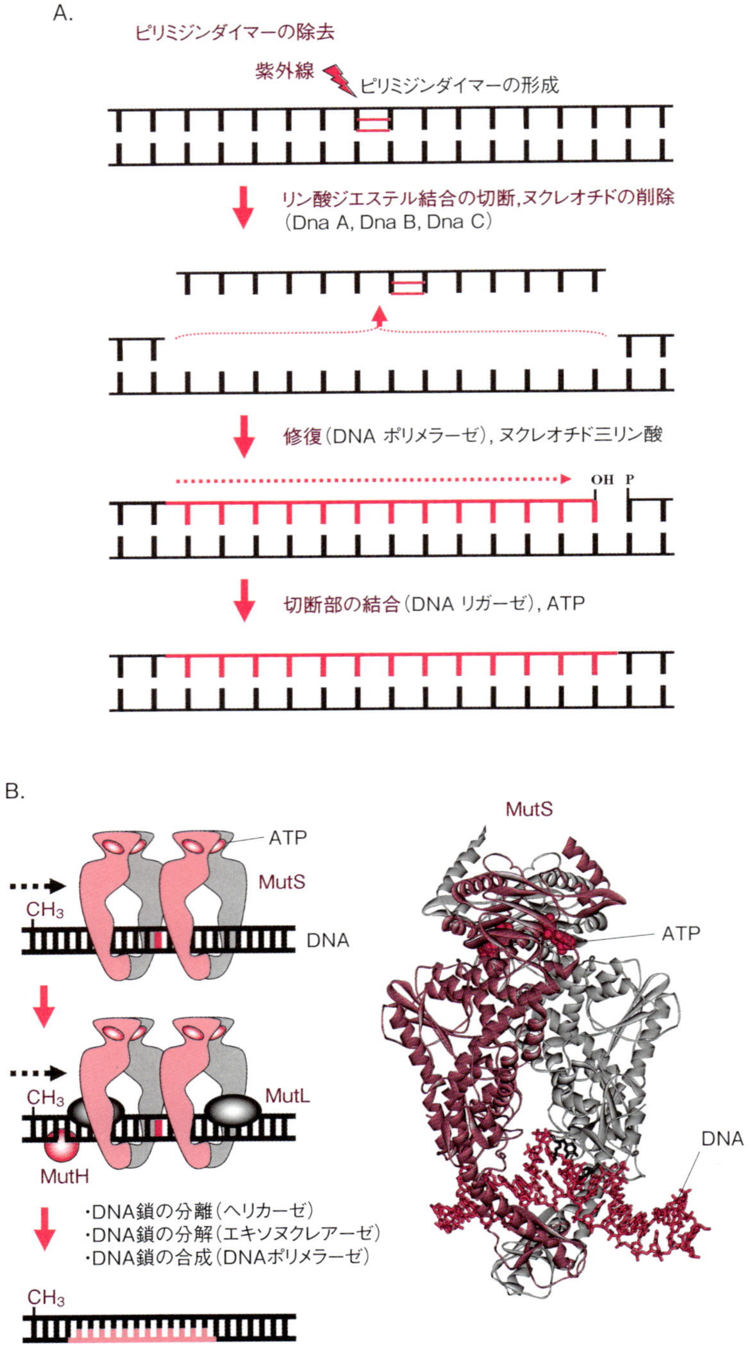

図 11-46　DNA の修復（ヌクレオチドの除去による修復）

A：紫外線の作用により生じたピリミジンダイマーが周囲のヌクレオチドと一緒に削除される方法．大腸菌では 13 塩基，ヒトでは 29 塩基程度が切り取られる．**B**：DNA 複製の際に生じた塩基対のミスマッチ修復．ミスマッチによる DNA の構造の変形を検知した MutS がその部分に結合する．引き続き，MutL と MutH が結合し，MutH によりミスマッチ部分の近くの DNA 鎖に切れ目が入れられる．そこからミスマッチを含んだ部分がヘリカーゼにより引きはがされて分解される．削除された部分が DNA ポリメラーゼにより合成され，リガーゼにより結合されると修復が完了する．ミスマッチを起こした部分のどちら側が修復されるかは，メチル化された DNA の存在により判別される．つまり，複製されたばかりの鎖はまだメチル化されていないので，メチル化されていない側がミスを起こした側と判断される．ここでは大腸菌の例を示す．分子モデルはミスマッチを起こした塩基対に結合した MutS を示す．

列中のアデニン（真核細胞ではシトシン）がメチル化されている．そのメチル化はDNAが複製されてから数分後に行われるので，複製後まもないDNAの二重鎖の場合では，新たに合成された鎖のアデニンはまだメチル化されていない（図 11-47）．このように，古い鋳型の鎖だけにメチル化がみられる状態は半メチル化（hemi-methylated）と呼ばれている．つまり，ミスマッチした塩基のペアのうち，メチル化されていない鎖（新たに合成された鎖）のほうが誤った鎖と判断されて修復される．

DNAのGATC配列中の塩基のメチル化はミスマッチの修復における役割だけでなく，制限酵素による塩基の切断からの保護，そして，DNA複製開始の制御などにも関与している．たとえば，大腸菌の複製開始点にはGATC配列が11セット存在し，それらが複製された後，しばらくの間は半メチル化状態にある．この期間は再び複製を開始することができない不応期となり，ミスマッチがあればこの間に修復される．やがて，10分くらいたつと複製された側もメチル化されるので再び複製が可能となる．

少し変わったDNAの修復法として，ピリミジンダイマーの光回復（photoreactivation）やSOS修復（SOS repair）と呼ばれる方法がある．この方法は原核細胞から真核細胞まで幅広く用いられている．光回復は，光受容体の一種の光回復酵素（photolyase）と呼ばれる酵素が，300～500 nmの光のエネルギーを用いて異常なダイマー構造を直接に解消する方法である．この酵素は，

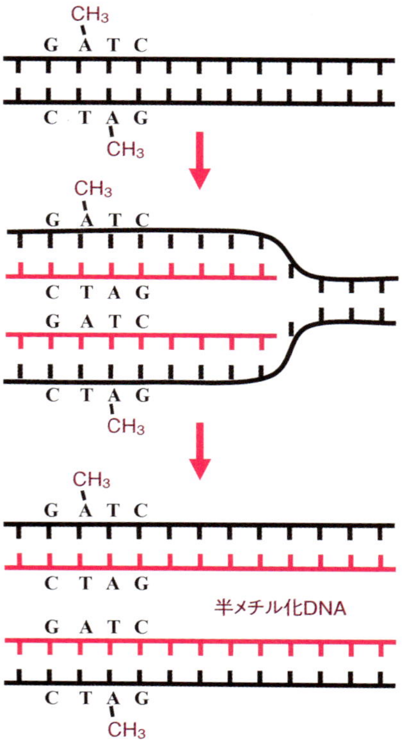

図 11-47　複製後のメチル化
複製前のDNAでは，両方の鎖のGATC配列の部分のAがメチル化されている．しかし，複製されたばかりのDNA鎖はまだメチル化されてない．この状態のDNAを半メチル化DNAと呼んでいる．そして，複製から数分後には新しく形成されたDNA鎖も鋳型と同じようにメチル化される．

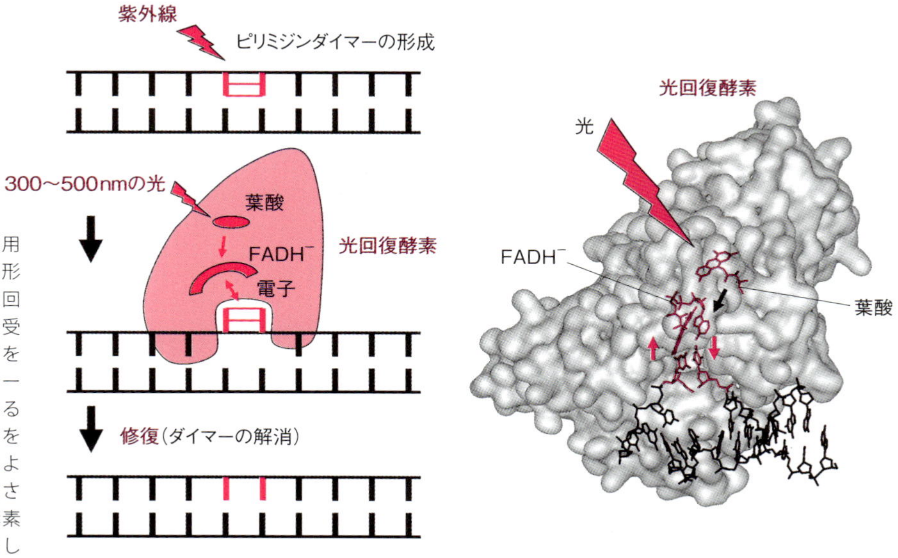

図 11-48　光回復
光回復は，光のエネルギーを用いて，ピリミジンダイマーの形成を解消する方法である．光回復酵素には光のエネルギーを受容する葉酸と，そこから電子を受け取ってピリミジンダイマーとの間で電子をやり取りするFADHが含まれている．FADHを経由して受け渡された電子によりピリミジンダイマーが解消される．分子モデルは光回復酵素がピリミジンダイマーを解消しているところを示す．

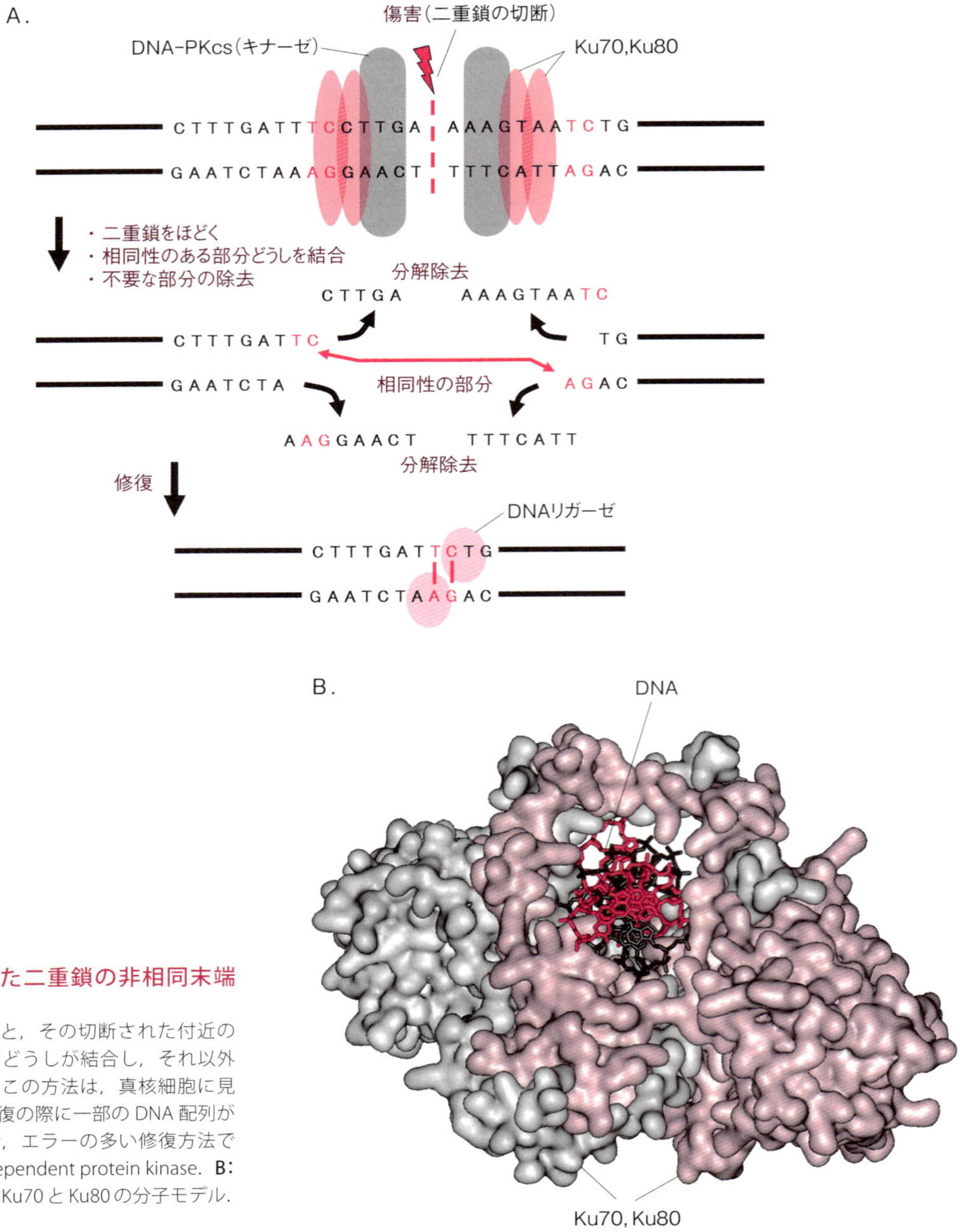

図 11-49　切断された二重鎖の非相同末端連結法による修復

A：DNA が切断されると，その切断された付近の相同性のある塩基配列どうしが結合し，それ以外の部分は削除される．この方法は，真核細胞に見られる修復機構で，修復の際に一部の DNA 配列が削除されてしまうので，エラーの多い修復方法である．DNA-PK：DNA-dependent protein kinase．**B**：DNA 二重鎖に結合した Ku70 と Ku80 の分子モデル．

その活性部位に FADH を補酵素としてもち，その他に，集光性色素として葉酸をもっている．光のエネルギーにより励起された葉酸から FADH にエネルギーが転移され，FADH とピリミジンダイマーの間で電子のやり取りを行うことにより，ピリミジンダイマーを単量体に分離する（図 11-48）．SOS 修復と呼ばれる方法は，紫外線による DNA 損傷をひどく受けた場合に発動される緊急的な修復機構である．DNA が損傷を受けると，その修復に必要な各種の酵素が 30 分以内に合成され，DNA の修復にあたる．しかしながら，この方法は緊急的なものであるため，しばしば誤りが多く正確さにかける修復機構として知られている．

放射線やフリーラジカルなどによる影響，あるいは，DNA 複製時の異常などにより，しばしば DNA の二重鎖が切断されてしまう場合がある．そのままにしておくと，遺伝子機能の異常，染色体分離の異常，さらに

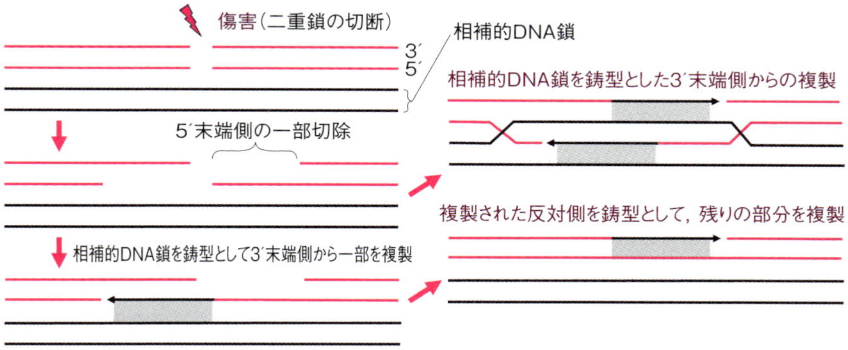

図 11-50　切断された DNA の相同組換え法による修復
DNA 複製後から染色体が分離されるまでの間は，複製された DNA の二重鎖どうしが隣接して存在する．その場合には，切断された DNA 鎖を修復するために，もう一方の無傷で正常な DNA の二重鎖を鋳型とする相同組換え法による修復が行われる．

は，DNA 鎖の分解など，致命的な結果が引き起こされてしまう可能性がある．そのために，切断された部分を速やかに修復する方法がいくつか知られている．それらには，切断された部分を直接結合して修復する非相同末端連結法（nonhomologous end-joining）（図 11-49）と，損傷していない正常な相補的 DNA 鎖を鋳型にして修復する相同組換え法（homologous recombination）などある（図 11-50）．前者は，主に，真核細胞で用いられており，Ku70 や Ku80 と呼ばれる分子を中心に行われている．この修復法で問題なのは，DNA を結合する際に不要な部分が切り捨てられるので，DNA の塩基配列の一部が失われてしまうことである．後者は，細菌からヒトに至るまで広く用いられている方法で，修復の際には正常な相補的 DNA 鎖を必要とする．そのために，真核細胞では複製された相補的 DNA 鎖が近接して存在する S 期や G_2 期で行われる修復方法である．この方法は前者の方法よりも少々複雑ではあるが，正確な修復を行うことができる．

11·9　発生初期の特殊な細胞周期

動植物の発生過程では，一般的な細胞周期とは少し異なるタイプの細胞周期が見られる．ここでは，動物の初期胚発生の過程で見られる特殊な細胞周期の例について述べる．

動物の発生初期の過程では，細胞の数を急速に増加させる必要があるので，体細胞の細胞周期とは少し異なる方法が用いられている．それは，G_1 期と G_2 期を省いた S 期と M 期だけからなる細胞周期で，それにより細胞

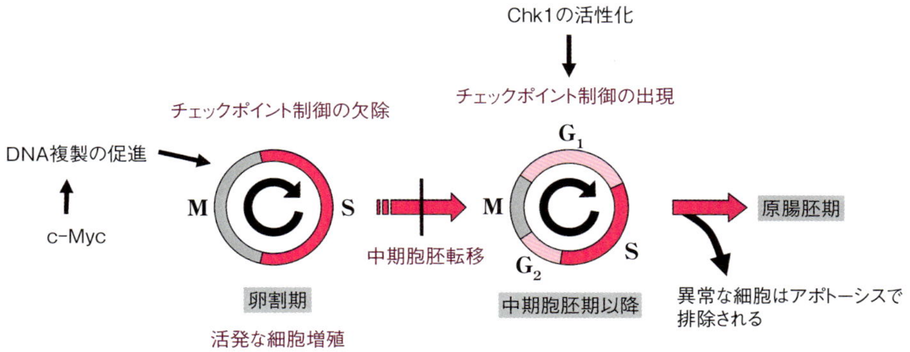

図 11-51　動物の発生初期に見られる特殊な細胞周期
発生初期では，細胞増殖を早めるために，G_1 と G_2 期のない細胞周期（S 期と M 期だけからなる細胞周期）が用いられる．さらに，その間には，細胞周期を停止させないために細胞周期のチェック制御も抑制されている．やがて，発生の一定時期（多くの場合に胞胚の中期）まで達すると，通常の細胞周期に転換する．

増殖に要する時間を短縮している(図 11-51)．たとえば，アフリカツメガエルの胚では，卵割期から胞胚初期に至るまでは，1 回の細胞周期を 30 分以内に終えてしまう．このような方法が可能な理由はいくつかある．その 1 つは，本来ならば G_1 期や G_2 期に合成して準備しなければならない細胞周期に必要なタンパク質やオルガネラなどが，すでに卵細胞の中に多量に蓄えられているという点である．その他にも，細胞周期を促進する因子の c-Myc などが同じく卵細胞内に蓄えられていて，それが活発な細胞周期を促進している．もう 1 つの大きな理由は，この時期には細胞周期のチェックポイント制御が抑えられているという点がある．チェックポイント制御の働きを抑えることにより，たとえ細胞に少々の異常が生じても，細胞周期は一時停止することなく進行する．その結果，DNA の複製や染色体分離などの異常が蓄積されてしまうという弊害も生じる．

このような特殊な細胞周期は，急速な細胞数の増加が必要な発生の一時期に限られたものであり，胞胚中期を過ぎると体細胞と同じ細胞周期に転換する．通常の細胞周期に戻る時期が多くの動物で胞胚の中期なので，この現象は中期胞胚転移（MBT：mid-blastula transition）と呼ばれている．この時期を過ぎて原腸胚期に至る過程で，胚細胞自身による新たな遺伝子の発現や，チェックポイント制御が発現する．チェックポイント制御の発現により，それ以前に生じた異常な細胞はアポトーシスにより除去されてしまう．そのために，引き続く発生において，異常な細胞が増加するということはない．

11·10 細胞分化とガン

a. 細胞周期と細胞分化

発生の過程などで，活発に増殖している細胞が，さまざまな組織の細胞に分化する際には，細胞周期の停止と G_0 期への移行が引き起こされる．たとえば，細胞の分化を誘導する成長因子の 1 つである TGF-β の場合について示す（図 11-52）．TGF-β が細胞膜の受容体に結合すると，その情報は受容体の細胞内領域のキナーゼ酵素を活性化させる．活性化されたキナーゼは，標的タンパク質をリン酸化することにより，その情報を核まで伝える．その結果，細胞増殖を促進する c-Myc の合成の抑制や，各種の CKI の発現誘導と Cyclin A の発現抑制などが引き起こされ，細胞は G_0 期へと移行して細胞周期を休止する．その一方で，細胞分化に関連した遺伝子の発現が引き起こされるために，細胞は分化の方向に誘導される．

b. 細胞周期とガン

ガン細胞の性質を特徴づけている異常性は，細胞増殖機能の異常，細胞分化の欠除，そして，細胞の接着性や運動性の異常などである．それらの中でも，細胞のガン化を引き起こす最も重要な要因の 1 つが細胞周期の制御不能（異常な増殖能の獲得）である．それを裏付けるように，細胞のガン化に関連したプロトオンコジーン（proto-oncogenes）と呼ばれる遺伝子の多くが，細胞周期の調節（促進や抑制）に重要な役割を果たしている遺伝子である．それらの遺伝子のいくつかに変異や発現の異常が引き起こされると，細胞周期に異常（制御不能な増殖能）が引き起こされ，細胞がガン化する可能性が高まる．そのような異常が生じた細胞は，一般的に，アポトーシスにより処分されてしまうために，大きな問題は起こらない．しかしながら，時には，異常な増殖能を維持した細胞がアポトーシスを免れた上に，さらにいくつかの遺伝子の異常が加わると，ガン細胞に変化してしまう場合がある．

細胞周期に深く関わっている遺伝子で，ガン抑制遺伝子と呼ばれているものには，p53，pRb などがある．こ

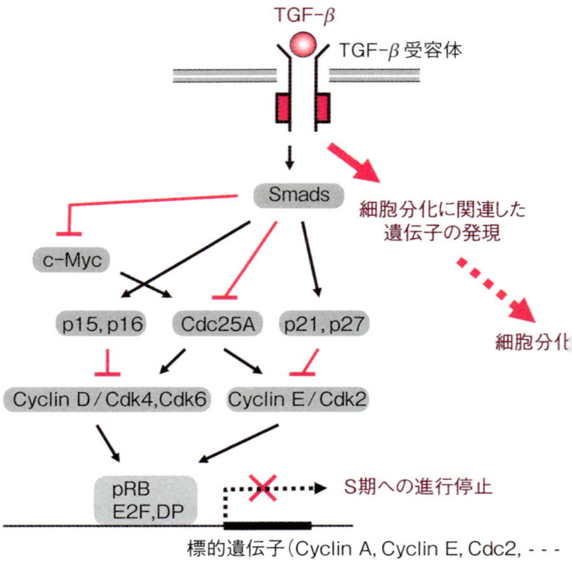

図 11-52 細胞分化と細胞増殖
細胞分化と細胞増殖は相容れないので，細胞分化が引き起こされるときには，細胞増殖が抑制される．その例を増殖因子の TGF-β による分化誘導作用の場合で示す．

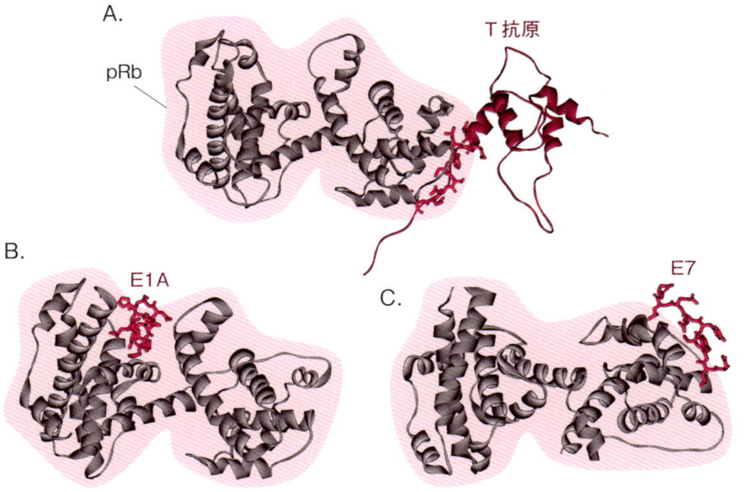

図 11-53　ウイルスによる細胞周期の調節
ウイルスは，自身を増殖させるために，感染した細胞の細胞周期を促進するタンパク質を発現する．たとえば，pRb に結合してそれを E2F や DP から引き離すタンパク質が知られている．それらの例をいくつか示す．**A**：pRb に結合した SV-40 の T 抗原の LXCXE モチーフ．**B**：pRb に結合したアデノウイルスの E1A の CR1 領域．**C**：pRb に結合したパピローマウイルスの E7 の LXCXE モチーフ．赤く示したのが pRb に結合したタンパク質，あるいはその一部を示す．

れらの遺伝子が単独で変異を起こしただけでは，すぐにガン細胞になるようなことはない．これらの遺伝子のいくつかと，細胞運動に関する遺伝子の発現異常，そして，テロメラーゼの発現などが同時に引き起こされると，その細胞は体内を自由に移動しながら各所に転移して，その転移先で際限のない異常な増殖を行う悪性のガン細胞になる可能性が高くなる．

細胞のガン化を引き起こす外来性の因子としてウイルスが知られている．たとえば，アデノウイルス，SV-40，パピローマウイルスなどが，ガンを引き起こすウイルスとして知られている．それらのウイルスは，それぞれ E1A，Large T antigen，E7 と呼ばれるタンパク質を感染した細胞内で発現させる．それらのタンパク質は，pRb と選択的に結合して pRb の立体構造を変化させ，pRb を E2F と DP から引き離してしまう（図 11-53）．その結果，E2F が活性化され，細胞周期が進行してしまう．つまり，それらのウイルスに感染された細胞は，ウイルスを増殖させるために細胞増殖が強いられることになり，本来の細胞周期の制御から逸脱してしまうことになる．これだけで，すぐにガン細胞になることはないが，さらにいくつかのプロトオンコジーンの変異が加わって細胞周期が完全に制御不能になると，最悪の場合には，ガン細胞になってしまう場合がある．

細胞がガン化するには，細胞周期の調節機能の異常，細胞の運動性や接着性の異常，制限のない細胞増殖能などいくつかの条件が必要である．たとえば，細胞周期の進行を負に制御している分子（たとえば，p53，pRb，CKI など）の発現や機能の欠損，細胞周期を正に調節している分子（たとえば，c-Myc や Ras など）の過剰発現や機能の亢進などが重なって生じると，細胞周期の制御が不能になり，異常な細胞増殖能を示すようになる．それに加えて，細胞接着や細胞運動に関連した分子（たとえば，Wnt や twist など）の発現や機能に変異が生じると，細胞の運動性や接着性が異常になる．さらに，無制限な細胞増殖能を付与するテロメラーゼが発現すると，その異常な細胞はアポトーシスで処理されない限り，ガン細胞になる可能性が非常に高くなる．このように，ガン細胞に特徴的ないくつかの異常が，長い人生の間に徐々に蓄積され，それらの異常が合わさるとガン細胞が生じると考えられている．

索　引

ILLUSTRATED MOLECULAR CELL BIOLOGY

・**太字**は最も詳しいページ

著者略歴

浅島　誠（あさしま　まこと）
1944年　新潟県に生まれる
1977年　東京大学大学院理学研究科動物科学専攻修了（理学博士）
ドイツ・ベルリン自由大学分子生物学研究所研究員
1979年　横浜市立大学文理学部助教授
1985年　横浜市立大学文理学部教授
1993年　東京大学教養学部教授
1996年　東京大学大学院総合文化研究科教授
2003年　東京大学大学院総合文化研究科長・教養学部長
2007年　東京大学名誉教授・副学長，理事，東京大学大学院総合文化研究科特任教授
2009年　(独)産業技術総合研究所フェロー兼ラボ長

駒崎伸二（こまざき　しんじ）
1951年　埼玉県に生まれる
1978年　横浜市立大学文理学部生物課程卒業
1980年　新潟大学大学院理学研究科生物課程修了
同　年　埼玉医科大学医学部助手
1986年　(医学博士)
2002年　埼玉医科大学医学部准教授

図解 分子細胞生物学

2010年2月15日　第1版1刷発行

検印省略

定価はカバーに表示してあります．

著作者　浅島　誠
駒崎伸二
発行者　吉野和浩
発行所　東京都千代田区四番町8番地
電話　03-3262-9166(代)
郵便番号　102-0081
株式会社　裳華房
印刷所　三報社印刷株式会社
製本所　株式会社　青木製本所

社団法人
自然科学書協会会員

ISBN 978-4-7853-5841-9